E. Menzel W. Mirandé I. Weingärtner

Technische Universität Braunschweig

Fourier-Optik und Holographie

Springer-Verlag Wien New York

Prof. Dr. E. Menzel, Dipl.-Phys. W. Mirandé, Dr. I. Weingärtner
Technische Universität Braunschweig

Mit 131 Abbildungen

ISBN 978-3-7091-8323-6 ISBN 978-3-7091-8322-9 (eBook)
DOI 10.1007/978-3-7091-8322-9

Softcover reprint of the hardcover 1st edition 1973
Library of Congress Catalog Card Number 73-75908

Vorwort

Der Fourier-Formalismus beschreibt in der Optik drei grundlegende Zusammenhänge: die Fraunhofer-Beugung, die lineare optische Übertragung und die Interferenzen mit teilkohärentem Licht.

Die Amplitude der Fraunhofer-Beugung ist die Fourier-Transformierte der Objektamplitude. Von hier aus läßt sich die Fresnel-Beugung entwickeln, die Bildentstehung mit inkohärenter und kohärenter Beleuchtung und als jüngstes Kapitel dieses Gebiets die Holographie. Alle diese Arten von Abbildung werden als lineare Übertragungen beschrieben. Auch unabhängig von der Beugung läßt sich die optische Übertragung zwischen Objekt und Bild darstellen durch Faltungen mit gegebenen Punktbildern. Interferenz, Abbildung und Holographie mit teilkohärenter Beleuchtung werden zweckmäßig mit Kohärenzfunktionen behandelt, die sich im einfachsten Fall als Fourier-Transformierte von Eigenschaften der Lichtquelle ergeben; in dieses Kapitel gehört auch die Fourier-Spektroskopie. In allen diesen Fällen erlauben Fourier-Transformationen und Faltungsoperationen einfache Rechengänge, die neben ihrer Eleganz auch in ihrer physikalischen Bedeutung anschaulich bleiben.

Die mathematischen Methoden des Fourier-Kalküls wurden hauptsächlich in der Nachrichtentechnik entwickelt. Mit ihrer Hilfe beschreibt die Fourier-Optik in rationeller Weise die Wellenoptik. Über Einfachheit und Schönheit dieser Darstellung darf nicht vergessen werden, daß erst Vereinfachungen der Beugungstheorie die Anwendung des Fourier-Formalismus erlauben; diese Vereinfachungen sind für den praktischen Gebrauch vertretbar, aber nicht unbedenklich. Ähnliches gilt für die Beschreibung der Lichtquellen als klassische Strahler ohne den Quantenaspekt.

Trotz ihrer Vorgeschichte, die vor 100 Jahren mit Abbes Theorie der Bildentstehung im Mikroskop begann, hat sich die Fourier-Optik erst seit weniger als 20 Jahren im Bewußtsein der Physiker etabliert. Das vorliegende Buch soll diesen neuen Aspekt darstellen, dabei wird die Holographie als das jüngste Kapitel im Vordergrund stehen.

In den ersten Kapiteln des Buches werden die physikalischen Grundtatsachen von Interferenz, Kohärenz und Beugung entwickelt; gleichzeitig damit wird schrittweise der Fourier-Formalismus eingeführt und erläutert. Nach Abschluß der ersten Kapitel sind auch die formalen Hilfsmittel gewonnen. Die Ergebnisse — zusammengefaßt in einem Formelanhang — stehen bereit, um die Abbildung, die räumliche Filterung und die Holographie darzustellen. Anschließend werden die Eigenschaften optischer Speichermedien als wesentliches Hilfsmittel der experimentellen Fourier-Optik und Holographie ausführlich behandelt. In den späteren Kapiteln werden Abbildung und Holographie auch für teilkohärente Beleuchtung diskutiert; der dabei entwickelte Formalismus ist die Grundlage der Holographie mit Impulslasern, Elektronen- und Röntgenstrahlen. Damit die Rechnungen in möglichst kurzen Gleichungen übersichtlich bleiben, wird meistens nur mit einer Dimension in den Ebenen von Lichtquelle, Objekt, Pupille usw. gerechnet.

Braunschweig, im Sommer 1973

E. Menzel
W. Mirandé
I. Weingärtner

Inhaltsverzeichnis

1. Interferenz und Kohärenz

1.1. Die ebene Lichtwelle

Die Grundlage unseres Gebiets ist die Physik elektromagnetischer Wellen, ihre Fortpflanzung und besonders ihre Interferenz. Das Verhalten dieser Wellen beschreiben wir durch den Vektor $\boldsymbol{E}$ ihrer elektrischen Feldstärke in Raum und Zeit. Eine ebene monochromatische Welle, die in z-Richtung fortschreitet und in x-Richtung polarisiert ist, wird vollständig beschrieben durch die x-Komponente von $\boldsymbol{E}$:

$$E_x = E_{x0} \cos(\omega t - kz). \qquad (1.1\text{-}1)$$

Dabei ist ω verknüpft mit der Zeitfrequenz ν und der Schwingungsdauer T durch

$$\omega = 2\pi\nu = 2\pi/T.$$

Die Wellenzahl k in der Ausbreitungsrichtung z der Welle hängt mit der Wellenlänge λ zusammen durch $k = 2\pi/\lambda$. Für die Phasengeschwindigkeit der Welle gilt $v = \lambda \cdot \nu = \omega/k = c/n$; dabei sind c die Phasengeschwindigkeit im Vakuum und n die Brechzahl des Mediums.

Wie aus den Maxwellschen Gleichungen folgt, kann in einem isotropen Medium anstelle von E_x auch die magnetische Feldstärke H_y die ebene Welle beschreiben.

$$H_y = \sqrt{\frac{\varepsilon\varepsilon_0}{\mu\mu_0}}\, E_x.$$

ε ist die Dielektrizitätskonstante und μ die Permeabilität des Mediums. Für seine Brechzahl gilt $n = \sqrt{\varepsilon \cdot \mu}$. ε, μ und n sind frequenzabhängig, sie haben also Dispersion.

Mit der elektromagnetischen Welle ist ein Energiestrom in z-Richtung verbunden; seine Dichte $\boldsymbol{S}$ ist der Poynting-Vektor. Dieser Vektor hat für die oben angeschriebene ebene Welle nur eine Komponente in z-Richtung

$$S_z = n \sqrt{\frac{\varepsilon_0}{\mu_0}}\, E_{x0}^2 \cos^2(\omega t - kx). \qquad (1.1\text{-}2)$$

Schon ein aufgeladener Kondensator zeigt die lineare Beziehung zwischen dem Quadrat der elektrischen Feldstärke und einer Energiegröße, nämlich der Energiedichte. Weiter ist $\sqrt{\mu_0/\varepsilon_0} = 376{,}7$ Ohm, das ist der „Wellenwiderstand des Vakuums". Aus dem meßbaren zeitlichen Mittel $\langle S\rangle$ von S_z läßt sich mit Gl. (1.1-2) die elektrische Feldstärke E_{x0} der Strahlung errechnen. So ergibt sich für die Strahlung der Sonne auf der Erde mit $\langle S\rangle = 0{,}13$ Watt/cm² eine Feldstärke von 7 Volt/cm, für einen Impulslaser mit einer Strahlungsleistung von $5 \cdot 10^8$ Watt in 10^{-8} sec auf eine Fläche von 4 mm² folgt eine Feldstärke von etwa 10^{10} Volt/cm. Diese Feldstärken lassen sich durch Fokussierung weiter erhöhen.

Wie die Maxwellsche Theorie zeigt, ist es in Medien, die nicht doppelbrechend sind, gleichgültig, ob die elektrische oder die magnetische Feldstärke zur Beschreibung des Lichts verwendet wird. Die vorliegende Darstellung wird sich im wesentlichen mit Beugungstheorie in einer Näherung beschäftigen, in der die Polarisation nicht berücksichtigt zu werden braucht. Deshalb ist es weitgehend möglich, die Interferenzoptik mit einer skalaren Theorie zu beschreiben. Im weiteren wird deshalb die ebene Lichtwelle dargestellt durch

$$u = u_0 \cos(\omega t - kz). \tag{1.1-3}$$

u ist die „Amplitude", sie ist proportional zum Betrag der elektrischen Feldstärke. Solange keine absoluten Werte interessieren, reichen verschiedene Maximalamplituden u_0 aus, um Wellen verschiedener Amplitude zu unterscheiden.

Die Wellenlängen des sichtbaren Lichts liegen um 500 nm, das entspricht Schwingungsdauern von 10^{-15} sec. So kurze Zeiten lassen sich heute noch nicht messen; deshalb ist es nicht möglich, die elektrische Feldstärke oder die Amplitude in einer Lichtwelle direkt zu bestimmen. Meßbar sind nur Energie- oder Leistungsgrößen, dabei muß über Zeiten gemittelt werden, die groß gegenüber der Schwingungsdauer sind. Auch bei der visuellen Beobachtung optischer Erscheinungen sind Größen dieser Art entscheidend. Gemittelte Leistungen sind stets auf den Poynting-Vektor [Gl. (1.1-2)] zurückzuführen und damit auf das Quadrat der elektrischen Feldstärke. Deshalb ist es sinnvoll, auch bei Rechnungen zur Optik das Ergebnis als eine Leistungsgröße darzustellen. Sie wird auf die Flächeneinheit oder die Einheit des Raumwinkels bezogen; sie entspricht einer Bestrahlungsstärke oder einer Strahlungsdichte. Man nennt sie die Intensität I und setzt sie proportional zum zeitlichen Mittel des Quadrats der Amplitude u. Absolutwerte sind proportional zur Leistung des einfallenden Lichts. Absolutwerte sind uninteressant, wenn nur der Charakter einer optischen Erscheinung betrachtet werden soll, nämlich die Verteilung der Leistungsdichte im Raum als Folge eines Interferenz- oder Abbildungsversuchs. Es gilt also

$$I = \frac{1}{T}\int_0^T u^2\,\mathrm{d}t. \tag{1.1-4}$$

T bedeutet dabei ein Zeitintervall, oberhalb dessen zeitliche Änderungen von I experimentell aufgelöst werden können, z. B. bei der Schwebung von zwei Lichtwellen benachbarter Frequenz. Sind keine langsameren Schwankungen zu erwarten, als der Schwingungsdauer entspricht, so kann man T gleich der Schwingungsdauer $1/\nu$ setzen.

1.2. Interferenzen mit Doppelspalt

1.2-a. Intensitätsverteilung und Kontrast

Die Interferenz am Doppelspalt (Thomas Young 1802) ist ein grundlegendes Experiment, auf das sich auch vieles aus der modernen Optik zurückführen läßt. Wir betrachten zunächst sehr vereinfachte, also vergröberte Verhältnisse. Ihre Begründung aus der Beugung wird erst in Kap. 2 möglich sein. Eine monochromatische Welle der Wellenlänge λ sei eben, sie stamme also von einer kleinen Quelle in großer Entfernung. Sie falle mit der Amplitude $u_0 = 1$ senkrecht auf einen Schirm mit zwei sehr engen Lochblenden im Abstand d (Abb. 1—1). In der Ebene x im Abstand $z \gg d, x$ werde die Interferenzerscheinung beobachtet. In dieser Ebene interessiert die Erscheinung zunächst nur in der Schnittgeraden mit der Zeichenebene. Durch Beugung verläßt das Licht die beiden Löcher als Kugelwellen, die als homogen vorausgesetzt werden mögen. Durch verschiedene Absorp-

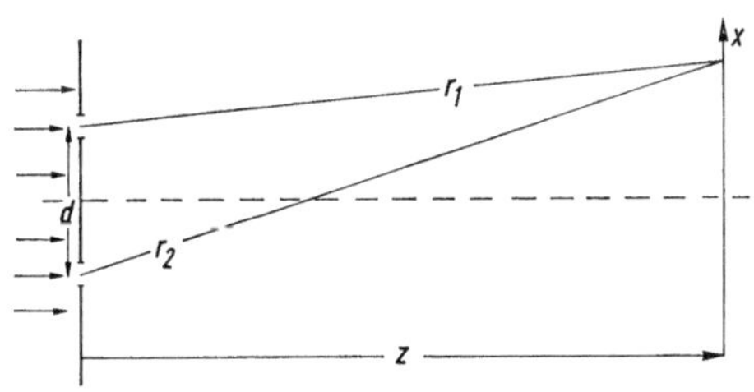

Abb. 1—1. Interferenzen am Doppelspalt

tion sind die Amplituden des Lichts a_1 und a_2 hinter den Löchern verschieden. In der Beobachtungsebene sind die Amplituden der Kugelwellen geschwächt um den Faktor $1/r$, denn ihre Intensitäten werden wegen der Erhaltung der Energie mit $1/r^2$ geschwächt. Wo die Kugelwellen einander durchdringen, addieren sich in jedem Zeitpunkt ihre Amplituden. Wird nicht an einer Zweiloch-Blende sondern an einem Doppelspalt gebeugt, so bleiben die folgenden Überlegungen die gleichen; die Amplituden der von den Spalten ausgehenden Zylinderwellen werden bei der Ausbreitung mit $1/\sqrt{r}$ geschwächt. Wie oben gesagt, entsprechen die Amplituden den elektrischen Feldstärken, und diese können verstanden werden als mechanische Kräfte auf die elektrische Einheitsladung. Für die resultierende Amplitude in der Beobachtungsebene läßt sich also für die Beugung an einer Zweiloch-Blende schreiben

$$u(x) = \frac{a_1}{r_1} \cos(\omega t - k r_1) + \frac{a_2}{r_2} \cos(\omega t - k r_2). \qquad (1.2\text{-}1)$$

Zur Vereinfachung aller Rechnungen ist es nun üblich, zur rechten Seite von Gl. (1.2-1) den Ausdruck

$$i \frac{a_1}{r_1} \sin(\omega t - k r_1) + i \frac{a_2}{r_2} \sin(\omega t - k r_2)$$

zu addieren. i ist die Einheit der imaginären Zahlen. Mit $a_1/r_1 = u_{01}$ läßt sich nun schreiben*

$$u(x) = u_{01} e^{i(\omega t - kr_1)} + u_{02} e^{i(\omega t - kr_2)}$$
$$= e^{i\omega t}(u_{01} e^{-ikr_1} + u_{02} e^{-ikr_2}).$$

Dabei ist stets zu bedenken, daß der physikalische Sinn nur im Realanteil der ganzen Gleichung steckt. Solange monochromatisch gerechnet wird ($\omega = \text{const}$), kann der Zeitfaktor fortgelassen werden; dieses Weglassen muß aber stets in Erinnerung bleiben. Es bleibt die zeitfreie Form der komplexen Amplitude

$$u(x) = u_{01} e^{-ikr_1} + u_{02} e^{-ikr_2}. \tag{1.2-2}$$

Gl. (1.2-2) stellt eine Amplitude als Zeiger in der komplexen Ebene dar; die Exponenten werden auch „Phasoren" genannt.

Die Amplitude kann am Ende einer Rechnung in verschiedenen Formen erscheinen

$$u(x) = a(x) e^{i\varphi(x)} = \mathrm{Re}[u(x)] + i\,\mathrm{Im}[u(x)].$$

Re und Im sind Symbole für Realteil und Imaginärteil von $u(x)$. Sollen schließlich beobachtbare Intensitäten errechnet werden, so muß man die zeitabhängige Schreibweise wieder herstellen und erinnern, daß nur der Realteil der Amplitude physikalisch sinnvoll ist. Dann ergibt sich

$$I(x) = \frac{1}{T} \int_0^T \mathrm{Re}^2[u(x) e^{i\omega t}]\,\mathrm{d}t$$
$$= \frac{1}{T} \int_0^T a^2(x) \cos^2[\omega t + \varphi(x)]\,\mathrm{d}t = \frac{a^2}{2}.$$

Da auf absolute Werte von I verzichtet wurde, bleibt auch der Faktor 1/2 ohne Bedeutung. Es gilt

$$I(x) = a^2 = |u|^2 = \mathrm{Re}^2(u) + \mathrm{Im}^2(u) = u \cdot u^*. \tag{1.2-3}$$

Dabei bedeutet $u^* = a e^{-i\varphi}$ den konjugiert komplexen Wert von u.

Erscheint wie in Gl. (1.2-2) ein Ergebnis in der Form $u = u_1 + u_2 = a_1 e^{i\varphi_1} + a_2 e^{i\varphi_2}$, so gilt

$$\begin{aligned} I(x) = |u(x)|^2 &= a_1^2 \cos^2\varphi_1 + 2a_1 a_2 \cos\varphi_1 \cos\varphi_2 + a_2^2 \cos^2\varphi_2 \\ &\quad + a_1^2 \sin^2\varphi_1 + 2a_1 a_2 \sin\varphi_1 \sin\varphi_2 + a_2^2 \sin^2\varphi_2 \\ &= a_1^2 + a_2^2 + 2a_1 a_2 \cos(\varphi_1 - \varphi_2) \\ &= |u_1|^2 + |u_2|^2 + 2\,\mathrm{Re}[u_1 u_2^*]. \end{aligned} \tag{1.2-4}$$

* Der vom Licht zurückgelegte Weg r wird als Ursache fur eine Phasenverzogerung aufgefaßt. Deshalb schreiben wir die Lichtamplitude $\exp i(\omega t - kr)$ in Übereinstimmung etwa mit v. Laue (1948) und H. H. Hopkins (1951).

Nun wird Gl. (1.2-4) auf die Amplitude im Beugungsbild des Doppelspalts [Gl. (1.2-2)] angewendet. Es ergibt sich

$$I(x) = u_{01}^2 + u_{02}^2 + 2u_{01}u_{02}\cos k(r_1 - r_2). \qquad (1.2\text{-}5)$$

Die einfachste und wichtigste Beugungserscheinung ist die Fraunhofer-Beugung; dazu wird Näheres in Kap. 2.2 gesagt. Hier wird in großem Abstand z vom beugenden Objekt beobachtet. Bei Änderungen von z bleibt der Charakter des Beugungsbildes erhalten, es ändert sich nur sein Maßstab. Deshalb ist es zweckmäßig, die Beugungserscheinung als Funktion des Beugungswinkels α_B zu schreiben (Abb. 1-2).

$$r_1 - r_2 = -\mathrm{d}\sin\alpha_B = -\mathrm{d}\alpha \qquad (1.2\text{-}6)$$

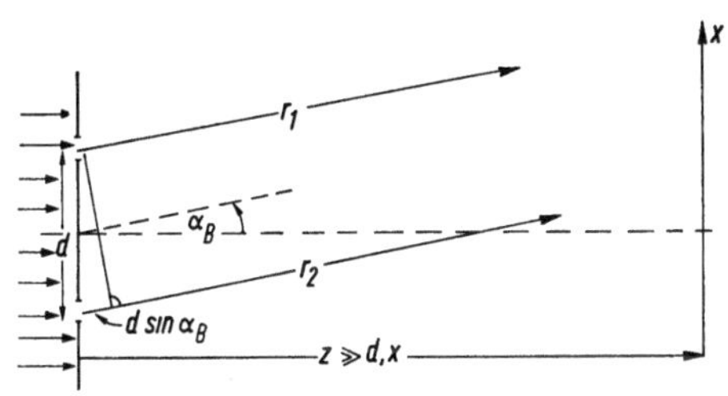

Abb. 1—2. Gangunterschied $d{\cdot}\alpha$ bei Beobachtung in großem Abstand

Für kleine Beugungswinkel wird $\alpha_B = \alpha$. Damit folgt aus Gl. (1.2-5)

$$I(\alpha) = u_{01}^2 + u_{02}^2 + 2u_{01}u_{02}\cos(k\,\mathrm{d}\alpha) \qquad (1.2\text{-}7)$$

$$= (u_{01} - u_{02})^2 + 4u_{01}u_{02}\cos^2(k\,\mathrm{d}\alpha/2). \qquad (1.2\text{-}8)$$

Große Abstände sind experimentell unbequem. Für die Physik der Erscheinung wird fast die gleiche Situation hergestellt, wenn die Beobachtungsebene — vom Objekt aus gesehen — ins Unendliche abgebildet wird. Das geschieht durch eine Linse der Brennweite F; sie hat einen beliebigen Abstand G vom Objekt, in ihrer hinteren Brennebene befindet sich die Beobachtungsebene (Abb. 1-3). Für die Größe der Beugungserscheinung ist eine Strecke F' entscheidend. Für $G > 0$

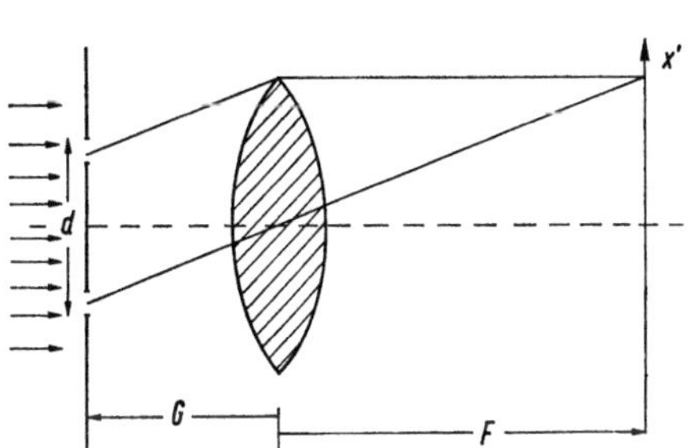

Abb. 1—3. Anstatt in großer Entfernung wird in der Brennebene einer Linse beobachtet

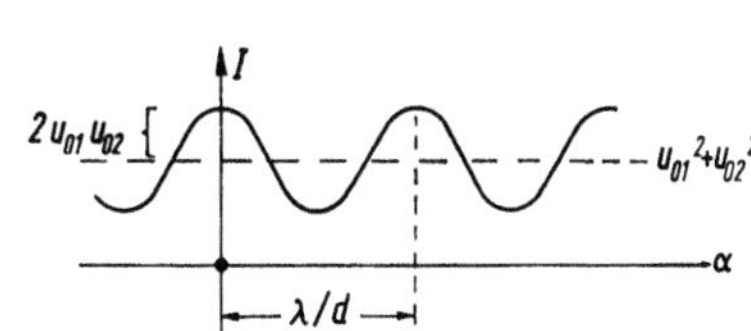

Abb. 1—4. Intensitätsverlauf bei Interferenzen am Doppelspalt

gilt $F' = F$; ist $0 > G > -F$, liegt also die Linse zwischen Lichtquelle und Objekt, so gilt $F' = F + G$.

x' sei die Ortskoordinate in der Beobachtungsebene hinter einer Linse, dann gilt

$$x' = F' \operatorname{tg} \alpha_B \approx F' \cdot \alpha . \tag{1.2-9}$$

Wird der Doppelspalt aus dem Strahlengang entfernt, so findet sich bei $x' = 0$ das Bild der weit entfernten Lichtquelle, die auf der optischen Achse liegen soll.

Der Funktionsverlauf von Gl. (1.2-8) ist gegeben durch eine cos-Quadrat-Funktion (Abb. 1—4). Diese Funktion ist charakteristisch für alle Arten von Zweistrahl-Interferenzen. Formal gilt Gl. (1.2-7 und -8) bis zu Argumenten beliebiger Größe, das ist wegen der genannten Voraussetzungen physikalisch ohne Sinn. Auch die endlichen Durchmesser der beugenden Löcher oder die endlichen Spaltbreiten bewirken praktisch ein systematisches Abfallen von $I(\alpha)$ für große α.

Eine wichtige Größe ist der Kontrast K der Interferenzstreifen, auch Modulation oder Sichtbarkeit genannt. Nach Definition gilt

$$K = \frac{I_{\max} - I_{\min}}{I_{\max} + I_{\min}} . \tag{1.2-10}$$

Mit Gl. (1.2-7) wird

$$K = \frac{2 u_{01} u_{02}}{u_{01}^2 + u_{02}^2} \begin{array}{ll} = 1 & \text{für} \quad u_{01} = u_{02} \\ \approx 0 & \text{für} \quad u_{01} \gtrless u_{02} . \end{array} \tag{1.2-11}$$

Zur Annäherung an den maximal möglichen Kontrast Eins muß also die Amplitude der beiden interferierenden Bündel etwa gleich gemacht werden. Die Periode der Interferenzerscheinung $\alpha_1 = \lambda/d$ liefert bei bekanntem Spaltabstand die Wellenlänge λ des Lichts.

1.2-b. Messungen an dünnen Schichten

Die geschilderte Interferenz mit Doppelspalt läßt sich verwenden zur Dickenmessung an dünnen, transparenten Schichten, die etwa durch Aufdampfen im Vakuum entstanden sind. Die Schicht habe die Dicke D und die Brechzahl n, sie wird unmittelbar vor oder hinter einen der beiden Spalte des Doppelspalts gesetzt, das Licht tritt senkrecht zu seiner Oberfläche hindurch. Liegt die Schicht hinter dem unteren Spalt (Abb. 1—1), so ist der optische Weg r_2' vom Spalt bis zur Beobachtungsebene nicht mehr identisch mit der geometrischen Strecke r_2, denn in der Schicht hat das Licht nicht die Vakuum-Wellenlänge λ sondern $\lambda' = \lambda/n$; dazu gehört die Wellenzahl $k' = 2\pi/\lambda'$. Der zweite Term in Gl. (1.2-2) muß deshalb geschrieben werden

$$\exp - i[k(r_2 - D) + k'D] .$$

Daraus folgt der optische Weg $r_2' = r_2 + D(n - 1)$. Der Einfachheit halber sei $u_{01} = u_{02} = 1$, dann wird Gl. (1.2-8)

$$I(\alpha) = 2 + 2 \cos k[d\alpha + D(n - 1)] . \tag{1.2-12}$$

$\varphi = kD(n-1)$ ist die zusätzliche Phasenverzögerung des Lichts durch die dünne Schicht. Das Beugungsbild hat ohne die Schicht ($D = 0$) und mit der Schicht das gleiche Aussehen, es ist nur senkrecht zur optischen Achse verschoben um den Winkel $\varepsilon = -D(n-1)/d$. Diese Verschiebung ist meßbar, sie ergibt die optische Dicke $D(n-1)$ der Schicht. Diese Verschiebung läßt sich auch aus der geometrischen Optik deuten, hier entspricht die Schicht vor einem der beiden Spalte einem dünnen Prisma vor beiden Spalten mit dem Prismenwinkel $\beta = D/d$. Für den Ablenkungswinkel eines solchen Prismas gilt $\varepsilon = \beta(n-1)$.

1.3. Doppelspalt mit ausgedehnter Lichtquelle

1.3-a. Zwei Quellen verschwindender Ausdehnung, die Kohärenzbedingung

Die Beugung von Licht aus einer ausgedehnten Quelle am Doppelspalt veranschaulicht den Begriff der räumlichen (spatialen) Kohärenz (vgl. z. B. Hopkins 1951) der Beleuchtung in der Ebene des Doppelspalts. Dafür muß zunächst überlegt werden, wie sich schräg unter einem Winkel arc sin $\alpha_0 \approx \alpha_0$ auf den Doppelspalt auffallendes Licht auf die Beugung auswirkt, es soll weiterhin von einer weit entfernten, kleinen, monochromatischen Lichtquelle ausgehen (Abb. 1—5).

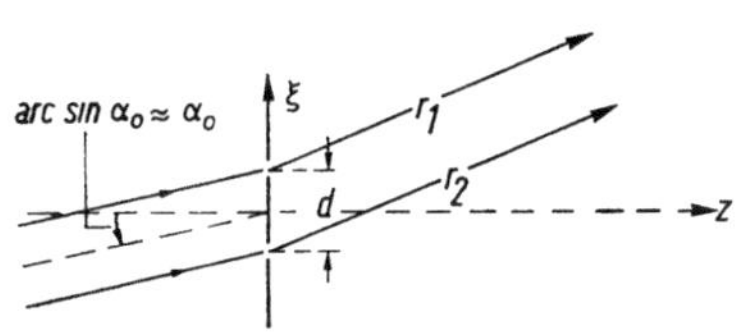

Abb. 1—5. Doppelspalt bei schiefer Beleuchtung

Die beiden Spalte haben die Koordinaten $\xi = \pm \frac{d}{2}$, sie besitzen beide die Transparenz Eins. Die Amplitude des auffallenden Lichtes u_0 sei für den Achsenpunkt des Doppelspalts gleich Eins. In einem beliebigen Punkt in dieser Ebene gilt nach Abb. 1—5 für die Amplitude der Beleuchtung

$$u_L = e^{-ik\alpha_0\xi}. \tag{1.3-1}$$

Analog Gl. (1.2-2) gilt dann

$$u(x) = e^{-ik\frac{\alpha_0 d}{2}} e^{-ikr_1} + e^{+ik\frac{\alpha_0 d}{2}} e^{-ikr_2}.$$

Der gesamte Gangunterschied der beiden Elementarwellen in der Ebene der Fraunhofer-Beugung wird mit Gl. (1.2-6)

$$r_1 - r_2 + \alpha_0 d = (\alpha_0 - \alpha) d. \tag{1.3-2}$$

Dieser Gangunterschied wird Null für $\alpha = \alpha_0$. Beim Übergang zur schiefen Beleuchtung bleibt die Intensitätsverteilung im Beugungsbild erhalten, sie wird nur um α_0 seitlich verschoben. Wird mit einer Linse beobachtet [Gl. (1.2-9)], so liegt das Bild der weit entfernten Lichtquelle am Ort des Gangunterschieds Null.

Analog zu Gl. (1.2-7) ergibt sich die Beugungsintensität zu

$$I(\alpha) = 2[1 + \cos k(\alpha - \alpha_0)d]. \tag{1.3-3}$$

Als ersten Schritt zu ausgedehnten Lichtquellen betrachten wir zwei Punktquellen, die zwar die gleiche Wellenlänge haben, die aber sonst nichts voneinander „wissen"; als thermische Lichtquellen emittieren beide Punkte Wellenzüge mit statistisch sich ändernder gegenseitiger Phasendifferenz. Da diese Phasendifferenzen nur über etwa 10^{-8} sec konstant sind, bleiben die Amplituden beider Quellen für längere Beobachtungszeiten nicht definiert. Im zeitlichen Mittel sind nur die Intensitäten der zu den beiden Lichtquellen gehörenden Beugungsbilder definiert. Die gesamte Beugungserscheinung ergibt sich also als Summe der beiden Intensitäten. Beide Lichtquellen sollen aus großem Abstand ebene Wellen unter $+\alpha_0$ und $-\alpha_0$ auf den Doppelspalt senden. Aus Gl. (1.3-3) folgt für zwei Punktquellen das Beugungsbild

$$\begin{aligned} I(\alpha) &= 2[2 + \cos k(\alpha - \alpha_0)d + \cos k(\alpha + \alpha_0)d] \\ &= 1 + \cos k\alpha_0 d \cdot \cos k\alpha d. \end{aligned} \tag{1.3-4}$$

Dabei ist ein konstanter Faktor fortgelassen. Die Beugungserscheinung ähnelt als Funktion von α der bei kohärenter Beleuchtung. Der von α_0 abhängige Vorfaktor beeinflußt nur ihren Kontrast. Nach Gl. (1.2-10) gilt

$$K = \cos k\alpha_0 d. \tag{1.3-5}$$

Dieser Kontrast ist ein Maß für den Kohärenzgrad, mit dem der Doppelspalt beleuchtet ist. Obwohl zwei inkohärente Quellen beteiligt sind, sprechen wir von kohärenter Beleuchtung, solange gilt $K \approx 1$. Dieser Fall wird hergestellt durch ein kleines Argument der cos-Funktion. Das ist gegeben für $k\alpha_0 d \ll \pi$. Daraus folgt eine oft zitierte „Kohärenzbedingung" $\alpha_0 d \ll \lambda$. Danach werden zwei Punkte im Abstand d mit um so besserer Kohärenz ausgeleuchtet, je kleiner d und je kleiner die Beleuchtungsapertur α_0 ist. Die hier diskutierte räumliche (spatiale) Kohärenz muß unterschieden werden von der zeitlichen (chromatischen) Kohärenz, die später behandelt wird. Nach Gl. (1.3-5) verschwindet für $\alpha_0 = \lambda/4d$ der Kontrast; mit noch größerem α_0 wird K negativ, das bedeutet dunkle Interferenzstreifen an einem Ort α, wo für $\alpha_0 = 0$ helle Streifen zu sehen sind. Die erste Nullstelle von Gl. (1.3-5) definiert einen Abstand $d = d_c$ zweier Punkte, in denen die Lichterregungen gerade nicht mehr interferenzfähig sind. Dieser Abstand wird das Kohärenzintervall genannt. Es gilt

$$d_c = \lambda/4\alpha_0. \tag{1.3-6}$$

1.3-b. Quelle mit endlicher Ausdehnung, die spatiale Kohärenzfunktion

Eine ausgedehnte Lichtquelle in großer Entfernung vom beugenden Objekt erscheint von hier aus mit der Strahlungsdichte $L(\alpha_0)$. Zur Errechnung des Beugungsbildes müssen die Beugungsintensitäten für alle Quellenpunkte α_0 nach

Gl. (1.3-3) summiert werden, über eine ausgedehnte Lichtquelle muß also integriert werden. Es ergibt sich

$$\begin{aligned} I(\alpha) &= \int_{-\infty}^{+\infty} L(\alpha_0)\{1 + \cos[k(\alpha - \alpha_0)d]\}\, d\alpha_0 \\ &= I_0 + \cos k\alpha d \int L(\alpha_0) \cos[k\alpha_0 d] d\alpha_0 \\ &\quad + \sin k\alpha d \int L(\alpha_0) \sin[k\alpha_0 d] d\alpha_0 . \end{aligned} \tag{1.3-7}$$

$I_0 = \int L(\alpha_0)\, d\alpha_0$ ist ein konstanter Anteil der Intensität im Beugungsbild. Die beiden anderen Glieder beschreiben jeweils eine harmonische Intensitätsverteilung im Beugungsbild, wie sie bei Zweistrahl-Interferenzen üblich ist. Wegen der cos- und sin-Funktion überlagern sich beide Verteilungen mit einer seitlichen (lateralen) Verschiebung um ein Viertel ihrer Periode λ/d. Die Integrale sind Faktoren Γ_g^s und Γ_u^s für beide harmonische Verteilungen; als Funktionen von $d/\lambda = s$ sind Γ_g^s und Γ_u^s nach Gl. (1.3-7) die Fourier-Transformierten der Lichtquelle $L(\alpha_0)$. Sie sind Teile der Kohärenzfunktion $\Gamma^s(s)$, mit der die Lichtquelle den Doppelspalt mit Spaltabstand d beleuchtet. $L(\alpha_0)$ läßt sich stets additiv zusammensetzen aus einer in α_0 geraden Funktion $L_g(\alpha_0) = L_g(-\alpha_0)$ und einer ungeraden Funktion $L_u(\alpha_0) = -L_u(-\alpha_0)$. Entsprechend den Regeln der Fourier-Transformation gilt

$$\Gamma_g^s(s) = \int L(\alpha_0) \cos(2\pi s\alpha_0) d\alpha_0 = \int L_g(\alpha_0) \cos(2\pi s\alpha_0) d\alpha_0 = \mathrm{Re}[\Gamma^s(s)] \tag{1.3-8}$$

$$\Gamma_u^s(s) = \int L(\alpha_0) \sin(2\pi s\alpha_0) d\alpha_0 = \int L_u(\alpha_0) \sin(2\pi s\alpha_0) d\alpha_0 = \mathrm{Im}[\Gamma^s(s)]. \tag{1.3-9}$$

Re und Im sind Real- und Imaginärteil von $\Gamma^s(s)$. In komplexer Schreibweise ergibt sich

$$\Gamma^s(s) = \Gamma_g^s(s) + i\,\Gamma_u^s(s) = \int_{-\infty}^{+\infty} L(\alpha_0) e^{2\pi i s\alpha_0} d\alpha_0 \tag{1.3-10}$$

als allgemeine Fourier-Transformierte der Lichtquelle. Es ist auch sinnvoll, $\Gamma^s(s)$ als Zeiger in der komplexen Ebene zu schreiben mit dem Winkel $\varphi(s)$ gegen die reelle Achse

$$\Gamma^s(s) = |\Gamma^s(s)|\, e^{i\varphi(s)} = |\Gamma^s(s)| \cos\varphi(s) + i\, |\Gamma^s(s)| \sin\varphi(s) \tag{1.3-11}$$

mit $\operatorname{tg}\varphi = \Gamma_u/\Gamma_g$.

Mit Gl. (1.3-11) erhält Gl. (1.3-7) die Form

$$\begin{aligned} I(\alpha) &= I_0 + |\Gamma^s(s)| \cos\varphi(s) \cdot \cos 2\pi s\alpha + |\Gamma^s(s)| \sin\varphi(s) \cdot \sin 2\pi s\alpha \\ &= I_0 + |\Gamma^s(s)| \cos[2\pi s\alpha - \varphi(s)] \end{aligned} \tag{1.3-12}$$

$$= I_0 + \left|\Gamma^s\left(\frac{d}{\lambda}\right)\right| \cos\left[k\alpha d - \varphi\left(\frac{d}{\lambda}\right)\right]. \tag{1.3-13}$$

Die Interferenzerscheinung besteht also auch weiterhin aus äquidistanten Streifen mit harmonischem Intensitätsverlauf. Für den Kontrast im Interferenzbild gilt

$$K = \frac{|\Gamma^s(s)|}{I_0}. \tag{1.3-14}$$

Oft wird der Betrag der Kohärenzfunktion auch so normiert, daß er gleich dem Kontrast wird. Der Nullpunkt der Erscheinung ist verschoben an die Stelle $\alpha = \varphi(s)/2\pi s$ (Abb. 1—6). Eine solche Verschiebung tritt nur ein, wenn die Strahlungsstärke der Lichtquelle unsymmetrisch zur optischen Achse ist, nur dann werden $L_u(\alpha_0)$ und damit auch $\Gamma_u^s(s)$ und $\varphi(s)$ ungleich Null. Auch die Phase $\varphi(s)$ der Kohärenzfunktion läßt sich, wie in Abb. 1—6 angedeutet, aus der Beugungsfigur ablesen als die seitliche Verschiebung eines Intensitätsmaximums gegenüber seiner Lage für $\alpha_0 = 0$.

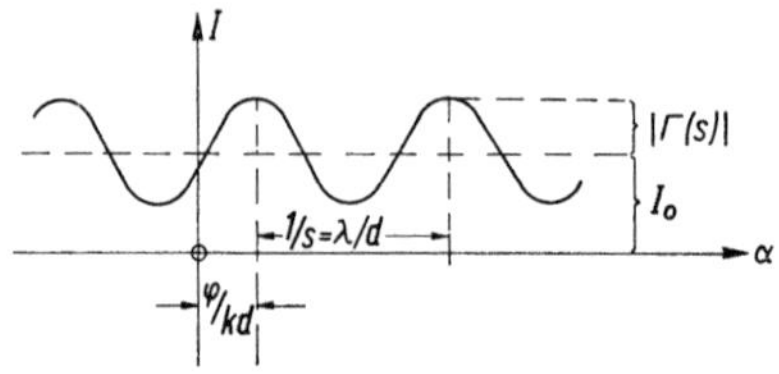

Abb. 1—6. Beugungsbild bei ausgedehnter Lichtquelle

Für die symmetrische Lichtquelle $L_g(\alpha_0)$ folgt aus Gl. (1.3-8) $\Gamma_g^s(s) = \Gamma_g^s(-s)$. Eine rein antisymmetrische Quelle $L_u(\alpha_0)$ ist nur formal aber nicht physikalisch sinnvoll, denn es gibt keine negativen Strahlungsdichten. Aus Gl. (1.3-9) folgt $\Gamma_u^s(-s) = -\Gamma_u^s(s)$. Daraus folgt für die komplexe Kohärenzfunktion

$$\Gamma^s(s) = \Gamma^{s*}(-s). \qquad (1.3\text{-}15)$$

Gl. (1.3-15) gilt unter der Voraussetzung, daß $\Gamma^s(s)$ die Fouriertransformierte der reellen Funktion $L(\alpha_0)$ ist. Weiter ergibt sich $\varphi(-s) = -\varphi(s)$.

Als Beispiel werde die Doppelspalt-Interferenz einer begrenzten Lichtquelle mit konstanter Leuchtdichte ($L = 1$) betrachtet, sie liege symmetrisch zur optischen Achse und erscheine vom Doppelspalt aus unter dem Winkel $2A$ (Abb. 1—7). Wegen ihrer Rechteckform heißt diese Funktion

$$L(\alpha_0) = \operatorname{rect}\left(\frac{\alpha_0}{2A}\right) = 1, \ |\alpha_0| < A$$
$$= 0 \qquad > A. \qquad (1.3\text{-}16)$$

Nach Gl. (1.3-7) gilt dann

$$I(\alpha) = \int_{-A}^{A} d\alpha_0 + \int_{-A}^{A} \cos[k(\alpha - \alpha_0)d]\, d\alpha_0 = 2A + \frac{2}{kd} \sin kAd \cdot \cos k\alpha d.$$

Der Vergleich mit Gl. (1.3-13) liefert $I_0 = 2A$ und

$$\Gamma^s\left(\frac{d}{\lambda}\right) = 2A\, \frac{\sin kAd}{kAd} = 2A \operatorname{sinc}\left(2\pi A\, \frac{d}{\lambda}\right). \qquad (1.3\text{-}17)$$

Der Kontrast wird zu

$$K = \operatorname{sinc}(kAd). \qquad (1.3\text{-}18)$$

Die mit Gl. (1.3-17) definierte sinc-Funktion ist in Abb. 1—8 dargestellt. Als Fourier-Transformierte einer begrenzten, konstanten Funktion tritt sie häufig auch an anderer Stelle der Fourier-Optik auf. Ihre erste Nullstelle ist charakteristisch für die Beleuchtungsapertur A. Wie später besprochen wird, kann bei variiertem d das Verschwinden des Interferenzkontrastes an dieser Stelle zur experimentellen

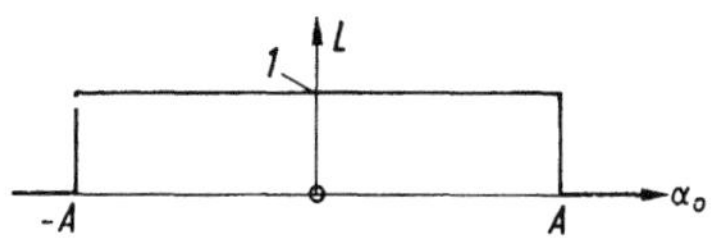

Abb. 1—7. Die Lichtquellenfunktion $L(\alpha_0) = \mathrm{rect}\,(\alpha_0/2A)$

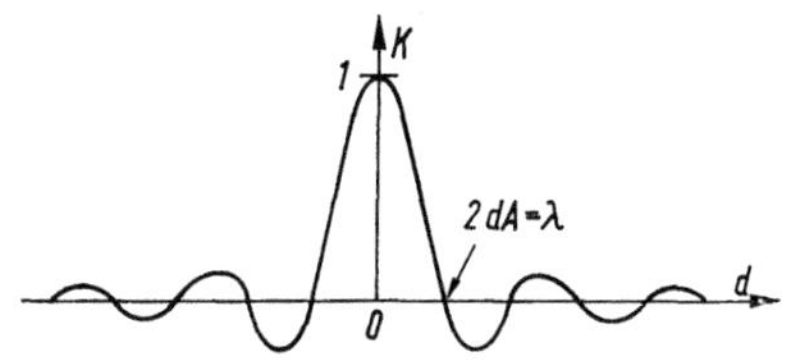

Abb. 1—8. Kontrast der Interferenzstreifen mit ausgedehnter Lichtquelle $K = \dfrac{\sin k\,dA}{k\,dA} = \mathrm{sinc}\,k\,dA$

Bestimmung von A dienen. Andererseits kennzeichnet die Nullstelle auch einen charakteristischen Spaltabstand $d = d_c = \lambda/2A$. Ein Doppelspalt mit diesem Spaltabstand liefert Interferenzen mit gerade verschwindendem Kontrast. Wie schon bei der Beleuchtung durch zwei Punktquellen [Gl. (1.3-6)] ist d_c das „Kohärenzintervall" in der beleuchteten Ebene, seine Lage in dieser Ebene ist nicht festgelegt, solange die Beleuchtung homogen ist.

Die Kohärenzfunktion für spatiale Teilkohärenz wurde auf verschiedenen Wegen eingeführt von van Cittert (1934) und Zernike (1938).

1.3-c. Das Michelsonsche Sterninterferometer

Interferenz am Doppelspalt zur Vermessung von Sternen wurde zuerst von Michelson (1890) in seinem Sterninterferometer benutzt. Abb. 1—9 zeigt das Prinzip des Geräts, wie es auch heute für irdische Lichtquellen, etwa für Laser, verwendet

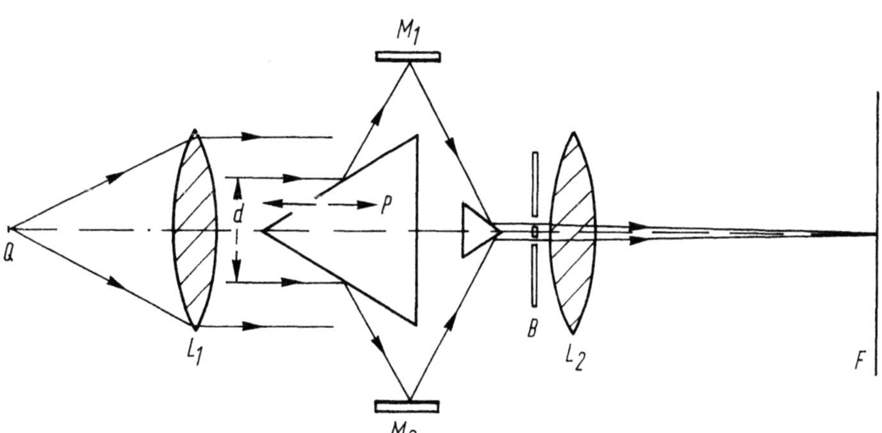

Abb. 1—9. Michelsonsches Sterninterferometer (Asakura und Fujiwara 1969)

wird (Asakura und Fujiwara 1969). Eine Blende B mit zwei Löchern im festen Abstand d' erzeugt in der hinteren Brennebene F der Linse L_2 Interferenzstreifen mit konstantem Abstand. Die Löcher in B werden über Spiegel und das reflektierende Prisma P von zwei parallelen Strahlen beleuchtet. In einer Ebene links von P haben die Strahlen den Abstand d, in dieser Ebene wird der Kohärenzgrad $\Gamma^s(d/\lambda)$ gemessen. Die Lichtquelle endlicher Ausdehnung befindet sich in großer Entfernung von dieser Ebene; oder die Beleuchtung ist kollimiert, dann befindet sich die Lichtquelle in der linken Brennebene der Linse L_1. Durch axiale Verschiebung von P wird d variiert. Kontrast und Lage des Interferenzbildes als Funktion von d werden in F bestimmt. Variiert der Kontrast nach Gl. (1.3-5) oder nach Gl. (1.3-18), so hat sich die Lichtquelle als Doppelpunkt erwiesen oder als gleichmäßig strahlende Fläche. Der Abstand der beiden Punktquellen $2\alpha_0$ oder die Breite $2A$ der Quelle lassen sich bestimmen aus dem Wert von d, wo bei wachsendem d der Kontrast zum ersten Mal verschwindet. Auf diese Weise lassen sich Aussagen über die Gestalt der Lichtquelle gewinnen, die ähnlich genau sind wie Beobachtungen mit einem Fernrohr, dessen Objektivdurchmesser gleich dem maximalen effektiven Spaltabstand ist.

Mißt man die Intensitätsverteilung des Beugungsbildes in F mit einem Photoelektronenvervielfacher, so hat man $I(\alpha)$ in Gl. (1.3-12) bestimmt. Zur Bestimmung von φ muß man in F den Durchstoßpunkt der optischen Achse experimentell oder auch willkürlich festlegen; auf diese Achse beziehen sich dann auch die Aussagen über α_0; zur Bestimmung von φ vgl. Goodman (1970a). Aus $I(\alpha)$ folgen $|\Gamma^s(d/\lambda)|$ und $\varphi(d/\lambda)$; damit ist $\Gamma^s(s)$ bekannt. Damit wird entsprechend Gl. (1.3-10)

$$\Gamma^s(s) = \int L(\alpha_0) e^{2\pi i s \alpha_0} \mathrm{d}\alpha_0 = \mathscr{F}[L(\alpha_0)] = \tilde{L}(s). \qquad (1.3\text{-}19)$$

Die Tilde ($\tilde{}$) und $\mathscr{F}$ sind die allgemeinen Symbole für eine Fourier-Transformation. Dementsprechend ist die Umkehr der Fourier-Reziprozität möglich. Es gilt also

$$L(\alpha_0) = \int \Gamma^s(s) e^{-2\pi i s \alpha_0} \mathrm{d}s = \mathscr{F}^{-1}[\Gamma^s(s)] = \tilde{\Gamma}^s(\alpha_0). \qquad (1.3\text{-}20)$$

$\mathscr{F}^{-1}$ bedeutet die Fourier-Rücktransformation oder Fourier-Inversion. Die Integrationsgrenzen in Gl. (1.3-19) und (1.3-20) sind formal unendlich; praktisch gehen die Integrationen so weit, wie $\Gamma^s(s)$ und $L(\alpha_0)$ von Null verschieden sind. Aus der gemessenen Funktion $\Gamma^s(s)$ kann also rechnerisch die Gestalt der Lichtquelle $L(\alpha_0)$ ermittelt werden.

Doppelspalt und Sterninterferometer sind nur begrenzt für die Messung von Kohärenzfunktionen brauchbar. Für andere Verfahren sei auf Kap. 10 und den Bericht von Françon und Mallick (1967) verwiesen.

1.4. Einige allgemeine Beziehungen der Fourier-Optik

1.4-a. Die Dirac-Funktion

Im folgenden wird der Einfluß von speziellen Lichtquellen auf die Zweispalt-Interferenz untersucht. Es ergeben sich Beziehungen, die auch für andere Kapitel der Fourier-Optik nützlich sind. Die allgemeine Beziehung von Gl. (1.3-20) läßt die Frage aufkommen, wie eine Lichtquelle sehr geringer Ausdehnung formal zu beschreiben ist. Eine solche Lichtquelle auf der optischen Achse ($\alpha_0 = 0$) liefert am Doppelspalt nach Gl. (1.2-11) eine Interferenzerscheinung mit dem Kontrast Eins. Es ist $\Gamma^s(s) = 1$. $L(\alpha_0)$ ergibt sich daraus durch eine Fourier-Transformation. Das Ergebnis dieser Transformation wurde als Delta-Funktion $\delta(\alpha_0)$ von Dirac zuerst in der Quantenmechanik verwendet. Sie hat die folgenden Eigenschaften:

$$\begin{aligned} \delta(\alpha_0) &= \infty \quad \text{für} \quad \alpha_0 = 0 \\ &= 0 \qquad\qquad \alpha_0 \neq 0 \\ \int_{-\infty}^{+\infty} \delta(\alpha_0)\mathrm{d}\alpha_0 &= 1 \end{aligned} \tag{1.4-1}$$

Der endliche Wert des Integrals über die δ-Funktion wird etwa durch das Folgende erläutert: $L(\alpha_0) = \delta(\alpha_0)$ beschreibt als Grenzwert die Verteilung der Strahlungsdichte einer Lichtquelle verschwindender Ausdehnung; soll die Strahlungsstärke dieser Quelle endlich sein, so muß ihre Leuchtdichte am Ort $\alpha_0 = 0$ über alle Grenzen wachsen. Die Integration über α_0 ist gleichwertig mit einer Integration über die Breite (im Zweidimensionalen über die Fläche) der Lichtquelle. Das Ergebnis dieser Integration ist also proportional zur Strahlungsstärke der Lichtquelle, und diese soll endlich sein.

Analytisch läßt sich die δ-Funktion als Grenzübergang mit Hilfe von verschiedenen Funktionen darstellen.

1. Da für die eng begrenzte Quelle $\Gamma = 1$ wird, läßt sich nach Gl. (1.3-20) schreiben

$$\delta(\alpha_0) = \mathscr{F}(1) = \int_{-\infty}^{+\infty} 1 \cdot e^{-2\pi i s\alpha_0}\mathrm{d}s \tag{1.4-2}$$

$$\begin{aligned} \delta(\alpha_0) &= \lim_{B\to\infty} \int_{-B}^{+B} e^{2\pi i s\alpha_0}\,\mathrm{d}s - \lim_{B\to\infty} \int_{-\infty}^{+\infty} \operatorname{root}\left[\frac{\alpha_0}{2B}\right] e^{-2\pi i s\alpha_0}\,\mathrm{d}s \\ &= \lim_{B\to\infty} 2B\,\frac{\sin 2\pi\alpha_0 B}{2\pi\alpha_0 B} \\ &= \lim_{B\to\infty} 2B \operatorname{sinc}\,[2\pi\alpha_0 B]. \end{aligned} \tag{1.4-3}$$

Die beiden fourierreziproken Funktionen $\Gamma^s(s)$ und $L(\alpha_0)$ sind vor dem Grenzübergang in Abb. 1—10 skizziert; vor dem Grenzübergang erscheinen Werte

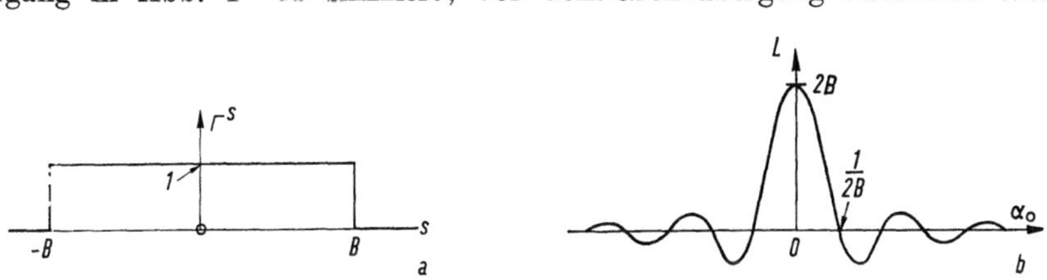

Abb. 1—10a, b. Rechteck-und sinc-Funktion fur den Grenzubergang $\delta(\alpha_0) = \lim_{B\to\infty} [2B \operatorname{sinc} 2\pi\alpha_0 B]$

$L < 0$, diese sind hier physikalisch ohne Sinn. Die Fourier-Reziprozität der Funktionen sinc und rect hatte sich schon in Gl. (1.3-17) gezeigt. Für die Integration gilt

$$\int \delta(\alpha_0)\,\mathrm{d}\alpha_0 = \lim_{B\to\infty} \int_{-B}^{+B} 2B\,\frac{\sin 2\pi\alpha_0 B}{2\pi\alpha_0 B}\,\mathrm{d}\alpha_0 = \lim_{B\to\infty} \int_{-B}^{+B} \frac{2B}{2\pi B}\,\frac{\sin x}{x}\,\mathrm{d}x$$

$$= 2\int_0^\infty \frac{1}{\pi}\,\frac{\sin x}{x}\,\mathrm{d}x = \frac{2}{\pi}\,\mathrm{Si}(\infty) = 1.$$

Die Funktion $\mathrm{Si}(x)$, der Integralsinus, findet sich mit Zahlenwerten etwa in den Tabellen von Lösch (1960). Der Wert des Integrals ist unabhängig von B, also vom Grenzübergang.

2. Eine für die Fourier-Optik besonders nützliche Funktion ist die Glockenkurve von Gauß e^{-s^2/a^2} (Abb. 1—11). Auch diese Funktion liefert im Grenzübergang $\Gamma^s(s) = 1$.

$$1 = \lim_{a\to\infty} e^{-s^2/a^2}$$

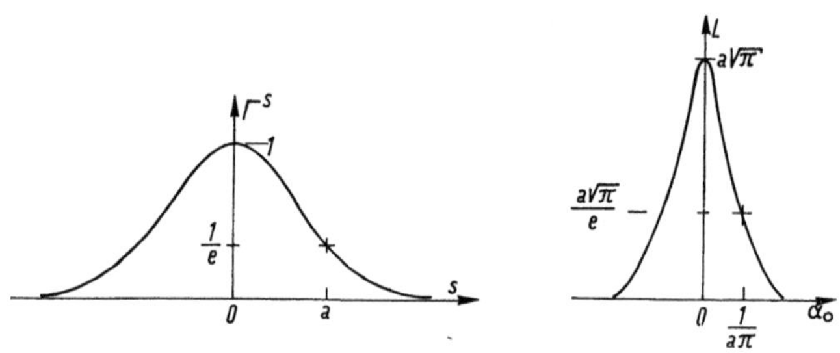

Abb. 1—11. Glockenkurve für den Grenzübergang $\delta(\alpha_0) = \lim_{a\to\infty} a\sqrt{\pi}\,e^{-\pi^2a^2\alpha_0^2}$ und ihre Fourier-Transformierte e^{-s^2/a^2}

Für die Dirac-Funktion folgt durch Fourier-Transformation

$$\delta(\alpha_0) = \mathscr{F}[1] = \mathscr{F}\Big[\lim_{a\to\infty} e^{-s^2/a^2}\Big] = \lim_{a\to\infty} \mathscr{F}[e^{-s^2/a^2}].$$

In Lehrbüchern der Analysis wird die Fouriertransformierte der Glockenkurve hergeleitet, sie ist wieder eine Glockenkurve und findet sich auch in den Tabellen zur Fourier-Transformation von Oberhettinger (1957). Es folgt

$$\delta(\alpha_0) = \lim_{a\to\infty} (a\sqrt{\pi}e^{-\pi^2a^2\alpha_0^2}). \tag{1.4-4}$$

Das Integral über α_0 führt auf das Fehlerintegral, über dieses sind Formeln und Zahlenwerte in den Tabellen von Lösch (1960) zu finden. Das Integral ist von a und damit vom Grenzübergang unabhängig. Die Formeln und Abb. 1—11 zeigen, daß die Breiten der beiden fourierreziproken Glockenkurven ebenfalls reziprok zueinander sind.

3. Eine weitere Darstellung der Dirac-Funktion ergibt sich mit Hilfe der sinc-Funktion. Wir setzen

$$\Gamma^s(s) = 1 = \lim_{c\to 0}\left[\frac{\sin 2\pi c s}{2\pi c s}\right]$$

$$\delta(\alpha_0) = \mathscr{F}[1] = \lim_{c\to 0}\mathscr{F}\left[\frac{\sin 2\pi c s}{2\pi c s}\right].$$

Die Fouriertransformation ergibt sich aus einer Umkehrung der Rechnung, die zu Gl. (1.4-3) führte, oder aus den Tabellen von Oberhettinger (1957). Es gilt

$$\delta(\alpha_0) = \lim_{c\to 0}\left[\frac{1}{2c}\operatorname{rect}\frac{\alpha_0}{2c}\right]. \tag{1.4-5}$$

Abb. 1—12 stellt die beiden beteiligten Funktionen dar. Hier wird die Beziehung $\int \delta(\alpha_0)\,\mathrm{d}\alpha_0 = 1$ besonders anschaulich. Die Dirac-Funktion läßt sich auch aus anderen Funktionen mit Hilfe von Grenzübergängen gewinnen.

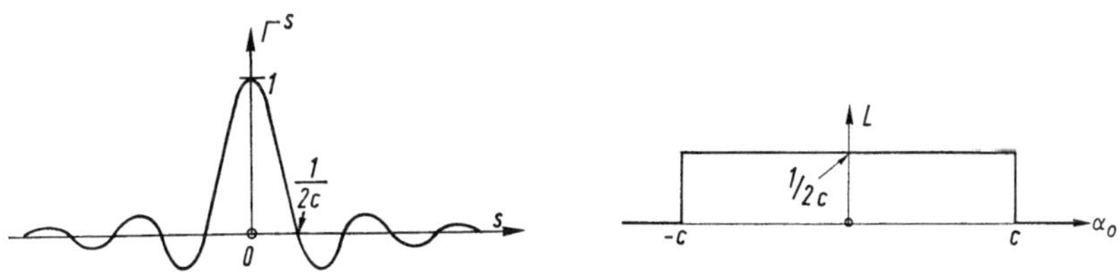

Abb. 1—12. sinc- und Rechteck-Funktion fur den Grenzübergang $\delta(\alpha_0) = \lim_{c\to 0}\left[\frac{1}{2c}\operatorname{rect}\frac{\alpha_0}{2c}\right]$

Liegt die Lichtquelle geringer Ausdehnung nicht auf der Achse $\alpha_0 = 0$, sondern beleuchtet sie das Objekt unter dem Winkel α_0', so wird sie dargestellt durch

$$L(\alpha_0) = \delta(\alpha_0 - \alpha_0'). \tag{1.4-6}$$

Das dazugehörige Beugungsbild am Doppelspalt wurde schon errechnet [Gl. (1.3-3)]. Der Vergleich mit Gl. (1.3-12) ergibt $|\Gamma^s(s)| = 1$ und $\varphi(s) = k d \alpha_0' = 2\pi s \alpha_0'$. Daraus folgt mit Gl. (1.3-11)

$$\Gamma^s(s) = e^{2\pi i s \alpha_0'}. \tag{1.4-7}$$

Wegen der unsymmetrischen Lage der Lichtquelle ist $\Gamma^s(s)$ komplex. Zwei Lichtquellen geringer Ausdehnung bei α_0' und $-\alpha_0'$ ergeben analog

$$L(\alpha_0) = \delta(\alpha_0 - \alpha_0') + \delta(\alpha_0 + \alpha_0')$$

$$\Gamma^s(s) = 2\cos 2\pi s \alpha_0'. \tag{1.4-8}$$

Γ^s kann hier großer werden als Eins, weil eine Normierung fehlt. Zur Normierung müßte Γ^s geteilt werden durch $\int L(\alpha_0)\mathrm{d}\alpha_0 = 2$. Die gesamte Lichtquelle, die Gl. (1.4-8) zugrunde liegt, ist symmetrisch, deshalb ist Γ^s reell.

Aus dem entwickelten Modell läßt sich keine Lichtquelle ableiten, deren Kohärenzfunktion sin-förmig ist, denn Leuchtdichten $L(\alpha_0)$ müssen positiv sein. Formal läßt sich aber schreiben

$$L(\alpha_0) = \delta(\alpha_0 - \alpha_0') - \delta(\alpha_0 + \alpha_0')$$

$$\Gamma^s(s) = 2i \sin(2\pi s \alpha_0'). \tag{1.4-9}$$

Als eine weitere wichtige Beziehung sei $\delta(c \cdot \alpha_0)$ errechnet. Mit Gl. (1.4-2) gilt

$$\delta(c \cdot \alpha_0) = \int_{-\infty}^{\infty} e^{-2\pi i s c \alpha_0} \, \mathrm{d}s \,, \quad \text{mit} \quad sc = s' \quad \text{wird}$$

$$\delta(c \cdot \alpha_0) = \int e^{-2\pi i s' \alpha_0} \, \mathrm{d}\left(\frac{s'}{|c|}\right) = \frac{1}{|c|} \, \delta(\alpha_0). \tag{1.4-10}$$

$|c|$ im Nenner ergibt sich dadurch, daß für $c < 0$ die Integrationsgrenzen zunächst ihr Vorzeichen tauschen.

1.4-b. Fourier-Transformation und Koordinaten-Transformation

Wird eine Lichtquelle von allgemeiner Form $L(\alpha_0)$ seitlich um α_0' verschoben, so wird sie dargestellt durch $L(\alpha_0 - \alpha_0')$. Aus der Kohärenzfunktion $\Gamma^s(s)$ für die ursprüngliche Lage wird nun nach Gl. (1.3-19)

$$\Gamma^{s\prime}(s) = \int L(\alpha_0 - \alpha_0') e^{2\pi i s \alpha_0} \mathrm{d}\alpha_0 \,,$$

mit $\beta = \alpha_0 - \alpha_0'$ wird

$$\Gamma^{s\prime}(s) = \int L(\beta) e^{2\pi i s \beta} \cdot e^{2\pi i s \alpha_0'} \mathrm{d}\beta = e^{2\pi i s \alpha_0'} \Gamma^s(s). \tag{1.4-11}$$

Wird die Breite der Lichtquelle $L(\alpha_0)$ gleichmäßig um den Faktor c gedehnt, so gilt $L(c \cdot \alpha_0)$. Aus der Kohärenzfunktion $\Gamma^s(s)$ vor der Dehnung wird mit Gl. (1.3-19)

$$\Gamma^{s\prime}(s) = \int_{-\infty}^{\infty} L(c \cdot \alpha_0) e^{2\pi i s \alpha_0} \mathrm{d}\alpha_0 \,,$$

mit $\beta = c \cdot \alpha_0$ wird

$$\Gamma^{s\prime}(s) = \int L(\beta) e^{2\pi i \frac{s}{c} \beta} \cdot \frac{\mathrm{d}\beta}{|c|} = \frac{1}{|c|} \, \Gamma^s\left(\frac{s}{c}\right). \tag{1.4-12}$$

$|c|$ im Nenner ergibt sich dadurch, daß für $c < 0$ die Integrationsgrenzen zunächst ihr Vorzeichen tauschen (vgl. Stroke 1969). Als Folge davon gehört mit $c = -1$ zu $L(-\alpha_0)$ die Kohärenzfunktion $\Gamma^s(-s)$.

1.4-c. Kohärenzfunktion bei inkohärenter Beleuchtung

Die punktförmige Lichtquelle $L(\alpha_0) = \delta(\alpha_0)$ liefert nach dem oben Gesagten den Grenzfall exakt kohärenter Beleuchtung für ein Punktepaar in beliebigem

Abstand d; es gilt $\left|\Gamma^s\left(\frac{d}{\lambda}\right)\right| = 1$. Der andere Grenzfall — völlig inkohärente Beleuchtung — wird verursacht von einer Lichtquelle sehr großer Ausdehnung A; diese wird beschrieben durch $L(\alpha) = \lim\limits_{A\to\infty}\left[\operatorname{rect}\frac{\alpha_0}{2A}\right]$. Sie erzeugt nach Gl. (1.3-18) in Zweispaltinterferenzen einen Kontrast $K = \lim\limits_{A\to\infty} \operatorname{sinc}(kdA)$. Dazu gehört nach Gl. (1.3-14) die nichtnormierte Kohärenzfunktion $\Gamma^s(s) = I_0 \cdot K = 2A \cdot K$. Der Grenzübergang erfolgt analog Gl. (1.4-3), es ergibt sich $\Gamma^s(s) = \delta(s)$. Nur zwei Punkte im Abstand $d_c = \lambda \cdot s = 0$ werden kohärent beleuchtet, für alle anderen d ist $\Gamma^s(s) = 0$. Später wird zu besprechen sein, daß völlig inkohärente Beleuchtung über Strecken d gleich oder kleiner als die Wellenlänge nicht realisierbar ist (Kap. 6.4).

1.5. Nicht-monochromatische Zweistrahlinterferenzen

1.5-a. Die chromatische Kohärenzfunktion

Nun soll die Interferenz von Licht am Doppelspalt untersucht werden, das von einer spatial kohärenten Lichtquelle herrührt, das aber nicht mehr monochromatisch ist. Die spektrale Verteilung der Leuchtdichte der Quelle sei $E(\lambda)$. Für das Folgende ist es zweckmäßig, anstelle von λ einen reziproken Wert zu benutzen, nämlich

$$\sigma = 1/\lambda = k/2\pi = \nu/c.$$

Wellen mit verschiedenen σ liefern keine stationäre Interferenzerscheinung. Wir bezeichnen sie daher als untereinander inkohärent. Wie im Ansatz für die spatial inkohärente, ausgedehnte Lichtquelle [Gl. (1.3-7)] müssen für das Beugungsbild die Intensitäten summiert oder integriert werden, die zu den einzelnen Anteilen der Lichtquelle gehören. Wir setzen $u_{01} = u_{02} = 1$ und erhalten aus Gl. (1.2-7) mit $k = 2\pi\sigma$

$$I(\alpha) = \int_0^\infty E(\sigma)(1 + \cos 2\pi\sigma d\alpha)\,\mathrm{d}\sigma. \tag{1.5-1}$$

Da das Spektrum $E(\sigma)$ nur für positive λ und so auch nur für positive σ definiert ist, stellt $I(\alpha)$ die Fouriertransformierte von $E(\sigma)$ dar.

Als Beispiel enthalte die Lichtquelle 2 Spektrallinien σ_1 und σ_2 von gleicher Stärke. Bis auf eine Konstante gelte also $E(\sigma) = \delta(\sigma - \sigma_1) + \delta(\sigma - \sigma_2)$.

Aus Gl. (1.5-1) wird

$$\begin{aligned} I(\alpha) = &\int \delta(\sigma - \sigma_1)\mathrm{d}\sigma + \int \delta(\sigma - \sigma_2)\mathrm{d}\sigma \\ &+ \int \delta(\sigma - \sigma_1)\cos(2\pi\sigma\alpha)\,\mathrm{d}\sigma + \int \delta(\sigma - \sigma_2)\cos(2\pi\sigma d\alpha)\,\mathrm{d}\sigma. \end{aligned}$$

Nach Definition [Gl. (1.4-2)] sind die Integrale 1 und 2 jeweils gleich Eins. Der Integrand von Integral 3 ist ungleich Null nur für $\sigma = \sigma_1$; da die cos-Funktion viel langsamer mit σ variiert als die Deltafunktion, kann sie als quasi-konstant vor das Integral gezogen werden. Für das Integral 4 gilt dasselbe. Damit wird

$$I(\alpha) = 2 + \cos(2\pi\sigma_1 d\alpha) \int \delta(\sigma - \sigma_1)\mathrm{d}\sigma + \cos(2\pi\sigma_2 d\alpha) \int \delta(\sigma - \sigma_2)\mathrm{d}\sigma .$$

Da die Integrale jeweils gleich Eins sind, gilt

$$\begin{aligned} I(\alpha) &= 2 + \cos(2\pi\sigma_1 d\alpha) + \cos(2\pi\sigma_2 d\alpha) \\ &= 2\left[1 + \cos\left(2\pi\frac{\sigma_1 - \sigma_2}{2}d\alpha\right)\cdot\cos\left(2\pi\frac{\sigma_1 + \sigma_2}{2}d\alpha\right)\right]. \end{aligned}$$

Die gemeinsame Konstante 2 wird vernachlässigt, eingeführt werden die mittlere Wellenzahl $\bar{\sigma} = (\sigma_1 + \sigma_2)/2$ und die Differenz $\Delta\sigma = \sigma_1 - \sigma_2$. Damit wird

$$I(\alpha) = 1 + \cos(2\pi d\alpha\, \Delta\sigma/2)\cdot\cos(2\pi\bar{\sigma}d\alpha). \qquad (1.5\text{-}2)$$

Das Ergebnis ist sehr ähnlich wie das für den Doppelpunkt als Lichtquelle [Gl. (1.3-4)], das mehr elementar abgeleitet wurde. Wieder ist die Intensitätsverteilung im Interferenzbild cos-förmig. Ihr Kontrast ist

$$K = \cos(2\pi d\alpha\, \Delta\sigma/2) \qquad (1.5\text{-}3)$$

analog zu Gl. (1.3-5). K ändert sich periodisch mit α, ähnlich wie man es bei der zeitlichen Schwebung zwischen Schwingungen von zwei Frequenzen gewohnt ist.

Gl. (1.5-3) läßt sich mit Gl. (1.2-6) schreiben

$$K = \cos[2\pi(r_1 - r_2)\,\Delta\sigma/2]. \qquad (1.5\text{-}4)$$

Der Kontrast wird also bestimmt durch den Wegunterschied $r_1 - r_2 = G$ und die Differenz der Wellenzahlen. Ersetzt man σ durch die wahren Frequenzen ν, so wird

$$(r_1 - r_2)\,\Delta\sigma/2 = (r_1 - r_2)\,\Delta\nu/2c.$$

Lichtgeschwindigkeit c und Wegunterschied liefern den Unterschied τ der Laufzeiten beider Strahlen. Damit gilt für Zweistrahlinterferenzen mit zwei Spektrallinien

$$K = \cos[2\pi\tau\,\Delta\nu/2]. \qquad (1.5\text{-}5)$$

K ist ein Maß für den zeitlichen oder chromatischen Kohärenzgrad der Strahlung.

Aus Gl. (1.5-5) läßt sich analog zur Gl. (1.3-5) die zeitliche Kohärenzbedingung für eine Lichtquelle aus zwei Spektrallinien im Frequenzabstand $\Delta\nu$ formulieren: Zweistrahl-Interferenzen bis zur Laufzeit-Differenz τ sind mit gutem Kontrast zu beobachten — die Quelle wirkt also kohärent — solange gilt $\tau\cdot\Delta\nu \ll 1$. Durch die erste Nullstelle von Gl. (1.5-5) wird ein Laufzeitunterschied τ_c und damit ein Wegunterschied G_c definiert, bei denen eine Interferenz der beiden Wellen gerade nicht mehr zustande kommt. G_c ist die Kohärenzlänge der Strahlung

$$G_c = c/2\Delta\nu = 1/2\Delta\sigma = \lambda^2/2\Delta\lambda. \qquad (1.5\text{-}6)$$

Zusammen mit Gl. (1.3-6) läßt sich ein Kohärenzvolumen definieren

$$V_c = d_c^2\cdot G_c = \lambda^4/32\alpha_0^2\,\Delta\lambda.$$

Analog zur Kohärenzfunktion für räumliche (spatiale) Kohärenz [Gl. (1.3-19)] läßt sich die zeitliche (chromatische) Kohärenzfunktion der Lichtquelle definieren als Fourier-Transformierte ihres chromatischen Spektrums.

$$\Gamma^c(d\alpha) = \int_0^\infty E(\sigma)\cos(2\pi\sigma d\alpha)\,\mathrm{d}\sigma = \mathrm{Re}\left[\int_0^\infty E(\sigma)e^{2\pi i\sigma d\alpha}\,\mathrm{d}\sigma\right] \tag{1.5-7}$$

Dabei ist zu bedenken, daß $E(\sigma)$ positiv, reell und nur für $\sigma \geq 0$ von Null verschieden ist.

Die Fourier-Transformation im Komplexen läßt sich noch in anderer Form anschreiben, wenn man zur analytischen Fortsetzung für $\sigma < 0$ die Funktion $E(\sigma)$ als gerade Funktion definiert

$$\Gamma^c(d\alpha) = \frac{1}{2}\int_{-\infty}^{\infty} E(\sigma)e^{2\pi i\sigma d\alpha}\,\mathrm{d}\sigma\,. \tag{1.5-8}$$

Gl. (1.5-1) wird damit zu

$$I(\alpha) = \int E(\sigma)\mathrm{d}\sigma + \Gamma^c(d\alpha) = I_0 + \Gamma^c(d\alpha)\,. \tag{1.5-9}$$

Oft ist die Lichtquelle oder auch der Empfänger nur in einem engen Spektralbereich wirksam. Dann ist es zweckmäßig zu schreiben $\sigma = \bar{\sigma} + \eta$. Der konstante Wert $\bar{\sigma}$ bezeichnet etwa die Mitte oder eine Grenze des Spektrums. Gl. (1.5-8) und Gl. (1.5-9) werden dann

$$\Gamma^c(\alpha d) = \frac{1}{2}\,e^{2\pi i\bar{\sigma}d\alpha}\int E(\eta)e^{2\pi i\eta d\alpha}\,\mathrm{d}\eta \tag{1.5-10}$$

$$I(\alpha) = I_0 + \cos(2\pi\bar{\sigma}d\alpha)\cdot\int E(\eta)\cos(2\pi\eta d\alpha)\,\mathrm{d}\eta \tag{1.5-11}$$

Der Kontrast

$$K = \frac{\int E(\eta)\cos(2\pi\eta d\alpha)\mathrm{d}\eta}{I_0} \tag{1.5-12}$$

hängt bei chromatisch teilkohärenter Beleuchtung vom Ort α im Interferenzbild ab.

Aus einer Messung von $I(\alpha)$ und rechnerischer Fourier-Umkehr des Integrals ist im Prinzip die spektrale Verteilung $E(\eta)$ zu gewinnen. In Kap. 10.10-1. wird dafür ein holographisches Verfahren beschrieben. Noch besser bewährt hat sich eine andere Technik, diese soll im nächsten Abschnitt skizziert werden.

Nach Gl. (1.2-6) ist $d\alpha$ der Wegunterschied der Lichtwellen von den beiden Spalten bis zum Beobachtungspunkt α der Interferenz. Dieser Wegunterschied läßt sich mit Hilfe der Lichtgeschwindigkeit c als Laufzeitdifferenz τ der beiden Wellen ausdrücken $d\alpha = c\tau$. Die Wellenzahl $\sigma = 1/\lambda = \nu/c$ ist proportional zur Zeitfrequenz ν. Gl. (1.5-8) läßt sich umformen zu

$$\Gamma^c(\tau) = \frac{1}{2c}\int E(\nu)e^{2\pi i\nu\tau}\,\mathrm{d}\nu\,. \tag{1.5-13}$$

Einführung einer mittleren Frequenz $\bar{\nu} = \nu - \varepsilon$ ergibt

$$\Gamma^c(\tau) = \frac{1}{2c} e^{2\pi i \bar{\nu}\tau} \int E(\varepsilon) e^{2\pi i \varepsilon\tau} \, d\varepsilon. \qquad (1.5\text{-}14)$$

Gelegentlich wird die chromatische Kohärenzfunktion auch auf I_0 normiert.

1.5-b. Fourier-Spektroskopie

Ausführliche Darstellungen der Fourier-Spektroskopie finden sich in Lehrbüchern der Spektroskopie und der modernen Optik, hier sei nur ein Artikel von Jacquinot (1960) und die Monographie von Mertz (1965) genannt. Das Prinzip des Verfahrens läßt sich am besten mit einem Michelson-Interferometer erläutern (Abb. 1—13): Monochromatisches Licht falle auf die Teilerplatte T. Nach der Teilung

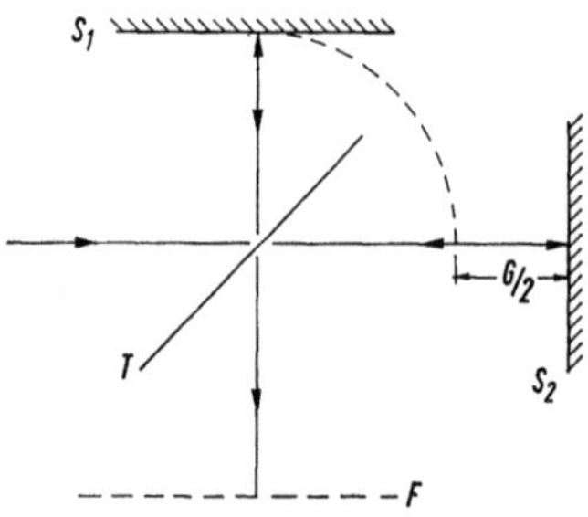

Abb. 1—13. Michelson-Interferometer für die Fourier-Spektroskopie

wird ein Strahl am Spiegel S_1 reflektiert, er hat in der Beobachtungsebene F die Amplitude $u_1 = \cos \omega t$. Der andere Strahl wird an S_2 und an T reflektiert, er hat in F die Amplitude $u_2 = \cos(\omega t - kG)$, denn S_2 und S_1 haben von T die Abstandsdifferenz $G/2$. Die Lichterregung in F ist $u = u_1 + u_2$. Es gilt

$$u(G) = 2 \cos \omega t \cdot \cos k \frac{G}{2}.$$

Die Intensität I_k in F ist das zeitliche Mittel von $|u|^2$

$$I_k(G) = \langle |u|^2 \rangle = (1 + \cos kG).$$

Wird S_2 längs der optischen Achse verschoben, so variiert die Intensität harmonisch mit G. Die monochromatische Lichtquelle werde nun durch eine mit dem Spektrum $E(\sigma)$ ersetzt. Dann gilt mit $k = 2\pi\sigma$

$$I(G) = \int_0^\infty E(\sigma)\,(1 + \cos 2\pi\sigma G)\, d\sigma = I_0 + \int_0^\infty E(\sigma) \cos(2\pi\sigma G)\, d\sigma. \qquad (1.5\text{-}15)$$

Das Integral ist die Fouriertransformierte von $E(\sigma)$. Fourier-Umkehr ergibt das Spektrum der Lichtquelle

$$E(\sigma) = \int_0^\infty [I(G) - I_0] \cos(2\pi\sigma G)\, \mathrm{d}G. \tag{1.5-16}$$

Zu dieser Auswertung müßte die Funktion $I(G)$ in einem sehr großen Bereich der Spiegelverschiebung G gemessen sein. Die Begrenzung von G führt zu einer verminderten Auflösung im ermittelten Spektrum; dies wird in Kap. 2.10-d diskutiert werden. Weiter werden in Abschnitt 2.10-e die Folgen diskutiert, wenn im Versuch $I(G)$ nicht als eine kontinuierliche Funktion gewonnen wird, sondern wenn nur Werte $I(G)$ an äquidistanten Abtastpunkten von G gemessen werden. Eine Anordnung mit dahinter geschaltetem Elektronenrechner zur Fourier-Transformation wurde beschrieben von Gayles u. a. (1970).

Unter Beachtung, daß $E(\sigma)$ nur für $\sigma > 0$ physikalisch sinnvoll ist, läßt sich im Hinblick auf Gl. (1.5-7) schreiben

$$\mathrm{Re}\left[\int E(\sigma) e^{2\pi i\sigma G}\, \mathrm{d}\sigma\right] = I(G) - I_0 = \Gamma^c(G). \tag{1.5-17}$$

2. Beugung

2.1. Allgemeines

2.1-a. Skizze einer allgemeinen Theorie

Die Beugung gehört zu den alltäglichen Erfahrungen, wenn es etwa um Oberflächenwellen auf Wasser geht. Am besten beobachtet man die Beugung hinter einer Mole, die einen Hafen an der Seeküste schützt: Wellen gelangen von See her auch in den von der Mole geometrisch abgeschirmten Bereich des Hafens, denn sie werden um die Spitze der Mole herum gebeugt. Die auffälligste Erscheinung bei Beugung ist das Auftreten von Wellen im geometrischen Schattenraum hinter einer Blende. Solche Beobachtungen stützten zu Anfang des 19. Jahrhunderts die Wellentheorie des Lichts: In größerer Entfernung hinter einer undurchsichtigen Kreisscheibe sieht man einen hellen Fleck, wenn die Scheibe von einer nur wenig ausgedehnten Lichtquelle beleuchtet wird. Dieser „Poissonsche Fleck" läßt sich nach Kossel (1949) für einen großen Hörerkreis demonstrieren, wenn man die Kreisscheibe durch ein Kreisgitter mit statistischen Radien ersetzt.

Die Beugung ist eine Wechselwirkung der elektromagnetischen Lichtwelle mit Materie. Die Wellenlänge des Lichts übertrifft die Atomabstände um ein Vielfaches, deshalb darf man hier die Materie als kontinuierlich ansehen und ihre Wirkung auf das Licht mit makroskopischen Konstanten kennzeichnen, wie sie für das elektronische Verhalten der Materie gebraucht werden. Unter dieser Voraussetzung beschreiben die Maxwellschen Gleichungen die Wechselwirkung von Licht und Materie exakt, sie berücksichtigen auch die Polarisation. Leider sind diese Gleichungen hier nur für Spezialfälle geschlossen lösbar; die berühmtesten Beispiele sind die Beugung an der Halbebene mit unendlicher Leitfähigkeit und verschwindender Dicke (Sommerfeld 1896) und die Beugung an kolloidalen Teilchen (Mie 1908). Darstellungen dieser und anderer exakter Lösungen finden sich in Lehrbüchern der theoretischen Optik. Da diese Lösungen stets nur Einzelfälle betreffen, ist ihr Nutzen für die allgemeine Behandlung von Beugung und Abbildung gering; mit diesen Spezialfällen läßt sich jedoch abschätzen, wie weit eine einfache Theorie gültig ist (z. B. De Acetis und Lazar 1970).

2.1-b. Das Kirchhoff-Integral

Die einfachere Theorie der Beugung vernachlässigt die Polarisation des Lichts; weiter werden die Eigenschaften der Materie nicht mehr durch Konstanten der Festkörperelektronik beschrieben sondern phänomenologisch durch Transparenz, Brechzahl und Reflexionsvermögen. Es ergibt sich eine skalare Theorie, die genauso in der Akustik anzuwenden ist. Das Ergebnis dieser Theorie ist das Integral von Helmholtz und Kirchhoff. Sommerfeld zeigte, daß die zusätzlichen Randbedingungen von Kirchhoff einander widersprechen, er modifizierte die weitere Behandlung des Integrals und erhielt eine Lösung, die nur wenig von dem Ergebnis Kirchhoffs abweicht. Für dieses Ergebnis finden sich Ableitungen und historische Diskussionen in vielen Lehrbüchern der Optik, genannt seien Sommerfeld (1950), Bowkamp (1954), Hönl u. a. (1961), Born und Wolf (1964), Goodman (1968). Hier sei nur das Ergebnis angeschrieben: Entsprechend Abb. 2—1 wird

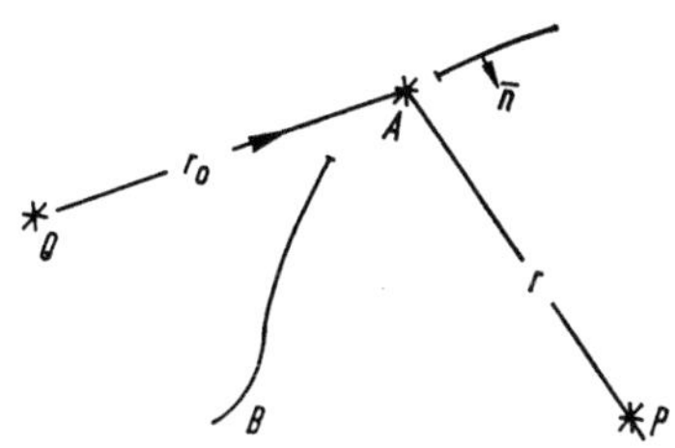

Abb. 2—1. Zum Kirchhoff-Integral

Licht an einer Öffnung der Blende B gebeugt. Monochromatisches Licht von der Punktquelle Q fällt auf B als Kugelwelle. r_0 ist die Entfernung von Q zu einem Punkt A in der Öffnung. Zwischen A und dem Aufpunkt P liegt die Strecke r. Die Lichterregung u in P folgt aus der Theorie von Sommerfeld zu

$$u(P) = \frac{\sqrt{W}}{i\lambda} \int_B e^{ik(r_0+r)} \frac{\cos(\boldsymbol{n}, \boldsymbol{r})}{r_0 r} \, d\sigma. \tag{2.1-1}$$

$d\sigma$ ist ein Flächenelement in der Schirmöffnung B, $\boldsymbol{n}$ ist die Richtung seiner Normalen. W ist die Strahlungsstärke der Lichtquelle, λ die Wellenlänge und i die imaginäre Einheit; weiter gilt $k = 2\pi/\lambda$. r_0 und r im Nenner des Integranden stehen wegen der Kugelwellen, die von Q und vom beugenden Punkt A ausgehen. $\cos(\boldsymbol{n}, \boldsymbol{r})$ ist ein Richtungsfaktor, der mit dem Strahlungsgesetz von Lambert zusammenhängt. Integriert wird über die freie Öffnung der Blende B. Der Vorfaktor $1/i\lambda$ wird erläutert durch die folgende Überlegung: Wenn die freie Öffnung in B sehr groß ist, so muß das Ergebnis für $u(P)$ nach Gl. (2.1-1) identisch sein mit der Lichterregung, welche die von Q ausgehende Kugelwelle ohne jede Beugung in P bewirkt. Der Vorfaktor $1/i\lambda$ ist für diese Identität erforderlich (Kap. 2.2-b). Immer wieder werden Rechnungen nach Gl. (2.1-1) mit Messungen verglichen, bei denen nicht nur Licht sondern auch Mikrowellen gebeugt werden [Tan (1969), Einstein u. a. (1970)]. Die Übereinstimmung gilt auch für mittlere Beugungswinkel als erstaunlich gut.

Auch die Theorie bemüht sich um besseres Verständnis und um Verbesserungen von Gl. (2.1-1). Als neuere Arbeiten seien hier nur genannt Kottler (1965, 1967), Rubinowicz (1965), Lotsch (1965/66). Die skalare Theorie schließt nicht aus, daß auch Beugung von polarisiertem Licht diskutiert wird; die Theorie kann nur keine Änderung des Polarisationszustandes durch die Beugung wiedergeben.

2.2. Fresnel- und Fraunhofer-Beugung

2.2-a. Vereinfachungen des Kirchhoff-Integrals

Die Gültigkeit von Gl. (2.1-1) nur für skalare Wellen verbietet eigentlich eine Anwendung auf Fragen, bei denen es um die Auflösungsgrenzen der Lichtoptik mit großen Aperturen geht, da bei denen die Polarisation berücksichtigt werden müßte. Da bessere theoretische Ansätze fehlen, benutzt man Gl. (2.1-1) dennoch, wenn auch mit Vorbehalt. Die begrenzte Genauigkeit von Gl. (2.1-1) rechtfertigt für ihre praktische Verwendung einige Vereinfachungen:

1. Der Richtungsfaktor cos $(\boldsymbol{n}, \boldsymbol{r})$ wird gleich Eins gesetzt.

2. r_0 und r im Nenner des Integranden werden vor das Integral gezogen, denn r_0 und r variieren im Geltungsbereich der Gleichung nur wenig für verschiedene Punkte der Blendenöffnung. In der Exponentialfunktion ist dieser Ersatz nicht möglich. Interessiert nur die relative Verteilung der Lichterregung in P, so kann man den Vorfaktor in einer Konstanten unterbringen oder ihn auch gleich Eins setzen.

3. Der Vorfaktor $1/i\lambda = -C_1$ ist für jeden Punkt P in der Aufebene konstant, deshalb kann auch er unter der eben genannten Bedingung gleich Eins gesetzt werden. Wie oben erläutert, darf $u(P)$ nun nicht mehr verglichen werden mit einer Berechnung der Lichterregung in P ohne Benutzung eines Beugungsintegrals. Bei Dimensionsbetrachtungen muß man beachten, daß C_1 eine reziproke Länge ist.

Das Beugungsintegral findet sich in der Literatur meist in der Schreibweise von Gl. (2.1-1). Die Gleichung der laufenden Welle [Gl. (1.1-1)] legt aber nahe, eine vom Licht zurückgelegte Strecke r mit einer Phasenverzögerung zu beschreiben; das geschieht, wenn man in Gl. (2.1-1) das Argument der Exponentialfunktion negativ setzt.

So läßt sich Gl. (2.1-1) schreiben

$$u(P) = i\,\frac{\sqrt{W}}{\lambda}\int_B \frac{e^{-ikr_0}}{r_0}\cdot\frac{e^{-ikr}}{r}\,\mathrm{d}\sigma = C_1\int_B u_L(A)\cdot\frac{e^{-ikr}}{r}\,\mathrm{d}\,\sigma. \qquad (2.2\text{-}1)$$

$u_L(A) = \sqrt{W}e^{-ikr_0}/r_0$ ist die Amplitude, die in B durch die Lichtquelle hervorgerufen wird. Das Betragsquadrat von $u_L(A)$ ist eine Bestrahlungsstärke. Deshalb haben in der Schreibweise von Gl. (2.2-1) u_L und auch $u(P)$ die Dimension $\sqrt{\text{Watt}}\cdot\text{cm}^{-1}$. Will man die Amplituden als elektrische Feldstärken auffassen, so muß man noch einen dimensionsbehafteten Umrechnungsfaktor hinzufügen, der sich aus Gl. (1.1-2) ergibt.

Gleichung (2.2-1) erlaubt die folgende Deutung: Die Punkte A der Blendenöffnung werden mit einer Kugelwelle $u_L(A)$ beleuchtet, von ihnen gehen durch Beugung Kugelwellen aus, die sich in den Punkten P zur Beugungsfigur überlagern. Setzt man $C_1 \cdot u_L$ gleich Eins, dann entspricht Gl. (2.2-1) exakt dem Huygensschen Prinzip. Vom Standpunkt der Maxwellschen Theorie aus ist bedenklich, daß innerhalb von B die Beleuchtungswelle u_L so wirken soll, als ob sie nicht durch die Materie von B verändert würde; Braunbek und Laukien (1952) errechneten das elektromagnetische Feld in der Nachbarschaft einer vollständig reflektierenden Halbebene, dabei zeigten sich solche Veränderungen.

Für Gl. (2.2-1) ist weiterhin kohärente Beleuchtung vorausgesetzt, also eine monochromatische Lichtquelle geringer Ausdehnung, sie bewirkt aus endlicher Entfernung eine Kugelwelle; aus sehr großer Entfernung oder mit Hilfe eines Kollimators wird die beugende Blende parallel beleuchtet. Endliche Ausdehnung der Lichtquelle oder ein Abweichen von der Monochromasie erfordern Kohärenzbetrachtungen wie die in Kap. 1 für die Beugung am Doppelspalt.

Zur weiteren Vereinfachung soll die beugende Blende B als eben vorausgesetzt werden, in ihr liegen die Koordinatenachsen ξ und η. Damit werden auch r_0 und r Funktionen von ξ und η (Abb. 2—2).

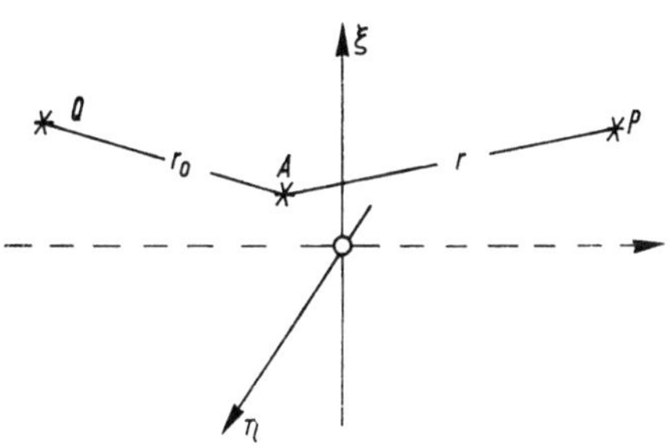

Abb. 2—2. Beugung an einer Öffnung; Beleuchtung durch Kugelwelle

Die beugende Öffnung ist zunächst leer. Ein strukturiertes beugendes Objekt in dieser Öffnung läßt sich beschreiben durch seine komplexe Amplitudentransparenz

$$u_0(\xi, \eta) = u_T(\xi, \eta) e^{-i\varphi(\xi,\eta)}; \tag{2.2-2}$$

bei transparenten Objekten ist

$$u_T = \sqrt{I_T}$$

($I_T(\xi, \eta)$: Verteilung der Intensitätstransparenz); analog zur optischen Wirkung einer transparenten dünnen Schicht (Kap. 1.2-b) wird die Phasenverzögerung bei senkrechter Beleuchtung des Objekts

$$\varphi = kD(\xi, \eta) \cdot [n(\xi, \eta) - 1] \tag{2.2-3}$$

mit D als Verteilung der geometrischen Dicke und n als Verteilung der Brechzahl des Objekts. u_0 ist dimensionslos, es beeinflußt die Beleuchtungsamplitude multiplikativ.

$$u(P) = C_1 \int\int u_L(r_0) u_0(\xi, \eta) \frac{e^{-ikr}}{r} \,\mathrm{d}\xi \,\mathrm{d}\eta. \tag{2.2-4}$$

Eine begrenzende Blende um das Objekt läßt sich in die Objektfunktion einbeziehen, jenseits des Blendenrandes wird $u_0 = 0$.

2.2-b. Die Fresnelsche Näherung

Für die weitere Betrachtung sei die Lichtquelle kollimiert, sie liege auf der optischen Achse. Dann wird u_L von ξ und η unabhängig. Wir setzen $C_1 u_L = D_1$

$$u(P) = D_1 \int\int u_o(\xi, \eta) \frac{e^{-ikr}}{r} \, d\xi \, d\eta. \qquad (2.2\text{-}5)$$

Der Aufpunkt P, in dem die Beugungserscheinung beschrieben werden soll, liege bei x, y, z. Es ist in vielen Darstellungen üblich, die Beugungserscheinung nicht in einer Ebene zu betrachten sondern auf einer Kugel um den Koordinaten-Ursprung mit dem Radius R. Auf dieser gilt für P nach Abb. 2—3: $R^2 = x^2 + y^2 + z^2$.

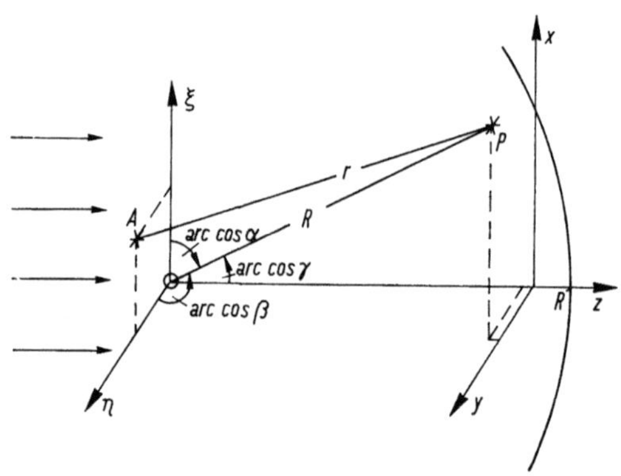

Abb. 2—3. Zur Entwicklung von r; kollimierte Beleuchtung

Damit wird $r^2 = R^2 + \xi^2 + \eta^2 - 2\xi x - 2\eta y$. Für $\xi, \eta < R$ wird eine Reihenentwicklung sinnvoll:

$$r = R\left[1 + \frac{1}{2R^2}(\xi^2 + \eta^2 - 2\xi x - 2\eta y) - \frac{1}{8R^4}(\xi^2 + \eta^2 - 2\xi x - 2\eta y)^2 + \dots\right] \qquad (2.2\text{-}6)$$

Vernachlässigt man den letzten angeschriebenen und die darauf folgenden Terme der Entwicklung, so entsteht im Exponenten von Gl. (2.2-5) ein entsprechender Fehler, dieser soll klein sein gegen π. Die verbleibende Näherung gilt also unter der Bedingung

$$4\lambda R^3 \gg (\xi^2 + \eta^2 - 2\xi x - 2\eta y)^2. \qquad (2.2\text{-}7)$$

Gl. (2.2-7) definiert den Gültigkeitsbereich dieser Näherung hinreichend. Größere Objekte (ξ, η) bleiben zulässig, solange die Beugungswinkel (gegeben durch die Richtungskosinusse x/R, y/R) nicht zu groß werden.

Das Beugungsintegral für kollimierte, senkrechte Beleuchtung nach Gl. (2.2-5) wird in der genannten Näherung zu

$$u(P) = \frac{D_1}{R}\, e^{-ikR} \iint u_0(\xi, \eta)\, e^{ik(\xi x + \eta y)/R}\, e^{-ik(\xi^2+\eta^2)/2R}\, d\xi\, d\eta$$

$$= \frac{D_1}{R}\, e^{-ikR} \iint u_0(\xi, \eta)\, e^{ik(\alpha\xi + \beta\eta)}\, e^{-ik(\xi^2+\eta^2)/2R}\, d\xi\, d\eta. \qquad (2.2\text{-}8)$$

$1/r$ im Vorfaktor ist durch $1/R$ ersetzt. Die erste Exponentialfunktion hängt von $x/R = \alpha$ und $y/R = \beta$ ab. α und β sind nach Abb. 2—3 die Richtungskosinusse von R gegen die x- und y-Achse, im eindimensionalen Fall ($\beta = 0$) ist α gleich dem Sinus des Beugungswinkels α_B in der Ebene xz gegen die z-Achse.

Besonderen Diskussionen ist vorzubehalten, wie weit die Schreibung von Gl. (2.2-8) auch für größere Winkel noch in Einklang steht mit den Voraussetzungen bei der Ableitung des Kirchhoffschen Integrals. Wenigstens die Elementarformel der Gitterbeugung wird nach Gl. (2.2-8) durch $\alpha = \sin \alpha_B$ richtig dargestellt.

In einer anderen Darstellung, die nur für kleine Beugungswinkel gilt, wird die Beugungserscheinung nicht auf einer Kugel beschrieben, sondern auf einer Ebene senkrecht zur optischen Achse im Abstand z vom beugenden Objekt (Abb. 2—4); hier gilt $r^2 = z^2 + (x - \xi)^2 + (y - \eta)^2$. Eine Rechnung, sehr ähnlich

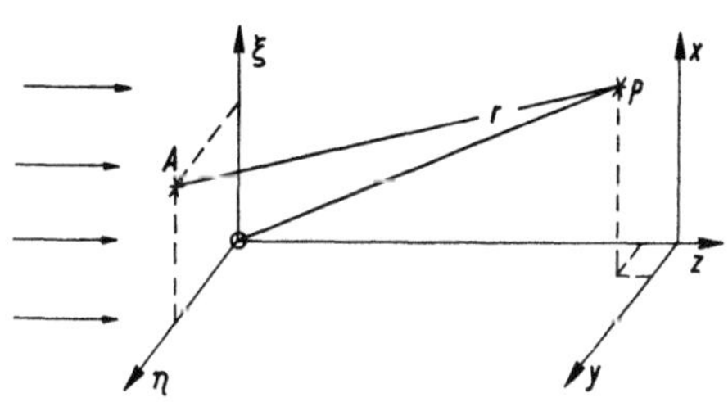

Abb. 2—4. Zur quadratischen Fresnel-Näherung

mit der eben dargestellten, hat in dieser sogenannten quadratischen Fresnel-Näherung das Ergebnis

$$u(x, y) = \frac{D_1}{z}\, e^{-ikz} \iint u_0(\xi, \eta)\, e^{-ik[(x-\xi)^2+(y-\eta)^2]/2z}\, d\xi\, d\eta \qquad (2.2\text{-}9)$$

$$u(x, y) = \frac{D_1}{z}\, e^{-ikz}\, e^{-ik(x^2+y^2)/2z} \iint u_0(\xi, \eta)\, e^{ik(\xi x+\eta y)/z}\, e^{-ik(\xi^2+\eta^2)/2z}\, d\xi\, d\eta. \qquad (2.2\text{-}10)$$

Das erste Exponentialglied in Gl. (2.2-10) ist trivial, es gibt die Phasenverzögerung längs der z-Achse. Das zweite Glied vor dem Integral zeigt eine Parabel als Fläche konstanter Phase, es entspricht in quadratischer Näherung der Kugel in Gl. (2.2-8). Die Glieder mit x/z und y/z entsprechen nur für kleine Beugungswinkel dem analogen Glied in Gl. (2.2-8), so ist im eindimensionalen Fall x/z in Gl. (2.2-10) der Tangens des Beugungswinkels α_B. Der Unterschied zwischen

Gl. (2.2-10) und (2.2-8) liegt im Abbruch der Reihenentwicklung. In Gl. (2.2-10) wurden in ξ und η lineare und quadratische Glieder fortgelassen, die höhere Potenzen von x/z und y/z enthalten. Berücksichtigt man sie, so steht für den eindimensionalen Fall auch in Gl. (2.2-10) $\sin \alpha_B$ anstatt $\operatorname{tg} \alpha_B$. Diese unterschiedlichen Schreibweisen sind aber in der quadratischen Fresnel-Näherung äquivalent, denn hier sind nur die reinen Winkel zu schreiben. Das Glied mit $\xi^2 + \eta^2$ in Gl. (2.2-10) entspricht dem in Gl. (2.2-8) nur bei $R = z$; auch dieser Unterschied ist eine Folge der quadratischen Fresnel-Näherung von Gl. (2.2-10).

Ist die Lichtquelle kein weit entfernter Achsenpunkt, sondern liegt sie bei der endlichen Achsenkoordinate $-z_0$, so wirkt sie als Kugelwelle; auch diese wird bei weiteren Rechnungen fast stets durch eine parabolische Wellenfläche $u_L(\xi, \eta)$ angenähert;

$$u_L(\xi, \eta) = -\frac{\sqrt{W}}{z_0} e^{ikz_0} \cdot \exp ik\,[(\xi^2 + \eta^2)/2z_0 - \xi\alpha_0 - \eta\beta_0]. \quad (2.2\text{-}11)$$

α_0 und β_0 sind die Richtungskosinusse zur Quelle. Auch dafür muß man einen Geltungsbereich ähnlich Gl. (2.2-7) beachten. $u_L(\xi, \eta)$ muß nun in die Integration über ξ und η einbezogen werden.

Der Umgang mit Gl. (2.2-9) werde erläutert durch eine scheinbar triviale Aufgabe: Errechnet werden soll die Beugung an einem unstrukturierten Objekt ($u_0 = 1$), das achsenparallel beleuchtet wird ($u_L = \text{const}$). Die Beugungsamplitude $u(x, y)$ in einer Ebene im Abstand z von der Objektebene hängt ab vom Produkt zweier gleichartiger Integrale über ξ bzw. η. Das Integral über ξ führt mit der Substitution $\sqrt{\frac{k}{2z}}\,(x - \xi) = \sqrt{\frac{\pi}{2}}\,t$ auf die Fresnelschen Integrale $C(t)$ und $S(t)$ (Lösch 1960). Das bestimmte Integral wird $-\sqrt{\frac{\pi z}{k}}\,(1 - i)$. Das Produkt beider Integrale und der Vorfaktor aus Gl. (2.2-9) ergeben $u(x, y) = -iD_1\lambda e^{-ikz}$ mit $D_1 = u_L \cdot C_1 = -u_L/i\lambda$. Daraus folgt $u(x, y) = u_L \exp(-ikz)$ und damit die ebene Welle, die man auch ohne Beugungsrechnung erwartet. Dieses Ergebnis erläutert auch die Bemerkung über den Wert von C_1 in Kap. 2.2-a.

2.2-c. Die Fraunhofersche Näherung

Wird das Glied mit $\xi^2 + \eta^2$ in Gl. (2.2-8) und (2.2-10) vernachlässigt, so bleibt als Spezialfall der Fresnel-Näherung die Fraunhofer-Näherung übrig. Aus Gl. (2.2-8) folgt für achsenparallele, kollimierte Beleuchtung

$$u(\alpha, \beta) = \frac{D_1}{R} e^{-ikR} \iint u_0(\xi, \eta)\, e^{ik(\alpha\xi + \beta\eta)}\, d\xi\, d\eta. \quad (2.2\text{-}12)$$

Aus Gl. (2.2-10) folgt für die rein quadratische Näherung

$$u(\alpha, \beta) = \frac{D_1}{z} e^{-ikz}\, e^{-ik\frac{x^2+y^2}{2z}} \iint u_0(\xi, \eta)\, e^{ik(\alpha\xi + \beta\eta)}\, d\xi\, d\eta. \quad (2.2\text{-}13)$$

Die Fraunhofer-Näherung setzt eine Lichtquelle in großer Entfernung R_0 voraus. Für kollimierte, schiefe Beleuchtung mit den Richtungskosinussen α_0 und β_0 wird u_L wieder von ξ und η abhängig. Anstatt Gl. (2.2-12) ist nun zu schreiben

$$u(\alpha - \alpha_0, \beta - \beta_0) = \frac{C_1 \sqrt{W}}{R_0 R} e^{-ik(R_0+R)} \int\int u_0(\xi, \eta) e^{ik[(\alpha-\alpha_0)\xi + (\beta-\beta_0)\eta]} \, d\xi \, d\eta . \tag{2.2-14}$$

Der Fraunhofer-Fall liegt vor, wenn das Argument der zweiten Exponentialfunktion von Gl. (2.2-8) klein gegen π ist, wenn also gilt

$$\xi^2 + \eta^2 \ll \lambda R \approx \lambda z . \tag{2.2-15}$$

Für die Beleuchtung gilt entsprechend

$$\xi^2 + \eta^2 \ll \lambda R_0 . \tag{2.2-16}$$

Für grünes Licht mit $\lambda = 0{,}5\ \mu\text{m}$ und ein beugendes Objekt von 2 cm Durchmesser ergibt sich für die Fraunhofer-Näherung eine minimale Entfernung von $z \gg 200$ m. Auch die Entfernung R_0 einer unkollimierten Lichtquelle darf eine Grenze entsprechend Gl. (2.2-16) nicht unterschreiten. Später wird besprochen, wie Lichtquellen kleiner aber endlicher Ausdehnung die Beugungserscheinung stören; will man trotz so einer Störung noch nach Gl. (2.2-13) rechnen, so werden die Toleranzen für die Gültigkeit der Fraunhofer-Beugung weniger scharf, und die minimale Entfernung z sinkt.

Die Beugung von Röntgenstrahlen an Kristallen wird stets als Fraunhofer-Beugung angesehen, Kristallitgrößen bis hinauf zu 10^{-5} cm können bei sorgfältiger Strahlführung mit den kleinsten verfügbaren Röntgenquellen aus der Ausdehnung der Röntgenreflexe abgeleitet werden. Für Röntgenwellen von $\lambda = 10^{-10}$ m ergibt sich nach Gl. (2.2-15) eine minimale Beobachtungsentfernung z von 0,1 mm; diese Grenze ist also leicht einzuhalten.

In der Lichtoptik verkürzt man die Entfernungen, indem man nach Abb. 1—3 in der Brennebene einer Linse beobachtet. Der Zusammenhang zwischen x' und α nach Gl. (1.2-9) gilt auch hier. Am besten beobachtet man die Fraunhofersche Beugung in einem Strahlengang nach Abb. 2—5; die wenig ausgedehnte Licht-

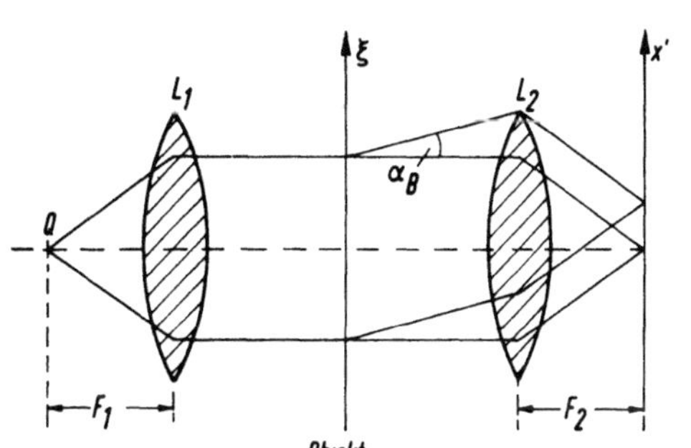

Abb. 2—5. Zur Beobachtung der Fraunhoferschen Beugungsfigur

quelle Q wird durch den Kondensor L_1 ins Unendliche abgebildet. Im eindimensionalen Fall findet sich das am Objekt um den Winkel $\arcsin\alpha = \alpha_B$ abgebeugte Licht in der Brennebene von L_2 am Ort $x' = F_2 \operatorname{tg}\alpha_B \approx F_2\alpha$; am Ort $x' = 0$ liegt ohne das beugende Objekt das Bild von Q. Der Abstand $L_1 L_2$ hat auf die Intensitätsverteilung im Beugungsbild keinen Einfluß. Von Bieren (1971) zeigte, daß das Fraunhofersche Beugungsbild auch bei großen Beugungswinkeln unverzerrt wiedergegeben wird, wenn man für L_2 ein Objektiv wählt, das die Sinusbedingung und andere Forderungen erfüllt.

Abb. 2—6 zeigt einen vereinfachten Strahlengang, die Fraunhofersche Beugungserscheinung findet sich in der Ebene, in welche die Linse auch die Lichtquelle abbildet; es gilt $x' = B\alpha$. Andere Lagen des beugenden Objekts sind diskutiert bei Lee und Gossen (1971).

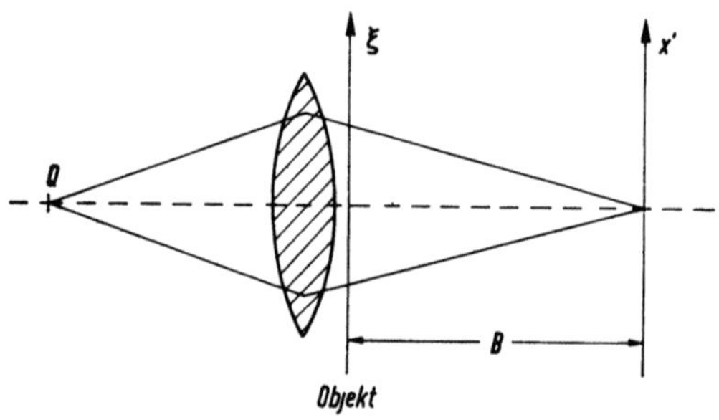

Abb. 2—6. Vereinfachte Beobachtung der Fraunhoferschen Beugungsfigur

Die Fraunhofer-Beugung hat für die Fourier-Optik besondere Bedeutung: Wie Gl. (2.2-14) zeigt, ist die Amplitude im Fraunhoferschen Beugungsbild bis auf Vorfaktoren gleich der Fouriertransformierten der Amplitudentransparenz $u(\xi, \eta)$ im beugenden Objekt. Die Beugungserscheinung eines Objekts mit bekannter Amplitudentransparenz ist gegeben durch die Koeffizienten der Fourierentwicklung der Objektfunktion; die Beugungserscheinung ist also gleich dem Spektrum der Objektamplitude.

Auch die Fresnel-Beugung läßt sich als eine Fourier-Transformation auffassen: Das Integral in Gl. (2.2-10) ist die Fouriertransformierte der Funktion $u_0(\xi, \eta)e^{-ik(\xi^2+\eta^2)/2z}$, das ist die Amplitude des beugenden Objekts, modifiziert durch eine aufgesetzte Linse der Brennweite $F = -z$ (s. Kap. 2.5-a). Kompensiert man diese gedachte Linse durch eine zusätzliche wirkliche Linse der Brennweite $F = +z$, dann liegt entsprechend Abb. 2—6 in der Ebene z das Bild der Fraunhofer-Beugung. Die Fresnel-Beugung gestattet noch eine weitere Interpretation: Nach Gl. (2.2-9) läßt sich die Beugungsamplitude auffassen als eine Faltung (Kap. 2.8) der Objektamplitude $u_0(\xi, \eta)$ mit der Funktion $e^{-ik(x^2+y^2)/2z}$. In unserer Darstellung ist es zweckmäßig, die Fresnel-Beugung erst zusammen mit der Abbildung zu behandeln, nämlich als den Spezialfall „extrafokale Abbildung“ (Kap. 3.5-e und -f).

2.2-d. Eindimensionale Objekte

Die langen Rechnungen zur Abbildung und Holographie werden kürzer und übersichtlicher, wenn man auf die η- und y-Koordinate in Objekt und Beugungsbild verzichtet. Dabei geht fast nie Grundsätzliches verloren, aber die Arbeit und das Verständnis werden sehr erleichtert.

In Gl. (2.2-14) möge die Objekttransparenz nur von der Koordinate ξ abhängen, das Objekt liege jedoch in einem opaken Schirm mit Kanten bei $\eta = \pm B/2$.

$$u(\alpha, \beta) = \frac{C_1 \sqrt{W}}{R_0 R} e^{-ik(R_0+R)} \int_{-B/2}^{B/2} e^{ik(\beta-\beta_0)\eta} \, d\eta \cdot \int u_0(\xi) e^{ik(\alpha-\alpha_0)\xi} \, d\xi$$

$$= \frac{C_1 \sqrt{W}}{R_0 R} e^{-ik(R_0+R)} \cdot B \operatorname{sinc} \frac{\pi B(\beta - \beta_0)}{\lambda} \int e^{-ik\alpha_0\xi} u_0(\xi) e^{ik\alpha\xi} \, d\xi$$

Das Integral über η ist die Fourier-Transformierte einer rect-Funktion. Für große B wird nach Gl. (1.4-3)

$$\lim_{B\to\infty} \left[B \operatorname{sinc} \frac{\pi B(\beta - \beta_0)}{\lambda} \right] = \lambda \delta(\beta - \beta_0),$$

unter Berücksichtigung von $C_1 = i/\lambda$ wird

$$u(\alpha, \beta) = \frac{i \sqrt{W}}{R_0 R} e^{-ik(R_0+R)} \delta(\beta - \beta_0) \int e^{-ik\alpha_0\xi} u_0(\xi) e^{ik\alpha\xi} \, d\xi . \qquad (2.2\text{-}17)$$

Das Integral ist die Fourier-Transformierte der Objekttransparenz bei schräger Beleuchtung. Die Beugungserscheinung wird unter der Richtung $\beta = \beta_0$ der einfallenden Beleuchtung beobachtet. Diese Abhängigkeit von β und der restliche Vorfaktor werden bei den nun folgenden eindimensionalen Rechnungen stets fortgelassen. Bei senkrechter Beleuchtung gilt somit

$$u(\alpha) = \text{const} \int u_0(\xi) e^{ik\alpha\xi} \, d\xi . \qquad (2.2\text{-}18)$$

Ist die Lichtquelle eine leuchtende Linie in η-Richtung, so entsteht die gleiche Beugungserscheinung $u(\alpha)$ in allen Richtungen β.

2.3. Fraunhofer-Beugung an ausgewählten eindimensionalen Objekten

2.3-a. Fourier-Darstellung von Gittern

Die einfachsten Objekte zur Demonstration und Berechnung der Beugung sind Gitter, die zunächst als streng periodisch und ohne Begrenzung vorausgesetzt werden. Weiter soll ihre Amplitudentransparenz zunächst reell sein, es soll sich also um reine Absorptionsgitter handeln. Phasengitter werden später dargestellt. Ein Gitter mit der Periode (Gitterkonstante) d habe die Amplitudentransparenz $u_o(\xi)$. Entwicklung als Fourier-Reihe gibt:

$$u_o(\xi) = a_0 + \sum_{n=1}^{\infty} a_n' \cos 2\pi n \frac{\xi}{d} + \sum_{n=1}^{\infty} a_n'' \sin 2\pi n \frac{\xi}{d} \tag{2.3-1}$$

$$\text{mit} \quad a_0 = \frac{1}{d} \int_0^d u_o(\xi)\,\mathrm{d}\xi,$$

$$a_n' = \frac{2}{d} \int_0^d u_o(\xi) \cos\left(2\pi n \frac{\xi}{d}\right) \mathrm{d}\xi, \tag{2.3-2}$$

$$a_n'' = \frac{2}{d} \int_0^d u_o(\xi) \sin\left(2\pi n \frac{\xi}{d}\right) \mathrm{d}\xi.$$

Als Integrationsgrenzen können mit dem gleichen Ergebnis auch $-\frac{d}{2}$ und $+\frac{d}{2}$ gewählt werden. Die Fourier-Koeffizienten des Gitters werden sich später als proportional zu seinen Beugungsordnungen erweisen, deshalb werden sie schon hier gelegentlich als Beugungsordnungen bezeichnet. a_0 gibt die Amplitude des ungebeugten Lichts (nullte Beugungsordnung), die n-te Beugungsordnung setzt sich zusammen aus a_n' und a_n''. Für gerade Funktionen $u(\xi)$ sind die Koeffizienten $a_n'' = 0$. Als Beispiel zeigt Abb. 2—7 ein Rechteckgitter aus völlig ab-

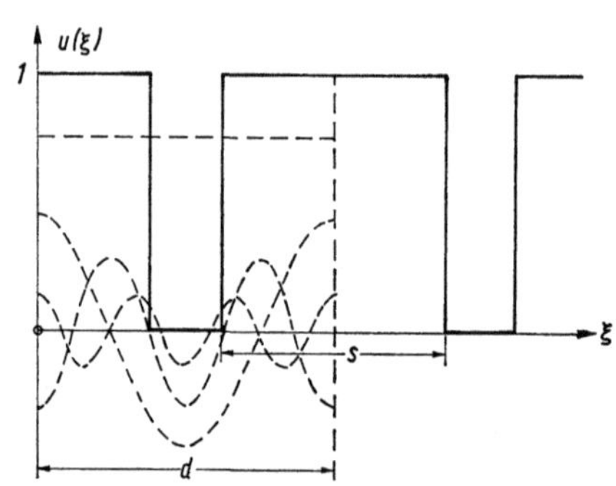

Abb. 2—7. Fourier-Entwicklung eines Rechteckgitters

$$a_0 = \frac{s}{d};\; a_n' = \frac{2}{n\pi} \sin\left(n\pi \frac{s}{d}\right);\; a_n'' = 0$$

sorbierenden und lichtdurchlässigen Streifen; es muß symmetrisch zum Punkt $\xi = 0$ liegen. Skizziert sind auch die ersten drei Harmonischen, aus denen sich das Gitter zusammensetzt. Ist bei einem solchen Gitter die Spaltbreite s gleich der halben Periode d, so werden für gerade n auch die $a_n' = 0$. Abb. 2—8 zeigt ein Gitter mit streng antimetrischer Amplitudentransparenz. Dieses Gitter ist nicht allein durch Absorption des Lichts zu realisieren, denn $u(\xi)$ ändert das Vorzeichen in jeder Halbperiode. Zur Erzeugung von $u(\xi) < 0$ muß vor die entsprechenden Bereiche des Gitters je eine transparente dünne Schicht gelegt werden mit einer Phasenverzögerung $kD(n-1) = \pi$. Da $u(\xi)$ im Mittel über ξ gleich Null ist, hat ein solches Gitter keine nullte Beugungsordnung.

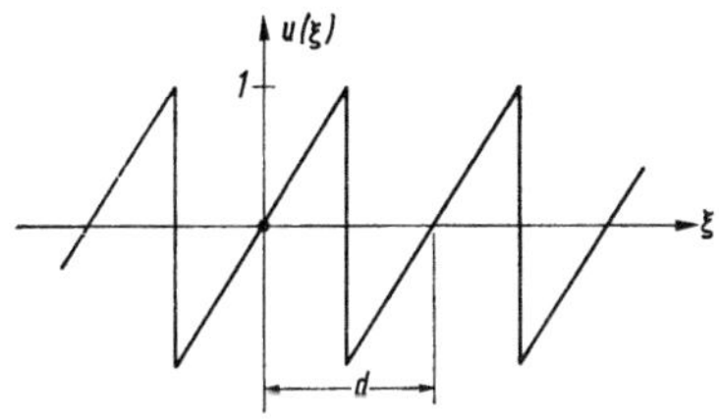

Abb. 2—8. Fourier-Entwicklung eines Sägezahngitters

$$a_0 = 0; \; a_n{}' = 0; \; a_n{}'' = (-1)^{n-1} \frac{2}{n\pi}$$

In komplexer Schreibweise wird Gl. (2.3-1) zu

$$u_0(\xi) = \sum_{-\infty}^{+\infty} a_n e^{-2\pi i \frac{n}{d}\xi},$$

$$2a_n = a'_{|n|} + i \operatorname{sgn}[n] \cdot a''_{|n|} = \frac{2}{d} \int_0^d u_0(\xi) e^{2\pi i \frac{n}{d}\xi} \, d\xi. \tag{2.3-3}$$

a_n hat wie u_0 die Dimension Eins. Da $u_0(\xi)$ reell sein soll, gilt analog Gl. (1.3-15) $a_n = a^*_{-n}$.

2.3-b. Fourier-Spektrum allgemeiner Absorptionsobjekte

Gl. (2.3-3) liefert den Übergang zu nichtperiodischen Objekten; bei diesen wird formal d sehr groß und $\frac{n}{d} = R$ variiert fast kontinuierlich mit ganzzahlig sich änderndem n. Im Bereich R bis $R + dR$ gilt der Fourierkoeffizient $a(R)\,dR$. Damit wird

$$u_0(\xi) = \int_{-\infty}^{\infty} a(R) e^{-2\pi i R\xi} \, dR = \int_0^{\infty} a'(R) \cos(2\pi R\xi) \, dR + \int_0^{\infty} a''(R) \sin(2\pi R\xi) \, dR. \tag{2.3-4}$$

Ein beliebiges Objekt wird also additiv zusammengesetzt aus einer stetigen Folge von harmonischen Transparenzverteilungen mit den Maximalamplituden $a(R)\,dR$. R ist reziprok zur Periode dieser harmonischen Elementargitter. Analog zur Zeitfrequenz ν der Nachrichtentechnik ist R die „Ortsfrequenz" oder „Raumfrequenz"; ihre Dimension ist eine reziproke Länge; man spricht auch von Linien je Längeneinheit. $a(R)$ hat die Dimension einer Länge. Die Fourier-Reziprozität zwischen $u(\xi)$ und $a(R)$ erlaubt die Fourier-Umkehr

$$a(R) = \int_{-\infty}^{\infty} u_o(\xi) e^{2\pi i R \xi} \, d\xi . \tag{2.3-5}$$

Bis auf die Vorfaktoren, die gesondert behandelt werden können, ist Gl. (2.3-5) identisch mit Gl. (2.2-18). Dabei wird gesetzt

$$k\alpha = 2\pi R \quad \text{also} \quad R = \alpha/\lambda . \tag{2.3-6}$$

α hängt im betrachteten eindimensionalen Fall zusammen mit dem Beugungswinkel α_B gegen die z-Richtung durch $\alpha = \sin \alpha_B$. Das Fourierspektrum $a(R)$ ist also bis auf eine Konstante gleich der entsprechenden Beugungsamplitude $u(\alpha)$ bei senkrechter Beleuchtung.

Die analoge Beziehung für schiefe Beleuchtung aus der Richtung α_0 folgt aus Gl. (2.2-14). Diese Gleichung werde analog Gl. (2.2-18) auf eindimensionale Objekte vereinfacht. Nach Einsetzen von Gl. (2.3-4) folgt

$$u(\alpha - \alpha_o) = \iint a(R) e^{i\xi[k(\alpha - \alpha_o) - 2\pi R]} \, dR \, d\xi .$$

Nach Vertauschen der Integrationen liefert das Integral über ξ nach Gl. (1.4-2) die Dirac-Funktion $\delta[(\alpha - \alpha_o - \lambda R)/\lambda]$. Das Integral über R ist von Null verschieden nur für

$$\alpha - \alpha_o = \lambda \cdot R . \tag{2.3-7}$$

Unter dieser Bedingung gilt

$$u(\alpha - \alpha_o) = \text{const} \cdot a(R) . \tag{2.3-8}$$

2.3-c. Harmonische Elementargitter

Beugungsgitter und nichtperiodische Objekte setzen sich nach Gl. (2.3-3) und Gl. (2.3-4) additiv zusammen aus einer diskontinuierlichen oder kontinuierlichen Folge von komplexen Elementargittern $u_o(\xi) = a_n e^{-2\pi i n \xi/d} = a(R) e^{-2\pi i R \xi} \, dR$. Fur die Raumfrequenz R_n und die Beugungsrichtung α_n eines Gitters gelten

$$R_n = n/d, \qquad \alpha_n = \lambda R_n + \alpha_0 . \tag{2.3-9}$$

Die beiden Glieder mit $\pm R$ liefern ein Elementargitter, für dieses gilt in reeller Schreibweise

$$u_o(\xi) = a'(|R|) \cos 2\pi |R| \xi + a''(|R|) \sin 2\pi |R| \xi = 2 |a(|R|)| \cos (2\pi R \xi - \varphi),$$

$$2 |a(|R|)| = \sqrt{a'^2 + a''^2}; \qquad \operatorname{tg} \varphi = \frac{a''}{a'} . \tag{2.3-10}$$

Ein cos-Gitter läßt sich realisieren durch einen geeigneten Verlauf der Absorption und um π phasenverzögernde Streifen dort, wo $u(\xi) < 0$ ist. Da der

Mittelwert von $u_0(\xi)$ Null ist, hat ein solches harmonisches Gitter keine nullte Beugungsordnung. Es gibt in senkrechter Beleuchtung nur zwei Beugungsordnungen bei $\alpha_1 = \pm\lambda\cdot|R|$. Das sin-Gitter $a''\sin 2\pi R\xi$ hat den gleichen Aufbau und gleiche Beugungswinkel, es ist gegenüber dem cos-Gitter um $d/4$ in ξ-Richtung, das heißt um die Lateralphase $\varphi = \pi/2$ verschoben. Die Beugungserscheinung des harmonischen Gitters in allgemeiner Lage folgt aus der Fourier-Transformation von Gl. (2.3-10). Mit Berücksichtigung von Gl. (1.4-8) und Gl. (1.4-11) ergibt sich

$$u(\alpha) = \text{const}\,|a(|R|)|\,[e^{i\varphi}\delta(\alpha-\alpha_1) + e^{-i\varphi}\delta(\alpha+\alpha_1)]. \qquad (2.3\text{-}11)$$

Bei einem cos-Gitter sind beide Beugungsordnungen gleichphasig, bei einem sin-Gitter sind sie gegenphasig und gegenüber denen des cos-Gitters um $\pm\frac{\pi}{2}$ phasenverschoben (Menzel 1948).

Es ist schwierig, harmonische Gitter mit phasenschiebenden Streifen zu versehen; dagegen können Amplitudentransparenzen $u_0(\xi) = 1 + a'\cos 2\pi R\xi$ mit $a' \leq 1$ als Photographie von Zweistrahlinterferenzen hergestellt werden. Solche Gitter haben auch eine nullte Beugungsordnung bei $\alpha = \alpha_0$. Eine harmonische Verteilung der Amplitude läßt sich ohne ein körperliches Objekt durch Zweistrahlinterferenzen herstellen (Kap. 1.2).

2.3-d. Absorptions- und Phasenobjekte

Im allgemeinen werden beugende Objekte entsprechend Gl. (2.2-2) nicht nur Absorptionseigenschaften besitzen sondern auch Phaseneigenschaften. Ihre nun komplexe Amplitudentransparenz setzt sich multiplikativ zusammen aus einem von der Intensitätstransparenz $I(\xi)$ abgeleiteten Betrag $|u_0(\xi)| = \sqrt{I(\xi)}$ und einer Phasenverteilung [Gl. (2.2-3)] $\varphi(\xi) = kD(\xi)\,(n(\xi)-1)$, das gilt in der angeschriebenen Form nur für senkrechte Beleuchtung. Wirkt ein solches Objekt nicht in Transmission sondern in Reflexion, so ist $I(\xi)$ der Reflexionskoeffizient für Intensitäten und $\varphi(\xi)$ ist bestimmt durch die Reliefhöhe $H(\xi)$ und die Einfallsrichtung ψ der Beleuchtung: $\varphi(\xi) = 2\cdot kH(\xi)\cos\psi$.

Für ein Objekt aus absorbierenden und phasenschiebenden Anteilen gilt Gl. (2.2-2)

$$u_0(\xi) = |u_0(\xi)|\,e^{-i\varphi(\xi)} = |u_0(\xi)|\cos\varphi(\xi) - i\,|u_0(\xi)|\sin\varphi(\xi)$$

und analog Gl. (2.3-4)

$$u_0(\xi) = \int a(R)e^{-2\pi i R\xi}\,\mathrm{d}R + i\int b(R)e^{-2\pi i R\xi}\,\mathrm{d}R. \qquad (2.3\text{-}12)$$

$a(R)$ und $b(R)$ sind die Spektren von jeweils reellen Funktionen, deshalb gilt $a(-R) = a^*(R)$ und $b(-R) = b^*(R)$. Die Beugungserscheinung setzt sich aus beiden Anteilen zusammen. Weiter gilt analog Gl. (2.3-8)

$$u(\alpha-\alpha_0) = \text{const}\,[a(R) + ib(R)]. \qquad (2.3\text{-}13)$$

2.3-e. Harmonische Gitter mit großer Modulation

Ein Gitter mit harmonischer Verteilung der Intensitätstransparenz

$$I_0(\xi) = 1 + g \cos 2\pi R_1 \xi$$

ist wegen der Definition der Intensität als eine positive Größe nur möglich mit einer Modulation $|g| \lesssim 1$. Besitzt das Gitter eine örtlich konstante Phase, so ergibt sich seine Amplitudentransparenz als positive Wurzel aus $I_0(\xi)$. Diese Wurzel wird zweckmäßig nach Potenzen von g entwickelt

$$\begin{aligned} u_0(\xi) &= +\sqrt{1 + g \cos 2\pi R_1 \xi} \\ &= 1 + \frac{g}{2} \cos 2\pi R_1 \xi - \frac{g^2}{8} \cos^2 2\pi R_1 \xi + \frac{g^3}{16} \cos^3 2\pi R_1 \xi - + \ldots \\ &= 1 + \frac{g}{2} \cos 2\pi R_1 \xi - \frac{g^2}{16} - \frac{g^2}{16} \cos\left(2 \cdot 2\pi R_1 \xi\right) + \frac{3g^3}{64} \cos 2\pi R_1 \xi \\ &\quad + \frac{g^3}{64} \cos\left(3 \cdot 2\pi R_1 \xi\right) + \cdots \end{aligned} \tag{2.3-14}$$

Im Gegensatz zum harmonischen Elementargitter hat das harmonische Absorptionsgitter neben der nullten Ordnung im allgemeinen auch höhere Beugungsordnungen bei den Vielfachen von $\alpha_1 = \pm \lambda R_1$. Kleine Modulation ($g^2 \ll 1$) erlaubt die Näherung

$$u_0(\xi) = 1 + \frac{g}{2} \cos 2\pi R_1 \xi . \tag{2.3-15}$$

Dieses Gitter hat neben der nullten Ordnung nur noch zwei erste Beugungsordnungen.

Ein Absorptionsgitter mit $g = 1$ läßt sich schreiben

$$I_0(\xi) = 1 + \cos 2\pi R_1 \xi = 2 \cos^2 \pi R_1 \xi .$$

Dieses Gitter wird in ein harmonisches Elementargitter verwandelt, wenn man vor jede zweite Halbperiode einen transparenten Streifen mit der Phasenverzögerung π legt.

Ein Gitter mit einer harmonischen Verteilung der Phase $\varphi(\xi) = c \cdot k \times \cos 2\pi R_1 \xi$ ergibt die Amplitudentransparenz

$$u_0(\xi) = e^{-ikc \cos 2\pi R_1 \xi}.$$

Das Verhalten dieses Gitters wird deutlich bei einer Entwicklung von $u_0(\xi)$ nach Potenzen der Modulation c:

$$u_0(\xi) = 1 - ikc \cos 2\pi R_1 \xi - \frac{1}{2} k^2 c^2 \cos^2 2\pi R_1 \xi + i \frac{1}{3} k^3 c^3 \cos^3 2\pi R_1 \xi + \cdots$$

$$= 1 - ikc \cos 2\pi R_1 \xi - \frac{1}{4} k^2 c^2 - \frac{1}{4} k^2 c^2 \cos \left(2 \cdot 2\pi R_1 \xi\right)$$

$$+ i \frac{1}{12} k^3 c^3 \cos 2\pi R_1 \xi + i \frac{1}{12} k^3 c^3 \cos \left(3 \cdot 2\pi R_1 \xi\right) + \ldots \qquad (2.3\text{-}16)$$

Die Amplitudentransparenz besteht aus imaginären und reellen Summanden Das Gitter besitzt auch höhere Beugungsordnungen bei Vielfachen von $\alpha_1 = \pm \lambda R_1$. Ohne Reihenentwicklung ergibt sich die Beugungserscheinung aus einer Fourier-Transformation, diese führt auf Besselsche Funktionen (Reichelt u. a. (1971) und Kap. 8.5-b). Hat das Phasenobjekt nur eine kleine Modulation, so ist $c^2 \ll 1$; jetzt läßt sich die Reihenentwicklung nach dem in c linearen Glied abbrechen und es bleibt

$$u_0(\xi) = 1 - ikc \cos 2\pi R_1 \xi. \qquad (2.3\text{-}17)$$

Ein harmonisches Phasengitter mit schwacher Modulation hat neben der nullten Beugungsordnung nur noch die beiden ersten Beugungsordnungen, sie sind gegenüber den Ordnungen eines schwachen Absorptionsgitters um $\frac{\pi}{2}$ phasenverschoben. Dieser Zusammenhang ist die Grundlage für das Phasenkontrastverfahren von Zernike, das in Kap. 3.5-g behandelt wird. Wie schon die Diskussion für die cos- und sin-Form von harmonischen Elementargittern zeigte, so hängt auch beim Absorptions- und Phasengitter die Phase der Beugungsordnungen zusätzlich von der Symmetrie des Gitters ab.

2.3-f. Der Dirac-Kamm

Beugungsgitter werden in einer speziellen Form oft für grundsätzliche Überlegungen verwendet; sie bestehen aus sehr schmalen Spalten in einem undurchlässigen Schirm (Abb. 2—9). Formal wird dieses Gitter beschrieben durch Dirac-

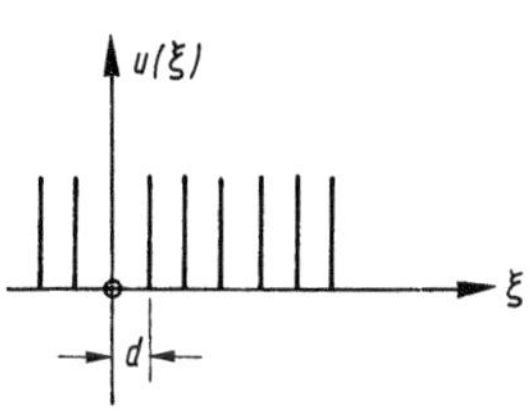

Abb. 2—9. Der Dirac-Kamm $\frac{1}{d} \operatorname{comb} \frac{\xi}{d} = \sum_{-\infty}^{m=\infty} \delta(\xi - md)$

Funktionen mit der Periode d.

$$u_0(\xi) = \sum_{-\infty}^{m=\infty} \delta(\xi - md) \tag{2.3-18}$$

Zur Beschreibung solcher Funktionen wurde der Dirac-Kamm eingeführt

$$\text{comb}\,(x) = \sum_{-\infty}^{m=\infty} \delta(\xi - m); \qquad m\text{: ganze Zahlen} \tag{2.3-19}$$

daraus folgt mit Gl. (1.4-10) für die Kammperiode d

$$\text{comb}\left(\frac{\xi}{d}\right) = \sum \delta\left(\frac{\xi}{d} - m\right) = \sum \delta\left[\frac{\xi - md}{d}\right] = d \sum \delta(\xi - md), \tag{2.3-20}$$

und analog

$$\text{comb}\,(b\xi) = \frac{1}{b} \sum \delta\left(\xi - \frac{m}{b}\right). \tag{2.3-21}$$

Nach Entwicklung in eine Fourier-Reihe läßt sich der Dirac-Kamm auch durch analytische Funktionen darstellen. Mit Gl. (2.3-3) wird

$$\text{comb}\left(\frac{\xi}{d}\right) = \sum_{-\infty}^{n=\infty} a_n e^{-2\pi i n\xi/d}$$

mit

$$a_n = \frac{1}{d} \int_{-d/2}^{d/2} d \sum_{-\infty}^{m=\infty} \delta(\xi - md) e^{2\pi i n\xi/d}\, \mathrm{d}\xi = \int_{-d/2}^{d/2} \delta(\xi) e^{2\pi i n\xi/d}\, \mathrm{d}\xi = 1$$

$$\text{comb}\left(\frac{\xi}{d}\right) = d \sum_{m} \delta(\xi - md) = \sum_{-\infty}^{n=\infty} e^{-2\pi i n\xi/d}. \tag{2.3-22}$$

Für die Fourier-Transformierte des Dirac-Kamms ergibt sich

$$\mathcal{F}\left[\text{comb}\left(\frac{\xi}{d}\right)\right] = \int \sum_{n} e^{-2\pi i n\xi/d} \cdot e^{2\pi i R\xi}\, \mathrm{d}\xi = \sum_{n} \int e^{2\pi i\xi(R - n/d)}\, \mathrm{d}\xi = \sum_{n} \delta\left(R - \frac{n}{d}\right)$$

$$\mathcal{F}\left[\text{comb}\left(\frac{\xi}{d}\right)\right] = d\, \text{comb}\,(dR). \tag{2.3-23}$$

Und analog

$$\mathcal{F}\,[\text{comb}\,(b\xi)] = \frac{1}{b}\, \text{comb}\left(\frac{R}{b}\right). \tag{2.3-24}$$

Gl. (2.3-23) stellt das bekannte Beugungsspektrum des didaktisch einfachsten Beugungsgitters dar (Abb. 2—10). Alle Beugungsordnungen haben hier die gleiche Amplitude. Die Fourier-Reziprozität von Gl. (2.3-20) und Gl. (2.3-23) wird in der Reziprozität der Perioden anschaulich.

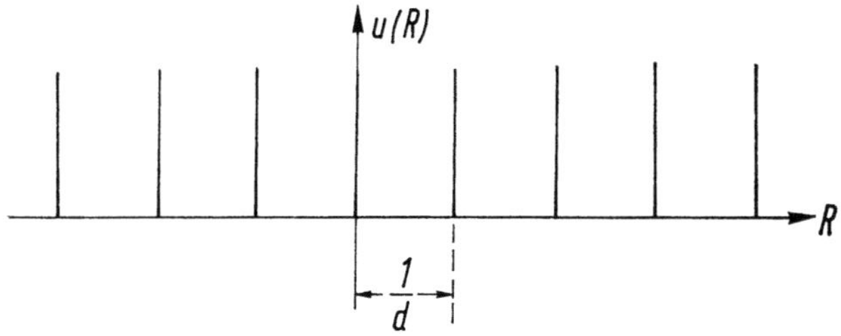

Abb. 2—10. Dirac-Kamm als Fourier-Transformierte von Abb. 2—9

2.3-g. Echelette-Gitter

Ein wichtiges Phasengitter hat Furchen in Form von Sägezähnen. Solche Gitter heißen Echelette-Gitter. Eine Periode d wird beschrieben durch $\varphi(\xi) = 2\pi \frac{g}{\lambda} \xi$. g hängt ab von dem Relief des Gitters und (in Transmission) von seiner Brechzahl. Mit Gl. (2.3-8) und (2.3-9) folgt für die n-te Beugungsordnung in der Richtung α_n

$$u(\alpha_n - \alpha_0) = \frac{1}{d} \int\limits_0^d e^{-2\pi i \frac{g}{\lambda} \xi} e^{2\pi i \xi n/d} \, d\xi = \frac{1}{d \cdot 2\pi i \left(\frac{n}{d} - \frac{g}{\lambda}\right)} \left[e^{2\pi i d\left(\frac{n}{d} - \frac{g}{\lambda}\right)} - 1\right]$$

$$= e^{\pi i \left(n - \frac{g}{\lambda} d\right)} \frac{\sin \pi \left(n - \frac{g}{\lambda} d\right)}{\pi \left(n - \frac{g}{\lambda} d\right)}. \qquad (2.3\text{-}25)$$

Der Phasen-Vorfaktor ist für die Beugungsintensität ohne Interesse. Unter der Echelette-Bedingung

$$\lambda_0 n_0 - g d = 0 \qquad (2.3\text{-}26)$$

wird $u(\alpha_{n_0} - \alpha_0)$ zum Maximum. Hier wird Licht der Wellenlänge λ_0 in die Ordnung n_0 gebeugt. Der Beugungswinkel α_{n_0} heißt auch „Blazewinkel". Andere Beugungsordnungen mit Ordnungszahlen $n \neq n_0$ erhalten die Amplitude Null. Dieses Gitter hat also nur eine Beugungsordnung; diese wird, da andere Ordnungen fehlen, besonders lichtstark. Auch für Wellenlängen in der Nachbarschaft von λ_0 ist die Beugungserscheinung noch sehr lichtstark; deshalb sind Echelette-Gitter für die Spektroskopie wichtig. Die Echelette-Bedingung bedeutet, daß die Richtung α_{n_0} des gebeugten Lichts zusammenfallt mit der Richtung der Lichtstrahlen, die an den prismenförmigen Furchen gebrochen sind. Bei Reflexionsgittern gilt Analoges fur die Spiegelung des Lichts an den Facetten des Reliefs.

Sheridon (1968) zeigte, wie sich Echelette-Gitter auf Photolack-Schichten herstellen lassen: Eine stehende Lichtwelle vor einem Spiegel besitzt ortsfeste Ebenen maximaler Lichtintensitat im Abstand einer halben Wellenlänge. Wenn die Photolackschicht diese Ebene unter kleinem Winkel schneidet, entstehen in der Schicht schrägliegende Ebenen, die gegenüber einem später angreifenden

Lösungsmittel resistent sind. Nach Behandlung mit dem Lösungsmittel bilden die Ebenen die Oberfläche der Photolackschicht. So stellten Rudolph und Schmahl (1969/70) Beugungsgitter mit großer Teilungsgenauigkeit her.

Bryngdahl (1970) gab ein Verfahren an, Echelette-Gitter durch räumliche Filterung herzustellen. Bei dem Kinoform-Verfahren stellt man mit einem Computer Hologramme her, bei denen eine Echelette-Struktur für großen Beugungs-Wirkungsgrad sorgt (Lesem u. a. 1969).

2.3-h. Beugung am Spalt

Für die Beugung an nichtperiodischen Objekten liefert Gl. (2.3-5) den Ansatz. Die wichtigste Objektform ist hier ein Spalt der Breite $2a$; er wird dargestellt durch die Amplitudentransparenz

$$u_0(\xi) = \text{rect}\left[\frac{\xi}{2a}\right]. \tag{2.3-27}$$

Das Beugungsbild, die Fourier-Transformierte dieser Funktion, wurde schon in anderem Zusammenhang hergeleitet [Gl. (1.3-17)]. Dementsprechend gilt für die Beugungsamplitude

$$\text{const} \cdot u(\alpha) = u(R) = 2a \,\text{sinc}\, 2\pi a R; \qquad \alpha - \alpha_0 = R\lambda. \tag{2.3-28}$$

Wird das Beugungsbild nach Abb. 2—6 im Bildabstand B von einer Linse beobachtet, so gilt für die Ortskoordinate x' in der Bildebene $x' = \alpha \cdot B$.

Das Beugungsbild $u(x')$ kann aufgefaßt werden als das Bild der linienförmigen Lichtquelle, die zur kohärenten Beleuchtung dient. Das beugende Objekt $u_0(\xi) = \text{rect}\,(\xi/2a)$ wirkt für die Linse als Aperturbegrenzung, die zu einer Abbildung mit begrenzter Auflösung führt. Das Bild der linienförmigen Lichtquelle ist zu einer sinc-Funktion nach Gl. (2.3-28) verbreitert; man spricht von der Linien-Verwaschungsfunktion der abgeblendeten Linse. Einen Anhalt über die Breite des Linienbildes bietet die erste Nullstelle von Gl. (2.3-28), diese liegt bei $R_1 = 1/2a$, daraus folgt die halbe Breite des Linienbildes

$$x_1' = \alpha_1 B = R_1 \lambda B = \lambda B/2a. \tag{2.3-29}$$

Besteht die Lichtquelle aus zwei zueinander inkohärenten Linien, so ist diese Doppellinie in der Abbildung aufgelöst, wenn der Abstand beider Linien im Bild größer ist als x_1'. Ist die Lichtquelle punktförmig, so ist das Punktbild entsprechend $u(\alpha)$ strukturiert; als Funktion von β hat es bei großer Spaltlänge nur eine verschwindende Ausdehnung (Kap. 2.2.-d).

2.4. Fraunhofer-Beugung an ausgewählten zweidimensionalen Objekten

2.4-a. Allgemeines

Obwohl die Diskussion eindimensionaler Objekte das physikalisch Grundsätzliche gibt und gestattet, viele praktische Fragen zu lösen, muß wenigstens kurz von Objekten gesprochen werden, die von zwei oder auch von drei Dimensionen des Raumes abhängen.

Gl. (2.2-14) beschrieb die Fraunhofer-Beugung an zweidimensionalen Objekten in allgemeiner Form. Für achsenparallele Beleuchtung wird daraus

$$u(\alpha, \beta) = \text{const} \iint u_0(\xi, \eta) e^{ik(\alpha\xi + \beta\eta)} \, d\xi \, d\eta . \tag{2.4-1}$$

Dabei sind α und β die Richtungskosinusse gegen die ξ- und η-Achsen. Die gebeugten Strahlen sollen gegen die z-Achse nur wenig geneigt sein. Die Beugungswinkel in den Ebenen $z\xi$ und $z\eta$ seien α_B und β_B. Dann gilt für kleine Winkel

$$\alpha = \alpha_B; \qquad \beta = \beta_B . \tag{2.4-2}$$

Bei Verwendung einer Linse beschreibt eine Beziehung analog Gl. (1.2-9) die Übertragung der Beugungswinkel α_B und β_B in die rechtwinkligen Koordinaten x' und y' in der Beobachtungsebene.

2.4-b. Separierbare Objekte

In einigen Fällen läßt sich das Objekt zusammensetzen aus einer Struktur $u_0(\xi)$, die nur von ξ und einer anderen, die nur von η abhängt; Beispiele dafür sind Kreuzgitter oder rechteckige Blenden. Dann gilt

$$\begin{aligned} u(\alpha, \beta) &= \iint u_0(\xi) u_0(\eta) e^{ik(\alpha\xi + \beta\eta)} \, d\xi \, d\eta \\ &= \int u_0(\xi) e^{ik\alpha\xi} \, d\xi \cdot \int u_0(\eta) e^{ik\beta\eta} \, d\eta = u(\alpha) \cdot u(\beta) . \end{aligned} \tag{2.4-3}$$

Kreuzgitter mit den Gitterkonstanten d_ξ und d_η haben Raumfrequenzen $R_\xi = n/d_\xi$ und $R_\eta = m/d_\eta$, diese führen zu den Beugungswinkeln $\alpha_n = R_\xi \cdot \lambda$ und $\beta_m = R_\eta \cdot \lambda$.

Die Amplitudentransparenz eines beugenden Punktes wird multiplikativ zusammengesetzt aus zwei engen Spalten, die senkrecht zueinander liegen. Es gilt

$$u_0(\xi, \eta) = \delta(\xi)\delta(\eta) = \delta(\xi, \eta) . \tag{2.4-4}$$

Die eindimensionalen δ-Funktionen können nach Gl. (1.4-3); (1.4-4); (1.4-5) als Grenzübergänge angesehen werden. Für das Beugungsbild des Punktes folgt

$$u(\alpha, \beta) = u(\alpha) \cdot u(\beta) = 1 . \tag{2.4-5}$$

2.4-c. Kreisblende

Wichtig ist noch die Kreisblende als beugendes Objekt, sie habe den Radius b, ihre Amplitudentransparenz läßt sich nicht als ein Produkt mit nur von ξ oder η abhängigen Funktionen darstellen. $u_0(\xi, \eta)$ wird in Kreiskoordinaten umgeschrieben. Es sei $\xi = \varrho \cos\varphi$; $\eta = \varrho \sin\varphi$. Dann wird

$$u_0(\xi, \eta) = u_0(\varrho) = \text{circ}\,[\varrho/b] = \begin{cases} 1 & \text{für } \varrho < b \\ 0 & \varrho > b . \end{cases} \tag{2.4-6}$$

Auch für die Sinusse der Beugungswinkel werden neue Koordinaten eingeführt: $\alpha = s \cos\psi$; $\beta = s \sin\psi$. s ist der Sinus des Neigungswinkels, den der gebeugte Strahl mit dem senkrecht einfallenden Strahl bildet; ψ ist das Azimuth.

Das rotationssymmetrische Beugungsbild hängt nur von s ab. Mit $d\xi\, d\eta = d\tau = \varrho d\,\varphi\, d\varrho$ wird aus Gl. (2.4-2)

$$u(\alpha, \beta) = u(s) = \int_0^b \int_{-\pi}^{\pi} \varrho \exp\left[iks\varrho \cos(\varphi - \psi)\right] d\varphi\, d\varrho. \tag{2.4-7}$$

Dieses Integral führt auf die Besselsche Funktion erster Ordnung J_1. Der Lösungsweg ist ausführlich dargestellt etwa von Sommerfeld (1947 und 1950). Es gilt

$$u(s) = 2\pi b^2 \frac{J_1(kbs)}{kbs}. \tag{2.4-8}$$

Zahlenwerte finden sich z. B. in dem Tabellenwerk von Lösch (1960). Der Verlauf der Beugungsamplitude ist in Abb. 2—11 wiedergegeben. Als Hauptmaximum

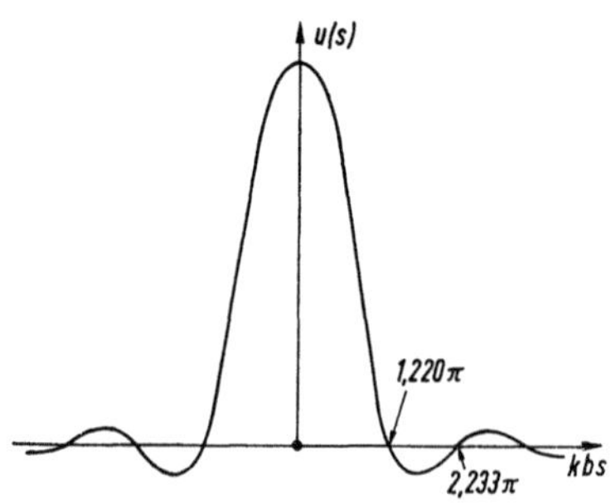

Abb. 2—11. Amplitude im Fraunhofer-Beugungsbild eines Kreislochs

der Funktion bei $s = 0$ wird $u(0) = \pi b^2$. Nullstellen der Funktion, also dunkle Ringe im Beugungsbild, liegen bei $kbs = 1{,}220\pi;\ 2{,}233\pi;\ 3{,}238\pi;\ 4{,}250\pi;\ \ldots$ Zu diesen dunklen Ringen gehören also die Beugungsrichtungen

$$s_1 = 0{,}610\,\lambda/b; \qquad s_2 = 1{,}116\,\lambda/b; \qquad s_3 = 1{,}619\,\lambda/b; \ldots \tag{2.4-9}$$

$u(s)$ ähnelt der sinc-Funktion, die die Beugung am Spalt oder am Rechteck beschreibt.

Wird die Beugungsfigur eines Kreislochs mit Hilfe einer aberrationsfreien Linse beobachtet, so wirkt auch hier das Kreisloch als eine Aperturbegrenzung für die Linse, und das Beugungsbild ist identisch mit dem Punktbild der abgeblendeten Linse. Das durch die Beugung an der Blende begrenzte Auflösungsvermögen der Linse erlaubt, zwei Sterne in einem Winkelabstand größer als s_1 getrennt abzubilden (Rayleighsches Kriterium).

Gl. (2.4-6) liefert eine neue Form für die Dirac-Funktion in zwei Dimensionen. Es gilt

$$\delta(x, y) = \mathscr{F}(1) = \mathscr{F} \lim_{b\to 0}\left[2\,\frac{J_1(kbs)}{kbs}\right] = \lim_{b\to 0}\left[\frac{1}{\pi b^2}\operatorname{circ}\left(\frac{\sqrt{x^2+y^2}}{b}\right)\right]. \tag{2.4-10}$$

Wie schon früher so liefert auch hier die Fourier-Transformierte eine weitere Darstellung für die Dirac-Funktion. Es gilt

$$\delta(s) = \delta\left(\sqrt{\alpha^2+\beta^2}\right) = \mathscr{F}(1) = \mathscr{F}\left[\lim_{b\to\infty} \operatorname{circ}\frac{\varrho}{b}\right]$$

$$= \lim_{b\to\infty}\left[2\pi b^2 \frac{J_1\left(2\pi b\sqrt{\frac{\alpha^2}{\lambda^2}+\frac{\beta^2}{\lambda^2}}\right)}{2\pi b\sqrt{\frac{\alpha^2}{\lambda^2}+\frac{\beta^2}{\lambda^2}}}\right]$$

mit $\frac{\alpha}{\lambda} = x$; $\frac{\beta}{\lambda} = y$ wird

$$\delta(x,y) = \lim_{b\to\infty}\left[b\,\frac{J_1\left(2\pi b\sqrt{x^2+y^2}\right)}{\sqrt{x^2+y^2}}\right]. \tag{2.4-11}$$

2.5. Abbildung eines Punkts als Fresnel-Beugung an besonderen Objekten

2.5-a. Die Linse

Gl. (2.2-10) beschreibt die Fresnel-Beugung in quadratischer Näherung. Eine linienförmige Lichtquelle auf der optischen Achse ($\alpha_0 = 0$) im Abstand $-z_0$ vom beugenden Objekt bewirkt eine Beleuchtungsamplitude nach Gl. (2.2-11). Dann gilt unter Vernachlässigung von konstanten Phasengliedern für ein eindimensionales Objekt

$$u(x) = e^{-ikx^2/2z}\int e^{ik\xi^2/2z_0}\,u_0(\xi)\,e^{ik\xi x/z}\,e^{-ik\xi^2/2z}\,\mathrm{d}\xi. \tag{2.5-1}$$

Das beugende Objekt $u_0(\xi)$ soll ein Phasenobjekt $\varphi(\xi)$ sein und eine Form besitzen, die die Phasenglieder mit ξ^2 kompensiert. Es soll also gelten

$$u_0(\xi) = e^{-i\varphi(\xi)} = \exp i\left[-\varphi_0 + k\xi^2\left(-\frac{1}{2z_0}+\frac{1}{2z}\right)\right].$$

Ein solches Objekt ist für den eindimensionalen Fall eine dünne Zylinderlinse mit der Dickenverteilung $D(\xi)$ und der Brechzahl n. In quadratischer Näherung ist $D(\xi) = D_0 - a\xi^2$. Dann gilt $\varphi(\xi) = k(n-1)D(\xi)$. Die Kompensation erfolgt für

$$k\xi^2\left(-\frac{1}{2z_0}+\frac{1}{2z}\right) = k(n-1)a\xi^2. \tag{2.5-2}$$

Mit $\varphi_0 = k(n-1)D_0$ wird Gl. (2.5-1) zu

$$u(x) = e^{-ikx^2/2z}\,e^{-i\varphi_0}\int e^{ik\xi x/z}\,\mathrm{d}\xi.$$

Die Ausdehnung der Linse in ξ-Richtung sei sehr groß; dann ist nach Gl. (1.4-2) das Integral bis auf eine Konstante gleich $\delta(x)$. Das Fresnelsche Beugungsbild der Linse ist also eine Lichtlinie bei z; sie kann aufgefaßt werden als Bild der Lichtquelle. Dann gilt nach Gl. (2.5-2)

$$\frac{1}{z_0} + \frac{1}{z} = 2a(n-1) = \frac{1}{F}. \tag{2.5-3}$$

Gl. (2.5-3) ist die Linsengleichung für paraxiale Abbildung, die Gleichung definiert die Linsenbrennweite F. Eine Linse wird also dargestellt durch eine Verteilung der komplexen Amplitudentransparenz

$$u(\xi) = \exp i \frac{k}{2F} \xi^2. \tag{2.5-4}$$

Zerstreuungslinsen werden durch $F < 0$ beschrieben. Rotationssymmetrische, sphärische Linsen verhalten sich analog. Die Wirkung einer Linse von begrenztem Durchmesser wird erst in Kap. 2.9 betrachtet.

2.5-b. Die Fresnelsche Zonenplatte

Auch ein gitterförmiges Objekt $u_0(\xi)$ mit Spalten im Abstand ξ_m von der optischen Achse kann bewirken, daß die Glieder mit ξ^2 in Gl. (2.5-1) ihren Einfluß verlieren, indem aufeinanderfolgende Spalte nur Licht mit einem Gangunterschied λ durchlassen. Dieses Gitter wird dargestellt durch

$$u_0(\xi) = \sum_{-\infty}^{m=\infty} \delta(\xi - \xi_m); \qquad k\xi_m^2 \left(-\frac{1}{2z_0} + \frac{1}{2z}\right) = 2\pi m. \tag{2.5-5}$$

Entsprechend der Diskussion im vorigen Abschnitt hat auch dieses „Gitter" abbildende Eigenschaften, seine Brennweite F ist gegeben durch

$$\frac{1}{F} = -\frac{1}{z_0} + \frac{1}{z}. \tag{2.5-6}$$

Daraus folgt das Gesetz für die Lage der Spalte

$$\xi_m = \sqrt{2F\lambda m}. \tag{2.5-7}$$

Im rotationssymmetrischen Fall besteht das „Gitter" aus konzentrischen Kreisringen; das ist dann eine Fresnelsche Zonenplatte (Abb. 2-12) oder auch eine Soret-Platte (Soret 1875). Sieht man dieses nicht äquidistante „Gitter" an als eine Folge von Doppelspalten, so sorgen die Spaltabstände für eine Vereinigung des gebeugten Lichts erster Ordnung in einem Punkt. Die minus-ersten Beugungsordnungen geben durch ihre virtuelle Vereinigung einen weiteren Brennpunkt mit der Brennweite $-F$.

Die allgemeine Form einer Fresnelschen Zonenplatte sei nur für den eindimensionalen Fall diskutiert. Die für Gl. (2.5-1) gestellte Aufgabe war, durch ein geeignetes $u_0(\xi)$ die Glieder mit ξ^2 zu kompensieren. Das leistet auch der Ansatz

$$u_0(\xi) = \sum_{-\infty}^{n=\infty} a_n e^{ikn\xi^2\left(-\frac{1}{2z_0}+\frac{1}{2z}\right)}. \tag{2.5-8}$$

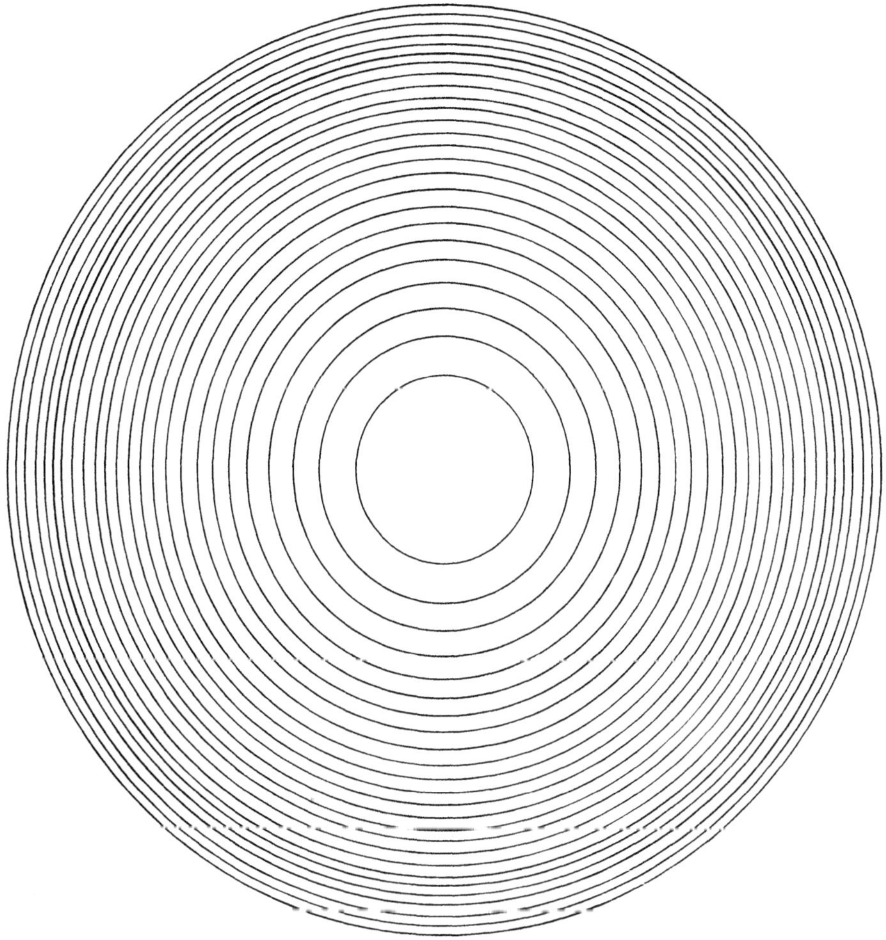

Abb. 2—12. Fresnelsche Zonenplatte

Die e-Funktion ist in ξ „quasiperiodisch". Die Diskussion wird einfacher, wenn die Symmetrie der a_n eine Entwicklung nach cos-Funktionen zuläßt; nach Gl. (2.3-1) wird dann bei Berücksichtigung von Gl. (2.5-6)

$$u_0(\xi) = a_0 + \sum_{1}^{n=\infty} a_n' \cos\left[2\pi n \xi^2/2\lambda F\right]. \tag{2.5-9}$$

Das Glied mit a_1' gibt die erste Beugungsordnung des „Gitters", diese bedingt die beiden Brennweiten

$$F_1 = \pm\, \xi_1{}^2/2\lambda. \tag{2.5-10}$$

ξ_1 ist mit $m = 1$ nach Gl. (2.5-7) die erste „Quasi-Periode" des „Gitters". Das Glied mit a_n' bedingt die n-te Beugungsordnung mit den Brennweiten

$$F_n = F_1/n. \tag{2.5-11}$$

Brennweiten höherer Ordnung hat auch die oben beschriebene Zonenplatte, die sich aus engen Spalten zusammensetzt. Der Koeffizient a_n' gibt die Lichtamplitude in den beiden n-ten Brennpunkten an. a_0 gibt die Amplitude des ungebeugten Lichts. Der allgemeine Ansatz von Gl. (2.5-8) beschreibt mit beliebigen komplexen a_n Zonenplatten beliebiger Struktur; ihr Verhalten läßt sich so diskutieren, wie es oben ausführlich für periodische Gitter geschah. Ein harmonisches Elementar-,,Gitter“ analog Gl. (2.3-10) beugt das Licht in nur zwei Brennpunkte mit positiver und negativer Brennweite; hier stört kein ungebeugtes Licht. Die klassische Zonenplatte besteht aus lichtdurchlässigen und absorbierenden Ringen gleicher Breite. Die Ringzahl $N = 2m$ gilt ohne Rücksicht auf die optischen Eigenschaften der Ringe. Wie das entsprechende Beugungsgitter hat eine solche Platte Beugungsordnungen — also auch Brennpunkte — nur für ungerade n. Nur einen Brennpunkt liefert ein Echelette-Phasengitter (Kap. 2.3-g); hier können die Gitterfurchen als Prismen angesehen werden, die das Licht unter dem ,,Blazewinkel“ in den Brennpunkt brechen; über die Herstellung solcher Zonenplatten mit der Kinoform-Technik berichten Jordan u. a. (1970).

Wirkt infolge einer dünnen, transparenten Platte vor der Zonenlinse auf deren ganze Fläche die konstante Phasenverzögerung φ, so erhalten Gl. (2.5-8) und (2.5.9) $e^{-i\varphi}$ als Vorfaktor. Schreibt man φ additiv zum Glied mit ξ^2, so bedeutet das formal eine Verschiebung der Quasiperioden. Für z. B. $n = 1$ ist nun anstatt von Gl. (2.5-7) zu schreiben

$$\xi_m = \sqrt{2\lambda F\left(m + \frac{\varphi}{2\pi}\right)}. \qquad (2.5\text{-}12)$$

φ beeinflußt nicht die Brennweite wohl aber die Phasenwirkung der Zonenplatte, denn auch die von der Zonenplatte erzeugten Bilder haben nun die Phase $-\varphi$. Gl. (2.5-12) zeigt, wie eine solche Phasenschiebung auch durch eine Verschiebung der Quasiperioden erzeugt werden kann.

In Kap. 3.6-b wird die sphärische Aberration von Zonenplatten diskutiert. Liegen Objekt- und Bildpunkt auf einer Geraden, die nicht senkrecht auf der Plattenebene steht, so entstehen ähnliche Abbildungsfehler wie bei der Linsenoptik schiefer Bündel (v. Fragstein und Weber 1954, Feitzinger 1968, Bottema 1969).

Soret-Platten haben nach langen Jahren des Vergessenseins heute wieder viele Anwendungen gefunden (Feitzinger 1968). Elektronenoptische Hilfsmittel erlauben, Platten mit Ringabständen bis hinunter zu 1 μm herzustellen (v. Grote u. a. 1965). Bestehen solche Zonenplatten aus absorbierenden Ringen und freien Zwischenräumen, so können sie als Linsen für weiche Röntgenstrahlen dienen. Schmahl und Rudolph (1969) stellten Zonenplatten mit großer Ringzahl in Photolacken her als Interferenzbilder zwischen zwei Kugelwellen verschiedener Krümmung.

2.6. Beugung an dreidimensionalen Objekten

2.6-a. Fraunhofer-Beugung in erster Bornscher Näherung

Fraunhofer-Beugung an dreidimensionalen Objekten ist die Grundlage der Beugung von Röntgenstrahlen, Elektronen und Neutronen an Kristallgittern. Elektronen werden im Rahmen der Bornschen Theorie als skalare Wellen behandelt (vgl. z. B. v. Laue 1948). Erst vor kurzem wendete Wolf (1969) diesen Formalismus auf Licht und transparente Objekte an. Zugrunde liegt die Wellengleichung für die zeitfreie Amplitude

$$\Delta u(x, y, z) + k^2(x, y, z)\, u(x, y, z) = 0. \qquad (2.6\text{-}1)$$

Dabei ist die Wellenzahl $k = n k_0 = 2\pi n/\lambda_0$ innerhalb des beugenden Objektes wegen der (bei Absorption komplexen) Brechzahl $n = n(\xi, \eta, \zeta)$ eine Funktion der Objektkoordinaten, diese mögen $\xi\eta\,\zeta$ heißen. Im umgebenden Raum xyz gilt $n = 1$, hier soll die Lichterregung u ermittelt werden. Die Differentialgleichung ist geschlossen nicht lösbar. In der ersten Bornschen Näherung setzt man schwache Streuung voraus, Mehrfachstreuung wird ausgeschlossen. Man macht den Ansatz $u = u_L + u_S$. u_L ist die beleuchtende Welle; sie ist quasimonochromatisch und kollimiert, sie trifft auf das Objekt unter dem Richtungsvektor $\mathbf{s}_0$. Für u_L gilt überall $n = 1$ und damit $\Delta u_L + k_0 u_L = 0$. $|u_S| \ll |u_L|$ ist die Streu- oder Beugungswelle. Aus Gl. (2.6-1) wird

$$\Delta u_S + k_0^2 u_S = -k_0^2 (n^2 - 1)\, u_L = F u_L. \qquad (2.6\text{-}2)$$

Dabei ist ein Summand $k_0^2(n^2 - 1)\, u_S$ als klein vernachlässigt. Die Näherung gilt für „schwache" Objekte, diese sind gekennzeichnet durch $n(\xi, \eta, \zeta) = 1 + \Delta n\,(\xi, \eta, \zeta)$ mit $|\Delta n| \ll 1$ oder durch das Streupotential

$$F(\xi, \eta, \zeta) = -2 k_0^2\, \Delta n(\xi, \eta, \zeta) \approx -\, 2k^2\, \Delta n(\xi, \eta, \zeta). \qquad (2.6\text{-}3)$$

Als Lösung von Gl. (2.6-2) ergibt sich ein Integral, das bis auf eine Konstante $C_2 = -\dfrac{1}{4\pi}$ (Wolf 1969, Gl. 6) aus dem Huygensschen Prinzip entwickelt werden kann. Das Raumelement $d\tau = d\xi\, d\eta\, d\zeta$ des Objekts wird vom einfallenden Licht $|u_L| = 1$ erregt. Es hat bis hierher vom Koordinatenursprung aus einen Weg $a = (\boldsymbol{\varrho}, \mathbf{s}_0)$ zurückgelegt (die Klammer bedeutet das innere Produkt zwischen dem Ortsvektor $\boldsymbol{\varrho}$ zum Raumelement $d\tau$ und dem Richtungsvektor $\mathbf{s}_0$ des einfallenden Lichtes (Abb. 2—13). Das Raumelement streut mit der Amplitude $F(\boldsymbol{\varrho})$. Das Streulicht erreicht den Aufpunkt P nach der Laufstrecke r. Die gesamte Streuamplitude in P wird

$$u_S(P) = -\frac{1}{4\pi} \int e^{-i k_0 (\boldsymbol{\varrho}, \mathbf{s}_0)}\, F(\boldsymbol{\varrho})\, \frac{e^{-i k_0 r}}{r}\, d\tau. \qquad (2.6\text{-}4)$$

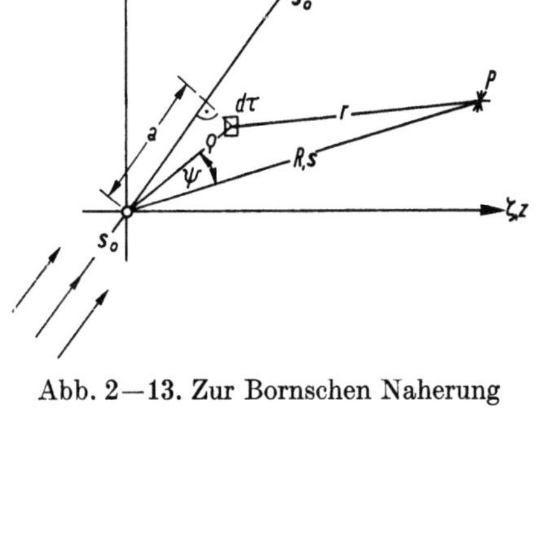

Abb. 2—13. Zur Bornschen Naherung

Die Geometrie ergibt $r^2 = R^2 + \varrho^2 - 2\varrho R\cos\psi$. Für den Fraunhofer-Fall der Beugung wird $R \gg \varrho$ und deshalb $r \approx R - |\varrho| \cos\psi = R - (\boldsymbol{\varrho}, \mathbf{s})$.

$$u_S(P) = -\frac{e^{-ik_0R}}{4\pi R}\int F(\boldsymbol{\varrho}) \exp ik_0(\boldsymbol{\varrho}, \mathbf{s} - \mathbf{s}_0)\,\mathrm{d}\tau \tag{2.6-5}$$

$\boldsymbol{\varrho}$ hat die Komponenten $\xi\eta\zeta$. $\mathbf{s}$ und $\mathbf{s}_0$ haben als Komponenten die Richtungskosinusse $\alpha\beta\gamma$ und $\alpha_0\beta_0\gamma_0$. Für diese gilt

$$\alpha^2 + \beta^2 + \gamma^2 = 1 \qquad \text{und} \qquad \alpha_0{}^2 + \beta_0{}^2 + \gamma_0{}^2 = 1. \tag{2.6-6}$$

γ ist also durch α und β bestimmt, für γ_0 gilt Analoges. Im Fraunhofer-Fall wird P gekennzeichnet durch $|R| = \alpha x + \beta y + \gamma z$ und die Richtung $\mathbf{s}(\alpha, \beta)$.

$$u_S(\alpha, \beta, R) = -\frac{e^{-ik_0R}}{4\pi R}\iiint F(\xi, \eta, \zeta)$$
$$\times \exp ik_0\,[\xi(\alpha - \alpha_0) + \eta(\beta - \beta_0) + \zeta(\gamma - \gamma_0)]\,\mathrm{d}\xi\,\mathrm{d}\eta\,\mathrm{d}\zeta \tag{2.6-7}$$

Wird $u(\alpha, \beta)$ beobachtet am Ort $x, y \ll z_0$; $z = z_0$, so gilt $R = \gamma z_0$. Dann wird der Vorfaktor in Gl. (2.6-7)

$$-\frac{e^{-ik_0R}}{4\pi R} = -\frac{e^{-ik_0\gamma z_0}}{4\pi\gamma z_0}.$$

Der Vorfaktor muß nur dann berücksichtigt werden, wenn u_s mit der einfallenden Welle interferiert. Das geschieht bei Abbildung und Holographie.

Gleichung (2.6-7) zeigt die Fourier-Reziprozität zwischen dem Streupotential F und der Streuamplitude u_s für den Fraunhofer-Fall. Bei der Beugung an Kristallgittern liefert die sogenannte kinematische Theorie eine Beziehung analog Gl. (2.6-7). F und u_s heißen hier Strukturpotential und Strukturamplitude. In Gl. (2.6-7) kennzeichnen die Glieder $k_0(\alpha - \alpha_0) = 2\pi R_x$; $k_0(\beta - \beta_0) = 2\pi R_y$; $k_0(\gamma - \gamma_0) = 2\pi R_z$ die drei Laue-Gleichungen der Beugung an Kristallgittern. Dabei sind R_x, R_y, R_z die Raumfrequenzen, also die Reziproken der Gitterperioden in den Richtungen der Koordinatenachsen, die Raumfrequenzen sind die Ortskoordinaten des reziproken Gitters. Wird u_s gemessen, so ergibt sich F durch Fourier-Rücktransformation. Bei der Beugung an Kristallgittern ist bis heute nur die Intensität $u_s u_s{}^*$ meßbar, Phasen bleiben unbestimmt und erfordern gesonderte Diskussionen.

In der Lichtoptik läßt sich u_s in großer Entfernung oder in der Brennebene einer Linse bestimmen; die Phasen ergeben sich aus einem Interferenzversuch, der ist gleichwertig mit der Aufnahme eines Hologramms. Für ein solches Verfahren ist das Nahfeld [Gl. (2.6-12)] noch besser geeignet (Wolf 1969, 1970; Carter 1970).

Um das vollständige Wellenfeld u zu erhalten, muß zu u_s noch die Primärwelle

$$u_L = e^{-2\pi ik_0R}\,\delta(\alpha - \alpha_0, \beta - \beta_0) \tag{2.6-8}$$

addiert werden, sie fällt in der Richtung α_0, β_0 ein.

Bei stärkerer Modulation des beugenden Objekts reicht die erste Bornsche Näherung nicht mehr aus. Dann ist nämlich zu berücksichtigen, daß einmal gebeugtes Licht abermals gebeugt wird. Eine Theorie für solche Mehrfachbeugung gibt die zweite Bornsche Näherung. Diese und andere Theorien beschreiben bei der Beugung an Kristallgittern die sogenannten dynamischen Erscheinungen. In der Lichtoptik wird die Mehrfachbeugung wichtig etwa bei Interferenzen an Schallwellen, bei der Rekonstruktion von Hologrammen in dicken Emulsionen und bei der Diffusion des Lichts durch trübe und turbulente Medien.

2.6-b. Entwicklung nach ebenen Wellen, Beugung im Nahfeld

Ein Wellenfeld nach Gl. (2.6-7) wird in großer Entfernung R vom beugenden Objekt kaum mehr von Änderungen des Vorfaktors $1/R$ beeinflußt, es ist näherungsweise als eine ebene Welle aufzufassen. Weyl (1919) entwickelte die Kugelwelle im Integranden von Gl. (2.6-4) in ein Integral, dieses ergibt nach einer Darstellung von Wolf (1969, Gl. 10) ein Richtungsspektrum $u(\alpha, \beta)$ der gebeugten Welle

$$\begin{aligned} u(\alpha, \beta) = C_4 \iiint & F(\xi, \eta, \zeta) \\ & \times \exp ik_0\, \delta\, [\xi(\alpha - \alpha_0) + \eta(\beta - \beta_0) + \zeta(\gamma - \gamma_0)]\, d\xi\, d\eta\, d\zeta \\ & \text{mit } C_4 = i/4\pi\lambda_0\gamma. \end{aligned} \quad (2.6\text{-}9)$$

C_4 ergibt sich aus C_2 [Gl. (2.6-4)] durch Multiplikation mit $1/i\lambda_0\gamma$. γ ist der Richtungskosinus von R gegen die z-Achse. Praktisch kann man hier $\gamma = 1$ setzen, ähnlich zu dem Richtungskosinus im Kirchhoff-Integral [Gl. (2.1-1)], dann wird auch die Fourier-Reziprozität zwischen Ortsamplitude und Wellenfeld exakt erfüllt.

Ein analoges Richtungsspektrum läßt sich für die Fraunhofer-Beugung an ebenen Objekten angeben, die sich aus dem Kirchhoff-Integral ergeben hatte [Gl. (2.2-14)]. Diese Darstellung ist nicht auf schwache Objekte $u_0(\xi, \eta)$ beschränkt, denn an solchen Objekten ist keine Mehrfachbeugung möglich.

$$\begin{aligned} & u(\alpha, \beta) = C_3 \iint u_0(\xi, \eta) \exp ik_0[\xi(\alpha - \alpha_0) + \eta(\beta - \beta_0)]\, d\xi\, d\eta \\ & \text{mit } C_3 = 1/\lambda_0^2\gamma. \end{aligned} \quad (2.6\text{-}10)$$

C_3 ist mit C_1 [Gl. (2.2-1)] durch den gleichen Faktor verknüpft wie C_4 mit C_2.

Diese ebenen Wellen existieren auch in der Umgebung des beugenden Objektes. Die Wellen gehen vom Koordinatenursprung aus, hier haben sie die Amplitude $u(\alpha, \beta, 0, 0, 0)$. Bis zum Aufpunkt $P(x, y, z)$ (Abb. 2—14) haben sie den optischen Weg R zurückgelegt. Mit den Richtungskosinussen $\alpha\beta\gamma$ gilt $|R| = \alpha x + \beta y + \gamma z$. In P gilt

$$u(\alpha, \beta, x, y, z) = u(\alpha, \beta, 0, 0, 0)e^{-ik_0R} = u(\alpha, \beta) \exp[-ik_0(\alpha x + \beta y + \gamma z)]. \quad (2.6\text{-}11)$$

Hier kann Gl. (2.6-6) angewendet werden. Im Aufpunkt überlagern sich alle Wellen des Feldes analog Wolf (1969, Gl. 9) zu

$$u(x, y, z) = \iint u(\alpha, \beta) \exp\left[-ik_0\left(\alpha x + \beta y + \sqrt{1 - \alpha^2 - \beta^2} z\right)\right] d\alpha\, d\beta. \quad (2.6\text{-}12)$$

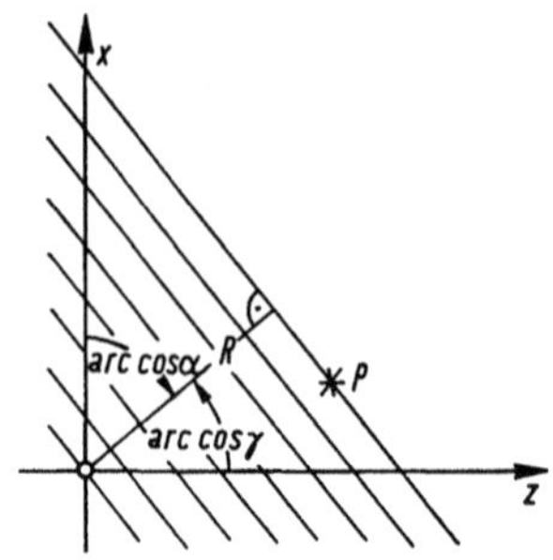

Abb. 2—14. Optischer Weg R der ebenen Welle $u(\alpha, \gamma)$ zum Punkt $P(x, z)$

Ist

$$1 \geqq \alpha^2 + \beta^2, \tag{2.6-13}$$

so ist die Wurzel im Exponenten der Elementarwelle Gl. (2.6-11) reell, und die Ausbreitung der ebenen Welle $u(\alpha, \beta)$ in Richtung der z-Achse wird durch eine harmonische Funktion beschrieben; man spricht auch von einer homogenen Welle.

Ist

$$1 < \alpha^2 + \beta^2, \tag{2.6-14}$$

so wird der Vorfaktor von z imaginär. Die Welle ist in Richtung der z-Achse exponentiell gedämpft (quergedämpfte Wellen, evanescent waves). Die Welle verhält sich so wie die im dünneren Medium bei der Totalreflexion. Die Welle wird anschaulich, wenn man ein zweidimensionales Wellenfeld ($\beta = 0$) durch ein eindimensionales Gitter erzeugt. Gebeugtes Licht ist unter dem Winkel α_B gegen die z-Achse zu erwarten. Nach Gl. (2.3-6) gilt $\alpha = \sin \alpha_B = \lambda_0/d$. Hat das Gitter eine Periode $d < \lambda_0$, so wird $\alpha > 1$ und α_B komplex. Gl. (2.6-12) beschreibt nun eine Welle, die in Richtung der x-Achse fortschreitet. Relativ zu dieser Richtung ist sie „quergedämpft". Die Wellenzahl in Richtung der x-Achse wird $k_x = \alpha \cdot k_0 > k_0$, daraus folgt die Wellenlänge in dieser Richtung zu $\lambda_x = \dfrac{2\pi}{k_x} < \lambda_0$. Die Phasengeschwindigkeit $v_x = \omega/k_x$ ist kleiner als die Lichtgeschwindigkeit im Vakuum. Wegen $\lambda_x < \lambda_0$ spricht man auch von Subwellen (Nassenstein 1969).

Wie schon im letzten Abschnitt benutzt man gelegentlich anstatt von k_0, α, β, γ die Wellenzahlen k_x, k_y, k_z in Richtung der Koordinatenachsen oder die Raumfrequenzen R_x, R_y, R_z in diesen Richtungen.

Gl. (2.6-12) läßt sich für zweidimensionale Objekte in der Objektebene ($z = 0$) schreiben.

$$u(x, y, 0) = \iint u(\alpha, \beta) \exp\left[-ik_0(\alpha x + \beta y)\right] \mathrm{d}\alpha\, \mathrm{d}\beta \tag{2.6-15}$$

Die Fourier-Umkehr dazu wird

$$u(\alpha, \beta) = \frac{1}{\lambda_0^2} \iint u(x, y, 0) \exp\left[ik_0(\alpha x + \beta y)\right] \mathrm{d}x\, \mathrm{d}y\,. \tag{2.6-16}$$

Das stimmt bis auf den Faktor $1/\gamma$ überein mit Gl. (2.6-10). Führt man die Raumfrequenzen $R_x = \alpha/\lambda_0$ und $R_y = \beta/\lambda_0$ ein, so erhält man

$$u(x, y, 0) = \lambda_0^2 \iint u(R_x, R_y) \exp[-ik_0(xR_x + yR_y)] \, dR_x \, dR_y \qquad (2.6\text{-}17)$$

$$u(R_x, R_y) = \frac{1}{\lambda_0^2} \iint u(x, y, 0) \exp[ik_0(xR_x + yR_y)] \, dx \, dy. \qquad (2.6\text{-}18)$$

Die Konstanten vor den Integralen werden meist fortgelassen. Eine solche Darstellung der Objektamplitude hatte sich schon in Gl. (2.3-4) ergeben, ohne daß dort bei $a(R)$ ausdrücklich an ebene Wellen gedacht worden war.

Diese Gleichungen gelten streng, wenn die Lichterregung $u(x, y, z)$ in einer beliebigen Ebene bekannt ist. Die Gleichungen sind unabhängig von einer Theorie der Beugung. Eine Beugungstheorie hat das Ziel, die Amplitude $u(x, y, 0)$ hinter dem durchstrahlten Objekt zu ermitteln aus einer Verknüpfung zwischen der beleuchtenden Welle u_L und den körperlichen Eigenschaften des beugenden Objektes. Im Rahmen der Theorie von Kirchhoff gilt nach Gl. (2.2-4)

$$u(x, y, 0) = u_L(x, y, 0) \cdot u_0(x, y, 0). \qquad (2.6\text{-}19)$$

u_0 beschreibt die optischen Eigenschaften des Objektes durch eine komplexe Amplitudentransparenz. Dieser Ansatz ist aber für Strukturen in der Größenordnung der Wellenlänge und große Winkel nicht ohne Probleme (Kap. 2.1-a und -b). Die Entwicklung nach ebenen Wellen bringt — besonders für große Winkel — eine bequeme Rechenhilfe, sie löst aber nicht die Probleme der Beugung.

Als Beispiel für die Entwicklung nach ebenen Wellen werde das Interferenzfeld hinter einem harmonischen Gitter betrachtet; für dieses gilt $u(x, 0) = 1 + \cos 2\pi R_1 x$ mit $R_1 = 1/d$. Seine Fourier-Transformierte ist $u(\alpha) = u(R_x) = \delta(R_x) + \frac{1}{2}\,\delta(R_x - R_1) + \frac{1}{2}\,\delta(R_x + R_1)$. Aus Gl. (2.6-6) folgt $R_z = \sqrt{1/\lambda^2 - R_x^2}$. Für kleine R_x ergibt sich in quadratischer Fresnel-Näherung

$$R_z = \frac{1}{\lambda}\left(1 - \frac{1}{2} R_x^2 \lambda^2\right) = \frac{1}{\lambda}\left(1 - \frac{\alpha_B^2}{2}\right).$$ Damit wird Gl. (2.6-12) zu

$$\begin{aligned} u(x, z) &= e^{-ikz} \int u(R_x) e^{\pi i \lambda R_x^2 z} e^{-2\pi i R_x x} \, dR_x \\ &= e^{-ikz} \left[1 + \frac{1}{2} e^{\pi i \lambda R_1^2 z} e^{-2\pi i R_1 x} + \frac{1}{2} e^{i\pi \lambda R_1^2 z} e^{2\pi i R_1 x}\right] \\ &= e^{-ikz} \left[1 + e^{\pi i \lambda R_1^2 z} \cos 2\pi R_1 x\right]. \end{aligned} \qquad (2.6\text{-}20)$$

Gl. (2.6-20) besitzt Periodizität nicht nur in x- sondern auch in z-Richtung. Hinter dem Gitter liegt als Fresnelsche Beugungserscheinung ein Raumgitter von sich wiederholenden Lichtverteilungen. Die Periode z_0 in z-Richtung ist definiert durch $\pi\lambda R_1^2 z_0 = 2\pi$; in den z_1-Ebenen bei $z = z_1 = n z_0$ wird das Gitter identisch reproduziert. In z_2-Ebenen mit $\pi\lambda R_1^2 z_2 = 2\pi\left(n + \frac{1}{2}\right)$ erscheint das Gitter in x-Richtung um seine halbe Periode verschoben. Bei z_3 mit

$\pi\lambda R_1^2 z_3 = 2\pi\left(n \pm \frac{1}{4}\right)$ hat die Intensitätsverteilung in x-Richtung die doppelte Periode. In Abb. 2—15 ist dieses Interferenzfeld skizziert. Die aus drei ebenen Wellen aufgebaute Interferenzerscheinung ist charakteristisch für viele Arten von

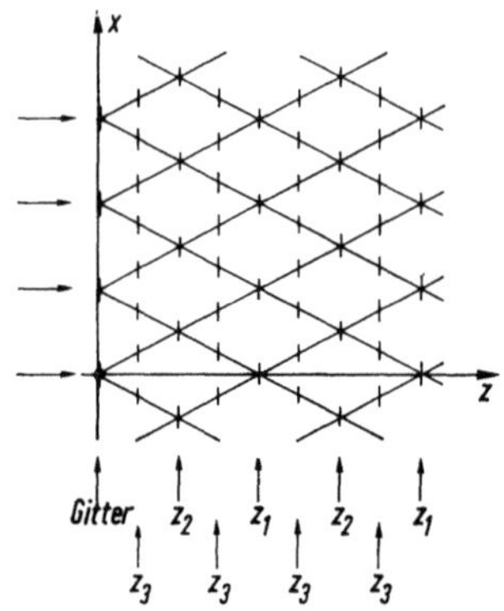

Abb. 2—15. Feld von Fresnel-Interferenzen hinter einem Gitter

Dreistrahlinterferenzen, so etwa auch für Dreispaltinterferenzen in der Fraunhofer Ebene und ihrer Umgebung. Die sich wiederholenden „Gitterbilder" im Beugungsfeld eines Gitters wurden schon von Talbot (1836) beschrieben.

2.6-c. Dicke und dünne Objekte

Evans (1970) untersuchte die Frage, unter welchen Bedingungen ein dreidimensionales Phasenobjekt durch ein zweidimensionales dargestellt werden kann. Das Objekt habe die Brechzahl n und eine Verteilung der Dicke $D(\xi, \eta)$. Da die erste Bornsche Näherung angewendet wird, gilt $|n - 1| = |\Delta n| \ll 1$. Betrachtet werde das ebene Wellenfeld $u(\alpha, \beta)$. Die Beleuchtung sei kollimiert, sie falle parallel zur z-Achse ein: $\alpha_0 = \beta_0 = 0$, $\gamma_0 = 1$. Wird das Objekt als zweidimensional aufgefaßt, dann ist seine Amplitudentransparenz $u_0(\xi, \eta) = \exp(-ikD\Delta n) \approx 1 - ikD(\xi, \eta)\,\Delta n$. Das Feld ebener Wellen hinter dem Objekt ist gegeben durch Gl. (2.6-10) mit $k \approx k_0$

$$\begin{aligned} u(\alpha, \beta) &= C_3 \iint [1 - ikD(\xi, \eta) \cdot \Delta n] \exp[ik(\xi\alpha + \eta\beta)]\, d\xi\, d\eta \\ &= \delta(\alpha, \beta) - ik\,\Delta n C_3 \iint D(\xi, \eta) \exp[ik(\xi\alpha + \eta\beta)]\, d\xi\, d\eta \\ &= \delta(\alpha, \beta) - \frac{2\pi i\,\Delta n}{\lambda^3 \gamma} \iint D(\xi, \eta) \exp[ik(\xi\alpha + \eta\beta)]\, d\xi\, d\eta. \quad (2.6\text{-}21) \end{aligned}$$

Dieser Ausdruck werde verglichen mit der dreidimensionalen Rechnung nach Gl. (2.6-9). Das Strukturpotential des Objekts innerhalb der Dicke D ist

$F = -2k^2 \Delta n$

$$\begin{aligned} u(\alpha,\beta) &= \delta(\alpha,\beta) + u_S(\alpha,\beta) \\ &= \delta(\alpha,\beta) + C_4(-2k^2\Delta n)\iint \exp\left[ik^2(\xi\alpha+\eta\beta)\right]\int_{-D(\xi,\eta)/2}^{D(\xi,\eta)/2} e^{ik^2\zeta(\gamma-1)}\,\mathrm{d}\zeta\,\mathrm{d}\xi\,\mathrm{d}\eta \\ &= \delta(\alpha,\beta) - \frac{2\pi i\,\Delta n}{\lambda^3\gamma}\iint D(\xi,\eta)\,\mathrm{sinc}\left[\frac{\pi(\gamma-1)}{\lambda}D(\xi,\eta)\right] \\ &\quad\times \exp\left[ik(\xi\alpha+\eta\beta)\right]\mathrm{d}\xi\,\mathrm{d}\eta. \end{aligned} \qquad (2.6\text{-}22)$$

Dies ist identisch mit Gl. (2.6-21) unter der Voraussetzung

$$\mathrm{sinc}\left[\frac{\pi(\gamma-1)}{\lambda}D(\xi,\eta)\right] \approx 1.$$

Daraus folgt die Bedingung, unter welcher dreidimensionale Objekte näherungsweise mit einer zweidimensionalen Rechnung behandelt werden dürfen:

$$|\pi(\gamma-1)D_{\max}| \ll \lambda. \qquad (2.6\text{-}23)$$

Bei $\beta = 0$ gilt für den Beugungswinkel $\alpha_B : \gamma = \cos\alpha_B$ und damit

$$\alpha_B^2 \ll 2\lambda/\pi D_{\max}. \qquad (2.6\text{-}24)$$

Ein ähnliches Ergebnis folgt auf einfacherem Wege: Man betrachtet eine Platte der Dicke D. Eine Welle, die die Platte unter dem Winkel α_B gegen die Plattennormale durchläuft, legt hier die Strecke $D' = D/\cos\alpha_B$ zurück. Für eine zweidimensionale Rechnung sollte eine Bedingung $D' - D \ll \lambda$ gelten. Daraus folgt $\alpha_B^2 \ll 2\lambda/D_{\max}$. In einem Medium der Brechzahl n ist λ/n anstelle λ zu setzen.

2.7. Intensität im Fraunhoferschen Beugungsbild bei kohärenter Beleuchtung; das Autokorrelationsintegral

Die Intensitätsverteilung im Fraunhoferschen Beugungsbild läßt sich auf dem folgenden Weg gewinnen: Die Verteilung der Amplitude $u(\alpha)$ wird nach Gl. (2.2-13) ermittelt; die Phasenfaktoren vor dem Integral können unberücksichtigt bleiben. Die Intensität $I(\alpha)$ folgt nach Gl. (1.2-3) mit

$$I(\alpha) = u(\alpha)u^*(\alpha). \qquad (2.7\text{-}1)$$

Man setzt Gl. (2.2-13) in Gl. (2.7-1) ein. Dann folgt

$$\begin{aligned} I(\alpha) &= \int u_0(\xi)e^{ik(\alpha-\alpha_0)\xi}\,\mathrm{d}\xi \cdot \int u_0^*(\xi)e^{-ik(\alpha-\alpha_0)\xi}\,\mathrm{d}\xi \\ &= \iint u_0(\xi)u_0^*(\xi')e^{ik(\alpha-\alpha_0)(\xi-\xi')}\,\mathrm{d}\xi\,\mathrm{d}\xi'. \end{aligned}$$

Mit $\xi - \xi' = \Delta$ wird

$$I(\alpha) = \int_{-\infty}^{+\infty}\int_{-\infty}^{+\infty} u_0(\xi)u_0^*(\xi-\Delta)\,\mathrm{d}\xi \cdot e^{ik(\alpha-\alpha_0)\Delta}\,\mathrm{d}\Delta. \qquad (2.7\text{-}2)$$

Die Funktion

$$P(\Delta) = \int u_o(\xi) u_o^*(\xi - \Delta)\,\mathrm{d}\xi = u_o(\xi) \boxtimes u_o(\xi) \tag{2.7-3}$$

ist die Autokorrelationsfunktion der Objektamplitude; ein anderer Name für $P(\Delta)$ ist „Faltungsquadrat“, in der Röntgenstrukturanalyse heißt $P(\Delta)$ die Patterson-Funktion des Kristallgitters. Aus Gl. (2.7-2) folgt die Fourier-Reziprozität von $I(\alpha)$ und $P(\Delta)$.

$$I(\alpha) = \int P(\Delta) e^{ik(\alpha-\alpha_0)\Delta}\,\mathrm{d}\Delta \tag{2.7-4}$$

und mit $\alpha - \alpha_0 = R\lambda$

$$I(R) = \int P(\Delta) e^{2\pi i R\Delta}\,\mathrm{d}\Delta\,. \tag{2.7-5}$$

$P(\Delta)$ ist aus gemessenen Intensitäten $I(\alpha)$ im Beugungsbild durch Fourier-Rücktransformation eindeutig zu gewinnen. Hier muß daran erinnert werden, daß es nicht möglich ist, die Objektamplitude $u(\xi)$ durch Fourier-Rücktransformation aus $I(\alpha)$ zu errechnen, denn die Phasen der Beugungsamplitude $u(\alpha)$ sind ohne ein weiteres Interferenzexperiment nicht zu erhalten; später wird die Abbildung des Objekts als ein solches Interferenzexperiment angesehen werden. $P(\Delta)$ folgt zwar eindeutig aus $u(\xi)$; Gl. (2.7-3) läßt sich aber nicht nach $u(\xi)$ auflösen.

Durch Substitutionen $\xi - \Delta = \xi'$ und $\xi - \dfrac{\Delta}{2} = \xi''$ ergeben sich andere Formen für $P(\Delta)$:

$$P(\Delta) = \int u(\xi' + \Delta) u^*(\xi')\,\mathrm{d}\xi' \tag{2.7-6}$$

$$P(\Delta) = \int u\left(\xi'' + \frac{\Delta}{2}\right) u^*\left(\xi'' - \frac{\Delta}{2}\right) \mathrm{d}\xi'' \tag{2.7-7}$$

Gelegentlich wird $P(\Delta)$ normiert durch Teilung der rechten Seite von Gl. (2.7-3) durch die gesamte durch das Objekt tretende Intensität $\int u_o(\xi) u_o^*(\xi)\, d\xi$.

Gl. (2.7-5) ist eine einfache Form des Wiener-Khinchine-Theorems, dieses spielt in der Statistik eine wichtige Rolle. $I(R)$ wird auch das Leistungsspektrum oder das Wiener-Spektrum der Objektamplitude genannt.

Als ein Beispiel wird ein Spalt der Breite $2a$ diskutiert. Nach Gl. (2.3-27) gilt für ihn die Amplitudentransparenz $u(\xi) = \mathrm{rect}\left[\dfrac{\xi}{2a}\right]$ und bis auf eine Konstante die Beugungsamplitude $u(\alpha - \alpha_0) = a(R) = 2a\,\mathrm{sinc}\,(2\pi a R)$. Die Beugungsintensität ist also

$$I(R) = 4a^2\,\mathrm{sinc}^2\,(2\pi a R)\,. \tag{2.7-8}$$

Das Autokorrelationsintegral $P(\Delta) = \int u(\xi) u^*(\xi - \Delta)\, d\xi$ läßt sich am besten durch Überlegung lösen. Da $u(\xi)$ reell ist, gilt $u(\xi) = u^*(\xi)$. (Abb. 2—16) zeigt $u(\xi) = \mathrm{rect}\,(\xi/2a)$ und gestrichelt $u(\xi - \Delta)$. $P(\Delta)$ ist die beiden Funktionen gemeinsame Fläche. Aus der Zeichnung lassen sich spezielle Werte von P ablesen, etwa $P(0) = 2a$ und $P(\pm 2a) = 0$; dazwischen ändert sich P linear mit Δ. $P(\Delta)$ wird also durch ein gleichschenkliges Dreieck wiedergegeben (Abb. 2—17).

Diese Funktion wird durch das Symbol $2a\Lambda[\Delta/2a]$ gekennzeichnet. Die Fourier-Transformation des Dreiecks durch stückweise Integration ergibt, wie erwartet, Gl. (2.7-8).

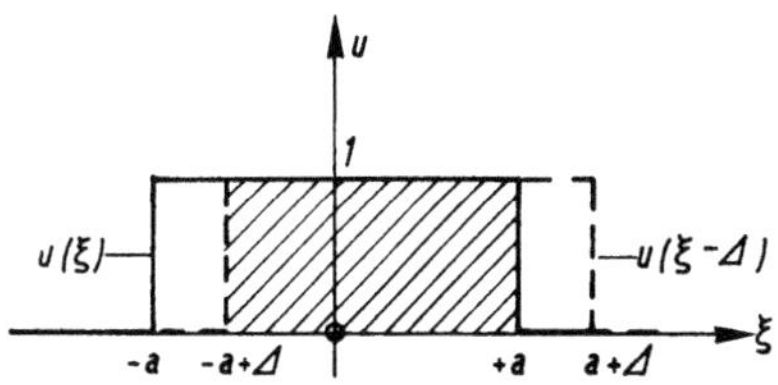

Abb. 2—16. Zur Ableitung der Autokorrelationsfunktion eines Spaltes der Breite $2a$

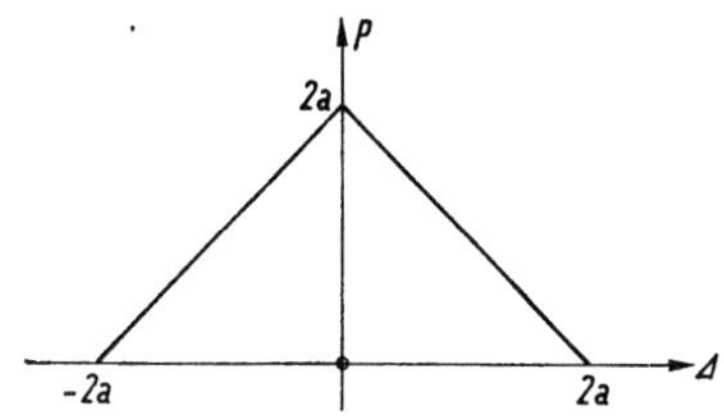

Abb. 2—17. Autokorrelationsfunktion eines Spaltes $P(\Delta) = 2a\Lambda[\Delta/2a]$

2.8. Fraunhofer-Beugung bei ausgedehnter, inkohärenter Lichtquelle; die Faltung

2.8-a. Allgemeines

Für kohärente, kollimierte Beleuchtung des beugenden Objektes $u_0(\xi)$ unter dem Winkel arc sin α_0 gilt nach Gl. (2.2-14) bis auf Vorfaktoren die Beugungsamplitude

$$u(\alpha - \alpha_0) = \int u_0(\xi) e^{ik\xi(\alpha-\alpha_0)} \, d\xi .$$

Die Beugungsintensität wird $I(\alpha - \alpha_0) = u(\alpha - \alpha_0) \cdot u^*(\alpha - \alpha_0)$. $I(\alpha - \alpha_0)$ bildet den Ausgang zur Berechnung der Beugungsintensität bei Benutzung einer ausgedehnten Lichtquelle. Deshalb setzen wir im weiteren $I(\alpha - \alpha_0) = I_0(\alpha - \alpha_0)$.

Wie in Kap. 1.3-b wird die ausgedehnte, inkohärente Lichtquelle beschrieben durch ihre Strahlungsdichte $L(\alpha_0)$. Analog zu diesem Abschnitt wird die Beugungsintensität mit ausgedehnter Lichtquelle erhalten durch Integration über die Lichtquelle. Es gilt

$$I(\alpha) = \int_{-\infty}^{\infty} L(\alpha_0) I_0(\alpha - \alpha_0) \, d\alpha_0 = L(\alpha) * I_0(\alpha) . \tag{2.8-1}$$

Gl. (2.8-1) definiert das Faltungsprodukt oder Faltungsintegral zweier Funktionen; der Stern ist als Symbol für die Faltung üblich. Bei endlicher Ausdehnung der Lichtquelle wird der Integrationsbereich endlich.

Durch Substitutionen $\alpha - \alpha_0 = \alpha'$ und $\frac{\alpha}{2} - \alpha_0 = \pm\alpha''$ entstehen andere, gleichwertige Formen

$$I(\alpha) = \int L(\alpha - \alpha') I_0(\alpha') \, d\alpha' \tag{2.8-2}$$

$$I(\alpha) = \int L\left(\frac{\alpha}{2} \mp \alpha''\right) I_0\left(\frac{\alpha}{2} \pm \alpha''\right) d\alpha'' . \tag{2.8-3}$$

Sind eine oder beide Funktionen I_0 und L in α symmetrisch, dann ist bei reellen Funktionen die Faltung mit der Kreuzkorrelation identisch. Es sind auch Faltungsprodukte von mehreren Funktionen möglich. So gilt

$$E(x) = f(x) * g(x) * h(x) = \int \left(\int f(x_0) g(x' - x_0)\, \mathrm{d}x_0\right) \cdot h(x - x')\, \mathrm{d}x'. \quad (2.8\text{-}4)$$

Die Reihenfolge der Funktionen kann vertauscht werden.

2.8-b. Faltung mit Dirac-Funktionen

Wichtig ist die Faltung einer beliebigen Funktion mit einer Dirac-Funktion; es gilt $\delta(x - x_1) * f(x) = \int \delta(x - x_1 - x_0) f(x_0)\, \mathrm{d}x_0$; der Integrand ist von Null verschieden nur für $x = x_0 + x_1$. Für diesen Wert kann $f(x)$ als konstant angesehen und vor das Integral gezogen werden; dann wird

$$\delta(x - x_1) * f(x) = f(x - x_1) \int \delta(x - x_1 - x_0)\, \mathrm{d}x_0 = f(x - x_1). \quad (2.8\text{-}5)$$

Faltung mit einer δ-Funktion liefert also die ursprüngliche Funktion.

Faltung von $f(x)$ mit einem Dirac-Kamm (2.3-20) bedeutet dagegen eine periodische Wiederholung von $f(x)$

$$\frac{1}{d} \operatorname{comb}\left(\frac{x}{d}\right) * f(x) = \sum_m \int \delta(x_0 - md) f(x - x_0)\, \mathrm{d}x_0 = \sum_m f(x - md). \quad (2.8\text{-}6)$$

Als Beispiel kann die Beugung an einem Gitter mit vielen, sehr schmalen durchlässigen Gitterstrichen gelten. Das Beugungsbild mit einer monochromatischen Lichtquelle wird dann durch $\operatorname{comb}\left(\frac{\alpha}{\alpha_1}\right)$ dargestellt. In jeder Beugungsordnung wird ein Bild der inkohärenten Lichtquelle $L(\alpha_0)$ reproduziert. In einem Gitterspektrometer wiederholt sich das Bild des Eintrittsspalts in jeder Beugungsordnung. Eine solche Bildvervielfachung durch Gitterbeugung hat große praktische Bedeutung bei der photographischen Herstellung von Masken für integrierte Schaltungen (Kap. 5.4).

2.8-c. Die Linsenblende bei der Abbildung inkohärenter Objekte

Schon im Zusammenhang mit Gl. (2.3-28) und (2.4-8) hatte sich eine endliche Ausdehnung der Bilder von punkt- oder spaltförmigen Lichtquellen ergeben, sobald eine Blende die abbildende Linse einengt. Die oben abgeleiteten Amplitudenverteilungen im Punktbild können in Intensitätsverteilungen $I_0(\alpha)$ umgerechnet werden. Eine ausgedehnte Lichtquelle $L(\alpha_0)$ erzeugt in der Bildebene der abgeblendeten Linse eine inkohärente Überlagerung von Beugungsbildern $I_0(\alpha)$ der Linsenblende. Auch dieser Vorgang wird durch Gl. (2.8-1) beschrieben. Die Lichtquelle wird nun als ein ausgedehntes Objekt angesehen, das selbst leuchtet oder das diffus beleuchtet wird. Nebeneinanderliegende Objektdetails haben keine definierte Phasenbeziehung zueinander, das Objekt strahlt inkohärent.

Die Beugung an der Linse ist die Grundlage der inkoharenten Abbildung: Die parabolische Phasentransparenz der Linse bewirkt die Fourierreziprozität zwischen Linsenebene einerseits und Objekt- bzw. Bildebene andererseits trotz endlicher Entfernung zum Objekt und Bild (Kap. 2.5). Diese endlichen Entfernungen G und B legen nahe, Orte im Objekt und Bild nicht durch Winkel sondern mit Ortskoordinaten x und x' zu beschreiben. Entsprechend Kap. 2.2-c gilt (Abb. 2.—18)

$$x = G \cdot \alpha_0; \qquad x' = B \cdot \alpha. \tag{2.8-7}$$

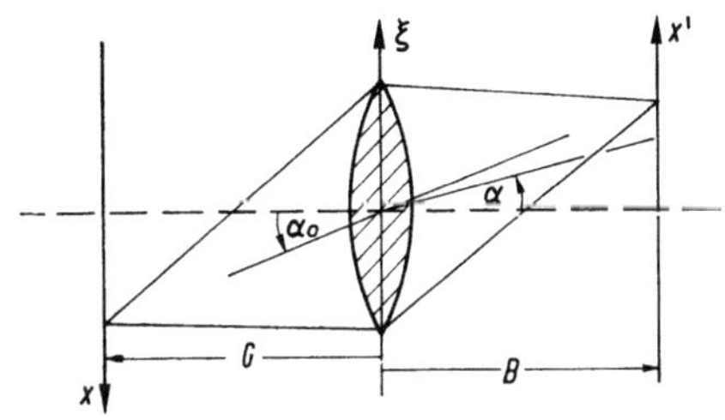

Abb. 2—18. Abbildung von Selbstleuchtern im Strahlengang der Fraunhofer-Beugung

G und B sind mit der Brennweite F der Linse über die Linsengleichung verbunden. Damit wird Gl. (2.8-1) zu

$$I(x') = \frac{1}{G}\int L(x) I_0\left(\frac{x'}{B} - \frac{x}{G}\right) \mathrm{d}x = \frac{1}{G}\int L(x) K\left(\frac{x'}{B} - \frac{x}{G}\right) \mathrm{d}x. \tag{2.8-8}$$

B/G ist die Vergrößerung der Abbildung. Um der in der Literatur üblichen Bezeichnungsweise zu entsprechen, wird im Folgenden die Intensitätsverteilung $I_0(x')$ im Bild einer linienförmigen Lichtquelle umbenannt und als Intensitäts-Linienbild $K(x')$ bezeichnet.

Die Bildintensität $I(x')$ eines selbstleuchtenden (oder diffus beleuchteten) Objektes $L(x)$ ist also das Faltungsprodukt von Objektintensität und Intensitäts-Linienbild (im zweidimensionalen Fall ist das Punktbild zu nehmen). Nachdem die Wellenoptik das Linienbild geliefert hat, ist die Abbildung von Selbstleuchtern zu einer Überlagerung von Intensitäten geworden. Die Eigenschaften des Linienbildes $K(x')$ werden im allgemeinen nicht nur durch die Linsenblende bestimmt, sondern auch durch andere willkürliche Eingriffe in der Linsenebene und durch Linsenfehler (Kap. 3.6).

Die vorliegenden Rechnungen nehmen keine Rücksicht auf konstante Faktoren; deshalb ergeben sich die Dimensionen der Größen in Gl. (2.8-8) nicht zwangsläufig. Werden $I(x')$ und $L(x)$ in Watt·cm^{-2} gemessen, so kann das Linienbild $K(x')$ als eine Apparatefunktion der Dimension Eins angesehen werden. $I(x')$ ist für $L(x) = L \cdot \delta(x - x_1)$ die Bildintensität einer linienförmigen Quelle am Ort x_1 mit der Strahlungsstärke W in der Entfernung B nach Division durch den normierenden Faktor W/G^2. Braucht auf Faktoren und Dimensionen keine Rücksicht genommen werden, so kann in Gl. (2.8-8) der Faktor $1/G = 1$ gesetzt werden.

2.8-d. Der Faltungssatz

Die Faltung von Funktionen $f(x)$ und $g(x)$ gewinnt besondere Bedeutung, wenn man auch ihre Fourier-Transformierten $\tilde{f}(R)$ und $\tilde{g}(R)$ betrachtet. Das einfache Produkt der Fourier-Transformierten ist nämlich gleich der Fourier-Transformierten des Faltungsprodukts der ursprünglichen Funktion

$$\tilde{f} \cdot \tilde{g} = \mathscr{F}(f * g).$$

Beweis:

$$\tilde{f}(R) \cdot \tilde{g}(R) = \int f(x) e^{2\pi i R x}\, dx \cdot \int g(x) e^{2\pi i R x}\, dx$$
$$= \iint f(x) g(x') e^{2\pi i R(x+x')}\, dx\, dx'$$

mit $x + x' = x''$ wird

$$\tilde{f}(R) \cdot \tilde{g}(R) = \int \left(\int f(x) g(x'' - x)\, dx\right) e^{2\pi i R x''}\, dx'' = \mathscr{F}[f(x) * g(x)]. \qquad (2.8\text{-}9)$$

Das Integral über x ist gleich $f * g$, und das Integral über x'' ist die Fourier-Transformierte davon. Dieses „Faltungs-Theorem" läßt sich analog auf das Faltungsprodukt mehrerer Funktionen ausdehnen. Weiter gilt die Fourier-Umkehr

$$f(x) * g(x) = \int \tilde{f}(R) \tilde{g}(R) e^{-2\pi i R x}\, dR. \qquad (2.8\text{-}10)$$

Nun soll das Faltungs-Theorem auf Gl. (2.8-8) angewendet werden. Es ist

$$\mathscr{F}^{-1}[I_0(\alpha)] = P_0(\Delta) \qquad (\text{Gl. } 2.7\text{-}4)$$

$$\mathscr{F}[L(\alpha_0)] = \Gamma^s(s) = \Gamma^s\left(\frac{\Delta}{\lambda}\right). \qquad (\text{Gl. } 1.3\text{-}19)$$

Durch Fourier-Transformation der gemessenen Beugungsintensität $I(\alpha)$ läßt sich eine scheinbare Autokorrelationsfunktion $P(\Delta)$ des beugenden Objekts gewinnen; diese ist das Produkt der gesuchten wahren Autokorrelationsfunktion $P_0(\Delta)$ mit der Kohärenzfunktion der Beleuchtung $\Gamma^s(\Delta/\lambda)$.

$$P(\Delta) = P_0(\Delta) \cdot \Gamma^s(\Delta/\lambda) \qquad (2.8\text{-}11)$$

Diese Beziehung läßt sich leicht nach $P_0(\Delta)$ auflösen.

2.8-e. Spaltbreite bei Spektrometern, Entfaltung

Ein Spektrometergitter mit der Amplitudentransparenz $u(\xi) = \sum \delta(\xi - md)$ liefert bei Beleuchtung durch einen sehr schmalen Spalt aus der Richtung α_0 die Beugungsintensität $K(\alpha - \alpha_0) = \lambda/d \cdot \sum \delta\left(\alpha - \alpha_0 - \frac{\lambda}{d} n\right)$. In der Brennebene der Kameralinse mit der Brennweite F wird das Beugungsspektrum abhängig von der Ortskoordinate $x' = \alpha \cdot F$. Nun soll ein Eintrittsspalt des Spektrometers mit der Intensitätstransparenz $L(x)$ verwendet werden. Hat auch das Kollimatorobjektiv die Brennweite F, so gilt $x = \alpha_0 \cdot F$. Dieser Eintrittsspalt bewirkt ein Beugungsspektrum

$$I(x') = K(x') * L(x). \tag{2.8-12}$$

Alle Beugungsordnungen sind nun strukturiert, die n-te hat die Form

$$I(x') = \frac{F\lambda}{d} \cdot L\left(x' - \frac{\lambda F}{d} n\right). \tag{2.8-13}$$

Die Spektrallinien werden durch die Struktur des Beleuchtungsspalts verwischt, und die Bestimmung der Wellenlänge λ wird ungenau.

Ist in allgemeinen Fällen die gemessene Funktion $I(x')$ wie in dem diskutierten Beispiel durch Faltung einer gesuchten Funktion $K(x')$ mit $L(x)$ verzerrt, so kann $K(x') = K(x'')$ rechnerisch durch „Entfaltung" gewonnen werden. Sind $\tilde{I}(R)$, $\tilde{K}(R)$ und $\tilde{L}(R)$ die Fourier-Transformierten der beteiligten Funktionen, so gilt nach dem Faltungssatz

$$\tilde{I}(R) = \tilde{K}(R) \cdot \tilde{L}(R)$$

$$K(x'') = \int \tilde{K}(R) e^{-2\pi i R x''} \, dR = \int \frac{\tilde{I}(R)}{\tilde{L}(R)} e^{-2\pi i R x''} \, dR$$

$$= \int \frac{1}{\tilde{L}(R)} \int I(x') e^{2\pi i R(x'-x'')} \, dx' \, dR. \tag{2.8-14}$$

Diese mathematische Operation wird fehlerhaft in der Nachbarschaft der Nullstellen von $\tilde{L}(R)$, hier ist die Meßgröße $I(x')$ bzw. ihr Spektrum $\tilde{I}(R)$ nur vom Rauschen bedingt, da in diesen Bereichen von R das Signal $K(x)$ bzw. sein Spektrum $\tilde{K}(R)$ nicht übertragen wird. In den Kapiteln 5 und 7.6 wird die Entfaltung als ein Prozeß der experimentellen Optik, nämlich als räumliche Filterung, diskutiert.

2.9. Abbildung inkohärenter Objekte durch lineare Übertragung von Intensitäten

2.9-a. Das Duffieux-Integral

Gl. (2.8-8) beschreibt die Abbildung einer Lichtquelle $L(x)$ oder eines inkohärent beleuchteten Objekts; dieser Prozeß läßt sich mit Hilfe des Faltungstheorems in noch anderer Form darstellen. Zu diesem Zweck bildet man die Fourier-Transformierte der Objektintensität und die der Bildintensität. Diese Intensitäten werden dabei als Summen oder Integrale harmonischer Elementargitter von Intensitäten angesehen [Gl. (2.9-1) und (2.9-3)] analog zu den Amplituden von Beugungsgittern in Gl. (2.3-1). $\tilde{L}(R)$ ist die Intensitätsamplitude und zugleich die Modulation eines Elementargitters mit der Raumfrequenz $R = 1/d$ und der

Gitterkonstanten d. Experimentelle Beispiele zu diesem Konzept gab Viénot (1958).

$$L(x) = \int \tilde{L}(R) e^{-2\pi i R x} \, \mathrm{d}R \tag{2.9-1}$$

$$\tilde{L}(R) = \int L(x) e^{2\pi i R x} \, \mathrm{d}x \tag{2.9-2}$$

$$I(x') = \int \tilde{I}(R) e^{-2\pi i R x'} \, \mathrm{d}R \tag{2.9-3}$$

$$\tilde{I}(R) = \int I(x') e^{2\pi i R x'} \, \mathrm{d}x' \tag{2.9-4}$$

Auch vom Linien- oder Punktbild $K(x')$ wird die Fourier-Transformierte

$$D'(R) = \int K(x') e^{2\pi i R x'} \, \mathrm{d}x' \tag{2.9-5}$$

gebildet. Anstelle von Gl. (2.8-8) kann dann mit Hilfe von Gl. (2.8-10) geschrieben werden

$$\tilde{I}(R) = \tilde{L}(R) \cdot D'(R). \tag{2.9-6}$$

Dabei ist gegenüber Gl. (2.8-8) die Normierung abgeändert, außerdem wird mit der Vergrößerung Eins gerechnet.

Zur Berechnung von $K(x')$ werde die Fourier-Umkehr von Gl. (2.7-2) mit Berücksichtigung von Gl. (2.8-8) angeschrieben

$$\int u(\xi) u^*(\xi - \Delta) \, \mathrm{d}\xi = \int K(\alpha) e^{-ik\alpha\Delta} \, \mathrm{d}\alpha. \tag{2.9-7}$$

Dabei ist ein konstanter Faktor vernachlässigt. Gl. (2.9-5) und Gl. (2.9-7) sind gleichwertig, wenn man $B\alpha = x'$ und $R = -\Delta/\lambda B$ setzt. Es gilt also

$$D'(R) = \int u(\xi) u^*(\xi + R\lambda B) \, \mathrm{d}\xi.$$

$u(\xi)$ ist aber nur ein Teil der Amplitudentransparenz in der Ebene der abbildenden Linse. Der andere Teil der Amplitudentransparenz beschreibt in der Form von Gl. (2.5-4) die fehlerfreie, unbegrenzte Linse; die Wirkung der Linse wird aber meist durch Gl. 2.5-3 — die elementare Linsenformel — in die Rechnung eingeführt. Die Funktion $u(\xi)$ enthält dagegen die Abblendung der Linse, Linsenfehler und andere willkürliche Eingriffe. In den vorhergehenden Abschnitten kennzeichnete $u(\xi)$ das „beugende Objekt", im vorliegenden Abschnitt wird diese Größe zu einer Eigenschaft des abbildenden Systems. Das soll betont werden durch einen Wechsel in der Bezeichnung. Nun soll gelten $f(\xi) \equiv u(\xi)$.

Bei den bisherigen Diskussionen wurden konstante Faktoren bei den Amplituden und Intensitäten vernachlässigt. Deswegen ist es nun zweckmäßig, $D'(R)$ durch Multiplikation mit einer Konstanten auf $D(0) = 1$ zu normieren; dann wird

$$D(R) = \frac{D'(R)}{D'(0)} = \frac{\int f(\xi) f^*(\xi + R\lambda B) \, \mathrm{d}\xi}{\int f(\xi) f^*(\xi) \, \mathrm{d}\xi}. \tag{2.9-8}$$

Gl. (2.9-8) ist die Grundlage der Kontrastübertragungstheorie zur Abbildung von inkohärenten Objekten. Sie wurde begründet von Duffieux (1946). $D(R)$ ist die Modulations-Übertragungsfunktion oder auch optische Übertragungsfunktion; früher bezeichnete man sie als Kontrastübertragungsfunktion.

Für Gl. (2.9-6) gilt nun $\tilde{I}(R) = \tilde{L}(R) D(R) D'(0)$. Wie bei den bisherigen Diskussionen bleiben konstante Faktoren unberücksichtigt. Deshalb tritt anstelle von Gl. (2.9-6)

$$\tilde{I}(R) = \tilde{L}(R) D(R). \tag{2.9-9}$$

$D(R)$ beschreibt, wie die Modulation $\tilde{L}(R)$ eines harmonischen Intensitätsgitters im Objekt in die Modulation des entsprechenden Gitters in der Abbildung übertragen wird. Eine ideale Abbildung überträgt das Objekt identisch ins Bild; dann gilt $\tilde{I}(R) = \tilde{L}(R)$ und entsprechend $D(R) \equiv 1$. In Wirklichkeit ist $D(R)$ gleich oder kleiner als Eins. Durch die Normierung wird gewährleistet, daß bei der Abbildung von harmonischen Gittern der Modulation Eins die Bildmodulation gleich $D(R)$ wird.

Der im allgemeinen verminderte Bildkontrast wird u. a. hervorgerufen durch die Beugung an der Blende im Objektiv. Deren Amplitudentransparenz $f(\xi)$ ist im einfachsten Fall die eines Spalts mit der Breite $2a$. $D(R)$ ist nach Gl. (2.9-8) das normierte Autokorrelationsintegral von $f(\xi)$; für den breiten Spalt ist dies nach dem zu Gl. (2.7-8) Gesagten das in Abb. 2—17 und 2—19 dargestellte Dreieck. Da $f(\xi)$ für den breiten Spalt eine reelle, gerade Funktion ist, wird $D(R)$ auch reell und gerade; es genügt also eine Darstellung für $R \geqq 0$. Für die Grenzfrequenz R_g wird $D(R_g) = 0$, dies bezeichnet die beugungsbedingte Auflösungsgrenze des abbildenden Systems. R_g ist entsprechend Abb. 2—17 festgelegt durch $\Delta_g = 2a$.

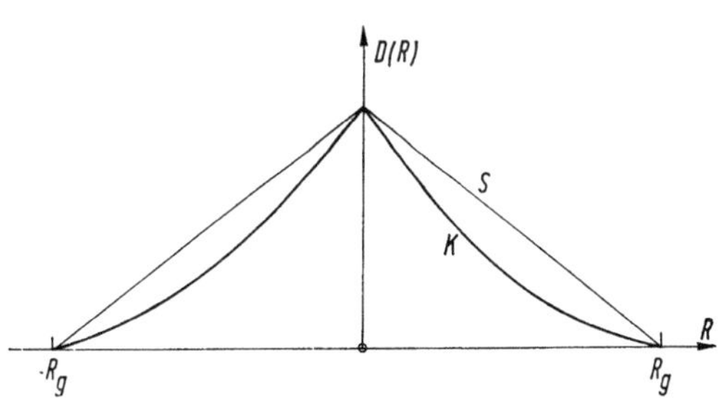

Abb. 2—19. Modulationsübertragungsfunktionen fur Spalt- und Kreisblende

Mit der oben eingeführten Substitution $|R| = \Delta/\lambda B$ wird $R_g = 2a/\lambda B$; $a/B = A_B$ ist die bildseitige Apertur des Systems. Für eine Vergrößerung $M = B/G \neq 1$ werden die Raumfrequenzen R_B und R_0 (bezogen auf Bild und Objekt) verschieden; es gilt $R_0/R_B = B/G = M$. Damit wird die objektbezogene Grenzfrequenz $R_{0g} = 2a/\lambda G = 2A_0/\lambda$; A_0 ist die objektseitige Apertur. Diese Beziehung ist identisch mit der Auflösungsgrenze $d_g = 1/R_{0g} = \lambda/2A_0$ für allseitig beleuchtete Objekte, wie sie aus der elementaren Theorie des Mikroskops abgeleitet wird (vgl. Michel 1964).

2.9-b. Das beugungsbegrenzte Kantenbild

Als Beispiel werde die Abbildung einer undurchsichtigen Halbebene, einer Kante, betrachtet. Für sie gilt die Objektintensität

$$L(x) = \frac{1}{2} + \frac{1}{2}\,\mathrm{sgn}\,(x). \tag{2.9-10}$$

Die Funktion sgn (x) bedeutet das Vorzeichen von x, sie ist definiert durch

$$\begin{aligned}\mathrm{sgn}(x) &= +1 \quad \text{für } x > 0\\ &= -1 \qquad\quad x < 0.\end{aligned} \tag{2.9-11}$$

Die Fourier-Transformierte von sgn (x) läßt sich nur über einen Grenzwert errechnen. Wir definieren

$$\mathrm{sgn}\,(x) = \mathrm{sgn}\,(x) \lim_{\varepsilon\to 0} e^{-\varepsilon|x|}.$$

Damit ergibt sich das Spektrum der Fnnktion sgn (x)

$$\begin{aligned}\mathscr{F}[\mathrm{sgn}\,(x)] &= -\lim\left[\int_{-\infty}^{0} e^{\varepsilon x} e^{2\pi i R x}\,\mathrm{d}x\right] + \lim\left[\int_{0}^{\infty} e^{-\varepsilon x} e^{2\pi i R x}\,\mathrm{d}x\right]\\ &= -\lim\left[\frac{e^{(2\pi i R+\varepsilon)x}}{2\pi i R+\varepsilon}\right]_{-\infty}^{0} + \lim\left[\frac{e^{(2\pi i R-\varepsilon)x}}{2\pi i R-\varepsilon}\right]_{0}^{\infty}\\ &= -\lim_{\varepsilon\to 0}\left[\frac{1}{2\pi i R+\varepsilon}\right] + \lim_{\varepsilon\to 0}\left[\frac{-1}{2\pi i R-\varepsilon}\right] = -\frac{1}{\pi i R} = \frac{i}{\pi R}.\end{aligned} \tag{2.9-12}$$

Damit wird die Fourier-Transformierte der Objektintensität $\tilde{L}(R) = \frac{1}{2}\,\delta(R) + \frac{i}{2\pi R}$. Oben wurde die Übertragungsfunktion für einen aperturbegrenzenden Spalt diskutiert, sie ist ein Dreieck mit der Grenzfrequenz R_g; dieses wird dargestellt durch $D(R) = 1 - \frac{|R|}{R_g}$. Mit Gl. (2.9-3) und (2.9-9) ergibt sich die Bildintensität der Halbebene zu

$$\begin{aligned}I(x') &= \frac{1}{2}\int_{-Rg}^{Rg}\left[\delta(R) + \frac{i}{\pi R}\right]\left[1 - \frac{|R|}{R_g}\right] e^{-2\pi i R x'}\,\mathrm{d}R\\ &= \frac{1}{2} + \frac{1}{2}\int_{-Rg}^{Rg}\frac{i}{\pi R}\,e^{-2\pi i R x'}\,\mathrm{d}R - \frac{i}{2\pi}\int_{-Rg}^{Rg}\frac{|R|}{R R_g}\,e^{-2\pi i R x'}\,\mathrm{d}R.\end{aligned}$$

Aus Symmetriegründen läßt sich schreiben

$$I(x') = \frac{1}{2} + \int_0^{Rg} \frac{1}{\pi R} \sin(2\pi R x')\,\mathrm{d}R - \frac{1}{\pi R_g} \int_0^{Rg} \sin(2\pi R x')\,dR$$

$$= \frac{1}{2} + \frac{1}{\pi}\,\mathrm{Si}[2\pi R_g x'] - \frac{1-\cos[2\pi R_g x']}{2\pi^2 R_g x'}. \qquad (2.9\text{-}13)$$

Si ist der Integralsinus, er findet sich tabelliert etwa in Lösch (1960). Abb. 2—20 zeigt das Kantenbild. Die „Unschärfe" der Kante mag gekennzeichnet werden durch die Ableitung nach x' am Ort $x' = 0$. Es ist $\frac{\mathrm{d}I_0}{\mathrm{d}x'} = R_g$; daraus folgt die Verwaschungsbreite der Kante $\Delta x' = 2/R_g$.

Begrenzt nicht ein Spalt sondern eine Kreisblende vom Durchmesser $2a$ den Querschnitt der abbildenden Linse, dann ist analog zu Abb. 2—16 die Autokorrelationsfunktion des Kreises aus der gemeinsamen Überdeckung zweier um Δ verschobener Kreise zu errechnen (Abb. 2—21). $D(R)$ ist jetzt keine Gerade mehr (Abb. 2—19). Die Auflösungsgrenze $1/R_g$ ist die gleiche wie beim Spalt der Breite $2a$.

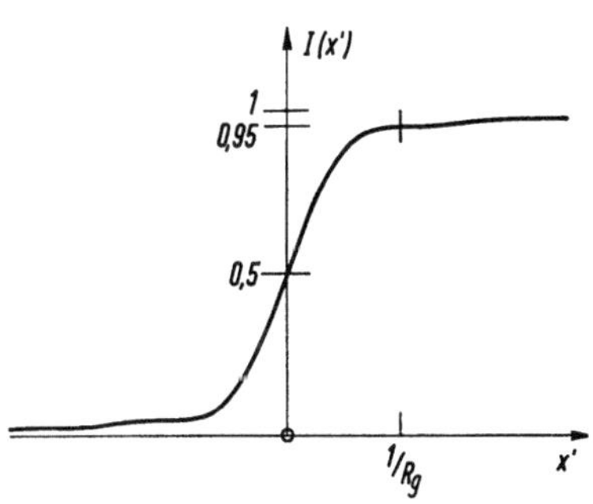

Abb. 2—20. Kantenbild bei inkohärenter Beleuchtung

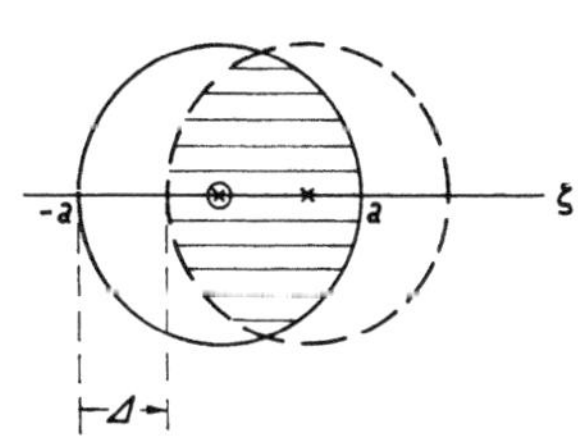

Abb. 2—21. Zur Autokorrelationsfunktion einer Kreisblende

2.9-c. Eigenschaften der Übertragungsfunktion

Wenn man Gln. (2.9-1 bis -4) und (2.9-9) zusammenfaßt, läßt sich schreiben

$$I(x') = \int D(R) \int L(x)\, e^{2\pi i R(x-x')}\,\mathrm{d}x\,\mathrm{d}R. \qquad (2.9\text{-}14)$$

Für $D(R) = 1$ ergibt sich daraus als Spezialfall das Fourier-Integral-Theorem

$$I(x') = L(x') = \iint_{-\infty}^{\infty} L(x)\, e^{2\pi i R(x-x')}\,\mathrm{d}x\,\mathrm{d}R. \qquad (2.9\text{-}15)$$

Dabei sind die unendlichen Grenzen der Integrale zu beachten, sie sorgen für die Abbildung des gesamten Objekts und zur Einhaltung der Voraussetzung $D(R) \equiv 1$.

Die Abbildung inkohärenter Objekte läßt sich in allen isoplanatischen Fällen durch Gl. (2.9-8) beschreiben, etwa bei unscharfer Einstellung und beliebigen Linsenfehlern. Die Pupillentransparenz $f(\xi)$ kann dann komplex werden; $f(\xi)$ gibt die Wellenaberration der Pupille. Davon wird in Kap. 3.6 zu sprechen sein. Dann ergibt sich die Form

$$D(R) = |D(R)|\, e^{i\Phi(R)}. \tag{2.9-16}$$

Gl. (2.9-14) wird dann zu

$$I(x') = \iint |D(R)|\; L(x)\, e^{2\pi i R\left[x-\left(x'-\frac{\Phi(R)}{2\pi R}\right)\right]}\, \mathrm{d}x\, \mathrm{d}R. \tag{2.9-17}$$

Die Phase $\Phi(R)$ bewirkt also im Bild eine Verschiebung des Elementargitters mit der Raumfrequenz R in der x'-Achse; deshalb heißt $\Phi(R)$ auch „Lateralphase". Bei außeraxialen Linsenfehlern (Astigmatismus, Koma, Verzeichnung) wird $f(\xi)$ und damit $D(R)$ zusätzlich abhängig von der Lage des Objektpunktes (Kap. 2.9-e). Viele Beispiele berechneter Übertragungsfunktionen finden sich bei Black und Linfoot (1957). Über Meßmethoden für $D(R)$ berichtete Murata (1966).

Bei Überlegungen mit eindimensionalen Objekten, Pupillen und Bildern tritt nur das Spaltbild auf, es ist die Fourier-Transformierte der Übertragungsfunktion $D(R)$. Bei Rechnungen mit zweidimensionalen Objekten und etwa einer Kreispupille interessiert neben dem Spaltbild auch das Punktbild. Die Zusammenhänge zwischen diesen beiden Elementarbildern untersuchten etwa Jones (1958), Marchand (1965), Gopala Rao und Jain (1967).

Sind zweidimensionale Pupillen nicht kreissymmetrisch — das gilt auch für rotationssymmetrische optische Systeme für Bildbereiche außerhalb der optischen Achse — dann werden die Spaltbilder und also auch die Übertragungsfunktionen abhängig vom Azimuth, in dem die Modulationen von Objekt und Bild interessieren. Diese Abhängigkeit liegt fest, wenn $D(R)$ für den Meridional- und Saggitalschnitt bekannt ist.

Gl. (2.9-8) zeigt, daß neben der Koordinate ξ in der Pupille auch die Wellenlänge die Übertragungsfunktion beeinflußt. Deswegen und wegen der Dispersion von $f(\xi)$ gilt $D(R)$ streng nur für eine Wellenlänge. Soll $D(R)$ als Mittelwert für weißes Licht errechnet werden, so muß man die spektrale Zusammensetzung des Lichts und die spektrale Empfindlichkeit des Empfängers berücksichtigen (Blumova 1966/67; Köhler und Metzmacher 1968/69).

2.9-d. Lineare Ketten

Bei der additiven Zusammensetzung der Bildintensität aus harmonischen Elementargittern [Gl. (2.9-1)] beeinflussen sich diese Gitter nicht gegenseitig. Das ist eine Folge der Linearität bei der Abbildung inkohärenter Objekte. Die Linearität einer Transformation $u \to v$ ist gesichert, wenn gilt

$$u_1 + u_2 \to v_1 + v_2$$

und damit

$$a u \to a v. \tag{2.9-18}$$

Analog Gl. (2.9-9) läßt sich auch eine Folge von linearen Übertragungen beschreiben. Die Einzelschritte lassen sich durch ihre Übertragungsfunktionen $D_1, D_2, D_3 \ldots$ darstellen. Dann gilt

$$D(R) = D_1 \cdot D_2 \cdot D_3 \ldots \tag{2.9-19}$$

Ein Beispiel für eine lineare Übertragungskette wird in Kap. 2.10-g behandelt. Als ein weiteres Beispiel mag eine Folge von Linsen L_i gelten, bei denen das von L_i entworfene Bild zum Gegenstand für L_{i+1} wird. Dieses Beispiel zeigt sogleich, mit welcher Vorsicht Gl. (2.9-19) angewendet werden muß. Die Linearität der Übertragung gilt ja nur für inkohärente (selbstleuchtende oder allseitig beleuchtete) Objekte, deren Intensitäts-Punktbilder addiert werden dürfen. Ist der Gegenstand für L_2 das von L_1 entworfene Luftbild, so erhält dieses Luftbild Licht nur aus der begrenzten Pupille von L_1 (Hauser 1962b). Erst eine rotierende Mattscheibe am Ort des Luftbildes sorgt durch zeitliche Verwischung der Phasen benachbarter Punkte für ein inkohärentes Verhalten. Mit Gl. (2.9-19) darf bei fast fehlerfreien Linsen aber auch dann gerechnet werden, wenn L_{i+1} objektseitig eine weit größere Apertur besitzt als die bildseitige Apertur von L_i. Übertragungsketten können auch photographische Prozesse und Fernsehübertragung enthalten; stets wird aber zu prüfen sein, ob die Linearität der Übertragung ausreichend gesichert ist. Beschränkt man sich auf kleine Objektmodulationen, so ist Gl. (2.9-19) fast immer anwendbar. Auch die Wahrnehmung von Helligkeiten durch das menschliche Bewußtsein läßt sich dann wahrscheinlich noch durch einen linearen Fourier-Formalismus beschreiben (Menzel u. a. 1965).

Die optische Übertragungsfunktion $D(R)$ kann nicht beliebige Formen annehmen; sie beschreibt die lineare Übertragung der Objektintensität in die Bildintensität, beide Größen sind stets positiv. Da sich keine negativen Bildintensitäten ergeben dürfen, muß $D(R)$ bestimmte Voraussetzungen erfüllen, etwa $D(R) \leqq D(0)$ (Lukosz 1962).

2.9-e. Isoplanatische Bereiche

Wie in Kap. 2.9-a entwickelt wurde, erlaubt die lineare Übertragung bei inkohärenter Beleuchtung, Bildintensitäten additiv aus harmonischen Intensitätsgittern zusammenzusetzen, ohne daß die Einzelgitter sich gegenseitig beeinflussen. Die Additivität bei linearer Übertragung gestattet auch, das Objekt in Einzelpunkte oder Linien aufzulösen und die Bildintensität aus den Punkt- oder Linienbildern zusammenzusetzen. Zunächst muß zugelassen werden, daß eine Objektlinie am Ort x ein Linienbild $K(x')$ liefert, dessen Form sich mit x ändert. Für das Linienbild muß also $K(x', x)$ geschrieben werden. Das Bild einer Objektintensität $L(x)$ ergibt sich bei linearer Übertragung zu

$$I(x') = \int L(x)\, K(x', x)\, \mathrm{d}x. \tag{2.9-20}$$

In praktischen Fällen variiert die Form von $K(x', x)$ nur langsam mit x. Bei gegebener Toleranz lassen sich Bereiche endlicher Ausdehnung in x festlegen, in denen die Form invariant gegen eine Verschiebung in x ist. Ein solcher Bereich heißt „isoplanatisch", sein Mittelpunkt sei gekennzeichnet durch $x = x_0$. Innerhalb dieses Bereichs läßt sich das Linienbild durch $K(x' - x, x_0)$ darstellen. Dann wird Gl. (2.9-20) zu einem Faltungsintegral

$$I(x') = \int L(x)\, K(x' - x, x_0)\, \mathrm{d}x. \tag{2.9-21}$$

Bei unbegrenztem isoplanatischen Bereich entspricht Gl. (2.9-21) nun der Gl. (2.8-8.)

Innerhalb eines isoplanatischen Bereichs ergibt Fourier-Transformation von $K(x', x_0)$ analog Gl. (2.9-5) die optische Übertragungsfunktion $D(R, x_0)$ für diesen Bereich. Die Funktion bleibt von x_0 abhängig, das wird über Gl. (2.9-8) verursacht durch die außeraxialen Aberrationen des abbildenden Systems, die durch seine Pupillenfunktion $f(\xi, x_0)$ beschrieben werden. Eine weitere Ursache für die Abgrenzung von isoplanatischen Bereichen ist die Vignettierung bei Eingriffen außerhalb der Pupille (Kap. 3.8). Lohmann und Paris (1965a) diskutierten Fragen der linearen Übertragung, die auftreten, wenn man die Forderung nach Isoplanasie fallen läßt. In Kap. 3.8 wird die nicht-isoplanatische Übertragung von Amplituden behandelt, die durch Eingriffe außerhalb der Pupille entsteht. Weitere Beispiele dafür liefert die teilkohärente Holographie (Kap. 10). Rodinov (1972) zeigte, wie bei nichtisoplanatischer jedoch linearer Übertragung objektfremde Ortsfrequenzen im Bilde auftreten können.

Masken $M(x')$ im Bildfeld werden dargestellt durch $K(x', x) = \delta(x' - x) \cdot M(x)$; sie sind extrem nicht-isoplanatisch.

2.10. Fourier-Transformation von zusammengesetzten Funktionen

2.10-a. Das Moiré

Komplizierte beugende Objekte lassen sich zweckmäßig beschreiben als zusammengesetzt aus einfachen Formen. So entstehen Moiré-Erscheinungen aus der Überlagerung von zwei Gittern verschiedener Periode $d_\iota = 1/R_\iota$. Für harmonische Gitter gilt

$$u_1(\xi) = 1 + \cos 2\pi R_1 \xi; \qquad u_2(\xi) = 1 + \cos 2\pi R_2 \xi.$$

Die Amplitudentransparenz beider aufeinanderliegender Gitter wird für die Gesamttransparenz multipliziert. Bei paralleler Lage der Gitterstriche ergibt sich

$$\begin{aligned} u(\xi) &= u_1(\xi) \cdot u_2(\xi) \\ &= 1 + \cos 2\pi R_1 \xi + \cos 2\pi R_2 \xi + \frac{1}{2} \cos 2\pi (R_1 - R_2)\xi \\ &\quad + \frac{1}{2} \cos 2\pi (R_1 + R_2)\xi. \end{aligned} \tag{2.10-1}$$

Die Beugungsamplitude wird durch Fourier-Transformation [Gl. (1.4-8)] errechnet. Für $R_1 \gg R_2$ lassen sich die auftretenden Beugungsordnungen R in die folgenden getrennten Gruppen ordnen

$$-R_1 - R_2;\ -R_1;\ -R_1 + R_2;\ -R_2;\ 0;\ R_2;\ R_1 - R_2;\ R_1;\ R_1 + R_2. \tag{2.10-2}$$

Jede Beugungsordnung des Gitters 1 hat zu beiden Seiten Satelliten im Abstand R_2. Solche Satelliten sind als Geister in Gitterspektren bekannt; sie entstehen, wenn bei der Teilung des Gitters mit der Periode d_1 eine Störung mit der Periode $d_2 \gg d_1$ hinzukommt.

Eine andere Moiré-Erscheinung zeigt sich, wenn die Striche beider Gitter einen Winkel miteinander bilden. Dann können die Perioden der beiden Gitter auch gleich sein.

2.10-b. Gitter mit endlicher Strichzahl

In anderen Fällen wird die Beugung zusammengesetzter Objekte bequemer mit Hilfe der Faltung untersucht. Als Beispiel dazu sei

$$u_1(\xi) = \frac{1}{d} \operatorname{comb}\left(\frac{\xi}{d}\right)$$

die Amplitudentransparenz eines unendlich ausgedehnten Gitters mit schmalen Spalten im Abstand d und

$$u_2(\xi) = \operatorname{rect}\left[\frac{\xi}{2a}\right]$$

ein Spalt der Breite $2a$, der das Gitter nach den Seiten hin begrenzt. Die Amplitudentransparenz des zusammengesetzten Objekts ist das Produkt beider Transparenzen. Die Beugungsamplitude des ganzen Objekts wird mit $\lambda R = \alpha - \alpha_0$ [Gl. (2.3-9)] und mit Gl. (2.8-10)

$$\begin{aligned} \tilde{u}(R) &= \int u_1(\xi) \cdot u_2(\xi) e^{2\pi i R \xi}\, \mathrm{d}\xi \\ &= \int \tilde{u}_1(R_0) \tilde{u}_2(R - R_0)\, \mathrm{d}R_0 = \tilde{u}_1(R) * \tilde{u}_2(R). \end{aligned} \tag{2.10-3}$$

Die Beugungsamplitude des zusammengesetzten Objekts ist also das Faltungsprodukt aus den Beugungsamplituden der Einzelobjekte.

Nach Gl. (2.3-24) gilt für das Beugungsbild eines Gitters in Form eines Dirac-Kamms

$$\tilde{u}_1(R) = \frac{1}{d} \sum_n \delta\left(R - \frac{n}{d}\right).$$

Für den begrenzenden Spalt gilt

$$\tilde{u}_2(R) = 2a \operatorname{sinc} 2\pi a R.$$

Daraus ergibt sich das Beugungsbild mit Gl. (2.8-6)

$$\tilde{u}(R) = 2\,\frac{a}{d} \sum_n \operatorname{sinc} 2\pi a \left(R - \frac{n}{d}\right). \tag{2.10-4}$$

In jeder Beugungsordnung wird also das Beugungsbild des begrenzenden Spalts reproduziert. In einem Gitterspektrometer gelten zwei Spektrallinien mit der Wellenlängendifferenz $\Delta\lambda$ als aufgelöst, wenn das Hauptmaximum der sinc-

Funktion der einen Linie auf die erste Nullstelle der anderen Linie fällt. Zu dieser Nullstelle gehört $\Delta R = 1/2a$. Allgemein gilt $\lambda R = \alpha - \alpha_0$ und $d \cdot R = n$; damit wird das Auflösungsvermögen des Gitters

$$\left|\frac{\lambda}{\Delta\lambda}\right| = \frac{R}{\Delta R} = 2an/d.$$

Mit der Gesamtstrichzahl $N = 2a/d$ wird

$$\frac{\lambda}{\Delta\lambda} = n \cdot N. \tag{2.10-5}$$

Gl. (2.10-5) gibt den bekannten Zusammenhang zwischen Auflösung, Ordnungszahl n und Gesamtstrichzahl der Gitterspektrographen. In gleicher Weise wird auch bei Prismenspektrometern das Bild einer Spektrallinie durch Beugung verbreitert.

Durch die endliche Breite von Gitter und Prisma ist die Auflösungsgrenze $\Delta\lambda$ als eine Beugungsgrenze gegeben. Darüber hinaus kann die Leistung der Spektrometer nicht durch Entfaltung (Kap. 2.8-e) verbessert werden.

Diese Behandlung begrenzter Gitter ist nur bei größerer Strichzahl zulässig; sie wird problematisch, wenn nur wenige Gitterstriche vorhanden sind.

2.10-c. Apodisation

Eine Spektrallinie wohl definierter Wellenlänge erscheint im Gitter- und Prismenspektrometer nach Gl. (2.10-4) als sinc-Funktion, deren Nebenmaxima können bei der Auswertung des Spektrums irrtümlich benachbarten Wellenlängen zugeordnet werden. Um solche Irrtümer zu vermeiden, muß man die Nebenmaxima am Fuß des Bildes der Spektrallinie abschneiden. Dieser Prozeß wurde 1931 von Straubel vorgeschlagen, heute heißt er „Apodisation". Eine zusammenfassende Darstellung gaben Jacquinot und Roizen-Dossier (1964). Man benutzt für $u_2(\xi)$ anstelle der Rechteckblende eine Maske, deren Transparenz mit wachsender Entfernung von der optischen Achse stetig abnimmt. Für die Rechnung ist eine Gauß-Kurve bequem. Das Ergebnis bleibt ausreichend richtig, wenn man im Experiment die Ausläufer der Gauß-Kurve durch eine opake Blende abschneidet. Mit $u_2(\xi) = e^{-\xi^2/a^2}$ wird $\tilde{u}_2(R) = a\sqrt{\pi}\, e^{-\pi^2 a^2 R^2}$. Faltung mit $\tilde{u}_1(R) = \frac{1}{d}\sum_n \delta\left(R - \frac{n}{d}\right)$ gibt

$$\tilde{u}_0(R) = \frac{a\sqrt{\pi}}{d}\sum_n \exp - \pi^2 a^2 \left(R - \frac{n}{d}\right)^2. \tag{2.10-6}$$

Auflösung und Lichtstärke sind bei diesem Linienbild etwas vermindert, die Nebenmaxima sind aber verschwunden.

Die Apodisation kann auch bei astronomischen Fernrohren nützlich sein. Ein fehlerfreies Objektiv hat ein Punktbild analog Abb. 2—11; seine ringförmigen Nebenmaxima sind bedingt durch Beugung an der Linsenfassung. Befindet sich ein schwacher Stern in der Nachbarschaft eines hellen, so kann er in einem Nebenmaximum des hellen Sterns verschwinden. Bedeckt man das Objektiv mit einer Platte, deren Transparenz langsam zum Rande hin abnimmt, so sind analog zu Gl. (2.10-6) die Nebenmaxima unterdrückt.

2.10-d. Apodisation bei der Fourier-Spektroskopie

Bei der Fourier-Spektroskopie war im Anschluß an Gl. (1.5-16) die Rede von Störungen im errechneten Spektrum, die durch eine Begrenzung der Spiegelverschiebung G bei $G = \pm\Gamma$ entstehen. Das errechnete Spektrum $E'(\sigma)$ wird nach Gl. (1.5-16)

$$E'(\sigma) = \int \operatorname{rect}\left[\frac{G}{2\Gamma}\right] \cdot [I(G) - I_0] \cos(2\pi\sigma G)\, \mathrm{d}G. \tag{2.10-7}$$

Es ist mit dem wahren Spektrum $E(\sigma)$ verknüpft durch die Faltung

$$E'(\sigma) = E(\sigma) * \mathcal{F}\left[\operatorname{rect}\frac{G}{2\Gamma}\right] = E(\sigma) * 2\Gamma \operatorname{sinc}[2\pi\Gamma\sigma]. \tag{2.10-8}$$

Eine Spektrallinie $E(\sigma) = \delta(\sigma - \sigma_0)$ erscheint in der Breite des Hauptmaximums der sinc-Funktion; analog zum Einfluß der Bündelbegrenzung durch die dispergierenden Elemente in Gitter- und Prismenspektrometern fällt die Auflösung $\lambda/\Delta\lambda$ der Fourier-Spektroskopie mit fallender Spiegelverschiebung Γ. Die sinc-Funktion erzeugt im Bild der Spektrallinie auch hier Nebenmaxima, die irrtümlich einer fremden Spektrallinie zugeordnet werden könnten. Auch hier schafft die Apodisation Abhilfe: Bei der elektronischen Registrierung von $I(G)$ [Gl. (1.5-15)] sorgt eine mit G sich ändernde Spannungsteilung $B(G)$ für eine Dämpfung der registrierten Funktion $I'(G) = I(G) \cdot B(G)$. Setzt man für $B(G)$ wieder eine Glockenkurve an, so wird

$$E'(\sigma) = \int e^{-G^2/\Gamma^2} [I(G) - I_0] \cos(2\pi\sigma G)\, \mathrm{d}G = E(\sigma) * \Gamma\sqrt{\pi}\, e^{-\pi^2\Gamma^2\sigma^2}. \tag{2.10-9}$$

Die Bilder der Spektrallinien haben eine effektive Breite von $1/\pi\Gamma$; Satelliten treten nicht auf.

2.10-e. Das Sampling-Theorem

Die Fourier-Spektroskopie liefert ein gutes Beispiel zur Erläuterung des Abtast- oder Sampling-Theorems, das in der Fourier-Optik vielfach nützlich ist.

Die Funktion $I(G)$ werde nicht kontinuierlich registriert sondern als eine Folge von diskreten Meßpunkten im Abstand γ. Für die rechnerische Auswertung steht also nur die Funktion

$$I''(G) = I(G) \sum_m \delta(G - m\gamma) = I(G) \cdot \frac{1}{\gamma} \operatorname{comb}\frac{G}{\gamma} \tag{2.10-10}$$

zur Verfügung.

Das daraus errechnete Spektrum wird nach Gl. (2.3-23)

$$E''(\sigma) = \int \frac{1}{\gamma} \operatorname{comb}\left(\frac{G}{\gamma}\right) \cdot [I(G) - I_0] \cdot \cos(2\pi\sigma G)\, \mathrm{d}G$$

$$= \operatorname{comb}(\gamma\sigma) * E(\sigma) = \frac{1}{\gamma} \sum_n E\left(\sigma - \frac{n}{\gamma}\right). \qquad (2.10\text{-}11)$$

Das Ergebnis kommt periodisch aus dem Rechenprozeß heraus, es wiederholt sich im Abstand

$$\Delta\sigma = \frac{1}{\gamma}. \qquad (2.10\text{-}12)$$

Diese Wiederholungen können im Ergebnis zu einer Überlagerung und Verschmierung des gewünschten Resultats führen. Deshalb muß man bei gegebener spektraler Breite S der zu untersuchenden Strahlungsquelle den Abstand γ der Abtastpunkte ausreichend eng wählen, so daß gilt

$$S \leqq \frac{1}{\gamma}. \qquad (2.10\text{-}13)$$

Das Spektrum $E(\sigma)$ ist nur für $\sigma > 0$ physikalisch sinnvoll. Wir wollen das eben Gesagte auf allgemein gültige Funktionen anwenden.

$$\tilde{g}(R) = \mathcal{F}(g(x)) \qquad (2.10\text{-}14)$$

Es sei $\tilde{g}(R) \neq 0$ für $-B < R < +B$; $2B$ ist die beschränkte Bandbreite der in $g(x)$ enthaltenen Frequenzen R. Da Wiederholungen bei $|R| > B$ definitionsgemäß nicht stören, ist eine Darstellung analog Gl. (2.10-11) möglich.

$$\tilde{g}(R) = 2B \sum_n \tilde{g}(R - n2B) = \operatorname{comb}\left[\frac{R}{2B}\right] * \tilde{g}(R)$$

$$= \mathcal{F}\{2B \operatorname{comb}[2Bx] \cdot g(x)\} \qquad (2.10\text{-}15)$$

Der Vergleich mit Gl. (2.10-14) ergibt für $g(x)$ mit der Bandbreite $2B$

$$g(x) = 2B \operatorname{comb}[2Bx] \cdot g(x) = \sum_m \delta\left(x - \frac{m}{2B}\right) \cdot g(x) = \sum_m g\left(\frac{m}{2B}\right). \qquad (2.10\text{-}16)$$

Die Funktion ist also eindeutig dargestellt durch eine Summe von diskreten Funktionswerten an den Punkten $x_m = m/2B$. Da nach Voraussetzung gilt $\tilde{g}(R) = 0$ für $|R| > B$, so kann Gl. (2.10-15) mit einer Maske $\operatorname{rect}[R/2B]$ multipliziert werden, die Werte $|R| > B$ abschneidet.

$$\tilde{g}(R) = \operatorname{comb}\left[\frac{R}{2B}\right] * \tilde{g}(R) \cdot \operatorname{rect}\left[\frac{R}{2B}\right]$$

$$= \mathcal{F}\left\{2B \operatorname{comb}[2Bx] \cdot g(x) * \mathcal{F}\left[\operatorname{rect}\frac{R}{2B}\right]\right\} \qquad (2.10\text{-}17)$$

Der Vergleich mit Gl. (2.10-14) ergibt

$$\begin{aligned} g(x) &= 2B \operatorname{comb}[2Bx] \cdot g(x) * \operatorname{sinc}[2\pi Bx] \\ &= \sum_m g\left(\frac{m}{2B}\right) \cdot \operatorname{sinc}\left[2\pi B\left(x - \frac{m}{2B}\right)\right]. \end{aligned} \quad (2.10\text{-}18)$$

Während Gl. (2.10-16) Werte von $g(x)$ nur für diskrete Argumente $x_m = \dfrac{m}{2B}$ liefert, interpoliert Gl. (2.10-18) die Funktion auch für Zwischenwerte. Auch andere Formen für eine solche Interpolation sind möglich. Gl. (2.10-18) ist das Sampling-Theorem von Whittaker und Shannon.

2.10-f. Strukturamplitude von Beugungsgittern

Gitter beliebiger Form sind eine andere Art von zusammengesetzten Beugungsobjekten. Die Verknüpfung von einfachen Strukturen geschieht hier nicht durch Multiplikation sondern durch Faltung. Ein Beugungsgitter mit der Gitterkonstante d habe Furchen mit der Amplitudentransparenz $f(\xi)$. Das gesamte Gitter besitzt dann die Amplitudentransparenz

$$u_0(\xi) = \sum_m \delta(\xi - md) * f(\xi). \quad (2.10\text{-}19)$$

Seine Beugungsamplitude wird mit dem Faltungs-Theorem gewonnen; mit Gl. (2.3-23) ergibt sich:

$$\begin{aligned} \tilde{u}(R) &= \mathcal{F}[u_0(\xi)] = \mathcal{F}[\sum_m \delta(\xi - md)] \cdot \mathcal{F}[f(\xi)] \\ &= \frac{1}{d} \sum_n \delta\left(R - \frac{n}{d}\right) \cdot \tilde{f}(R) \end{aligned} \quad (2.10\text{-}20)$$

$\tilde{f}(R)$ heiße analog zum Sprachgebrauch bei Röntgenbeugung an Kristallgittern die „Strukturamplitude" des Gitters. Die Lage der Beugungsordnungen bei $\alpha_n = \lambda R_n = \lambda n/d$ bleibt unabhängig von der Furchenform. Die Strukturamplitude moduliert das Beugungsbild wie eine multiplikative Maske; sie ist die Einhüllende des Linienspektrums. Sind z. B. die Gitterfurchen lichtdurchlässige Spalte der Breite s, so gilt $f(\xi) = \operatorname{rect}[\xi/2s]$. Die Strukturamplitude wird nach Gl. (2.3-28) zu $\tilde{f}(R) = 2s \operatorname{sinc}[2\pi s R]$. Das Verschwinden von $\tilde{f}(R)$ für große R bewirkt, daß für jedes praktisch herstellbare Gitter die Beugungsordnungen mit großer Ordnungszahl n verschwinden. Weiter bewirkt die genannte Strukturamplitude, daß alle Beugungsordnungen $R_n = n/d$ ausfallen, für welche gilt $2\pi s R_n = \pi n$. Abb. 2—7 gab zusammen mit der Bildunterschrift eine etwas andere Darstellung der gleichen Erscheinung.

2.10-g. Bewegungsunschärfe bei der inkohärenten Abbildung

Ein Objektpunkt $\delta(x)$ liefert nach Gl. (2.9-14) unter dem Einfluß der Übertragungsfunktion $D(R)$ das Punktbild

$$K(x') = \int D(R) \int \delta(x) e^{2\pi i R(x-x')} \, \mathrm{d}x \, \mathrm{d}R.$$

Bewegt sich der Objektpunkt in x-Richtung mit der Geschwindigkeit v, so summieren sich auf einer photographischen Aufnahme innerhalb der Belichtungszeit T die Punktbilder in den verschiedenen Lagen

$$K_B(x') = \int_{-T/2}^{+T/2} \int D(R) \int \delta(x - vt) e^{2\pi i R(x-x')} \,\mathrm{d}x \,\mathrm{d}R \,\mathrm{d}t .$$

Die Integration über die δ-Funktion kann ausgeführt werden; weiter wird die Reihenfolge der Integrationen vertauscht, und es werden die Integrationsgrenzen von t durch rect $[t/T]$ dargestellt.

$$K_B(x') = \int D(R) \int \mathrm{rect}\,[t/T] e^{2\pi i R v t} \,\mathrm{d}t\, e^{-2\pi i R x'} \,\mathrm{d}R = \int D(R) \cdot D_B(R)\, e^{-2\pi i R x'} \,\mathrm{d}R$$

$$D_B(R) = \mathscr{F}\left[\mathrm{rect}\,\frac{t}{T}\right] = T\,\mathrm{sinc}\,[\pi v T R] \qquad (2.10\text{-}21)$$

$D_B(R)$ ist die Modulationsübertragungsfunktion für die Verwaschung durch Objektbewegung senkrecht zur optischen Achse. Diese Verwaschung bildet zusammen mit der Verwaschung durch die Übertragungsfunktion $D(R)$ für die fehlerhafte Linse eine lineare Kette (Kap. 2.9-d); die resultierende Übertragungsfunktion ist das Produkt aus den einzelnen Übertragungsfunktionen. In der Bildebene wird dieser Zusammenhang durch eine Faltung dargestellt: Ist $I(x)$ das Bild des ruhenden Objekts, so gilt für das bewegte Objekt

$$I_B(x') = \int I(x)\, \mathrm{rect}\left[\frac{x' - x}{vT}\right] \mathrm{d}x . \qquad (2.10\text{-}22)$$

Die Gln. (2.10-21) und (2.10-22) gelten sinngemäß auch bei der Abbildung in kohärenter Beleuchtung, denn die in verschiedenen Zeiten wirksamen Bildanteile sind inkohärent zueinander. Deshalb kann man die Bewegungsunschärfe bei kohärenter Beleuchtung nur für die Bildintensitäten diskutieren.

Der Einfluß von Bewegungen auf die gesamte Übertragungsfunktion wurde auch für nicht-konstante Geschwindigkeit diskutiert von Shack (1964). Die Bildqualität bei longitudinalen Schwingungen wurde untersucht von Lohmann und Paris (1965b); da solche Schwingungen über die Defokussierung wirken, kann für sie keine von der Linse unabhängige Übertragungsfunktion angegeben werden.

Eine zeitliche Überlagerung verschiedener Bilder tritt auch bei der Abbildung durch turbulente Atmosphäre ein. Aus Messungen oder Rechnungen mit verschiedenen Modellen der Atmosphäre lassen sich hier Übertragungsfunktionen gewinnen (vgl. Ramsay 1959; Mueller und Reynolds 1967).

3. Abbildung bei kohärenter Beleuchtung

3.1. Allgemeines

Bei spatial und chromatisch kohärenter Beleuchtung enthält das Beugungsbild in der Fraunhofer Ebene alle Information über das Objekt in Form der Fourier-Transformierten seiner Amplitudentransparenz [Gl. (2.3-5)]. Die Fraunhofer-Ebene ist die Bildebene der Lichtquelle (Austrittspupille). Nach Ernst Abbe (1873, 1904, 1910) ist die Abbildung eines kohärent beleuchteten Objekts als das „sekundäre Fraunhofersche Beugungsbild" anzusehen; die Bildamplitude ist also die Fourier-Transformierte der Beugungsamplitude; bei einer idealen Abbildung bedeutet das die Verknüpfung von Bild- und Objektamplitude durch das Fourier-Integral [Gl. (2.9-15)], diese Darstellung beschreibt die identische Reproduktion des Objektes in der Bildebene. Ausblendungen und Abbildungsfehler werden erfaßt durch ähnliche Beziehungen, wie sie in Gl. (2.9-17) für die Intensitätsübertragung bei Selbstleuchtern entwickelt wurden. Entsprechend lassen sich willkürliche Eingriffe diskutieren, durch die Fehler eliminiert werden oder durch die man bestimmte Eigenschaften des Objekts im Bild betont (spatiale Filterung). Auch die Holographie fügt sich zwanglos in diesen Formalismus der Fourier-Optik ein, die sich in den letzten zwanzig Jahren aus den Ansätzen von Abbe entwickelt hat. Der Übergang von der kohärenten zur teilkohärenten Beleuchtung wird erforderlich, wenn keine ideal kohärenten Quellen zur Verfügung stehen oder wenn kohärente Beleuchtung unzweckmäßig und nicht notwendig ist; dafür gibt die Mikroskopie ein Beispiel; Störungen bei kohärenter Beleuchtung entstehen hier durch parasitäre Interferenzen, durch extrafokale Bilder von Staub und durch Granulation. Auch für den allgemeineren Fall der teilkohärenten Beleuchtung liefert die Fourier-Optik für Abbildung und Holographie eine handliche Darstellung.

An Monographien für dieses Gebiet seien genannt Born und Wolf (1964), Maréchal und Françon (1960, 1970), Röhler (1967), Goodman (1968).

3.2. Die Lichterregung in der Pupille

Bei der Diskussion von Beugungserscheinungen wurden bisher die Phasen im Beugungsbild nicht beachtet, denn sie bleiben ohne Einfluß, wenn nur die Beugungsintensitäten interessieren. Die kohärente Abbildung aber erfordert auch die Kenntnis der Phasen im Beugungsbild, denn die Abbildung wird errechnet durch Fourier-Transformation der komplexen Beugungsamplituden. Diese Phasen hängen auch vom Strahlengang ab (Abb. 3—1). Um die erste Übersicht nicht zu komplizieren, wird kollimierte Beleuchtung unter dem Winkel α_0 vorausgesetzt; es wird mit der quadratischen Fresnel-Näherung gerechnet. $u_0(x)$ ist die Ampli-

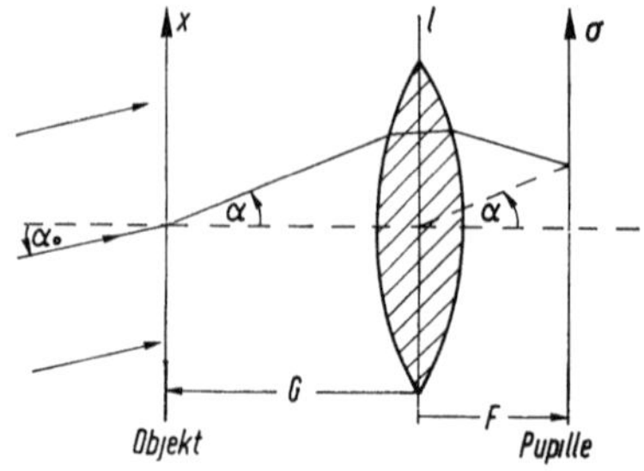

Abb. 3—1. Zur Phase in der Pupille

tudentransparenz des Objekts. Das Beugungsbild in der Austrittspupille liegt bei kollimierter Beleuchtung in der Brennebene der Linse (F: ihre Brennweite); die Koordinate σ in dieser Ebene hängt mit dem Beugungswinkel α zusammen durch $\sigma = F\alpha$. Die Beugungsamplitude unter dem Winkel α wird nach Gl. (2.2-14)

$$u(\alpha - \alpha_0) = e^{-ikr} \int u_0(x)\, e^{ik\xi(\alpha-\alpha_0)}\, \mathrm{d}\xi. \tag{3.2-1}$$

$r = r(\alpha)$ ist der optische Weg zwischen dem Objektpunkt $x = 0$ und dem Punkt σ in der Austrittspupille. Für die Einfallshöhe l, in der der Strahl die Linse trifft, gilt $l = G \cdot \alpha$. r setzt sich zusammen aus den geometrischen Strecken und einer Weg-Verkürzung $l^2/2F$, die nach Gl. (2.5-4) durch die Linse der Brennweite F bedingt wird. In quadratischer Näherung gilt

$$r = G + F - (G - F)\,\frac{\alpha^2}{2}. \tag{3.2-2}$$

Der Phasen-Vorfaktor in Gl. (3.2-1) wird nur für $G = F$ von α unabhängig.

Ohne ein beugendes Objekt befindet sich das Bild der Lichtquelle in der Brennebene am Ort $\sigma = F \cdot \alpha_0 = F\lambda Q$. Eine Objektstruktur mit der Raumfrequenz R beugt das Licht um den Winkel $\alpha - \alpha_0 = \lambda \cdot R$; dieses Licht trifft die Brennebene am Ort $\sigma = F\alpha = F\lambda(R + Q)$. Die schiefe Beleuchtung des Objekts unter dem Winkel $\alpha_0 = \lambda Q$ wird in der Beugungsamplitude $u_Q(R)$ durch den Index Q berücksichtigt. Aus Gl. (3.2-1) ergibt sich mit den genannten Substitutionen:

$$u_Q(R) = e^{i\pi(G-F)\lambda(R+Q)^2} \int u_0(x)\, e^{2\pi i R x}\, \mathrm{d}x = \tilde{u}(R)\, e^{i\pi(G-F)\lambda(R+Q)^2} \tag{3.2-3}$$

$\tilde{u}(R)$ ist das Objektspektrum.

In der Pupille der abbildenden Linse ist eine Blende angebracht, welche die Apertur der Linse begrenzt. Weiter lassen sich hier teildurchlässige oder phasenschiebende Elemente einführen, sie dienen etwa zur Apodisation oder zum Phasenkontrast nach Zernike. Die Wirkung solcher Elemente wird beschrieben durch ihre komplexe Amplitudentransparenz $f(\sigma)$; diese Funktion heißt auch Eingriffs-, Filter- oder Pupillenfunktion. Die wirksame Lichterregung in der Pupille setzt sich multiplikativ zusammen aus dem Beugungsbild $u_Q(\sigma)$ und der Filterfunktion.

Bei kohärenter, kollimierter Beleuchtung liegen die Pupille und auch $f(\sigma)$ in der hinteren Brennebene der Linse. Allgemeineres über Pupillenlagen und Pupillenfunktionen wird in Kap. 3.8 gesagt werden.

3.3. Bildamplitude durch Integration über die Pupille

Die Abbildung wird nach Abbe als das sekundäre Beugungsbild angesehen, hier interferieren die von der Pupille ausgehenden Lichtwellen. Den Überlegungen wird ein Strahlengang nach Abb. 3—2 zugrunde gelegt. Die Linsengleichung [Gl.

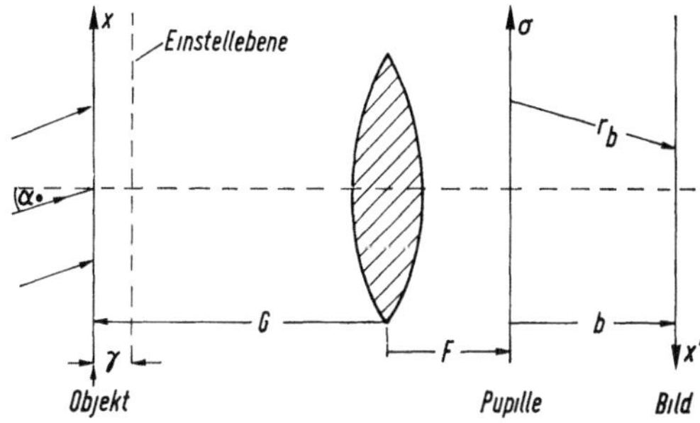

Abb. 3—2. Zur kohärenten Abbildung

(2.5-3)] verbindet die Bildebene mit der Ebene im Objektraum, die scharf abgebildet wird (Einstellebene E). Die folgende Rechnung soll allgemeiner gelten, deshalb erhält das Objekt gegenüber der Einstellebene die Extrafokalstellung γ. Die Linsengleichung hat dann die Form

$$\frac{1}{G-\gamma} + \frac{1}{F+b} = \frac{1}{F}. \tag{3.3-1}$$

Die Bildamplitude wird

$$u_Q(x') = \int u_Q(\sigma) f(\sigma) e^{ikr_b} \, d\sigma. \tag{3.3-2}$$

Nach Entwicklung bis zu quadratischen Gliedern gilt

$$r_b = b + \frac{(x'+\sigma)^2}{2b}.$$

Um die Übersicht zu vereinfachen, wird bei der Abbildung mit der Vergrößerung Eins gerechnet; das bedeutet $b = F$ und $G - \gamma = 2F$. Der Ort in der Pupille ist statt durch die Längenkoordinate σ durch die reziproken Längen $Q + R = \sigma/\lambda F$ gekennzeichnet. Dann wird aus Gl. (3.3-2) bis auf einen konstanten Faktor

$$u_Q(x') = \exp\left[-ik\left(\frac{x'^2}{2F} + x'\lambda Q\right)\right] \int \tilde{u}(R) f(Q+R)$$
$$\times \exp i\left[\pi(\gamma+F)\lambda(Q+R)^2 - kx'\lambda R - k\lambda^2 \frac{F}{2}(Q+R)^2\right] dR. \tag{3.3-3}$$

Das Phasenglied vor dem Integral besagt, daß bei einem homogenen Objektfeld ($\tilde{u}(R) = \delta(R)$) nicht die Bildebene eine Fläche konstanter Phase ist sondern eine

Kugel mit dem Mittelpunkt in der Pupille bei $\sigma = F\lambda Q$. Solange nur die Bildintensität als Endergebnis interessiert, kann der Phasenvorfaktor vernachlässigt werden; in Kap. 3.8 wird er in allgemeinerem Zusammenhang ausführlich diskutiert. Nach Fortlassen dieses Faktors folgt aus Gl. (3.3-3)

$$u_Q(x') = \int \tilde{u}(R) f(Q+R) e^{i\pi\gamma\lambda(Q+R)^2} e^{-2\pi i R x'} \,\mathrm{d}R. \tag{3.3-4}$$

Der Faktor

$$e^{i\pi\gamma\lambda(Q+R)^2} = f_{\text{extr}}(Q+R) \tag{3.3-5}$$

beschreibt die extrafokale Abbildung, er wird als ein Spezialfall der allgemeinen Pupillenfunktion $f(Q+R)$ angesehen. Verschiedene Eingriffe $f_i(Q+R)$ in der Pupille werden durch Multiplikation zu einer resultierenden Pupillenfunktion $f(Q+R)$ zusammengefaßt. Als Resultat für die kohärente Abbildung von Amplituden folgt

$$u_Q(x') = \int \tilde{u}(R) f(Q+R) e^{-2\pi i R x'} \,\mathrm{d}R. \tag{3.3-6}$$

Mit Gl. (2.3-5) wird

$$u_Q(x') = \int f(R+Q) \int u_0(x) e^{2\pi i R(x-x')} \,\mathrm{d}x \,\mathrm{d}R. \tag{3.3-7}$$

Diese Beziehung stimmt formal überein mit Gl. (2.9-14), durch die die inkohärente Abbildung von Intensitäten beschrieben wurde. Analog ist auch die kohärente Abbildung von Amplituden ein linearer Übertragungsprozeß; die Übertragungsfunktion ist hier die Pupillenfunktion $f(\sigma)$. Bei idealer Abbildung ohne eine Aperturbegrenzung wird $f(\sigma) = 1$, und Gl. (3.3-7) wird zum Fourier-Integral; jetzt wird die Objektamplitude identisch reproduziert, bei schiefer Beleuchtung ($Q \neq 0$) einschließlich der proportional mit x sich ändernden Phase der Beleuchtung [Gl. (3.3-3)].

Gl. (3.3-7) beschreibt die Amplitudenübertragung durch die Funktion $f(R+Q)$ im Frequenzraum. Wie die inkohärente Abbildung so läßt sich auch die kohärente Abbildung charakterisieren durch ein Linienbild oder ein Punktbild, dieses hat die Amplitude $u_Q(x') = K(x')$. Gl. (3.3-6) ergibt für einen Objektpunkt auf der optischen Achse ($\tilde{u}(R) = 1$)

$$K(x') = \int f(R+Q) e^{-2\pi i (R+Q) x'} \,\mathrm{d}R. \tag{3.3-8}$$

Dabei wurde aus Gl. (3.3-3) der in x' lineare Phasenvorfaktor mitgenommen; der Faktor mit x'^2 blieb unberücksichtigt. $K(x')$ ist die Rück-Transformierte der Pupillenfunktion $f(R+Q) = f(\sigma)$. Nach Gl. (1.4-11) ist $K(x')$ von schiefer Beleuchtung ($Q \neq 0$) unabhängig. Aus den später diskutierten speziellen Pupillenfunktionen $f(R+Q) = f(\sigma)$ ergeben sich die speziellen Punktbild-Amplituden durch Fourier-Transformation.

Aus Gl. (3.3-8) ergibt sich die Intensitätsverteilung $I_0(x')$ im Linienbild analog zu einer Rechnung in Kap. 2.7.

$$\begin{aligned} I_0(x') = K(x') \cdot K^*(x') &= \iint f(R+Q) f^*(R'+Q) e^{-2\pi i (R-R') x'} \,\mathrm{d}R \,\mathrm{d}R' \\ &= \iint f(R+Q) f^*(R-\varrho+Q) \,\mathrm{d}R \, e^{-2\pi i \varrho x'} \,\mathrm{d}\varrho \end{aligned} \tag{3.3-9}$$

Wegen des unbegrenzten Integrationsbereichs ist das Integral über R die Autokorrelationsfunktion der Pupillenfunktion $f(R+Q)$.

$$I_0(x') = \int f(R+Q) \boxtimes f^*(R+Q) e^{-2\pi i \varrho x'} \,\mathrm{d}\varrho \tag{3.3-10}$$

Das ist bis auf Maßstabsfaktoren gleichwertig mit Gl. (2.9-7). Intensitäts-Linienbilder und Punktbilder sind also unabhängig von der Art der Objektbeleuchtung. Dieses Ergebnis ist physikalisch selbstverständlich.

Die Bildamplitude $u(x')$ eines allgemeinen Objektes $u_0(x)$ ist das Faltungsprodukt aus Linienbild und Objektamplitude.

$$u(x') = \int u_0(x) K(x'-x) \,\mathrm{d}x \tag{3.3-11}$$

Eine schiefe, kollimierte Beleuchtung oder auch eine Beleuchtung mit einer Kugelwelle muß für diese Faltungsoperation bei der Objektamplitude durch einen Vorfaktor analog Gl. (2.2-11) eingeführt werden, denn Punktbilder werden unabhängig von der Phase der Beleuchtung definiert.

$$u_0(x) = \overline{u}_0(x) \cdot e^{-ikz_0} \exp - ik \left(\frac{x^2}{2z_0} + x\alpha_0\right) \tag{3.3-12}$$

Dabei ist $\overline{u}_0(x)$ die Amplitudentransparenz des kollimiert und senkrecht durchstrahlten Objekts. z_0 ist der Abstand der punktförmigen Lichtquelle vom Objekt, die Quelle erscheint vom Punkt $x=0$ unter dem Winkel α_0 gegen die optische Achse.

Gl. (3.3-11) gibt auch eine Beschreibung für die Fresnel-Beugung ohne jede Optik. x-Ebene und x'-Ebene haben den Abstand z. Eine Kugelwelle vom Objektpunkt $\delta(x)$ bewirkt in der x'-Ebene — bis auf einen Vorfaktor $1/r$ — in quadratischer Näherung das Amplituden-Punktbild

$$K(x') = e^{-ikr(x')} \approx e^{-ikz} \exp\left(-ik\frac{x'^2}{2z}\right). \tag{3.3-13}$$

Eine Zusammenfassung von Gl. (3.3-13) und Gl. (3.3-11) ergibt Gl. (2.2-9).

Die Diskussion der Punktbilder ist bei kohärenter Abbildung weniger bequem als die der Übertragungsfunktion. Für gitterförmige Objekte liefert die Übertragungsfunktion unmittelbar anschauliche Aussagen; weiter können beliebige Objekte und ihre Bilder additiv aus Gittern zusammengesetzt werden.

3.4. Intensitätsbilder von Objekten mit kleiner Modulation

Bildamplituden nach Gl. (3.3-7) haben wenig Beziehung zum Experiment, denn für ihre visuelle Wahrnehmung oder irgendeine photographische oder photoelektrische Aufzeichnung ist nur die Bildintensität wirksam. Wegen der Quadrierung ist aber der Übergang von Bildamplituden zu Intensitäten ein grundsätzlich nichtlinearer Prozeß, in dem sich der bequeme Formalismus der Fourier-Optik nur ausnahmsweise anwenden läßt.

Solange aber Objekte und Bilder auf kleine Modulation beschränkt werden, kann man näherungsweise eine lineare Theorie anwenden (Menzel 1958, 1960, Slansky und Maréchal 1960). Ein Objekt mit Absorptions- und Phaseneigenschaften hat die Amplitude $u(x) = |u(x)|\, e^{i\varphi(x)}$; für ein Objekt kleiner Modulation gilt mit reellen p und φ

$$u(x) = 1 + p(x) + i\varphi(x); \quad p^2, \varphi^2 \ll 1. \tag{3.4-1}$$

Seine Intensitätstransparenz ist

$$I(x) = |u(x)|^2 = 1 + 2p(x). \tag{3.4-2}$$

Die Fourier-Darstellung ergibt

$$\tilde{u}(R) = \delta(R) + a(R) + ib(R) \tag{3.4-3}$$

mit

$$1 = \mathscr{F}[\delta(R)],$$

$$p(x) = \int a(R) e^{-2\pi i R x}\, \mathrm{d}R,$$

$$\varphi(x) = \int b(R) e^{-2\pi i R x}\, \mathrm{d}R. \tag{3.4-4}$$

Es wird vorausgesetzt, daß $\delta(R)$ im Bild zur Geltung kommt. Damit sind Dunkelfeldverfahren für das Folgende ausgeschlossen.

Die Bildintensität $I_Q(x') = u_Q(x') u_Q^*(x')$ führt auf ein Produkt von zwei Integralen. Dieses Produkt kann als Doppelintegral geschrieben werden. Wegen Gl. (3.4-1) werden quadratische Terme in a oder b vernachlässigt. Mit Gl. (3.4-3) wird

$$\begin{aligned} I_Q(x') = \iint \{&\delta(R)\delta(R') f(Q+R) f^*(Q+R') \\ &+ \delta(R)\,[a^*(R') - ib^*(R')] f(Q+R) f^*(Q+R') \\ &+ \delta(R')\,[a(R) + ib(R)] f(Q+R) f^*(Q+R')\}\, e^{-2\pi i (R-R') x'}\, \mathrm{d}R\, \mathrm{d}R'. \end{aligned}$$

Die Integration über die δ-Funktion liefert

$$\begin{aligned} I_Q(x') = |f(Q)|^2 &+ \int [a^*(R') - ib^*(R')]\, f(Q) f^*(Q+R') e^{2\pi i R' x'}\, \mathrm{d}R' \\ &+ \int [a(R) + ib(R)] f^*(Q) f(Q+R) e^{-2\pi i R x'}\, \mathrm{d}R. \end{aligned}$$

Da $p(x)$ und $\varphi(x)$ reelle Funktionen sind, gilt $a^*(R) = a(-R)$ und $b^*(R) = b(-R)$; weiter wird gesetzt $R' = -R$.

$$\begin{aligned} I_Q(x') = |f(Q)|^2 &+ \int a(R)\,[f^*(Q) f(Q+R) + f(Q) f^*(Q-R)] e^{-2\pi i R x'}\, \mathrm{d}R \\ &+ i\int b(R)\,[f^*(Q) f(Q+R) - f(Q) f^*(Q-R)] e^{-2\pi i R x'}\, \mathrm{d}R. \end{aligned} \tag{3.4-5}$$

Diese Gleichung beschreibt die lineare Übertragung von schwach modulierten Amplitudenobjekten ($a \neq 0$; $b = 0$) und Phasenobjekten ($a = 0$; $b \neq 0$) in die Bildintensität. $|f(Q)|^2$ gibt die von x' unabhängige Intensität des Untergrunds. Die weiteren Glieder ähneln formal der Gl. (2.9-3) für die inkohärente Abbildung von Intensitäten. Gl. (3.4-5) gilt für kohärente Beleuchtung, das ist ein Spezialfall der allgemeineren Rechnung für teilkohärente Beleuchtung von

Hauser (1962a). Darauf wird in Kap. 6 noch näher eingegangen. Analog zu Gl. (2.9-3) sind die Integranden von Gl. (3.4-5) die Fourier-Transformierten von Anteilen der Bildintensität. Entsprechend Gl. (2.9-6) sind diese Fourier-Transformierten Produkte aus den Objektspektren $a(R)$ oder $b(R)$ mit Übertragungsfunktionen, die in Gl. (3.4-5) in eckigen Klammern stehen. Zusammen mit dem Amplitudenspektrum $a(R)$ des Objekts wirkt die Amplituden-Kontrastfunktion

$$A(R) = f^*(Q)f(Q+R) + f(Q)f^*(Q-R). \qquad (3.4\text{-}6)$$

Aus dem Amplitudenspektrum $a(R)$ des Objekts ergibt sich wegen Gl. (3.4-2) sein Intensitätsspektrum zu $2a(R)$. Die optische Übertragungsfunktion $D(R)$ beschreibt die Übertragung der Objektintensität in die Bildintensität; für sie gilt demnach $D(R) = 1/2 \cdot A(R)$.

Die Übertragung des Phasenspektrums $b(R)$ wird beschrieben durch die Phasen-Kontrastfunktion

$$B(R) = if^*(Q)f(Q+R) - if(Q)f^*(Q-R). \qquad (3.4\text{-}7)$$

Bei einem symmetrischen Abbildungssystem gilt $f(R) = f(-R)$; die Lichtquelle liegt auf der Achse ($Q = 0$). Für diesen Spezialfall wird Gl. (3.4-5) zu

$$\begin{aligned} I(x') = |f(0)|^2 &+ 2\,\mathrm{Re}\,[f(0)\int a(R)f^*(R)e^{-2\pi iRx'}\,\mathrm{d}R] \\ &+ 2\,\mathrm{Im}\,[f(0)\int b(R)f^*(R)e^{-2\pi iRx'}\,\mathrm{d}R]. \end{aligned} \qquad (3.4\text{-}8)$$

Daraus folgt

$$A(R) = 2\,\mathrm{Re}\,[f(0)f^*(R)] \qquad (3.4\text{-}9)$$

$$B(R) = 2\,\mathrm{Im}\,[f(0)f^*(R)]. \qquad (3.4\text{-}10)$$

Hanßen (1971) stellte die geschilderten Zusammenhänge im Interesse der Elektronenmikroskopie dar.

3.5. Einige spezielle Pupillenfunktionen

3.5-a. Beugungsgrenze der Auflösung

Ein fehlerfreies Objektiv habe in der bildseitigen Brennebene eine Aperturbegrenzung, beschrieben durch $|Q+R|_{\max} = P$, dem entspricht eine Breite des Blendenspalts $2\sigma_{\max} = 2F\lambda P$. Dieser Spalt erlaubt den Durchtritt von Licht, das das Objekt innerhalb der numerischen Apertur $A_0 = \sigma_{\max}/F = \lambda \cdot P$ des Objektivs verlassen hat. Die Übertragungsfunktion wird

$$f(R+Q) = \mathrm{rect}\left[\frac{R+Q}{2P}\right]. \qquad (3.5\text{-}1)$$

Bei schiefer Beleuchtung wird das Gesamtsystem unsymmetrisch, es stellt einen unsymmetrischen Übertragungskanal dar, in dem Frequenzen R und $-R$ sich verschieden verhalten (Abb. 3—3). Die größte übertragene Raumfrequenz ist $R_{\max} = P + Q$; ein gitterförmiges Objekt $u_0(x) = 1 + \cos 2\pi R_1 x = 1 + \cos(2\pi x/d)$

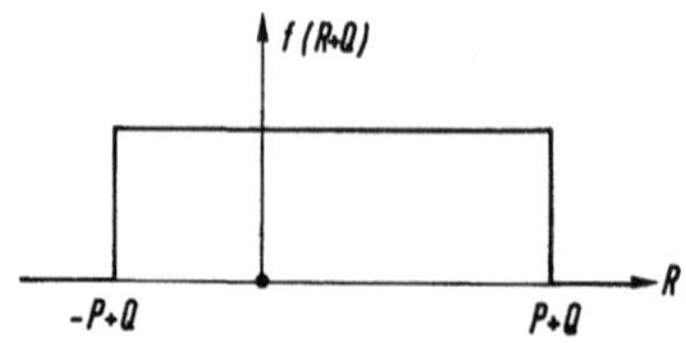

Abb. 3—3. Übertragungsfunktion fur Amplituden bei schiefer Beleuchtung

wird in der Abbildung noch wiedergegeben, wenn $R_1 < P + Q$ ist. Daraus folgt die beugungsbedingte Auflösungsgrenze für Amplituden bei schiefer Beleuchtung

$$d_{\min} = \frac{1}{R_{\max}} = \frac{1}{P+Q} = \frac{\lambda}{A_0 + A_k}. \tag{3.5-2}$$

A_k ist die numerische Apertur des Kondensors. Diese „Beugungsgrenze" kennzeichnet fehlerfreie Systeme, sie gilt aber auch zusammen mit komplizierteren Pupillenfunktionen. Eine Abbildung, die die nullte und höhere Beugungsordnungen verwendet, gibt ein normales „Hellfeld". Werden die Beugungsordnungen auf der einen Seite der nullten Ordnung durch die Aperturblende abgeschnitten, so spricht man von „Einseitenband-Übertragung" der Frequenzen, von denen nur je eine Beugungsordnung am Bild beteiligt ist.

3.5-b. Absorptionsobjekte im symmetrischen Hellfeld

Ein harmonisches Absorptionsgitter mit kleiner Modulation habe die Amplitude

$$u_0(x) = 1 + a \cos 2\pi R_1 x; \quad a^2 \ll 1.$$

Es hat das Spektrum $\tilde{u}(R) = \delta(R) + \frac{a}{2}\,\delta(R - R_1) + \frac{a}{2}\,\delta(R + R_1)$. Fallen die Beugungsordnungen $+R_1$ und $-R_1$ in die Aperturblende, so wird die Bildamplitude

$$u(x') = 1 + a \cos 2\pi R_1 x. \tag{3.5-3}$$

Das Objekt ist also identisch reproduziert.

Werden bei allgemeineren Objekten höhere Objektfrequenzen durch die Aperturblende abgeschnitten, dann verliert das Bild wie auch im inkohärenten Fall an Kantenschärfe. Analog zur Nachrichtentechnik ist eine Linse mit Aperturblende ein „Tiefpaß". Als einfachstes Objekt mit kontinuierlichem Spektrum werde wieder eine absorbierende Kante betrachtet, sie hat die Amplitudentransparenz $u_0(x) = \frac{1}{2} + \frac{1}{2}\,\mathrm{sgn}\,(x)$. Die Pupillenfunktion für senkrechte Beleuchtung ist $f(R) = \mathrm{rect}\left[\frac{R}{2P}\right]$. Dann wird mit Gl. (2.9-12) $\tilde{u}(R) = \frac{1}{2}\left[\delta(R) + \frac{i}{\pi R}\right]$ und mit Gl. (3.3-6)

$$u(x') = \frac{1}{2}\int_{-P}^{P}\left[\delta(R) + \frac{i}{\pi R}\right] e^{-2\pi i R x'}\,\mathrm{d}R.$$

Aus Symmetriegründen wird

$$u(x') = \frac{1}{2} + \int_0^P \frac{\sin 2\pi R x'}{\pi R} \, \mathrm{d}R = \frac{1}{2} + \frac{1}{\pi} \operatorname{Si}(2\pi P x'). \qquad (3.5\text{-}4)$$

Das Integral ist als Integralsinus Si etwa bei Lösch 1960 tabelliert. Die Bildamplitude ist in Abb. 3—4 gezeichnet.

Mit wachsendem P wird die Abbildung zunehmend „scharf", im Grenzfall reproduziert Gl. (3.5-4) das Objekt identisch, daraus folgt eine Darstellung für die sgn-Funktion

$$\operatorname{sgn}[x] = \frac{2}{\pi} \lim_{P\to\infty} [\operatorname{Si}(2\pi P x)]. \qquad (3.5\text{-}5)$$

Abb. 3—5 zeigt das Intensitätsbild der Kante. Zum Vergleich ist auch das Intensitätsbild bei inkohärenter Abbildung [Gl. (2.9-13)] dargestellt, dabei wird zur kohärenten und inkohärenten Abbildung dieselbe Linse und Auflösungsgrenze vorausgesetzt ($P = R_g$). Das wird erreicht, wenn derselbe Blendenspalt im kohärenten Fall in der bildseitigen Brennebene liegt, im inkohärenten Fall aber in der Linsenebene. Die Aperturen A_0 stehen dann im Verhältnis 2:1. Die Bildintensität am geometrischen Ort der Kante ist im inkohärenten Fall 1/2, im kohärenten 1/4, dadurch sind bei Positionsmessungen im kohärenten Licht systematische Fehler möglich. Das Überschwingen an der Kante des kohärenten Bildes tritt als Gibbssches Phänomen bei jeder Übertragung von Kanten auf, bei der die Übertragungsfunktion unstetig auf Null fällt; dieses Phänomen zeigt sich auch, wenn ein Rechteckgitter aus seinen harmonischen Teilgittern zusammengesetzt werden soll und die Summation abgebrochen wird.

Die klassischen Versuche von Ernst Abbe demonstrieren auch die Auswirkung von anderen Abblendungen in der Pupille auf die kohärente Abbildung; so können bei Gittern etwa die nullte und höhere Beugungsordnungen zugelassen sein, während die erste Ordnung ausgeblendet wird. Das Ergebnis läßt sich leicht

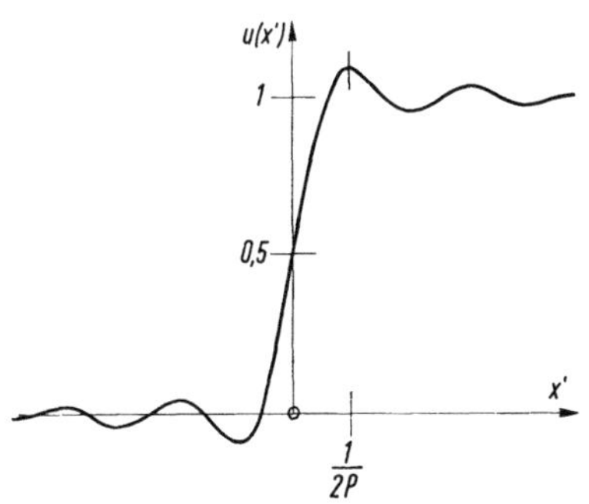

Abb. 3—4. Bildamplitude einer kohärent beleuchteten Kante

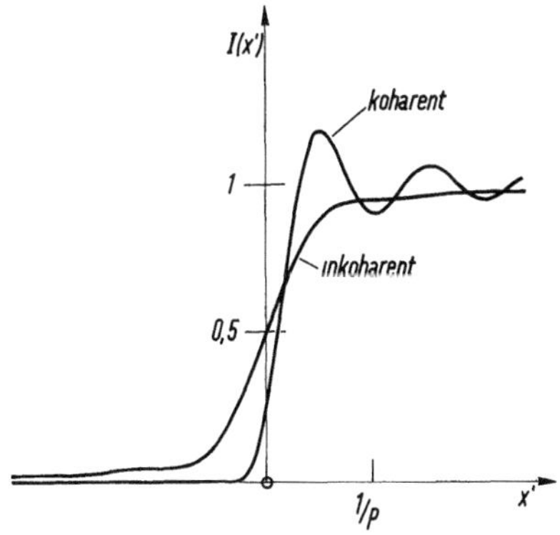

Abb. 3—5. Bildintensität einer Kante bei kohärenter und inkohärenter Beleuchtung für gleiche Auflösungsgrenze, $R_g = P$ (Aperturverhältnis 2:1)

durch additive Überlagerung der zugelassenen Elementargitter gewinnen. Beispiele dazu und auch für extrafokale Einstellung und Phasenkontrast finden sich etwa bei Menzel (1948/49). In Kap. 7.3-f dieses Buchs wird die Abbildung einer Phasenkante im Hellfeld diskutiert.

Werden niedrige Beugungsordnungen ausgeblendet und höhere zugelassen, so spricht man analog zur Nachrichtentechnik von einer Übertragung mit dem Charakter eines Hochpaßfilters oder Bandfilters. Abb. 3—6 zeigt die kohärente Reproduktion einer Ansichtskarte mit Pupilleneingriffen, die einem Tiefpaß und einem Bandfilter entsprechen.

3.5-c. Phasenobjekte im symmetrischen Hellfeld

Ein Phasengitter kleiner Modulation hat nach Gl. (2.3-17) die Amplitude

$$u_0(x) = 1 - ib \cos 2\pi R_1 x; \quad b^2 \ll 1 .$$

Sein Spektrum ist $\tilde{u}(R) = \delta(R) - \frac{ib}{2}\,\delta(R - R_1) - \frac{ib}{2}\,\delta(R + R_1)$. Seine Bildintensität wird nach Gl. (3.4-5)

$$I(x') = 1 .$$

Im Bild wird zwar die Amplitude des Objekts identisch reproduziert; ebenso wie das schwach modulierte Phasenobjekt selbst zeigt auch seine fehlerfreie Abbildung im symmetrischen Hellfeld keine Intensitätsmodulation und deshalb keinen visuell wahrnehmbaren Kontrast.

Ist das harmonische Phasenobjekt stark moduliert, so enthält seine Amplitude nach Gl. (2.3-16) höhere Harmonische. Kommen bei der Hellfeldabbildung alle Harmonischen durch die Aperturblende, so erscheint wieder die vollständige Objektamplitude im Bild; die Intensitätsverteilung ist wie das Objekt ohne Kontrast. Schneidet aber die Aperturblende wesentliche höhere Beugungsordnungen ab — etwa die oberhalb der zweiten Harmonischen — so zeigt auch das symmetrische Hellfeldbild einen Kontrast. Das am Bild beteiligte Objektspektrum ergibt sich aus Gl. (2.3-16) zu

$$\begin{aligned}\tilde{u}(R)\cdot f(R) = \delta(R)\left(1 - \frac{b^2}{4}\right) - i\,\frac{b}{2}\,\delta(R - R_1) - i\,\frac{b}{2}\,\delta(R + R_1)\\ - \frac{1}{8}\,b^2\delta(R - 2R_1) - \frac{1}{8}\,b^2\delta(R + 2R_1).\end{aligned}$$

Daraus folgt mit Gl. (3.4-8)

$$I(x') = 1 - \frac{b^2}{4} - \frac{b^2}{4}\cos 4\pi R_1 x' . \qquad (3.5\text{-}6)$$

Dieses Ergebnis ist nicht ganz korrekt, denn die für Gl. (3.4-8) vorausgesetzte Bedingung ($b^2 \ll 1$) ist verletzt, dennoch zeigt das Ergebnis die wesentlichen Eigenschaften der kontrastreichen Abbildung eines stark modulierten Phasenobjekts im symmetrischen Hellfeld: Das Bild enthält nicht die Grundfrequenz des Objekts

Abb. 3—6. Kohärente Reproduktion einer Ansichtskarte (Hauser und Menzel 1961)
a) mit vollständigem Bildinhalt, b) mit Tiefpaß, c) mit Hochpaß

sondern das Doppelte davon, weiter geht die Modulation quadratisch ein. Beides kennzeichnet die Nichtlinearität der Abbildung; die Bedingung für Linearität Gl. (2.9-18) gilt nicht mehr; der Fourier-Formalismus kann nicht mehr angewendet werden.

3.5-d. Einseitenband-Übertragung

Vorausgesetzt seien wieder harmonische Gitter kleiner Modulation. Die Aperturblende läßt nur die nullte und eine höhere Beugungsordnung am Bildaufbau teilnehmen. Bei einem Absorptionsgitter wird das am Bild beteiligte Spektrum

$$\tilde{u}(R) \cdot f(R+Q) = \delta(R) + \frac{a}{2}\,\delta(R-R_1).$$

Die Bildintensität wird

$$\begin{aligned} I(x') &= 1 + \mathrm{Re}\,[a\cos 2\pi R_1 x' + i a \sin 2\pi R_1 x'] \\ &= 1 + a\cos 2\pi R_1 x'. \end{aligned} \tag{3.5-7}$$

Der Bildkontrast ist halb so groß wie beim symmetrischen Hellfeld, am Charakter des Bildes aber hat sich nichts geändert.

Ein Phasengitter hat analog das beteiligte Spektrum

$$\tilde{u}(R) \cdot f(R+Q) = \delta(R) + i\frac{b}{2}\,\delta(R-R_1)$$

und also die Bildintensität

$$I(x') = 1 - b\sin 2\pi R_1 x' = 1 - b\cos 2\pi R_1\left(x' - \frac{1}{4R_1}\right). \tag{3.5-8}$$

Nach unsymmetrischer Ausblendung wird auch das schwach modulierte Phasenobjekt kontrastreich abgebildet. Dieser Pupilleneingriff kennzeichnet das Foucaultsche Schneidenverfahren als ein Schlierenverfahren zur Abbildung von Phasenobjekten. Durch die Lateralphase $\pi/2$ entsteht eine laterale Verschiebung um $1/4R_1 = d/4$; die Symmetrieverhältnisse im Bild haben sich gegenüber dem Objekt geändert als Folge der Unsymmetrie des Übertragungskanals. Trotz dieser starken Verzerrung der Objektstruktur ist die Übertragung aber linear, denn Gl. (2.9-18) bleibt erfüllt.

3.5-e. Extrafokale Abbildung von Phasenobjekten

Die Extrafokalstellung des Objekts bedingt nach Gl. (3.3-5) die Pupillenfunktion

$$f_{\mathrm{extr}}(Q+R) = e^{\pi i \gamma \lambda (Q+R)^2} = e^{ik\gamma \frac{\sigma^2}{2F^2}}. \tag{3.5-9}$$

Diese Pupillenfunktion ließe sich kompensieren durch eine zusätzliche Linse, sie müßte nach Gl. (2.5-4) am Ort der Pupille die Brennweite $F' = F^2/\gamma$ haben.

Die Bildamplitude läßt sich zur weiteren Diskussion nach Gl. (3.3-6) schreiben

$$u_Q(x') = e^{i\pi\gamma\lambda Q^2} \int \tilde{u}(R)\, e^{-2\pi i(x'-\gamma\lambda Q)R}\, e^{\pi i\gamma\lambda R^2}\, \mathrm{d}R. \tag{3.5-10}$$

Der Phasenvorfaktor ist bedeutungslos. Die laterale Verschiebung des Bildes um $\gamma\lambda Q = \gamma\alpha_0$ ist eine geometrisch-optische Folge der Beleuchtung unter dem Winkel α_0. Das Glied mit R^2 kennzeichnet den wellenoptischen Einfluß der Extrafokalstellung. Die Bedeutung dieses Gliedes für Phasenobjekte läßt sich übersichtlich diskutieren für senkrechte Beleuchtung ($Q = 0$); Beschränkung auf eine kleine Extrafokalstellung γ erlaubt die Näherung (Menzel 1951)

$$f_{\mathrm{extr}}(R) = 1 + i\pi\gamma\lambda R^2. \tag{3.5-11}$$

Die Bildintensität des schon oben diskutierten harmonischen Phasengittrs wird

$$I(x') = 1 - b\pi\gamma\lambda R_1{}^2 \cos 2\pi R_1 x'. \tag{3.5-12}$$

Das Unscharfstellen von Phasenobjekten hat in der Mikroskopie eine alte Tradition, enge Objektperioden erscheinen in höherem Bildkontrast als weite Perioden. Die Übertragung hat die Eigenschaft eines Hochpaßfilters. Die Ähnlichkeit zwischen Bild und Objekt ist gering. Notwendig ist eine kleine Beleuchtungsapertur, damit der genannte geometrische Einfluß der Extrafokalstellung das Bild nicht verschmiert.

Die Bildamplitude läßt sich für kleine γ noch allgemeiner darstellen. Aus den Gln. (3.3-7) und (3.5-10) folgt (Menzel 1951)

$$\begin{aligned} u(x') &= \iint u_0(x)\, e^{2\pi i R(x-x')}\, \mathrm{d}x\, \mathrm{d}R + i\pi\gamma\lambda \iint u_0(x) R^2 e^{2\pi i R(x-x')}\, \mathrm{d}x\, \mathrm{d}R \\ &= u_0(x') + i\pi\gamma\lambda \cdot \frac{1}{(2\pi i)^2} \frac{\mathrm{d}^2 u_0(x')}{\mathrm{d}x'^2}. \end{aligned} \tag{3.5-13}$$

Für ein Phasenobjekt mit schwacher Modulation gilt $u_0(x) = 1 + i\varphi(x)$, damit wird

$$I(x') = 1 + \frac{\gamma}{k} \frac{\mathrm{d}^2\varphi(x')}{\mathrm{d}x'^2}. \tag{3.5-14}$$

Als ein qualitatives Beispiel werde ein Phasenobjekt in Form einer flachen Zylinderlinse betrachtet. Abb. 3—7 skizziert das Objekt, es entspricht einer Zerstreuungslinse oder einem Konvexspiegel. Die Differenzierung nach Gl. (3.5-14) erfolgt qualitativ; die Bildintensität für $\gamma < 0$ zeigt ein Maximum in der Mitte des Objekts, das entspricht der Scharfstellung auf den virtuellen Brennpunkt der Zerstreuungslinse.

3.5-f. Extrafokale Abbildung einer Kante

Extrafokale Abbildung und Fresnel-Beugung sind gleichwertig; einen Unterschied bringt nur die Aperturbegrenzung bei der Abbildung. Häufig wird die Fresnel-Beugung an einer undurchsichtigen Halbebene diskutiert. Hier soll sie beschrieben werden als extrafokale Abbildung durch ein sonst fehlerfreies Ob-

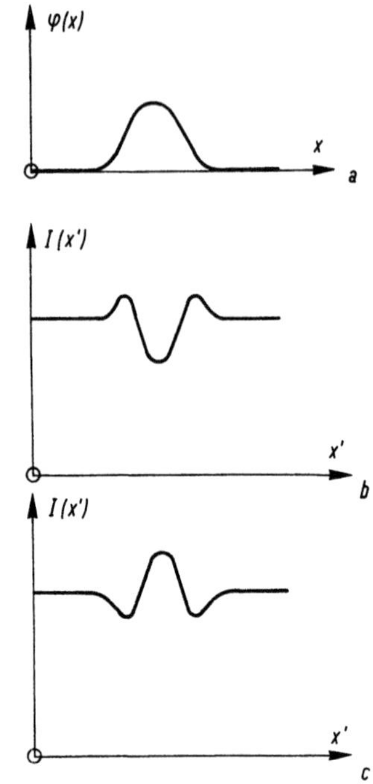

Abb. 3–7. Extrafokale Abbildung eines linsenformigen Phasenobjekts.
a) Objektform. Bildintensitäten für b) Überfokussierung ($\gamma > 0$), c) Unterfokussierung ($\gamma < 0$)

jektiv, das auf die Grenzfrequenz P abgeblendet ist. Aus Gl. (3.3-7) folgt für senkrechte Beleuchtung

$$u(x') = \int_{-P}^{+P} \int_{0}^{\infty} e^{2\pi i R(x-x')} \, e^{i\pi\gamma\lambda R^2} \, \mathrm{d}x \, \mathrm{d}R$$
$$= \int_{0}^{\infty} \exp - \frac{i\pi}{\gamma\lambda} (x-x')^2 \int_{-P}^{+P} \exp i\pi\gamma\lambda \left(R + \frac{x-x'}{\gamma\lambda} \right)^2 \mathrm{d}R \, \mathrm{d}x,$$

mit $R + \dfrac{x-x'}{\gamma\lambda} = \dfrac{v}{\sqrt{2\gamma\lambda}}$ und $x - x' = \sqrt{\dfrac{\gamma\lambda}{2}}\, w$ wird

$$u(x') = \frac{1}{2} \int_{-x'\sqrt{\frac{2}{\gamma\lambda}}}^{\infty} e^{-i\frac{\pi}{2}w^2} \int_{\sqrt{2\gamma P}\left(\frac{x-x'}{\gamma\lambda} - P\right)}^{\sqrt{2\gamma P}\left(\frac{x-x'}{\gamma\lambda} + P\right)} e^{i\frac{\pi}{2}v^2} \, \mathrm{d}v \, \mathrm{d}w. \tag{3.5-15}$$

Für ein Objektiv ohne Abblendung wird formal $P \to \infty$, nun lassen sich die Integrale separieren.

$$u(x') = \frac{1}{2} \int_{-x'\sqrt{\frac{2}{\gamma\lambda}}}^{\infty} e^{-i\frac{\pi}{2}w^2} \, \mathrm{d}w \int_{-\infty}^{\infty} e^{i\frac{\pi}{2}v^2} \, \mathrm{d}v$$

Die Lösung ist geschlossen möglich mit den Fresnelschen Integralen C und S (Lösch 1960). Es ergibt sich

$$u(x') = \frac{1}{2} - \frac{1+i}{2}\left[\mathrm{C}\left(\sqrt{\frac{2}{\gamma\lambda}}\,x'\right) - i\,\mathrm{S}\left(\sqrt{\frac{2}{\gamma\lambda}}\,x'\right)\right]. \qquad (3.5\text{-}16)$$

Das Ergebnis ist nicht für $\gamma = 0$ brauchbar, weil bei der Substitution durch γ geteilt wurde. Einzelheiten über diese Art, Fresnel-Beugung zu behandeln, finden sich bei Menzel (1951). Ein Ergebnis ähnlich Gl. (3.5-16) wird in vielen Lehrbüchern auf anderem Wege abgeleitet und mit Hilfe der Cornu-Spirale diskutiert.

3.5-g. Phasenkontrast nach Zernike

Die kontrastlose Abbildung von schwachen Phasenobjekten in einem normalen Hellfeldbild beruht auf einer Phasendrehung der höheren Beugungsordnungen um $\pi/2$ gegenüber der nullten Ordnung. Der Gedanke von Zernike (1935) war, diese Phasendrehung in der Pupille zu kompensieren durch eine dünne Schicht, die nur von der nullten Beugungsordnung durchsetzt wird. Nach der Kompensation haben alle Beugungsordnungen die gleiche Phase, sie ähneln damit den Beugungsordnungen der Absorptionsobjekte.

Dieses Konzept kann nicht exakt realisiert werden, denn wegen der endlichen Breite $\sigma_1 = F\lambda M$ der dünnen Schicht gelangt vom Objekt unter kleinem Winkel gebeugtes Licht auch auf die Schicht (Menzel 1949; Wolter 1950a). Diese Beugungsordnungen erhalten keine Phasenschiebung gegenüber dem ungebeugten Licht. Für kleine Raumfrequenzen, die zu diesen kleinen Winkeln gehören, erfolgt also keine Abbildung im Phasenkontrast. Erst für höhere Raumfrequenzen wird der Phasenkontrast wirksam; der Phasenkontrast nach Zernike besitzt also Hochpaß-Charakter.

Ein kantenformiges Objekt, das die Phase des durchfallenden Lichtes um φ verzögert, hat für kleine φ die Amplitude $u_0(x) = 1 - i\,\frac{\varphi}{2}\,\mathrm{sgn}\,(x)$. Es werde mit einer Pupille ohne äußere Aperturbegrenzung gerechnet, das bedeutet $f(R) = 1 - (1+i)\,\mathrm{rect}\,\frac{R}{2M}$. Mit Gl. (3.4-5) ergibt sich

$$I(x') = 1 - 2\,\mathrm{Re}\left\{i\left[\int\limits_{-\infty}^{\infty}\frac{\varphi}{2\pi R}\,e^{-2\pi i R x'}\,\mathrm{d}R - (1-i)\int\limits_{-M}^{M}\frac{\varphi}{2\pi R}\,e^{-2\pi i R x'}\,\mathrm{d}R\right]\right\}$$

$$= 1 - \frac{2}{\pi}\,\varphi\int\limits_{0}^{\infty}\frac{\sin 2\pi R x'}{R}\,\mathrm{d}R + \frac{2}{\pi}\,\varphi\int\limits_{0}^{M}\frac{\sin 2\pi R x'}{R}\,\mathrm{d}R$$

$$= 1 - \frac{2}{\pi}\,\varphi\int\limits_{M}^{\infty}\frac{\sin 2\pi R x'}{R}\,\mathrm{d}R$$

$$= 1 - \frac{2}{\pi}\,\varphi\lim_{R\to\infty}\,[\mathrm{Si}\,(2\pi R x')] + \frac{2}{\pi}\,\varphi\,\mathrm{Si}\,(2\pi M x').$$

Die Diskussion des Integralsinus ergibt mit Gl. (3.5-5)

$$\frac{2}{\pi} \lim_{R\to\infty} [\mathrm{Si}\, 2\pi R x'] = \mathrm{sgn}\,(x)$$

$$I(x') = 1 - \varphi \,\mathrm{sgn}\,(x) + \frac{2}{\pi} \varphi \,\mathrm{Si}\,(2\pi M x')\,. \qquad (3.5\text{-}17)$$

Abb. 3—8 zeigt diese Funktion. Überschwingen und asymptotischer Verlauf kennzeichnen den Hochpaß-Charakter der Übertragung. Wäre eine äußere Aperturbegrenzung berücksichtigt worden, so hätte die Übertragung Bandfilter-

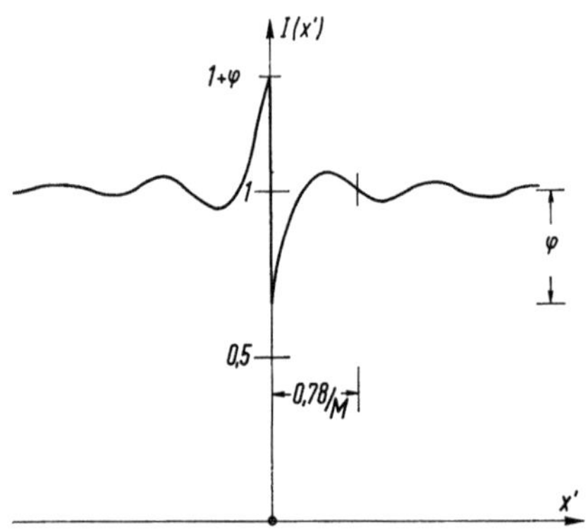

Abb. 3—8. Bild einer Phasenkante im Phasenkontrast nach Zernike ohne äußere Aperturbegrenzung

charakter und der Intensitätssprung am geometrischen Ort der Kante wäre verwaschen. Einzelheiten zum Verfahren von Zernike und anderen Schlierenmethoden finden sich etwa bei Menzel (1949; 1960) und im Handbuchartikel von Wolter (1956).

3.6. Wellenflächen mit Aberrationen

3.6-a. Allgemeines

Bei der fehlerfreien Abbildung eines Punktes läuft das Licht zwischen Linse und Bildpunkt B als Kugelwelle mit dem Mittelpunkt in B. Dieser Verlauf wird gestört durch Beugung am Pupillenrand (davon soll hier nicht die Rede sein) und durch willkürliche Eingriffe in der Pupille oder durch geometrisch-optische Linsenfehler. Eingriffe und Fehler bewirken, daß nicht mehr konzentrische Kugelflächen im Bildraum als Flächen gleicher Phase wirken sondern kompliziertere Wellenflächen. Die Abweichung dieser Fläche von der idealen Kugel beschreibt die Wellenaberration bei der Abbildung eines Punktes in die Nachbarschaft von B. In der konstruierenden Optik kennt man eine Anzahl von Linsenfehlern, die sich auf diesem Wege diskutieren lassen.

Für das vorliegende Programm genügt es, die Abbildung eines Achsenpunktes zu betrachten; diese Abbildung wird durch die sphärische Aberration (den Öffnungsfehler) beeinträchtigt. Abb. 3—9 zeigt einen Strahlengang in einer Schnittebene durch die Pupille (σ) und die Achse (z); K ist die Spur der idealen Kugelfläche vom Radius b; WF ist die fehlerhafte Wellenfläche, sie schmiegt sich für Fehler höherer als erster Ordnung im Achsenpunkt an K. Wegen der Schmiegung ist für Strahlen mit kleinem Θ der Bildpunkt B für K und WF derselbe (paraxialer Bildpunkt). Bei idealer Abbildung verlaufen alle Strahlen senkrecht zu K,

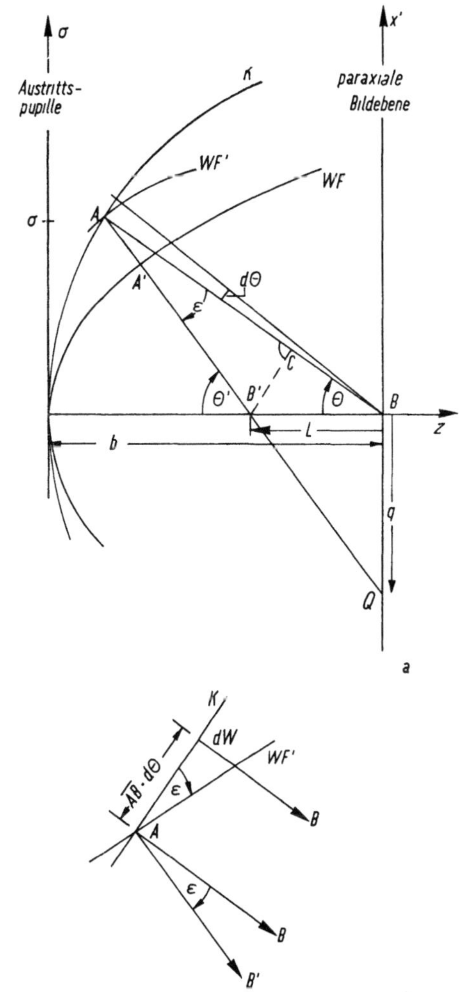

Abb. 3—9. Die Wellenflache bei Aberrationen

sie gehen durch den Bildpunkt B. Beherrscht anstatt K die Wellenfläche WF die Abbildung, so stehen alle an der Abbildung beteiligten Strahlen auf WF senkrecht. Ein Strahl durch A' schneidet die Achse nicht in B sondern in B'. Die Strecke $\overline{B'B} = L(\Theta)$ ist die Längsaberration des Strahls, der die Achse unter Θ' schneidet. $q(\Theta) = L(\Theta)\,\mathrm{tg}\,\Theta'$ ist die Queraberration in der Ebene des paraxialen Bildpunkts. $L(\Theta)$ und $q(\Theta)$ lassen sich experimentell bestimmen, etwa indem man in der Austrittspupille eine Blende mit mehreren kleinen Löchern (Hartmann-Blende) anbringt. Die Strahlen durch die Löcher lassen sich im Raum festlegen durch ihre Schnittpunkte mit Photoplatten, die zur Belichtung in verschiedenen Entfernungen von der Pupille aufgestellt werden.

Für die Fourier-Optik wird die Wellenaberration $W(\Theta) = \overline{AA'}$ benötigt; sie ergibt sich aus $L(\Theta)$. Dieser Zusammenhang soll nun näherungsweise für nicht zu große Aberrationen durch eine Integration ermittelt werden. Dabei ist zu bedenken, daß eine Änderung der Aberration durch die verschiedene Neigung von WF gegen K bedingt ist; die verschiedenen Lagen von Punkten A und A' auf K und WF sind dagegen unwesentlich. WF kann deshalb parallel nach WF' verschoben werden, so daß A und A' zusammenfallen. Abb. 3-9b zeigt die Umgebung von A stark vergrößert. Durch den Übergang vom Strahl Θ auf den Strahl $\Theta + \mathrm{d}\Theta$ ist W um $\mathrm{d}W$ gewachsen. Für die Winkelaberration ε gilt $\varepsilon \ll \mathrm{d}W/\overline{AB}\,\mathrm{d}\Theta$. Andererseits gilt $\varepsilon = \overline{B'C}/\overline{AC} = l \sin\Theta/\overline{AC}$. Daraus folgt wegen $\overline{AC} \approx \overline{AB}$, solange $L \ll b$ ist,

$$W(\Theta) = \int_0^\Theta L(\Theta) \sin\Theta \,\mathrm{d}\Theta. \tag{3.6-1}$$

Mit $\sigma = b \cdot \mathrm{tg}\,\Theta$ läßt sich $W(\sigma)$ ermitteln; dabei ist näherungsweise gesetzt $\Theta = \Theta'$.

$W(\Theta) = W(\sigma)$ läßt sich auch interferometrisch bestimmen: Als eine Abwandlung des Michelson-Interferometers entstand das Interferometer nach Twyman-Green, hier interferiert die Wellenfläche WF mit der aberrationsfreien Kugelwelle K. $W(\sigma)$ folgt aus den Radien der Interferenzringe. Bei schwacher Aberration erzeugt man durch Kippen des ebenen Spiegels am besten geradlinige Interferenzstreifen, deren Auslenkung ist dann ein Maß für die Aberration.

$W(\Theta)$ ändert sich etwas, wenn der Objektpunkt unter Nachführung der Scharfstellung in eine andere Entfernung rückt; deshalb können starke Mikroobjektive nur für eine bestimmte Objektentfernung optimal korrigiert werden. Bei der Abbildung von Punkten außerhalb der optischen Achse sind die Wellenflächen meist nicht mehr rotationssymmetrisch. Bereiche im Bildraum, für die ein bestimmtes $\mathrm{W}(\sigma)$ gilt, heißen isoplanatisch. Da für Bildpunkte in größerem Abstand verschiedene $\mathrm{W}(\sigma)$ gelten, sind für den gesamten Bildraum verschiedene Funktionen $f(\sigma)$ anzusetzen. Näheres über die Wellentheorie der Aberrationen findet sich etwa bei Hopkins (1950), Maréchal (1956) und bei Born und Wolf (1964).

Der Einfluß einer Linse auf eine achsenparallele Welle läßt sich nach Gl. (2.5-4) darstellen als eine von der Achsenentfernung ξ bzw. σ abhängige Phasenverzögerung. Analog dazu läßt sich die Wellenaberration $W(\sigma)$ formal zurückführen auf eine Pupillenfunktion $f(\sigma)$, die etwa als eine Glasplatte mit bestimmter Verteilung der Dicke gedacht werden kann.

Es gilt

$$f(\sigma) = e^{ikW(\sigma)}. \tag{3.6-2}$$

Für den praktischen Gebrauch wird $W(\sigma)$ in eine Potenzreihe entwickelt. Bei der Abbildung von Achsenpunkten mit rotationssymmetrischen Linsen sind die

Wellenflächen rotationssymmetrisch, deshalb treten hier nur gerade Potenzen von σ auf; es gilt

$$W(\sigma) = w_2\sigma^2 + w_4\sigma^4 + \dots \tag{3.6-3}$$

w_2 kennzeichnet die Aberration 1. Ordnung, denn die Queraberration hängt hier linear mit σ zusammen. w_2 ist durch die extrafokale Einstellung gegeben; hier ist die Wellenfläche eine Kugel mit gegenüber der Bezugskugel verändertem Radius. Der Vergleich mit Gl. (3.3-5) ergibt

$$w_2 = \gamma/2F^2. \tag{3.6-4}$$

Für Gl. (3.3-5) war kollimierte Beleuchtung vorausgesetzt, deshalb gilt Gl. (3.6-4) nur unter der Bedingung, daß die Pupille in der Brennebene der abbildenden Linse liegt. Rückt die Lichtquelle in endliche Entfernung, so rückt die Pupille aus dem Abstand F von der Linse in den Abstand $C > F$. Für diesen Fall sei w_2 ohne Ableitung mitgeteilt; w_2 hängt hier zusätzlich ab von dem Abstand b zwischen Linse und Bildebene. Es ergibt sich allgemein

$$w_2 = \frac{\gamma(b-F)^2}{2\gamma(b-C)(FC+Fb-F^2-Cb)+2(b-C)^2F^2}. \tag{3.6-5}$$

w_4 kennzeichnet die Aberration 3. Ordnung, den gewöhnlichen Öffnungsfehler, der besonders der Elektronenmikroskopie zu schaffen macht; hier hängt die Queraberration von σ^3 ab. Die durch den Pupillendurchmesser bedingte maximale Queraberration gibt den Radius des Punktbildes an, wie er aus der geometrischen Optik folgt. Nicht immer ist die Ebene des paraxialen Fokus am günstigsten, denn die Aberration 3. Ordnung kann für bestimmte Ortsfrequenzen durch leichte Extrafokalität ausgeglichen werden. Das Optimum hängt von der Objektform ab, aber auch vom Einfluß der Beugung an der Pupille.

Ähnlich wie die Defokussierung bringen auch höhere Aberrationen bei der Abbildung von schwachen Phasenobjekten einen gewissen Bildkontrast (Fischer u. Menzel 1964).

3.6-b. Aberrationen von Fresnelschen Zonenplatten

Die Zonenplatte wurde als abbildendes Element in Kap. 2.5-b hergeleitet als eine Schar von konzentrischen, lichtdurchlässigen Ringen. Deren Radien ξ_m hatten sich in der dort betrachteten parabolischen Näherung als proportional zu der Wurzel aus den Ringnummern m ergeben. Die so konstruierten Zonenplatten weichen bei größerem m merklich ab von den exakten Zonenplatten, die als photographische Aufnahme der Interferenzerscheinung zwischen zwei Kugelwellen entstehen und die bei der Holographie eine wesentliche Rolle spielen. Es ist nützlich, Aberrationen bis zur dritten Ordnung für die interferentielle Zonenplatte und ihre parabolische Näherung zu diskutieren, denn dabei ergeben sich einmal übersichtliche Beispiele für das Auftreten von Aberrationen, zum anderen werden Abbildungsfehler bei der Holographie deutlich.

Wir beschränken uns auf ein Modell, das aus sehr schmalen, lichtdurchlässigen Ringen gebildet wird. Diese Ringe liegen an Orten maximaler Intensität der die

Platte belichtenden Interferenzerscheinung. Für die Abbildung mit Hilfe der Platte wird nur ihre erste Beugungsordnung betrachtet (Gl. (2.5-11) mit $n = \pm 1$).

Die Fresnelsche Zonenplatte wird in allgemeinster Form erzeugt durch Interferenz von zwei Kugelwellen, deren Zentren auf einer gegen die Aufnahmeplatte beliebig geneigten Geraden liegen. Wir beschränken uns auf eine Gerade, die senkrecht auf der Platte steht. Die Wellenzentren haben die Abstände s und t von der

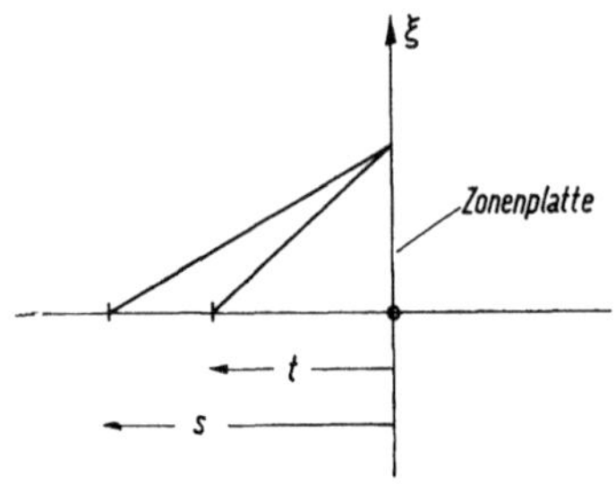

Abb. 3—10. Aufnahme einer Zonenplatte durch Interferenz zweier Kugelwellen mit den Zentren in den Abständen s und t von der Platte

Platte (Abb. 3—10). Die Strecke $s - t$ möge der Einfachheit halber ein ganzzahliges Vielfaches der zur Aufnahme benutzten Wellenlänge λ sein. Ein Ring mit demRadius ξ_m auf der Platte erhält im Interferenzbild maximale Intensität für die Bedingung

$$\sqrt{s^2 + \xi_m^2} - \sqrt{t^2 + \xi_m^2} = s - t - m\lambda. \tag{3.6-6}$$

Daraus folgt

$$\xi_m^2 = \frac{2m\lambda st(s-t) + m^2\lambda^2(s^2 + t^2 - 3st) - m^3\lambda^3(s-t) + m^4\lambda^4/4}{(s - t - m\lambda)^2}. \tag{3.6-7}$$

Liegt eines der Zentren auf der anderen Seite der Platte, so ist sein Abstand von der Platte mit umgekehrtem Vorzeichen einzusetzen.

Entsteht die Platte durch Interferenz einer kollimierten Welle ($s \to \infty$) mit einer Kugelwelle, so hat sie die Brennweiten $F = \pm t$. Es gilt

$$\xi_m^2 = m\lambda(2F + m\lambda). \tag{3.6-8}$$

Beschränkt man sich auf das in m lineare Glied, so ergibt sich die parabolische Zonenplatte, die schon mit Gl. (2.5-7) angeschrieben wurde.

$$\xi_m^2 = 2m\lambda F \tag{3.6-9}$$

Für allgemeine Werte von s folgt die parabolische Zonenplatte aus Gl. (3.6-7)

$$\xi_m^2 = 2m\lambda st/(s-t) \quad \text{mit} \quad F = \pm st/(s-t). \tag{3.6-10}$$

Parabolische Zonenplatten mit der maximalen Ringzahl m_M wirken wie interferentielle Platten unter der Bedingung $m_M\lambda \ll 2F$. Parabolische Platten mit größerer Ringzahl zeigen sphärische Aberration, diese soll nun diskutiert werden.

Auf eine Zonenplatte nach Gl. (3.6-9) falle eine kollimierte, achsenparallele Welle. Achsennahe Strahlen werden im Brennpunkt im Abstand F vereinigt. $\varrho_m = \sqrt{F^2 + \xi_m^2}$ ist der optische Weg von der Zone m zum Brennpunkt. Für die fehlerfreie Platte [Gl. (3.6-8)] gilt $\varrho_m^0 = F + m\lambda$. Die parabolische Platte erzeugt gegenüber der fehlerfreien Platte die Wellenaberration $W(m)$, für diese gilt die allgemeine Beziehung

$$W(m) = \varrho_m^0 - \varrho_m. \tag{3.6-11}$$

Zur Berechnung von ϱ_m wird Gl. (3.6-9) verwendet und die Wurzel bis zum Glied mit m^2 entwickelt. Es folgt

$$W(m) = \frac{m^2\lambda^2}{2F}. \tag{3.6-12}$$

$W(m)$ ist mit der Längsaberration $L(m)$ verbunden durch Gl. (3.6-1). Dabei gilt nach Abb. 3—11 in hinreichender Näherung

$$\sin\Theta \approx \Theta \approx \xi_m/F = \sqrt{2m\lambda/F}. \tag{3.6-13}$$

Aus Gl. (3.6-1) folgt

$$L(m) = (F/\lambda)\,\frac{\mathrm{d}W}{\mathrm{d}m} = m\lambda, \tag{3.6-14}$$

$$L(\xi_m) = \xi_m^2/2F. \tag{3.6-15}$$

Der Lichtstrahl aus der Zone m hat nach Abb. 3—9 und Abb. 3—11 die Schnittweite $F_m = F - L(m)$.

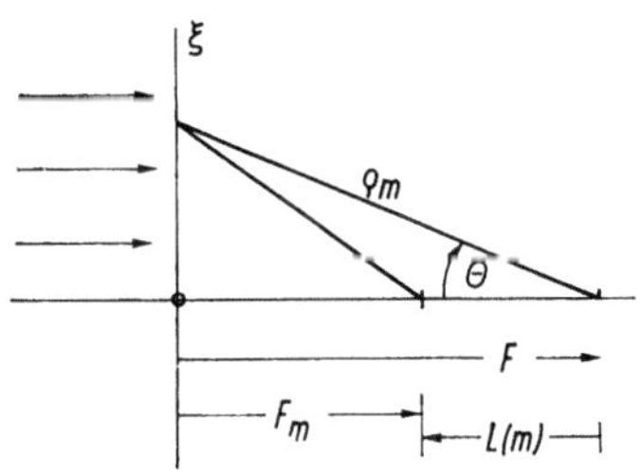

Abb. 3—11. Aberrationsbehaftete Vereinigung von kollimiertem Licht durch eine parabolische Zonenplatte

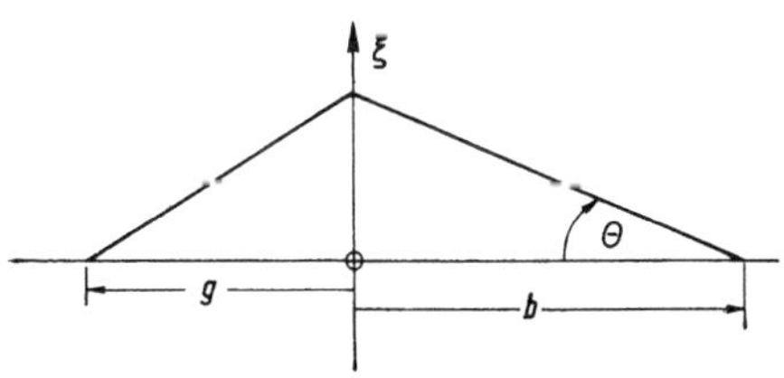

Abb. 3—12. Abbildung eines Punktes im Abstand g von der Zonenplatte

Nun soll eine interferentielle Zonenplatte unter Bedingungen diskutiert werden, die zu Abbildungsfehlern führen. Für die Platte gelte Gl. (3.6-8), die Platte sei mit der Wellenlänge λ aufgenommen. Ein Achsenpunkt im Abstand g von der Platte werde mit achsennahen Strahlen in einen Achsenpunkt im Abstand b abgebildet, das geschieht mit der Wellenlänge λ' und der Brennweite F' (Abb. 3—12). Der optische Weg zwischen Objekt und Bild über die Zone m ist

$$\varrho_m = \sqrt{g^2 + \xi_m^2} + \sqrt{b^2 + \xi_m^2}. \tag{3.6-16}$$

Bei einer fehlerfreien Abbildung würde gelten

$$\varrho_m^0 = g + b + m\lambda'. \tag{3.6-17}$$

Die Wurzeln in Gl. (3.6-16) werden bis zu Gliedern mit m^2 entwickelt, und es werde Gl. (3.6-8) berücksichtigt, dann ergibt sich

$$\varrho_m = g + b + \left(\frac{1}{g} + \frac{1}{b}\right)\left(m\lambda F + \frac{m^2\lambda^2}{2}\right) - \left(\frac{1}{g^3} + \frac{1}{b^3}\right)\frac{m^2\lambda^2 F^2}{2}. \quad (3.6\text{-}18)$$

Mit der Abbildungsformel $1/g + 1/b = 1/F'$ und Gl. (3.6-11) folgt

$$W(m) = m\left(\lambda' - \lambda\frac{F}{F'}\right) - \frac{m^2\lambda^2}{2F'} + \frac{m^2\lambda^2F^2}{2}\left(\frac{1}{F'^3} - \frac{3}{F'^2g} + \frac{3}{F'g^2}\right). \quad (3.6\text{-}19)$$

Das in m lineare Glied verschwindet bei der fokussierten Abbildung, deshalb gilt hier wie auch in ähnlichen Fällen

$$\lambda F = \lambda' F'. \quad (3.6\text{-}20)$$

Damit wird

$$W(m) = -\frac{m^2\lambda^2}{2}\left[\frac{1}{F'} - \frac{\lambda'^2}{\lambda^2F'} + \frac{3\lambda'^2}{g\lambda^2} - \frac{3\lambda'^2F'}{g^2\lambda^2}\right]$$

$$= -\frac{m^2}{2F'}(\lambda^2 - \lambda'^2) - \frac{3m^2\lambda'^2}{2g^2}(g - F') \quad (3.6\text{-}21)$$

$$W(\xi_m) = -\frac{\xi_m{}^4}{8\lambda'^2F'^3}(\lambda^2 - \lambda'^2) - \frac{3\xi_m{}^4}{8g^2F'^2}(g - F'). \quad (3.6\text{-}22)$$

Diese Gleichungen zeigen die sphärische Aberration dritter Ordnung als Wellenaberration. Ähnliche Überlegungen auch zur Abbildung außerhalb der optischen Achse finden sich bei Young (1972).

Das zweite Glied in Gl. (3.6-21) und (3.6-22) zeigt die Aberration bei beliebigen Objektlagen, die Abbildung ist nur für ausgezeichnete Objektpunkte (hier $g \to \infty$ und $g = F'$) frei von sphärischer Aberration. In diesen Punkten lagen die Wellenzentren bei der Erzeugung der Zonenplatte. Das erste Glied in den genannten Gleichungen zeigt, daß bei Zonenplatten ein Wechsel der Wellenlänge auch dann eine Aberration hervorruft, wenn der abzubildende Punkt mit einem der Wellenzentren zusammenfällt, die die Platte erzeugten.

Gl. (3.6-1) vermittelt zwischen $W(m)$ und der Längsaberration $L(m)$. Dabei wird näherungsweise gesetzt

$$\sin\Theta \approx \Theta \approx \xi_m/b \approx \sqrt{2\lambda mF}\,(g - F')/gF'. \quad (3.6\text{-}23)$$

Dann folgt

$$L(m) = \frac{g^2F'}{\lambda'(g - F')^2}\cdot\frac{\mathrm{d}W}{\mathrm{d}m}$$

$$= -\frac{mg^2}{\lambda'(g - F')^2}(\lambda^2 - \lambda'^2) - \frac{3m\lambda'F'}{g - F'} \quad (3.6\text{-}24)$$

$$L(\xi_m) = -\frac{\xi_m{}^2g^2}{2\lambda'^2F'(g - F')^2}(\lambda^2 - \lambda'^2) - \frac{3\xi_m{}^2}{2(g - F')}. \quad (3.6\text{-}25)$$

Die Längsaberrationen L führen nach Kap. 3.6-a zu Queraberrationen $q = \xi_m L(m)/b$. Diese Aberrationen legen auch bei der Zonenplatte eine bestimmte Plattengröße fest, für die eine Abbildung mit optimaler Auflösung erreicht wird. Das durch die Beugung begrenzte Auflösungsvermögen verbessert sich nämlich genau so wie bei Linsen mit wachsender Plattengröße, während das durch Aberrationen begrenzte Auflösungsvermögen mit wachsender Plattengröße fällt. Bei der Elektronenmikroskopie sind ähnliche Überlegungen für die optimale Abbildungsapertur üblich.

Abschließend sei der Achsenastigmatismus betrachtet, der beim Verkippen von Zonenplatten entsteht. Vorausgesetzt wird eine Zonenplatte in parabolischer Näherung [Gl. (3.6-9)].

$$F = \xi_m^2/2m\lambda \tag{3.6-26}$$

Die Platte sei um den Winkel φ gegen die Aufnahmestellung geneigt (Abb. 3—13), sie werde achsenparallel beleuchtet. Wie eine ausführliche Rechnung rechtfertigt, läßt sich die Wirkung der Platte in parabolischer Näherung beschreiben durch die Wirkung einer Platte, die durch achsenparallele Projektion der ursprünglichen Platte in die zur Achse senkrechte Ebene entsteht. Die neue Platte ist aus konzentrischen Ellipsen aufgebaut mit den Hauptachsen $\xi_m' = \xi_m \cdot \cos\varphi$ und $\eta_m' = \eta_m$.

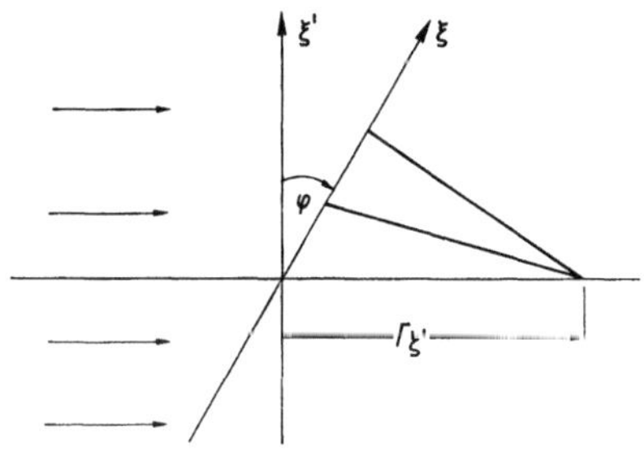

Abb. 3—13. Zum Astigmatismus einer verkippten Zonenplatte

Die Abbildung von Objekten, die längs der ξ'-Achse strukturiert sind, wird beschrieben durch die Linsengleichung zusammen mit einer Brennweite

$$F_{\xi'} = F \cdot \cos^2\varphi . \tag{3.6-27}$$

Für Objektstrukturen längs der η'-Achse gilt $F_{\eta'} = F$. $F - F_{\xi'}$ ist die astigmatische Differenz, nämlich der Abstand zwischen den beiden Brennlinien, in die ein weit entfernter Punkt abgebildet wird. Näheres dazu berichten v. Fragstein und Weber (1954).

3.7. Die Phase von Lichterregungen. Interferenzen

3.7-a. Allgemeines

Sollen die Lichterregungen $u_1 = a_1 \cos\omega t$; $u_2 = a_2 \cos(\omega t - \varphi)$ an zwei Punkten des Raumes gemessen werden, so gewinnt man ihre Amplituden a als Wurzeln aus den gemessenen Intensitäten. Zur Bestimmung der Phasendifferenz φ

müßte die Zeit $\tau = \varphi/\omega$ gemessen werden, die z. B. zwischen den Maximalwerten oder den Nulldurchgängen von u_1 und u_2 liegt. Man müßte die Maximalwerte also mit Hilfe einer Uhr verfolgen, die konphas mit u_1 läuft. Das ist fur sehr langsame mechanische oder elektrische Schwingungen visuell möglich. Für rasch oszillierende Spannungen in einem elektrischen Netzwerk benutzt man als Uhr die Spannung u_1 selbst (Bezugsschwingung), man addiert sie elektrisch zu u_2 und gewinnt φ aus einem Drehfeld etwa mit Hilfe eines Elektronenstrahl-Oszillographen. Für elektrische Wellen besitzen wir Auffänger, die Feldstärken im Raum phasenrichtig in Spannungen umsetzen; diese Spannungen werden in einem Netzwerk oder einem Wellenleiter in der skizzierten Weise weiter verarbeitet. Oberhalb 10^{11} Hz versagen Netzwerke und phasenempfindliche Empfänger. Deshalb muß für Licht die Bezugsschwingung (Bezugswelle) vor dem Empfänger zu der zu untersuchenden Welle addiert werden. Beide Wellen bilden ein Interferenzfeld, das von einem nur leistungsempfindlichen („quadratischen") Empfänger aufgenommen wird. Dieses Meßverfahren für Lichtphasen wird benutzt, seit die Wellentheorie des Lichts der Optik zugrunde liegt. Zernike (1948) formulierte es besonders klar mit seinem Prinzip des kohärenten Untergrunds.

Von der Form der Vergleichswelle hängt es ab, wie Aussagen über die Phase aus den Intensitätsbildern zu gewinnen sind. Besitzt die zu untersuchende Welle selbst eine Intensitätsmodulation, dann wird diese zunächst ohne Mitwirken der Vergleichswelle zu ermitteln sein. Für das Folgende sei diese Komplikation ausgespart. Phasenanalysen mit Hilfe von Interferenzen sind üblich an biologischen und technischen Objekten im durchfallenden oder reflektierten Licht (z. B. im Interferenzmikroskop), an Gasströmungen und Glasblöcken (meist mit Schlierenverfahren), an Beugungsbildern (z. B. in der Holographie) u. a. m. Bei kohärenter Beleuchtung sind Phasenuntersuchungen am einfachsten und am genauesten. An zusammenfassenden Darstellungen seien genannt: Wolter (1956), Krug u. a. (1961), Françon (1956, 1966), Steel (1967); hier sind auch experimentelle Anordnungen eingehend geschildert.

3.7-b. Interferenzkontrast

Eine zu untersuchende Phasenverteilung $\varphi(x)$ führt zu einer Objektamplitude $u_0(x) = e^{-i\varphi(x)}$. Diese Objektamplitude (Objektwelle) OW werde ohne Beugungsbegrenzung und fehlerfrei abgebildet. Dem Bild werde eine homogene Vergleichswelle VW gleicher Intensität überlagert; ihre Wellenfront sei der mittleren Wellenfront von OW parallel und besitze gegenüber der mittleren OW die einstellbare Phasenverzögerung ψ. Die Summe von OW und VW in der Abbildung hat die Amplitude

$$u(x') = e^{-i\varphi(x')} + e^{-i\psi}.$$

Daraus folgt nach Gl. (1.2-4) die Intensitätsverteilung im Bild

$$I(x') = 1 + \mathrm{Re}\left[e^{i(\varphi(x')-\psi)}\right] = 1 + \cos\left[\varphi(x') - \psi\right]. \tag{3.7-1}$$

Die Intensität des Interferenzbildes liefert also Aufschluß über die Objektphase. Für Objektmodulationen $\varphi > \pi$ wird die Interpretation des Bildes komplizierter; dafür muß auf die Spezialliteratur verwiesen werden. Wie Gl. (3.7-1) zeigt, besteht kein linearer Zusammenhang zwischen $\varphi(x')$ und $I(x')$; diese Übertragung ist also im allgemeinen nichtlinear. Nur für Objektmodulationen $\varphi \ll \pi$ wird

$$I(x') = 1 + \cos\psi + \varphi(x') \cdot \sin\psi. \qquad (3.7\text{-}2)$$

Bei kleiner Objektmodulation geht also die Bildintensität linear mit der Objektphase. Für solche Objekte läßt sich auch der Interferenzkontrast mit den Mitteln der linearen Übertragung [Gl. (3.4-5)] beschreiben. In diesem Sinne wurde der Einfluß von Aperturbegrenzung und teilkohärenter Beleuchtung diskutiert von Menzel (1958, 1960).

Für $\psi = \pi$ ist die Bildintensität bei einem strukturlosen Objekt gleich Null (Dunkelfeld); in diesem Feld heben sich sehr kleine Schwankungen der Objektphase empfindlich heraus, eine quantitative Auswertung ist aber schwierig.

Die folgende Meßmethode ist mit einem geeigneten Gerät möglich: Durch aufeinanderfolgende Einstellungen mit verschiedenen ψ-Werten kann für jeden Bildort die Intensität auf ein Minimum gebracht werden. Abgesehen von der Vieldeutigkeit bei $\varphi > \pi$ ergeben sich daraus Zahlenwerte für φ. Sind die Gangunterschiede zwischen OW und VW nicht zu groß, so kann man weißes Licht verwenden. Die Farben im Bild stehen bei $\psi = \text{const}$ in fester Beziehung zur Objektphase (Newtonsche Interferenzfarben); die Vieldeutigkeit für $\varphi > \pi$ entfällt. Durch Verändern von ψ läßt sich für verschiedene φ im Bild nacheinander die gleiche Farbe erzeugen, etwa der empfindliche „Purpur". Die dafür nötige ψ-Einstellung ist ein Maß für φ.

3.7-c. Interferenzstreifen

Die stetige Variation von ψ läßt sich auch anders verwirklichen: Man läßt die ebene Vergleichswelle VW schräg auf die Bildebene fallen, so daß die Front von VW mit der y-Achse im Bild den kleinen Winkel Θ bildet. Hängt die Objektstruktur nur von x ab (z. B. bei Stufen oder Rillen), dann läßt sich die Amplitude in der zweidimensionalen Bildebene schreiben

$$u(x', y') = e^{-i\varphi(x')} + e^{-ik\Theta y'}. \qquad (3.7\text{-}3)$$

Daraus folgt die Bildintensität

$$I(x', y') = 1 + \cos[\varphi(x') - k\Theta y']. \qquad (3.7\text{-}4)$$

Bei leerem Objektfeld ($\varphi(x) = 0$) ist das Bild bedeckt mit parallelen geraden Interferenzstreifen im Abstand $\Delta y' = \lambda/\Theta$. Bei einem phasenmodulierten Objekt sind die Streifen gekrümmt aber kongruent. Der n-te dunkle Streifen folgt der Funktion $y_n'(x')$, diese ist bestimmt durch

$$\varphi(x') - k\Theta y_n'(x') = (2n - 1)\pi. \qquad (3.7\text{-}5)$$

Er zeichnet damit den Phasenverlauf im Objekt nach. Der geschilderte Interferenzkontrast ist hierzu ein Spezialfall mit sehr großem Streifenabstand. Für die Holographie wird wichtig sein, daß eine Änderung der Objektphase eine seitliche Verschiebung der Interferenzstreifen bewirkt.

Hängt die Objektphase von x und y ab, dann sind die Interferenzstreifen nicht mehr kongruent. Die Objektphase ist zwar vollständig im Interferogramm enthalten, die Interpretation wird aber schwieriger.

Bisher wurde ein Interferometer vorausgesetzt, das die Objektamplitude identisch in der Bildebene reproduziert. Die Einflüsse einer endlichen Objektivapertur auf die Bildstruktur sind aber die gleichen wie bei allen Abbildungsverfahren in kohärentem Licht. VW wird von einer Aperturbegrenzung nicht beeinflußt. Der Einfluß der Apertur auf die Übertragung im Interferenzstreifen-Mikroskop wurde diskutiert von Menzel und Schneider (1967) und von Schneider und Menzel (1968); die Übertragung der Objektphase $\varphi(x)$ in die Streifenauslenkung $y'(x')$ ist für $\varphi \ll \pi$ ein linearer Prozeß; für größere φ zeigt er alle typischen Eigenschaften der Nichtlinearität.

3.7-d. Differentialinterferenzen

Einige interferometrische Anordnungen realisieren den Interferenz-Kontrast, indem sie das Objekt zweimal in die Bildebene abbilden. Identische Bilddetails sind dabei um die Strecke s senkrecht zur optischen Achse gegeneinander verschoben (laterale Scherung), außerdem haben sie die für das ganze Bildfeld konstante Phasendifferenz ψ erhalten. Besteht das interessierende Objekt aus einem kleinen strukturierten Bereich in homogenem Umfeld (etwa eine Bakterie) und ist der Durchmesser des strukturierten Bereichs kleiner als die Scherung, dann sind die für den beschriebenen Interferenzkontrast charakteristischen Merkmale geschaffen.

Ist aber die Scherung s sehr klein — etwa in der Größenordnung der Auflösungsgrenze — dann ist ein neues interferometrisches Prinzip gegeben, die Differentialinterferenzen. Françon (1952) verwirklichte sie mit der Savart-Platte und Nomarski (1954) mit dem Wollaston-Prisma. Bildamplitude und Bildintensität werden

$$u(x') = e^{-i\varphi(x')} + e^{-i[\psi+\varphi(x'-s)]} \tag{3.7-6}$$

$$I(x') = 1 + \cos[\varphi(x') - \varphi(x'-s) - \psi]. \tag{3.7-7}$$

Für $\psi = \pi/2$ und $\varphi \ll \pi$ wird

$$I(x') = 1 + \varphi(x') - \varphi(x'-s) = 1 + s\,\frac{\mathrm{d}\varphi(x')}{\mathrm{d}x'}. \tag{3.7-8}$$

Zur quantitativen Bestimmung der Objektphase muß hier integriert werden. In weißem Licht entstehen Interferenzfarben, die für den Gradienten der Objektphase in Richtung der Scherung charakteristisch sind. Eine Darstellung der kontrastreichen Abbildung von kleinen Objektphasen im Sinne der linearen Übertragung auch bei teilkohärenter Beleuchtung findet sich bei Menzel (1958, 1960).

3.8. Allgemeine Amplitudenübertragung durch Linsen*

Zum Abschluß des Kapitels über kohärente Abbildung soll eine allgemeine Herleitung unter Berücksichtigung sämtlicher Phasenfaktoren durchgeführt werden. Wir legen der Untersuchung dieses Abschnittes die Abb. 3—14 zugrunde.

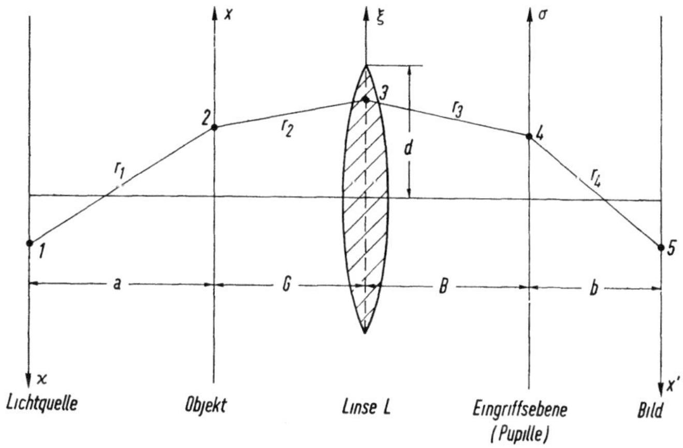

Abb. 3—14. Zur allgemeinen Amplitudenübertragung

Alle in Abb. 3—14 benutzten Koordinaten sind als Längen gemessene Ortskoordinaten. Das Objekt wird vom Lichtquellenpunkt $\varkappa$ aus sowohl spatial als auch chromatisch kohärent beleuchtet. Als Eingriffe wirken in diesem Strahlengang analog zu der durch Gl. (3.3-7) beschriebenen Situation das Objekt u_0, die Pupillenfunktion f in der Pupillenebene (Eingriffsebene) und zusätzlich die Linse, welche die optische Abbildung bewirkt; sie wird als groß und dünn angenommen. Die Ausbreitung der kohärenten Lichterregung durch die verschiedenen Ebenen des Strahlenganges wird durch mehrfache Anwendung des Kirchhoff-Integrals beschrieben. Nach dreimaligem Ansatz des Kirchhoff-Integrals erhalten wir die Bildamplitude $u_b(x')$

$$u_b(x') = \int\int\int u_0(x) f(\sigma) L(\xi) e^{-ik[r_1+r_2+r_3+r_4]} \, dx \, d\xi \, d\sigma . \tag{3.8-1}$$

Integrationen ohne ausdrückliche Angabe von Grenzen gehen von $-\infty$ bis $+\infty$. Wir benutzen die Form des Kirchhoff-Integrals nach Kap. 2.2-a. $L(\xi)$ ist die Amplitudentransparenz der Linse. Für eine sphärische Linse der Brennweite F gilt nach Gl. (2.5-4) in parabolischer Näherung

$$L(\xi) = e^{\frac{ik}{2F}\xi^2} . \tag{3.8-2}$$

Die weitere Rechnung wird im Rahmen der parabolischen Näherung der Kirchhoff-Beugung durchgeführt, wie sie mit Gl. (2.2-10) eingeführt wurde. Die opti-

* Diese Herleitung geht auf Weingartner (1970) und Weingärtner u. a. (1970a) zurück.

schen Wege r_1 bis r_4 werden dabei bis zu Gliedern 2. Ordnung entwickelt und ebenso wie $L(\xi)$ in Gl. (3.8-1) eingesetzt.

$$u_b(x') = \iiint u_0(x) f(\sigma) \cdot e^{-ik\left[\frac{x'^2}{2b} + \frac{\varkappa^2}{2a} + \frac{1}{2}\left(\frac{1}{a} + \frac{1}{G}\right)x^2 + \frac{1}{2}\left(\frac{1}{B} + \frac{1}{b}\right)\sigma^2\right]}$$

$$\times e^{-ik\left[\frac{\varkappa x}{a} + \frac{\sigma x'}{b} + \frac{1}{2}\left(\frac{1}{G} + \frac{1}{B} - \frac{1}{F}\right)\xi^2 - \left(\frac{x}{G} + \frac{\sigma}{B}\right)\xi\right]} \mathrm{d}x\, \mathrm{d}\xi\, \mathrm{d}\sigma. \tag{3.8-3}$$

In Gl. (3.8-3) wird trotz der Beschränkung auf die parabolische Näherung der Fresnel-Beugung formal über die unbegrenzte Linse integriert. Das ist nur sinnvoll, wenn man sich auf solche Objekte beschränkt, die Licht in kleine Winkel abbeugen. Nach Umtauschung von Integrationsreihenfolgen wird die Integration über ξ separiert.

$$u_b(x') = \iint u_0(x) f(\sigma) e^{-ik\left[\frac{x'^2}{2b} + \frac{\varkappa^2}{2a}\right]}$$

$$\times e^{-ik\left[\frac{1}{2}\left(\frac{1}{a} + \frac{1}{G}\right)x^2 + \frac{1}{2}\left(\frac{1}{B} + \frac{1}{b}\right)\sigma^2 + \frac{\varkappa x}{a} + \frac{\sigma x'}{b}\right]}$$

$$\times \int e^{-\frac{ik}{2}\left(\frac{1}{G} + \frac{1}{B} - \frac{1}{F}\right)\xi^2} \cdot e^{+ik\left[\frac{x}{G} + \frac{\sigma}{B}\right]\xi} \mathrm{d}\xi\, \mathrm{d}x\, \mathrm{d}\sigma \tag{3.8-4}$$

Das Integral über ξ kann streng berechnet werden. Es wird ausgeführt nach dem Muster der Gl. (3.8-5)

$$\int_{-\infty}^{+\infty} e^{i\frac{x^2}{b^2}} \cdot e^{2\pi i R x}\, \mathrm{d}x = (1 + i)\, b \sqrt{\frac{\pi}{2}}\, e^{-i\pi^2 b^2 R^2}. \tag{3.8-5}$$

Diese Beziehung folgt aus der Formel für die Fourier-Transformierte der Glockenkurve [Gl. (1.4-4)]. Ausführen der Integration über ξ mit Hilfe der Gl. (3.8-5) ergibt die Bildamplitude $u_b(x')$

$$u_b(x') = e^{-ik\left[\frac{x'^2}{2b} + \frac{\varkappa^2}{2a}\right]} \cdot \iint u_0(x) f(\sigma) e^{-ik\left[\frac{\varkappa x}{a} + \left(\frac{x'}{b} - \frac{A}{GB}x\right)\sigma\right]}$$

$$\times e^{-ik\left[\frac{1}{2}\left(\frac{1}{a} + \frac{1}{G} - \frac{A}{G^2}\right)x^2 + \frac{1}{2}\left(\frac{1}{B} + \frac{1}{b} - \frac{A}{B^2}\right)\sigma^2\right]} \mathrm{d}x\, \mathrm{d}\sigma. \tag{3.8-6}$$

In Gl. (3.8-6) wurde die Abkürzung

$$\frac{1}{A} = \frac{1}{G} + \frac{1}{B} - \frac{1}{F} \tag{3.8-7}$$

eingeführt. Im weiteren wird vorausgesetzt, daß Objekt und Bild in zueinander konjugierten Ebenen stehen, d. h., es soll die Linsengleichung zwischen Objekt und Bild gelten.

$$\frac{1}{G} + \frac{1}{B + b} = \frac{1}{F} \tag{3.8-8}$$

Mit Gl. (3.8-8) geht Gl. (3.8-7) über in

$$A = \frac{B(b+B)}{b}. \tag{3.8-9}$$

Setzt man die Beziehungen (3.8-8) und (3.8-9) in die Gl. (3.8-7) ein, so vereinfacht sich der Ausdruck für die Bildamplitude u_b.

$$u_b(x') = e^{-ik\left[\frac{x'^2}{2b}+\frac{x^2}{2a}\right]} \cdot \int\int u_0(x) f(\sigma) e^{-ik\frac{\varkappa x}{a}}$$
$$\times e^{-ik\left[\left(\frac{x'}{b}-\frac{b+B}{bG}x\right)\sigma+\frac{1}{2}\left(\frac{1}{a}+\frac{1}{G}-\frac{B(b+B)}{bG^2}\right)x^2\right]} \mathrm{d}x\,\mathrm{d}\sigma \tag{3.8-10}$$

Wir führen den Abbildungsmaßstab $M = (b+B)/G$ ein.

$$u_b(x') = e^{-ik\left[\frac{x'^2}{2b}+\frac{\varkappa^2}{2a}\right]} \cdot \int\int u_0(x) f(\sigma) e^{-ik\frac{\varkappa x}{a}}$$
$$\times e^{-ik\left[(x'-Mx)\frac{\sigma}{b}+\frac{1}{2}\left(\frac{1}{a}+\frac{1}{G}-\frac{BM}{bG}\right)x^2\right]} \mathrm{d}x\,\mathrm{d}\sigma \tag{3.8-11}$$

Ließe man eine Defokussierung zwischen Objekt und Bild zu, so bliebe in Gl. (3.8-11) zusätzlich ein Phasenfaktor stehen, der proportional zu σ^2 ist. Das Auftreten eines solchen Phasenfaktors bei kohärenter Beleuchtung wurde schon in Kap. 3.3 besprochen. Dieser Faktor kann als ein Teil von $f(\sigma)$ angesehen werden. Das Glied $f(\sigma)\exp\left[-i\frac{k}{2}\left(\frac{1}{a}+\frac{1}{G}-\frac{BM}{bG}\right)x^2\right]$ in Gl. (3.8-11) kann als nicht-isoplanatische Übertragungsfunktion für Amplituden angesehen werden analog zu $D(R, x_0)$, womit nach Kap. 2.9-e eine nicht-isoplanatische Übertragung von Intensitäten beschrieben wurde.

Nun führen wir das Linienbild oder die Verwaschungsfunktion K für Amplituden bei kohärenter Beleuchtung ein als Fourier-Transformierte der Pupillenfunktion f

$$K(x) = \int f(\sigma) e^{-2\pi i\sigma x}\,\mathrm{d}\sigma. \tag{3.8-12}$$

Mit Hilfe von Gl. (3.8-12) kann Gl. (3.8-11) umgeschrieben werden in

$$u_b(x') = e^{-ik\left[\frac{x'^2}{2b}+\frac{\varkappa^2}{2a}\right]} \cdot \int u_0(x) K\left[\frac{1}{\lambda b}(x'-Mx)\right]$$
$$\times e^{-ik\frac{\varkappa x}{b}} \cdot e^{-ik\left(\frac{1}{a}+\frac{1}{G}-\frac{BM}{bG}\right)\frac{x^2}{2}} \mathrm{d}x. \tag{3.8-13}$$

Aus Gl. (3.8-13) ist ersichtlich, daß bei kohärenter Beleuchtung Amplituden linear vom Objekt ins Bild übertragen werden. Die Übertragung ist in der vorliegenden Form nicht-isoplanatisch wegen der zu x'^2 und x^2 proportionalen Phasenfaktoren. Die Phasenfaktoren $e^{-ik\frac{\varkappa x}{a}}$ und $e^{-ik\frac{\varkappa^2}{2a}}$ stören die Isoplanasie nicht. Der

Einfluß des zu x^2 proportionalen Faktors wird im folgenden untersucht. Das Glied $K\left[\frac{1}{\lambda b}(x' - Mx)\right] \exp\left[-i\frac{k}{2}\left(\frac{1}{a} + \frac{1}{G} - \frac{BM}{bG}\right)x^2\right]$ bezeichnet dann das vom Objektort abhängige, nicht-isoplanatische Punktbild, das in Kap. 2.9-e eingeführt worden war. Der zu x'^2 proportionale Phasenfaktor hat keinen Einfluß auf den Amplitudenbetrag. Ein Einfluß auf die Bestimmung der Phase von u_b kann vermieden werden, wenn bei der interferometrischen Bestimmung der Phase von u_b eine Vergleichswellenfront gleicher Krümmung benutzt wird, wie sie in u_b vorliegt. Dieser Faktor wird im weiteren ebenso vernachlässigt wie der zu $\varkappa^2$ proportionale Phasenfaktor. Bei Vernachlässigung des zu $\varkappa^2$ proportionalen Phasenfaktors vernachlässigen wir nur eine Konstante. Dieser Faktor wird erst wichtig bei der teilkohärenten Holographie.

Solange der Eingriff in der Pupille erfolgt, kann durch Anwenden der Linsengleichung zwischen Lichtquelle und Pupille gezeigt werden, daß der zu x^2 proportionale Phasenfaktor keinen Einfluß hat.

Hier soll auch der allgemeinere Fall betrachtet werden, daß Lichtquelle und Eingriffsebene nicht in konjugierten Ebenen stehen. Der Einfachheit halber wird vorübergehend mit dem Maßstabsfaktor $M = 1$ gerechnet. Häufig wird der Eingriff durch die Linse selbst dargestellt. Es gilt dann in Abb. 3—14 $B = 0$:

$$u_b(x') = \int u_o(x) K\left[\frac{1}{\lambda b}(x' - x)\right] e^{-ik\frac{\varkappa x}{a}} \cdot e^{-ik\left(\frac{1}{a} + \frac{1}{G}\right)\frac{x^2}{2}} \mathrm{d}x \tag{3.8-14}$$

Es wurden, wie oben erwähnt, die zu x'^2 und $\varkappa^2$ proportionalen Phasenfaktoren vernachlässigt. Weiterhin wird die Substitution $\bar{x} = x' - x$ vorgenommen.

$$u_b(x') = \int u_o(x' - \bar{x}) K\left[\frac{\bar{x}}{\lambda b}\right] e^{-ik\frac{\varkappa(x' - \bar{x})}{a}} \times e^{-\frac{ik}{2}\left(\frac{1}{a} + \frac{1}{G}\right)(\bar{x}^2 - 2\bar{x}x')} \mathrm{d}\bar{x}. \tag{3.8-15}$$

Wieder wurde ein zu x'^2 proportionaler Phasenfaktor vernachlässigt. Für gut korrigierte Systeme kann man den Einfluß des letzten Faktors im Integranden in Gl. (3.8-15) in einfacher Weise diskutieren. Wir nehmen dazu eine spezielle Form für f an:

$$f(\sigma) = \operatorname{rect}\left[\frac{\sigma}{2d}\right] = \begin{cases} 1 & \text{für } |\sigma| \leq d \\ 0 & \text{für } |\sigma| > d \end{cases} \tag{3.8-16}$$

Der Durchmesser der abbildenden Linse ist dabei $2d$. Es liegt also eine nur beugungsbegrenzte sonst fehlerfreie Linse vor. In diesem Falle läßt sich K errechnen zu

$$K\left[\frac{\bar{x}}{\lambda b}\right] = 2d \operatorname{sinc}\left[\frac{2\pi d}{\lambda b}\bar{x}\right]. \tag{3.8-17}$$

Die sinc-Funktion hat ihre erste Nullstelle für das Argument $\pm \pi$. Für diese Nullstelle resultiert eine Beziehung für $\bar{x}$.

$$\bar{x} = \pm \frac{\lambda b}{2d} \tag{3.8-18}$$

Für eine Abschätzung wird angenommen, daß bei der Ausführung der Integration in Gl. (3.8-15) die Nebenmaxima von K nach Gl. (3.8-17) nicht wesentlich zur Bildamplitude beitragen. Die Integration über $\bar{x}$ läuft dann von $-\frac{\lambda b}{2d}$ bis $+\frac{\lambda b}{2d}$. Weicht das Argument des letzten Faktors im Integranden in Gl. (3.8-15) während der Integration nur unerheblich von Null ab, so hat dieser Faktor keinen Einfluß auf die Bildentstehung. Nun wird angenommen, daß sich das Argument dieses Faktors während des Laufes von Null zur oberen oder unteren Integrationsgrenze um weniger oder allenfalls um $\frac{\pi}{t}$ ändert. t ist eine Zahl größer als 1.

$$\frac{k}{2}\left(\frac{1}{a} + \frac{1}{G}\right) |\bar{x}^2 - 2\bar{x}x'| \leqq \frac{\pi}{t} \tag{3.8-19}$$

$\bar{x}$ nach Gl. (3.8-18) wird eingesetzt in Gl. (3.8-19).

$$\frac{1}{2}\left(\frac{1}{a} + \frac{1}{G}\right) \frac{b}{a} \left| \frac{\lambda b}{2d} - 2x' \right| \leqq \frac{1}{t} \tag{3.8-20}$$

Der erste Summand innerhalb der Betragszeichen in Gl. (3.8-20) ist gegenüber dem zweiten im allgemeinen vernachlässigbar klein, er wird deshalb weggelassen. Damit folgt eine Abschätzung für die Bildkoordinate x'

$$|x'| \leqq \frac{da}{t(a+G)}. \tag{3.8-21}$$

Objektkoordinate und Bildkoordinate gehen bei der 1:1-Abbildung direkt ineinander über. Damit gilt für die größte zulässige Objektkoordinate

$$|x| \leqq \frac{da}{t(a+G)}. \tag{3.8-22}$$

Im Spezialfall der kollimierten Beleuchtung geht $a \to \infty$, und damit ergibt sich

$$|x| \leqq \frac{d}{t}. \tag{3.8-23}$$

Größere Objekte als solche, die nach den Gln. (3.8-22) und (3.8-23) zugelassen sind, werden wegen des endlichen Durchmessers $2d$ der Linse vignettiert abgebildet.

Beschränkt man sich auf Objekte der durch die Gln. (3.8-22) und (3.8-23) festgelegten Größe, so kann die Beziehung zwischen Objekt- und Bildamplitude mit dem Abbildungsmaßstab M geschrieben werden:

$$u_b(x') = \int u_0(x) K\left[\frac{1}{\lambda b}(x' - Mx)\right] e^{-ik\frac{\varkappa x}{a}} \, \mathrm{d}x \tag{3.8-24}$$

oder

$$u_b(x') = \int\int u_0(x) f(\sigma) e^{-ik\frac{\varkappa x}{a}} \cdot e^{-ik\frac{\sigma}{b}(x' - Mx)} \, \mathrm{d}x \, \mathrm{d}\sigma. \tag{3.8-25}$$

Bei Anwesenheit von Linsenfehlern oder bei anderen Pupilleneingriffen muß die Gültigkeit der Herleitung gesondert untersucht werden. Die Abbildung wird ebenfalls durch die Gln. (3.8-24) und (3.8-25) beschrieben, wenn Lichtquelle und Eingriffsebene konjugiert sind, wenn also die Eingriffsebene zur Pupille wird.

Weiter können wir die Gl. (3.8-25) umschreiben in die folgende Form:

$$u_b(x') = \int f(\sigma) e^{-2\pi i \frac{\sigma}{\lambda b} x'} \left\{ \int u_0(x) e^{2\pi i \left[\frac{M\sigma}{\lambda b} - \frac{\varkappa}{\lambda a}\right] x} \, \mathrm{d}x \right\} \mathrm{d}\sigma. \tag{3.8-26}$$

Wir führen die Fourier-Transformierten von u_b und u_0 ein, die mit $\tilde{u}_b$ und $\tilde{u}_0$ bezeichnet werden. In Gl. (3.8-26) steht im inneren Integral die Fourier-Transformation über u_0 und im äußeren Integral die Fourier-Rücktransformation über u_b.

$$\tilde{u}_b\left(\frac{\sigma}{\lambda b}\right) = f(\sigma)\, \tilde{u}_0\left(\frac{M\sigma}{\lambda b} - \frac{\varkappa}{\lambda a}\right) \tag{3.8-27}$$

Die Eingriffsfunktion f ist die Übertragungsfunktion für Amplituden des Abbildungssystems bei kohärenter Beleuchtung. Nach Substitution $S = \frac{\sigma}{\lambda b}$ und $Q = \frac{\varkappa}{\lambda a}$ läßt sich Gl. (3.8-27) anders darstellen.

$$\tilde{u}_b(S) = f(\lambda b S) \tilde{u}_0(MS - Q) \tag{3.8-28}$$

S und Q sind Ortsfrequenzvariablen, wie sie schon im Abschnitt 3.3 benutzt wurden.

Bei Rechnungen zur Fourier-Optik geht man oft von Beziehungen wie der Gl. (3.8-28) aus. Teilweise ähnliche Untersuchungen liegen schon vor bei Dumontet (1955) und Lowenthal (1965). Die obige Darstellung läßt sich leicht erweitern auf mehrstufige Abbildungssysteme. Daraus folgt dann eine wellenoptische Darstellung zusammengesetzter Linsensysteme und der Wirkung von Pupillen und Gesichtsfeldblenden. Im Zusammenhang mit den Überlegungen des vorliegenden Kapitels muß auch an eine Diskussion von Hauser (1962b) erinnert werden.

Die lineare Amplitudenübertragung bei kohärenter Beleuchtung vom Lichtquellenpunkt $\varkappa$ wird später im Kap. 10 mehrmals bei der Behandlung der teilkohärenten Holographie verwendet. Um die im hier vorliegenden Kap. 3.8 hergeleiteten Beziehungen im Kap. 10 verwenden zu können, ist es notwendig, alle Phasenvorfaktoren zu berücksichtigen. Deshalb wird nochmals die Abbildungsgleichung unter Berücksichtigung aller Phasenvorfaktoren angeschrieben

$$u_b(x') = e^{-\imath k\left[\frac{x'^2}{2b} + \frac{\varkappa^2}{2a}\right]} \cdot \int\int u_0(x) f(\sigma) e^{-\imath k \frac{\varkappa x}{a}} \cdot e^{-\imath k \frac{\sigma}{b}(x' - Mx)} \, \mathrm{d}x \, \mathrm{d}\sigma . \qquad (3.8\text{-}29)$$

Die Gl. (3.8-29) geht aus der Gl. (3.8-11) hervor, wenn der in Gl. (3.8-11) zu x^2 proportionale Phasenfaktor verschwindet. Diese Bedingung ist erfüllt, wenn die Lichtquelle in die Eingriffsebene abgebildet wird, wenn also die Eingriffsebene zur Pupille wird.

4. Felder von Zweistrahlinterferenzen

4.1. Punktquelle

Für viele Fragen der Wellenoptik ist die räumliche Verteilung von Interferenzerscheinungen wichtig; Interferenzmikroskopie und Holographie mögen Beispiele sein. Weiter erfordert das Arbeiten mit ausgedehnten Lichtquellen eine Diskussion über den Ort, an dem die Interferenzerscheinung in maximalem Kontrast auftritt.

Die Zweispaltinterferenzen von Kap. 1.2 und die interferentiellen Abbildungsverfahren von Kap. 3.7 haben gemeinsam, daß zwei kohärente Lichtquellen geschaffen werden, deren Wellenfronten interferieren. Das sind einerseits der kohärent beleuchtete Doppelspalt und andererseits die kohärenten Quellen für Objekt- und Vergleichswelle. Als Beispiel für die interferentiellen Abbildungsverfahren möge ein Michelson-Interferometer stehen (Abb. 1-13). Wird dieses Interferometer benutzt, um ein Phasenobjekt (Relief) mit Hilfe von Interferenzstreifen zu analysieren, so bringt man das reflektierende Objekt an den Ort von Spiegel 1. Spiegel 2 wird gegenüber seiner Normalstellung mit Gangunterschied Null um den kleinen Winkel β gekippt; in der Bildebene von S_1 und S_2 bedeutet das eine unter dem Winkel 2β schräg auf das Objektbild einfallende Vergleichswelle.

Eine andere Betrachtungsweise geht davon aus, daß die Teilerplatte T den Spiegel S_2 virtuell als S_2' auf S_1 abbildet. Ist S_1 ein ebener Spiegel, so bilden S_1 und S_2' einen Keil, an dem Interferenzen gleicher Dicke zu beobachten sind. Diese Interferenzen können verstanden werden als herrührend von zwei kohärenten Lichtquellen Q' und Q'', die durch Spiegelungen der wirklichen Lichtquelle Q (oder ihres durch eine Beleuchtungsoptik erzeugten Bildes) an T und S_1 bzw. S_2 entstanden sind. Q' liegt in der Entfernung $\overline{QT} + \overline{TS_1} = \varrho$ hinter S_1; ist $\overline{TS_1} = \overline{TS_2}$, so liegt auch Q'' im Abstand ϱ hinter S_1 aber gegen Q seitlich verschoben um $2d = 2\beta\varrho$; ist $\overline{TS_2} - \overline{TS_1} = G/2$, so hat Q'' gegen Q' zusätzlich den axialen Abstand G.

Die Lagen von Q' und Q'' sind wesentlich für die Interferenzerscheinung, die das aus T austretende Licht dem Auge oder einem anderen abbildenden System darbietet. Q' und Q'' liefern ein räumliches Interferenzfeld mit abwechselnd hellen und dunklen Flächen. Eine helle Fläche ist dadurch bestimmt, daß für die Abstände r' und r'' eines Punktes auf ihr zu Q' und Q'' die Bedingung $r' - r'' = m \cdot \lambda$ erfüllt ist; diese Fläche bezeichnet also den Gangunterschied $m\lambda$. Alle Flächen bilden eine Schar von zweischaligen Rotationshyperboloiden mit den Brennpunkten Q' und Q''. In größerer Entfernung von diesen Punkten lassen sich die

Hyperboloide annähernd durch ihre Asymptoten-Kegel darstellen. Die Kegelachse ist die Gerade $\overline{Q'Q''}$. Der m-te Kegel hat gegen die Achse den Öffnungswinkel α. Für diesen gilt

$$2d \cos \alpha = m \cdot \lambda. \qquad (4.1\text{-}1)$$

Abb. 4—1 zeigt ein System von solchen Kegeln. Bei der Röntgenbeugung an einer Kette von Atomen treten die gleichen Kegel in Erscheinung; wegen der größeren Anzahl von „Quellen“ (streuenden Atomen) sind die Flächen maximaler Intensität schärfer definiert als bei den hier interessierenden Zweistrahl-Interferenzen, bei denen die Intensität zwischen Flächen von verschiedenem m mit einer harmonischen Funktion schwankt.

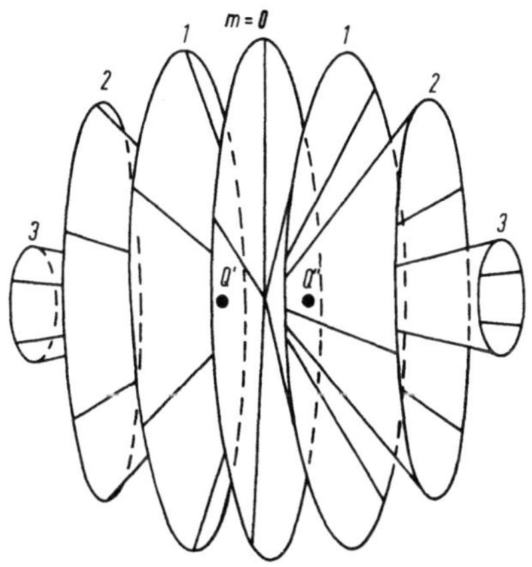

Abb. 4—1. Asymptoten-Kegel als Flächen von konstantem Gangunterschied

Abb. 4-2 zeigt die Spuren der Kegelmäntel in einer Ebene, die auch Q' und Q'' enthält. Sind Q und damit Q' und Q'' punktförmig, dann variiert die Intensität der Interferenzen im ganzen Raum zwischen Null und Eins, die Interferenzen haben maximalen Kontrast, sie sind „nicht lokalisiert“. Nur Blenden, die die allseitige Ausstrahlung von Q' und Q'' behindern, begrenzen den von Licht und Interferenzen erfüllten Raum. Wird die Interferenzerscheinung in einer Ebene aufgefangen, die senkrecht auf $\overline{Q'Q''}$ steht, so bilden die Interferenzstreifen konzentrische Kreise, deren Radien nach einem Wurzelgesetz wachsen. Das Kreissystem entspricht einer Fresnelschen Zonenplatte. Wegen der hohen Ordnungszahl m bei dieser Beobachtung wird der Kontrast der Interferenzstreifen rasch verdorben, wenn die Strahlung nicht monochromatisch ist sondern die endliche spektrale Breite $\Delta\lambda$ besitzt; die Bedingung für chromatische Kohärenz (Gl. 1.5-6) lautet für die vorliegenden Verhältnisse

$$m\,\Delta\lambda \ll \lambda. \qquad (4.1\text{-}2)$$

Liegt die Beobachtungsebene parallel zu $\overline{Q'Q''}$, dann besteht die Interferenzerscheinung näherungsweise aus äquidistanten Geraden, sie entspricht den Zweispalt-Interferenzen. Die Umgebung des Streifens $m = 0$ ist wenig empfindlich gegen eine Abweichung von der chromatischen Kohärenz.

4.2. Ausgedehnte Lichtquelle. Ort der Interferenzen

Besitzt die Lichtquelle eine endliche Ausdehnung, liegt sie nämlich zwischen den Punkten Q und R und strahlt sie inkohärent aber quasimonochromatisch, so ist die räumliche Kohärenz nicht mehr ideal. In den Spiegelbildern der Quelle finden sich Punktepaare Q', Q'' ... R', R'', die jeweils kohärent strahlen. Sie heißen homologe Punkte und bilden jeweils ein System von Hyperboloiden bzw. Asymptoten-

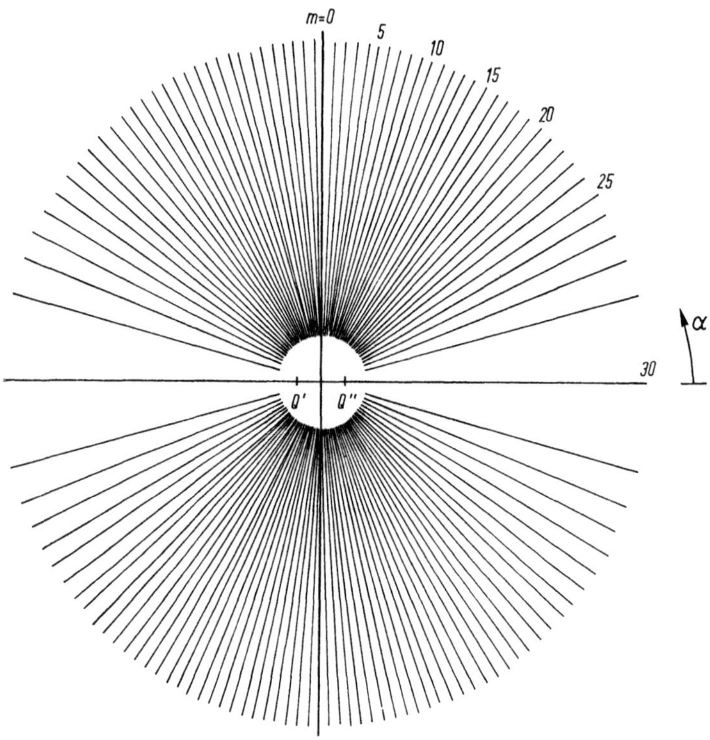

Abb. 4—2. Spuren der Asymptoten-Kegel

Kegeln. Der Einfluß einer kleinen aber endlichen Lichtquelle auf die Interferenzerscheinung läßt sich in einer Ebene modellmäßig aus zwei kongruenten Zeichnungen analog Abb. 4—2 erkennen; die eine Zeichnung sei auf Transparentpapier gemacht. Beide Zeichnungen sind festgelegt auf einen bestimmten maximalen Gangunterschied $m_{\max}$ des Interferometers. Liegen beide Zeichnungen so aufeinander, daß sie sich decken, beschreiben sie die Wirkung einer Punktquelle. Durch Verschieben und Verdrehen der oberen Zeichnung wird die endliche Ausdehnung der Quelle nachgebildet. Zu der einen Zeichnung gehören jetzt die homologen Punkte Q, Q', zu der anderen R, R'. Die Bewegungen der oberen Zeichnung sind beschränkt durch die Bedingung $\overline{|QR|} = \overline{|Q'R'|}$. Die zu beiden homologen Paaren gehörigen Kegel m_Q und m_R schneiden sich. Begrenzen Q und R die ausgedehnte Quelle und schneiden sich im Interferenzraum Kegel mit ganzzahligen $m_Q \neq m_R$, dann ist in der Umgebung des Schnittpunktes keine Interferenzerscheinung beobachtbar, denn ein Intensitätsmaximum des Q-Systems wird überlagert von einem Minimum, das zu einem Lichtquellenpunkt zwischen Q und R gehört. Maximaler Kontrast im Interferenzraum kann nur in Bereichen beobachtet werden, für die gilt

$$m_Q = m_R \tag{4.2-1}$$

(Prinzip der übereinstimmenden Ordnungen). Werden die Ordnungen nicht als ganzzahlig betrachtet, so liefert die Bedingung

$$|m_Q - m_R| < 1/4 \tag{4.2-2}$$

Interferenzen mit vermindertem aber oft noch ausreichendem Kontrast.

Sind beide Lichtquellenbilder durch reine Scherung, d. h. durch Translation entstanden, so treffen Kegel mit gleicher Ordnung im Unendlichen zusammen; die Interferenzerscheinung ist im Unendlichen lokalisiert. Die Lichtquellen dürfen große Ausdehnungen besitzen. Steht die Ausdehnung $\overline{QR}$ der Lichtquelle senkrecht auf $\overline{QQ'}$ als Richtung der Beobachtung, liegen also beide Bilder der Lichtquelle hintereinander, so werden Haidingersche Ringe beobachtet. Liegt $\overline{QR}$ und $\overline{QQ'}$ in einer Geraden und wird senkrecht zu dieser Geraden beobachtet, so sieht man im Unendlichen gerade, äquidistante Streifen. Sie heißen heute Youngsche Streifen im Unendlichen oder Brewstersche Streifen; Räntsch (1944) benutzte sie zuerst im Interferenzmikroskop.

Bei Keilinterferenzen werden beide Lichtquellen durch Drehung um die Keilkante ineinander übergeführt. Besteht die Lichtquelle aus einem endlichen aber kleinen strahlenden Volumen mit dem Schwerpunkt der Strahlungsdichte bei L, so findet sich nach Schulz (1953) maximaler Kontrast der Interferenzen längs der Keilkante c und längs des Kreises, der von c im Punkt D geschnitten wird und der durch die Punkte L' und L'' geht (Abb. 4—3). In wachsender Entfernung von Kante und Kreis fällt der Kontrast um so steiler ab, je größer die Lichtquelle ist. Bei der Untersuchung von Phasenobjekten in einem Mikroskop

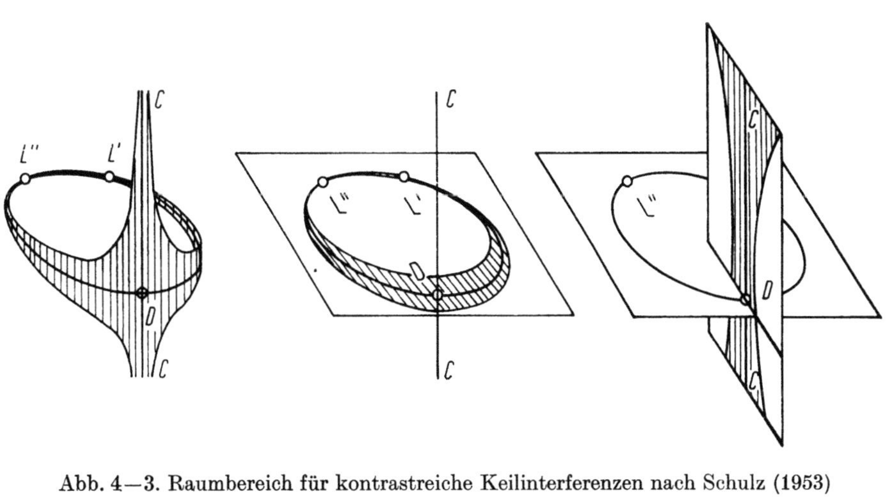

Abb. 4—3. Raumbereich für kontrastreiche Keilinterferenzen nach Schulz (1953)

mit Keilinterferenzen hat man darauf zu achten, daß die Kante des reellen oder virtuellen Keils in der Nähe des interessierenden Objektdetails liegt; nur so werden Objekt und Interferenzstreifen gleichzeitig „scharf".

Eine weitere Diskussion erfordert der Einfluß von Blenden im optischen System, das die Interferenzerscheinung schließlich abbildet. Man wird die Lichtquellenbilder in die Aperturblende dieses Systems legen. Beschneidet die Blende die Lichtquellenbilder nicht gleichmäßig, so wird bei einem Teil der homologen Punktepaare der eine Punkt unwirksam; als Folge davon sinkt der Kontrast der abgebildeten Interferenzerscheinung. Liegen die Bilder der Lichtquelle hintereinander, so werden sie durch die Blende gleichmäßig beschnitten; es resultiert eine kleinere effektive Lichtquelle mit einem größeren Interferenzfeld. Slevogt (1954) untersuchte den Interferenzort von technischen Zweistrahl-Interferometern. Schulz (1953) diskutierte mannigfache Arten, beide homologe Lichtquellen durch Transformation zu erzeugen, und ihren Einfluß auf das Interferenzbild; Übersichten und weitere Literatur finden sich bei Krug u. a. (1961) und bei Schulz und Schwider (1964).

5. Räumliche Filterung

5.1. Übersicht

Die optische Abbildung dient zu den folgenden Aufgaben:

1. Bequeme Beobachtung und Vermessung des Objektes nach Vergrößerung oder Verkleinerung.

2. Speicherung etwa von Bildintensitäten durch Photographie oder von Amplituden durch Holographie und Wiedergabe des gespeicherten Bildes.

3. Sichtbarmachen und Vermessen von Phasenstrukturen durch Interferenz.

4. Umformen der Bilder etwa durch Differenzieren, um höhere Meßgenauigkeit z. B. für die Lage von Kanten zu erreichen.

5. Herausheben von Bilddetails mit vorgeschriebener Form aus einer Anhäufung anderer Formen zur Zeichenerkennung.

Die Aufgaben der optischen Datenverarbeitung sind in ihrer Leistung beschränkt, denn Aperturbegrenzung, Aberrationen u. a. verhindern eine identische Wiedergabe des Objekts.

Wegen der endlichen Durchmesser sind alle Pupillen begrenzt; deswegen läßt sich bestenfalls eine „beugungsbegrenzte" Abbildung realisieren, wie sie in Kap. 2.9-b und 3.5-b für die Kante beschrieben wurde. Versuche, mit „Überauflösung" die Beugungsgrenzen zu überschreiten, können hier nicht diskutiert werden (vgl. Toraldo di Francia 1969).

Linsenaberrationen verschlechtern die Abbildung zusätzlich. Isoplanatische Aberrationen können durch Eingriffe in den Pupillen kompensiert werden. Solche Eingriffe beeinflussen das Spektrum der räumlichen Frequenzen. Diesen Einfluß nennt man räumliche Filterung.

Theorie und Technik der Filterung begannen vor knapp 20 Jahren, angeregt und gestützt von der Nachrichtentechnik. Literaturhinweise dazu finden sich etwa im Bericht von Vander Lugt (1968) und in der Monographie von Goodman (1968). Die elektronischen Filter der Nachrichtentechnik (Vierpole) beeinflussen die Spektren der Zeitfrequenzen; im Idealfall sorgen sie für eine unverzerrte, frequenzunabhängige Übertragung der Nachricht und für Freiheit von Störsignalen. In der Nachrichtentechnik sind nicht beliebige Filterfunktionen möglich, denn kein Filter kann aus einem Impuls an seinem Eingang ein Ausgangssignal erzeugen, das früher als der Impuls beginnt (Wolter 1958). In der Optik dagegen sind Bildanteile zu beiden Seiten einer δ-Funktion im Objekt möglich. Bei der inkohärenten Übertragung von Intensitäten können sich aber keine Bildanteile mit negativer Intensität ergeben; diese Forderung der Physik beschränkt grundsätzlich die Mannigfaltigkeit der möglichen Übertragungsfunktionen $D(R)$ für inkohärente Beleuchtung (Lukosz 1962). Die Übertragungsfunktionen für Amplituden $f(R)$ bei kohärenter Beleuchtung sind dagegen nicht in ihrer Mannigfaltigkeit beschränkt. Die Funktionen sind aber beschränkt durch die Bedingung für „passive Filter" $|f(R)| \lesssim 1$. Diese Einschränkung entfällt erst bei den „aktiven Filtern", die in der Zukunft wahrscheinlich mit Laser-Verstärkern zu realisieren sein werden.

Die geschilderten Aufgaben lassen sich — wenigstens zum Teil — auch durch Filter außerhalb der Pupille lösen. Da solche Filter nicht-isoplanatisch wirken, ist ihre Theorie schwieriger als die für Fourier-Filter, die in der Pupille liegen.

5.2. Kompensation von Aberrationen

5.2-a. Filterung bei inkohärenter Abbildung in Echtzeit*

Nach Kap. 2.9 wird bei inkohärenter Abbildung die Leuchtdichteverteilung $L(x)$ im Objekt durch eine lineare Transformation in die Bildintensität $I(x')$ übertragen. Gl. (2.9-14) beschreibt diesen Prozeß

$$I(x') = \iint L(x) D(R) e^{2\pi i R(x-x')} \,\mathrm{d}x\,\mathrm{d}R .$$

Die Modulationsübertragungsfunktion $D(R)$ ist nach Gl. (2.9-8) bestimmt durch die komplexe Amplitudentransparenz $f(\xi)$ in der Linsenebene. $f(\xi)$ ist die Pupillenfunktion der Linse, sie enthält die Abblendung der Linse, ihre Aberrationen und etwaige willkürliche Eingriffe. Nur für $D(R) \equiv 1$ reproduziert die Abbildung das Objekt identisch. Zusätzlich zu der Beugungsbegrenzung durch den endlichen Durchmesser der Pupille ist ein verschlechternder Einfluß durch Aberrationen zu erwarten; diese liegen vor, wenn innerhalb der freien Linsenfläche gilt $W(\xi) \neq \text{const}$. Unscharfe Einstellung und sphärische Aberration sind Beispiele. Hier ist grundsätzlich Abhilfe möglich, indem man in der Linsenebene eine korrigierende Platte (räumliches Filter) mit der komplexen Amplitudentransparenz $f_k(\xi)$ anbringt. Für diese Platte muß in der freien Linsenöffnung die Bedingung gelten

$$f(\xi) f_k(\xi) = \text{const}. \tag{5.2-1}$$

Hat $f(\xi)$ nur Phasencharakter ohne Absorption, so wird $f_k(\xi) = f^*(\xi)$. Dazu gibt es einfache Beispiele: Ist eine Abbildung unscharf gestellt und soll an der Geometrie von Objekt — Linse — Bild nichts geändert werden, so hilft ein Filter in Form einer Zusatzlinse; diese paßt die Gesamtbrennweite des Systems der gegebenen Geometrie an. Analog dazu bemüht man sich in der geometrischen Optik durch die Kombination geeigneter Linsen und Spiegel höhere Aberrationen zu kompensieren. Die asphärische Korrekturplatte zum Spiegelteleskop von Schmidt gibt ein berühmtes Beispiel für $f_k(\xi)$. Tsujiuchi (1963) versuchte, kompensierende Filter beliebiger, vorgeschriebener Form näherungsweise zu realisieren durch phasenverzögernde und absorbierende Platten, die sich etwa durch

* Das Filter wirkt wahrend der Abbildung des Objektes.

Aufdampfen herstellen lassen. Auch die Apodisation (Kap. 2.10-c) ist eine räumliche Filterung; man kann sie als Maßnahme zur Verbesserung einer Abbildung ansehen, denn sie unterdrückt objektfremde Bilddetails, die durch Beugung an der Aperturblende entstehen.

5.2-b. Filterung bei kohärenter Abbildung in Echtzeit

Die lineare Amplitudenübertragung vom Objekt ins Bild wird durch Gl. (3.3-7) beschrieben. Für eine fehlerfreie, nur beugungsbegrenzte Abbildung muß die Pupillenfunktion $f(\sigma)$ frei von Aberrationen sein; im freien Bereich der Pupille muß also gelten $f(\sigma) = \text{const}$. Bei Anwesenheit von Aberrationen läßt sich diese Vorschrift erfüllen durch Einbringen eines korrigierenden Filters $f_k(\sigma)$ in die Pupille, bei kollimierter Beleuchtung ist das die hintere Brennebene der Linse. Das Filter wird analog Gl. (5.2-1) bestimmt durch die Bedingung $f(\sigma) f_k(\sigma) = \text{const}$. Wieder können geschliffene Glasplatten zur Realisierung von $f_k(\sigma)$ benutzt werden, wenn $|f(\sigma)| = \text{const}$ ist, wenn also gilt $f_k(\sigma) = f^*(\sigma)$.

Eine aberrationsbehaftete Abbildung wird auch merklich verbessert, wenn man die ringförmigen Bereiche einer Kreispupille abdeckt, zu denen besonders störende Anteile der Wellenaberration $W(\sigma)$ und damit der Pupillenfunktion $f(\sigma)$ gehören. Dann gelangen nur noch günstige Anteile von $W(\sigma)$ ins Bild; günstige Anteile sind ganzzahlige Vielfache der Wellenlänge mit Toleranzen bis zu einem Viertel der Wellenlänge. Solche Blenden aus konzentrischen absorbierenden Ringen wurden von Hoppe (1963) für die Elektronenmikroskopie vorgeschlagen. Die Hoppe-Platte verbessert zwar das Bild; wegen der Ausblendungen bleibt das System aber weniger vollständig als eine durch den gleichen äußeren Pupillendurchmesser begrenzte, fehlerfreie Linse. Martin und Jönsson (1968) berichten über lichtoptische Modellversuche mit der Hoppe-Platte. Auch bei einer inkohärenten Abbildung mit großen Aberrationen könnte die Platte nützlich sein (Hanßen u. a. 1965).

Bisher wurde im vorliegenden Kapitel von Filterverfahren berichtet, die zwar bei der kohärenten Abbildung verwendet werden, die sich aber auch auf die inkohärente Abbildung übertragen lassen. Nun soll ein neues Filterprinzip erläutert werden, das nur bei monochromatischer Beleuchtung wirksam ist. Die allgemeine Aufgabe der räumlichen Filterung ist es, in der Pupille eines Strahlenganges eine vorgeschriebene komplexe Amplitudentransparenz $f_k(\sigma)$ zu realisieren.

Hier hilft die Gitterbeugung (Vander Lugt 1964): Wird ein beugendes Objekt — hier also ein Gitter — in seiner Ebene um die Strecke x_0 verschoben, so erhält das unter dem Winkel α abgebeugte Licht nach Gl. (1.4-11) eine Phasenverschiebung um den Winkel $R\alpha x_0$.

Die Bildamplitude bei kohärenter, achsenparalleler Beleuchtung ($Q = 0$) ist nach Gl. (3.3-7)

$$u(x') = \int f(R) f_k(R) \int u_0(x) e^{2\pi i R(x-x')} \, \mathrm{d}x \, \mathrm{d}R. \tag{5.2-2}$$

Dabei ist $u_0(x)$ die Objektamplitude und $f(R)$ eine mit Fehlern behaftete Pupillenfunktion; $f_k(R)$ ist die korrigierende Pupillenfunktion, die realisiert werden soll. Die Ortsfrequenz R ist mit der Ortskoordinate σ in der Pupille verknüpft durch Linsenbrennweite F und Wellenlänge λ über $\sigma = F\lambda R$. Die Wirkung von $f_k(R)$

als eine komplexe Funktion wird realisiert durch ein Filter mit reeller, positiver Amplitudentransparenz

$$\bar{f}_k(R) = |f_k(R)| \left[1 + \cos\left(2\pi b R + \varphi(R)\right)\right]. \tag{5.2-3}$$

Das Filter ist ein harmonisches Gitter mit der Periode $F\lambda/b$ und der Modulation der Lateralphase $\varphi(R)$; seine Amplitude ist mit $|f_k(R)|$ moduliert. Die exakte Lage des Filters in der Pupille ist für seine gewünschte Wirkung entscheidend.

Nach Einsetzen von $\bar{f}_k(R)$ anstatt von $f_k(R)$ in Gl. (5.2-2) folgt

$$\begin{aligned}
u(x') &= u_1(x') + u_2(x') + u_3(x') \quad \text{mit} \\
u_1(x') &= \iint u_o(x) f(R)\, |f_k(R)|\, e^{2\pi i R(x-x')}\, \mathrm{d}x\, \mathrm{d}R \\
u_2(x') &= \frac{1}{2} \iint u_o(x) f(R)\, |f_k(R)|\, e^{i\varphi(R)}\, e^{2\pi i R[x-(x'-b)]}\, \mathrm{d}x\, \mathrm{d}R \\
u_3(x') &= \frac{1}{2} \iint u_o(x) f(R)\, |f_k(R)|\, e^{-i\varphi(R)}\, e^{2\pi i R[x-(x'+b)]}\, \mathrm{d}x\, \mathrm{d}R.
\end{aligned} \tag{5.2-4}$$

Wegen der Beugung am gitterförmigen Filter liegen drei Bilder des Objekts in der Bildebene nebeneinander (Abb. 5—1); diese Teilbilder sind nicht identisch. $u_1(x')$ beschreibt die nullte Beugungsordnung des Gitters; dieses Bild liegt auf

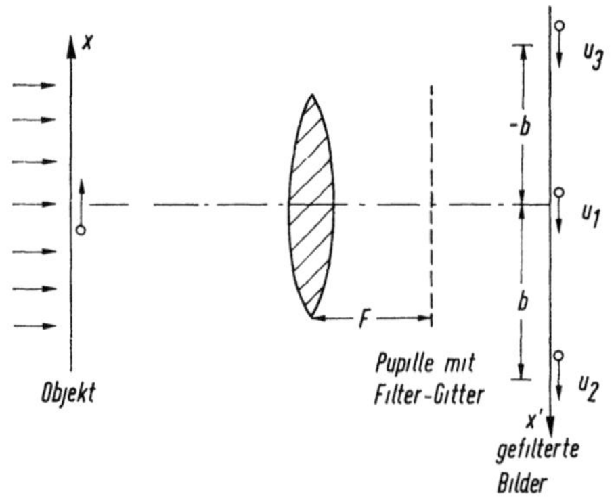

Abb. 5—1. Räumliche Filterung durch Beugung am phasenmodulierten Gitter

der optischen Achse und ist von der Übertragungsfunktion $f(R)\,|f_k(R)|$ beeinflußt. $u_2(x')$ ist um die Strecke $x' = b$ von der optischen Achse verschoben; hier gilt die gesamte Übertragungsfunktion

$$f(R)\,|f_k(R)|\, e^{i\varphi(R)} = f(R)\, f_k(R). \tag{5.2-5}$$

Diese Übertragungsfunktion bringt die Lösung der gestellten Aufgabe: Für alle Werte R, für die $f(R) \neq 0$ ist, kann eine Filterfunktion $f_k(R)$ beliebig realisiert werden. Sie kann etwa die mit Aberrationen behaftete Pupillenfunktion $f(R)$ kompensieren, oder sie kann anderen Aufgaben angepaßt werden. Das Teilbild

$u_3(x')$ ist um die Strecke $x' = -b$ von der optischen Achse weg verschoben, hier gilt die Übertragungsfunktion

$$f(R)\,|f_k(R)|\,e^{-i\varphi(R)} = f(R)\,f_k^*(R)\,. \tag{5.2-6}$$

Auch in diesem Teilbild kann die Filterwirkung planmäßig ausgenutzt werden.

Um Überlappungen zu vermeiden, muß man b größer wählen als die Breite eines Teilbildes. In Gl. (5.2-3) war das Filter als ein harmonisches eindimensionales Gitter formuliert. Die Erweiterung auf zwei Objektdimensionen bringt keine Schwierigkeit. In Kap. (7.6-d) wird sich zeigen, wie solche harmonischen Gitter als Fourier-Hologramme herzustellen sind.

Vander Lugt (1964) verwendete diese Filter zunächst zur Zeichenerkennung. Für die gleiche Aufgabe benutzten Kozma und Kelly (1965) Filter, die mit Hilfe eines Computers als binäre Masken hergestellt waren. Lohmann und Paris (1968) verwendeten binäre, durch Computer erzeugte Filter für vielfache Aufgaben, darunter auch zur Entfaltung von Bildern, die durch eine fehlerhafte Übertragungsfunktion verwaschen waren. In den binären Filtern wird der Betrag der Filterfunktion durch die Fleckgröße gespeichert.

Binäre Gitter besitzen nur Transparenzen Null und Eins, solche Gitter erzeugen auch höhere Beugungsordnungen; für die eben geschilderten Prozesse sind aber nur die beiden ersten Ordnungen brauchbar; in den höheren Ordnungen treten Vielfache der Phasendrehung $\varphi(R)$ auf, sie sind auch mit anderen Absolutbeträgen verknüpft.

5.2-c. Nachträgliche Filterung photographischer Aufnahmen

Eine Kette von optischen Übertragungen ist etwa gegeben durch die Reihenfolge Objekt — Abbildung — photographisches Negativ — Vergrößerung — Positiv — Reproduktion (in mehreren Stufen) — Betrachtung. Wenn diese Kette linear ist, gilt Gl. (2.9-19); dann läßt sich eine ungünstige Übertragungsfunktion D_i des Übertragungsschritts i kompensieren durch ein reziprokes D_k des Schritts k. Die Linearität der meisten optischen Prozesse ist aber nur für kleine Aussteuerungen gesichert. Beachtet man diese Einschränkung, so werden Filterungen bei der Reproduktion von photographischen Aufnahmen möglich; es kann das Negativ dieser Aufnahme verwendet werden. Die Filterung erfolgt am besten bei kohärenter Beleuchtung, denn hier ist die Mannigfaltigkeit der möglichen Filter besonders groß; auch die besprochenen Gitter mit Modulation der Lateralphase können als korrigierende Filter angewendet werden.

Eine mit Fehlern behaftete Übertragungsfunktion bedingt ein fehlerhaftes Punktbild. In der gestörten Abbildung erscheint das Objekt mit diesem Punktbild gefaltet. Durch diese korrigierende Filterung wird die Faltung z. T. rückgängig gemacht; deshalb spricht man auch von „Entfaltung" (Kap. 2.8-e).

In diesem Sinne gelang es Maréchal und Croce (1953), photographische Aufnahmen zu verbessern, die mit aberrationsbehafteten Objektiven (Übertragungsfunktion $D_1(R)$) aufgenommen worden waren. Einen zusammenfassenden Bericht darüber gab Tsujiuchi (1963). Die Aufnahmen werden mit kohärenter, achsenparalleler Beleuchtung reproduziert. Das Reproduktionsobjektiv besteht am besten aus zwei gleichartigen optischen Systemen, jeweils mit der Brennweite F (Abb. 5—2); in seiner Pupille befindet sich der Filtereingriff $f_2(\sigma)$. $D_2(R) = 1/2 \cdot A(R)$ ist die Übertragungsfunktion der Reproduktion. Gl. (3.4-6) gibt den Zusammenhang zwischen $A(R)$ und $f_2(\sigma)$; bei achsenparalleler Beleuchtung ist $Q = 0$; wie stets gilt $\sigma = FR\lambda$. Die Korrekturbedingung $D_2 = 1/D_1$ ist oft nur näherungsweise zu realisieren. So ist es nicht möglich, Bereiche des Objektspektrums wiederherzustellen, für die $D_1(R) = 0$ ist.

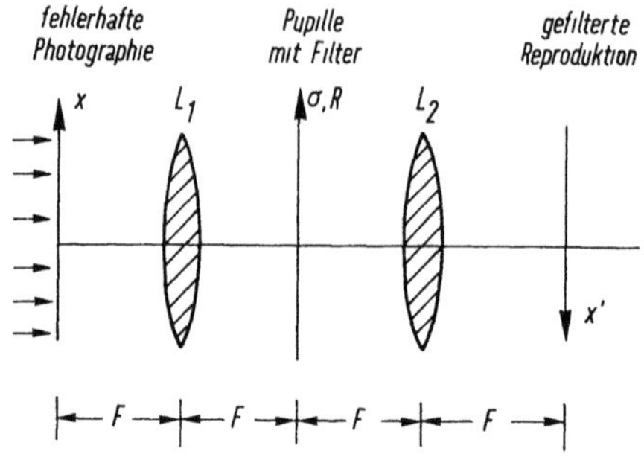

Abb. 5—2. Nachträgliche Filterung von Photographien in kohärenter Beleuchtung

Die Vorteile der kohärenten Filterung von photographischen Aufnahmen lassen sich noch besser nutzen, wenn man für einen größeren Bereich der Linearität sorgt. Für dieses Ziel soll die Verteilung der Amplitudentransparenz in der entwickelten Photoplatte, deren Bildinhalt gefiltert werden soll, bei kohärenter Beleuchtung proportional sein zur Intensitätsverteilung, die zuvor die Schwärzung der Photoplatte bewirkte. Diese Bedingung ist erfüllt im linearen Teil der Amplitudentransparenz-Kurve eines photographischen Positivs oder gleichbedeutend mit einer Steilheit $\gamma = -2$ in der Schwärzungskurve. In Kap. 8 wird von diesen Bedingungen ausführlich die Rede sein.

Ein Objektpunkt sei durch ein fehlerhaftes optisches System als ausgedehntes Intensitäts-Punktbild $K(x)$ auf die Photoplatte abgebildet worden. Nach dem geschilderten photographischen Prozeß wird daraus die Amplitudentransparenz $u_T(x) = K(x)$. In der Pupille des Strahlenganges für kohärente Filterung erscheint zunächst die Amplitude $u(R) = \mathcal{F}[K(x)] = D(R)$. $D(R)$ ist die Modulationsübertragungsfunktion der inkohärent abbildenden Optik. Ein korrigierendes Filter in der Pupille erhält nach Stroke und Zech (1967) die Amplitudentransparenz

$$f_k(R) = \frac{1}{D(R)} = \frac{D^*(R)}{|D(R)|^2}. \qquad (5.2\text{-}7)$$

Das Filter wird realisiert durch zwei aufeinandergelegte Photoplatten. Die Platte für den Zähler entsteht nach Vander Lugt (1964) als Fourier-Hologramm von $u(x)$. Die Platte für den Nenner entsteht als Negativ aus einer Belichtung durch die Amplitude $D(R)$ mit der Steilheit $\gamma = +2$. Die großen Schwärzungsunterschiede in dieser Platte erschweren, eine konstante Steilheit einzuhalten. Hier half ein Maskenverfahren von Stroke u. a. (1969); in dieser Arbeit wurde die Entfaltung angewendet auf die Kompensation von Bewegungsunschärfe.

Lohmann und Werlich (1967) veröffentlichten als erste Bildbeispiele mit Entfaltungen nach Gl. (5.2-7), die Filter waren lichtoptisch hergestellt. Schon vorher hatten Lohmann u. a. (1967) dafür geeignete Filter mit einem Computer gewonnen (vgl. auch Lohmann und Paris 1968). Als letzter Schritt sollte die gefilterte Bildamplitude eine Photoplatte belichten, die mit der Steilheit $\gamma = -1/2$ arbeitet. Die Intensitätstransparenz entspricht dann dem ursprünglichen Objekt.

Horner (1970) kompensierte die Unschärfe, die durch atmosphärische Turbulenz entsteht. Falconer (1970) diskutierte die Probleme, die bei der nachträglichen Filterung durch die Körnigkeit der photographischen Emulsion für die höheren Ortsfrequenzen auftreten.

Auch bei Abbildungen ohne Aberrationen kann eine Filterung erwünscht sein, um den Bildbeitrag der höheren Ortsfrequenzen zu vergrößern, denn diese Frequenzen sind bei der inkohärenten Abbildung stets benachteiligt (Abb. 3—6). Abb. 2—19 gab ein Beispiel für die Betonung verschiedener Frequenzbereiche; das wurde realisiert durch Ausblendung der komplementären Bereiche in der Pupille des reproduzierenden Objektivs.

Mäßige Störungen des Reproduktionsprozesses durch Abweichungen von der Linearität fallen bei Bildern, an denen man nicht messen will, wenig ins Gewicht, das wurde bisher noch nicht näher untersucht.

5.2-d. Nachträgliche Amplitudenfilterung

Später wird ausführlich diskutiert, wie mit der Holographie die komplexe Amplitude von Wellenfeldern aufgezeichnet und rekonstruiert werden kann. Die rekonstruierte Amplitude erlaubt Filterungen im gleichen Ausmaß, wie es im Kap. 5.2-b für die kohärente Abbildung geschildert wurde. Später (Kap. 7.6) wird darauf nochmals eingegangen.

5.2-e. Umsetzen einer Intensitätsverteilung in eine kohärente Amplitudenverteilung

Für die räumliche Filterung sind Strahlengänge mit kohärentem Licht vielfach erprobt. An einer Intensitätsverteilung war kohärente Filterung möglich, wenn eine kohärent beleuchtete Photoplatte die für ihre Schwärzung verantwortliche Intensitätsverteilung in eine dazu proportionale Verteilung der transmittierten Amplitude umsetzt (Kap. 5.2-c). Der Zeitaufwand für das Entwickeln usw. verbietet ein Arbeiten in Echtzeit.

Hier hilft ein Verfahren von Groh und Marie (1970). Die Intensitätsverteilung wird mit einer Fernsehübertragung von einem Elektronenstrahl auf einen KD_2PO_4-Kristall gezeichnet. Die Ladungsverteilung auf dem Kristall bedingt eine spatiale Verteilung der elektrischen Feldstärke; diese wird mittels des Pockels-Effekts umgesetzt in örtliche Unterschiede der optischen Konstanten des doppelbrechenden Kristalls. Der Kristall muß dabei unterhalb seiner Curie-Temperatur sein. Der Kristall trägt auf der dem Elektronenstrahl zugewandten Seite einen dielektrischen Spiegel. Polarisiertes Laserlicht fällt von der anderen Seite auf den Kristall, es wird am Spiegel reflektiert und besitzt nach doppeltem Durchgang durch den Kristall eine spatial modulierte Amplitude. Je nach der Stellung von

Polarisatoren erscheint der Betrag der Amplitude moduliert oder ihre Phase; diese Modulation entspricht der primären Intensitätsverteilung. Auch dieses Verfahren ist nur für begrenzte Modulationen linear. Das modulierte Laserlicht steht nun für kohärente Filterungen bereit.

5.3. Weitere Umformungen durch kohärente Filterung

5.3-a. Phasenkontrastverfahren

Die in Kap. 5.1 genannten Aufgaben der optischen Abbildung lassen sich durch räumliche Filterungen besser lösen, oder sie werden erst durch diese Techniken möglich. Verfahren zum Sichtbarmachen von Phasenstrukturen wurden schon in anderem Zusammenhang geschildert in den Kapiteln 3.5 und 3.7. Es lassen sich stets Filterfunktionen $f(\sigma)$ angeben, die diese Aufgaben leisten. Lohmann und Paris (1968) zeigten, wie solche Funktionen durch in der Lateralphase modulierte, von einem Computer gezeichnete Gitter zu realisieren sind.

5.3-b. Optisches Differenzieren

Gegeben sei die Objektamplitude $u(x)$, ihre Fourier-Transformierte sei $\tilde{u}(R)$. In der kohärenten gefilterten Abbildung soll die Amplitude $\frac{\partial u(x)}{\partial x}$ erscheinen. Laut Definition gilt

$$u'(x) = \frac{\partial u}{\partial x} = \lim_{\Delta x \to 0} \frac{u(x + \Delta x) - u(x)}{\Delta x}.$$

Analog zu den Differential-Interferenzen (Kap. 3.7-d) überlagert man zwei um die Strecke Δx gescherte Bilder des Objekts in Gegenphase. Nach Gl. (1.4-11) gilt für die Fourier-Transformierte der gescherten Amplitude $\tilde{u}_{\Delta x}(R) = e^{-2\pi i R \Delta x} \cdot \tilde{u}(R)$, damit wird die Fourier-Transformierte der Bildamplitude zu

$$\tilde{u}'(R) = \lim_{\Delta x \to 0} [(e^{-2\pi i R \Delta x} - 1)\, \tilde{u}(R)/\Delta x] = -2\pi i R \tilde{u}(R).$$

Die gesuchte Pupillenfunktion $f(R)$, die das Differenzieren von Amplituden leistet, wird zu

$$f(R) = \frac{\tilde{u}'(R)}{\tilde{u}(R)} = -2\pi i R = \text{const} \cdot R. \qquad (5.3\text{-}1)$$

Dieser Pupilleneingriff wird realisiert durch eine Platte, deren Amplitudentransparenz mit wachsender Entfernung von der optischen Achse linear anwächst; eine um π phasenverzögernde dünne Schicht auf der einen Hälfte der Platte bewirkt, daß das Vorzeichen von $f(R)$ dem Vorzeichen von R folgt. Wegen $f(0) = 0$ liegt hier ein Dunkelfeldverfahren vor; im Sinne von Gl. (3.3-6) ist die Übertragung von Amplituden linear, nicht aber die Übertragung von Intensitäten. Das Verfahren betont alle Kanten und Gradienten mit Komponenten senkrecht zur x-Richtung.

Für zweimaliges Differenzieren nach x wird $f(R) = \text{const}\ R^2$. Soll $\frac{\partial^2 u}{\partial x\, \partial y}$ gebildet werden, so wird der Pupilleneingriff zweidimensional, es folgt $f(R_x, R_y) = \text{const} \cdot R_x R_y$. Lohmann und Paris (1968) zeigten, wie solche Filter mit einem computergesteuerten Zeichner hergestellt werden können.

5.3-c. Eliminierung von Objektfrequenzen aus dem Bild

Es soll eine Objektfunktion $u(x)$ eliminiert und im Bild durch einen Punkt auf der Achse ersetzt werden. Dieses Objekt erzeugt in der Pupille seine Fourier-Transformierte $\tilde{u}(R)$. Setzt man als Filter die Amplitudentransparenz

$$f(R) = 1/\tilde{u}(R) \tag{5.3-2}$$

in die Pupille, so wird die gesamte Amplitude hinter diesem Filter zu $\tilde{u}(R) \cdot f(R) \approx \text{const}$. Eliminiert $f(R)$ nur Ausschnitte aus den Objektspektren, so fehlen diese Frequenzen im Bild.

Ein praktisches Beispiel für die Eliminierung von Objektdetails gibt das Unterdrücken des Rasters in einer drucktechnisch reproduzierten Bildvorlage, hier werden in der Pupille die Raumfrequenzen ausgeblendet, die der Rasterperiode entsprechen.

Für ein weiteres Beispiel sei das optische Rauschen genannt, also eine Körnigkeit, die schon im Objekt besteht oder die durch die Abbildung hinzugefügt wird. Enthält das Rauschen alle Raumfrequenzen (weißes Rauschen), so schädigt ein Abschneiden von Rauschfrequenzen auch die erwünschte Abbildung. Ein Filter (Wiener-Filter) $f(R)$ für optimale Abbildung (Slepian 1967) berücksichtigt nicht nur das Rauschspektrum sondern auch das Spektrum des abzubildenden Objekts und auch die durch Aberration verursachte Verschlechterung der Abbildung. Dieses Filter kompensiert auch die Aberrationen optimal; für verschwindendes Rauschen geht es in das durch Gl. (5.2-7) beschriebene Filter über, das vom Objekt unabhängig ist.

5.3-d. Willkürlicher Ersatz des Objekts

Kohärente Filterung kann im Bild näherungsweise auch ein beliebiges Objekt $u(x)$ eliminieren und durch ein anderes, nämlich $w(x')$ ersetzen (Lohmann u. a. 1967; Lohmann und Werlich 1967). Zunächst wird die Objektfunktion in der Pupille eliminiert durch das Filter $f_1(R) = 1/\tilde{u}(R)$. Ein weiteres Filter $f_2(R) = \tilde{w}(R)$ in der Pupille setzt hier die homogene Verteilung der Amplitude um in die Amplitude $f_2(R)$; in der Bildebene erscheint $w(x') = \mathscr{F}^{-1}[f_2(R)]$. Die gesamte Aufgabe erfüllt also das Filter

$$f(R) = f_1 f_2 = \tilde{w}(R)/\tilde{u}(R). \tag{5.3-3}$$

Das Verfahren arbeitet nur näherungsweise, denn Nullstellen von $\tilde{u}(R)$ können nicht durch passive Filter ausgeglichen werden.

5.4. Bildvervielfachung inkohärenter Objekte durch Gitterbeugung

In Kap. 2.8-e wurde gezeigt, wie im Gitterspektrometer jede Beugungsordnung eine Abbildung des spatial inkohärent beleuchteten Eintrittsspalts liefert. Ersetzt man den Eintrittsspalt durch ein beliebiges kleines Objekt, so wird das Objekt in jeder Beugungsordnung reproduziert. Um störende Überlagerungen zu vermeiden, muß zunächst der Durchmesser des Einzelbildes kleiner sein als der Abstand der Beugungsordnungen. Zum anderen muß die Beleuchtung quasimonochromatisch sein. Man verwendet am besten einen Laser, eine rotierende Mattscheibe zerstört, seine spatiale Kohärenz.

Wird anstatt des Liniengitters ein Kreuzgitter benutzt, so erfüllen Bilder des Objekts als Beugungsordnungen eine zweidimensionale Matrix. Diese Vervielfachung ist bei der Herstellung von integrierten Schaltungen technisch wichtig. Die Gitter sollten möglichst viele möglichst intensitätsgleiche Beugungsordnungen besitzen. Gitter in Form von Dirac-Kämmen sind praktisch nicht zu realisieren, sie wären auch ungünstig wegen schlechter Lichtausbeute. Dammann und Görtler (1971) verwendeten binäre Phasengitter mit der Phasendifferenz π. Durch geeignete Anordnung von mehreren Phasenstreifen innerhalb einer Periode haben diese Gitter in einer Dimension 19 annähernd gleich starke Beugungsordnungen.

In früheren Arbeiten wurden die Beugungsgitter photographisch hergestellt mit Hilfe der Fraunhofer-Beugung an einem Raster von kleinen Lochblenden. Diese Gitter können als Fourier-Hologramme aufgefaßt werden und die Bildvervielfachung als Rekonstruktion des Lochrasters mit einer ausgedehnten Quelle (Kap. 7.5); diese stellt das Objekt dar, das vervielfacht werden soll. Störungen, die bei der Holographie gut bekannt sind, wirken sich hier nachteilig aus (Groh und Velzel 1969).

5.5. Zeichenerkennung

5.5-a. Allgemeines

Bisher wurde die räumliche Filterung diskutiert mit dem Ziel, einen optischen Übertragungskanal zu verändern ohne Rücksicht auf spezielle Objekte. Bei der optischen Zeichenerkennung wird der Übertragungskanal so eingerichtet, daß er bestimmte Zeichen (etwa Buchstaben) aus einer Fülle von anderen Zeichen oder aus dem optischen Rauschen herausfindet (Kozma und Kelly 1965); in der Abbildung eines komplizierten Objekts erscheinen dann helle Bereiche an den Orten, wo sich das gesuchte Zeichen befindet. Ein solches Gerät konnte etwa Schrift für eine nachrichtentechnische Weiterverarbeitung „lesen“ oder bestimmte Strukturen in Luftbild- oder Kernspur-Aufnahmen „erkennen“.

Ältere Vorschläge zur Lösung dieser Aufgabe beruhen auf geometrischen Überlegungen, einige sind etwa in der Monographie von Goodman (1968) zusammengestellt. Mehr leistet die räumliche Filterung in der Fourier-Ebene. Auch hier hat das Vander Lugt-Filter die beste Anpassungsfähigkeit. Meist ist das Verfahren begründet auf eine lineare Übertragung von Amplituden; Intensitäten am Eingang und Ausgang des Kanals werden nur bei schwacher Modulation linear übertragen. Oder man verwendet photographische Aufnahmen, die als Positive im linearen Bereich der Amplitudentransparenzkurve entstanden sind. Bildfehler und Aperturbegrenzungen bei der Filterung werden nicht berücksichtigt. In Kap. 5.5-e wird ein Verfahren mit inkohärenter Beleuchtung diskutiert.

In der Eingangsebene eines Strahlengangs entsprechend Abb. 5—2 befindet sich als „Objekt" die Amplitudenverteilung $u(x)$. In ihr ist am Ort $x = x_0$ das Signal $s(x) = s_0(x - x_0)$ enthalten. Die Fourier-Transformierte von $s_0(x)$ in der Pupille sei $\tilde{s}_0(R)$. Ein Filter mit der Amplitudentransparenz $\tilde{h}(R)$ soll in der Reproduktionsebene (Bildebene) die Anwesenheit von $s_0(x)$ an seinem Ort x_0 anzeigen.

5.5-b. Das inverse Filter

Wählt man

$$\tilde{h}(R) = \frac{1}{\tilde{s}_0(R)}, \tag{5.5-1}$$

dann herrscht (ausgenommen die Nullstellen von $\tilde{s}_0(R)$) hinter dem Filter die Amplitude $\tilde{s}_0(R) \cdot \tilde{h}(R) = \text{const}$; daraus entsteht in der Bildebene ein heller Fleck $u(x') = \delta(x')$ auf der optischen Achse. Wird das Objekt um die Strecke x_0 verschoben, so gehört zum Objekt $s(x - x_0)$ in der Pupille die Amplitude

$$\tilde{s}(R) = e^{2\pi i x_0 R} \tilde{s}_0(R). \tag{5.5-2}$$

Bleibt das Filter $\tilde{h}(R)$ ungeändert, so wird hinter ihm die Amplitude zu

$$\tilde{s}(R) \cdot \tilde{h}(R) = e^{2\pi i x_0 R}. \tag{5.5-3}$$

Daraus wird in der Bildebene $u(x') = \delta(x' - x_0)$, dieser Lichtfleck zeigt die Lage x_0 des Objekts an. Ein solches Filter wurde von Lohmann und Paris (1968) hergestellt mit einem computergesteuerten Zeichner.

5.5-c. Das Korrelationsfilter

Eine Abwandlung des reziproken Filters läßt sich auf rein optischem Wege herstellen. Gl. (5.5-1) wird umgeformt zu

$$\tilde{h}(R) = \frac{1}{\tilde{s}_0(R)} = \frac{\tilde{s}_0^*(R)}{|\tilde{s}_0(R)|^2}. \tag{5.5-4}$$

Man verwendet als vereinfachtes Filter die Amplitudentransparenz

$$\tilde{h}(R) = \tilde{s}_0^*(R). \tag{5.5-5}$$

Dieses Filter wird angepaßtes (matched) Filter genannt. Es läßt sich als Vander Lugt-Filter leicht herstellen als das Fourier-Hologramm von $s(x)$ (Kap. 7.6-d). Für die mit $\tilde{s}_0^*(R)$ gefilterte Reproduktion von $s_0(x - x_0)$ gilt mit Gl. (5.5-5) hinter dem Filter die Amplitude

$$\begin{aligned} \tilde{s}_0(R) e^{2\pi i x_0 R} \tilde{h}(R) &= \tilde{s}_0(R) e^{2\pi i x_0 R} \tilde{s}_0^*(R) \\ &= \tilde{s}_0(R) e^{2\pi i x_0 R} \, |\tilde{s}_0(R)|^2 \cdot 1/\tilde{s}_0(R) \\ &= e^{2\pi i x_0 R} \, |\tilde{s}_0(R)|^2 = e^{2\pi i x_0 R} \tilde{s}_0(R) \cdot \tilde{s}_0^*(R). \end{aligned} \tag{5.5-6}$$

$|\tilde{s}_0(R)|^2$ ist eine Amplitudentransparenz ohne Phaseneigenschaften. In der Bildebene entsteht durch Fourier-Transformation von Gl. (5.5-6) wieder ein Lichtfleck am Ort $x' = x_0$; seine Amplitude entspricht einem mit der Pupillenfunktion $|\tilde{s}_0(R)|^2$ erzeugten Punktbild; diese Pupillenfunktion bewirkt eine Abschattung in der Pupille aber keine Wellenaberration oder Linseneigenschaft. Im Vergleich mit $\delta(x' - x_0)$ ist der Fleck in der Bildebene verbreitert und weniger hell. Analog zu den Überlegungen, die zu Gl. (2.7-2) führten, wird die Bildamplitude zur Autokorrelationsfunktion von $s(x)$

$$\int e^{2\pi i x_0 R}\, \tilde{s}_0(R)\, \tilde{s}_0^*(R)\, e^{-2\pi i R x'}\, \mathrm{d}R = \int s(x - x_0)\, s^*(x - x')\, \mathrm{d}x. \qquad (5.5\text{-}7)$$

Deshalb heißt dieses Verfahren auch Korrelationsfilterung.

Enthält die Objektebene anstatt des gesuchten Signals die Amplitude $g(x-x_0)$, dann bewirkt das Filter $\tilde{s}_0^*(R)$ in der Bildebene die Kreuzkorrelation zwischen $s(x)$ und $g(x)$

$$\int g(x - x_0) \cdot s^*(x - x')\, \mathrm{d}x. \qquad (5.5\text{-}8)$$

Kreuzkorrelationen zwischen verschiedenen Funktionen sind stets kleiner als Autokorrellationen.

Zur Suche nach dem Signal $s(x)$ mißt man auch die Bildintensität am Ort $x' = 0$ photoelektrisch und bewegt den Zeichenvorrat durch die Objektebene. Bei bestimmten Positionen $x_0 = 0$ zeigt maximaler Photostrom die Gegenwart von $s(x)$ an. Auch die Abhängigkeit des Photostroms als Funktion von x_0 kann zur Zeichenerkennung ausgenutzt werden.

Die Sicherheit, mit der sich $s(x)$ erkennen läßt, hängt ab von den Unterschieden zwischen der Autokorrelation und den Kreuzkorrelationen mit den restlichen Zeichen. So lassen sich die Buchstaben *C* und *X* leicht unterscheiden; bei *C* und *O* wird es schwierig. Wie geschildert, entdeckt das Verfahren die gesuchten Zeichen an beliebigen Orten der Objektebene, es gibt diese Orte an, es ist „verschiebungsinvariant". Das Verfahren versagt aber, wenn die Größe der Zeichen geändert wird oder wenn die Zeichen im zweidimensionalen Fall gedreht werden, es ist nicht „drehungsinvariant". In einer ruhenden Anordnung, die meist zweidimensional ist, zeigen Bildflecke maximaler Intensität die Lagen von $s(x - x_0)$ an. Bei der photoelektrischen Beurteilung wird auch die Breite des Photometerspalts zu berücksichtigen sein; bei der visuellen Beurteilung geht die Größe des hellen Flecks mit ein.

5.5-d. Korrelation von Gradienten

Enthält das gesuchte Zeichen $s(x)$ scharfe Kanten (z. B. Buchstaben), dann wird es im Zweidimensionalen noch besser charakterisiert durch seinen Differentialquotienten $\mathrm{d}s/\mathrm{d}x = s'(x)$ (Lowenthal und Belvaux 1967). In der Bildebene erscheint die Korrelation der Differentialquotienten. Nach Gl. (5.3-1) gilt für die Fourier-Transformation von $s'(x)$, $\tilde{s}'(R) = \text{const} \cdot R \cdot \tilde{s}(R)$. Diese Operation erfolgt durch ein Filter $f_1(R) = \text{const} \cdot R$. Analog zu Gl. (5.5-5) ist zur Herstellung der Korrelation das Filter $f_2(R) = R \cdot \tilde{s}^*(R)$ erforderlich. Daraus folgt das Filter für die Zeichenerkennung

$$h(R) = f_1 \cdot f_2 = \text{const} \cdot R^2 \cdot \tilde{s}^*(R). \qquad (5.5\text{-}9)$$

Für den praktischen Gebrauch wird mit zweidimensionalen Filtern gearbeitet, sie unterscheiden verschiedene Zeichen nach den Azimuten der Gradienten. Fremde Zeichen $g(x)$ erscheinen in der Bildebene als Gradienten-Kreuzkorrelationen mit $s(x)$; diese sind schwächer als die Autokorrelation.

5.5-e. Korrelationsfilterung mit inkohärenter Beleuchtung

In Kap. 5.5-c wurden die Korrelationen zwischen einem gesuchten Zeichen und anderen Zeichen diskutiert für Amplituden bei kohärenter Beleuchtung. Lohmann (1968) sowie Lohmann und Werlich (1971) entwickelten ein analoges Verfahren für die Intensitäten bei der spatial inkohärenten Abbildung. Das Verfahren ist auf quasimonochromatisches Licht beschränkt. $S(x)$ sei die Intensität des gesuchten Signals. Die Übertragungsfunktion $D(R)$ des zur inkohärenten Abbildung benutzten Systems soll so ausgelegt werden, daß eine beliebige Objektintensität $G(x)$ in der Bildintensität $I(x')$ mit $S(x)$ korreliert erscheint.

$$I(x') = \int G(x)\, S^*(x - x')\, \mathrm{d}x \tag{5.5-10}$$

Analog Gl. (5.5-6) wird diese Abbildung im Fourier-Raum der Intensitäten beschrieben durch

$$\tilde{I}(R) = \tilde{G}(R) \cdot \tilde{S}^*(R) = \tilde{G}(R) \cdot D(R). \tag{5.5-11}$$

$D(R)$ wird nach Gl. (2.9-8) realisiert durch eine geeignete Amplitudentransparenz $f(\xi)$ in der Pupille.

Die Beziehung zwischen $f(\xi)$ und $S(x)$ läßt sich über das Punktbild $K(x')$ für Intensitäten gewinnen. Wegen $\tilde{S}^*(R) = \tilde{S}(-R)$ [Gl. (1.3-15)] gilt $K(x') = S(-x)$. Ein Punktbild kommt identisch auch bei kohärenter Abbildung zustande mit der Bildamplitude $u(x') = \sqrt{S(-x')} \cdot e^{i\varphi(x')}$. Die Objekt- und Bildphase $\varphi(x')$ ist dabei unbestimmt und frei wählbar. Nach den Grundsätzen der kohärenten Abbildung ist $u(x')$ die Fourier-Transformierte der gesuchten Pupillentransparenz $f(\xi)$. $f(\xi)$ kann aus $\sqrt{S(-x)}$ hergestellt werden etwa als Vander Lugt-Filter und mit einem computergesteuerten Zeichner.

Geht man von $\varphi(x) = 0$ über zu $\varphi(x) = \mathrm{const} \cdot x$ oder zu $\varphi(x) = \mathrm{const} \cdot x^2$, so entspricht das einer lateralen oder axialen Verschiebung des Filters; das zeigt die Unempfindlichkeit des Filters gegen Translationen. Diese Unempfindlichkeit ist ein Vorteil gegenüber der kohärenten Filterung. $\varphi(x)$ kann auch statistisch sein, das entspricht einem diffus streuenden Objekt oder einer Mattscheibe zwischen Lichtquelle und Objekt auch bei der Aufnahme des Filters. Binäre Objekte haben nur die Transparenzen Eins und Null, ihre Intensitäten und Amplituden sind also gleich; für solche Objekte können dieselben Filter in kohärentem und inkohärentem Strahlengang benutzt werden.

6. Kohärenzfunktionen für spatiale und chromatische Teilkohärenz

6.1. Allgemeines

In den Kapiteln 1.3 und 1.5 wurden im Zusammenhang mit der Beugung am Youngschen Doppelspalt die spatiale (räumliche) und chromatische (zeitliche) Teilkohärenz eingeführt. Im vorliegenden Kapitel sollen die für Spezialfälle diskutierten Kohärenzfunktionen mit allgemeineren Überlegungen nochmals definiert und untersucht werden. Wir werden wieder vom Konzept der inkohärenten Lichtquelle ausgehen, hier ist also Licht von zwei verschiedenen Punkten der Lichtquelle gegeneinander ohne stationäre Phasenbeziehung, und für Licht mit verschiedener Frequenz gilt das gleiche. Dieses Konzept bewährt sich für thermische Lichtquellen, für Elektronenquellen und Röntgenquellen. Mit gleichen Methoden wird auch die teilkohärente Holographie in Kap. 10 behandelt werden. Bei der Untersuchung der Kohärenzeigenschaften und damit auch der statistischen Eigenschaften von Laserlicht ist dieser Ansatz in manchen aber nicht in allen Fällen erfolgreich.

Die Kohärenzfunktionen sind im Zusammenhang mit der Fourier-Optik und Holographie aus mehreren Gründen sinnvoll. Die einer Lichterregung in einer Ebene zuzuordnende Kohärenzfunktion beschreibt vollständig die Eigenschaften der Lichterregung in bezug auf Intensität, Phase und ihre Interferenzfähigkeit. Deshalb werden wir die Kohärenzfunktionen auch mit einem Interferenzexperiment einführen. Mit Hilfe der Kohärenzfunktionen können wir Beugungs- und Interferenzexperimente darstellen oder auch Kombinationen von Beugung und Interferenz, wie sie bei der gewöhnlichen Abbildung und bei der Holographie auftreten.

Bei der gewöhnlichen Abbildung mit Linsen, Zonenplatten o. ä. kann die Abbildung unabhängig vom Kohärenzgrad der Beleuchtung mit einer linearen Übertragung von Kohärenzfunktionen beschrieben werden. Als Spezialfälle ergeben sich hieraus beim Übergang zu kohärenter Beleuchtung die lineare Übertragung von komplexen Amplituden und beim Übergang zu inkohärenter Beleuchtung die lineare Übertragung von Intensitäten. Demgegenüber zeigt die Holographie ein anderes Verhalten. Bei teilkohärenter Hologrammaufnahme und kohärenter Rekonstruktion erfolgt stets eine lineare Übertragung von Amplituden. Weiter wurden noch andere spezielle Methoden entwickelt, um mit inkohärentem Licht Hologramme aufzunehmen. Diese Methoden erlauben grundsätzlich nur die Aufzeichnung von Intensitäten. Die teilkohärente und inkohärente Holographie werden näher in Kap. 10 besprochen.

6.2. Spatiale Teilkohärenz

Wir behandeln zunächst nur den Fall der spatialen Teilkohärenz, wir setzen also in unserem Modell eine endlich große, spatial inkohärente Lichtquelle voraus, die monochromatisch strahlen soll. Dieses Modell stellt für viele Fälle eine gute Näherung dar, obwohl ideale spatiale Inkohärenz und ideale Monochromasie in der Praxis nicht erreichbar sind.

6.2-a. Die Kohärenzfunktion

Im Kap. 1 wurde die Kohärenzfunktion für den Spezialfall einer homogenen Beleuchtung eingeführt durch Diskussion der Interferenzen am Youngschen Doppelspalt. Der Doppelspalt erweist sich aber für die allgemeineren Kohärenzfunktionen als unpraktisch. Wir diskutieren hier statt dessen ein anderes Experiment, das mit einem Scherungs-Interferometer (shearing interferometer) ausgeführt werden kann.

Die Kohärenzeigenschaften der Lichterregung in einer Ebene E sollen bestimmt werden durch ein Interferenzexperiment. Wir nehmen an, daß die Lichterregung aus der Ebene E zweimal in einer Beobachtungsebene identisch reproduziert wird, wobei die beiden Teilerregungen in der Beobachtungsebene gegeneinander verschoben sein sollen. Die Lichterregung vom Punkt x in der Ebene E wird also in der Beobachtungsebene an den beiden Punkten x_1 und x_2 identisch reproduziert. Die Interferenzintensität I_i in der Beobachtungsebene wird gemessen.

Zur Auswertung dieses Experimentes gehen wir davon aus, daß auf die Ebene E Licht von der spatial inkohärenten monochromatischen Lichtquelle $L(\varkappa)$ fällt. $\varkappa$ ist die Lichtquellenkoordinate, es wird wieder nur eindimensional gerechnet. Von einem Punkt $\varkappa$ der Lichtquelle geht eine kohärente Lichterregung aus, die in die Ebene E als kohärente komplexe Amplitude $\sqrt{L(\varkappa)}\, u(x, \varkappa)$ einfällt. Zwischen der Lichtquelle und der Ebene E kann sich ein beliebiges System befinden, z. B. Vakuum, ein Kondensor oder ein Abbildungssystem. Die Eigenschaften dieses Systems werden durch $u(x, \varkappa)$ beschrieben. Später werden Kohärenzfunktionen in verschiedenen Ebenen bestimmt, nämlich unmittelbar vor der Objektebene, unmittelbar hinter der Objektebene und in der Bildebene. Bei unserem Interferenzexperiment ist bei Beleuchtung von E durch den Lichtquellenpunkt $\varkappa$ die Interferenzamplitude u_i in der Beobachtungsebene gegeben durch die Überlagerung der beiden zueinander kohärenten Lichterregungen $\sqrt{L(\varkappa)}\, u(x_1, \varkappa)$ und $\sqrt{L(\varkappa)}\, u(x_2, \varkappa)$:

$$u_i(x_1, x_2, \varkappa) = \sqrt{L(\varkappa)}\,[u(x_1, \varkappa) + u(x_2, \varkappa)] \tag{6.2-1}$$

Die gesamte Interferenzintensität I_i ergibt sich dann nach Bildung des Betragsquadrats und Integration über die inkohärente Lichtquelle $L(\varkappa)$ zu

$$I_i(x_1, x_2) = \int L(\varkappa)\, |[u(x_1, \varkappa) + u(x_2, \varkappa)]|^2\, d\varkappa \tag{6.2-2}$$

$$= \int L(\varkappa)\, |u(x_1, \varkappa)|^2\, d\varkappa + \int L(\varkappa)\, |u(x_2, \varkappa)|^2\, d\varkappa + 2\,\mathrm{Re}\left\{\int L(\varkappa)\, u(x_1, \varkappa)\, u^*(x_2, \varkappa)\, d\varkappa\right\}. \tag{6.2-3}$$

Alle Integrale gehen wieder von minus bis plus unendlich. Die beiden ersten Terme sind triviale Intensitätsanteile in der Beobachtungsebene. Sie werden ungestört beobachtet, wenn die eine der beiden Teilerregungen abgeschaltet wird. Der dritte Term ist der Interferenzterm, der die gegenseitige Kohärenz der Lichterregungen in x_1 und x_2 beschreibt. Für ihn wird der Ausdruck „spatiale Kohärenzfunktion" $\Gamma^S(x_1, x_2)$ eingeführt:

$$\Gamma^S(x_1, x_2) = \int L(\varkappa)\, u(x_1, \varkappa)\, u^*(x_2, \varkappa)\, \mathrm{d}\varkappa \tag{6.2-4}$$

Mit der beschriebenen Interferenzanordnung kann man also den Realteil der Kohärenzfunktion nach Gl. (6.2-3) messen. Der Imaginärteil ließe sich messen durch Zufügen einer Wegänderung von $\lambda/4$ in eine der interferierenden Wellenfronten.

Kohärenzfunktionen beschreiben die Kohärenzeigenschaften der Lichterregung in Paaren von Punkten auf der Ebene E, sie müssen also schon im eindimensionalen Fall Funktionen von zwei unabhängigen Variablen sein. Das erschwert ihre Anwendung auf die Abbildung trotz des Vorteils der linearen Übertragung, die bei Teilkohärenz mit Kohärenzfunktionen vorliegt. Nur bei homogener Beleuchtung ist die Kohärenzfunktion in Abhängigkeit von nur einer Variablen $x_1 - x_2$ darstellbar. Im allgemeinen Falle sind die unabhängigen Variablen x_1 und x_2 oder gleichwertig $x_1 - x_2$ und x_1 bzw. x_2.

Fallen die Punkte x_1 und x_2 zusammen, so geht die Kohärenzfunktion in die Intensität an dieser Stelle über.

Diese Einführung der Kohärenzfunktion geht auf Hopkins (1951, 1953) zurück. Eine einfache Darstellung mit veranschaulichenden Skizzen von einfachen Kohärenzfunktionen findet sich bei Weingärtner und Menzel (1968/69). Einen anderen Weg schlug Wolf (1954) ein, der die Kohärenzfunktion als Korrelationsfunktion der zeitlich schwankenden Amplitude definierte.

6.2-b. Die Abbildung mit Kohärenzfunktionen

Es werden mit Hilfe der Gl. (6.2-4) die Kohärenzfunktionen in verschiedenen Ebenen berechnet, nämlich unmittelbar vor der Objektebene, unmittelbar hinter der Objektebene und in der Bildebene für den Strahlengang nach Abb. 6—1; Abb. 6—1 ist identisch mit Abb. 3—14.

Zunächst wird die Ebene E in die Ebene unmittelbar vor die Objektebene gelegt. In der parabolischen Näherung gilt dann bis auf einen vernachlässigten konstanten ortsunabhängigen Faktor für die Lichterregung u_L unmittelbar vor der Objektebene analog zu Gl. (2.2-11):

$$u_L(x, \varkappa) = \exp\left\{-ik\left[\frac{\varkappa^2}{2a} + \frac{x^2}{2a} + \frac{\varkappa x}{a}\right]\right\} \tag{6.2-5}$$

In Gl. (6.2-5) ist die Beleuchtungsstärke in der Ebene E konstant, es liegt also homogene Beleuchtung vor. Einsetzen in Gl. (6.2-4) liefert die Kohärenzfunktion $\Gamma_L{}^S$, die nur von der Beleuchtung beeinflußt wird:

$$\Gamma_L{}^S(x_1, x_2) = e^{-\frac{ik}{2a}(x_1{}^2 - x_2{}^2)} \cdot \int L(\varkappa)\, e^{-\frac{ik}{a}\varkappa(x_1 - x_2)}\, \mathrm{d}\varkappa \tag{6.2-6}$$

Bis auf den in x_1 und x_2 quadratischen Phasenvorfaktor ist $\Gamma_L{}^S$ gleich der Fourier-Transformierten der Lichtquelle L. Wegen der homogenen Beleuchtung ist $\Gamma_L{}^S$ bis auf den Phasenvorfaktor nur von $x_1 - x_2$ abhängig. Vernachlässigt man den Phasenvorfaktor, so ergibt sich die folgende vereinfachte Schreibweise für $\Gamma_L{}^S$:

$$\Gamma_L{}^S(x_1, x_2) = \Gamma_L{}^S(x_1 - x_2) = \int L(\varkappa) e^{-\frac{ik}{a}\varkappa(x_1 - x_2)} \mathrm{d}\varkappa \qquad (6.2\text{-}7)$$

Die Gl. (6.2-7) wiederum kann leicht in die Form der Gl. (1.3-10) überführt werden, die ebenfalls für homogene Beleuchtung hergeleitet wurde.

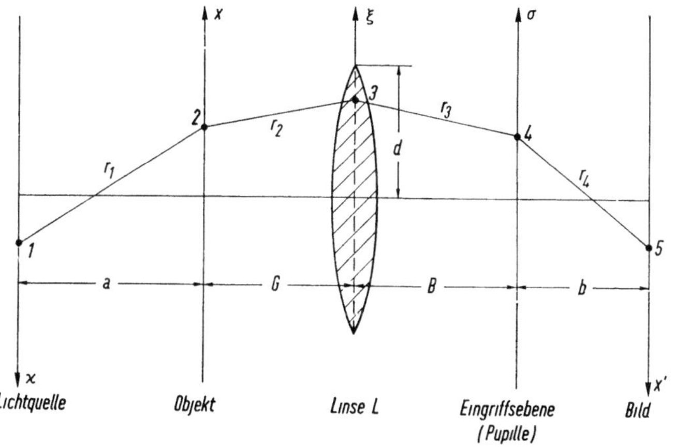

Abb. 6—1. Zur Abbildung mit Kohärenzfunktionen

Setzt man im nächsten Schritt die Ebene E unmittelbar hinter die Objektebene, so ergibt sich die Objekt-Kohärenzfunktion $\Gamma_O{}^S$. Die Lichterregung unmittelbar hinter dem Objekt, die vom Lichtquellenpunkt $\varkappa$ stammt, ist $u_L \cdot u_O$. Hierbei ist u_O wiederum die Amplitudentransparenz des Objektes, die bei unserer Überlegung als unabhängig von der Durchstrahlungsrichtung angenommen wird. u_L ist in Gl. (6.2-5) gegeben. Einsetzen in Gl. (6.2-4) ergibt für $\Gamma_O{}^S$:

$$\Gamma_O{}^S(x_1, x_2) = u_O(x_1) u_O{}^*(x_2) \cdot e^{-\frac{ik}{2a}(x_1{}^2 - x_2{}^2)} \cdot \int L(\varkappa) e^{-\frac{ik}{a}\varkappa(x_1 - x_2)} \mathrm{d}\varkappa$$

$$= u_O(x_1) u_O{}^*(x_2) \cdot \Gamma_L{}^S(x_1, x_2) \qquad (6.2\text{-}8)$$

Als dritten Schritt setzen wir die Ebene E in die Bildebene (Abb. 6—1). Die Lichterregung u_b in der Bildebene kann aus Gl. (3.8-24) übernommen werden; diese Gleichung wird nun als Gl. (6.2-9) erneut angeschrieben.

$$u_b(x', \varkappa) = \int u_O(x) K\left[\frac{1}{\lambda b}(x' - Mx)\right] e^{-ik\frac{\varkappa x}{a}} \mathrm{d}x \qquad (6.2\text{-}9)$$

K war die Verwaschungsfunktion des Systems für Amplituden. Zu Gl. (6.2-9) muß erwähnt werden, daß hier die Phasenvorfaktoren $e^{-ik\frac{\varkappa^2}{2a}}$ und $e^{-ik\frac{x'^2}{2b}}$ vernachlässigt würden. Der erste Faktor fiele beim Übergang zu Gl. (6.2-4) onehin fort. Der zweite Faktor hat aber einen Einfluß auf die Isoplanasie der Übertragung der Kohärenzfunktionen vom Objekt ins Bild. Der Einfluß dieses zweiten Faktors wurde im einzelnen von Dumontet (1955) untersucht. Danach kann dieser Einfluß für nicht zu große Abstände von der optischen Achse im Bild vernachlässigt werden. u_b nach Gl. (6.2-9) wird in Gl. (6.2-4) eingesetzt.

$$\begin{aligned} \Gamma_b^S(x_1', x_2') = \iiint & L(\varkappa) u_O(x_1) u_O^*(x_2) \\ & \times K\left[\frac{1}{\lambda b}(x_1' - M x_1)\right] K^*\left[\frac{1}{\lambda b}(x_2' - M x_2)\right] \\ & \times e^{-ik\frac{\varkappa}{a}(x_1 - x_2)} \, \mathrm{d}x_1 \, \mathrm{d}x_2 \, \mathrm{d}\varkappa \end{aligned} \tag{6.2-10}$$

Durch Vergleich der Gl. (6.2-10) mit den Gln. (6.2-7) und (6.2-8) stellt sich heraus, daß im Integranden von Gl. (6.2-10) die Kohärenzfunktionen der Beleuchtung Γ_L^S und des Objektes Γ_O^S enthalten sind.

$$\Gamma_b^S(x_1', x_2') = \iint \Gamma_O^S(x_1, x_2) \, K\left[\frac{1}{\lambda b}(x_1' - M x_1)\right] K^*\left[\frac{1}{\lambda b}(x_2' - M x_2)\right] \mathrm{d}x_1 \, \mathrm{d}x_2 \tag{6.2-11}$$

Wieder wurde vorausgesetzt, daß u_O nicht von der Durchstrahlungsrichtung abhängig ist. Die Gl. (6.2-11) zeigt, daß Γ_b^S und Γ_O^S linear und isoplanatisch durch eine zweidimensionale Faltungsoperation miteinander verknüpft sind. Es liegt also bei teilkohärenter Beleuchtung eine lineare und isoplanatische Übertragung von Kohärenzfunktionen vom Objekt ins Bild vor.

6.2-c. Die Kohärenzübertragungsfunktion

Durch Umformung von Gl. (6.2-11) kann man eine Übertragungsfunktion für Kohärenzfunktionen ermitteln, die sog. Kohärenz-Übertragungsfunktion. Dazu wird in Gl. (6.2-11) die Verwaschungsfunktion K für Amplituden nach Gl. (3.8-12) durch ihre Fourier-Transformierte $f(\sigma)$, die Pupillenfunktion, ersetzt:

$$K(x) = \int f(\sigma) e^{-2\pi i \sigma x} \mathrm{d}\sigma \tag{6.2-12}$$

Einsetzen von Gl. (6.2-12) in Gl. (6.2-11) ergibt:

$$\begin{aligned} \Gamma_b^S(x_1', x_2') = \iiiint & \Gamma_O^S(x_1, x_2) f(\sigma_1) f^*(\sigma_2) \\ & \times e^{-2\pi i\left[\frac{\sigma_1}{\lambda b}(x_1' - M x_1) - \frac{\sigma_2}{\lambda b}(x_2' - M x_2)\right]} \mathrm{d}\sigma_1 \, \mathrm{d}\sigma_2 \, \mathrm{d}x_1 \, \mathrm{d}x_2 \end{aligned} \tag{6.2-13}$$

Nach Substitution $R_1 = \sigma_1/\lambda b$ und $R_2 = -\sigma_2/\lambda b$ und nach Umordnung der Reihenfolge der Integrationen ergibt sich:

$$\begin{aligned} \Gamma_b^S(x_1', x_2') = \iint & f(\lambda b R_1) f^*(-\lambda b R_2) \\ & \times \left\{\iint \Gamma_O^S(x_1, x_2) e^{2\pi i[M R_1 x_1 + M R_2 x_2]} \, \mathrm{d}x_1 \, \mathrm{d}x_2\right\} \\ & \times e^{-2\pi i[R_1 x_1' + R_2 x_2']} \, \mathrm{d}R_1 \, \mathrm{d}R_2 \end{aligned} \tag{6.2-14}$$

In Gl. (6.2-14) steht in der geschweiften Klammer die Fourier-Transformierte $\widetilde{\Gamma_O^S}(MR_1, MR_2)$ von $\Gamma_O^S(x_1, x_2)$. Die beiden äußeren Integrale stellen die Fourier-Rücktransformierte $\widetilde{\Gamma_b^S}(R_1, R_2)$ von $\Gamma_b^S(x_1', x_2')$ dar. Damit läßt sich Gl. (6.2-14) wie folgt umschreiben:

$$\widetilde{\Gamma_b^S}(R_1, R_2) = f(\lambda b R_1) f^*(-\lambda b R_2) \widetilde{\Gamma_O^S}(MR_1, MR_2) \tag{6.2-15}$$

Oder:

$$\ddot{U}^S(R_1, R_2) = f(\lambda b R_1) f^*(-\lambda b R_2) = \frac{\widetilde{\Gamma_b^S}(R_1, R_2)}{\widetilde{\Gamma_O^S}(MR_1, MR_2)} \tag{6.2-16}$$

$\ddot{U}^S(R_1, R_2)$ ist die Kohärenzübertragungsfunktion bei spatial teilkohärenter Beleuchtung. Sie hängt nur von den Eigenschaften des Abbildungssystems ab, wie es von einer Übertragungsfunktion erwartet wird, die eine lineare Übertragung beschreibt. Die Kohärenzeigenschaften der Beleuchtung sind enthalten in Γ_O^S, sie werden also als zum Objekt gehörig betrachtet. Die Vorteile einer linearen Übertragung erkauft man hier damit, daß Kohärenzfunktionen und Kohärenzübertragungsfunktionen schon im eindimensionalen Falle von zwei unabhängigen Variablen abhängen.

Ein weiterer Vorteil der Beschreibung der Abbildung mit Hilfe von Kohärenzfunktionen liegt darin, daß sich mit demselben Formalismus unverändert auch mehrstufige Abbildungssysteme behandeln lassen. Die Kohärenzübertragungsfunktion des gesamten mehrstufigen Systems ist dabei das Produkt aus den Übertragungsfunktionen der Einzelsysteme. So läßt sich auch der mehrstufigen Abbildung im Mikroskop eine Übertragungsfunktion zuordnen.

6.2-d. Kontrastübertragungsfunktion und Phasenkontrastfunktion bei kleiner Objektaussteuerung

Die Übertragung der Kohärenzfunktion bei beliebigem Kohärenzgrad ist ein linearer Prozeß. Dagegen ist die Übertragung der Objektintensität (Objektabsorption) oder der Objektphase in die Bildintensität bei Teilkohärenz oder Kohärenz ein nichtlinearer Prozeß. Nur Amplituden bei kohärenter Beleuchtung und Intensitäten bei inkohärenter Beleuchtung werden linear übertragen, während eine Phaseninformation bei inkohärenter Beleuchtung überhaupt nicht ins Bild übertragen werden kann. Bei kleiner Objektmodulation können aber Objektintensität und Objektphase linear vom Objekt in die Bildintensität übertragen werden (Menzel 1958, 1960, Slansky und Maréchal 1960). Die entsprechenden Übertragungsfunktionen heißen Amplituden-Kontrastfunktion (Kontrastübertragungsfunktion) und Phasenkontrastfunktion. Für kohärente Beleuchtung vom Lichtquellenpunkt Q wurden beide Funktionen bereits in Kap. 3.4 hergeleitet. Jetzt sollen diese Diskussionen für allgemeine spatiale Teilkohärenz fortgesetzt werden. Chromatische Teilkohärenz wird in diesem Zusammenhang nicht diskutiert, weil diese bei Abbildung mit Intensitätsaufzeichnung im Bild keine grundsätzlich neuen Einflüsse hat.

Der eben entwickelte Formalismus bietet einen einfachen Zugang zu der Abbildung mit Intensitätsaufzeichnung im Bild. Wir gehen aus von der Gl. (6.2-11), welche die lineare Übertragung der Objektkohärenzfunktion in die Bildkohärenzfunktion bei spatialer Teilkohärenz beschreibt:

$$\Gamma_b^S(x_1', x_2') = \iint \Gamma_O^S(x_1, x_2)\, K\left[\frac{1}{\lambda b}(x_1' - x_1)\right] K^*\left[\frac{1}{\lambda b}(x_2' - x_2)\right] \mathrm{d}x_1\,\mathrm{d}x_2 \tag{6.2-11}$$

Vorübergehend wird mit der Vergrößerung $M = 1$ gerechnet. Die Bildintensität $I_b(x')$ kann aus der Kohärenzfunktion $\Gamma_b^S(x_1', x_2')$ durch Setzen von $x' = x_1' = x_2'$ ermittelt werden. In Gl. (6.2-11) wird weiter Γ_O^S nach Gl. (6.2-7) ersetzt.

$$\begin{aligned} I_b(x') &= \Gamma_b^S(x', x') \\ &= \iint u_O(x_1) u_O^*(x_2) \Gamma_L^S(x_1 - x_2) \\ &\quad \times K\left[\frac{1}{\lambda b}(x' - x_1)\right] K^*\left[\frac{1}{\lambda b}(x' - x_2)\right] \mathrm{d}x_1\,\mathrm{d}x_2 \end{aligned} \tag{6.2-17}$$

Es werden schwache Objekte vorausgesetzt analog Gl. (3.4-1). Für ein schwaches Intensitätsobjekt gilt

$$u_O(x) = 1 + p(x) \quad \text{mit} \quad p^2 \ll 1 \tag{6.2-18}$$

und für ein schwaches Phasenobjekt

$$u_O(x) = 1 + i\Phi(x) \quad \text{mit} \quad \Phi^2 \ll 1. \tag{6.2-19}$$

p und Φ sind dabei reelle Funktionen. Die nachfolgende Rechnung wird nur für ein schwaches Intensitätsobjekt durchgeführt, für ein schwaches Phasenobjekt läuft die Rechnung auf dieselbe Weise ab, hierfür werden nur die Ergebnisse angeschrieben. u_O nach Gl. (6.2-18) wird in Gl. (6.2-17) eingesetzt:

$$\begin{aligned} I_b(x') &= \iint [p(x_1) + p(x_2)] \Gamma_L^S(x_1 - x_2) \\ &\quad \times K\left[\frac{1}{\lambda b}(x' - x_1)\right] K^*\left[\frac{1}{\lambda b}(x' - x_2)\right] \mathrm{d}x_1\,\mathrm{d}x_2 \end{aligned} \tag{6.2-20}$$

In Gl. (6.2-20) wurde ein konstanter Term fortgelassen, und es wurde nach Voraussetzung ein weiterer Term vernachlässigt, der quadratisch in p ist. Weiter wird K in Gl. (6.2-20) ersetzt durch seine Fourier-Transformierte [Gl. (3.8-12)]. Der entstehende Exponentialfaktor wird umgeordnet.

$$\begin{aligned} I_b(x') &= \iiiint [p(x_1) + p(x_2)] \Gamma_L^S(x_1 - x_2) f(\sigma_1) f^*(\sigma_2) \\ &\quad \times e^{\frac{2\pi i}{\lambda b}[\sigma_1 x_1 - \sigma_2 x_2]} \cdot e^{-\frac{2\pi i}{\lambda b} x'(\sigma_1 - \sigma_2)} \mathrm{d}\sigma_1\,\mathrm{d}\sigma_2\,\mathrm{d}x_1\,\mathrm{d}x_2 \end{aligned} \tag{6.2-21}$$

Im folgenden Schritt wird die Summe innerhalb des Integrals ausdrücklich als Summe beider Integrale geschrieben, weil in den beiden Summanden jeweils verschiedene Substitutionen durchgeführt werden müssen. Im ersten Integral werden die folgenden Substitutionen eingeführt:

$$\frac{\sigma_1}{\lambda b} = R + Q; \qquad \frac{\sigma_2}{\lambda b} = Q$$

$$x_1 = x; \qquad x_1 - x_2 = \Delta \tag{6.2-22}$$

Im zweiten Integral werden die Substitutionen eingeführt:

$$\frac{\sigma_1}{\lambda b} = Q; \qquad \frac{\sigma_2}{\lambda b} = -R + Q$$

$$x_2 = x; \qquad x_1 - x_2 = \Delta \tag{6.2-23}$$

Damit ergibt sich folgendes Zwischenergebnis:

$$\begin{aligned} I_b(x') = & \iiiint p(x) \Gamma_L{}^S(\Delta) f[\lambda b(R+Q)] f^*[\lambda b Q] \\ & \times e^{2\pi i[Rx + Q\Delta - Rx']} \,\mathrm{d}R \,\mathrm{d}Q \,\mathrm{d}x \,\mathrm{d}\Delta \\ & + \iiiint p(x) \Gamma_L{}^S(\Delta) f[\lambda b Q] f^*[\lambda b(-R+Q)] \\ & \times e^{2\pi i[Rx + Q\Delta - Rx']} \,\mathrm{d}R \,\mathrm{d}Q \,\mathrm{d}x \,\mathrm{d}\Delta \end{aligned} \tag{6.2-24}$$

Die Reihenfolge der Integrationen wird vertauscht, und die Summe wird wieder zusammengefaßt:

$$\begin{aligned} I_b(x') = \int \Big\{ \int & \{f[\lambda b(R+Q)] f^*[\lambda b Q] + f[\lambda b Q] f^*[\lambda b(-R+Q)]\} \\ & \times \int p(x) e^{2\pi i R x} \,\mathrm{d}x \cdot \int \Gamma_L{}^S(\Delta) e^{2\pi i Q\Delta} \,\mathrm{d}\Delta \Big\} \cdot e^{-2\pi i R x'} \mathrm{d}R \,\mathrm{d}Q \end{aligned} \tag{6.2-25}$$

In der äußeren geschweiften Klammer steht die Fourier-Rücktransformierte von $I_b(x')$. Die Fourier-Transformierte von $I_b(x')$ wird mit $\tilde{I}_b(R)$ bezeichnet. Weiterhin stehen innerhalb dieser Klammer die Fourier-Transformierte von $p(x)$, die nach Gl. (3.4-3) mit $a(R)$ bezeichnet wird, und die Fourier-Transformierte der Kohärenzfunktion der Beleuchtung $\Gamma_L{}^S$, die nach Fourier-Umkehrung von Gl. (6.2-7) auf die Lichtquellenfunktion $L[\lambda a Q]$ führt. Damit ergibt sich aus Gl. (6.2-24):

$$\tilde{I}_b(R) = a(R) \int L[\lambda a Q] \{f[\lambda b(Q+R)] f^*[\lambda b Q] + f[\lambda b Q] f^*[\lambda b(Q-R)]\} \,\mathrm{d}Q \tag{6.2-26}$$

Das Integral stellt offensichtlich analog Gl. 3.4-6 die Amplitudenkontrastfunktion $A(R)$ dar:

$$A(R) = \int L[\lambda a Q] \Big\{ f[\lambda b(Q+R)] f^*[\lambda b Q] + f[\lambda b Q] f^*[\lambda b(Q-R)] \Big\} \,\mathrm{d}Q \tag{6.2-27}$$

Für ein symmetrisches System vereinfacht sich Gl. (6.2-27) zu:

$$A(R) = 2\,\mathrm{Re} \Big\{ \int L[\lambda a Q] f[\lambda b(Q+R)] f^*[\lambda b Q] \,\mathrm{d}Q \Big\} \tag{6.2-28}$$

Weiter gilt für die Kontrastübertragungsfunktion $D(R) = 1/2 \cdot A(R)$.

Die gleiche Rechnung wie für schwache Absorptionsobjekte kann auch für schwache Phasenobjekte [Gl. (6.2-19)] durchgeführt werden. Sie führt zur Phasenkontrastfunktion $B(R)$:

$$B(R) = i \int L[\lambda a Q] \left\{f[\lambda b(Q+R)] f^*[\lambda b Q] - f^*[\lambda b(Q-R)] f[\lambda b Q]\right\} \mathrm{d}Q \tag{6.2-29}$$

Gl. (6.2-29) vereinfacht sich für einen symmetrischen Kanal zu:

$$B(R) = 2\,\mathrm{Im}\left\{\int L[\lambda a Q] f[\lambda b(Q+R)] f^*[\lambda b Q]\,\mathrm{d}Q\right\} \tag{6.2-30}$$

Diese Ergebnisse wurden auf anderem Wege schon von Hauser (1962a) gewonnen.

6.3. Spatiale und chromatische Teilkohärenz

6.3-a. Die Kohärenzfunktion

Bei thermischen Lichtquellen wird die Kohärenz des Lichtes durch die räumliche Ausdehnung der Lichtquelle (spatiale Teilkohärenz) und die spektrale Energiedichte der Lichtquelle (chromatische Teilkohärenz) beeinflußt. Für den Fall stationärer Ausstrahlung der Quelle und stationärer Eigenschaften des Gesamtsystems sollen nun die kombinierten Effekte der spatialen und der chromatischen Teilkohärenz untersucht werden.

Bei Quasimonochromasie und spatialer Teilkohärenz ist es ausreichend, zur Bestimmung der Kohärenzeigenschaften des Lichtes einen Interferenzversuch zu machen, bei dem die gegenseitige Gangdifferenz der Strahlen konstant bleibt (Kap. 6.2). Für den Fall spatialer Kohärenz und chromatischer Teilkohärenz, also bei Aussendung einer polychromatischen Lichterregung von einer punktförmigen Lichtquelle, können durch einen Interferenzversuch mit variablem gegenseitigen optischen Gangunterschied die spektrale Energiedichte $E(\nu)$ und damit die chromatische Kohärenz gemessen werden. Hier sei an die Fourier-Spektroskopie erinnert (Kap. 1.5-b), bei der die spektrale Energiedichte $E(\nu)$ einer Lichtquelle dadurch ermittelt wird, daß eine Interferenzintensität als Funktion des optischen Gangunterschiedes aufgezeichnet wird; die spektrale Energiedichte der Lichtquelle ergibt sich durch Fourier-Transformation aus dieser Interferenzintensität.

Um im Falle spatialer und chromatischer Teilkohärenz Aussagen über die Kohärenz der Lichterregung in einer Ebene E machen zu können, werden Lichterregungen von zwei Punkten x_1 und x_2 der Ebene E unter Einführung eines variablen gegenseitigen Gangunterschiedes in einer Beobachtungsebene zur Interferenz gebracht. Es wird also ein Zweistrahl-Interferenz-Experiment mit Einführung eines variablen gegenseitigen Gangunterschiedes zwischen beiden Lichterregungen durchgeführt.

Es wird vorausgesetzt, daß die zu untersuchende Ebene E von einer Lichtquelle $L(\varkappa, \nu)$ beleuchtet wird. Weiter wird angenommen, daß Lichterregungen von verschiedenen Punkten $\varkappa$ der Lichtquelle gegenseitig inkohärent sind und daß Lichterregungen verschiedener Frequenz ν gegenseitig inkohärent sind. Die Art der Beleuchtung der Ebene E durch $L(\varkappa, \nu)$ ist wie in Kap. 6.2 nicht näher festgelegt.

Die Ebene E wird von einem Lichtquellenpunkt $\varkappa$ mit der Frequenz ν kohärent beleuchtet. Die Amplitude in E, die von dem Lichtquellenpunkt $\varkappa$ mit der Frequenz ν herrührt, sei $\sqrt{L(\varkappa, \nu)} \cdot u(x, \varkappa, \nu)$. Für diesen Fall läßt sich die Interferenzamplitude u_i angeben, denn bei Kohärenz überlagern sich Amplituden additiv:

$$u_i(x_1, x_2, \tau, \varkappa, \nu) = \sqrt{L(\varkappa, \nu)}\,\{u(x_1, \varkappa, \nu) + u(x_2, \varkappa, \nu)e^{-2\pi i\nu\tau}\} \tag{6.3-1}$$

Dabei werden die Lichterregungen von den Punkten x_1 und x_2 der Ebene E in der Interferenzebene (Beobachtungsebene) mit einem gegenseitigen optischen Gangunterschied $c \cdot \tau$ zusammengeführt; c ist die Lichtgeschwindigkeit und τ eine Laufzeitdifferenz. Schwächungen der Lichtstrahlen und Dispersion beim Durchgang durch das Zweistrahl-Interferometer werden nicht berücksichtigt. Die Interferenzintensität für die Lichterregung vom Lichtquellenpunkt $\varkappa$ mit der Frequenz ν resultiert durch Betragsquadratbildung von u_i. Die Gesamtinterferenzintensität I_i erhält man durch lineare Superposition der Interferenzintensitäten für jeden Lichtquellenpunkt $\varkappa$ und jede Frequenz ν:

$$I_i(x_1, x_2, \tau) = \iint L(\varkappa, \nu)\,|u_i(x_1, x_2, \tau, \varkappa, \nu)|^2\, d\varkappa\, d\nu \tag{6.3-2}$$

$$\begin{aligned} &= \iint L(\varkappa, \nu)\,|u(x_1, \varkappa, \nu)|^2\, d\varkappa\, d\nu \\ &\quad + \iint L(\varkappa, \nu)\,|u(x_2, \varkappa, \nu)|^2\, d\varkappa\, d\nu \\ &\quad + 2\,\mathrm{Re}\left\{\iint L(\varkappa, \nu)u(x_1, \varkappa, \nu)u^*(x_2, \varkappa, \nu)e^{-2\pi i\nu\tau}\, d\varkappa\, d\nu\right\} \end{aligned} \tag{6.3-3}$$

Der dritte Term in Gl. (6.3-3) ist der Interferenzterm, für diesen Term wird die Bezeichnung Kohärenzfunktion $\Gamma(x_1, x_2, \tau)$ eingeführt:

$$\Gamma(x_1, x_2, \tau) = \iint L(\varkappa, \nu)u(x_1, \varkappa, \nu)u^*(x_2, \varkappa, \nu)e^{-2\pi i\nu\tau}\, d\varkappa\, d\nu \tag{6.3-4}$$

Die Kohärenzfunktion Γ nach Gl. (6.3-4) ist bei eindimensionaler Rechnung eine Funktion von drei unabhängigen Variablen, sie ist eine durch das obige Interferenzexperiment meßbare Größe. Sie beschreibt die Kohärenz und damit die Interferenzfähigkeit des Lichtes. Auf ähnliche Weise führte Hopkins (1957) die Kohärenzfunktion Γ ein. Demgegenüber definierten Wolf (1955), Born und Wolf (1964) die Kohärenzfunktion Γ als statistische Korrelationsfunktion. Für die hier behandelten Fragestellungen führen beide Definitionen zum gleichen Ergebnis.

Durch eine Umschreibung von Gl. (6.3-4) kommt man auf eine weitere Formulierung.

$$\Gamma(x_1, x_2, \tau) = \int\left\{\int L(\varkappa, \nu)u(x_1, \varkappa, \nu)u^*(x_2, \varkappa, \nu)\, d\varkappa\right\} e^{-2\pi i\nu\tau}\, d\nu \tag{6.3-5}$$

Ersichtlich stellt das äußere Integral eine Fourier-Transformation des inneren Integrals dar. Dabei muß beachtet werden, daß die Integration über ν nur für positive ν durchgeführt werden kann. Das innere Integral ist nach Gl. (6.2-4) identisch mit der (monochromatischen) Kohärenzfunktion Γ^S für die Frequenz ν (Kap. 6.2). Somit haben wir in $\Gamma(x_1, x_2, \tau)$ und $\Gamma(x_1, x_2, \nu)$ ein Paar von fourierreziproken Funktionen:

$$\Gamma(x_1, x_2, \tau) = \int \Gamma(x_1, x_2, \nu)\, e^{-2\pi i \nu \tau}\, d\nu \qquad (6.3\text{-}6)$$

$$\Gamma(x_1, x_2, \nu) = \int \Gamma(x_1, x_2, \tau)\, e^{+2\pi i \nu \tau}\, d\tau$$

Weiterhin wird der Übergang zu quasimonochromatischem Licht besprochen. Näherungsweise wird dabei für die Lichtquellenverteilung L angenommen:

$$L(\varkappa, \nu) = L(\varkappa)\, \delta(\nu - \bar{\nu}) \qquad (6.3\text{-}7)$$

Mit Gl. (6.3-7) geht Gl. (6.3-4) unter Benutzung von Gl. (6.2-4) über in:

$$\Gamma^S(x_1, x_2, \tau) = e^{-2\pi i \bar{\nu} \tau} \cdot \int L(\varkappa) u(x_1, \varkappa, \bar{\nu}) u^*(x_2, \varkappa, \bar{\nu})\, d\varkappa \qquad (6.3\text{-}8)$$

$$= e^{-2\pi i \bar{\nu} \tau} \cdot \Gamma^S(x_1, x_2) \qquad (6.3\text{-}9)$$

Γ^S gilt für die feste Frequenz $\bar{\nu}$. Bei quasimonochromatischem Licht genügt es nach Gl. (6.3-9), die Kohärenzfunktion für einen Gangunterschied $c \cdot \tau$ der interferierenden Strahlen zu kennen, für alle anderen Gangunterschiede ist sie dann aus Gl. (6.3-9) zu errechnen, wenn nur die Gangunterschiede $c \cdot \tau$ nicht zu groß werden. Der Wertebereich für $c \cdot \tau$, für den Gl. (6.3-9) näherungsweise gilt, wird durch die genauere Form von L analog zu Gl. (6.3-7) bestimmt.

Für die Anschaulichkeit ist es nützlich, Gl. (6.3-9) in Zusammenhang mit Gl. (1.3-11) zu bringen, die für homogene Beleuchtung gilt. Der Phasenfaktor $e^{-2\pi i \bar{\nu} \tau}$ bedeutet einen zusätzlichen Beitrag zu $\varphi(s) = \varphi[(x_1 - x_2)/\bar{\lambda}]$. Dieser Beitrag entsteht durch den zusätzlichen Weg $\bar{\lambda}\bar{\nu}\tau = c\tau$.

6.3-b. Die Abbildung mit Kohärenzfunktionen

Es wird das abbildende System nach Abb. 6—1 besprochen. Die Ebene E, in der die Kohärenz der Lichterregung untersucht werden soll, wird zunächst in die Ebene unmittelbar vor der Objektebene, dann in die Ebene unmittelbar hinter der Objektebene und schließlich in die Bildebene gelegt.

Zunächst wird E unmittelbar vor die Objektebene gelegt, um die Kohärenz der Beleuchtung der Objektebene zu diskutieren. Es wird der Übersichtlichkeit halber angenommen, daß quadratische Phasenfaktoren keinen Einfluß haben. Unter diesen Annahmen ist die Lichterregung u_L von dem Lichtquellenpunkt $\varkappa$ mit der Frequenz ν in der Ebene unmittelbar vor der Objektebene:

$$u_L(x, \varkappa, \nu) = e^{-\frac{2\pi i}{c} \cdot \frac{\nu x \varkappa}{a}} \qquad (6.3\text{-}10)$$

Konstante Phasenanteile in u_L können unberücksichtigt bleiben, da sie beim Übergang zur Interferenzintensität bzw. zur Kohärenzfunktion herausfallen. Einsetzen von u_L in Gl. (6.3-4) führt auf die Kohärenzfunktion Γ_L, die nur von der Beleuchtung beeinflußt wird.

$$\Gamma_L(x_1, x_2, \tau) = \iint L(\varkappa, \nu)\, e^{-\frac{2\pi i}{c}\frac{\nu \varkappa}{a}(x_1 - x_2)} \cdot e^{-2\pi i \nu \tau}\, d\varkappa\, d\nu \qquad (6.3\text{-}11)$$

$$= \Gamma_L(x_1 - x_2, \tau) \qquad (6.3\text{-}12)$$

Mit der Substitution

$$\varkappa' = \frac{\nu}{c a} \varkappa \qquad (6.3\text{-}13)$$

geht Gl. (6.3-11) über in:

$$\Gamma_L(x_1, x_2, \tau) = \iint L\left(\frac{ca}{\nu} \varkappa', \nu\right) e^{-2\pi i[\varkappa'(x_1 - x_2) + \nu\tau]} \, d\varkappa' \, d\nu \qquad (6.3\text{-}14)$$

Nach Einführen einer neuen Lichtquellenfunktion L' durch

$$L'(\varkappa', \nu) = L\left(\frac{ca}{\nu} \varkappa', \nu\right) \qquad (6.3\text{-}15)$$

geht Gl. (6.3-14) über in:

$$\Gamma_L(x_1, x_2, \tau) = \iint L'(\varkappa', \nu) \, e^{-2\pi i[\varkappa'(x_1 - x_2) + \nu\tau]} \, d\varkappa' \, d\nu \qquad (6.3\text{-}16)$$

Die Kohärenzfunktion Γ_L wirkt unmittelbar vor der Objektebene, sie ist nur durch die Beleuchtung gegeben als zweidimensionale Fourier-Transformierte von L'.

Im Spezialfall spatialer Kohärenz kann $\varkappa = 0$ gesetzt werden. Es wird die Substitution $\nu = \bar{\nu} + \varepsilon$ vorgenommen. Nun kann statt $L(\varkappa, \nu)$ in Gl. (6.3-11) die Größe $E(\varepsilon)$ eingeführt werden, welche die spektrale Energiedichte der Lichtquelle darstellt. Die Kohärenzfunktion Γ_L geht in die Kohärenzfunktion $\Gamma_L{}^C$ für chromatische Teilkohärenz über:

$$\Gamma_L{}^C[\tau] = e^{-2\pi i \bar{\nu}\tau} \cdot \int E(\varepsilon) \, e^{-2\pi i \varepsilon\tau} \, d\varepsilon . \qquad (6.3\text{-}17)$$

Gl. (6.3-17) entspricht der Gl. (1.5-14). Die Unterschiede zwischen beiden Gleichungen beruhen auf der verschiedenen Behandlung konstanter Vorfaktoren und auf willkürlichen Festlegungen des Vorzeichens für die Laufzeitdifferenz τ.

Weiter wird die Kohärenzfunktion des Objektes Γ_0 bestimmt, d. h., die Ebene E wird in der Ebene unmittelbar hinter der Objektebene angeordnet. Es wird angenommen, daß die Objektamplitudentransparenz u_O nicht von der Frequenz ν und der Lichtquellenkoordinate $\varkappa$ abhängig ist. Wird wiederum Licht von einem Lichtquellenpunkt $\varkappa$ mit der Frequenz ν ausgesendet, so ist die Lichterregung $\bar{u}_O$ durch den Einfluß von Beleuchtung und Objekt unter Vernachlässigung von quadratischen Phasenvorfaktoren gegeben durch:

$$\bar{u}_O(x, \varkappa, \nu) = u_O(x) \cdot e^{-\frac{2\pi i}{c} \cdot \frac{\nu x \varkappa}{a}} \qquad (6.3\text{-}18)$$

Einsetzen von $\bar{u}_O$ in Gl. (6.3-4) führt auf Γ_O, die Kohärenzfunktion unmittelbar hinter dem Objekt (Objektkohärenzfunktion).

$$\Gamma_O(x_1, x_2, \tau) = \iint u_O(x_1) u_O{}^*(x_2) L(\varkappa, \nu) \cdot e^{\frac{-2\pi i}{c} \frac{\nu\varkappa}{a}(x_1 - x_2)} \cdot e^{-2\pi i \nu\tau} \, d\varkappa \, d\nu \qquad (6.3\text{-}19)$$

$$= u_O(x_1) u_O{}^*(x_2) \Gamma_L(x_1 - x_2, \tau) \qquad (6.3\text{-}20)$$

Dieses Ergebnis ist analog dem bei Quasimonochromasie im Kap. 6.2-b.

Schließlich wird die Bildkohärenzfunktion Γ_b berechnet. Entsprechend Gl. (6.3-4) wird:

$$\Gamma_b(x_1', x_2', \tau) = \iint L(\varkappa, \nu) u_b(x_1', \varkappa, \nu) u_b^* (x_2', \varkappa, \nu) e^{-2\pi i \nu \tau} \, d\varkappa \, d\nu \tag{6.3-21}$$

u_b ist dabei die Bildamplitude für den Lichtquellenpunkt $\varkappa$ und die Frequenz ν. Nach Durchführen einer ersten Fourier-Transformation bezüglich ν folgt nach Gl. (6.3-5):

$$\Gamma_b(x_1', x_2', \nu) = \int L(\varkappa, \nu) u_b(x_1', \varkappa, \nu) u_b^*(x_2', \varkappa, \nu) \, d\varkappa \tag{6.3-22}$$

u_b wird nach Gl. (3.8-24) mit geringfügigen Veränderungen benutzt:

$$u_b(x', \nu) = \int u_O(x, \nu) \, K\left[\frac{\nu}{cb}(x' - Mx)\right] e^{-\frac{2\pi i}{c}\frac{\nu \varkappa x}{a}} \, dx \tag{6.3-23}$$

Dabei werden quadratische Phasenvorfaktoren vernachlässigt, und es wird zugelassen, daß die Objektamplitudentransparenz u_O von der Frequenz ν abhängig sein darf. Gl. (6.3-23) wird in Gl. (6.3-22) eingesetzt.

$$\begin{aligned}\Gamma_b(x_1', x_2', \nu) &= \iiint L(\varkappa, \nu) u_O(x_1, \nu) u_O^*(x_2, \nu) K\left[\frac{\nu}{cb}(x_1' - Mx_1)\right] \\ &\quad \times K^*\left[\frac{\nu}{cb}(x_2' - Mx_2)\right] e^{-\frac{2\pi i}{c}\frac{\nu\varkappa}{a}(x_1 - x_2)} \, d\varkappa \, dx_1 \, dx_2 \qquad (6.3\text{-}24) \\ &= \iint K\left[\frac{\nu}{cb}(x_1' - Mx_1)\right] K^*\left[\frac{\nu}{cb}(x_2' - Mx_2)\right] \\ &\quad \times \int L(\varkappa, \nu) u_O(x_1, \nu) u_O^*(x_2, \nu) e^{-\frac{2\pi i}{c}\frac{\varkappa\nu}{a}(x_1 - x_2)} \, d\varkappa \, dx_1 \, dx_2 \end{aligned}$$

(6.3-25)

Ein Vergleich mit den Gln. (6.3-5) und (6.3-19) zeigt, daß das Integral über $\varkappa$ die Kohärenzfunktion $\Gamma_O(x_1, x_2, \nu)$ darstellt:

$$\Gamma_b(x_1', x_2', \nu) = \iint \Gamma_O(x_1, x_2, \nu) \, K\left[\frac{\nu}{cb}(x_1' - Mx_1)\right] K^*\left[\frac{\nu}{cb}(x_2' - Mx_2)\right] dx_1 \, dx_2$$

(6.3-26)

Objekt- und Bildkohärenzfunktion bei polychromatischer teilkohärenter Beleuchtung sind durch eine lineare Faltungsoperation miteinander verbunden. Bei Mitwirken sämtlicher chromatischer Frequenzen bei der Bildentstehung können $\Gamma_O(x_1, x_2, \tau)$ und $\Gamma_b(x_1', x_2', \tau)$ gemessen werden, aus ihnen können dann $\Gamma_O(x_1, x_2, \nu)$ und $\Gamma_b(x_1', x_2', \nu)$ mittels einer Fourier-Transformation bezüglich ν berechnet werden.

6.3-c. Die Kohärenzübertragungsfunktion

Bei inkohärenter Beleuchtung liegt eine lineare Übertragung von Intensitäten vor und bei kohärenter Beleuchtung eine lineare Übertragung von Amplituden. Ähnlich liegt bei teilkohärenter polychromatischer Beleuchtung lineare Übertragung von Kohärenzfunktionen vor. Die Kohärenzübertragungsfunktion, welche die lineare Übertragung von Kohärenzfunktionen vom Objekt ins Bild beschreibt, soll ähnlich wie in Kap. 6.2 abgeleitet werden.

In Gl. (6.3-26) war $\Gamma_b(x_1', x_2', \nu)$ hergeleitet worden. Einsetzen von K aus Gl. (3.8-12) führt auf:

$$\Gamma_b(x_1', x_2', \nu) = \iiiint \Gamma_O(x_1, x_2, \nu) f(\sigma_1) f^*(\sigma_2) \times e^{-\frac{2\pi i}{c}\frac{\nu}{b}[\sigma_1(x_1' - Mx_1) - \sigma_2(x_2' - Mx_2)]} \,\mathrm{d}\sigma_1\,\mathrm{d}\sigma_2\,\mathrm{d}x_1\,\mathrm{d}x_2 \qquad (6.3\text{-}27)$$

Es werden die Substitutionen vorgenommen:

$$R_1 = \frac{\nu}{cb}\sigma_1 \qquad (6.3\text{-}28)$$

$$R_2 = -\frac{\nu}{cb}\sigma_2 \qquad (6.3\text{-}29)$$

R_1 und R_2 sind Ortsfrequenzvariablen. Einsetzen der Substitutionen in Gl. (6.3-27) ergibt:

$$\Gamma_b(x_1', x_2', \nu) = \iiiint \Gamma_O(x_1, x_2, \nu) f\left(\frac{cb}{\nu}R_1\right) f^*\left(-\frac{cb}{\nu}R_2\right) \times e^{-2\pi i[R_1(x_1' - Mx_1) + R_2(x_2' - Mx_2)]} \,\mathrm{d}R_1\,\mathrm{d}R_2\,\mathrm{d}x_1\,\mathrm{d}x_2 \qquad (6.3\text{-}30)$$

Ein konstanter Faktor wurde in Gl. (6.3-30) vernachlässigt. Unter der Voraussetzung, daß die Pupillenfunktion f unabhängig ist von x (Isoplanasie), folgt aus Gl. (6.3-30) durch Umordnung von Integrationen:

$$\Gamma_b(x_1', x_2', \nu) = \iint f\left(\frac{cb}{\nu}R_1\right) f^*\left(-\frac{cb}{\nu}R_2\right) \times \left\{\iint \Gamma_O(x_1, x_2, \nu) e^{2\pi i[MR_1x_1 + MR_2x_2]}\,\mathrm{d}x_1\,\mathrm{d}x_2\right\} \times e^{-2\pi i[R_1x_1' + R_2x_2']}\,\mathrm{d}R_1\,\mathrm{d}R_2 \qquad (6.3\text{-}31)$$

In Gl. (6.3-31) sind die Fouriertransformierten $\tilde{\Gamma}_b(R_1, R_2, \nu)$ und $\tilde{\Gamma}_O(R_1, R_2, \nu)$ der Bildkohärenzfunktion $\Gamma_b(x_1', x_2', \tau)$ und der Objektkohärenzfunktion $\Gamma_O(x_1, x_2, \tau)$ enthalten. Zwischen $\tilde{\Gamma}_O(R_1, R_2, \nu)$ und $\tilde{\Gamma}_b(R_1, R_2, \nu)$ besteht nach Gl. (6.3-31) die Beziehung

$$\tilde{\Gamma}_b(R_1, R_2, \nu) = f\left(\frac{cb}{\nu}R_1\right) f^*\left(-\frac{cb}{\nu}R_2\right) \tilde{\Gamma}_O(MR_1, MR_2, \nu). \qquad (6.3\text{-}32)$$

Die rechte Seite von Gl. (6.3-32) enthält die Kohärenzübertragungsfunktion $\tilde{U}(R_1, R_2, \nu)$

$$\tilde{U}(R_1, R_2, \nu) = f\left(\frac{cb}{\nu}R_1\right) f^*\left(-\frac{cb}{\nu}R_2\right) = \frac{\tilde{\Gamma}_b(R_1, R_2, \nu)}{\tilde{\Gamma}_O(MR_1, MR_2, \nu)}. \qquad (6.3\text{-}33)$$

Gl. (6.3-33) und Gl. (6.2-16) (spatiale Teilkohärenz bei Quasimonochromasie) sehen formal ähnlich aus, bedeuten aber Unterschiedliches: In Gl. (6.3-33) ist ν Variable, in Gl. (6.2-16) ist $\lambda = \frac{c}{\nu}$ nur Parameter. $\breve{U}$ beschreibt bei der chromatisch und spatial teilkohärenten Bildentstehung die lineare Übertragung der Kohärenzfunktionen vom Objekt ins Bild. $\breve{U}$ ist objektunabhängig und beleuchtungsunabhängig. Die Kohärenzfunktionen in Objekt und Bild hängen ab von der Beleuchtung, vom Objekt und vom abbildenden System. Nach Ausführung der Division in Gl. (6.3-33) zur Gewinnung von $\breve{U}$ fällt die Abhängigkeit von Beleuchtung und Objekt heraus. Die Gl. (6.3-33) wurde schon von Parrent (1961), Beran und Parrent (1964) im Kohärenzformalismus nach Wolf (1955) hergeleitet.

Die Benutzung von Kohärenzfunktionen undKohärenzübertragungsfunktionen zur Charakterisierung der Übertragungseigenschaften eines optischen Systems und zur Charakterisierung von Objekt und Bild eröffnet die Möglichkeit, mit einem beliebigen Objekt und einer beliebigen Beleuchtung die Abbildungseigenschaften eines Abbildungssystems zu bestimmen. Das Abbildungssystem kann nach Bestimmung von $\breve{U}$ mit jedem Objekt und jeder Beleuchtung gekoppelt werden, für jede dieser Kombinationen ist dann das Bild bestimmbar. Umgekehrt ist aus der Kenntnis der Bildkohärenzfunktion für jede Beleuchtung das Objekt bestimmbar, soweit nicht durch Aperturbegrenzung im Objekt vorhandene Frequenzen im Bild ausfallen oder soweit inkohärente Beleuchtung die Übertragung von Phaseneigenschaften verhindert.

Eine experimentelle Bestimmung von $\breve{U}$ setzt die Ermittlung von $\Gamma_b(x_1', x_2', \tau)$ und $\Gamma_O(x_1, x_2, \tau)$ in Abhängigkeit von drei unabhängigen Variablen voraus und die darauf folgende Ausführung der dreidimensionalen Fourier-Transformation. Beim Übergang zu zweidimensionalen Objekten bei polychromatischer teilkohärenter Beleuchtung erhöht sich die Zahl der unabhängigen Variablen auf fünf.

Experimentelle Verfahren zur Messung von Kohärenzfunktionen, die inhomogen sind, die also vom Objekt- und Bildort abhängen, werden erst in Ansätzen diskutiert (Kap. 10).

6.4. Realisierbarkeit von spatial inkohärenter Beleuchtung

Ein Großteil der optischen Übertragungstheorie befaßt sich heute mit der linearen Übertragung von Amplituden bei kohärenter Beleuchtung und von Intensitäten bei inkohärenter Beleuchtung. Kohärente Beleuchtung ist mit Lasern nahezu ideal realisierbar. Es muß nun noch besprochen werden, inwieweit inkohärente Beleuchtung und damit lineare Übertragung von Intensitäten realisierbar sind.

Effektiv inkohärente Beleuchtung liegt dann vor, wenn die Lichterregungen, die von verschiedenen Punkten des Objekts ausgehen, im Bild nicht miteinander interferieren können. Licht von einem Objektpunkt wird im Bild über einen gewissen Bereich (Verwaschungsscheibchen) verteilt. Dadurch werden im Bild Verwaschungsscheibchen verschiedener Objektpunkte überlagert. Zwei Verwaschungsscheibchen würden dann nicht mehr miteinander interferieren, wenn das Objekt streng inkohärent beleuchtet wäre. Das ist in der Praxis nicht realisierbar (s. unten). Sind die Bereiche im Objekt, die kohärent ausgeleuchtet sind, klein gegen das in die Objektebene projizierte Verwaschungsscheibchen, so liegt näherungsweise Inkohärenz vor und damit näherungsweise lineare Übertragung von Intensitäten. Ist das Kohärenzintervall [Gl. (1.3-6)] in der Objektebene vergleichbar mit der Ausdehnung des Verwaschungsscheibchens oder größer, so liegt auch nicht mehr näherungsweise Inkohärenz vor. Für die Abbildung bedeutet das u. a., daß die Beleuchtungsapertur wesentlich größer sein muß als die Abbildungsapertur, damit lineare Übertragung von Intensitäten realisierbar ist. Diese Bedingung wird häufig bei Mikrodensitometern verletzt (Weingärtner u. a. 1971a).

Im Zusammenhang mit hoher Auflösung, also mit kleinem Verwaschungsscheibchen, ist es von Interesse, wie klein die Kohärenzintervalle durch eine möglichst inkohärente Beleuchtung gemacht werden können. Wegen der Wellennatur der elektromagnetischen Strahlung ist es klar, daß Lichterregungen aus einem Bereich mit Abständen kleiner oder gleich der Wellenlänge niemals gegeneinander inkohärent strahlen können. Folglich liegt das minimal erzielbare Kohärenzintervall (spatiale Teilkohärenz) in der Größenordnung der Wellenlänge des Lichts (Beran und Parrent 1964). Da andererseits durch die Abbesche Auflösungsgrenze die minimal erzielbaren Größen von Verwaschungsscheibchen ebenfalls in der Größenordnung der Wellenlänge der elektromagnetischen Strahlung liegen, kann bei hoher Auflösung niemals effektiv inkohärente Beleuchtung realisiert werden. Nur beim Verzicht auf hohe Auflösung kann näherungsweise inkohärente Beleuchtung und damit näherungsweise lineare Übertragung von Intensitäten erzielt werden. Dieser Fall liegt z. B. vor bei der normalen Photographie, bei der die Eigenschaften der Objektive mit der optischen Übertragungsfunktion (OÜF) beschrieben werden können. Im Mikroskop bei höchster Auflösung ist keine inkohärente Beleuchtung realisierbar und damit auch keine lineare Übertragung von Intensitäten.

7. Grundzüge und Anwendungen der Holographie

7.1. Vorgeschichte

Die Speicherung optischer Daten ist seit der Erfindung der Malerei und der Photographie eine wichtige Technik im menschlichen Leben. Die Wellentheorie des Lichtes zeigte aber, daß Helligkeiten und Intensitäten nur unvollständig Auskunft geben über das Licht und über die Körper, von denen es kommt. Die Interferometrie hatte es möglich gemacht, auch die Phasen des kohärenten Lichtes zu untersuchen und aus ihnen zusätzliche Informationen über die Form und stofflichen Eigenschaften der Körper zu ziehen. Das Fehlen der Phaseninformation bei der Röntgen- und Elektronenbeugung erschwerte empfindlich die Strukturbestimmung von Kristallen. Die Abbildung im Mikroskop ist nach Abbe nur über die komplexen Amplituden also über die Phasen zu verstehen.

Gabor (1948, 1949, 1951) entwickelte ein Verfahren zur Kompensation von Aberrationen im Elektronenmikroskop. Für diesen Prozeß muß die Verteilung einer komplexen Amplitude zur Verfügung stehen. Diese Verteilung zu speichern ist das eigentliche Problem, denn es können nur Intensitätsverteilungen photographisch festgehalten werden. Gabor löste das Problem durch die photographische Aufzeichnung der Intensität in einem Interferenzbild, das durch Überlagerung einer vom Objekt beeinflußten Welle mit einer Vergleichswelle entsteht. Die Vergleichswelle entspricht dem „kohärenten Untergrund" von Zernike (1948). Das Interferenzbild in der Photoemulsion speichert die Information über alle Eigenschaften der Objektwelle, nämlich Amplitudenbetrag und Phase; es heißt deshalb Hologramm (griechisch: holos = ganz). Die Polarisation wird zunächst noch nicht berücksichtigt. Aus dem Hologramm läßt sich die komplexe Objektamplitude wiederherstellen (rekonstruieren). Diese Amplitude dient stellvertretend für das Objekt zu weiteren Versuchen, zu denen man das Objekt selbst nun nicht mehr braucht. Solche Versuche sind etwa die räumliche Filterung oder Interferenzexperimente. Verschiedene holographische Verfahren unterscheiden sich in der Führung von Objekt- und Vergleichswelle. Die beiden zeitlich getrennten Schritte — Aufnahme des Hologramms und die Rekonstruktion — lassen sich auch mit verschiedenen Wellen, etwa Elektronen und Licht, ausführen; sie bringen die Holographie in Zusammenhang mit einer „Zwei-Schritt-Mikroskopie".

Nachdem Abbe die Amplitudenverteilung der Pupille als entscheidenden Zwischenschritt bei der Mikroskopie erkannt hatte, waren viele Versuche unternommen worden, aus dem photographierten Beugungsbild das Objekt durch optische Fourier-Rücktransformation zu rekonstruieren. Wie bei der Röntgenbeugung macht der Verlust der Phaseninformation im Beugungsbild aber eine zwangsläufige Auswertung unmöglich. Es gelang zwar mit Hilfe von dünnen transparenten Schichten den Intensitäts-Beugungsbildern nachträglich auch Phaseneigenschaften zu geben, diese Phasen waren aber aus anderen Überlegungen erschlossen. Diese Verfahrensweise erinnert damit an die heutigen mit einem Computer synthetisierten Hologramme. Wichtige Arbeiten in diesem Zusammenhang stammen von H. Boersch; er gab eine ausführliche Darstellung dieser Vorgeschichte der Holographie (Boersch 1967).

Die ursprünglichen Vorschläge von Gabor ließen sich nicht befriedigend realisieren, denn die ersten Strahlengänge für die Hologrammaufnahme und Rekonstruktion lieferten zwar Bilder der Objekte, diese waren aber überlagert von Störbildern. Weiter fehlten Quellen ausreichender Kohärenz nicht nur für die Elektronen, sondern auch für das Licht. Erst mehr als zehn Jahre nach der Erfindung der Holographie trat ihre Leistungsfähigkeit durch zwei Erfindungen fast sensationell zutage. Leith und Upatnieks (1962, 1963) verkippten Objektwelle und Vergleichswelle gegeneinander; dadurch trennten sie in der Rekonstruktion das erwünschte primäre Bild von den anderen störenden Bildern. Weiter erwies sich der He-Ne-Gaslaser (Javan u. a. 1961) als eine ideale Lichtquelle.

Zusammenfassende Berichte aus dieser Zeit gehen auch auf die historischen Hindergründe ein, etwa die Darstellungen von Martienssen (1966) und Nassenstein (1966a). An Monographien seien genannt DeVelis und Reynolds (1967), Stroke (1969), Françon (1969), Kiemle und Röss (1969), Smith (1969), Collier u. a. (1971). Literatur über Holographie wird regelmäßig zusammengestellt von Th. Kallard und von den Current Laser Abstracts. Gabor gab (1968/69) und (1969) Übersichten über wichtige Erfindungen und Projekte der Holographie.

7.2. Holographie von punktförmigen Objekten

7.2-a. Fourier-Holographie

Um die Grundzüge der Holographie zu entwickeln, wollen wir nicht mit dem ersten Vorschlag von Gabor beginnen, sondern an die Abbesche Theorie des Mikroskops anknüpfen. Der Strahlengang für kohärente Abbildung (Abb. 3—2) wird in Abb. 7—1 etwas abgeändert wiederholt. Das Objektiv ist in zwei Teile aufgespalten, um die beiden Fourier-Transformationen Objekt — Pupille und Pupille — Bild

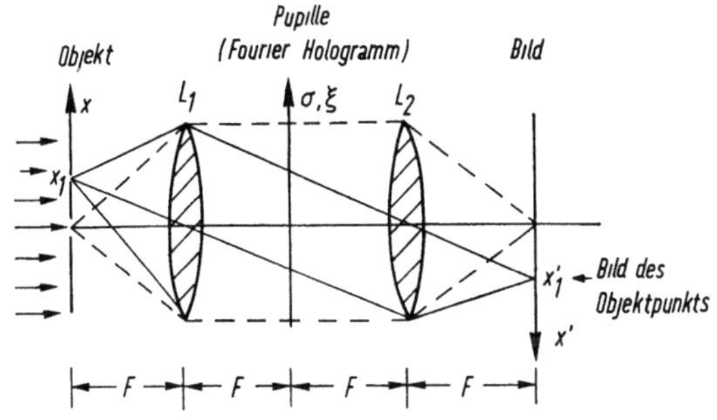

Abb. 7—1. Zur Aufnahme eines Fourier-Hologramms

noch deutlicher zu trennen. Es ist die Aufgabe, mit der Holographie bei anwesendem Objekt eine Information über die komplexe Amplitude in der Pupille auf einer Photoplatte als Hologramm zu speichern und später aus dem entwickelten Hologramm die gleiche Bildamplitude als Rekonstruktion zu gewinnen, die bei einer konventionellen kohärenten Abbildung des Objekts entstanden wäre.

Zur Speicherung der Phase in der Pupille ist, wie schon gesagt, eine Interferenz zwischen der Pupillenamplitude, die vom Objekt stammt, und einer homogenen Vergleichswelle (Referenzwelle) erforderlich. Wir realisieren die Vergleichswelle $u_v(\sigma) = A$, indem wir in dem undurchsichtigen Objektträger ein kleines Loch (beschrieben durch eine δ-Funktion) auf der optischen Achse vorsehen. Dieses Loch kann mit einem Mikroobjektiv beleuchtet werden, damit eine starke Vergleichswelle entsteht. Das Objekt selbst befindet sich in einer weiteren Öffnung des Trägers neben der Achse.

Zur einführenden Darstellung werde als einfaches Objekt ein weiteres kleines Loch am Ort x_1 angenommen. Die Objektamplitude $u(x) = a_1 e^{i\varphi_1}\delta(x - x_1)$ hat gegen die Vergleichswelle die Phasendifferenz φ_1; der Objektpunkt bedingt in der Pupille die Objektwelle $u_0(\sigma) = a_1 e^{(2\pi i\sigma x_1/\lambda F + i\varphi_1)}$. Die Photoplatte in der Pupille wird belichtet mit der Intensität

$$I(\sigma) = |u_v(\sigma) + u_0(\sigma)|^2 = A^2 + a_1^2 + 2Aa_1 \cos[2\pi\sigma x_1/\lambda F + \varphi_1]. \qquad (7.2\text{-}1)$$

Eine geeignete photographische Entwicklung (Kap. 8) sorgt für einen linearen Zusammenhang zwischen der aufbelichteten Intensität $I(\sigma)$ und der Amplitudentransparenz $u_T(\xi)$ des Hologramms. Solch einen „idealen" photographischen Prozeß setzen wir in Kap. 7 stets voraus

$$\begin{aligned} u_T(\xi) &= I(\sigma) = A^2 + a_1^2 + 2Aa_1 \cos[2\pi\xi x_1/\lambda F + \varphi_1] \\ &= A^2 + a_1^2 + Aa_1[\exp(2\pi i\xi x_1/\lambda F + i\varphi_1) + \exp -(2\pi i\xi x_1/\lambda F + i\varphi_1)]. \end{aligned} \qquad (7.2\text{-}2)$$

Ortskoordinaten im Hologramm sollen stets mit ξ bezeichnet werden. Bei der Fourier-Holographie gilt $\sigma \equiv \xi$.

Das Hologramm [Gl. (7.2-2)] besteht aus einem harmonischen Gitter mit der konstanten Periode $\Delta\xi = \lambda F/x_1$; diese Periode speichert die Lage x_1 des Objektpunktes. Das Gitter ist gegenüber der optischen Achse verschoben um $\delta\xi = \frac{\lambda F\varphi_1}{2\pi x_1} = \Delta\xi \cdot \frac{\varphi_1}{2\pi}$; diese Verschiebung speichert die Phase φ_1 des Objektpunktes. Die Aussteuerung des Gitters $2Aa_1$ schließlich speichert den Betrag a_1 der Objektamplitude.

Zur Rekonstruktion wird das Hologramm in die Pupille des gleichen Strahlenganges eingesetzt (Abb. 7—2); es wird nur mit der Vergleichswelle beleuchtet, die auch zur Aufnahme des Hologramms diente. In der Bildebene des Strahlenganges erscheint die Rekonstruktion als Fourier-Transformierte von $u_T(\xi)$, also als Fraunhofersches Beugungsbild des Hologramms. Aus Gl. (7.2-2) folgt

$$u(x') = (A^2 + a_1^2)\delta(x') + Aa_1 e^{i\varphi_1}\delta(x' - x_1) + Aa_1 e^{-i\varphi_1}\delta(x' + x_1). \qquad (7.2\text{-}3)$$

Die Rekonstruktion setzt sich zusammen aus ungebeugtem Licht bei $x' = 0$, aus dem erwünschten „primären Bild" des Punkts bei $x' = x_1'$ mit der ursprünglichen Objektphase φ_1 und dem „konjugierten Bild" des Punkts bei $x' = -x_1'$ mit der konjugierten Objektphase $-\varphi_1$. Die Anteile in der Rekonstruktion sind bei der geschilderten Fourier-Holographie räumlich getrennt; sie treten analog fast bei jeder Art von Holographie auf, sie sind die Folge der Amplitudenspeicherung in einem quadrierenden Lichtempfänger.

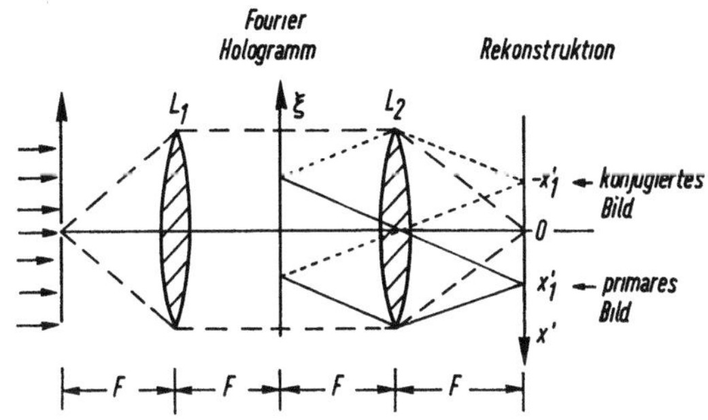

Abb. 7—2. Rekonstruktion eines Fourier-Hologramms

Bilden mehrere Punkte in den Lagen x_i das Objekt, so überlagern sich ihre Gitter im Hologramm. In der Rekonstruktion erscheinen primäre Bildpunkte in den Lagen x_i' und konjugierte Punkte in den Lagen $-x_i'$. Soll eine Überlagerung von primärem und konjugiertem Bild vermieden werden, so muß man das Objektfeld auf die eine Halbebene seitlich von der optischen Achse beschränken.

Die Wechselwirkung der verschiedenen Objektpunkte untereinander gibt eine weitere Störung: Die Welle vom Objektpunkt x_i interferiert in der Pupille nicht nur mit der Vergleichswelle sondern auch mit der Welle vom Punkt x_j. Dadurch entsteht ein neues Gitter mit einer Periode, die reziprok zu $x_i - x_j$ ist. Dieses Gitter führt in der Rekonstruktion zu Bildpunkten der Amplitude $a_i a_j \delta(x' - x_i + x_j)$. Diese Bildpunkte geben das Autokorrelationsbild des Objektes in der Nachbarschaft der optischen Achse. Liegt das Objekt zwischen $x_{\min}$ und $x_{\max}$, so beträgt die maximale Entfernung des Autokorrelationsbildes von der optischen Achse $x_{ij\max} = x_{\max} - x_{\min}$. Eine störende Überlagerung von primärem Bild und Autokorrelationsbild in der Rekonstruktion wird vermieden durch eine Beschränkung des Objektfeldes auf $x_{\min} > x_{ij\max} = x_{\max} - x_{\min}$ oder

$$2x_{\min} > x_{\max}. \tag{7.2-4}$$

Andererseits bleibt das Autokorrelationsbild unmerklich, solange seine Amplitude klein ist gegen die des primären Bildes, solange also die Vergleichsamplitude A stark ist gegen die Objektamplituden a_i. Das wird nach Gl. (7.2-2) im Hologramm erkauft mit einer schwachen Modulation der Gitter, die die Objektpunkte speichern.

Abb. 7—3 zeigt die Rekonstruktion eines zweidimensionalen Objekts aus den Punkten $i = 1 \cdots 4$. Die helle Wolke im Bildzentrum enthält neben dem Punkt mit dem ungebeugten Licht auch Streulicht; diese störende Streuung durch die Hologrammemulsion und die Linsen ist meist unvermeidlich.

Das oben entwickelte Prinzip der Fourier-Holographie wurde angegeben von Leith und Upatnieks (1964). Dabei führten die Autoren die Beleuchtung des Objektes durch eine ruhende Mattscheibe ein; eine solche Mattscheibe mag unmittelbar vor dem Objekt stehen oder irgendwo zwischen Lichtquelle und

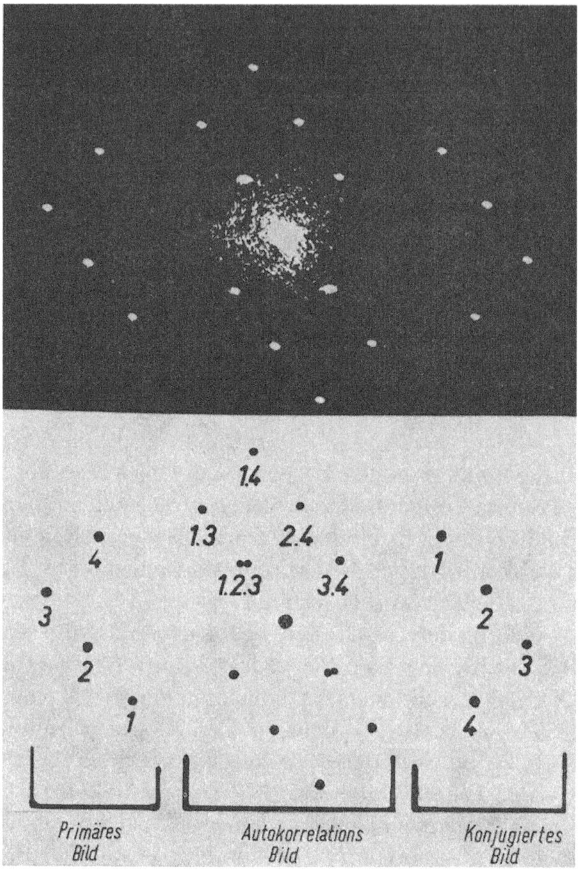

Abb. 7—3. Fourier-Rekonstruktion eines Objektes aus vier Punkten (Mirandé und Menzel 1968)

Objekt; sie soll die Vergleichswelle nicht beeinflussen. Diese Beleuchtung bedingt für jeden Objektpunkt eine andere Phase φ_i. Die Rekonstruktion gibt Auskunft über Lage und Amplitudenbetrag der Objektpunkte. Die diffuse Beleuchtung, also die statistische Verteilung der Objektphase φ_i, hat den Vorteil, daß auch die Elementargitter im Hologramm statistisch gegeneinander verschoben sind. Im anderen Fall (φ_i = const) sind die Elementargitter konphas; ihre Maxima in der Nähe der optischen Achse fallen zusammen; das kann, wie in Kap. 8 gezeigt wird, wegen der Eigenschaften der Photoschicht zu ungünstigen Ergebnissen führen.

Intensive Beleuchtung des Vergleichspunkts $A\,\delta(x)$ läßt sich nach Abb. 7—4 realisieren. Die Mattscheibe bewirkt eine Teilung des Lichts in Objektbeleuchtung und Vergleichswelle. Die Mattscheibe muß neben einem möglichst isotropen Streuanteil auch einen wesentlichen Anteil von ungestreutem Licht durchlassen. Der Kondensor K bildet die Quelle Q über das ungestreute Licht in den Vergleichspunkt ab. Das Streulicht der Mattscheibe beleuchtet das gesamte Objekt mit statistischer aber zeitlich konstanter Phase (Leith und Upatnieks 1964).

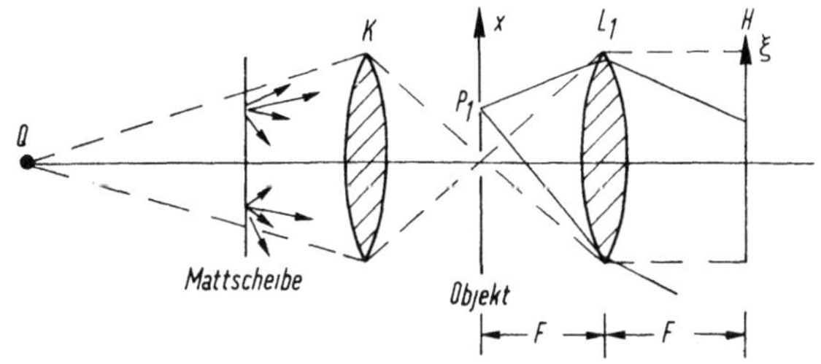

Abb. 7—4. Fourier-Holographie mit Mattscheibe

Das Hologramm von Punktobjekten trägt auf seiner ganzen Fläche die für die Punkte charakteristischen harmonischen Gitter; so sind grundsätzlich auch beliebige Ausschnitte aus dem Hologramm für eine Rekonstruktion aller Objektpunkte ausreichend. Das Hologramm wirkt bei der Fourier-Rekonstruktion ebenso wie die Pupillenamplitude bei der kohärenten Abbildung. Analog zum Pupillenhalbmesser $\sigma_{\max}$ begrenzt der Hologramm-Halbmesser H die Auflösung in der Rekonstruktion.

Es ist nicht zweckmäßig, für die kohärente Abbildung von Punktobjekten eine Auflösungsgrenze anzugeben (z. B. sind zwei Punkte mit einer Phasendifferenz von π in jedem Fall durch eine dunkle Linie getrennt). Einen Anhalt gibt aber die Auflösungsgrenze $d_{\min}$ für Gitter; aus Gl. (3.5-2) folgt mit $P = \sigma_{\max}/\lambda \cdot F = H/\lambda F$

$$d_{\min} = \lambda F/H .$$

Die Auflösungsgrenze der Fourier-Holographie ist also unabhängig vom Auflösungsvermögen der Hologramm-Emulsion. Von diesem hängt dagegen die Größe des nutzbaren Bildfeldes in der Rekonstruktion ab, also das nutzbare Objektfeld. Die Emulsion sei gekennzeichnet durch ihre Auflösungsgrenze h. Die Gitterperiode $\Delta\xi = \lambda F/x_1$ aus Gl. (7.2-2) sollte von der Emulsion noch aufgezeichnet werden. Das nutzbare Objektfeld ist begrenzt durch den Abstand $x_{\max}$ vom Vergleichspunkt

$$x_{\max} = \frac{\lambda F}{h}.$$

In Kap. 9 wird der Einfluß der Emulsion genauer durch ihre Modulationsübertragungsfunktion dargestellt.

Der Strahlengang zur Aufnahme eines Fourier-Hologramms läßt sich ebenso vereinfachen wie der Strahlengang zur Aufnahme der Fraunhoferschen Beugungsfigur. In einer Anordnung nach Abb. 2—6 enthält die dort mit ξ bezeichnete Ebene das Objekt und das Loch für den Vergleichsstrahl; das Hologramm wird in der dort mit x' bezeichneten Ebene aufgenommen. Zur Rekonstruktion dient der gleiche Strahlengang: Die ξ-Ebene enthält das entwickelte Hologramm; in der x'-Ebene erscheint die Rekonstruktion in der gewohnten Form.

7.2-b. Quasi-Fourier-Holographie

In der Systematik der Strahlengänge ist die Aufnahme von Quasi-Fourier-Hologrammen ein Spezialfall der Fresnel-Holographie; das Hologramm wird ohne Linsen und in begrenzter Entfernung vom Objekt aufgenommen. Formal ähnelt das Verfahren aber weitgehend der Fourier-Holographie; deshalb erfolgt auch die Rekonstruktion im Strahlengang von Abb. 7—2. Dieses Verfahren stammt von Stroke und Falconer (1964). Gelegentlich wird es als linsenlose Fourier-Holographie bezeichnet.

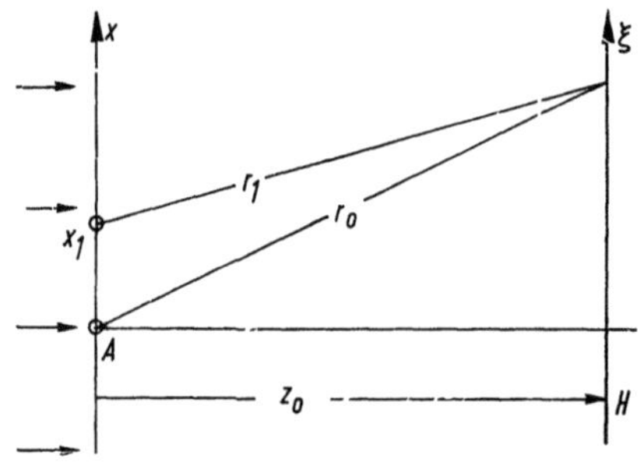

Abb. 7—5. Aufnahme eines Quasi-Fourier-Hologramms

Wieder zeigt ein Punktobjekt das Wesentliche. Objektpunkt mit der Amplitude $a_1 e^{i\varphi_1}$ und Vergleichspunkt A haben den Abstand x_1; beide Punkte haben — und das ist charakteristisch — den gleichen Abstand z_0 von der Hologrammebene H (Abb. 7—5). Auf H fallen die Kugelwellen von Vergleichspunkt und Objektpunkt mit der Amplitudensumme $u(\xi) = A\,e^{-ik_H r_0} + a_1 e^{i\varphi_1} e^{-ik_H r_1}$. Die Aufnahme des Hologramms soll hier mit der Wellenlänge λ_H (Wellenzahl k_H) erfolgen. Entwicklung von r bis zur quadratischen Näherung ergibt

$$u(\xi) = e^{-ik_H z_0}\, e^{-ik_H \xi^2/2z_0} \left[A + a_1 e^{i\varphi_1} e^{-ik_H \frac{x^2 - 2x_1\xi}{2z_0}}\right]. \qquad (7.2\text{-}5)$$

Das Hologramm wird belichtet mit der Intensitätsverteilung

$$I(\xi) = A^2 + a_1{}^2 + 2Aa_1 \cos\left(\frac{k_H x_1 \xi}{z_0} - \frac{k_H x_1{}^2}{2z_0} + \varphi_1\right). \qquad (7.2\text{-}6)$$

Nach idealem photographischen Prozeß besitzt das Hologramm die Amplitudentransparenz $u_T(\xi) = I(\xi)$. Wie im Fourier-Hologramm ist auch hier der Objektpunkt durch ein Gitter gespeichert. Seine Periode $\Delta\xi = \lambda_H z_0/x_1$ speichert den Objektort x_1. Seine Phase hängt ab von der Objektphase φ_1 und zusätzlich von $x_1{}^2$. Schiefe Beleuchtung unter dem Winkel α_0 läßt sich beschreiben durch ein zu φ_1

additives Glied $-k_H \alpha_0 x_1$. Die Rekonstruktion erfolge mit der von λ_H verschiedenen Wellenlänge λ_R; die Rekonstruktion erscheint als optische Fourier-Transformation in der Brennebene einer Linse der Brennweite F.

Wegen der größeren Allgemeinheit legen wir der Rechnung den Strahlengang nach Abb. 3—1 zugrunde; das Hologramm steht im Abstand G von der Linse. Es gilt Gl. (3.2-3) mit $Q = 0$, $x \to \xi$ und $\sigma = F\lambda_R R \to x'$. Die Amplitude in der Rekonstruktion wird

$$u(x') = (A^2 + a_1^2)\delta(x') + \exp i\left[\pi(G - F)\lambda_R\left(\frac{x'}{F\lambda_R}\right)^2\right]$$
$$\times \int A a_1 \exp i\left(\frac{k_H x_1 \xi}{z_0} - \frac{k_H x_1^2}{2z_0} + \varphi_1\right) e^{-2\pi i \xi x'/F\lambda_R}\, d\xi$$
$$+ \exp i\left[\pi(G - F)\lambda_R\left(\frac{x'}{F\lambda_R}\right)^2\right]$$
$$\times \int A a_1 \exp - i\left(\frac{k_H x_1 \xi}{z_0} - \frac{k_H x_1^2}{2z_0} + \varphi_1\right) e^{-2\pi i \xi x'/F\lambda_R}\, d\xi \qquad (7.2\text{-}7)$$

$$u(x') = (A^2 + a_1)^2\delta(x') + \exp i\left[\pi(G - F)\lambda_R\left(\frac{x'}{F\lambda_R}\right)^2\right]$$
$$\times A a_1 \exp i\left(\varphi_1 - \frac{k_H x_1^2}{2z_0}\right)\cdot\delta\left(x' - \frac{F\lambda_R}{z_0\lambda_H}x_1\right)$$
$$+ \exp i\left[\pi(G - F)\lambda_R\left(\frac{x'}{F\lambda_R}\right)^2\right]$$
$$\times A a_1 \exp - i\left(\varphi_1 - \frac{k_H x_1^2}{2z_0}\right)\cdot\delta\left(x' + \frac{F\lambda_R}{z_0\lambda_H}x_1\right). \qquad (7.2\text{-}8)$$

$F\lambda_R/z_0\lambda_H = M = \dfrac{x_1'}{x_1}$ ist die Seitenvergrößerung bei der holographischen Übertragung. Wieder enthält die Rekonstruktion das ungebeugte Licht und den primären und konjugierten Bildpunkt. Die Beträge der Amplituden sind die gleichen wie bei der strengen Fourier-Holographie. Im Gegensatz zur strengen Fourier-Holographie liegen Orte gleicher Phase nicht auf einer Ebene, sondern auf einer Kugel. Diese Phasen werden nur merklich, wenn man sie bei der Rekonstruktion durch interferometrische Verfahren analysiert; für diesen Fall lassen sich die durch die Strahlengänge bedingten Phasenglieder mit x'^2 bzw. x_1^2 unterdrücken; das ist für das primäre Bild etwa möglich durch die Einstellung

$$(G - F)\lambda_R = z_0\lambda_H. \qquad (7.2\text{-}9)$$

Werden anstatt der vorausgesetzten kollimierten Beleuchtung Kugelwellen für Hologrammaufnahme und Rekonstruktion benutzt, so erhält man weitere Einflüsse auf Vergrößerung und Phasenfläche.

Besteht das Objekt aus mehreren Punkten, so liefern diese ein Intermodulationsbild mit den gleichen Punktlagen wie bei der strengen Fourier-Holographie.

Die Zusammenhänge zwischen genutzter Fläche im Hologramm und Auflösung in der Rekonstruktion sowie zwischen Auflösung im Hologramm und nutzbarem Objektfeld sind die gleichen wie in Kap. 7.2-a.

Strahlteilung über eine Mattscheibe analog Abb. 7—4 gibt eine intensivere Vergleichswelle. Zur Beleuchtung des Vergleichspunktes läßt sich auch ein Mikroobjektiv verwenden.

7.2-c. Fresnel-Holographie

Bei der Aufnahme von Fresnel-Hologrammen interferiert in der Hologrammebene die Fresnelsche Beugungserscheinung des Objekts mit einer ebenen oder sphärischen Vergleichswelle. Die Rekonstruktion ist abermals eine Fresnel-Beugung am Hologramm. Dieser geometrisch allgemeinste Fall der Holographie läßt sich für ein Punktobjekt beschreiben mit den abbildenden Eigenschaften von Fresnelschen Zonenplatten; diese wurden zum ersten Mal von Rogers (1950) zur Darstellung der Holographie verwendet.

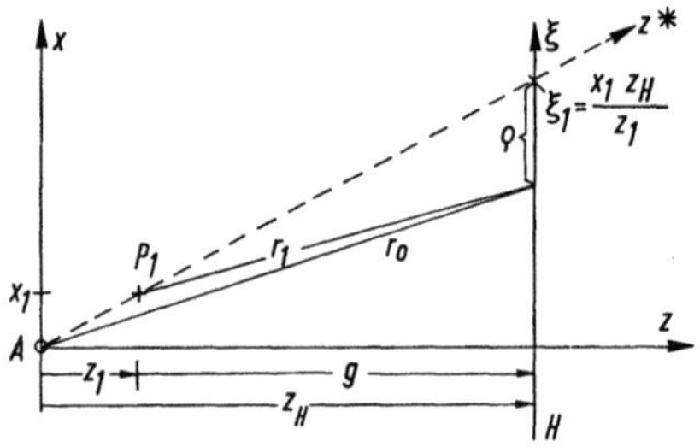

Abb. 7—6. Aufnahme eines Fresnel-Hologramms mit λ_H

Abb. 7—6 zeigt die Anordnung. Die Vergleichswelle habe ihr Zentrum im Koordinatenursprung, der Objektpunkt liege bei x_1, z_1, und die Hologrammplatte H stehe bei z_H senkrecht auf der z-Achse. Vergleichspunkt und Objekt können nach dem Prinzip von Abb. 7—4 über eine Mattscheibe beleuchtet werden. Die Phasendifferenz φ_1 des Objektpunkts gegenüber dem Vergleichspunkt hängt ab von seiner Lage, von der Beleuchtung und von seiner komplexen Amplitudentransparenz; φ_1 wirkt sehr ähnlich wie bei der Fourier-Holographie, φ_1 sei in dem optischen Weg c_1 enthalten. Das Hologramm werde aufgenommen mit der Wellenlänge $\lambda_H = 2\pi/k_H$.

Auf H fallen die Vergleichswelle $A\,e^{-ik_H r_0}$ und die Objektwelle $a_1 e^{-ik_H(r_1+c_1)}$. Amplitude und Intensität auf H werden

$$u(\xi) = A\,e^{-ik_H r_0} + a_1 e^{-ik_H(r_1+c_1)} \tag{7.2-10}$$

$$I(\xi) = A^2 + a_1^2 + 2Aa_1 \cos k_H(r_0 - r_1 - c_1). \tag{7.2-11}$$

Die Überlegungen für einen Objektpunkt werden einfacher, wenn man anstatt der Achse z eine neue Achse z^* einführt, die durch Objektpunkt und Vergleichspunkt geht. Im Gültigkeitsbereich der quadratischen Näherung der Fresnel-

Beugung ist die Struktur $I(\xi)$ des Hologramms rotationssymmetrisch zur z^*-Achse. Es gilt in quadratischer Näherung

$$r_0 = \sqrt{z_H{}^2 + (\xi_1 - \varrho)^2} \approx z_H + (\xi_1 - \varrho)^2/2z_H$$

$$r_1 = \sqrt{(z_H - z_1)^2 + (\xi_1 - \varrho - x_1)^2} \approx z_H - z_1 + (\xi_1 - \varrho - x_1)^2/2(z_H - z_1).$$

Daraus folgt

$$r_0 - r - c_1 = \frac{\varrho^2}{2}\left(\frac{1}{z_H} - \frac{1}{z_H - z_1}\right) + d_1. \tag{7.2-12}$$

In der Konstanten d_1 sind c_1 und weitere Glieder enthalten, die nicht von ϱ abhängen. Gl. (7.2-11) gibt zusammen mit Gl. (7.2-12) die Interferenzerscheinung als ein System von konzentrischen Kreisen. Die Lagen ihrer Maxima bei ϱ_m sind bestimmt durch $r_0 - r - c_1 = -m\lambda_H$.

$$\varrho_m = \sqrt{\frac{2z_H}{z_1}(z_H - z_1)\lambda_H\left(m + \frac{d_1}{\lambda_H}\right)}. \tag{7.2-13}$$

Das Phasenglied d_1 fügt zu dem ganzzahligen m einen konstanten Summanden hinzu.

Nach der Entwicklung des Hologramms stellt dieses eine Fresnelsche Zonenplatte dar. Zur Rekonstruktion werde sie beleuchtet mit der Wellenlänge $\lambda_R = 2\pi/k_R$. Mit dieser Beleuchtung entspricht die Zonenplatte nach Gl. (2.5-7) einer Linse mit den beiden Brennweiten

$$F = \mp (z_H - z_1)\frac{z_H\lambda_H}{z_1\lambda_R}. \tag{7.2-14}$$

Der Summand d_1/λ_H in Gl. (7.2-13) ändert nicht das Wurzelgesetz der Zonenradien, damit ist er auf F ohne Einfluß. Der Summand sorgt entsprechend Gl. (2.5-12) über c_1 aber für die Speicherung der Objektphase. Die Lage des Objektpunkts ist durch F gespeichert und durch den Mittelpunkt der Zonenplatte bei $\xi_1 = x_1 z_H/z_1$. Die Amplitude a_1 des Objektpunkts ist in der Modulation der Zonenplatte enthalten.

Die vorliegenden Zweistrahlinterferenzen zwischen Objekt- und Vergleichswelle geben nach idealem photographischen Prozeß eine Verteilung der Amplitudentransparenz im Hologramm vom Typ $1 + \cos$. Eine solche Zonenplatte liefert neben dem ungebeugten Licht also nur zwei Beugungsordnungen und deshalb nur zwei Brennweiten von gleichem Betrag und verschiedenem Vorzeichen.

Als Rekonstruktion des Objektpunkts entwirft die Zonenplatte entsprechend ihren zwei Brennweiten zwei Bilder der Lichtquelle Q_R. Abb. 7—7 zeigt den Strahlengang. Die punktförmige Quelle Q_R der Wellenlänge λ_R liege im Koordinaten-Ursprung. Die entwickelte Hologrammplatte stehe bei z_H' senkrecht auf der z'-Achse; das Zentrum der Zonenplatte liegt bei $\xi_1 = x_1 z_H/z_1$, z- und z'-Achse können ohne Störung der Allgemeingültigkeit zusammenfallen. Beide Bildpunkte liegen auf der Achse z'^* durch die Lichtquelle Q_R und den Mittelpunkt der Zonen-

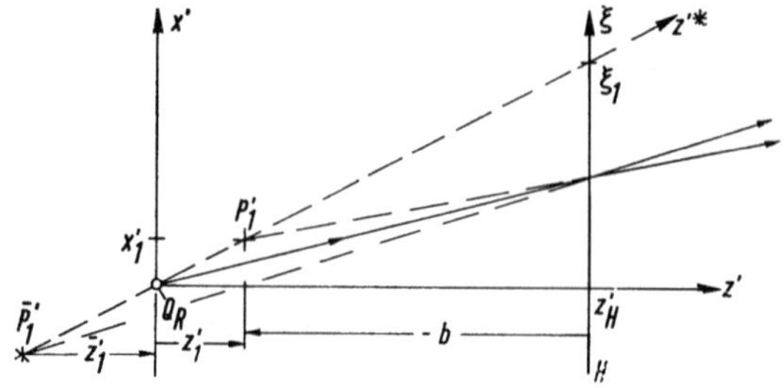

Abb. 7—7. Rekonstruktion eines Fresnel-Hologramms mit λ_R

platte. Für die Koordinaten x_1', z_1' des Bildpunktes gilt also

$$x_1'/z_1' = \xi_1/z_H' = \frac{x_1 z_H}{z_1 z_H'}. \tag{7.2-15}$$

Wir diskutieren hier die paraxiale Näherung; diese gilt nur für kleine Winkel zwischen den Achsen z' und z'^*. Deshalb dürfen zur Errechnung der Bildlagen die Koordinaten z' anstatt von z'^* verwendet werden. Da nach Abb. 7—7 das „Objekt" Q_R und das Bild P_1' auf derselben Seite der abbildenden Zonenplatte gezeichnet sind, muß beim Ansatz der Linsengleichung die Bildweite $z_H - z_1'$ negativ eingesetzt werden, dann folgt

$$\frac{1}{z_H'} - \frac{1}{z_H' - z_1'} = \frac{1}{F}$$

$$z_1' = z_H' + \frac{z_H' F}{z_H' - F}. \tag{7.2-16}$$

Einsetzen von Gl. (7.2-14) ergibt

$$z_1' = z_H' \mp \frac{z_H z_H' \lambda_H (z_H - z_1)}{z_1 z_H' \lambda_R \pm z_H \lambda_H (z_H - z_1)}. \tag{7.2-17}$$

Dabei gelten die oberen Vorzeichen für das obere Vorzeichen in Gl. (7.2-14).

Für die Seitenvergrößerung M_S gilt $M_S = x_1'/x_1$. Mit Gl. (7.2-15) folgt $M_S = \frac{z_1'}{z_1} \cdot \frac{z_H}{z_H'}$. Einsetzen von Gl. (7.2-17) ergibt

$$M_S = \frac{z_H z_H' \lambda_R}{z_1 z_H' \lambda_R \pm z_H \lambda_H (z_H - z_1)}. \tag{7.2-18}$$

Die Winkelvergrößerung M_W ist im Sinne von Abb. 7—6 und 7—7 definiert als $M_W = -\frac{x_1'}{b_1} : \frac{x_1}{g_1} = \frac{x_1'}{z_H' - z_1'} \cdot \frac{z_H - z_1}{x_1}$. Nach Einsetzen aus Gl. (7.2-15) und (7.2-17) folgt

$$M_W = \pm \lambda_R/\lambda_H. \tag{7.2-19}$$

Die Longitudinalvergrößerung ist ein Differentialquotient, sie ist definiert durch $M_L = \frac{dz_1'}{dz_1}$. Aus Gl. (7.2-17) folgt

$$M_L = \pm \frac{\lambda_H}{\lambda_R} \cdot M_S^2. \tag{7.2-20}$$

Meier (1965) teilte Formeln für Seitenvergrößerung, Winkelvergrößerung und Longitudinalvergrößerung mit, bei denen auch noch eine Maßstabsänderung m der Hologrammplatte zwischen Aufnahme und Rekonstruktion berücksichtigt ist. In dieser Arbeit finden sich auch Formeln über die Aberrationen dritter Ordnung; das Objekt wird fehlerfrei rekonstruiert für $M_S \equiv 1$. Soll die Abbildung für eine andere Vergrößerung fehlerfrei sein, so muß gelten $M_S = m = \lambda_R/\lambda_H$. Eine Maßstabsänderung des Hologramms ist experimentell problematisch. Die Maßstabsänderung wird jedoch erforderlich bei großen Unterschieden der Wellenlängen für Hologrammaufnahme (z. B. mit Schall) und Rekonstruktion mit Licht. Eine weitere Untersuchung zu diesen Fragen veröffentlichte Champagne (1967). Haskell (1971) diskutierte Bildlagen mit Hilfe von Nomogrammen.

$M_L > 0$ gehört zum oberen Vorzeichen von Gl. (7.2-14) und damit — wie sich zeigen wird — zum primären Bild. Zwei hintereinanderliegende Objektpunkte erscheinen im primären Bild in der gleichen Reihenfolge, die Rekonstruktion ist orthoskopisch und entspricht der Abbildung eines Raums durch eine Linse. Das konjugierte Bild ist wegen $M_L < 0$ pseudoskopisch, zwei Objektpunkte werden in umgekehrter Reihenfolge abgebildet, aus einer konvexen Fläche wird im Bild eine konkave (Meier 1966). Die Pseudoskopie läßt sich in unmittelbaren Zusammenhang mit dem konjugierten Bild bringen: Ein Objektpunkt x, y, z habe die Phase $\varphi = 0$, er wird rekonstruiert zum primären Bild bei x', y', z' und zum konjugierten Bild bei $\bar{x}'$, $\bar{y}'$, $\bar{z}'$. Erhält der Objektpunkt die Phase $\varphi \neq 0$, so ist das gleichwertig mit seiner Verschiebung um $\Delta z = \varphi/k_H$. Sein primäres Bild erhält die Phase φ, das ist gleichwertig mit einer Verschiebung nach $z' + \Delta z' = z' + \varphi/k_R$. Sein konjugiertes Bild hat die Phase $-\varphi$, das bedeutet eine Verschiebung nach $\bar{z}' - \varphi/k_R$. Die Verschiebung ist im primären Bild gleichläufig zur äquivalenten Objektverschiebung, im konjugierten Bild ist sie gegenläufig im Einklang mit $M_L < 0$. Das holographisch erzeugte pseudoskopische Bild eignet sich für Versuche zur Raumwahrnehmung (Stubenrauch und Leith 1971).

In einem günstigen Strahlengang für die Rekonstruktion wird das Zentrum der Vergleichswelle zur Lichtquelle der Rekonstruktion; es gilt $z_H = z_H'$ und $\lambda_H = \lambda_R$. Der zum oberen Vorzeichen von F in Gl. (7.2-14) gehörende Bildpunkt liegt bei $z_1' = z_1$, er ist virtuell und reproduziert das Objekt identisch, er stellt das primäre Bild dar. Zum unteren Vorzeichen von F gehört der konjugierte Bildpunkt bei $\bar{z}_1' = -\frac{z_H z_1}{z_H - 2z_1}$, auch er ist virtuell, solange gilt $z_H > z_1$; für $z_H \gg z_1$ wird seine Lage bei $\bar{z}_1 = -z_1$ bezüglich Q_R symmetrisch zu z_1'. Wird durch Ändern von z_H' der Strahlengang bei der Rekonstruktion geändert, so bleibt der primäre Bildpunkt verknüpft mit dem oberen Vorzeichen von F in den Gln. (7.2-14) und (7.2-17 bis -20 und -22). Das primäre Bild ist aber nicht notwendig mit $F < 0$ verknüpft; das Gegenbeispiel gibt der Fall $z_1 < 0 < z_H$. Die beiden

Brennweiten F der Zonenplatte entwerfen von der Rekonstruktionsquelle Q_R nicht nur virtuelle Bilder. Ein Bild oder auch beide können reell sein, dann lassen sie sich ohne weitere Optik auf einer Photoplatte festhalten. Die Bedingung für einen als reelles Bild rekonstruierten Punkt lautet

$$z_1' > z_H' \qquad \text{oder gleichwertig} \qquad z_H' > F. \tag{7.2-21}$$

Bei kollimierter Beleuchtung für Aufnahme und Rekonstruktion werden z_H und z_H' sehr groß. Wie bei einer normalen Abbildung befinde sich der Gegenstand in der Entfernung $g = z_H - z_1$ vom Hologramm, die rekonstruierten Bilder entstehen bei $-b = z_H' - z_1'$. Gl. (7.2-17) wird zu

$$b = \mp \frac{\lambda_H}{\lambda_R} \cdot g. \tag{7.2-22}$$

Diese Anordnung wurde von DeVelis u. a. (1966) zur Holographie von Staubteilchen benutzt. Für solche Teilchen ist das Beugungsbild in einer Entfernung g von einigen cm nach Gl. (2.2-15) schon das Fraunhofersche Beugungsbild. Deshalb sprechen die Autoren von Fraunhofer-Hologrammen.

Der Spezialfall der Quasi-Fourier-Holographie wird dargestellt durch $z_1 = 0$, daraus folgt nach Gl. (7.2-17) auch $z_1' = 0$. ξ_1 wächst über alle Grenzen, deshalb fallen die Achsen z^* und z'^* zusammen mit den Achsen x bzw. x'. Primärer und konjugierter Bildpunkt liegen auf der x'-Achse zu beiden Seiten der Rekonstruktionsquelle Q_R.

Ein anderer Spezialfall wird dargestellt durch $z_1 = z_H$. Hier liegt das Objekt oder sein Bild in der Ebene des Hologramms. Eine Zonenplatte kann aus geometrischen Gründen nicht entstehen. Formal wird $z_1' = z_H'$ und $\xi_1 = x_1 = x_1'$. Primärer und konjugierter Bildpunkt fallen zusammen. Dies ist der Fall der Bildebenen-Holographie. Das Punktmodell, das in diesem Abschnitt entwickelt wurde, ist für die Darstellung dieses Falls nicht geeignet. In Kap. 7.4-e wird gezeigt werden, wie durch Eingriffe in der Pupille das primäre und das konjugierte Bild getrennt werden können.

7.3. Praktische Holographie

7.3-a. Rekonstruierte Wellenfronten

Wie das oben entwickelte Punktmodell und auch die spätere Rechnung für ausgedehnte Objekte zeigen, reproduziert die Rekonstruktion in ihrem primären Bild die Objektwelle. Das Licht aus der Rekonstruktionsquelle Q_R wird am Hologramm zu einem Wellenfeld gebeugt, das — bis auf Änderungen des Maßstabs und bis auf Abbildungsfehler — gleich dem Wellenfeld ist, das bei der Hologrammaufnahme vom Objekt ausging. Dieses rekonstruierte Wellenfeld ersetzt also das Objekt für nachfolgende optische Prozesse. Nun wird zunächst zu sprechen sein von einigen Störungen bei der Holographie und ihrer Vermeidung.

7.3-b. Das Intermodulationsbild

Wie die Fourier-Holographie liefert auch die Fresnel-Holographie bei mehreren Objektpunkten in der Rekonstruktion zusätzliche störende Punkte, die von der Wechselwirkung der Objektpunkte i und j untereinander herrühren. Neben den Fresnelschen Zonenplatten, die aus der Wechselwirkung zwischen i bzw. j und dem Vergleichspunkt entstehen, bilden die Punkte i und j gemeinsam eine neue Zonenplatte. Ihr Mittelpunkt bei ξ_{ij} liegt auf der Geraden durch i und j. Bei der Rekonstruktion entwirft diese Zonenplatte zwei Bildpunkte der Rekonstruktionsquelle Q_R, sie liegen auf der Geraden durch ξ_{ij} und Q_R. Die Lage dieser zusätzlichen Bildpunkte ließe sich mit dem entwickelten Formalismus gewinnen. Dieses störende „Intermodulationsbild" wird unterdrückt durch eine ausreichend starke Vergleichswelle, oder es wird bei der Rekonstruktion dadurch aus dem Gesichtsfeld gerückt, daß man bei der Hologrammaufnahme einen geeigneten Strahlengang benutzt.

7.3-c. In-Line-Holographie

In der Zeit zwischen dem ersten Vorschlag von Gabor (1948) bis 1962 war nur die Fresnel-Holographie bekannt. Das Gabor-Verfahren beruht auf der Forderung, daß die Objekte einen großen Teil des auffallenden Lichts ungestreut lassen („Zernike-Gabor-Objekte", Lohmann 1956), denn das ungestreute Licht gibt die notwendige Vergleichswelle. Das Hologramm ist also identisch mit dem Fresnelschen Beugungsbild. Die Information über ein Objektdetail ist bei diesem Verfahren in einem Hologrammbereich gespeichert, der kaum größer ist als der geometrische Schatten des Details.

Die Hologramme müssen rekonstruiert werden in der Nachbarschaft einer optischen Achse, die etwa der z'^*-Achse in Abb. 7—7 entspricht. Nahe dieser Achse liegen neben den Punkten des primären Bildes auch die Rekonstruktionsquelle Q_R, die konjugierten Bildpunkte und die Punkte des Intermodulationsbildes. Photographiert man in Richtung dieser Achse, so registriert man außer dem primären Bild, auf das man scharf einstellt, auch seine Interferenzen mit den Verwaschungsscheibchen der eben genannten anderen Punkte. Diese Störungen und die Beschränkung auf spezielle Objekte haben in den ersten Jahren der Holographie das Interesse an dem neuen Verfahren beeinträchtigt. Mehrere Vorschläge zur Vermeidung der Störungen halfen nur bedingt.

7.3-d. Off-Axis-Holographie

Die grundsätzliche Lösung des Problems gelang Leith und Upatnieks (1962). Diese Lösung wurde vorbereitet von einer übertragungstheoretischen Untersuchung zur Einseitenbandübertragung (Lohmann 1956).

Für die neue Anordnung wählt man am besten kollimierte Vergleichs- und Rekonstruktionsstrahlen (z_H und z_H' werden sehr groß). Für die formale Darstellung legt man das Objekt in die Nähe der z-Achse, die Objektbeleuchtung erfolgt parallel zur z-Achse. Vergleichs- und Rekonstruktionsstrahlen erhalten gegen die z-Achse den Winkel ϑ. Diese Neigung zwischen Objektbeleuchtung und Vergleichsstrahl läßt sich durch ein Prisma oder durch Spiegel einstellen. Abb. 7—8 zeigt den Strahlengang zur Hologrammaufnahme von transparenten Objekten. Wie schon bei der Fourier-Holographie ist es manchmal nützlich, wenn die Objektpunkte statistisch verschiedene Phasen φ_i besitzen. Das erreicht man durch Einsetzen einer ruhenden Mattscheibe in den Beleuchtungsstrahl für das Objekt. Die Rekonstruktion erfolgt im Strahlengang von Abb. 7—9.

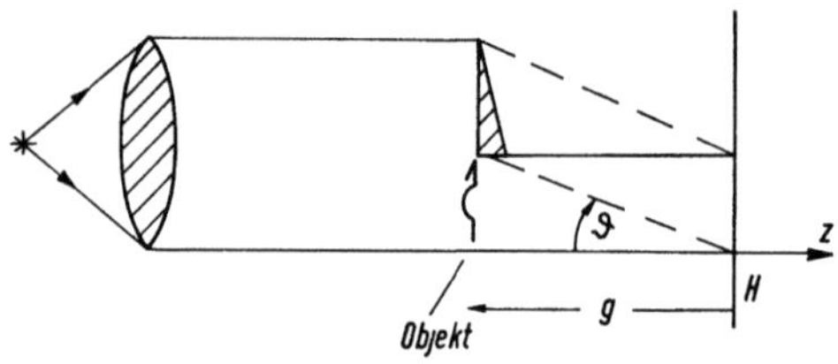

Abb. 7—8. Hologrammaufnahme mit Trägerfrequenz für transparente Objekte

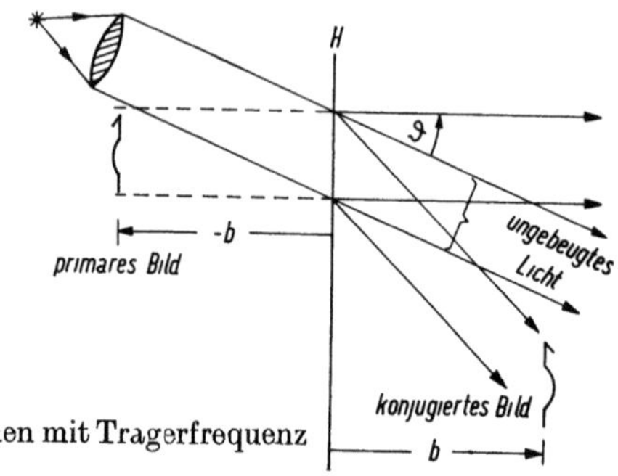

Abb. 7—9. Rekonstruktion von Hologrammen mit Tragerfrequenz

Fällt der Rekonstruktionsstrahl unter dem gleichen Winkel ϑ auf das Hologramm wie vorher der Vergleichsstrahl, so wird bei $z_H = z_H' = \infty$ das primäre Bild virtuell und das konjugierte reell.

Ist das Objekt strukturlos transparent, so schneiden sich Objekt- und Vergleichsstrahl im Hologramm unter dem Winkel ϑ. Beide Strahlen erzeugen im Hologramm ein System von geraden Interferenzstreifen mit einer Periode der Intensitätsverteilung von $\lambda/\sin\vartheta$. Das Reziproke dieser Periode ist die Trägerfrequenz bei der Hologrammaufnahme. Ein strukturiertes Objekt moduliert diese Interferenzstreifen analog zur Modulation der Trägerfrequenz in der Nachrichtentechnik. Bei der Rekonstruktion wirken die Trägerfrequenzstreifen als Beugungsgitter; dieses liefert neben ungebeugtem Licht zwei Beugungsordnungen. Die eine ergibt das primäre Bild, die andere das konjugierte. Das Intermodulationsbild ist unabhängig von der Trägerfrequenz, deshalb erscheint es in der Nachbarschaft des ungebeugten Lichts. In dem neuen Verfahren erscheint also das primäre Bild unter einer anderen Blickrichtung als die störenden Zusatzbilder.

Ein weiterer Vorteil dieses Strahlenganges liegt darin, daß hier Vergleichswelle und Objektwelle in ihrer Stärke unabhängig voneinander sind. So lassen sich beliebig stark streuende Objekte verwenden. Durch regelbare Absorber (etwa geeignete Kombinationen von Polarisationsfolien) vor Objekt und Prisma kann das Amplitudenverhältnis zwischen Objekt- und Vergleichswelle optimal eingestellt werden.

Ist das Objekt opak, so kann das an seiner Oberfläche gestreute Licht als Objektwelle dienen. Für die Aufnahme solcher Objekte kann man einen Strahlengang nach Abb. 7—10 benutzen. Die Vergleichswelle wird an einem Spiegel *Sp* reflektiert; bei kollimierter Beleuchtung muß er mindestens die gleiche Größe haben wie das Hologramm. Auch hier wird die Trägerfrequenz im Hologramm gleich $\sin\vartheta/\lambda$. Übliche opake Objekte haben eine rauhe, diffus streuende Oberfläche, diese Rauheit wirkt so wie die oben zur Objektbeleuchtung verwendeten

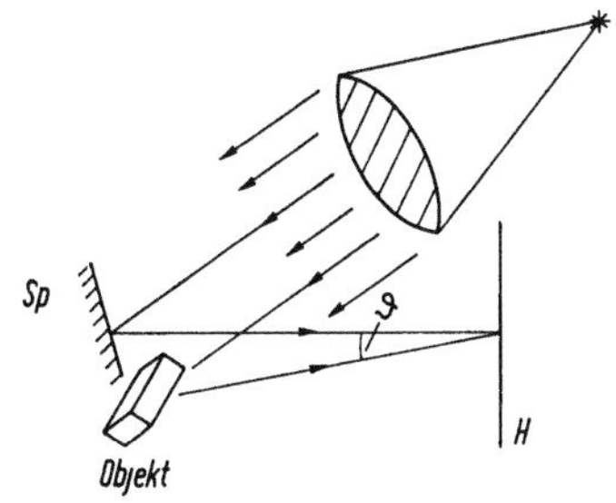

Abb. 7—10. Hologrammaufnahme mit Trägerfrequenz für opake Objekte

Mattscheiben: Alle Objektpunkte streuen mit statistisch verschiedenen aber zeitlich konstanten Phasen. Die Rekonstruktion geschieht etwa im Strahlengang nach Abb. 7—9. Primäres und konjugiertes Bild haben die gleichen Lagen wie bei der Holographie transparenter Objekte.

Die Objektpunkte werden — bis auf Abbildungsfehler — vollständig rekonstruiert. Die Rekonstruktion gibt auch die Objekttiefe richtig wieder. Man kann also eine photographische Kamera oder auch das Auge in mehreren Schritten auf verschiedene Ebenen des rekonstruierten Objektfelds scharf stellen. Oder man kann das rekonstruierte Feld aus verschiedenen Richtungen photographieren oder betrachten; dann vermittelt die zeitliche Parallaxe einen räumlichen Eindruck. Oder man nimmt mit beiden Augen die räumliche Parallaxe wahr. Abb. 7—11 zeigt dazu Beispiele.

Abb. 7—11. Rekonstruktionen von einem Hologramm. a, b: Aufnahmen mit Blende 2,8; verschiedene Ebenen der Scharfstellung. c, d: Aufnahmen mit Blende 11; verschiedene Bereiche des Hologramms ergeben verschiedene Parallaxen

7.3-e. Eigenschaften der Hologrammplatte und nutzbarer Objektraum

Eine Hologrammplatte hat endliche Ausdehnungen H_x, H_y und eine endliche Auflösungsgrenze h der Emulsion. Dadurch ist der nutzbare Objektraum begrenzt und die Auflösungsgrenze festgelegt, mit der zwei benachbarte Objektpunkte sich rekonstruieren lassen. Carter und Dougal (1966) analysierten diese Fragen für eine Hologrammplatte großer Ausdehnung.

Ein Objektpunkt x_1, z_1 erzeugt gemeinsam mit dem Vergleichspunkt auf dem Hologramm eine Fresnelsche Zonenplatte, deren Ringradien durch Gl. (7.2-13) gegeben sind. d_1 ist in diesem Zusammenhang ohne Interesse und kann gleich Null gesetzt werden. Die Hologrammemulsion registriert wegen ihrer endlichen Auflösungsgrenze dieses Ringsystem bis zu einem maximalen Ringradius ϱ_M, für diesen gilt $\varrho_M - \varrho_{M-1} = h$. Für große Werte m kann die Differenz der Radien gewonnen werden durch Differenzieren von Gl. (7.2-13) nach m und Setzen von $\mathrm{d}m = 1$. So ergibt sich

$$\mathrm{d}\varrho = \varrho_m - \varrho_{m-1} = \frac{z_H(z_H - z_1)\lambda_H}{z_1 \varrho_m}. \tag{7.3-1}$$

Für $\mathrm{d}\varrho = h$ folgt daraus

$$\varrho_M = \frac{z_H(z_H - z_1)\lambda_H}{z_1 h}. \tag{7.3-2}$$

ϱ_M beeinflußt die Auflösung in der Rekonstruktion. In Gl. (2.4-8) ist das Punktbild angeschrieben, das durch Beugung an einer Kreisblende mit dem Radius $b = \varrho_M$ entsteht. Auch die rekonstruierten Punkte sind von einem Hof gebeugten Lichts mit dieser Verteilung der Amplitude umgeben. Das erste Minimum erscheint vom Hologramm aus unter dem Winkel $\alpha = 0{,}610\,\lambda_R/\varrho_M$. Diesem Winkel entspricht in der Umgebung des rekonstruierten Punkts ein Scheibchen mit dem Radius $\delta x' = \alpha(z_H' - z_1')$. Daraus folgt die Grenze der Lateralauflösung in der Rekonstruktion

$$\delta x' = \frac{0{,}610(z_H' - z_1')z_1\lambda_R h}{(z_H - z_1)z_H\lambda_H}. \tag{7.3-3}$$

Die Gleichung zeigt erneut, wie im Spezialfall der Fourier-Holographie ($z_1 = 0$) die Auflösung in der Rekonstruktion unabhängig wird von der Auflösung der Hologrammemulsion. Bezogen auf den Objektraum folgt im Fresnel-Fall

$$\delta x = \delta x'/M_S = 0{,}610 z_1 h/z_H. \tag{7.3-4}$$

Zu einem sehr ähnlichen Ergebnis führt eine noch einfachere Überlegung: Zwei benachbarte Objektpunkte (x_1, z_1), $(x_2, z_2 = z_1)$ erzeugen im Hologramm kongruente Zonenplatten mit den Mittelpunkten $\xi_{1,2} = \dfrac{x_{1,2} \cdot z_H}{z_{1,2}}$. Die seitliche Verschiebung $\delta\xi = \xi_1 - \xi_2$ beider Platten sollte an der Auflösungsgrenze $\delta x = x_1 - x_2$ von der Emulsion gerade noch aufgelöst werden. Das ergibt $\delta x \cdot z_H/z_{1,2} = h$ und damit

$$\delta x = z_1 h/z_H. \tag{7.3-5}$$

Für eine kollimierte Vergleichswelle und für die Bildebenen-Holographie wird $\delta x = h$.

Weiter interessiert die Auflösungsgrenze δz bei der Beurteilung der Objekttiefe. Zwei benachbarte hintereinander liegende Objektpunkte (x_1, z_1), $(x_2 = x_1, z_2)$ erzeugen im Hologramm konzentrische Zonenplatten. Unterschiede in deren Radien zeigen sich am deutlichsten bei den größten gespeicherten Radien ϱ_M. Differenzieren von Gl. (7.3-2) nach z_1 liefert mit $\mathrm{d}\varrho_M = h$ und $\mathrm{d}z_1 = \delta z$

$$\delta z = \frac{z_1{}^2 h^2}{z_H{}^2 \lambda_H}. \tag{7.3-6}$$

Für eine kollimierte Vergleichswelle und für die Nachbarschaft der Bildebenen-Holographie wird $\delta z = h^2/\lambda_H$.

Die angegebenen Auflösungsgrenzen setzen voraus, daß bei der Rekonstruktion das gesamte modulierte Hologramm ausgenutzt wird, diese Forderung muß auch der Linsendurchmesser einer photographischen Kamera erfüllen, die ein virtuelles Bild aufnehmen soll.

Ist die Hologrammplatte durch ihr Format oder durch eine Blende begrenzt, so bewirken nur Teilbereiche der registrierten Fresnelschen Zonenplatten die Rekonstruktion. Die Wirkung dieser Bereiche muß für den Einzelfall überlegt werden. Als ein Beispiel sei Fresnel-Holographie mit einer Vergleichswelle betrachtet, die das Hologramm unter dem Winkel ϑ gegen die z-Achse trifft. Ein Objektbereich um $x_1 = (z_H - z_1) \cdot \sin \vartheta$ bildet im Hologramm Zonenkreise, die ungefähr von der z-Achse zentriert werden. Liegt auch der für die Rekonstruktion verfügbare Bereich des Hologramms symmetrisch zur z-Achse, dann wird der genannte Objektbereich mit maximaler Intensität und bester Auflösung rekonstruiert. Objektfelder in anderen Lagen bilden Zonenkreise, die zwar von der Hologrammemulsion aufgelöst werden können, die aber nur zum Teil oder gar nicht auf die Hologrammplatte von endlicher Größe fallen. Entsprechend dem wirksamen Teil der Zonenplatte werden diese Objektfelder mit verminderter Intensität und schlechterer Auflösung oder gar nicht rekonstruiert. Das Hologramm verhält sich hier so wie ein Objektiv mit Vignettierung.

Bei einem dreidimensionalen Objekt beeinträchtigt eine Einschränkung des wirksamen Hologrammbereichs auch den räumlichen Eindruck der Rekonstruktion: Die Tiefenauflösung ist verschlechtert, und der Winkelbereich, aus dem die Rekonstruktion betrachtet werden kann, ist eingeengt. Wenn man aber diese Nachteile in Kauf nimmt, kann man auch mit einem sehr kleinen Hologramm oder mit einem Bruchstück Rekonstruktionen begrenzter Objektfelder herstellen (Leith und Upatnieks 1964).

Lukosz (1968) diskutierte den Einfluß von Hologrammgröße und Emulsionseigenschaft an einem besonderen Modell; in diesem ergibt sich das konjugierte Bild als Folge einer formalen Zeitumkehr.

7.3-f. Granulation

Die eben geschilderte Verwendbarkeit von sehr kleinen Hologrammen zu immer noch eindrucksvollen Rekonstruktionsversuchen ist geknüpft an diffus streuende Objekte und Fresnel- oder Fourier-Holographie. Solche Objekte haben bei der Abbildung in kohärentem Licht — und die Holographie verhält sich im Prinzip nicht anders — eine störende Eigenschaft: Das Bild eines diffus streuenden Objektes — etwa eine Mattscheibe oder eine gekalkte Wand — zeigt helle und dunkle Flecke in statistischer Verteilung (Granulation), die der eigentlich interessierenden Objektstruktur störend überlagert sind (vgl. Martienssen und Spiller 1965).

Ein diffus streuendes Objekt läßt sich beschreiben durch eine statistische Verteilung von kleinen Objektbereichen mit unterschiedlichen optischen Eigenschaften. Diese Eigenschaften beeinflussen die Amplitude und Phase des durchfallenden oder remittierten Lichtes. Für das vorliegende Problem sind hauptsächlich die statistischen Schwankungen der Phase wichtig, sie hängen anschaulich zusammen mit der körperlichen Rauheit einer streuenden Fläche.

Als einfachstes Modell für dunkle Details in Bildern transparenter Objekte betrachten wir die kohärente Abbildung von zwei nebeneinanderliegenden, in sich homogenen Objektbereichen mit der Phase $\varphi/2$ und $-\varphi/2$. Beide Bereiche bilden also eine Phasenkante mit der Phasendifferenz φ; die Bereiche sollen einseitig unbegrenzt sein. Die Abbildung erfolgt mit einer Linse, die auf die Grenzfrequenz P abgeblendet ist. Gl. (3.5-4) beschreibt die Abbildung einer opaken Halbebene durch eine solche Linse. Die Phasenkante läßt sich aus zwei Halbebenen dieser Art zusammensetzen. Für die Bildamplitude ergibt sich

$$u(x') = e^{i\varphi/2}\left(\frac{1}{2} + \frac{1}{\pi}\,\mathrm{Si}\,2\pi P x'\right) + e^{-i\varphi/2}\left(\frac{1}{2} - \frac{1}{\pi}\,\mathrm{Si}\,2\pi P x'\right)$$

$$= \cos\frac{\varphi}{2} + \frac{2i}{\pi}\sin\frac{\varphi}{2}\cdot\mathrm{Si}\,2\pi P x'. \qquad (7.3\text{-}7)$$

Die Bildintensität wird zu

$$I(x') = \cos^2\frac{\varphi}{2} + \frac{4}{\pi^2}\cdot\sin^2\frac{\varphi}{2}\cdot\mathrm{Si}^2\,2\pi P x'. \qquad (7.3\text{-}8)$$

Für $\varphi = 0$ ist das Bildfeld homogen. $\varphi = \pi$ repräsentiert das Woltersche Minimum (Wolter 1950b); durch die endliche Auflösung kommt gegenphasiges Licht aus den beiden Objektbereichen zur Interferenz, bei $x' = 0$ entsteht eine Linie der Intensität Null. Eie Halbwertsbreite B dieses Minimums der Intensität ist mit der Beugungsgrenze der Auflösung $\delta x = 1/P$ näherungsweise verknüpft durch

$$B \approx 0{,}4\,\delta x. \qquad (7.3\text{-}9)$$

Trotz $B < \delta x$ ist die dunkle Linie klar zu erkennen, denn δx war andersartig, nämlich für Gitterperioden definiert. Die Beziehung zeigt aber, daß die dunkle Linie von verschiedenen optischen Systemen etwa gleich breit wiedergegeben wird, solange Vergrößerung und Apertur der Systeme aufeinander abgestimmt sind. Verkleinert man P bei konstanter Vergrößerung, so vergröbern sich die Flecke. Abb. 7—12 zeigt die Granulation im Bild eines über eine Mattscheibe beleuchteten Teststerns. Abb. 7—11 demonstriert den Einfluß verschiedener Abblendungen auf die Granulation am Beispiel von holographischen Rekonstruktionen. Die Teilbilder a und b wurden mit großer Blendenöffnung aufgenommen, hier ist die Granulation weniger merklich als in den Teilbildern c und d.

Andere Modelle für die Granulation beschreiben den diffusen Streuer durch eine ungeordnete Verteilung von sehr kleinen Linsen oder Hohlspiegeln mit statistisch variierenden Durchmessern und Brennweiten (Hopkins und Tiziani 1970).

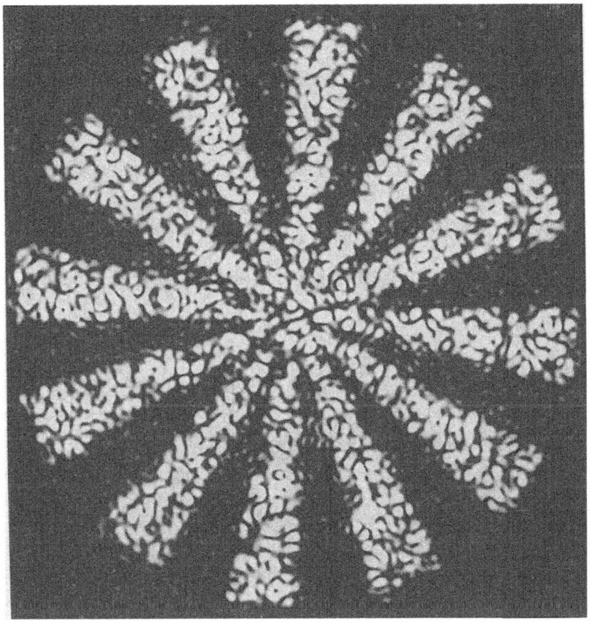

Abb. 7—12. Granulation und Siemensstern

Die Granulation ist ein Beispiel fur die kontrastreiche Wiedergabe von Phasenobjekten großer Aussteuerung durch Abbildung im Hellfeld (Kap. 3.5-c). Unscharfe Einstellung oder Aberrationen ändern nichts am Charakter der Bilder. Die Erscheinung ist aber an kohärente Beleuchtung geknüpft, wenn nur Schwankungen der Phase die Granulation bedingen. Im Extremfall der inkohärenten Beleuchtung ist keine Phase mehr definiert. Für teilkohärente Beleuchtung zeigte Gabor (1970), wie die mittlere quadratische Schwankung der Bildintensität näherungsweise gegeben ist durch das Verhältnis der Beobachtungsapertur P zur Beleuchtungsapertur. Yamaguchi (1972) gab eine umfassende Analyse der Granulation bei Kohärenz und Teilkohärenz.

Die Holographie streuender Objekte zeigt in der Rekonstruktion die gleiche Granulation. Die Grenzfrequenz P ist hier festgelegt durch die wirksamen Bereiche im Hologramm und die Abmessungen des Strahlenganges. Nach Martienssen und Spiller (1967) läßt sich die Granulation verringern, indem man von dem streuenden Objekt mehrere Hologramme aufnimmt, eine zusätzliche Mattscheibe zwischen Lichtquelle und Objekt hat bei den Aufnahmen verschiedene Lagen. Die statistischen Phasen der Mattscheibe mischen sich verschiedenartig mit den

Phasen des streuenden Objekts. Die Rekonstruktionen der verschiedenen Hologramme werden zur endgültigen Rekonstruktion auf einer Photoplatte übereinander kopiert, dabei müssen sich die interessierenden Bilddetails decken.

Nach einem weiteren Vorschlag von E. Spiller (Martienssen 1966) läßt sich die Granulation vermindern, indem man eine Blende, die wesentlich kleiner ist als das Hologramm, während der photographischen Aufnahme der Rekonstruktion in der Hologrammebene bewegt. Dadurch wird die Auflösung erheblich herabgesetzt, denn für die kohärente Rekonstruktion ist der wirksame Hologrammbereich durch die Blende eingeengt. Sie liefert in der Rekonstruktion das Punktbild mit der Amplitude $K(x')$. Verschiebung der Blende senkrecht zur Achse um die Strecke ξ_0 bewirkt ein Punktbild $\exp[2\pi i\xi_0 x'/(z_H - z_1)\lambda_R] \cdot K(x')$. Eine Objektamplitude $u_o(x)$ wird durch Faltung mit dem Punktbild in die Rekonstruktion $u(x')$ überführt

$$\begin{aligned} u(x', \xi_0) &= \int u(x) \exp[2\pi i\xi_0(x' - x)/(z_H - z_1)\lambda_R] K(x' - x)\,\mathrm{d}x \\ &= \exp[2\pi i\xi_0 x'/(z_H - z_1)\lambda_R] \int \exp[-2\pi i\xi_0 x/(z_H - z_1)\lambda_R] u(x) \\ &\quad \times K(x' - x)\,\mathrm{d}x. \end{aligned} \tag{7.3-10}$$

Die Rekonstruktion ist äquivalent mit der kohärenten Abbildung bei kollimierter Beleuchtung [Gl. (3.3-11) und Gl. (3.3-12)] unter dem Beleuchtungswinkel $\alpha_0 = \xi_0/(z_H - z_1)$. Die Rekonstruktionsintensität $I(x', \xi_0) = u(x', \xi_0)u^*(x', \xi_0)$ enthält nicht mehr den Phasenvorfaktor aus Gl. (7.3-10). Die Verschiebung der Blende im Hologramm während der photographischen Aufnahme der Rekonstruktion bedeutet eine Integration von $I(x', \xi_0)$ über ξ_0 und äquivalent eine Integration über den Beleuchtungswinkel α_0, also Integration über eine äquivalente Lichtquelle. Die Verschiebung der Blende ist also gleichwertig mit einer teilkohärenten Beleuchtung; bei sehr großem Hologramm und kleiner Blende nähert man sich den Verhältnissen bei der Abbildung mit inkohärenter Beleuchtung. Verminderung der Kohärenz schwächt die Übertragung von Phasenstrukturen und damit die Sichtbarkeit der Granulation in der Rekonstruktion von streuenden Objekten. Die Auflösung in der Rekonstruktion ist besser, als es dem Blendendurchmesser entspricht, äquivalent mit der Auflösung bei teilkohärenter Abbildung (Menzel 1958, 1960).

7.3-g. Dreidimensionale Speichermedien

Die Hologrammplatte wurde bisher als ein zweidimensionales Speichermedium betrachtet. Das ist nur näherungsweise zulässig. In Kap. 7.8-d wird in einem anderen Zusammenhang diskutiert, daß das Fourier-Hologramm eines Objektpunktes aufgefaßt werden muß als ein räumliches System von äquidistanten ebenen Lamellen mit periodisch sich ändernden optischen Eigenschaften. Dieses System ähnelt den Netzebenen in Kristallen. Bei der Rekonstruktion wird Licht an diesem System gebeugt in einer Weise, die im Zusammenhang mit der Braggschen Gleichung steht. Je kleiner der Abstand der Lamellen im Vergleich zur Dicke der Hologrammemulsion ist, desto schärfer definiert die Braggsche Gleichung das Intensitätsmaximum der Rekonstruktion. Stets wird die Rekonstruktion dann am hellsten, wenn die Beleuchtung unter demselben Winkel auf das Hologramm fällt wie der Vergleichsstrahl bei der Hologrammaufnahme. Voraussetzung dafür ist aber, daß die Emulsion bei dem photographischen Prozeß nicht schrumpft und daß die gleiche Wellenlänge für die Aufnahme des Hologramms und die Rekonstruktion verwendet wird. Schrumpfungen und Abweichungen von Beleuchtungsrichtung und Wellenlänge können einander aber so kompensieren, daß die Braggbedingung dennoch eingehalten wird (Kap. 8.). Gilt diese Bedingung, so gibt es ein zweites Helligkeitsmaximum für die Rekonstruktion, wenn die Beleuchtung die Lamellen im Hologramm von der anderen Seite her trifft wie der Vergleichsstrahl. In diesem Fall sind primäres und konjugiertes Bild vertauscht.

In diesem Abschnitt war wegen der einfacheren Übersicht nur von Fourier-Hologrammen die Rede. Bei anderen holographischen Methoden entsteht für einen Objektpunkt im Hologramm statt der ebenen Lamellen ein System von konfokalen Rotationshyperboloiden (Kap. 4). Stets aber hat die Rekonstruktion größte Intensität, wenn die Rekonstruktionsquelle gleich der Vergleichsquelle wird. Unter dieser Bedingung wird das Objekt mit der Vergrößerung Eins rekonstruiert, außerdem treten jetzt keine geometrisch optischen Aberrationen auf, wenn vorausgesetzt werden kann, daß die Emulsion nicht schrumpft.

7.4. Holographie von Objekten mit wohl definierter Amplitude

7.4-a. Abgrenzung

In den vorangegangenen Kapiteln lieferte die Diskussion von punktförmigen Objekten eine Einführung in den Grundgedanken der Holographie; es ergaben sich Beziehungen zwischen den Lagen von Objekt und rekonstruiertem Bild und für die Vergrößerungen bei der holographischen Abbildung. Die erreichbare Auflösung und die Ausdehnung des nutzbaren Objektraumes folgten aus der Größe und Auflösungsgrenze der Hologrammplatte. Außerdem lieferten die Punktobjekte eine qualitative Einsicht in die Holographie mit diffus streuenden Objekten, deren exakte Behandlung bis heute noch nicht völlig klar ist.

Das nun folgende Kapitel wird die Holographie von Objekten behandeln, deren Amplitudentransparenz $u_0(x)$ als wohl definierte Funktion vorliegt. Im Gegensatz zu den diffus streuenden Objekten läßt sich die Übertragung dieser Amplituden ins Hologramm und in die Rekonstruktion analytisch verfolgen. Daraus ergibt sich ein Fourier-Formalismus der Übertragung zwischen Objekt und Bild. Dieser Formalismus ist u. a. nützlich, um die holographische Interferometrie und die Verbesserung der holographischen Abbildung durch Filterung zu beschreiben. In späteren Kapiteln wird der Formalismus ausgebaut, um die Störungen der Holographie zu diskutieren, die durch experimentell bedingte Abweichungen von den idealen Verhältnissen entstehen. Daraus ergeben sich Wege, die Störungen klein zu halten. Wichtig sind hier die Übertragungsfunktion der holographischen Emulsion (Kap. 9), die Abweichung vom idealen photographischen Prozeß (Kap. 8.4) und von der idealen Kohärenz des verwendeten Lichts (Kap. 10).

Um auch in diesem Kapitel das Wesentliche durch Beiwerk nicht zu verschleiern, sollen die Vergleichswelle bei der Aufnahme der Hologramme und die

Beleuchtung bei der Rekonstruktion mit gleicher Wellenlänge und als kollimiert vorausgesetzt werden. Die Welle für die Objektbeleuchtung ist kollimiert und achsenparallel. Die holographische Abbildung erfolgt also mit der Vergrößerung Eins. Die Wirkung von Kugelwellen auf die Bildlagen und die Vergrößerung wurde schon im vorigen Kapitel behandelt. Die Rechnung wird im Folgenden stets in parabolischer Näherung der Fresnel-Beugung durchgeführt (Kap. 2.2-b).

Die Aufzeichnung der Hologramme wird in Kap. 8 ausführlich diskutiert. Die Rechnungen des vorliegenden Kapitels setzen einen idealisierten photographischen Prozeß voraus. Nach diesem ist die Amplitudentransparenz $u_T(\xi)$ des fertigen Hologramms im Bereich $1 > u_T > 0$ gegeben durch

$$u_T(\xi) = C + \beta t I(\xi).$$

C ist eine additive Konstante. $I(\xi)$ ist die Verteilung der Lichtintensität, mit der die Photoplatte während der Zeit t belichtet wird. Der Faktor $\beta < 0$ kennzeichnet das Hologramm als ein photographisches Negativ. Bei $\beta > 0$ ist ein Positiv entstanden, z. B. durch Umkehrentwicklung, oder durch Umkopieren.

7.4-b. Fresnel-Holographie

Das Objekt sei gekennzeichnet durch seine Amplitude $u_0(x, g)$. Die Vergleichswelle mit der Amplitude A falle unter dem Winkel $\arcsin \Theta_H = \vartheta_H$ gegen die z-Achse auf das Hologramm H. Dieses stehe senkrecht auf der z-Achse (Abb. 7—13).

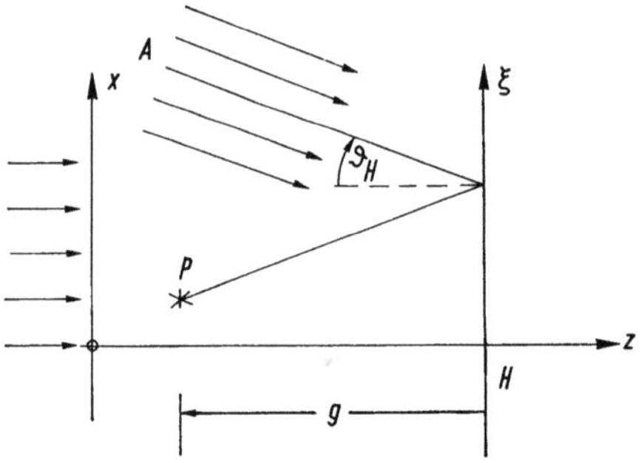

Abb. 7—13. Aufnahme von Fresnel-Hologrammen mit kollimierter Vergleichswelle

Die Amplitude in der Ebene von H wird

$$u(\xi) = \int u_0(x, g) e^{-ikr} \, dx + A e^{ik\Theta_H \xi} \qquad \text{mit} \qquad r \approx g + \frac{(x-\xi)^2}{2g} + \dots$$

Die Intensität, die das Hologramm belichtet, wird

$$I(\xi) = u(\xi) \cdot u^*(\xi) = I_1 + I_2 + I_3 + I_4. \qquad (7.4\text{-}1)$$

Die einzelnen Summanden sind komplexe Anteile; imaginäre und negative Anteile kompensieren sich erst in der Summe. Jeder Summand hat einen charakteristischen Anteil an der Rekonstruktion. Zum Anteil der rekonstruierenden

Welle, die am Hologramm nicht gebeugt wird, führt der Term

$$I_1(\xi) = A^2. \tag{7.4-2}$$

Zum primären Bild führt

$$I_2(\xi) = A^* \int u_0(x, g)\, e^{-ik(r+\theta_H \xi)}\, \mathrm{d}x. \tag{7.4-3}$$

Zum konjugierten Bild führt

$$I_3(\xi) = A \int u_0^*(x, g)\, e^{ik(r+\theta_H \xi)}\, \mathrm{d}x. \tag{7.4-4}$$

Zum Intermodulationsbild führt

$$I_4(\xi) = \int u_0(x, g)\, e^{-ikr}\, \mathrm{d}x \cdot \int u_0^*(x, g)\, e^{ikr}\, \mathrm{d}x. \tag{7.4-5}$$

Nach einem idealen photographischen Prozeß wird $u_T(\xi) = C + \beta t I(\xi)$, $u_T(\xi)$ ist die Amplitudentransparenz des Hologramms. Die Rekonstruktion erfolgt

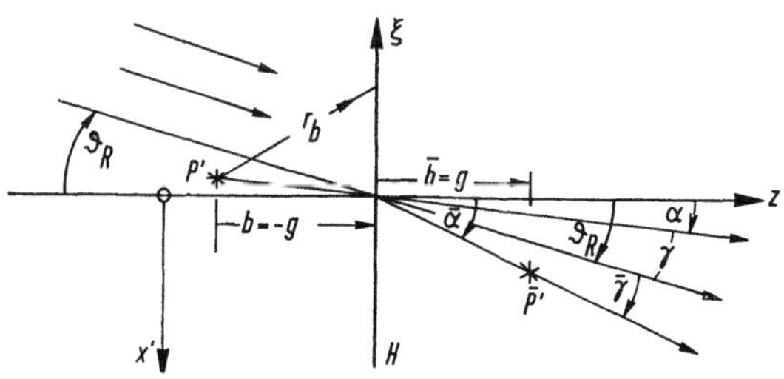

Abb. 7—14. Rekonstruktion von Fresnel-Hologrammen mit kollimierter Rekonstruktionswelle. $\vartheta_H = \vartheta_R = \vartheta$

mit kollimiertem Licht der Einfallsrichtung ϑ_R (Abb. 7—14). Die rekonstruierte Amplitude $u(x', b)$ wird

$$u(x', b) = \int e^{ik\theta_R \xi}\, u_T(\xi)\, e^{-ikr_b}\, \mathrm{d}\xi \qquad \text{mit} \qquad r_b \approx b + \frac{(x' - \xi)^2}{2b}, \qquad \theta_R = \sin \vartheta_R. \tag{7.4-6}$$

Das ungebeugte Licht bleibt auch in der Rekonstruktion kollimiert. Es hat die Amplitude $u_1 = C + \beta t\,|A|^2$. Das Vorzeichen von u_1 ist unabhängig vom Vorzeichen von β. Die Punktquelle im Unendlichen, von der die rekonstruierende Welle ausgeht, ist ein Teil der Rekonstruktion. Wenn man durch das Hologramm blickt, erscheint die Quelle unter dem Winkel ϑ_R gegen die z-Achse. Diese Richtung zur Quelle bildet eine neue Bezugsrichtung für den Aufbau der Rekonstruktion.

Das primäre Bild entsteht aus $I_2(\xi)$ [Gl. (7.4-3)]. Mit Gl. (7.4-6) ergibt sich

$$u_2(x', b) = \beta t A^* \iint u_0(x, g) \exp - ik \left[g + b + \frac{x^2}{2g} + \frac{x'^2}{2b} + \frac{\xi^2}{2}\left(\frac{1}{g} + \frac{1}{b}\right) - \xi\left(\frac{x}{g} - \frac{x'}{b}\right) + \xi(\theta_H - \theta_R) \right] \mathrm{d}x\, \mathrm{d}\xi.$$

Der Term mit ξ^2 ist schon aus der extrafokalen kohärenten Abbildung bekannt [Gl. (3.3-5)]. Bei der fokussierten Abbildung verschwindet dieser Term, das geschieht für $b = -g$. Diese Lage des primären Bildes hatte sich schon früher ergeben; das Bild ist virtuell. Wegen $\mathrm{d}b = -\mathrm{d}g$ ist das Bild orthoskopisch. Mit $b = -g$ wird

$$u_2(x', g) = \beta t A^* \iint e^{-ik\frac{x^2-x'^2}{2g}} \cdot u_0(x, g) \exp ik \frac{\xi}{g} [x + x' - g(\theta_H - \theta_R)] \, \mathrm{d}x \, \mathrm{d}\xi . \tag{7.4-7}$$

Die Integration über ξ führt auf eine Dirac-Funktion, die nachfolgende Integration über x führt in bekannter Weise auf die Beziehung

$$x = -x' + g(\theta_H - \theta_R), \tag{7.4-8}$$

$$u_2(x', g) = \beta t A^* e^{ikx'(\theta_H - \theta_R)} \cdot u_0[-x' + g(\theta_H - \theta_R)]. \tag{7.4-9}$$

Die Amplitude eines Objekts wird unter den benutzten Voraussetzungen bis auf einen Phasenvorfaktor, der wie ein Prisma wirkt, identisch rekonstruiert. Blickt man in der Nachbarschaft von $\xi = 0$ durch das Hologramm, so erscheint das primäre Bild $P'(x', b)$ des Punktes $P(x, g)$ unter dem Winkel $\alpha = \operatorname{arc\,tg} \frac{x'}{b} = \operatorname{arc\,tg} \frac{x}{g} - (\vartheta_H - \vartheta_R)$ gegen die z-Achse und unter dem Winkel $\gamma = \alpha - \vartheta_R = \operatorname{arc\,tg} \frac{x}{g} - \vartheta_H$ gegen die Richtung zur Rekonstruktionsquelle. Oft wählt man $\theta_H = \theta_R$ und legt so das primäre Bild auf das Objekt.

Gl. (7.4-7) hat die Form eines Fourier-Integrals [Gl. (2.9-15)].

Will man die endliche Ausdehnung H des Hologramms berücksichtigen, so muß man den Integranden multiplizieren mit $f(\xi) = \operatorname{rect}\left[\frac{\xi}{H}\right]$. Dann tritt bei der Integration über ξ keine Dirac-Funktion mehr auf. Die Abbildung ist nun nicht mehr streng isoplanatisch, sondern sie zeigt Vignettierung (Kap. 7.3-e). Dann gelten Überlegungen, wie sie in Kap. 3.8 für die kohärente Abbildung mit außerpupillärem Eingriff entwickelt wurden. Auch von diesem Standpunkt wird deutlich, daß bei der Fresnel-Holographie die Hologrammebene nicht mit der Pupillenebene zusammenfällt (Kap. 7.6-b).

Andere Masken auf dem Hologramm werden durch entsprechende Funktionen $f(\xi)$ dargestellt. Eine Einstellung $b \neq -g$ wirkt wie die Transparenz einer Linse $f(\xi) = \exp - ik \frac{\xi^2}{2}\left[\frac{1}{g} + \frac{1}{b}\right]$ mit der Brennweite F, gegeben durch $-1/F = 1/g + 1/b$ [Gl. (2.5-4)]; diese virtuelle Linse kann durch eine wirkliche Linse kompensiert werden. Analog Gl. (3.3-7) wirkt $f(\xi)$ wie eine Übertragungsfunktion für Amplituden. In bekannter Weise läßt sich diese Wirkung auf $u(x')$ auch darstellen durch die Faltung von $u_0(x)$ mit einem Punktbild $K(x')$, das durch die Fourier-Transformierte von $f(\xi)$ gegeben ist.

Auch die Übertragungsfunktion der Hologrammemulsion wirkt als ein Eingriff in der Ebene des Hologramms. In Kap. 7.2-e wurde diese Übertragungsfunktion grob durch eine Auflösungsgrenze h der Emulsion gekennzeichnet, und die Auswirkungen davon wurden qualitativ erläutert. In Kap. 9 werden diese Verhältnisse quantitativ diskutiert.

Das konjugierte Bild entsteht aus $I_3(\xi)$ [Gl. (7.4-4)]

$$u_3(\bar{x}', \bar{b}) = \beta t A \iint u_0^*(x, g) \exp ik \left[g - \bar{b} + \frac{x^2}{2g} - \frac{\bar{x}'^2}{2\bar{b}} + \frac{\xi^2}{2}\left(\frac{1}{g} - \frac{1}{\bar{b}}\right) - \xi\left(\frac{x}{g} + \frac{\bar{x}'}{\bar{b}}\right) + \xi(\theta_H + \theta_R) \right] \mathrm{d}x \, \mathrm{d}\xi .$$

Der Term mit ξ^2 gibt die Lage des Bildes bei $\bar{b} = g$, es ist reell; wegen $\mathrm{d}\bar{b} = \mathrm{d}g$ ist das Bild pseudoskopisch. Mit $\bar{b} = g$ wird

$$u_3(\bar{x}', \mathrm{g}) = \beta t A \iint \exp ik \frac{(x^2 - \bar{x}')^2}{2g} u_0^*(x, g) \times \exp ik \frac{\xi}{g} [-x - \bar{x}' + g(\theta_H + \theta_R)] \, \mathrm{d}x \, \mathrm{d}\xi . \qquad (7\text{-}.410)$$

Analog zu oben wird

$$\bar{x}' = -x + g(\theta_H + \theta_R) \qquad (7.4\text{-}11)$$

$$u_3(\bar{x}', \mathrm{g}) = \beta t A e^{ik\bar{x}'(\theta_H + \theta_R)} u_0^*[-\bar{x}' + g(\theta_H + \theta_R)] . \qquad (7.4\text{-}12)$$

Blickt man durch das Hologramm, so erscheint das konjugierte Bild $\bar{P}'(\bar{x}', \bar{b})$ des Objektpunkts $P(x, g)$ in der Rekonstruktion unter dem Winkel $\bar{\alpha} = \operatorname{arc\,tg} \frac{\bar{x}'}{\bar{b}} = -\operatorname{arc\,tg} \frac{x}{g} + \vartheta_H + \vartheta_R$ gegen die z-Achse und unter dem Winkel $\bar{\gamma} = -\operatorname{arc\,tg} \frac{x}{g} + \vartheta_R$ gegen die Richtung zur Rekonstruktionsquelle. Die endliche Größe des Hologramms und andere Masken lassen sich so behandeln, wie es für das primäre Bild dargestellt wurde. Wieder stort dann u. a. die Auflösungsgrenze der Hologrammemulsion die Isoplanasie der Übertragung.

Das Intermodulationsbild der Rekonstruktion läßt sich aus Gl. (7.4-5) gewinnen. Da dieser Anteil ohne praktisches Interesse ist, soll er hier nicht weiter behandelt werden. In ungünstigen Fällen stört dieser Anteil die Rekonstruktion. Er läßt sich geometrisch eliminieren durch geeignete Strahlengänge bei der Hologrammaufnahme und Rekonstruktion. Auch durch eine ausreichend starke Vergleichswelle A läßt sich diese Störung klein halten.

Die Faktoren βt in Gl. (7.4-9) und Gl. (7.4-12) haben keinen direkten Einfluß auf die Struktur der Rekonstruktion. Eine geeignete Belichtungszeit t sorgt für die optimale Ausnutzung der Photoplatte. Die Intensitätsverteilung in der Rekonstruktion entspricht im allgemeinen ohne Kontrastumkehr der Objektintensität, gleichgültig ob als Hologramm ein photographisches Negativ ($\beta < 0$) oder ein Positiv ($\beta > 0$) verwendet wird. Der Ausnahmefall einer Kontrastumkehr wird in Kap. 7.4-c und 8.4 besprochen.

7.4-c. Fresnel-In-Line-Holographie

Die in-line-Holographie von Gabor (1948) läßt sich formal aus den Gleichungen des vorigen Abschnitts gewinnen, wenn man setzt $\theta_H = \theta_R = 0$. Das Objekt darf nur schwach moduliert sein; es besitzt eine konstante Amplitudentransparenz A und additiv zu dieser einen modulierten Anteil $u_0(x)$. Wegen $\theta_H = 0$ breiten sich die Wellen der vier Anteile in der Rekonstruktion etwa parallel zur optischen Achse aus. Deshalb überlagert sich die am Hologramm nicht gebeugte, homogene Welle $C + \beta t\,|A|^2$ z. B. mit dem primären Bild $\beta t A^* u_0(-x')$. Die Amplitude der nicht gebeugten Welle hat ein von β unabhängiges Vorzeichen. Deshalb liefert die Intensitätsverteilung in der Rekonstruktion eines Absorptionsobjekts nur bei $\beta > 0$ ein positives Bild des Objekts. Das leistet ein Hologramm, das nach Umkehrentwicklung oder Umkopierung zu einem photographischen Positiv wurde. Ein Hologramm als Negativ liefert ein Negativ-Bild des Objekts. Das konjugierte Bild ist im gleichen Sinne von β abhängig. Primäres und konjugiertes Bild sind weiter überlagert von dem jeweils anderen Bild in Extrafokalstellung und vom extrafokalen Intermodulationsbild. Diese Überlagerungen bringen nur bei sehr kleinen Objekten keine Störung (De Velis u. a. 1966); dieser Fall wird „Fernfeld-Fraunhofer-Holographie“ genannt.

7.4-d. Fourier-Holographie

Die Fourier-Holographie folgt formal aus dem vorhergehenden Abschnitt, indem man g und entsprechend b in große Entfernungen setzt. Objekt und Bild werden gekennzeichnet durch die Winkel α_0 und α bzw. $\bar{\alpha}$. Die Fourier-Holographie erfordert aber eine gesonderte Behandlung, denn sie erhielt zusammen mit der spatialen Filterung eine besondere praktische Bedeutung.

Fourier-Hologramme lassen sich aufnehmen in einem Strahlengang, der weniger speziell ist als der in Abb. 7—1 gezeichnete. Entsprechend Abb. 7—15 liegt das Objekt in der einen Brennebene der Linse mit der Brennweite F_H, in der anderen

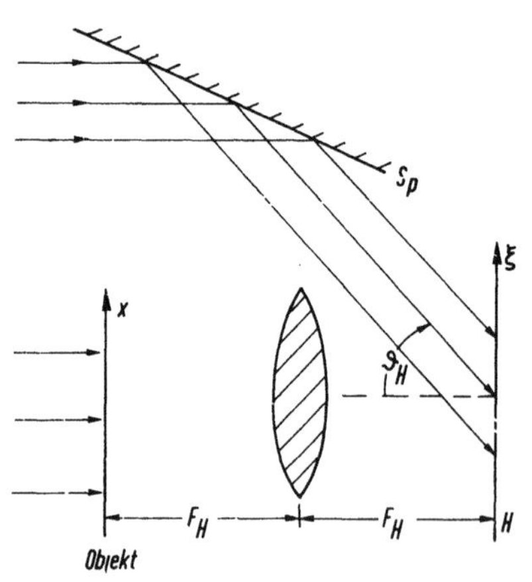

Abb. 7—15. Aufnahme von Fourier-Hologrammen mit kollimierter Vergleichswelle

Brennebene wird das Hologramm aufgenommen. Gleichzeitig fällt die kohärente ebene Vergleichswelle A unter dem Winkel ϑ_H auf das Hologramm ($\Theta_H = \sin\vartheta_H$).

Die Lichterregung bei der Belichtung des Hologramms wird

$$u(\xi) = \int u_0(x) e^{ik\frac{\xi x}{F_H}} \mathrm{d}x + A e^{ik\theta_H \xi}.$$

Entsprechend Gl. (7.4-1) läßt sich die belichtende Intensität in vier Summanden aufspalten. Zum Anteil der rekonstruierten Welle, die am Hologramm nicht gebeugt wird, führt

$$I_1(\xi) = A^2. \tag{7.4-13}$$

Zum primären Bild führt

$$I_2(\xi) = A^* \int u_0(x) e^{ik\xi\left(\frac{x}{F_H} - \theta_H\right)} \mathrm{d}x. \tag{7.4-14}$$

Zum konjugierten Bild führt

$$I_3(\xi) = A \int u_0{}^*(x) e^{-ik\xi\left(\frac{x}{F_H} - \theta_H\right)} \mathrm{d}x. \tag{7.4-15}$$

Das Intermodulationsbild wird bei der Fourier-Holographie identisch mit der Autokorrelationsfunktion der Objektamplitude (Kap. 2.7), dazu führt

$$I_4(\xi) = \int u_0(x) e^{ik\frac{\xi x}{F_H}} \mathrm{d}x \cdot \int u_0{}^*(x) e^{-ik\frac{\xi x}{F_H}} \mathrm{d}x. \tag{7.4-16}$$

Dieser Term wird in Kap. 7.5 ausführlicher diskutiert.

Die Rekonstruktion erfolgte nach idealem photographischen Prozeß mit einer kollimierten, achsenparallelen Welle entsprechend Abb. 7—2. Das Hologramm habe jedoch den beliebigen Abstand G_R von der rekonstruierenden Linse; diese habe die Brennweite F_R, in ihrer Brennebene werde die Rekonstruktion aufgenommen.

Die Bildamplitude ergibt sich als Fourier-Rücktransformierte der Amplitudentransparenz des Hologramms. Bei $G_R \neq F_R$ muß Gl. (3.2-2) beachtet werden. Das am Hologramm nicht gebeugte Licht liefert das Bild der Rekonstruktionsquelle mit der Amplitude

$$u_1(x') = A^2 \delta(x'). \tag{7.4-17}$$

Das primäre Bild wird zu

$$\begin{aligned} u_2(x') &= e^{ik(G_R - F_R)\frac{x'^2}{2F_R{}^2}} A^* \iint u_0(x) \exp ik\xi\left(\frac{x}{F_H} - \theta_H - \frac{x'}{F_R}\right) \mathrm{d}x\, \mathrm{d}\xi \\ &= e^{ik(G_R - F_R)\frac{x'^2}{2F_R{}^2}} A^* u_0\left[x' \frac{F_H}{F_R} + F_H\theta_H\right]. \end{aligned} \tag{7.4-18}$$

Analog wird das konjugierte Bild zu

$$u_3(\bar{x}') = e^{ik(G_R - F_R)\frac{\bar{x}'^2}{2F_R{}^2}} A u_0{}^* \left[-\bar{x}' \frac{F_H}{F_R} - F_H\theta_H\right]. \tag{7.4-19}$$

Abb. 7—16 zeigt die Lage der beiden Bilder.

Der Phasenvorfaktor bei beiden Bildern stört nicht, wenn nur die Intensitätsverteilung in der Rekonstruktion weiter verwendet werden soll, dann ist die Lage G_R des Hologramms bei der Rekonstruktion ohne Einfluß. Für Interferometrie, bei der die rekonstruierte Welle mit einer ebenen Vergleichswelle überlagert wird, ist es bequem, den Vorfaktor auszuschalten durch eine Einstellung $G_R = F_R$.

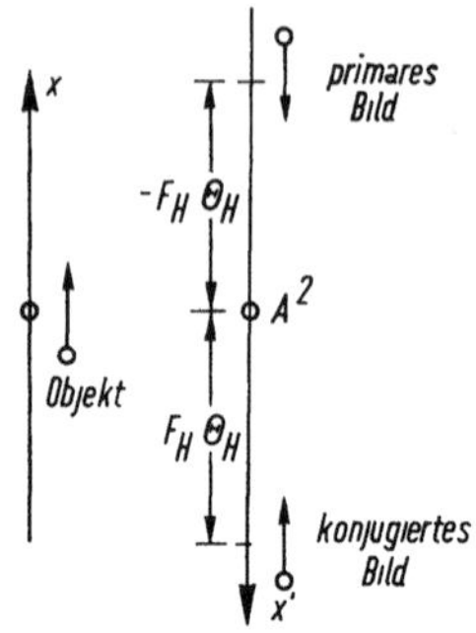

Abb. 7—16. Objekt und Rekonstruktion bei der strengen Fourier-Holographie mit Trägerfrequenz

Wird bei der Hologrammaufnahme das Objekt aus der Brennebene verschoben, dann ist das Prinzip der Fourier-Holographie verletzt. Eine solche Verschiebung läßt sich jedoch kompensieren durch eine sphärische Vergleichswelle geeigneter Krümmung. Behält man die ebene Vergleichswelle bei, so entsteht die Rekonstruktion nicht mehr in der Brennebene der rekonstruierenden Linse (Som und Lessard 1970b).

7.4-e. Quasi-Fourier-Holographie

Bei der Quasi-Fourier-Holographie haben Objekt $u_0(x)$ und Vergleichspunkt $A\,\delta(x)$ den gleichen Abstand z_0 vom Hologramm (Abb. 7—5). Die Rechnung für die Objektfunktion $u_0(x)$ verallgemeinert das in Kap. 7.2-b für Punktobjekte Gesagte. Die Amplitude in der Hologrammebene wird

$$u(\xi) = \int u_0(x)\, e^{-ikr}\, \mathrm{d}x + A\, e^{-ikr_0}.$$

Die Entwicklung von r und r_0 bis zur quadratischen Näherung liefert

$$r = z_0 + \frac{(x-\xi)^2}{2z_0}; \qquad r_0 = z_0 + \frac{\xi^2}{2z_0}.$$

Die belichtende Intensität wird

$$I(\xi) = I_1 + I_2 + I_3 + I_4.$$

Zum ungebeugten Licht in der Rekonstruktion führt der Term

$$I_1(\xi) = A^2. \tag{7.4-20}$$

Zum primären Bild führt

$$I_2(\xi) = A^* \int u_o(x) e^{-ik(r-r_0)} \, \mathrm{d}x = A^* \int u_o(x) e^{-ik\left[\frac{x^2}{2z_0} - \frac{x\xi}{z_0}\right]} \mathrm{d}x. \qquad (7.4\text{-}21)$$

Zum konjugierten Bild führt

$$I_3(\xi) = A \int u_o^*(x) e^{ik(r-r_0)} \, \mathrm{d}x = A \int u_o^*(x) e^{ik\left[\frac{x^2}{2z_0} - \frac{x\xi}{z_0}\right]} \mathrm{d}x. \qquad (7.4\text{-}22)$$

Das Intermodulationsbild ist verwandt aber nicht identisch mit dem Autokorrelationsbild des Objekts. Dazu führt der Term

$$I_4(\xi) = \int u_o(x) e^{-ikr} \, \mathrm{d}x \cdot \int u_o^*(x) e^{ikr} \, \mathrm{d}x. \qquad (7.4\text{-}23)$$

Die Hologramme unterscheiden sich in ihrer Struktur grundsätzlich von den eigentlichen Fourier-Hologrammen. Die belichtete Hologrammplatte erfährt einen idealen photographischen Prozeß. Es wird rekonstruiert in einem Strahlengang nach Abb. 7—2 mit $F = F_R$. Das Hologramm habe aber von der Linse den Abstand G_R. Kollimierte, achsenparallele Durchstrahlung liefert hinter dem Hologramm die Amplitude $u_T(\xi) = I(\xi)$. Die rekonstruierte Amplitude $u(x')$ ist die Fourier-Transformierte von $u_T(\xi)$. Es gilt unter Berücksichtigung von Gl. (3.2-3)

$$u(x') = e^{i\pi(G_R - F_R)\lambda \frac{x'^2}{\lambda^2 F_R^2}} \int u_T(\xi) e^{-ik\frac{\xi x'}{F_R}} \mathrm{d}\xi. \qquad (7.4\text{-}24)$$

Das Bild der Lichtquelle erscheint bei $x' = 0$ mit der Amplitude A^2. Das primäre Bild wird mit Gl. (7.4-5)

$$u_2(x') = e^{ik(G_R - F_R)\frac{x'^2}{2F_R^2}} A^* \iint u_o(x) e^{-ik\frac{x^2}{2z_0}} e^{ik\xi\left[\frac{x}{z_0} - \frac{x'}{F_R}\right]} \mathrm{d}x \, \mathrm{d}\xi \qquad (7.4\text{-}25)$$

Integration über ξ liefert $\delta\left[\frac{x}{z_0} - \frac{x'}{F_R}\right]$ und deshalb $x = \frac{z_0}{F_R} x'$; $\frac{F_R}{z_0} = M_S$ ist die Vergrößerung der holographischen Abbildung. Die Phasenglieder mit x'^2 und x^2 kompensieren einander, wenn man $G_R - F_R = z_0$ wählt. Dann wird

$$u_2(x') = A^* u_o\left(\frac{z_0}{F_R} x'\right). \qquad (7.4\text{-}26)$$

Die Objektamplitude wird identisch rekonstruiert. Ohne die genannte Kompensation bleibt ein Phasenglied mit x'^2, es bewirkt, daß bei der Abbildung eines ebenen, homogenen Objekts in der Rekonstruktion die Flächen gleicher Phase Kugelflächen sind. Das stört nicht, solange in der Rekonstruktion nur die Intensitäten interessieren. Bei Interferometrie muß auf die Kugelflächen Rücksicht genommen werden.

Analog ergibt sich für das konjugierte Bild $\bar{x}' = -\frac{F_R}{z_0} x$. Zur Kompensation der Phasenglieder mit $\bar{x}'^2$ und x^2 wird hier formal $G_R - F_R = -z_0$ erforderlich.

Kompensiert man jedoch die Phasenglieder wie oben angegeben für das primäre Bild, so wird

$$u_3(\bar{x}') = A \cdot e^{ik\frac{z_0}{F_R^2}\bar{x}'^2} \cdot u_0^*\left(-\frac{z_0}{F}\bar{x}'\right). \qquad (7.4\text{-}27)$$

Für $G_R = F_R$ sind primäres und konjugiertes Bild konjugiert zueinander einschließlich der Phasenvorfaktoren. Da die Vergleichsquelle auf die optische Achse gelegt wurde, muß das Objektfeld auf eine Seite von der optischen Achse beschränkt bleiben, wenn Überlagerungen von primärem und konjugiertem Bild vermieden werden sollen.

Die endliche Größe des Hologramms und andere Masken $f(\xi)$ lassen sich durch lineare Übertragung beschreiben, wie es in Kap. 7.4-b angegeben wurde.

Das Intermodulationsbild liegt in der Umgebung von $x' = 0$. In Kap. 7.2-a wurde seine Ausdehnung diskutiert und die Bedingung, eine Überlagerung mit dem primären und dem konjugierten Bild zu vermeiden.

Es ist nützlich, die Struktur dieses Bildes noch etwas weiter zu verfolgen. Aus Gl. (7.4-23) und (7.4-24) folgt seine Amplitude.

$$u_4(x') = e^{i\pi(G_R - F_R)\frac{x'^2}{\lambda F_R^2}} \iiint u_0(x_1)\, u_0^*(x_2)$$

$$\times \exp - ik\left[\frac{x_1^2 - x_2^2}{2z_0} - \frac{\xi}{z_0}\left(x_1 - x_2 - x'\frac{z_0}{F_R}\right)\right] \mathrm{d}\xi\, \mathrm{d}x_1\, \mathrm{d}x_2.$$

Die Integration über ξ liefert eine δ-Funktion und damit $x_2 = x_1 - x'\dfrac{z_0}{F_R}$. Mit $x_1 = x$ wird

$$u_4(x') = e^{i\pi(G_R - F_R + z_0)\frac{x'^2}{\lambda F_R^2}} \int u_0(x)\, u_0^*\left(x - x'\frac{z_0}{F_R}\right) \exp\left(-ik\frac{x x'}{F_R}\right) \mathrm{d}x. \qquad (7.4\text{-}28)$$

Der quadratische Vorfaktor läßt sich durch geeignete Wahl von G_R, F_R, z_0 von x' unabhängig machen. Das Integral über x ähnelt dem Autokorrelationsintegral von $u_0(x)$. Es ist aber durch die Exponentialfunktion quantitativ davon unterschieden. Besteht das Objekt aus mehreren kleinen Lochblenden, so läßt sich leicht zeigen, daß das Intermodulationsbild sich aus Punkten an den gleichen Orten aufbaut wie das Autokorrelationsbild; in beiden Fällen haben die Punkte verschiedene Phasen.

Kontinuierliche Objekte liefern nach Gl. (7.4-28) andere Intermodulationsbilder als das exakte Autokorrelationsintegral. Ein einfaches Beispiel dafür gibt eine konstante Objektamplitude a mit einem zusätzlichen Punkt bei $x = 0$. Dann ist $u_0(x) = a + A\delta(x)$. In Gl. (7.4-28) wird zur Vereinfachung gesetzt $z_0 = F_R = F$, $a \ll A$, und es wird der Phasenvorfaktor vernachlässigt. Dann ergibt sich

$$u_4(x') = aA\left(1 + e^{-ik\frac{x'^2}{F}}\right) + A^2\delta(x') = A^2\delta(x') + 2aAe^{-i\frac{kx'^2}{2F}} \cdot \cos k\frac{x'^2}{2F}.$$

Der cos-Term liefert eine Modulation des Intermodulationsbildes, die bei der Anwendung des exakten Autokorrelationsintegrals fehlt.

7.4-f. Bildebenen-Holographie

Bildebenen-Holographie und Fourier-Holographie sind entgegengesetzte Grenzfälle der allgemeinen Fresnel-Holographie. Bei der Aufnahme von Bildebenen-Hologrammen liegt die Hologrammplatte in der Ebene des Objekts oder in der Bildebene, in die eine Linse das Objekt abbildet. Bei einem Vorschlag von Stetson (1969) fallen Objekt und Hologrammplatte nahezu zusammen. Meist bildet man aber bei der praktischen Durchführung das Objekt auf das Hologramm ab. Zur Speicherung der Objektphasen im Hologramm wird die Objektamplitude mit einer homogenen Vergleichswelle überlagert. Läßt man diese unter dem Winkel ϑ_H gegen die optische Achse auf die Hologrammplatte fallen, so erzeugt die Vergleichswelle zusammen mit der Welle eines homogenen Objektfeldes äquidistante Interferenzstreifen. Ein Bildebenen-Hologramm ist also identisch mit einer interferometrischen Abbildung mit Interferenzstreifen (Kap. 3.7-c). Diese Äquivalenz wurde von Tanner (1966) gesehen, er benutzte wohl als erster einen Versuchsaufbau, der der Bildebenen-Holographie entspricht, er erkannte schon die Möglichkeit, diese Hologramme mit weißem Licht zu rekonstruieren (Brandt 1969). Die geringe Empfindlichkeit der Bildebenen-Holographie gegen eine mäßige Kohärenz des Lichts gibt dem Verfahren besondere Bedeutung. Bryngdahl und Lohmann (1968a) zeigten, daß alte Interferenzaufnahmen als Bildebenen-Hologramme rekonstruiert werden können.

Zur Rekonstruktion wird das Bildebenen-Hologramm abermals abgebildet. In der Pupille dieses Strahlengangs sind die Anteile des Lichts örtlich getrennt, die zum primären Bild und den anderen Bildteilen der Rekonstruktion führen. Diese Trennung beruht auf der Beugung des rekonstruierenden Lichts an den Interferenzstreifen der Hologrammplatte. Ein erwünschter Anteil, etwa der, aus dem das primäre Bild entsteht, läßt sich durch eine Blende in der Pupille isolieren.

Das Kapitel Bildebenen-Holographie umfaßt zweckmäßig auch eine unscharfe Abbildung des Objekts auf das Hologramm und damit die Wiedergabe von dreidimensionalen Objekten. Die unscharfe Abbildung läßt sich beschreiben durch eine Aberration des abbildenden Objektivs, diese wird bei der Rekonstruktion kompensiert durch „Scharfstellen" auf verschiedene Schnitte durch das räumliche Bildfeld. Diese Art von Bildebenen-Holographie gehört eigentlich zur Fresnel-Holographie.

Die Aufnahme der Hologramme wird diskutiert für eine Abbildung der Objektamplitude im Maßstab Eins (Abb. 7—17). Die Eigenschaften des abbildenden Systems sind in der Pupillenfunktion $f_H(\sigma_H)$ enthalten. Hier muß auch der Phasenvorfaktor berücksichtigt werden, der zwischen Gl. (3.3-3) und (3.3-4) fortgelassen worden war. Die Vergleichswelle sei sphärisch, sie habe den Krümmungsradius ϱ und am Achsenpunkt des Hologramms die Neigung $\arcsin\theta_H = \vartheta_H$ gegen die Achse. Die Vergleichswelle wird analog Gl. (2.2-11) beschrieben. Die Amplitude im Hologramm wird

$$u(\xi) = e^{\frac{-ik\xi^2}{2F_H}} \int f_H(\sigma_H) \int u_0(x) e^{ik\frac{\sigma_H}{F_H}(x-\xi)} \, \mathrm{d}x \, \mathrm{d}\sigma_H + A e^{-ik\left(\frac{\xi^2}{2\varrho}+\theta_H\xi\right)} .$$

Die belichtende Intensität im Hologramm wird übersichtlicher, wenn man $\varrho = F_H$ wählt. Das geschieht entweder durch eine besondere Linse im Vergleichsstrahl, oder man verwendet die abbildende Linse auch für den Vergleichsstrahl, dann muß Licht aus einem strukturlosen Teil des Objektfeldes etwa mit einem Prisma gegenüber der strukturierten Objektwelle gekippt werden; Strahlengänge dazu finden sich z. B. bei Weingärtner u. a. (1970a).

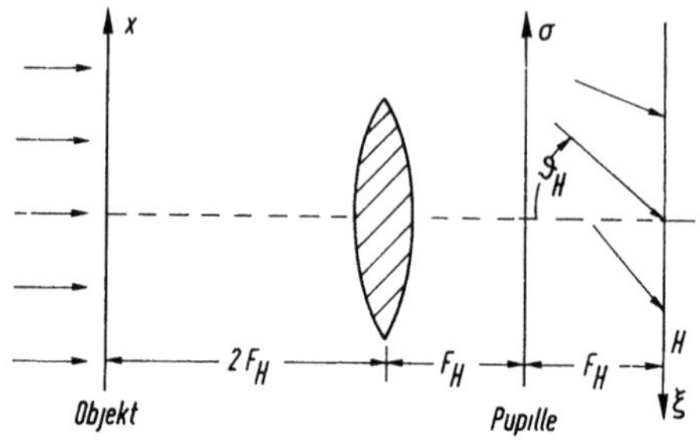

Abb. 7—17. Aufnahme von Bildebenen-Hologrammen

Die das Hologramm belichtende Intensität $I(\xi)$ setzt sich aus vier Termen zusammen. Zum ungebeugten Licht in der Rekonstruktion führt der Term

$$I_1(\xi) = A^2. \tag{7.4-29}$$

Zum primären Bild führt

$$I_2(\xi) = A^* e^{ik\theta_H \xi} \iint u_o(x) f_H(\sigma_H) e^{ik\frac{\sigma_H}{F_H}(x-\xi)} \, \mathrm{d}x \, \mathrm{d}\sigma_H. \tag{7.4-30}$$

Zum konjugierten Bild führt

$$I_3(\xi) = A e^{-ik\theta_H \xi} \iint u_o^*(x) f_H^*(\sigma_H) e^{-ik\frac{\sigma_H}{F_H}(x-\xi)} \, \mathrm{d}x \, \mathrm{d}\sigma_H. \tag{7.4-31}$$

Der Term für das Intermodulationsbild ist identisch mit der Bildintensität des Objekts

$$I_4(\xi) = \iint u_o(x) f_H(\sigma_H) e^{ik\frac{\sigma_H}{F_H}(x-\xi)} \, \mathrm{d}x \, \mathrm{d}\sigma_H \cdot \iint u_o^*(x) f_H^*(\sigma_H) e^{-ik\frac{\sigma_H}{F_H}(x-\xi)} \, \mathrm{d}x \, \mathrm{d}\sigma_H. \tag{7.4-32}$$

Nach idealem photographischen Prozeß wird $I(\xi) = u_T(\xi)$. Es wird im Strahlengang nach Abb. 7—18 rekonstruiert mit kollimierter Beleuchtung unter

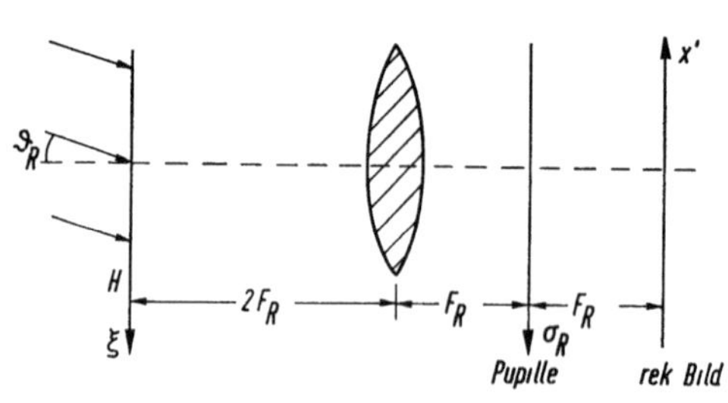

Abb. 7—18. Rekonstruktion von Bildebenen-Hologrammen

dem Winkel arc sin $\theta_R = \vartheta_R$. Die Rekonstruktion sei eine Abbildung im Maßstab Eins durch ein Objektiv der Brennweite F_R, dieses besitze die Pupillenfunktion $f_R(\sigma_R)$.

Bei der Rekonstruktion wird die Amplitude in der Pupille des abbildenden Systems die Fourier-Transformierte von $u_T(\xi)$, dabei sind θ_R und f_R zu berücksichtigen.

$$\tilde{u}(\sigma_R) = f_R(\sigma_R) e^{i\pi\frac{\sigma_R^2}{\lambda F_R}} \int e^{-ik\theta_R\xi}\, u_T(\xi) e^{ik\frac{\sigma_R}{F_R}\xi}\, d\xi \qquad (7.4\text{-}33)$$

Der Phasenfaktor mit σ_R^2 wird im Folgenden vernachlässigt, denn er wird bei der rekonstruierenden Abbildung durch einen konjugierten Faktor kompensiert. Gl. (7.4-29) führt zu

$$\tilde{u}_1(\sigma_R) = f_R(\sigma_R) A^2 \int e^{-ik\xi\left(\theta_R - \frac{\sigma_R}{F_R}\right)}\, d\xi = f_R(\sigma_R) A^2 \delta[\sigma_R - F_R\theta_R]. \qquad (7.4\text{-}34)$$

Das ungebeugte Licht gibt in der Pupille das Bild der punktförmigen Rekonstruktionsquelle bei

$$\sigma_R = F_R\theta_R, \qquad (7.4\text{-}35)$$

es ist durch das Objektspektrum nicht verbreitert.

Die Pupillenerregung für das primäre Bild wird mit Gl. (7.4-30)

$$\tilde{u}_2(\sigma_R) = f_R(\sigma_R) A^* \iiint u_0(x)\, f_H(\sigma_H)\, e^{ik\frac{\sigma_H}{F_H}(x-\xi)}\, e^{ik\xi\left(\theta_H - \theta_R + \frac{\sigma_R}{F_R}\right)}\, dx\, d\sigma_H\, d\xi. \qquad (7.4\text{-}36)$$

Das Integral über ξ führt auf $\delta\left[\theta_H - \theta_R - \frac{\sigma_H}{F_H} + \frac{\sigma_R}{F_R}\right]$. Objektspektrum $\tilde{u}_0(\sigma_H)$ und Bildspektrum $\tilde{u}_2(\sigma_R) = f_R(\sigma_H)\, f_R(\sigma_R)\, \tilde{u}_0(\sigma_H)$ sind verknüpft durch

$$\sigma_R = F_R(\theta_R - \theta_H) + \frac{F_R}{F_H}\sigma_H. \qquad (7.4\text{-}37)$$

Das Produkt $f_H \cdot f_R$ ist die Übertragungsfunktion der Bildebenen-Holographie für das primäre Bild.

Analog gilt für das Spektrum des konjugierten Bildes $\tilde{u}_3(\bar{\sigma}_R) = f_H^*(\sigma_H) \times f_R(\bar{\sigma}_R)\, \tilde{u}_0^*(\sigma_H)$ die Koordinatentransformation

$$\bar{\sigma}_R = F_R(\theta_H + \theta_R) - \frac{F_R}{F_H}\sigma_H. \qquad (7.4\text{-}38)$$

Die Spektren liegen symmetrisch zum Bild der Rekonstruktionsquelle. Das Spektrum des unerwünschten konjugierten Bildes und das ungebeugte Licht werden bei der Rekonstruktion durch eine Blende zurückgehalten. Wird holographische Übertragung des Objektes bis zu einer Objektfrequenz $R_{\max}$ gefordert, so verlangt dies eine Vergleichswelle mit der Richtung $\theta_H > \lambda \cdot R_{\max}$.

Das Spektrum für das Intermodulationsbild ist als Fourier-Transformierte von Gl. (7.4-32) das Autokorrelationsintegral von $\tilde{u}_0(\sigma_H) \cdot f_H(\sigma_H)$. Das Spektrum $\tilde{u}_0 \cdot f_H$ habe die Breite $2\sigma = 2\lambda F_H R_{\max}$. In der Pupille der Rekonstruktion hat der Intermodulationsanteil eine Breite von $4F_R\sigma_{H\max}/F_H$. Soll auch dieser Bereich sich nicht mit dem primären Bild überlagern, so gilt $\theta_H > 3\lambda R_{\max}$. Abb. 7—19 zeigt die Lage der einzelnen Anteile in der Pupille der Rekonstruktion.

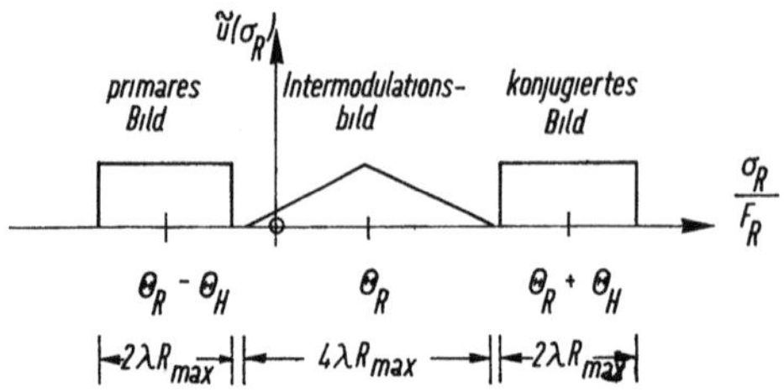

Abb. 7—19. Die spektralen Anteile der Rekonstruktion in der Pupille des rekonstruierenden Objektivs. Isolierung des Intermodulationsterms durch $\Theta_H > 3\lambda R_{\max}$

Die Amplitude der Rekonstruktion wird mit Gl. (3.3-7)

$$u(x') = \iint e^{-ik\theta_R\xi} f_R(\sigma_R)\, u_T(\xi) e^{ik\frac{\sigma_R}{F_R}(\xi - x')}\, \mathrm{d}\xi\, \mathrm{d}\sigma_R. \tag{7.4-39}$$

Dabei ist wieder der in x' quadratische Phasenfaktor von Gl. (3.3-3) fortgelassen. Das am Hologramm nicht gebeugte Licht führt als Fourier-Transformierte von Gl. (7.4-34) zu einer homogenen Lichterregung $u_1(x') = \text{const.}$ Das primäre Bild wird mit Gl. (7.4-30)

$$u_2(x') = A^* \iiiint u_0(x)\, f_H(\sigma_H)\, e^{ik\frac{\sigma_H}{F_H}(x-\xi)}\, e^{ik\xi(\theta_H - \theta_R)}$$
$$\times f_R(\sigma_R) e^{ik\frac{\sigma_R}{F_R}(\xi - x')}\, \mathrm{d}x\, \mathrm{d}\sigma_H\, \mathrm{d}\xi\, \mathrm{d}\sigma_R. \tag{7.4-40}$$

Zur Rekonstruktion des primären Bildes wählt man zweckmäßig $\theta_R = \theta_H$.

$$u_2(x') = A^* \iiint u_0(x)\, f_H(\sigma_H)\, f_R(\sigma_R)\, e^{ik\left[\frac{\sigma_H x}{F_H} - \frac{\sigma_R x'}{F_R}\right]}$$
$$\times \int e^{ik\xi\left[-\frac{\sigma_H}{F_H} + \frac{\sigma_R}{F_R}\right]}\, \mathrm{d}\xi \cdot \mathrm{d}x\, \mathrm{d}\sigma_H\, \mathrm{d}\sigma_R \tag{7.4-41}$$

Die Integration über ξ führt zu einer Dirac-Funktion und damit zu $\sigma_H = \dfrac{F_H}{F_R}\sigma_R$ entsprechend Gl. (7.4-37)

$$u_2(x') = A^* \iint u_0(x) f_H\left[\frac{F_H}{F_R}\sigma_R\right] f_R[\sigma_R] \exp ik\,\frac{\sigma_R}{F_R}\,[x - x']\, \mathrm{d}x\, \mathrm{d}\sigma_R. \tag{7.4-42}$$

Das primäre Bild ist bis auf eine Konstante gleich der Objektamplitude, modifiziert durch die Übertragungsfunktion $f_H \cdot f_R$. Trotz $F_H \neq F_R$ ist der Maßstab der Übertragung Eins, weil Aufnahme und Rekonstruktion jeweils mit diesem Maßstab erfolgten. Soll ein Einfluß der Pupillenfunktion f_H bei der Rekonstruktion kompensiert werden, so muß man $F_H = F_R$ und

$$f_H = f_R^* \tag{7.4-43}$$

machen. Die Übertragungsfunktion der holographischen Abbildung $f_H \cdot f_R$ wird dann $|f(\sigma)|^2$, wirksam ist jetzt nur noch die Verteilung der Absorption in der Pupille, in den meisten Fällen also der Pupillenrand; dieser kennzeichnet mit $\sigma_{R\max} = \lambda F R_{\max}$ die Beugungsgrenze der Auflösung bei der Objektfrequenz $R_{\max} = P$. Durch die Einstellung $\theta_R = \theta_H$ läßt sich die Pupille des rekonstruierenden Systems optimal für das erwünschte Spektrum ausnutzen.

Das konjugierte Bild wird mit Gl. (7.4-31) und (7.4-39)

$$u_3(x') = A \iiiint u_0^*(x) f_H^*(\sigma_H)\, e^{-ik\frac{\sigma_H}{F_H}(x-\xi)}\, e^{-ik\xi(\theta_H+\theta_R)} \times f_R(\sigma_R)\, e^{ik\frac{\sigma_R}{F_R}(\xi-x')}\, \mathrm{d}x\, \mathrm{d}\sigma_H\, \mathrm{d}\xi\, \mathrm{d}\sigma_R. \tag{7.4-44}$$

Hier wählen wir zweckmäßig $\theta_R = -\theta_H$

$$u_3(x') = A \iiint u_0^*(x) f_H^*(\sigma_H) f_R(\sigma_R)\, e^{-ik\left[\frac{\sigma_H}{F_H}x + \frac{\sigma_R}{F_R}x'\right]} \times \int e^{ik\xi\left[\frac{\sigma_H}{F_H} + \frac{\sigma_R}{F_R}\right]}\, \mathrm{d}\xi\, \mathrm{d}x\, \mathrm{d}\sigma_H\, \mathrm{d}\sigma_R. \tag{7.4-45}$$

Integration über ξ führt auf $\sigma_H = -\dfrac{F_H}{F_R}\sigma_R$ entsprechend Gl. (7.4-38)

$$u_3(x') = A \iint u_0^*(x) f_H^*\left(-\frac{F_H}{F_R}\sigma_R\right) f_R(\sigma_R)\, e^{ik\frac{\sigma_R}{F_R}(x-x')}\, \mathrm{d}x\, \mathrm{d}\sigma_R. \tag{7.4-46}$$

Ohne eine Ausblendung in der Pupille überdecken sich primäres und konjugiertes Bild. Ein Einfluß der Pupillenfunktion f_H läßt sich kompensieren, indem man das konjugierte Bild mit derselben Optik rekonstruiert, mit der schon das Hologramm aufgenommen wurde; wegen des Vorzeichenwechsels in σ muß die Optik gedreht werden, falls $f_H(\sigma_H)$ nicht in σ_H symmetrisch ist

$$f_H = f_R. \tag{7.4-47}$$

Es ergibt sich eine beugungsbegrenzte Reproduktion der konjugierten Objektamplitude. Die Kompensation im konjugierten Bild ist besonders einfach, weil man das bei der Hologrammaufnahme verwendete Objektiv benutzen kann. Bei dreidimensionalen Objekten wird die axiale Ortskoordinate gegeben durch die extrafokale Stellung γ eines Objektpunktes gegen die Ebene der Scharfstellung. $\gamma > 0$ bedeutet wachsende Entfernung des Objektbereichs von der Linse. Mit Gl. (3.3-5) gilt $f_H(\sigma_H) = e^{i\pi\gamma\frac{\sigma_H^2}{F_H^2\lambda}}$.

Das am Hologramm nicht gebeugte Licht gehört zum Term $I_1(\xi)$ [Gl. (7.4-29)], es liefert ein gleichmäßig helles Bildfeld. Das Intermodulationsbild gehört zum Term $I_4(\xi)$ [Gl. (7.4-32)], es stellt das Betragsquadrat der durch die Pupillenfunktionen modifizierten Objektamplitude dar, es fällt zusammen mit dem primären und konjugierten Bild. Dieser Term wird schwach gehalten durch eine starke Vergleichswelle A, oder er wird wie schon oben durch Ausblendung in der Pupille ausgeschaltet.

Ein Ort im Hologramm korreliert hier direkt mit einem Ort im Bildfeld.

Bei der vorangegangenen Darstellung waren wegen $F_H = \varrho$ gleiche Krümmungen der Fronten von Objekt- und Vergleichswelle vorausgesetzt worden. Sind diese Krümmungen verschieden, dann liefert ein strukturloses Objektfeld als Hologramm eine Fresnelsche Zonenplatte. Diese wirkt bei der Rekonstruktion wie eine Feldlinse mit Brennweiten von verschiedenen Vorzeichen für das primäre und das konjugierte Bild. Die Pupillen der Rekonstruktionen liegen deshalb nicht mehr in der Brennebene der rekonstruierenden Linse sondern für die beiden Bilder in verschiedenen Ebenen.

7.5. Holographie mit kohärenten, nicht-homozentrischen Beleuchtungswellen

7.5-a. Allgemeines

Im Kapitel 7.2 war auch von Anordnungen zur Aufnahme von Hologrammen die Rede, bei denen sich zwischen Lichtquelle und Objekt eine ruhende Mattscheibe befindet. Die Mattscheibe zerstört nicht die Kohärenz der Objektbeleuchtung, die Beleuchtungswelle hat aber ihr Zentrum verloren. Im gleichen Sinne wirken auch andere optische Elemente, etwa aberrationsbehaftete Linsen. In der Objektebene entstehen bei nicht-homozentrischer Beleuchtung Interferenzen, sie haben örtliche Schwankungen der Bestrahlungsstärke auf dem Objekt zur Folge. Die Granulation hinter Mattscheiben war ein Beispiel dafür. Diese Schwankungen der Bestrahlungsstärke finden sich wieder in der Rekonstruktion (Kap. 7.5-e).

Bei den bisherigen Überlegungen konnte der Vergleichswelle stets eine Punktquelle zugeordnet werden, sie lag im Endlichen oder in großer Entfernung. Dieser Idealfall ist auch bei der Arbeit mit kohärentem Laserlicht nicht selbstverständlich. Er kann ebenfalls gestört sein durch eine ruhende Mattscheibe in einem beliebigen Querschnitt des Vergleichsstrahls, durch dicke Prismen oder Planplatten mit ihren Aberrationen oder durch ein Mikroobjektiv, das den Vergleichspunkt herstellen soll. Das Mikroobjektiv erzeugt mit seinen Aberrationen und im Prinzip auch mit seiner Aperturbegrenzung anstatt des erwünschten Punktes ein ausgedehntes kohärentes Punktbild. Eine Lochblende hält zwar die äußeren Bereiche des Punktbildes zurück, dennoch muß die Wirkung einer ausgedehnten Vergleichsquelle diskutiert werden. Weiter muß diskutiert werden, welche Folgen eine kohärente Rekonstruktionsquelle endlicher Ausdehnung hat.

7.5-b. Fourier-Holographie

Bei der Aufnahme von Fourier-Hologrammen fällt die Vergleichswelle kollimiert auf die Hologrammplatte (Abb. 7—15). Die Linse, die die Fourier-Transformation der Objektamplitude bewirkt, kann auch die Vergleichswelle kollimieren;

dann liegt der Vergleichspunkt neben dem Objekt (Abb. 7—1). Eine nicht-homozentrische Vergleichswelle geht nicht von einem Punkt aus sondern virtuell von einer ausgedehnten Amplitudenverteilung $A(x_H)$ in der Objektebene, dem „Vergleichsobjekt". Faßt man $A(x_H)$ zusammen mit dem Objekt $u_0(x)$, so sieht man, daß das vorliegende Problem eng verwandt ist mit dem des Intermodulationsbildes.

Entsprechend Abb. 7—1 setzt sich die Amplitude $u(\xi)$ in der Hologrammebene additiv zusammen aus den Fourier-Transformierten von Objekt und Vergleichsobjekt

$$u(\xi) = \int u_0(x)\, e^{ik\frac{x\xi}{F}}\, \mathrm{d}x + \int A(x_H)\, e^{ik\frac{x_H\xi}{F}}\, \mathrm{d}x_H. \tag{7.5-1}$$

Die das Hologramm belichtende Intensität $I(\xi) = u(\xi)u^*(\xi)$ setzt sich wieder aus vier Anteilen zusammen. Der erste führt in der Rekonstruktion zum Autokorrelationsbild des Vergleichsobjektes $A(x_H)$; in den früheren Überlegungen entspricht dem das am Hologramm nicht gebeugte Licht

$$I_1(\xi) = \int A(x_H)\, e^{ik\frac{x_H\xi}{F}}\, \mathrm{d}x_H \cdot \int A^*(x_H)\, e^{-ik\frac{x_H\xi}{F}}\, \mathrm{d}x_H. \tag{7.5-2}$$

Zum primären Bild im früheren Sinne führt

$$I_2(\xi) = \iint u_0(x)\, A^*(x_H) \exp\left[ik\,\frac{\xi}{F}\,(x - x_H)\right] \mathrm{d}x\, \mathrm{d}x_H. \tag{7.5-3}$$

Zum konjugierten Bild im früheren Sinne führt

$$I_3(\xi) = \iint u_0^*(x)\, A(x_H) \exp\left[-ik\,\frac{\xi}{F}\,(x - x_H)\right] \mathrm{d}x\, \mathrm{d}x_H. \tag{7.5-4}$$

Zum Autokorrelationsbild des Objektes $u_0(x)$ im früheren Sinne führt

$$I_4(\xi) = \int u_0(x)\, e^{ik\frac{x\xi}{F}}\, \mathrm{d}x \cdot \int u_0^*(x)\, e^{-ik\frac{x\xi}{F}}\, \mathrm{d}x. \tag{7.5-5}$$

Nach dem bekannten idealen photographischen Prozeß werde das Hologramm nach Abb. 7—2 mit einer kollimierten, aber nicht homozentrischen Welle beleuchtet, sie wird erzeugt durch eine Amplitudenverteilung $B(x_R)$ (Rekonstruktionsquelle) in der Ebene links von L_1. Das Hologramm hat die Amplitudentransparenz $u_T(\xi) = I(\xi)$, es wird beleuchtet von der Amplitude $u_L(\xi) = \int B(x_R)\, e^{ik\frac{x_R\xi}{F}}\, \mathrm{d}x_R$. Die rekonstruierte Amplitude wird

$$u(x') = \int u_L(\xi)\, u_T(\xi)\, e^{-ik\frac{\xi}{F}x'}\, \mathrm{d}\xi. \tag{7.5-6}$$

Da die Ausdehnung der Bereiche von $u_0(x)$ und $A(x_H)$ kleiner sein soll als ihr Abstand, führen I_1 und I_4 nur zu Intermodulationstermen in der Nachbarschaft der optischen Achse, diese sollen nicht weiter diskutiert werden.

Das primäre Bild im früheren Sinne wird zu

$$u_2(x') = \iiiint u_0(x) A^*(x_H) B(x_R) \times \exp ik \frac{\xi}{F} (x - x_H + x_R - x') \, d\xi \, dx \, dx_H \, dx_R . \tag{7.5-7}$$

Das Integral über ξ liefert eine δ-Funktion und damit $x = x' + x_H - x_R$

$$u_2(x') = \iint u_0(x' + x_H - x_R) A^*(x_H) B(x_R) \, dx_H \, dx_R . \tag{7.5-8}$$

Das primäre Bild ist also die Kreuzkorrelation von Objekt und Vergleichsobjekt, gefaltet mit der Rekonstruktionsquelle

$$u_2(x') = u_0(x) \boxtimes A(x_H) * B(x_R) . \tag{7.5-9}$$

Das primäre Bild besitzt im allgemeinen keine Ähnlichkeit mehr mit dem Objekt. Die Verwaschung durch das ausgedehnte Vergleichsobjekt läßt sich aber kompensieren durch eine geeignete Rekonstruktionsquelle (Stroke u. a. 1965). Dann muß die Rekonstruktion eines Objektpunktes $u_0(x) = \delta(x)$ einen Punkt $\delta(x')$ in der Rekonstruktion liefern. Mit $u_0(x) = \delta(x)$ gilt jetzt in Gl. (7.5-7) $x_H = x_R - x'$, damit wird

$$u(x') = \delta(x') = \int A^*(x_R - x') B(x_R) \, dx_R$$

$$\delta(x') = A(x_H) \boxtimes B(x_R) . \tag{7.5-10}$$

Man wählt Vergleichsobjekt und Rekonstruktionsquelle identisch mit einer Form, deren Autokorrelationsintegral eine ausgeprägte Spitze besitzt. Als Beispiele seien genannt Schriftzüge mit dünnem Strich, Fresnelsche Zonenplatte, Mattscheibe. Ein Fourier-Hologramm mit ausgedehntem Vergleichsobjekt enthält die Objektinformation verschlüsselt; Entschlüsselung ist nur möglich mit einer bestimmten Rekonstruktionsquelle.

Für das konjugierte Bild gilt analog

$$u_3(x') = u_0^*(x) \boxtimes A(x_H) \boxtimes B(x_R) . \tag{7.5-11}$$

Kompensation liefert

$$\delta(x') = A(x_H) * B(x_R) . \tag{7.5-12}$$

Nun muß das Faltungsprodukt beider Quellen eine Spitze haben. Beeinflußt eine Mattscheibe die Vergleichswelle, so wird dieser Einfluß im konjugierten Bild kompensiert, wenn die identische Mattscheibe am identischen Ort auch auf die rekonstruierende Welle wirkt. Soll das ausgedehnte Vergleichsobjekt sowohl für das primäre als auch für das konjugierte Bild kompensiert werden, so muß das Vergleichsobjekt reell und symmetrisch sein; dann werden Faltung und Korrelation identisch.

7.5-c. Bildebenen-Holographie

Auch für die Bildebenen-Holographie läßt sich der Einfluß von nicht-homozentrischen Vergleichs- und Rekonstruktionsquellen leicht überblicken, wenn man sich auf ideale Pupillen ($f_H = f_R = 1$) beschränkt, weiter gelte $F_H = F_R = F$.

Die Vergleichsquelle A und die Rekonstruktionsquelle B werden in großer Entfernung vom Hologramm angenommen, sie erscheinen vom Hologramm aus unter den mittleren Winkeln $\arcsin \theta_H$ und $\arcsin \theta_R$ mit den Verteilungen der Amplitude $A(\theta_H + \vartheta_H')$ und $B(\theta_R + \vartheta_R')$. In der Hologrammebene entstehen also die Fourier-Transformierten von A bzw. B.

Für das primäre Bild der Rekonstruktion werde ausgegangen von Gl. (7.4-40) mit $\theta_H = \theta_R = \theta$. Diese Gleichung muß zusätzlich über die Vergleichsquelle und die Rekonstruktionsquelle integriert werden.

$$u_2(x') = \iiiint\!\!\iint A^*(\theta + \vartheta_H') \cdot B(\theta + \vartheta_R') \cdot u_0(x)$$
$$\times \exp i \frac{k}{F} [\sigma_H(x - \xi) + \sigma_R(\xi - x') + F\xi(\vartheta_H' - \vartheta_R')]$$
$$\times \, dx \, d\sigma_H \, d\vartheta_H' \, d\xi \, d\vartheta_R' \, d\sigma_R \tag{7.5-13}$$

Die Integrale über σ_H und σ_R führen auf δ-Funktionen und damit auf

$$x = \xi = x'$$

$$u_2(x') = u_0(x') \cdot \int A^*(\theta + \vartheta_H') \, e^{ikx'\vartheta_H'} \, d\vartheta_H' \cdot \int B(\theta + \vartheta_R') \, e^{-ikx'\vartheta_R'} \, d\vartheta_R' . \tag{7.5-14}$$

Die Objektamplitude wird also mit unverminderter Auflösung reproduziert. Sie ist multipliziert mit zwei Masken, nämlich den Fourier-Transformierten von Vergleichs- und Rekonstruktionsquelle. Sollen die Masken einander kompensieren, so muß ihr Produkt gleich Eins sein

$$\int A^*(\vartheta_H') \, e^{ikx'\vartheta_H'} \, d\vartheta_H' \cdot \int B(\vartheta_R') \, e^{-ikx'\vartheta_R'} \, d\vartheta_R' = 1 . \tag{7.5-15}$$

Eine Substitution $\vartheta_H' \to -\vartheta_H'$ führt auf

$$\int A^*(-\vartheta_H')^{-ikx'\vartheta_H'} \, d\vartheta_H' \cdot \int B(\vartheta_R') \, e^{-ikx'\vartheta_R'} \, d\vartheta_R' = 1 .$$

Der Faltungssatz [Gl. (2.8-9)] ergibt

$$A^*(-\vartheta_H') * B(\vartheta_R') = \delta(\vartheta') .$$

Der Vergleich mit Gl. (2.7-3) und (2.7-5) liefert die Kreuzkorrelation

$$A^*(\vartheta_H') \boxtimes B(\vartheta_R') = \delta(\vartheta') . \tag{7.5-16}$$

Analog folgt für das konjugierte Bild als Bedingung für die Kompensation das Faltungsprodukt

$$A(\vartheta_H') * B(\vartheta_R') = \delta(\vartheta') . \tag{7.5-17}$$

Die Kompensationsbedingungen für die Bildebenen-Holographie sind die gleichen wie für die Fourier-Holographie, es gelten die gleichen Konsequenzen für die Gestalt der Quellen.

7.5-d. Allgemeiner Fall

Fourier-Holographie und Bildebenen-Holographie sind die Grenzfälle der Fresnel-Holographie. Bei der Fourier-Holographie beeinflußt eine nicht homozentrische Vergleichswelle die Rekonstruktion isoplanatisch über eine Faltung.

Bei der Bildebenen-Holographie erzeugt die Vergleichswelle in der Ebene der Rekonstruktion eine multiplikative Maske. Beim allgemeinen Fall, der Fresnel-Holographie und auch der Quasi-Fourier-Holographie, vermischen sich beide Einflüsse auf die Rekonstruktion, das läßt sich nicht übersichtlich beschreiben.

Dennoch ist auch bei der Fresnel-Holographie und der Quasi-Fourier-Holographie eine Kompensation der störenden Einflüsse ausgedehnter Quellen möglich. Wie für die Bildebenen-Holographie bestrahle auch bei der Fresnel-Holographie eine Vergleichsquelle $A(\theta_H + \vartheta_H')$ das Hologramm. Analog Gl. (7.4-3), die für eine homozentrische Vergleichsquelle gilt, ist nun anzusetzen

$$I_2(\xi) = \int u_0(x, g)\, e^{-ikr}\, \mathrm{d}x \cdot \int A^*(\theta_H + \vartheta_H')\, e^{-ik\xi(\theta_H + \vartheta_H')}\, \mathrm{d}\vartheta_H'. \quad (7.5\text{-}18)$$

Nach idealem photographischen Prozeß wird das Hologramm bei der Rekonstruktion von der ausgedehnten Lichtquelle $B(\theta_R + \vartheta_R')$ durchstrahlt. Unmittelbar hinter dem Hologramm entsteht aus Gl. (7.5-18) der Anteil der Amplitude, der zum primären Bild der Rekonstruktion führt, er ist

$$\begin{aligned} U_2(\xi) &= u_{2T}(\xi) \cdot \int B(\theta_R + \vartheta_R')\, e^{ik\xi(\theta_R + \vartheta_R')}\, \mathrm{d}\vartheta_R' \\ &= \int u_0(x, g)\, e^{-ikr}\, \mathrm{d}x \cdot e^{-ik\xi(\theta_H - \theta_R)} \cdot C(\xi) \end{aligned} \quad (7.5\text{-}19)$$

$$C(\xi) = \int A^*(\theta_H + \vartheta_H')\, e^{-ik\xi\vartheta_H'}\, \mathrm{d}\vartheta_H' \cdot \int B(\theta_R + \vartheta_R')\, e^{ik\xi\vartheta_R'}\, \mathrm{d}\vartheta_R'. \quad (7.5\text{-}20)$$

Der Einfluß von nicht-homozentrischen Vergleichs- und Rekonstruktionsquellen läßt sich nach Gl. (7.4-19) für allgemeine Fälle darstellen mit Hilfe der Amplitude hinter dem Hologramm bei der Rekonstruktion. Diese Amplitude ist stets das Produkt aus der entsprechenden Amplitude bei homozentrischen Quellen multipliziert mit den Amplituden, die von der Vergleichs- und Rekonstruktionsquelle in der Hologrammebene verursacht werden.

Homozentrische Quellen werden beschrieben durch Dirac-Funktionen von ϑ_H' und ϑ_R', sie liefern die ungestörte Rekonstruktion. Dann ist $C(\xi) = A^*B$. Eine ungestörte Rekonstruktion ist auch möglich, wenn ausgedehnte Quellen ihre Einflüsse kompensieren. Die Forderung dafür ist

$$C(\xi) = \text{const.} \quad (7.5\text{-}21)$$

Aus Gl. (7.5-20) und (7.5-21) folgt die gleiche Kompensationsbedingung, wie sie für Fourier- und Bildebenen-Holographie errechnet wurde.

Von Lanzl u. a. (1968 a, b) stammen andere Verfahren zur Kompensation von ausgedehnten kohärenten Vergleichsquellen. Sie benutzen homozentrische Rekonstruktionsquellen und bedecken das mit einer ausgedehnten Vergleichsquelle aufgenommene Hologramm in genauer lateraler Position mit einem Kompensationshologramm. Dieses Hologramm entsteht durch Wechselwirkung der ausgedehnten Vergleichsquelle mit einem einzigen Objektpunkt. Experimentelle Beispiele dazu stammen von Haina u. a. (1968).

7.5-e. Kompensation von Inhomogenitäten der Objektbeleuchtung

Wird ein interessierendes Objekt der Amplitude $u_S(x)$ diffus über eine Mattscheibe beleuchtet, so wirkt es mit der Amplitude

$$u_0(x) = u_S(x)\, u_n(x). \quad (7.5\text{-}22)$$

Dabei ist $u_n(x)$ die räumlich schwankende Amplitude, die durch die Mattscheibe am Objektort erzeugt wird. Der Amplitudenbetrag von u_n führt zur Granulation $|u_n|^2$ am Objektort; der Phasenanteil von u_n soll eliminiert werden. u_n kann auch Störungen durch ein fehlerbehaftetes optisches System enthalten. Phaseneigenschaften von u_s lassen sich mit den Methoden der holographischen Interferometrie (Kap. 7.7-e) untersuchen. Filterungen mit der rekonstruierten Objektamplitude sind beim Mitwirken von u_n aber nicht ohne weiteres möglich, denn u_n bewirkt eine unbekannte Verteilung von Phasen. Tsuruta und Itoh (1969) zeigten, wie bei Bildebenen-Holographie der Phasenanteil von u_n eliminiert werden kann durch Beleuchtung des Hologramms mit $u_n(x)$. Das Hologramm von $u_0(x)$ wird wie üblich mit schräg einfallender homozentrischer Vergleichswelle aufgenommen. Nach dem photographischen Prozeß setzt man das Hologramm möglichst genau an seinen alten Ort und beleuchtet es zur Rekonstruktion mit dem Licht der Mattscheibe. Das Objekt u_s ist aus dem Strahlengang entfernt. Aufgenommen wird das konjugierte Bild der Rekonstruktion

$$u_3(x') = u_s^*(x') \cdot u_n(x') \cdot u_n^*(x') = u_s^*(x')\,|u_n(x')|^2. \qquad (7.5\text{-}23)$$

$u_s^*(x')$ gibt mit Hilfe von Schlierenverfahren oder anderen Filterexperimenten sowie mit den Methoden der Zeichenerkennung den gewünschten Aufschluß über das interessierende Objekt.

7.6. Filterungen bei der Holographie

7.6-a. Allgemeines

In Kap. 5 wurden die Grundzüge der Filterung für kohärente und inkohärente Beleuchtung dargestellt, soweit sie nicht die Holographie berührten. Auch bei der Holographie wird die Filterung hauptsächlich zur Bildverbesserung und zur Zeichenerkennung angewendet. Grundsätzlich ist eine Filterung schon bei der Aufnahme des Hologramms möglich, die Filterung bei der Rekonstruktion hat aber größere Bedeutung. Das Hologramm kann die Information über das Objekt unter erschwerten Bedingungen speichern, etwa mit hoher Zeitauflösung oder in ungünstigen Spektralbereichen. Bei der nachfolgenden Rekonstruktion kann eine optimale Filterung ausgewählt werden, oder das Hologramm wird mit verschiedenen Filtern auf verschiedene Eigenschaften hin untersucht, z. B. auf die Absorptions- und Phaseneigenschaften des Objekts oder auf seinen Gehalt an verschiedenen Zeichen. Für die Darstellung von Phaseneigenschaften werden oft Dunkelfeldverfahren und Differentialinterferenzen angewendet (Horman 1965 und z. B. Smigielski 1971).

Die Holographie ist verwandt mit der kohärenten Abbildung, deshalb wird das vorliegende Kapitel enge Beziehungen zur kohärenten Filterung haben. Filterungen sollen meist auf die ganze Bildebene gleichmäßig, also isoplanatisch wirken (Fourier-Filter). Dann müssen die filternden Eingriffe in einer speziellen Ebene im rekonstruierenden Strahlengang eingesetzt sein. Ausnahmen davon werden im Kap. 7.6-c besprochen.

7.6-b. Orte für Fourier-Filter

Der Ort für das Fourier-Filter bei der Rekonstruktion verdient besondere Aufmerksamkeit. Man findet die Ebene für das Filter am leichtesten, wenn man Hologrammaufnahme und Rekonstruktion für einen beliebigen Strahlengang in Analogie zur kohärenten Abbildung betrachtet, wie es in Kap. 7.2-a für den Spezialfall der Fourier-Holographie geschah. Bei der Abbildung steht das Fourier-Filter in einer Pupillenebene, also in einer Ebene, in die die Lichtquelle Q_O abgebildet wird, die das Objekt beleuchtet. Das Objektfeld wird dabei am besten als leer vorausgesetzt.

Von einem Hologramm H aus, das zur Belichtung in diesen Strahlengang eingesetzt worden ist, erblickt man Q_O oder ein Bild Q_O' von Q_O, das von Linsen erzeugt wird. Man belichtet H durch die Welle mit Zentrum bei Q_O' und mit einer Vergleichswelle, die — von H aus gesehen — ihr Zentrum bei Q_H hat. Dann wird nicht nur die Objektamplitude in H gespeichert sondern auch die Wellenfront, die von Q_O' auf H fällt. Liegt die Rekonstruktionsquelle Q_R am Ort der Vergleichsquelle Q_H, so liegt auch das primäre Bild von Q_O' am Ort von Q_O'. Dieses Bild kennzeichnet die Ebene, in der die Pupille P_p liegt. P_p ist die Pupille für das primäre Bild der Objektrekonstruktion. Erscheint P_p als reelle Rekonstruktion, so liegt P_P in der Ebene für einen Fourier-Eingriff in das primäre Bild. Erscheint P_p virtuell, so muß von dieser Ebene durch zusätzliche Abbildung ein reelles Bild erzeugt werden, in dem dann der Fourier-Eingriff erfolgen kann. Das konjugierte Bild von Q_O' definiert analog die Pupille P_k für das konjugierte Bild der Objektrekonstruktion. Liegt Q_R nicht am Ort von Q_H oder werden verschiedene Wellenlängen zur Hologrammaufnahme und Rekonstruktion benutzt, so ermittelt man die Lagen von P_p und P_k aus Formeln, die in Kap. 7.2-c für die Fresnel-Holographie abgeleitet wurden. Dabei ist es zweckmäßig, die Brennweiten $\pm F_F$ der Zonenplatte zu benutzen, die von Q_O' und Q_H im Hologramm erzeugt wurde. F_F muß unterschieden werden von den Brennweiten $\pm F_O$ einer Zonenplatte, die von Q_H und einem Objektpunkt herrührt.

Bei der Fourier-Holographie (Abb. 7—1 und 7—15) liegt Q_O' in H. Damit fallen bei der Rekonstruktion auch P_p und P_k gemeinsam in die Ebene von H.

Ein Fresnel-Hologramm, das nach Abb. 7—6 mit kollimierter Objektbeleuchtung und Vergleichswelle aufgenommen wird, hat Brennweiten $F_F \approx \infty$ und endliches F_O. Bei kollimierter Rekonstruktionsbeleuchtung liegen P_p und P_k im Unendlichen. Zur photographischen Aufnahme des primären Bildes muß ein Objektiv verwendet werden, in dessen hintere Brennebene werden P_p und P_k abgebildet, hier lassen sich Fourier-Filter anbringen.

Bei Bildebenen-Holographie nach Abb. 7—17 mit einer Vergleichswelle vom Krümmungsradius $\varrho = F_H$ entstehen ebenfalls Brennweite $F_F \approx \infty$. Kollimierte Rekonstruktionsbeleuchtung (Abb. 7—18) legt P_p und P_k in die hintere Brennebene der rekonstruierenden Linse.

7.6-c. Nicht-isoplanatisch Eingriffe

Stehen bei der Hologrammaufnahme Linsen oder Spiegel zwischen Objekt und Hologramm, so können deren Aberrationen, soweit sie isoplanatisch wirken, durch Pupillenfunktionen beschrieben werden. Diese Aberrationen lassen sich bei der Rekonstruktion durch dieselben Linsen kompensieren, wenn das konjugierte Bild verwendet wird (Kap. 7.4-f). Bei kollimierter Beleuchtung stehen diese Linsen nicht in der Pupille, vielmehr wird durch sie die Pupille erst festgelegt. Die Linsen wirken hier jedoch isoplanatisch, solange sie große Durchmesser haben.

Wirkt eine Wellenaberration bei der Hologrammaufnahme nicht isoplanatisch, dann kann sie ebenfalls für das konjugierte Bild kompensiert werden, wenn die gleiche Aberration bei der Rekonstruktion am gleichen Ort eingeführt wird. Kogelnik (1965) stellte zwischen Objekt und Hologramm ein kunstgewerbliches Glas, dessen Dickenunterschiede optisch wie eine unregelmäßige Schliere wirken. Die durch die Schliere in das Hologramm eingeführte Wellenaberration wirkt auf das konjugierte Bild der Rekonstruktion ebenfalls mit ihrem konjugiert komplexen Wert. Die im Hologramm gespeicherte Wellenaberration wird also im Hinblick auf das konjugierte Bild kompensiert durch die körperliche Schliere im Strahlengang der Rekonstruktion. Im Versuch von Kogelnik mußte das Schlierenglas innerhalb einer Toleranz von 10 Bogenminuten die gleiche Position haben wie bei der Hologrammaufnahme.

Auch eine ruhende Mattscheibe zwischen Objekt und Hologramm bewirkt eine Wellenaberration, die sich durch dieselbe Mattscheibe für das konjugierte Bild kompensieren läßt (Leith und Upatnieks 1966). Die Ergebnisse des vorliegenden Kapitels lassen sich zusammenfassen mit der Diskussion aberrationsbehafteter Vergleichswellen (Kap. 7.5). Dann ergibt sich: Wellenaberrationen sowohl in der Objektwelle als auch in der Vergleichswelle lassen sich durch identische Aberrationen in ihrer Wirkung auf das konjugierte Bild kompensieren. Eine Kompensation ist nicht erforderlich, wenn Objektwelle und Vergleichswelle bei der Hologrammaufnahme durch Bereiche der Schliere gehen, die nahezu die gleiche Phase besitzen (Goodman u. a. 1966). Die tolerierbare Korrelationslänge der Schliere hängt ab von ihrer Lage im Strahlengang. Schlieren unmittelbar vor dem Hologramm haben den kleinsten Einfluß.

Sind die Aberrationen bei der Hologrammaufnahme nicht zeitlich konstant, dann ist keine nachträgliche Kompensation möglich. Als ein Beispiel sei turbulente Luft genannt. Eine Verminderung der Störungen ist hier nur dadurch möglich, daß Objektwelle und Vergleichswelle auf etwa dem gleichen Weg durch das turbulente Medium geführt werden. Die Phasendifferenz zwischen beiden Wellen, die im Hologramm gespeichert wird, bleibt dann näherungsweise zeitlich konstant und mit ihr die Lage der Interferenzstreifen im Hologramm.

7.6-d. Holographische Herstellung von Vander-Lugt-Filtern

Alle in Kap. 5 diskutierten Verfahren der spatialen Fourier-Filterung für kohärente Beleuchtung lassen sich auch bei der Holographie anwenden. Filter, die sowohl den Betrag als auch die Phase des Spektrums beeinflussen, lassen sich mit dem Verfahren von Vander Lugt (1964) herstellen. Die Wirkungsweise dieser Filter wurde schon in Kap. 5.2-b geschildert. Die Amplitudentransparenz $\bar{f}_k(\sigma)$ der Filter ist reell und positiv, ihre Wirkung auf die Phasen des Spektrums erreichen sie durch Gitterbeugung. Die Lateralkoordinate σ des Filters hängt über die Brennweite F der Linse, in deren Brennebene das Filter benutzt werden soll, zusammen mit λ und der zu filternden Objektfrequenz R durch $\sigma = F\lambda R$. Aus

Gl. (5.2-3) wird

$$\bar{f}_k(\sigma) = |f_k(\sigma)| \left[1 + \cos\left(2\pi \frac{b}{\lambda F} \sigma + \varphi(\sigma)\right)\right]. \tag{7.6-1}$$

Darin ist $f_k(\sigma) = |f_k(\sigma)|\, e^{i\varphi(\sigma)}$ die komplexe Filterfunktion, die das Vander-Lugt-Filter in der einen Beugungsordnung realisiert, in der anderen Beugungsordnung wirkt $f_k^*(\sigma)$.

Die Amplitudentransparenz $\bar{f}_k(\sigma)$ wird im einfachsten Fall hergestellt als Fourier-Hologramm der Objektamplitude

$$u_o(x) = \int f_k(\sigma)^{-2\pi i \frac{x}{\lambda F}\sigma} \, \mathrm{d}\sigma. \tag{7.6-2}$$

Dazu dient etwa ein Strahlengang nach Abb. 7—15. Als Beispiel sei die Zeichenerkennung durch Korrelationsfilterung (Kap. 5.5-c) gewählt. Vom gesuchten Zeichen $s_0(x) = \bar{f}_k(x)$ wird ein Fourier-Hologramm hergestellt. Die Gleichungen von Kap. 7.4-d beschreiben diesen Prozeß mit den Umbenennungen $s_0(x) = u_o(x)$ und $\sigma = \xi$. Die Intensitätsverteilung im Hologramm $I(\xi) = I_1 + I_2 + I_3 + I_4$ führt über einen idealen photographischen Prozeß zur Amplitudentransparenz des Hologramms $I(\xi) = \bar{f}_k(\sigma)$. Aus Gl. (7.4-13) bis (7.4-16) folgt für reelle A

$$\bar{f}_k(\sigma) = A\left[A + e^{-ik\sigma\theta} f_k(\sigma) + e^{ik\sigma\theta} f_k^*(\sigma) + \frac{1}{A} f_k(\sigma) \cdot f_k^*(\sigma)\right]. \tag{7.6-3}$$

Bis auf Konstanten entspricht dieses Ergebnis Gl. (7.6-1), dabei gilt $b = -\theta F$.

Soll eine holographische Rekonstruktion mit einem Vander-Lugt-Filter beeinflußt werden, so sind hohe Beugungswirkungsgrade von Hologramm und Filter erforderlich, um ausreichende Beleuchtungsstärken der Rekonstruktion zu erhalten.

Das ursprüngliche Vander-Lugt-Filter wird realisiert durch eine Photoplatte mit ausschließlich absorbierenden Eigenschaften. Analog dazu sind auch reine Phasenfilter möglich. Kirk und Jones (1971) entwickelten ein Phasenfilter mit hohem Beugungswirkungsgrad, das durch Kopie von einer mit einem Computer erzeugten Transparenzverteilung auf eine Photolackschicht entsteht. Hier wird der Amplitudenanteil durch die Relieftiefe eines Echelettegitters realisiert. Der Phasenanteil $\varphi(\sigma)$ der Filterfunktion ensteht nicht mit Hilfe einer Lateralphase sondern durch Phasenverzögerung in der Dickenverteilung der Photolackschicht. Das Kinoformverfahren von Lesem u. a. (1969) gibt eine andere Möglichkeit, Filter mit hohem Beugungswirkungsgrad herzustellen. Bei diesem Verfahren wird der Amplitudenbetrag nicht gespeichert.

Bisher wurden nur Filter für die Fourier-Ebene beschrieben. Die richtige Lage der Filter in dieser Ebene ist für die erwünschte Wirkung der Filter entscheidend. Dazu gehört auch das richtige Azimuth der Filter und ihre richtige Stellung relativ zur optischen Achse.

Vander-Lugt-Filter lassen sich auch außerhalb der Fourier-Ebene verwenden, dann wirken sie als extrapupilläre Eingriffe. An dieser Stelle ist zu erwähnen, daß man mit Vander-Lugt-Filtern auch die Wellenaberration $W(\sigma)$ einer fehlerhaften Linse als Hologramm speichern kann (Upatnieks u. a. 1966). Die Linse wird mit einem fehlerfreien Kollimatorobjektiv zu einem afokalen System zusammengesetzt. Laserlicht hat hinter diesem System die Phasenverteilung $f(\sigma) = e^{ikW(\sigma)}$, es belichtet das Hologramm gemeinsam mit einer ebenen, schräg einfallenden Vergleichswelle. Nach idealem photographischen Prozeß bildet das Hologramm zusammen mit der fehlerhaften Linse ein fehlerfreies Abbildungssystem. Bei Abbildungen mit diesem System muß dazu die am Filter gebeugte konjugierte Welle wirksam werden, sie hat die Amplitude $f^*(\sigma)$ und kompensiert so die Wellenaberration der Linse. Diese Art der Fehlerkorrektur wird von einigen komplizierenden Bedingungen begleitet: 1. Das korrigierte System muß mit monochromatischem Licht benutzt werden, spatiale Kohärenz wird aber nicht gefordert. 2. Um Vignettierungen zu vermeiden, sollten Hologramm und Linse möglichst kleinen Abstand haben. Dieser Abstand muß auch bei der Aufnahme des Hologramms eingehalten werden, das ist mit Rücksicht auf den schrägen Vergleichsstrahl nur mit Hilfe einer fehlerfreien Zwischenabbildung möglich. Upatnieks u. a. (1966) diskutieren auch zusätzliche Aberrationen, die durch das Hologramm bedingt sind.

7.7. Holographische Interferometrie

7.7-a. Allgemeines

In den früheren Kapiteln wurden die durch Holographie rekonstruierten Wellenfronten einerseits verwendet, um die Verteilung der Lichtintensität im räumlichen Objektfeld wiederherzustellen. Andererseits ließen sich die rekonstruierten Amplituden zu den gleichen Filterexperimenten benutzen, die schon bei der unmittelbaren Abbildung üblich sind. Einige dieser Filterprozesse machen Phasenstrukturen der Objekte sichtbar. Neben den Filterexperimenten dienen klassische Interferenzversuche zur Analyse der Objektphasen. Hier wird die Objektwelle in einem Interferometer mit einer Vergleichswelle überlagert.

Bei der holographischen Rekonstruktion läßt sich dieses Prinzip auf zwei verschiedene Arten verwirklichen. Stets wird dabei die Objektwelle im Hologramm gespeichert. Durch eine zweite Belichtung der Hologrammplatte läßt sich auch die für die Interferometrie erforderliche Vergleichswelle speichern (Doppelbelichtungsverfahren); dabei muß die gleiche holographische Vergleichswelle wirken wie bei der Aufnahme der Objektwelle. Die Beleuchtung bei der Rekonstruktion entspricht der holographischen Vergleichswelle. Beim zweiten Verfahren der holographischen Interferometrie setzt man das Hologramm bei der Rekonstruktion in ein Interferometer, und man überlagert dem Rekonstruktionsfeld eine Vergleichswelle, die im Interferometer durch Strahlteilung hergestellt wurde (Verfahren in Echtzeit oder real time). Das Arbeiten in Echtzeit bringt oft Vorteile, denn man kann mit einem Hologramm Interferogramme mit verschiedenen Abständen der Interferenzstreifen herstellen und zusätzlich etwa noch Phasenkontrast- oder Schlierenaufnahmen machen. Auch ist es in Echtzeit einfacher, die Ordnung eines Interferenzstreifens zu bestimmen und das Vorzeichen eines Gangunterschiedes festzulegen.

Die holographische Interferometrie gestattet aber nicht nur Interferenzverfahren mit homogenen oder einfach strukturierten Vergleichswellen. Durch die

Speicherung der Objektamplitude wird es vielmehr möglich, Objektwellen zur Interferenz zu bringen, die zu verschiedenen Zuständen des Objekts gehören. Die Analyse von Zustandsänderungen ist ein wesentliches Gebiet der holographischen Interferometrie. Der Einfachheit halber dienen ebene Wellen zur Objektbeleuchtung, ebenso als holographische Vergleichswellen und zur Hologrammbeleuchtung bei der Rekonstruktion. Eine zusammenfassende Darstellung des Gebiets mit vielen praktischen Anwendungen gab Ennos (1970).

7.7-b. Konventionelle Interferometrie mit Hologrammen

Hormann (1965) überlagerte das rekonstruierte Bild eines Hologramms mit einer ebenen Vergleichswelle. Er benutzte dazu ein übliches Mach-Zehnder-Interferometer, das auch schon zur Aufnahme des Hologramms gedient hatte. Sein Interesse galt der Verteilung der Dichte in Gasströmungen. Abb. 7—20 zeigt den Strahlengang für die Aufnahme des Hologramms. Objektwelle OW und holographische Vergleichswelle hVW fallen mit einer Winkeldifferenz ϑ auf die Hologrammplatte. Bei der Rekonstruktion (Abb. 7—21) wird mit dem reellen Bild

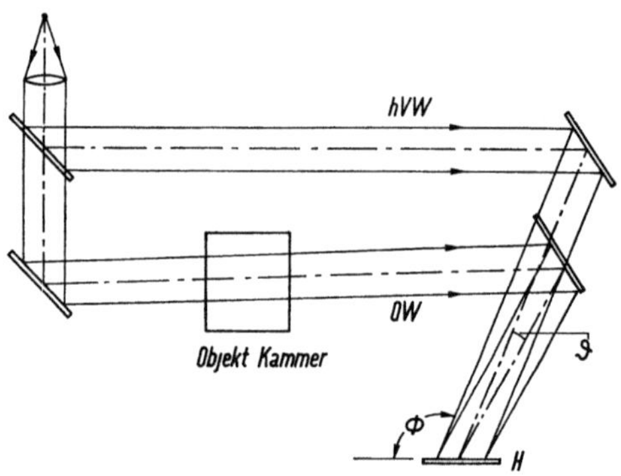

Abb. 7—20. Mach-Zehnder-Interferometer zur Aufnahme von Hologrammen mit Trägerfrequenz (Horman 1965)

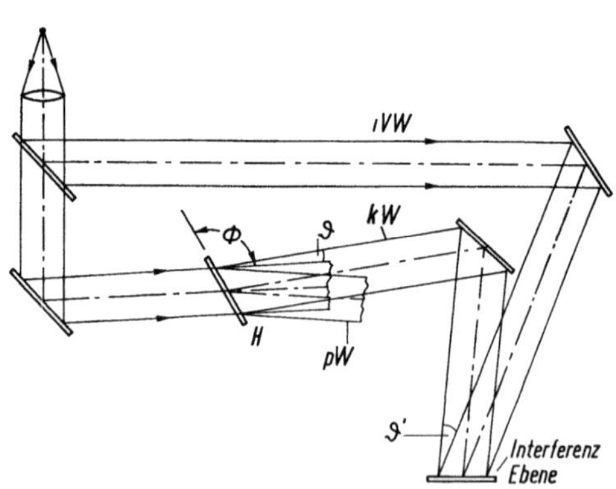

Abb. 7—21. Mach-Zehnder-Interferometer zur Rekonstruktion und Überlagerung mit einer interferometrischen Vergleichswelle (pW: Welle zum primaren Bild der Rekonstruktion, kW: Welle zum konjugierten Bild) (Horman 1965)

gearbeitet, so ist eine abbildende Linse entbehrlich. Bei der verwendeten parallelen Beleuchtung ist nur das konjugierte Bild reell (Kap. 7.2-c). Die Bildwelle entsteht durch Beugung am Hologramm um den Winkel ϑ. Die weiteren Anteile der Rekonstruktion werden ausgeblendet. Die interferometrische Vergleichswelle *iVW* muß von der holographischen Vergleichswelle *hVW* unterschieden werden, sie ist in der Interferenzebene um den Winkel ϑ' gegen die Bildwelle geneigt. Durch Änderung von ϑ' läßt sich der Abstand der Interferenzstreifen ändern bis hin zum Abstand unendlich (Interferenzkontrast). Durch Bewegung eines Interferometerspiegels bei der Rekonstruktion läßt sich aus der Verschiebung der Interferenzstreifen das Vorzeichen einer örtlichen Phasenänderung im Objekt entnehmen.

Im Mach-Zehnder-Interferometer erfolgt die Strahlteilung durch Amplitudenteilung an einem halbdurchlässigen Spiegel. Die hohe Kohärenz von Laserlicht erlaubt auch die apparativ einfachere Wellenfrontenteilung. Brooks u. a. (1965b) verwendeten ein Interferometer nach Abb. 7—22.

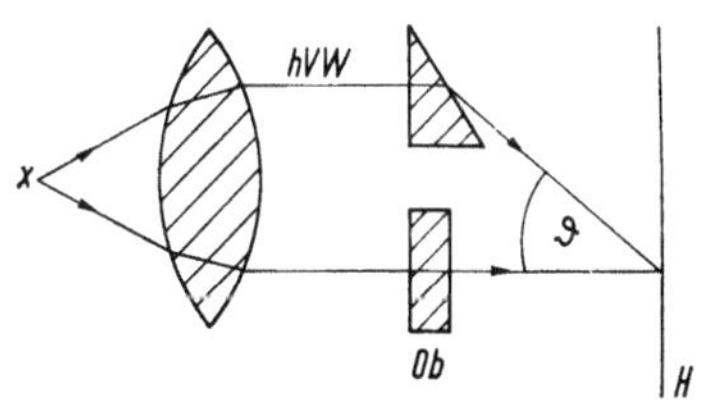

Abb. 7—22. Aufnahme von Hologrammen mit Trägerfrequenz (Brooks u. a. 1965)

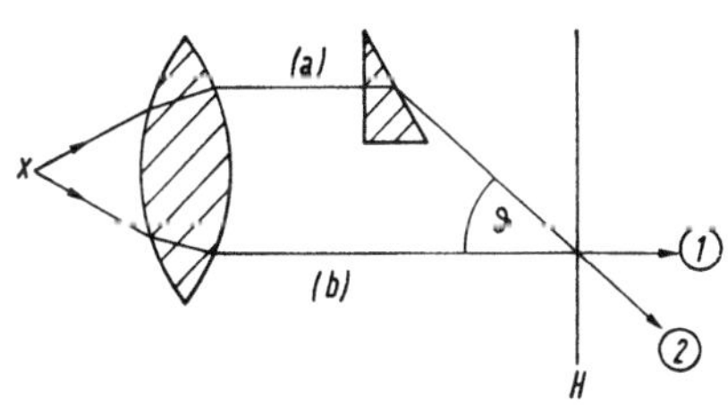

Abb. 7—23. Rekonstruktion mit Überlagerung einer interferometrischen Vergleichswelle, die auch das Hologramm durchsetzt (Brooks u. a. 1965)

Soll bei der Rekonstruktion (Abb. 7—23) das primäre Bild am ursprünglichen Ort des Objekts verwendet werden, so benutzt man Wellen, die sich in Richtung (1) fortpflanzen. Die Welle (*a*) durch das Prisma ist die Beleuchtungswelle des Hologramms. Die Welle (*b*) ist die interferometrische Vergleichswelle *iVW*, sie entspricht der Objektwelle bei leerem Objektfeld. Auch diese Welle durchsetzt das Hologramm, die benutzte Richtung (1) enthält aber nur den Anteil von *iVW*, der am Hologramm nicht um den Winkel ϑ gebeugt wurde*. Zur Registrierung des Interferogramms mit Wellen in Richtung (1) muß eine Linse für die Abbildung des virtuellen Bildes sorgen. Durch Verkippen des Prismas wird die Bildwelle gegen

* Dieser Anteil enthalt grundsatzlich noch das im Hologramm gespeicherte Intermodulationsbild des Objekts, dieses bringt aber für die Praxis meist keine Storung.

iVW verkippt, dadurch entstehen Interferenzstreifen mit einstellbarem Abstand. Brooks u. a. (1965) teilen mit, daß bei der Hologrammaufnahme auch eine Mattscheibe zur diffusen Beleuchtung vor das Objekt gesetzt werden kann. Enthält der *iVW*-Strahl bei der Rekonstruktion dieselbe Mattscheibe am selben Ort, so wird die Phasenverteilung der Mattscheibe bei der interferometrischen Rekonstruktion kompensiert. In Kap. 7.7-d wird davon ausführlicher die Rede sein.

Benutzt man zur Rekonstruktion die Wellen, die sich in Richtung (2) fortpflanzen, so wird die Welle (a) zur *iVW*, ihr wirksamer Anteil wird am Hologramm nicht gebeugt. Die Welle (b) liefert nach Beugung am Hologramm das reelle konjugierte Bild des Objekts. Zur Aufnahme des Interferogramms ist hier keine Linse erforderlich. Kippung des Prismas erzeugt auch hier Interferenzstreifen.

Bei der Hologrammaufnahme kann das Objekt auch in den Strahl gesetzt werden, der durch das Prisma geht. Bei der interferometrischen Rekonstruktion läßt sich analog zum oben Gesagten auch hier mit dem primären, virtuellen oder mit dem konjugierten, reellen Bild arbeiten. Die Versuche von Hormann (1965) und von Brooks u. a. (1965) entsprechen der Interferometrie in Echtzeit.

Heflinger u. a. (1966) zeigten, daß man auch die interferometrische Vergleichswelle im Hologramm speichern kann. Zu diesem Zweck belichteten sie in gleichgültiger Reihenfolge zwei Hologramme auf dieselbe Photoplatte, die dabei ihre Lage im Strahlengang beibehalten muß. Der Strahlengang entspricht z. B. Abb. 7—22. Für das erste Hologramm ist das Objekt eingesetzt. Für das zweite Hologramm wird das Objekt durch ein dünnes Prisma ersetzt. Dieser Eingriff verkippt die Welle, die durch das Objektfeld läuft. Die Rekonstruktion erfolgt in der für Fresnel-Hologramme üblichen Weise. Die Rekonstruktion liefert die Objektwelle und kohärent mit ihr die ebene Vergleichswelle, die wegen des dünnen Prismas gegen die Objektwelle etwas geneigt ist. Wegen dieser Neigung entstehen Interferenzstreifen mit festem Streifenabstand*. Diffuse Objektbeleuchtung über eine Mattscheibe ist möglich, dann muß die Mattscheibe auch bei der Aufnahme der Vergleichswelle am gleichen Ort wirksam sein.

Interferometrie in Echtzeit (EZ) oder mit Doppelbelichtung (DB) liefert im Prinzip gleiche Ergebnisse. Die EZ-Technik erfordert bei der Rekonstruktion eine sorgfältige Justierung und einen photographischen Prozeß, der die Gelatine nicht schrumpfen läßt. Vorteilhaft ist aber die Variabilität des Streifenabstandes und die zusätzliche Verwendbarkeit der Hologramme für Rekonstruktionen mit spatialer Filterung (Schlierenverfahren usw.). Von weiteren Vorteilen der EZ-Technik wird noch zu sprechen sein. Die DB-Technik ist weniger anpassungsfähig, sie ist aber wenig empfindlich gegen ein Schrumpfen der Gelatine und sie erfordert keine Justierung bei der Rekonstruktion.

Der Kontrast der Interferenzstreifen sollte etwa den Maximalwert Eins erreichen, die dunklen Streifen sollten also etwa die Intensität Null haben. Dazu ist erforderlich, daß beide interferierenden Wellenfronten etwa gleiche Amplituden besitzen [Gl. (1.2-11)]. Werden bei der DB-Technik beide Hologramme mit den gleichen Intensitäten aufbelichtet, so werden *OW* und *hVW* unter den gleichen

---

* Das dunne Prisma kann an eine beliebige Stelle des Objekt- oder Vergleichsstrahls gesetzt werden. Andererseits kann auch eine Verkippung des Umlenkprismas im Vergleichsstrahl die für die Interferenzstreifen notwendige Strahlkippung erzeugen.

Bedingungen gespeichert, und die Interferogramme haben guten Streifenkontrast. Bei der EZ-Technik ist guter Streifenkontrast nicht automatisch gegeben. Man muß vielmehr die Intensitäten von Objektbeleuchtung und Hologrammbeleuchtung für die Rekonstruktion aufeinander abstimmen.

Wird als Hologramm ein photographisches Negativ verwendet, so hat wegen $\beta < 0$ (Kap. 7.4-a) die Rekonstruktion verglichen mit dem Objekt eine negative Amplitude. Interferometrie in EZ liefert deshalb für den Gangunterschied Null zwischen Rekonstruktion und Vergleichsfläche einen Interferenzstreifen mit minimaler Intensität. Mit einem Hologramm nach Umkehrentwicklung ($\beta > 0$) hat dagegen der analoge Interferenzstreifen maximale Intensität. Dieser Unterschied hat keine praktische Bedeutung, denn der Kontrastumschlag der Interferenzstreifen ergibt sich auch bei einer axialen Verschiebung von Objekt oder Hologramm um $\lambda/2$.

7.7-c. Das holographische Probeglas

Seit langen Jahren ist bei der Herstellung optischer Flächen die Prüfung mit dem Probeglas üblich. Prüfling und Probeglas zeigen aufeinandergelegt den Formunterschied ihrer Oberflächen als Interferenzstreifen gleicher Dicke an. Dabei werden die Wellenflächen verglichen, zu denen beide Oberflächen die beleuchtende Welle durch Reflexion deformieren. Ein solcher Vergleich ist ohne Berührung der Oberflächen mit dem Michelson-Interferometer möglich. Die Holographie erlaubt es, bei der Rekonstruktion zwei Wellenflächen zu überlagern und zur Interferenz zu bringen, entweder mit der DB-Technik, wo beide Wellen im Hologramm gespeichert sind, oder durch Überlagerung einer gespeicherten Welle mit der Welle, die in Echtzeit von einem körperlichen Objekt ausgeht. Die Oberfläche wird auch hier nicht berührt. Für den Formvergleich kommt in der Praxis hauptsächlich die EZ-Technik in Betracht.

Hildebrand u. a. (1967) machten Hologramme von einem optischen Kugelspiegel in verschiedenen Stadien der Politur. Deren Rekonstruktionen wurden in einem Interferometer verglichen mit der Kugelwelle, die von einer Punktquelle ausgeht. Eine solche sphärische Vergleichswelle läßt sich ohne weiteres herstellen. Pastor (1969) untersuchte asphärische optische Oberflächen. Hologramme der Oberfläche in verschiedenen Polierzuständen erlauben, den Fortschritt des Polierens zu prüfen. Weiter kann eine gelungene Oberfläche als Prototyp zur Herstellung weiterer Flächen dienen. Schließlich schlägt Pastor die Verwendung von synthetischen Hologrammen vor. Hier wird die vom optischen Konstrukteur errechnete Funktion einer erwünschten Wellenfläche vom Computer in ein Hologramm umgesetzt (Lohmann und Paris 1967). Interferometrie in Echtzeit vergleicht die erwünschte, rekonstruierte Wellenfläche mit der Wellenfläche, die von der gefertigten Oberfläche in verschiedenen Stadien der Vollkommenheit ausgehen. Das Interferogramm zeigt die noch nötigen Retuschen der Oberfläche an. Zur Prüfung mit dem holographischen Probeglas sei als neuere Arbeit die von Fercher und Torge (1970a) genannt; aus dieser Arbeit stammt Abb. 7—24. MacGovern und Wyant (1971) entwickelten die Verwendung von synthetischen Hologrammen weiter. Abschließend sei bemerkt, daß solche Prüfungen nicht auf die Untersuchung von Oberflächenformen beschränkt sind. Sie erlauben auch den

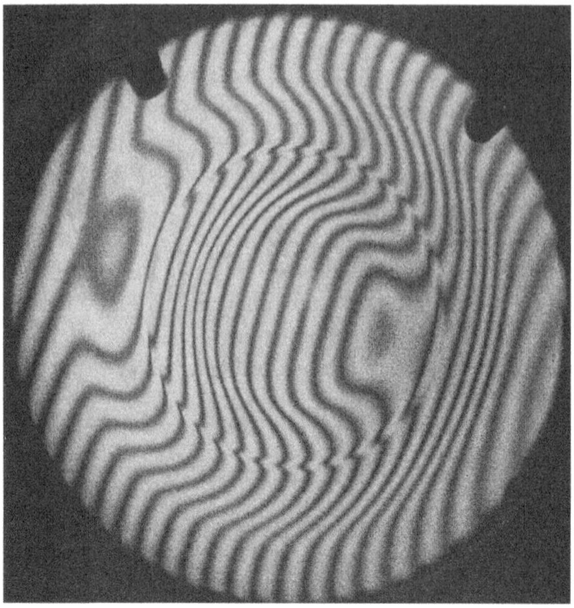

Abb. 7—24. Interferenz in Echtzeit zwischen einer holographisch gespeicherten Kugelwelle und einer noch nicht fertig polierten Glasflache (Fercher und Torge 1970a)

Vergleich von Wellenflächen, die etwa aus zusammengesetzten optischen Instrumenten austreten. Hier sind die erwünschten Wellenflächen aber fast immer sphärisch, denn Punktbilder sollen möglichst punktförmig sein. Für Vergleiche mit sphärischen Wellen beliebiger Herkunft genügt die Modifikation des Michelson-Interferometers nach Twyman-Green. Kubota und Ose (1971) untersuchten die Aberrationen von Fresnelschen Zonenplatten.

7.7-d. Subtraktion von Amplituden

Zunächst sei die Eliminierung einer Teilstruktur behandelt, die ein additiver Bestandteil des Gesamtobjekts ist. Dieses Verfahren mag interferometrische Subtraktion von Amplituden heißen. Gegeben ist eine Objektamplitude

$$u_0(x) = u_s(x) + u_n(x)\,. \tag{7.7-1}$$

Der Anteil $u_n(x)$ soll in der Rekonstruktion subtrahiert werden, so daß die interessierende Amplitude $u_s(x)$ übrig bleibt. Wie in Kap. 7.4 gezeigt wurde, liefert jedes der verschiedenen holographischen Verfahren, soweit von Störungen abgesehen wird, im primären Bild der Rekonstruktion die Amplitude

$$u_2(x') = \beta A^* u_0(x')\,. \tag{7.7-2}$$

Dabei kennzeichnet der Faktor $\beta < 0$ ein Hologramm, das als Negativ verwendet wird; $\beta > 0$ beschreibt eine Umkehrentwicklung oder Umkopieren des Hologramms zum Positiv. A ist die Amplitude der holographischen Vergleichswelle. Nicht berücksichtigt wurde in Gl. (7.7-2) die Belichtungszeit t des Hologramms und der Einfluß der verschiedenen Beleuchtungsrichtungen auf die Phase und auf die laterale Lage des Bildes.

Gabor u. a. (1965) schlugen ein Subtraktionsverfahren mit Doppelbelichtung des Hologramms vor. Bei der ersten Belichtung wurde ein normales Hologramm des ganzen Objekts $u_0(x)$ aufgenommen mit β_1 und A_1. Bei der zweiten Belichtung wirkte als Objekt nur der Amplitudenteil $u_n(x)$. Da dieselbe Hologrammplatte benutzt wurde, galt $\beta_1 = \beta_2 = \beta$. Durch ein zusätzliches Phasenplättchen in der Vergleichswelle wurde die Bedingung $A_2 = -A_1$ realisiert. Das entwickelte Hologramm lieferte die Rekonstruktion

$$u(x') = \beta_1 A_1^* [u_s(x) + u_n(x)] + \beta_2 A_2^* u_n(x) = \beta A_1^* u_s(x). \tag{7.7-3}$$

Bromley u. a. (1971) führten die Subtraktion in Echtzeit aus. Von der Struktur $u_n(x)$ wurde ein Hologramm als Negativ aufgenommen. Es wurde in einem Strahlengang ähnlich Abb. 7—23 rekonstruiert durch Beleuchtung mit der ebenen Welle (a). Im Strahl (b) stand das vollständige Objekt $u_0(x)$ am selben Ort, wo die Struktur $u_n(x)$ bei der Hologrammaufnahme gestanden hatte. In Richtung (1) konnte die Interferenz von $u_0(x)$ mit der holographischen Rekonstruktion beobachtet werden. Das Ergebnis lautete

$$u(x') = u_0(x) + \beta A^* u_n(x) = u_s(x) + (1 + \beta A^*) u_n(x). \tag{7.7-4}$$

$u_n(x)$ wird vollständig subtrahiert für $\beta A^* = -1$. Das Hologramm als Negativ sorgt schon für das für diese Bedingung nötige negative Vorzeichen von β. Das Verfahren stellt hohe Ansprüche an die Identität der Justierung bei Aufnahme und Rekonstruktion des Hologramms.

Die in diesem Abschnitt geschilderten Verfahren können sinngemäß auch zur Addition von Amplituden verwendet werden.

7.7-e. Eliminierung von überlagernden Phasenstrukturen

Von der eben geschilderten Aufgabe zu unterscheiden ist die Eliminierung einer Phasenstruktur $\varphi_n(x)$, die ein Phasenobjekt störend überlagert (vgl. auch Kap. 7.5-e). Zugleich mit dieser Eliminierung soll die interessierende Phasenstruktur $\varphi_s(x)$ des Objekts durch Interferenz sichtbar werden. Die Phase im vollständigen Objekt sei

$$\varphi_0(x) = \varphi_s(x) + \varphi_n(x). \tag{7.7-5}$$

Objekt für eine solche Untersuchung ist etwa die Dichteverteilung in einem Gasstrom oder ein Werkstück der Feinmechanik. Die Ursache für φ_n kann im Objekt selbst liegen, φ_n rührt dann z. B. von der Rauheit der Objektoberfläche her. Andererseits kann φ_n durch den Beleuchtungs- oder Abbildungs-Strahlengang bedingt sein; ruhende Mattscheiben im Beleuchtungsstrahlengang und schlierenbehaftete Fenster von Objektkammern oder aberrationsbehaftete abbildende Systeme erzeugen dann — reell oder virtuell — am Objektort die Verteilung φ_n der Störphase. In diesem Fall enthält die Objektbeleuchtung zusätzlich eine stationäre Schwankung der Intensität, die nicht eliminiert werden kann. Beim Arbeiten mit Mattscheiben ist diese Intensitätsschwankung identisch mit der Granulation. In der holographischen Rekonstruktion sind die Schwankungen der Objektbeleuchtung enthalten und zusätzlich die Granulation, die bei kohärenter Abbildung durch die Rauheit der Objektoberfläche entsteht.

Für die holographische Interferometrie mit Doppelbelichtung wird zunächst ein Hologramm der vollständigen Objektamplitude $u_0(x) = \exp i\varphi_0(x)$ aufgenommen und dann ohne die interessierende Struktur ein Hologramm der Störamplitude $u_n(x) = \exp i\varphi_n(x)$. Die holographische Vergleichswelle ist homozentrisch und bei beiden Aufnahmen identisch. Bei der Rekonstruktion überlagern sich beide Amplituden. Bei Interferometrie in Echtzeit wird nur die eine der beiden Amplituden holographisch festgehalten. Ihre rekonstruierte Amplitude interferiert dann mit der anderen Amplitude, die von dem körperlich anwesenden Objekt ausgeht.

Bei der Rekonstruktion erscheint in der Interferenzebene die Amplitude

$$u(x') = \beta_1 A_1{}^* u_0(x') + \beta_2 A_2{}^* u_n(x') \tag{7.7-6}$$

$$u(x') = \beta_2 A_2{}^* \exp[i\varphi_n(x')] \left\{1 + \frac{\beta_1 A_1{}^*}{\beta_2 A_2{}^*} \exp i\varphi_s(x')\right\}. \tag{7.7-7}$$

β und A kennzeichnen den photographischen Prozeß und die Vergleichswelle bei der Hologrammaufnahme. Gl. (7.7-6) gilt auch für die Interferometrie in Echtzeit; für den Vorfaktor der Amplitude, die nicht im Hologramm gespeichert wird, gilt formal $\beta A^* = 1$. Aus Gl (7.7-6) ergibt sich die Intensitätsverteilung in der Interferenzebene. Mit Gl. (1.2-4) wird unter Vernachlässigung einer Konstanten und mit $c = \beta_1 A_1{}^*/\beta_2 A_2{}^*$

$$I(x') = 1 + c \cdot \cos \varphi_s(x'). \tag{7.7-8}$$

Der Vergleich mit Gl. (3.7-1) zeigt, daß auf diese Weise die interessierende Phasenverteilung im Interferenzkontrast erscheint. Werden die beiden interferierenden Wellenfelder bei der Hologrammaufnahme in Doppelbelichtung oder bei der Rekonstruktion in Echtzeit gegeneinander gekippt, so entstehen Interferenzstreifen, sie zeigen durch ihre Auslenkung die Phasenverteilung an (Kap. 3.7-c).

Bei der konventionellen Interferometrie wirkt die Objektwelle mit einer ebenen Vergleichswelle zusammen. Bei den Verfahren des vorliegenden Kapitels wirkt die Störstruktur als Vergleichswelle. Die experimentelle Schwierigkeit dieser Verfahren liegt darin, daß sich die Störstruktur in beiden Wellenfeldern am gleichen Ort befinden muß. Eine Störstruktur mit höheren Raumfrequenzen erfordert engere Toleranzen der Justierung. Bei Beobachtung in Echtzeit läßt sich maximaler Kontrast im Interferenzbild durch Verschieben des Hologramms einstellen.

Als frühe Arbeiten zu diesem Kapitel sind die folgenden zu nennen: Heflinger u. a. (1966) demonstrierten mit Doppelbelichtung die Verteilung der Gasdichte in einer brennenden Glühlampe, sie unterdrückten dabei die Wirkung von Schlieren im Glaskolben. Weiter verwendeten sie Mattscheiben bei der Aufnahme von Luftströmungen in der Umgebung fliegender Geschosse; hier wurden Impulslaser benutzt. Tanner (1966) kompensierte mit Doppelbelichtung von Bildebenen-Hologrammen Unvollkommenheiten des Strahlenganges. Stroke und Labeyrie

(1966a) nahmen Hologramme von Phasenobjekten auf, die über eine Mattscheibe beleuchtet wurden.

Abb. 7—25 und 7—26 zeigen neue Ergebnisse mit dem geschilderten Verfahren. Weitere neue Arbeiten zu diesem Gebiet sind in größerer Zahl erschienen. Sollid

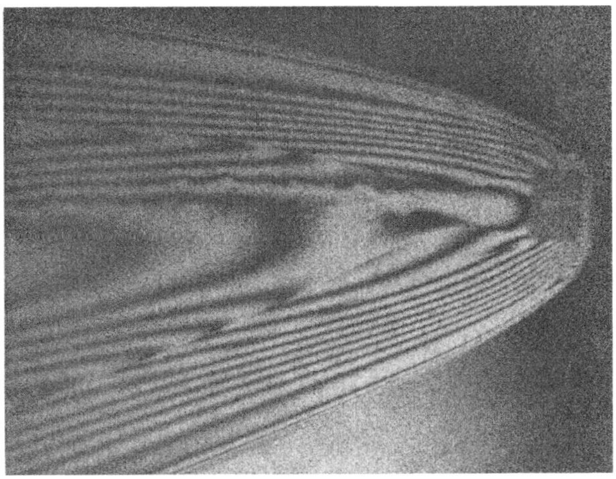

Abb. 7—25. Interferenzfeld in Luft um ein Geschoß der Geschwindigkeit 2 km/sec, Objektbeleuchtung durch Mattscheibe, Laser mit Impulsdauer von 25 nsec, holographische Interferometrie mit Doppelbelichtung (Hirth u. a. 1971, Deutsch-Französisches Forschungsinstitut St. Louis, Frankreich)

Abb. 7—26. Dichteverteilung in einer brennenden Hg-Hochdrucklampe. Holographische Interferometrie mit Doppelbelichtung zur Kompensation der Schlieren in der doppelten Glaswand der Lampe (J. Fitzgerald, H. Hörster, H.-G. Junginger, Philips Forschungslaboratorium Aachen)

und Swint (1970) bestimmten experimentell das Intensitätsverhältnis von Objektwelle und holographischer Vergleichswelle, das bei Doppelbelichtungshologrammen optimalen Kontrast der Interferenzstreifen ergibt.

Ballard (1968) nahm Hologramme mit Doppelbelichtung auf. Er benutzte für die Belichtung mit der Objektamplitude u_0 einen holographischen Vergleichsstrahl aus der Richtung R_0 und für die Belichtung mit der Störamplitude u_n

einen Vergleichsstrahl aus einer anderen Richtung R_n. Rekonstruktion mit Beleuchtung des Hologramms aus der Richtung R_0 liefert nur die Amplitude u_0, diese kann mit Filterexperimenten weiter verarbeitet werden. Beleuchtung aus der Richtung R_n ergibt die Störstruktur u_n des Objektfeldes, die jetzt für Interferometrie in Echtzeit zur Verfügung steht. Kohärente Beleuchtung aus beiden Richtungen liefert das Interferenzbild, wie man es nach Doppelbelichtung gewohnt ist; eine geringe Änderung der Richtung R_0 oder R_n bei der Rekonstruktion bewirkt Interferenzstreifen mit einstellbarem Abstand.

Auch Gates (1969) machte holographische Interferometrie mit Doppelbelichtung. Er benutzte eine Mattscheibe, die viel ungestreutes Licht durchläßt als Strahlteiler für Vergleichswelle und diffuse Objektbeleuchtung. Der Strahlengang erfüllt etwa die Bedingung der Fourier-Holographie (vgl. Abb. 7—4). Zur Aufnahme der Hologramme wurden zwei getrennte Photoplatten benutzt. Zur interferometrischen Rekonstruktion wirken die Amplitudentransparenzen beider Hologramme multiplikativ, das geschieht etwa durch fehlerfreie Abbildung des einen Hologramms auf das andere. Eine Verschiebung des einen Hologramms senkrecht zur optischen Achse erzeugt im Interferogramm Interferenzstreifen mit einstellbarem Abstand.

Im folgenden soll die Wirkung der lateralen Verschiebung eines Hologramms um die Strecke $\Delta\xi$ auf die Rekonstruktion näher untersucht werden. Das Ergebnis bezieht sich auf die Interferometrie sowohl in Echtzeit als auch mit Doppelbelichtung von zwei getrennten Platten. Das Wesentliche folgt aus einer Diskussion des primären Bildes bei Fresnel-Holographie im Abbildungsmaßstab 1:1 mit ebener Vergleichswelle.

Zum primären Bild führt der Anteil $I_2(\xi)$ der aufbelichteten Intensität [Gl. (7.4-3)]. Die Verschiebung des entwickelten Hologramms um $\Delta\xi$ bei der Rekonstruktion bedingt, daß in Gl. (7.4-3) anstelle von ξ nunmehr $\xi + \Delta\xi$ zu setzen ist, das gilt auch für r. Dementsprechend erleidet auch u_T in Gl. (7.4-6) die gleiche Verschiebung, während die übrigen Werte von ξ in dieser Gleichung und auch bei r_b ungeändert bleiben. Analog zum Rechengang in Kap. 7.4-b wird die Amplitude im primären Bild der Rekonstruktion des verschobenen Hologramms

$$u_2(x', b) = \beta t A^* \iint u_0(x, g) \exp -ik \left[g + b + \frac{x^2}{2g} + \frac{x'^2}{2b} + \frac{(\xi + \Delta\xi)^2}{2g} + \frac{\xi^2}{2b} \right. \left. - (\xi + \Delta\xi)\frac{x}{g} + \xi \frac{x'}{b} + (\xi + \Delta\xi)\theta_H - \xi\theta_R \right] \mathrm{d}x \, \mathrm{d}\xi . \tag{7.7-9}$$

Zur Vereinfachung sei $\theta_H = \theta_R = \theta$ gesetzt. Bei scharf gestellter Rekonstruktion verschwindet das Glied mit ξ^2, das geschieht bei $g = -b$. Integration über ξ liefert $x = \Delta\xi - x'$. Damit wird

$$u_2(x', b) = \beta t A^* \exp ik \frac{x' \Delta\xi}{b} \cdot \exp -ik \left(\theta \Delta\xi + \frac{(\Delta\xi)^2}{2b} \right) \cdot u_0(\Delta\xi - x') . \tag{7.7-10}$$

Der Phasenfaktor mit $x' \Delta\xi$ beschreibt die Wirkung eines Prismas in der Rekonstruktionsebene. Die Bildwelle ist um den Winkel $\Delta\xi/b$ gekippt. Interferenz mit einer gekippten Welle liefert Streifen mit dem Abstand $\lambda b/\Delta\xi$. Der andere Phasenfaktor ist von x' unabhängig, er beschreibt eine konstante von $\Delta\xi$ verursachte Phasenänderung, diese wirkt sich nur auf die Lateralphase der Interferenzstreifen aus. $u_0(\Delta\xi - x')$ bedeutet schließlich eine seitliche Verschiebung des Bildes um $\Delta\xi$. Bei der Interferenz entsteht dadurch eine Erscheinung analog den Differentialinterferenzen (Kap. 3.7-d).

Eine analoge Durchrechnung von Fourier-Holographie und Quasi-Fourier-Holographie zeigt, daß in diesen Fällen nur eine Verkippung erfolgt. Auch bei Fresnel-Holographie in der Nachbarschaft dieser Fälle wird die Verkippung die Interferenzerscheinung wesentlich bestimmen.

Dagegen ergibt die Durchrechnung der Bildebenen-Holographie keine Verkippung sondern nur eine von x' unabhängige Zusatzphase und eine seitliche Verschiebung des Bildes um $\Delta\xi$.

Wird bei der holographischen Interferometrie mit Doppelbelichtung auf zwei Hologrammplatten oder in Echtzeit die Hologrammplatte für u_n seitlich um $\Delta\xi$ gegen ihre Lage bei der Hologrammaufnahme verschoben, so überlagern sich im Interferenzbild die rekonstruierte Amplitude $u_0 = \exp i[\varphi_s(x') + \varphi_n(x')]$ und $u_n = \exp i\varphi_n(x')$. $u_n(x')$ ist entsprechend Gl. (7.7-10) durch die Hologrammverschiebung beeinflußt. Die oben besprochene Verkippung der Wellenfront von $u_n(x')$ erzeugt Interferenzstreifen im Überlagerungsfeld, die sich in bekannter Weise zur Analyse von φ_s verwenden lassen. Die seitliche Verschiebung des Hologramms um $\Delta\xi$ führt in der Rekonstruktion zu einer Verschiebung um $\Delta x'$. Nur bei dem oben angenommenen Strahlengang ist $\Delta x' = \Delta\xi$. Im allgemeinen hängt $\Delta x'$ zusätzlich ab von weiteren Parametern des Strahlenganges. Die Verschiebung um $\Delta x'$ vermindert den Kontrast der Interferenzerscheinung, denn es interferieren jetzt verschiedene Bereiche von u_0 und u_n miteinander.

Diese Überlegungen gelten auch dann, wenn bei der Aufnahme eines gewöhnlichen Hologramms die Hologrammplatte unbeabsichtigt zwei verschiedene Lagen eingenommen hat.

$\Delta x'$ darf für brauchbaren makroskopischen Kontrast der Interferenz die Korrelationslänge von φ_n nicht überschreiten. Die mögliche Hologrammverschiebung $\Delta\xi$ und damit der minimale Abstand der Interferenzstreifen sind durch $\Delta x'$ festgelegt.

Der Kontrast der Interferenzstreifen spielt bei der holographischen Interferometrie von Objektverrückungen und Deformationen (Kap. 7.7-i) eine noch wichtigere Rolle.

7.7-f. Konturen von rauhen Objekten

An einem undurchsichtigen Objekt soll das Oberflächenrelief ohne Rücksicht auf eine Rauheit der Oberfläche ausgemessen werden. Punkte am Ort x, y auf der Oberfläche haben von einer Bezugsebene BE den Abstand $D(x, y)$ (Abb. 7—27).

$$D(x, y) = D_s(x, y) + D_n(x, y) \qquad (7.7\text{-}11)$$

Dabei ist D_s die interessante Relieffunktion; $D_n \ll D_s$ kennzeichnet die Rauheit. Es ist nicht möglich, Fizeau-Interferenzen gegen einen ebenen Vergleichsspiegel zu benutzen, denn die Rauhstruktur, die von D_n herrührt, verdirbt die Sichtbarkeit der makroskopischen Interferenzen.

Abhilfe schafft die Kontur-Holographie von Haines und Hildebrand (1965). Eine ausführliche Darstellung gaben Hildebrand und Haines (1967). Hier werden zwei Wellenfelder desselben Reliefs zur Interferenz gebracht, die unter optisch verschiedenen Zuständen (1) und (2) von dem Relief ausgingen. Die Holographie gestattet die Speicherung von einem oder von beiden Wellenfeldern, die das Relief zu verschiedenen Zeiten verließen. Die Empfindlichkeit des Verfahrens auf Phasen kann so weit vermindert werden, daß die Rauheit D_n nicht stört.

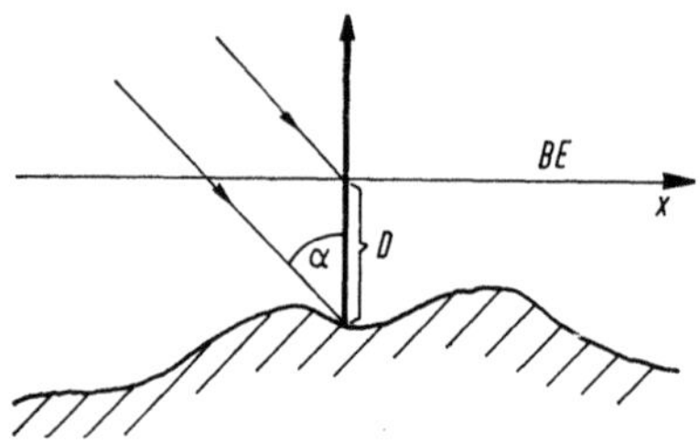

Abb. 7—27. Die optische Wirkung eines Reliefs in der Bezugsebene *BE*

Abb. 7—27 erläutert die optische Wirkung des Reliefs in der Bezugsebene *BE*. Die ebene Welle der Beleuchtung fällt unter dem Winkel α ein, sie wird an der Oberfläche gestreut. Ein Streustrahl senkrecht zu *BE* hat gegenüber einem Streutrahl mit $D = 0$ den Gangunterschied

$$G(x) = (1 + \cos \alpha) n D(x). \qquad (7.7\text{-}12)$$

Dabei ist n die Brechzahl des umgebenden Mediums; Brechungserscheinungen an der Grenze des Mediums werden vernachlässigt. Die Strahlrichtung senkrecht zu *BE* ist hier die Hauptrichtung der Beobachtung bei der Rekonstruktion. Strahlen, die von dieser Richtung abweichen, erfüllen den Kegel der Beobachtungsapertur, sie beeinflussen die Schärfentiefe der Rekonstruktion.

Die optisch verschiedenen Zustände des Reliefs für die Doppelbelichtung werden entweder durch zwei verschiedene Wellenlängen λ_1, λ_2 hergestellt oder durch verschiedene Einfallsrichtungen α_1, α_2 oder durch Immersion des Reliefs in Medien verschiedener Brechzahl n_1, n_2 (Shiotake u. a. 1968). Die holographischen Vergleichswellen behalten ihre Richtung. Die erste Hologrammaufnahme registriert die Objektphase $\varphi_1(x) = k_1 G_1(x)$ und die zweite Aufnahme $\varphi_2(x) = k_2 G_2(x)$, $(k = 2\pi/\lambda)$. Die interferentielle Rekonstruktion erfolgt im Licht der Wellenlänge λ_2, es hat die Richtung der holographischen Vergleichswellen. Beim Arbeiten in Echtzeit wird der Objektzustand (2) nicht durch das Hologramm sondern durch das körperliche Objekt dargestellt. Dieses Verfahren kann man verwenden, um Werkstücke mit einem Standard zu vergleichen. Die Interferenzerscheinung entsteht durch Überlagerung der Wellenfronten in *BE* für beide Zustände. Bei ungestörter holographischer Abbildung wird

$$\begin{aligned} u(x') &= \exp i\varphi_1(x') + \exp i\varphi_2(x') \\ &= \exp\{ik_1 n_1(1 + \cos\alpha_1)[D_s(x') + D_n(x')]\} \\ &\quad + \exp\{ik_2 n_2(1 + \cos\alpha_2)[D_s(x') + D_n(x')]\}. \end{aligned} \qquad (7.7\text{-}13)$$

Die Intensität im Interferenzbild wird mit Gl. (1.2-4)

$$I(x') = 1 + \cos\{(D_s(x') + D_n(x'))[k_1 n_1(1 + \cos\alpha_1) - k_2 n_2(1 + \cos\alpha_2)]\}. \tag{7.7—14}$$

Bei geeigneter Größe der eckigen Klammer wird der Summand mit D_n klein gegen π, dann kann D_n gegen D_s vernachlässigt werden, und D_s wird mit D gleichwertig. Gl. (7.7-14) gibt die Grundlage für drei experimentelle Methoden:

1. $\alpha_1 - \alpha_2 = \Delta\alpha \ll 1; \quad n_1 = n_2 = n; \quad \lambda_1 = \lambda_2 = \lambda$

$$I(x') = 1 + \cos[D(x') \cdot kn\,\Delta\alpha \sin\alpha] \tag{7.7-15}$$

Interferenzstreifen zeichnen als Höhenschichtlinien das Relief der Oberfläche. Zwei benachbarte Interferenzstreifen entsprechen dem Höhenunterschied

$$\Delta D = \lambda/n\,\Delta\alpha \sin\alpha. \tag{7.7-16}$$

Durch einen kleinen Richtungsunterschied $\Delta\alpha$ der Objektbeleuchtung läßt sich das Verfahren so unempfindlich machen, daß Reliefhöhen von Millimetern mit wenigen Höhenschichtlinien dargestellt werden.

2. $n_1 - n_2 = \Delta n; \quad \alpha_1 = \alpha_2 = \alpha; \quad \lambda_1 = \lambda_2 = \lambda$

$$I(x') = 1 + \cos[D(x')k\,\Delta n(1 + \cos\alpha)] \tag{7.7-17}$$

Jetzt bezeichnen zwei benachbarte Interferenzstreifen den Höhenunterschied

$$\Delta D = \lambda/\Delta n(1 + \cos\alpha). \tag{7.7-18}$$

Abb. 7—28 gibt ein Bildbeispiel.

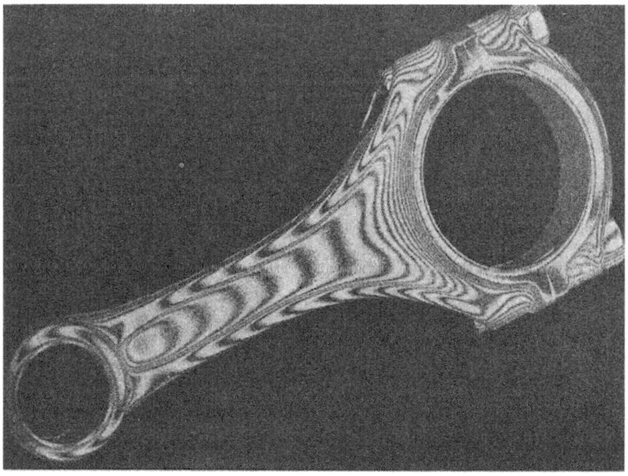

Abb. 7—28. Konturlinien auf einem geschmiedeten Pleuel. Änderung der Brechzahl von Wasser durch Zugabe von Zucker (1 g/Liter) ($\Delta D \approx 1$ mm) (Dr. H. Rottenkolber, Labor für Koharente Optik, Amerang/Obb.)

3. $\lambda_1 - \lambda_2 = \Delta\lambda;$ $\alpha_1 = \alpha_2 = \alpha;$ $n_1 = n_2 = n.$

Wegen der verschiedenen Wellenlängen ist dieser Fall komplizierter, denn das Bild von Zustand (1) findet sich bei der Rekonstruktion nicht genau am gleichen Ort wie das Bild von Zustand (2). Dieses Problem wird in der Arbeit von Hildebrand und Haines (1967) näher diskutiert. In der vorliegenden Darstellung liefert Gl. (7.7-14) nur eine grobe Beschreibung des Interferogramms.

$$I(x') = 1 + \cos\left[D(x')\,\frac{2\pi\,\Delta\lambda}{\lambda^2}\,n(1+\cos\alpha)\right] \tag{7.7-19}$$

Zwei benachbarte Interferenzstreifen entsprechen hier dem Höhenunterschied

$$\Delta D = \lambda^2/\Delta\lambda n(1+\cos\alpha). \tag{7.7-20}$$

Eine vereinfachte Variante dieses Verfahrens stammt von Varner (1971).

7.7-g. Vielstrahl-Interferenzen

Bei der Bildebenen-Holographie wird die Objektphase $\varphi(x)$ als Lateralphase der Interferenzstreifen gespeichert; das folgt aus den allgemeinen Gleichungen (7.4-29) bis (7.4-32) und noch übersichtlicher aus Kap. 3.7-c. Unter Voraussetzung einer Pupillenfunktion $f_H \equiv 1$ bei der Hologrammaufnahme wird die das Hologramm belichtende Intensität zu

$$I(\xi) = 1 + A\cos\left[k\theta_H\xi + \varphi(\xi)\right]. \tag{7.7-21}$$

Nun soll der bisher vorausgesetzte ideale photographische Prozeß nicht mehr gelten. An seine Stelle tritt eine allgemeinere nichtlineare Beziehung zwischen $I(\xi)$ und der Amplitudentransparenz $u_T(\xi)$ des entwickelten Hologramms (Kap. 8). Diese Nichtlinearität erzeugt höhere Harmonische der cos-Funktion von Gl. (7.7-21); die Harmonischen treten mit dem Gewicht B_m auf.

$$u_T(\xi) = 1 + A\sum_{m=1}^{\infty} B_m \cos m\left[k\theta_H\xi + \varphi(\xi)\right] \tag{7.7-22}$$

Bei der Rekonstruktion entstehen Beugungsordnungen des Hologramms nicht nur unter der Richtung $\pm\,\theta_H$, es erscheinen auch höhere Beugungsordnungen unter den Richtungen $\pm\, m\cdot\theta_H$. Die Rekonstruktionen mit diesen Beugungsordnungen enthalten die Objektphase mit dem Faktor m multipliziert. Bei einer Phasenanalyse dieser Rekonstruktion mit Filterung oder Interferenzen bringt diese Vervielfachung der Objektphase eine erhöhte Empfindlichkeit (Bryngdahl u. Lohmann 1968a). Vikram u. Sirohi (1971) verwendeten für dieses Verfahren Phasenhologramme wegen deren höherer Beugungseffektivität für höhere Beugungsordnungen. Bei Fourier- und Fresnel-Holographie kann das beschriebene Verfahren der vervielfachten Objektphase nicht angewendet werden (Kap. 8.4-b).

Die Wellen mit vervielfachter Objektphase $m\varphi(x)$, die bei der Bildebenen-Holographie durch einen nichtlinearen photographischen Prozeß entstehen, laufen zunächst in verschiedene Richtungen $m\theta_H$. Wenn diese Wellen in eine Richtung zusammengeführt werden, liefern sie Vielstrahlinterferenzen. In einer Anordnung von Bryngdahl (1969) wird das Hologramm nach nichtlinearem photographischen Prozeß zur Rekonstruktion kohärent aus verschiedenen Richtungen $n \cdot \theta_H$ beleuchtet. Zu jeder Beleuchtungsrichtung gehört ein Fächer von Beugungsordnungen. Durch eine kleine Blende in der Apertur des rekonstruierenden Objektivs fallen Wellen mit verschiedener Ordnungszahl m, sie rühren von verschiedenen Beleuchtungsrichtungen $n\theta_H$ her. In der geschilderten Weise bildet sich bei der Rekonstruktion ein Interferenzfeld mit gleichförmigem Untergrund. Durch eine kleine Kippung des Hologramms erhalten die verschiedenen Ordnungen m eine kleine Neigung gegeneinander. Es entstehen Interferenzstreifen vom Typ der Fizeau-Vielstrahlinterferenzen nach Tolansky. Dabei müssen die Amplituden der verschiedenen Beleuchtungswellen durch Absorptionsfilter auf die Gewichtsfaktoren B_m der höheren Harmonischen des Hologramms abgestimmt werden. Die Beleuchtung des Hologramms aus verschiedenen Richtungen $n \cdot \theta_H$ wird durch die Beugungsordnungen eines Hilfsgitters realisiert. Dieses Gitter hat zuvor schon bei der Hologrammaufnahme die Wellenteilung zwischen Objektbeleuchtung und Vergleichswelle bewirkt.

Schon kurz vorher hatte Matsumoto (1969) das Zusammenführen der Beugungsordnungen m durch zusätzliche Beugung an einem Hilfsgitter erreicht, das sich hinter dem Hologramm befand. Eine weitere Analyse dazu gab Matsumoto (1971). Yu (1970) untersuchte die Verzeichnung bei diesen Verfahren.

Auch holographische Dreistrahl-Interferenzen haben eine gewisse Bedeutung erlangt, hierzu muß auf den Bericht von Ennos (1970) verwiesen werden.

7.7-h. Verrückung und Deformation von Objekten mit rauher Oberfläche

Als wichtigste und interessanteste Leistung der holographischen Interferometrie ist die Positionsinterferometrie mit rauhen Objekten anzusehen. Bei der konventionellen Interferometrie läßt sich z. B. der Winkel zwischen zwei ebenen Spiegeln aus dem Streifenabstand der Keilinterferenzen bestimmen, die Streifen sind parallel zur Keilkante. Eine rauhe Oberfläche gibt keine makroskopischen Interferenzen gegen einen ebenen Spiegel; grundsätzlich könnte aber eine genaue körperliche Kopie des rauhen Objekts und das Objekt selbst anstelle der Spiegel in ein Michelson-Interferometer eingesetzt werden. Justiert man so, daß identische Bereiche der Rauhigkeit von Kopie und Objekt (homologe Punkte) virtuell zusammenfallen, so herrscht über das ganze Interferenzfeld der Gangunterschied Null. Eine kleine Kippung des Objekts erzeugt Keilinterferenzen wie bei ebenen Spiegeln.

Bei der holographischen Interferometrie kommen Wellenfelder zur Interferenz, die zu verschiedenen Zeiten vom Objekt ausgegangen sind. So lassen sich ohne eine körperliche Kopie Keilinterferenzen mit zwei gekippten Wellenfeldern machen, die von der gleichen rauhen Oberfläche stammen. Wieder sind Interferenzen durch Doppelbelichtung oder in Echtzeit möglich. Die Interferenzstreifen haben maximalen Kontrast in der Ebene des virtuellen Keils. Entfernt man sich bei der Beobachtung aus dieser Ebene, so verschwindet der Kontrast.

Da bei der holographischen Interferometrie meist eine Beleuchtung durch Laser von hoher Kohärenz verwendet wird, ist der genannte Kontrastverlust zunächst überraschend, denn nach Kap. 4 sind bei kohärenter Beleuchtung und bei der Verwendung von glatten Interferometerspiegeln kontrastreiche Interferenzen im ganzen Raum zu erwarten. Wie eine genauere Analyse zeigt, ähnelt das Verhalten von rauhen Objekten trotz kohärenter Beleuchtung in vielen Einzelheiten den Interferenzerscheinungen mit glatten Spiegeln bei teilkohärenter Beleuchtung. So läßt sich oft der Ort für kontrastreiche Interferenzstreifen bei rauhen Objekten angeben aus der älteren Erfahrung mit konventioneller, teilkohärenter Interferometrie (Kap. 4). Es entstehen z. B. Haidingersche Ringe im Unendlichen, wenn die beiden Positionen der rauhen Oberfläche durch Parallelverschiebung in Beobachtungsrichtung senkrecht zur Oberfläche ineinander übergehen. Etwas schwieriger wird die Analogie bei Interferenzen, die durch Verschiebung einer rauhen Oberfläche in ihrer Ebene entstehen. Eine solche Verschiebung würde einen ebenen Spiegel identisch in sich überführen und so stets den Gangunterschied Null erzeugen; Licht von identischen Rauhbereichen erhält aber durch die Verschiebung einen Gangunterschied, das führt zu Brewsterschen Streifen (Kap. 4.2).

Weiter sind Interferenzen möglich zwischen zwei Oberflächen mit identischer mikroskopischer Rauhstruktur, die nicht nur gegeneinander verrückt sondern auch makroskopisch deformiert sind. Auch bei der klassischen Interferometrie mit glatten Oberflächen lassen sich in Sonderfällen Deformationen analysieren, z. B. die Verbiegung einer Planplatte, hier steht zum Vergleich ein Planspiegel zur Verfügung. Die holographische Interferometrie macht darüber hinaus Oberflächen mit beliebiger Ausgangsform für Untersuchungen zugänglich, denn die Ausgangsform läßt sich holographisch speichern. In einfachen Fällen werden auch hier Interferenzstreifen mit konstantem Gangunterschied beobachtet, also etwa Newtonsche Ringe nach einer sphärischen Verformung.

Als erste beobachteten Collier u. a. (1965) kleine Objektverschiebungen mit holographischer Interferometrie. Eine frühe Arbeit von Powell und Stetson (1965) befaßt sich zwar mit schwingenden Objekten (Kap. 7.7-h), dennoch gehört sie auch in dieses Kapitel. Erste Deformationsmessungen stammen von Hildebrand und Haines (1966), von Haines und Hildebrand (1966) und von Nassenstein (1966b). Yamaguchi und Saito (1969) ermittelten die Deformation einer Stahlplatte durch Biegung; aus der Gestalt der deformierten Fläche ergab sich die Poisson-Zahl des Materials. Abb. 7—29 zeigt die Deformation eines Kessels bei Änderung des Innendrucks.

Meßverfahren für die Dehnung parallel zur Oberfläche rauher Objekte gaben Ennos (1968) und Boone (1970) an.

Die bisher angeführten Verfahren und Beispiele sind übersichtliche Spezialfälle eines schwierigen Kapitels der kohärenten Optik, das noch nicht abgeschlossen ist. Aufgabe ist die Berechnung des Interferenzfeldes, das zwei identische Rauhflächen nach beliebiger Verrückung liefern. Darin sind beliebige Translationen und Rotationen um eine beliebige Achse enthalten ebenso wie eine unbeschränkte Größe dieser Verrückung. Darüber hinaus sollte eine solche Theorie auch eine beliebige makroskopische Verformung der einen Fläche gegenüber der anderen berücksichtigen. Aus dem Interferenzfeld, d. h. aus Abstand und Richtung der

Interferenzstreifen und aus der Fläche ihrer maximalen Sichtbarkeit sollte man auf Art und Größe der Verrückung und Verformung zurückschließen können. Zusätzliche Information über die beiden Rauhflächen könnte gewonnen werden, wenn man sich nicht nur auf ein Interferenzfeld mit vorgegebener Richtung der Beleuchtung und Beobachtung beschränkt, sondern wenn man mehrere Interferenzfelder analysiert, die durch verschiedene Richtungen der Beleuchtung bedingt sind (Aleksandrow und Bonch-Bruevitch 1967)

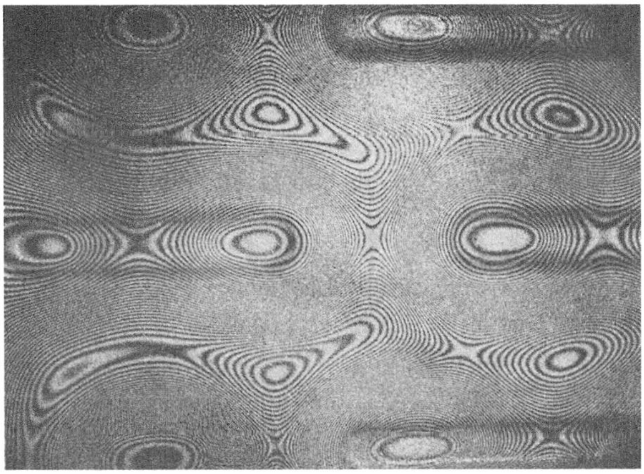

Abb. 7—29. Deformation der Oberflache eines Heizkessels nach Änderung des Innendrucks von 0 auf 3 Atu (Dr. H. Rottenkolber, Labor fur Kohärente Optik, Amerang/Obb.)

Wie schon oben erwähnt, ist die Sichtbarkeit der Interferenzstreifen trotz kohärenter Beleuchtung örtlich begrenzt. Die Ursache dafür liegt in der Rauhstruktur. Die Elemente dieser Struktur haben keine systematische Phasenbeziehung untereinander (Kap. 7.3-f), dies führt bei Beugung oder Abbildung zu der in Kap. 7.3-f skizzierten Granulation. Deren Struktur ist um so gröber, je mehr eine Aperturblende den Winkel einschränkt, aus dem Licht zur Interferenz beiträgt.

Ein Raumbereich des Interferenzfeldes empfängt Licht von ausgedehnten Bereichen beider Rauhflächen. Die Intensitätsverteilung im Feld setzt sich aus zwei Anteilen zusammen: Interferenzstreifen mit Perioden in regelmäßigem größeren Abstand rühren von dem interessierenden Gangunterschied zwischen den beiden Flächen her. Diese Streifen sind störend überlagert von der Granulation der Rauhstruktur. Die Granulationsintensität variiert statistisch in kurzen Abständen. Interferenzstreifen können sich nur dann ausbilden, wenn sich im betrachteten Bereich des Interferenzfeldes Granulationselemente, die von identischen Rauhelementen beider Flächen (homologe Punkte) herrühren, wenigstens partiell überlagern. Die Wahrscheinlichkeit für Überlagerungen wird verbessert, wenn man durch Abblendung die Granulationselemente vergröbert. Wie bei teilkohärenter Beleuchtung verbessert also eine Aperturblende auch hier die Sichtbarkeit der Interferenzen, wenn auch die Vergröberung der Granulation das Signal-Rausch-Verhältnis verschlechtert.

Zahlreiche Arbeiten untersuchen Ort und Sichtbarkeit der Interferenzen mit theoretischen aber auch experimentellen Mitteln. Auch hier gibt der Bericht von Ennos (1970) eine Zusammenfassung. Als neuere Arbeiten seien genannt Molin und Stetson (1970) und (1971) sowie Fercher und Torge (1970b).

7.7-i. Bewegte und schwingende Oberflächen

Die Bewegungen und Schwingungen rauher Oberflächen, die in diesem Kapitel behandelt werden, sollen auf reine Translationen z senkrecht zur Oberfläche beschränkt bleiben. Die holographisch gespeicherten Amplituden des Lichts, die von der Oberfläche in verschiedenen Positionen ausgehen, führen zu Interferenzen gleicher Translation, diese sind analog zu den klassischen Interferenzen gleicher Dicke. Die formale Behandlung in diesem Kapitel bleibt ohne Bezug auf eine allgemeine Theorie, die in Kap. 7.7-h angedeutet wurde; deshalb bleibt die Gültigkeit der folgenden Abschnitte auf kleine Translationen beschränkt. Als erste wendeten Powell und Stetson (1965) die holographische Interferometrie auf schwingende Objekte an. Zusammenfassende Darstellungen wurden gegeben von Ennos (1970) und mit ausführlichem Bezug auf die Praxis von Fryer (1970).

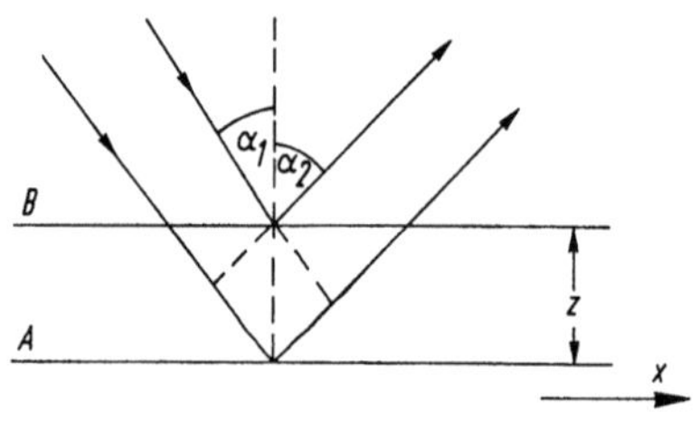

Abb. 7—30. Die optische Wirkung einer rauhen Oberflache in den Positionen A und B

Die rauhe Oberfläche werde unter dem Winkel α_1 von einer ebenen Welle beleuchtet (Abb. 7—30). Streulicht, das die Oberfläche in verschiedenen Richtungen verläßt, und eine homozentrische holographische Vergleichswelle belichten gemeinsam die Hologrammplatte. In der Rekonstruktion wird durch Abblendung nur Streulicht wirksam, das das Objekt ungefähr unter dem Winkel α_2 verließ. Das Interferenzbild entsteht nach Doppelbelichtung der Hologrammplatte oder bei Beobachtung in Echtzeit durch das Zusammenwirken homologer Punkte der Rauhfläche in den Positionen A und B. Diese Punkte haben die gleiche x-Koordinate. Die Translation $z(x)$ zwischen beiden Positionen führt zu der Phasendifferenz

$$\varphi(x) = \frac{2\pi}{\lambda} \cdot z(x)\,[\cos\alpha_1 + \cos\alpha_2]. \qquad (7.7\text{-}23)$$

Es empfiehlt sich, in der Nachbarschaft von $\alpha_2 = 0$ zu arbeiten. Die Rauheit der Oberfläche werde durch die Phase $\varphi_n(x)$ gekennzeichnet. Dann wird die

Amplitude der Oberfläche in einer bestimmten Position

$$u(x) = \exp i[\varphi(x) + \varphi_n(x)]. \tag{7.7-24}$$

Interferenzen mit Objektpositionen verschiedener Art liefern verschiedene holographische Verfahren zur Analyse von Bewegungen und Schwingungen.

7.7-i-1. Zwei Objektpositionen

Wirksam wird die Objektamplitude zu den Zeiten t_1 und t_2. Zu diesen Zeiten gehören die Translationen $z_1(x)$ und $z_2(x)$ und nach Gl. (7.7-23) die Phasen $\varphi_1(x)$ und $\varphi_2(x)$. Die Intensitätsverteilung im interferometrischen Bild wird nach Gl. (1.2-4)

$$I(x) = |u_1 + u_2|^2 = 1 + \cos[\varphi_1(x) - \varphi_2(x)]^*. \tag{7.7-25}$$

Bei monotonen Translationen sind nur zwei kurze Beleuchtungsblitze zulässig. Für Interferometrie mit Doppelbelichtung wirken beide Blitze auf das Hologramm. Um eine Verwaschung des Interferenzbildes zu vermeiden, muß die Blitzdauer Δt kleiner sein als etwa ein Zehntel des Zeitintervalls $t_2 - t_1$. Bei Beobachtung in Echtzeit belichtet der eine Blitz das Hologramm, der andere Blitz wirkt bei der Rekonstruktion, die hier photographisch festgehalten werden muß. Ein komplizierter zeitlicher Verlauf der Translation läßt sich untersuchen, wenn man mit einem Hologramm, das bei t_1 mit $z = 0$ aufgenommen wurde, mehrere Rekonstruktionen in Echtzeit zu den Zeiten $t_2, t_3, \ldots$ photographiert. Die Lichtblitze lassen sich realisieren mit einem Impulslaser, dessen Auslösung wohl definiert ist, oder durch optisches Sperren des Lichts mit einer Kerrzelle oder einer Pockelszelle oder durch einen mechanischen Verschluß.

Bei harmonischen Schwingungen wird die Translation

$$z(x, t) = z_0(x) \cos 2\pi \frac{t}{T}. \tag{7.7-26}$$

Zwei Translationen $z(x, t_1)$ und $z(x, t_2)$ können für das Prinzip der Doppelbelichtung jetzt auch durch mehrfache, stroboskopische Beleuchtung auf der Hologrammplatte festgehalten werden. Dazu dienen zwei Blitzserien $t_1 + nT$ und $t_2 + nT$ mit ganzzahligem n. Zur Vereinfachung kann man beide Serien zu einer Blitzfolge im Abstand $T/2$ zusammenfassen. Durch Veränderung der Phase dieser Blitzfolge gegenüber der Phase der mechanischen Schwingung läßt sich die vollständige Schwingung austasten.

Noch einfacher ist die Beobachtung in Echtzeit. Hier wirkt ein Hologramm, das mit ruhender Oberfläche aufgenommen wurde, zusammen mit dem durch eine Blitzserie stroboskopisch beleuchteten schwingenden Objekt. Nun kann auch visuell beobachtet werden. Die vollständige Schwingung wird ausgetastet durch Phasenänderung der Blitzserie.

---

* Bei Interferometrie in Echtzeit gilt Gl. (7.7-25) streng genommen nur für ein Hologramm nach Umkehrentwicklung (Kap. 7.7-b); wird ein Negativ verwendet, so gilt die Gleichung nach einer axialen Verschiebung des Hologramms um $\lambda/2$. Wie schon in früheren Kapiteln der holographischen Interferometrie ist die durch $\varphi_n(x)$ beschriebene Rauhstruktur im Interferenzbild unwirksam, wenn man von der hier nicht diskutierten Granulation absieht.

7.7-i-2. Stetig sich ändernde Objektpositionen. Gemittelte Lichtamplituden

Für dieses Verfahren belichtet man die Hologrammplatte während der Zeit τ. In dieser Zeit speichert die Platte die stetig sich ändernde Objektposition. Bei der Rekonstruktion überlagern sich die zu diesen Positionen gehörenden Lichtamplituden zu dem Mittelwert

$$\langle u_b(x)\rangle = \frac{1}{\tau}\int\limits_0^\tau u(x, t)\,\mathrm{d}t = \frac{1}{\tau}\int\limits_0^\tau \exp i[\varphi_n(x) + \varphi(x, t)]\,\mathrm{d}t. \tag{7.7-27}$$

Ändert sich die Position $z(x)$ mit konstanter Geschwindigkeit, so wird $\mathrm{d}\varphi/\mathrm{d}t = \dot{\varphi}(x) = \text{const}$

$$\langle u_b(x)\rangle = \frac{e^{i\varphi_n(x)}}{\tau}\int\limits_0^\tau \exp[i\dot{\varphi}(x)t]\,\mathrm{d}t$$

$$= \frac{e^{i\varphi_n(x)}}{i\dot{\varphi}(x)\tau}(\exp[i\dot{\varphi}(x)\tau] - 1). \tag{7.7-28}$$

Die Intensitätsverteilung in der Rekonstruktion wird bis auf eine Konstante

$$I_b(x) = \operatorname{sinc}^2[\dot{\varphi}(x)\tau]. \tag{7.7-29}$$

Diese Überlegung gilt auch dann, wenn sich das Objekt bei der Aufnahme einfacher Hologramme während der Belichtungszeit unbeabsichtigt bewegt hat. Die Rauhstruktur $\varphi_n(x)$ der Oberfläche ist in Gl. (7.7-29) ohne Einfluß. Die Gleichung zeigt, daß die Bildintensität mit wachsender Belichtungszeit τ des Hologramms zunächst oszilliert und schließlich gegen Null geht, denn die Modulation im Hologramm wird durch die verschiedenen Objektpositionen verwischt. Im Gegensatz dazu gibt es bei nur zwei Objektpositionen immer wieder maximale Bildintensität [Gl. (7.7-25)].

Die Amplitude einer harmonisch schwingenden Oberfläche [Gl. (7.7-26)] führt mit Gl. (7.7-23) zur Phase $\varphi(x, t) = \varphi_0(x)\cos 2\pi t/T$ des gestreuten Lichts. Wird dieses Licht durch Dauerbelichtung ($\tau \gg T$) des Hologramms gespeichert, so ergibt sich die rekonstruierte Lichtamplitude aus einer Mittelung über die Periode T der mechanischen Schwingung (Powell und Stetson 1965).

$$\langle u_b(x)\rangle = \frac{1}{T}\int\limits_0^T \exp i\left[\varphi_n(x) + \varphi_0(x)\cos 2\pi\frac{t}{T}\right]\mathrm{d}t$$

$$= e^{i\varphi_n(x)}J_0[\varphi_0(x)] \tag{7.7-30}$$

$$I_b(x) = J_0^2[\varphi_0(x)] \tag{7.7-31}$$

J_0 ist die Bessel-Funktion nullter Ordnung. J_0^2 ist in Abb. 7—31 eingezeichnet. Hier oszilliert die Bildintensität mit wachsendem φ_0 zwischen Nullstellen und relativen Maximalwerten. Bei großen Amplituden der mechanischen Schwingung geht I_b dann gegen Null. Beobachtungen in Echtzeit sind bei Interferenzen mit holographisch gespeicherten, gemittelten Amplituden nicht sinnvoll. Abb. 7—32 zeigt als Beispiel die Schwingungen eines Geigenkörpers. Knotenlinien der mechanischen Schwingung sind durch $\varphi_0 = 0$ und damit nach Gl. (7.7-31) durch das absolute Maximum der Interferenzintensität gekennzeichnet. Für die weitere quantitative Analyse muß auf die Spezialliteratur verwiesen werden.

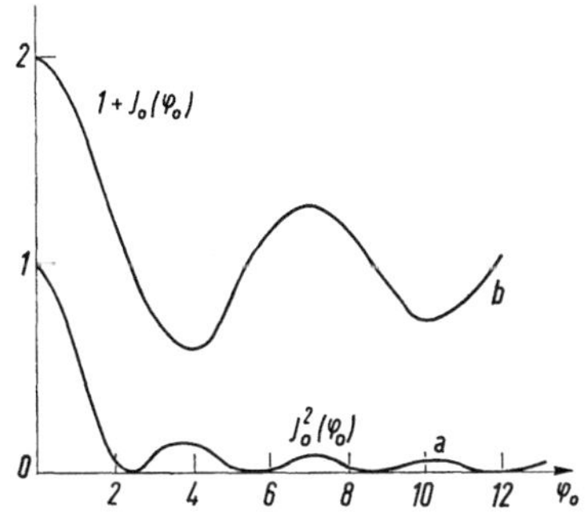

Abb. 7—31. Intensitäten bei der holographischen Interferometrie von mechanischen Schwingungen. Deren Maximalamplitude andert die Lichtphase gegenuber dem ruhenden Objekt um $\varphi_0(x)$. *a*) Mittelung der holographisch gespeicherten Lichtamplitude, *b*) Mittelung der Interferenzintensität in Echtzeit

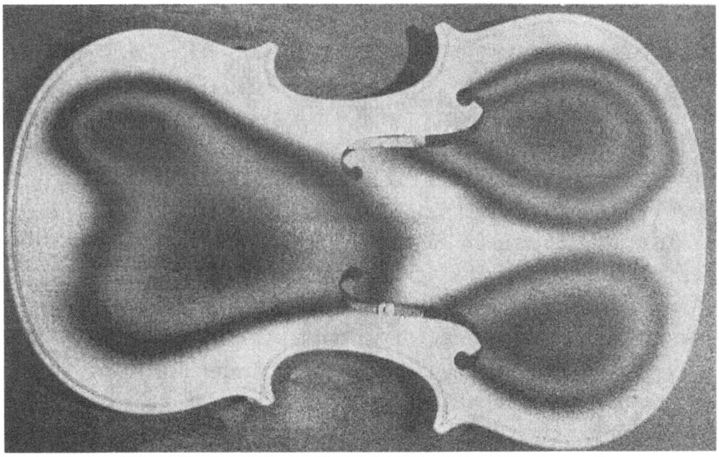

Abb. 7—32. Schwingung eines unvollendeten Geigenkörpers bei 800 Hz. Mittelung der holographisch gespeicherten Lichtamplituden (E. Jansson u. a. 1970)

7.7-i-3. Stetig sich ändernde Objektpositionen. Gemittelte Lichtintensität in Echtzeit

Aufgenommen wird ein Hologramm des ruhenden Objekts. Seine Rekonstruktion wird in Echtzeit interferometrisch überlagert mit der Amplitude, die von dem schwingenden Objekt ausgeht. Die Intensität des Interferenzbildes variiert zeitlich mit den Positionen des Objekts. Ist die Verschmelzungszeit bei visueller Beobachtung oder die Belichtungszeit bei photographischer Aufnahme des Interferenzbildes groß gegen die Dauer der mechanischen Schwingung, so läßt sich die zeitlich gemittelte Intensitätsverteilung einfach berechnen. Die Lichtamplitude und Intensität im Interferenzbild zur Zeit t sind

$$u_b(x, t) = e^{i\varphi_n(x)} + \exp i\left[\varphi_n(x) + \varphi_0(x)\cos 2\pi\frac{t}{T}\right] \tag{7.7-32}$$

$$I_b(x, t) = 1 + \cos\left[\varphi_0(x)\cos 2\pi\frac{t}{T}\right]. \tag{7.7-33}$$

Der Mittelwert für lange Verschmelzungszeiten kann über eine Periode T der mechanischen Schwingung gewonnen werden.

$$\begin{aligned}\langle I_b(x)\rangle &= \frac{1}{T}\int_0^T \left(1 + \cos\left[\varphi_0(x)\cos 2\pi\frac{t}{T}\right]\right) \mathrm{d}t \\ &= 1 + J_0[\varphi_0(x)]\end{aligned} \tag{7.7-34}$$

Diese Art der Beobachtung wurde von Osterberg (1932) in einem klassischen Interferometer angewendet zur Untersuchung der Oberfläche einer schwingenden Quarzplatte, die in Ruhe eben war; als Vergleichsfläche diente ein ebener Spiegel. Stetson und Powell (1965) übertrugen das Verfahren auf die Holographie mit rauhen Oberflächen.

Die Intensitätsverteilung bei Intensitätsmittelung [Gl. (7.7-34)] hat im Gegensatz zur Verteilung bei Amplitudenmittelung [Gl. (7.7-31)] keine Nullstellen. Deshalb ist bei Intensitätsmittelung der Kontrast des Interferenzbildes schwächer. Außerdem ist der Streifenabstand doppelt so groß wie bei der Amplitudenmittelung. Beide Verteilungen sind in Abb. 7—31 skizziert. Abb. 7—33 gibt dazu ein experimentelles Beispiel.

Bei jeder Interferometrie in Echtzeit gibt es Störungen, wenn die Emulsion des Hologramms durch den photographischen Prozeß schrumpft. Dann können das körperliche Objekt und seine Rekonstruktion nicht mehr genau zur Deckung gebracht werden, und es gibt schon bei ruhendem Objekt Interferenzstreifen. Diese Störung wird durch eine von Biedermann und Molin (1970) weiterentwickelte Technik vermieden. Hierbei wird die Hologrammplatte belichtet, nachdem sie im Entwickler gequollen ist. Nach der Entwicklung wird der Entwickler ausgetauscht gegen Spülbad, Fixierbad und Wasserbad. Bei der Rekonstruktion steht die Platte im Wasser. Durch sorgfältige Rezeptur erreichten die Autoren, daß sich der Quellungszustand der Emulsion gegenüber dem bei der Hologrammaufnahme nicht geändert hatte. Ein weiterer Vorteil dieses Verfahrens liegt in der kurzen Zeit von 100 bis 180 sec zwischen dem Beginn der Hologrammaufnahme und dem Beginn der Beobachtung in Echtzeit. Zur Verkürzung der Belichtungszeit hilft eine Hypersensibilisierung der Photoplatte mit Ammoniak. Eine kurze Arbeitszeit ist erforderlich, wenn unbeabsichtigte Deformationen des Objekts zu befürchten sind, z. B. das Verziehen von Holz in feuchter Luft.

Die Auswertung der Interferogramme zur Analyse der Schwingungen ist gelegentlich recht kompliziert. Man erhält zusätzliche Informationen, wenn man auch die Phase der Vergleichswelle schwingen läßt, wenn diese Welle an einem schwingenden Spiegel reflektiert wird (Neumann u. a. 1970). Eine weitere Hilfe geben allgemeine Modulationen von Objekt- und Vergleichswelle (Aleksof 1971); die Stroboskopie ist ein Spezialfall dieser Verfahren. Schließlich muß noch daran

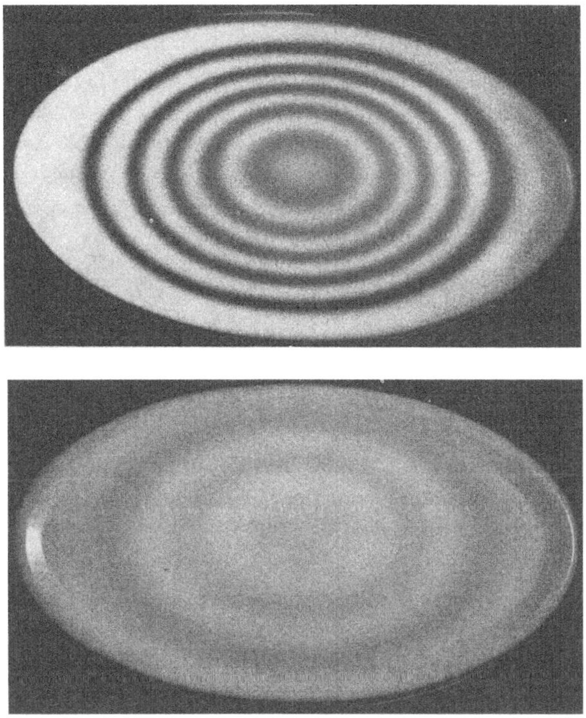

a

b

Abb. 7—33. Grundschwingung einer Heringsdose. a) Mittelung der holographisch gespeicherten Lichtamplitude, b) Mittelung der Interferenzintensitat in Echtzeit (Biedermann und Molin 1970)

erinnert werden, daß bei der bisherigen Diskussion nur von harmonischen Schwingungen die Rede war. Stetson (1971) diskutierte die Analyse von anharmonischen Schwingungen; die Interferogramme sollen hier den Zusammenhang zwischen Rückstellkraft und Translation liefern.

7. 8. Multiplex-Holographie

7.8-a. Allgemeines

Das vorliegende Kapitel diskutiert die Aufzeichnung von mehreren Hologrammen auf einer Platte. Im weiteren Sinne gehört auch die holographische Interferometrie mit Doppelbelichtung in diesen Abschnitt. Bei der Multiplextechnik im engeren Sinne wird eine größere Zahl von Einzelhologrammen auf dieselbe Platte aufbelichtet, und meist werden die Einzelhologramme auch einzeln rekonstruiert; bei gleichzeitiger Rekonstruktion sollen die Teilbilder nicht miteinander interferieren.

Die Zwecke, für die eine Multiplextechnik angewendet wird, können von ganz verschiedener Art sein. So mögen bei der allgemeinen Datenverarbeitung Informationen aus technischen Gründen in unmittelbarer Nachbarschaft gespeichert werden. Sehr nahe liegt die Multiplextechnik aber dann, wenn die vollständigen Eigenschaften eines Objekts sich nur in mehreren Hologrammen speichern lassen: Wie die bisherigen Diskussionen zeigten, speichert ein Hologramm die komplexe Amplitude, die von einem Objekt ausgeht. Dabei ist man an den Zustand des Objektes zu einer bestimmten Zeit gebunden und an eine Wellenlänge des einfallenden Lichtes. Von der Objektwelle wird nur der Anteil der Polarisation gespeichert, der mit der Polarisation der Vergleichswelle übereinstimmt.

Für holographische Kinematographie braucht man viele Einzelhologramme. Für eine holographische Rekonstruktion in Farben sind mindestens drei Hologramme bei geeigneten Wellenlängen erforderlich. Zur Speicherung von Doppelbrechung sind mindestens zwei Hologramme notwendig, für deren Aufnahme sind verschiedene Polarisationszustände der Vergleichswelle vorzusehen.

Weiter wird die Multiplextechnik benutzt, wenn von einem Objekt mit Licht, Röntgenstrahlen usw. mehrere gewöhnliche Aufnahmen aus verschiedenen Richtungen gemacht werden und der Gehalt dieser Aufnahmen an räumlicher Information holographisch zusammengefaßt und in einer dreidimensionalen Rekonstruktion wiedergegeben werden soll.

7.8-b. Einzelhologramme nebeneinander

Bei der einfachsten Anordnung wird die Hologrammplatte in mehrere Felder von etwa quadratischer Form aufgeteilt, auf jedes der Felder belichtet man ein Hologramm. Der Nachteil dieser Anordnung liegt darin, daß z. B. bei der Fourier-Holographie und bei der Fresnel-Holographie diffus streuender Objekte die Größe des Einzelfeldes die Auflösungsgrenze in der Rekonstruktion bestimmt (Kap. 7.3-e). Weitere Nachteile sind die mit abnehmender Hologrammgröße wachsende Granulation und der durch das kleine Einzelhologramm eingeschränkte Betrachtungswinkel, der die räumliche Wirkung der Rekonstruktion vermindert. Bei der Bildebenen-Holographie bestimmt die Größe des Einzelfeldes die Größe des übertragenen Objektes.

Diese Schwierigkeiten werden für die Fourier- und Fresnel-Holographie weitgehend überwunden durch einen Vorschlag von Caulfield (1970). Die Hologrammplatte wird hier in ein Raster aus vielen kleinen Quadraten aufgeteilt. Das einzelne Hologramm wird durch eine individuelle Maske auf die Platte belichtet. Die Einzelmaske erlaubt die Belichtung von etwa 100 Quadraten in statistischer Anordnung. Verschiedene Masken wählen verschiedene sich nicht überdeckende Scharen von Quadraten aus. Alle Masken zusammen nutzen die ganze Platte. Zur Rekonstruktion eines Einzelbildes wird die zugehörige Maske in richtiger Position auf das Hologramm gelegt. Bei der Fourier-Holographie ist das Hologramm die Pupille der holographischen Abbildung. Bei der Fresnel-Holographie gilt das für diffus streuende Objekte näherungsweise (Kap. 7.3-e). Das geschilderte Maskenverfahren macht für das Einzelbild eine synthetische Pupille wirksam, die wie alle synthetischen Pupillen (s. z.B. Goodman 1970b) zwar den Durchmesser der Gesamtpupille und damit deren Auflösungsvermögen und stereoskopischen Winkel hat, die die gesamte Pupille aber nicht gleichmäßig ausnutzt. Die Bildstörungen, die so entstehen, lassen sich nur vermeiden, wenn man die ganze Pupille gleichmäßig ausnutzt. Dazu müssen die Einzelhologramme übereinander belichtet werden.

Dem Prinzip der synthetischen Apertur entspricht auch ein frühes Verfahren von Collier und Pennington (1967): Zur Holographie farbiger Objekte wird das Objekt gleichzeitig von zwei Laserstrahlen verschiedener Farbe beleuchtet. Im Vergleichsstrahl wird ein Gitter so auf die Hologrammplatte abgebildet, daß die hellen Bereiche des Gitterbildes für eine Farbe auf die dunklen Bereiche für die andere Farbe fallen. Die farbige Rekonstruktion erfolgt durch Beleuchtung des Hologramms mit dem gleichartig zusammengesetzten Vergleichsstrahl.

7.8-c. Einzelhologramme übereinander (dünne photographische Schichten)

Schon bei der holographischen Interferometrie mit Doppelbelichtung wurden zwei Hologramme übereinander belichtet. Bei der Rekonstruktion sind die Einzelbilder untereinander kohärent. Die Einzelbilder können nicht einzeln rekonstruiert werden, wenn die einzelnen Hologramme mit fester Lage des Objekts und mit der gleichen Vergleichswelle aufgenommen sind. Bei der multiplexen Holographie sollen die einzelnen Rekonstruktionen aber unabhängig voneinander und einzeln erfolgen. Ein gegenseitiger Einfluß der Einzelbilder aufeinander muß vermieden werden.

Diese Unabhängigkeit wird realisiert, wenn man die Einzelhologramme mit fester Lage des Objekts und verschiedenen Vergleichswellen aufnimmt. Bei der Rekonstruktion entsteht ein bestimmtes Einzelbild am Ort des Objektes, wenn man das multiplexe Hologramm mit der gleichen Welle beleuchtet, die zur Aufnahme des zugehörigen Einzelhologramms diente. Die anderen Einzelbilder finden sich an anderen Orten des Bildraumes. Wenn man die Vergleichs- und Rekonstruktionswellen als kollimiert voraussetzt, unterscheiden sich verschiedene Vergleichswellen durch ihre Richtung. Liegen die verschiedenen Richtungen auf dem Mantel eines Kegels, dessen Achse durch das Objekt geht und dessen Spitze im Hologramm liegt, so ist der Betrag der Trägerfrequenz im Hologramm konstant, er ist bestimmt durch den Öffnungswinkel des Kegels und die Wellenlänge. Das Gitter dieser Trägerfrequenz hängt mit seiner Richtung vom Azimuth der Vergleichswelle ab. Ein solches Verfahren wurde von Royer und Smigielski (1970) angewendet, um Hologramme von rasch sich ändernden Objekten herzustellen. Das Verfahren ist verwandt mit der „Theta-Modulation" (Lohmann und Morgenstern 1963, Armitage und Lohmann 1965a) und mit der „Trägerfrequenz-Photographie" (Bestenreiner und Deml 1968). Andererseits kann man verschiedene Einzelhologramme mit verschiedenen Neigungswinkeln zwischen Objekt- und Vergleichswelle aufnehmen. Dann ändert sich der Betrag der Trägerfrequenz. Schon von Leith und Upatnieks (1964) stammt ein Vorschlag zur Farbholographie: Laserstrahlung in drei Farben beleuchtet das Objekt, die zu den einzelnen Farben gehörenden Vergleichswellen fallen aus verschiedenen Richtungen auf die Hologrammplatte. Das entwickelte Hologramm wird von den Einzelfarben aus den entsprechenden Richtungen beleuchtet. Die Rekonstruktionen in den Einzelfarben überlagern sich am Ort des Objektes.

Im Zusammenhang mit einer holographischen Speicherung der Polarisation sei nur die Arbeit von Bryngdahl (1967) genannt: Linear polarisiertes Licht, wie es oft einen Laser verläßt, ist hinter dem doppelbrechenden Objekt elliptisch polarisiert. Diese Objektwelle wird mit Hilfe von zwei Vergleichswellen gespeichert. Beide Vergleichswellen sind gegeneinander geneigt und senkrecht zueinander polarisiert. Beide Wellen durchsetzen das Hologramm auch bei der Rekonstruktion der Objektwelle. Die rekonstruierte Welle kann dann mit den üblichen Hilfsmitteln der Polarisationsoptik weiter untersucht werden.

Verschiedene Vergleichswellen für die multiplexe Holographie brauchen sich nicht notwendig durch ihre Richtung zu unterscheiden. Läßt man etwa bei der Fourier-Holographie auch nicht homozentrische Vergleichs- und Rekonstruktionswellen zu, so unterscheiden sich solche Wellen entsprechend Kap. 7.5 durch verschiedene Funktionen $A_i(x_H)$ bzw. $B_i(x_R)$ ihrer Amplitudenverteilungen. Für die Aufnahme verschiedener Einzelhologramme lassen sich verschiedene Funktionen A_i durch Masken in einer Ebene realisieren, die der Objektebene entspricht. Nach Kap. 7.5 ist eine ungestörte Rekonstruktion möglich, wenn man zur Beleuchtung des Hologramms i eine Funktion $B_i = A_i$ wählt und für eine Spitze im Autokorrelationsintegral dieser Funktion sorgt. Tribillon und Viénot (1971) untersuchten dieses Verfahren ausführlich im Hinblick auf unerwünschte Wechselwirkungen der Einzelhologramme und Streuuntergrund, die durch begrenzte Realisierbarkeit des Grundgedankens für dieses Verfahren entstehen.

Wie die Diskussion in Kap. 7.5 zeigt, läßt sich dieses Prinzip auch bei der Fresnel-Holographie anwenden. Collier und Pennington (1967) gelang die Holographie von farbigen Objekten durch gleichzeitige Beleuchtung mit Laserstrahlen von verschiedener Farbe. Eine Mattscheibe erzeugte nicht-homozentrische Vergleichswellen; durch die Beugungsdispersion entstehen hinter derselben Mattscheibe verschiedene Funktionen A_i für die verschiedenen Farben.

Schließlich lassen sich die Einzelbilder bei der multiplexen Holographie auch dann ungestört rekonstruieren, wenn bei der Aufnahme der Einzelhologramme individuelle Eingriffe in die Objektwelle erfolgen und diese Eingriffe bei der Rekonstruktion wiederholt werden. So beschrieben Som und Lessard (1970a) multiplexe Fourier-Holographie mit verschiedenen absorbierenden Blenden in der Linsenebene. Die Vergleichswelle geht nicht durch diese Linse.

Alle Verfahren mit übereinander aufbelichteten Einzelhologrammen haben einen gemeinsamen Nachteil: Die Hologrammplatte wird durch die aufeinanderfolgenden Belichtungen mehr und mehr geschwärzt. Dadurch nimmt der Beugungswirkungsgrad der Hologramme ab, und man kommt in extremen Fällen in den Bereich der Sättigung der Schwärzung. Aber schon vorher wird es unmöglich, für die Einzelhologramme die erwünschte lineare Beziehung zwischen der aufbelichteten Intensität und der Amplitudentransparenz des entwickelten Hologramms zu erreichen. Über Störungen, die sich daraus ergeben, berichtet das Kap. 8.

7.8-d. Einzelhologramme übereinander (dicke photographische Schichten)

Die bisherigen Kapitel dieses Buches betrachteten die Hologrammemulsion als ein zweidimensionales Speichermedium. Bei größerer Neigung von Objekt- und Vergleichswelle gegeneinander erhält auch die endliche Dicke der Emulsion einen Einfluß. Davon war schon in Kap. 7.3-g die Rede.

Im einfachsten Fall wird eine ebene Lichtwelle, deren Fortpflanzungsrichtung den Winkel θ_S gegen die Plattennormale besitzt, gespeichert durch Interferenz mit einer ebenen Vergleichswelle, diese habe gegen die Plattennormale den Winkel θ_r (Abb. 7—34). Der Einfachheit halber sollen beide Wellen die gleiche Einfalls-

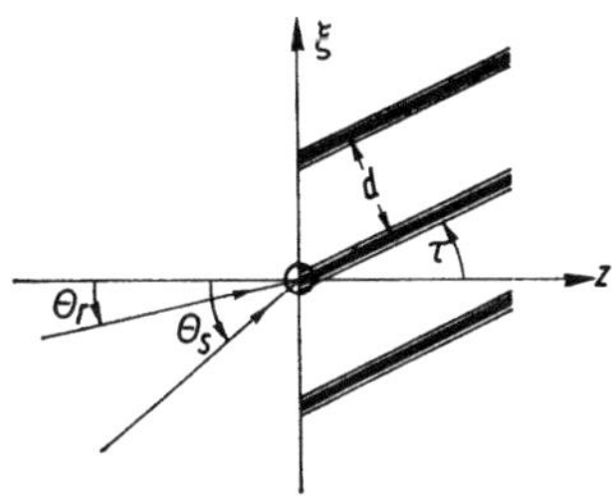

Abb. 7—34. Das Wellenfeld von Zweistrahlinterferenzen

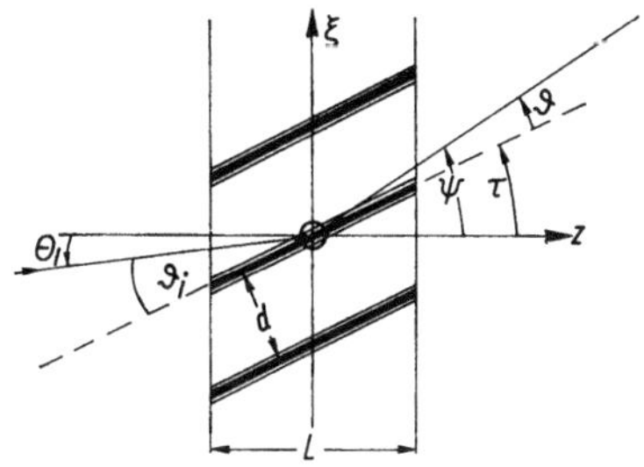

Abb. 7—35. Zur Beugung am dicken Hologramm

ebene haben, außerdem soll die Brechung an der Grenzschicht der Emulsion nicht berücksichtigt werden. Das Interferenzfeld der beiden ebenen Wellen erfüllt den ganzen Raum. Nach Gl. (2.6-12) folgt für Amplitude und Intensität des Feldes

$$u(\xi, z) = \exp\{-ik(\xi \sin\theta_S + z\cos\theta_S)\} + \exp\{-ik(\xi\sin\theta_r + z\cos\theta_r)\} \tag{7.8-1}$$

$$I(\xi, z) = 1 + \cos k[\xi(\sin\theta_S - \sin\theta_r) + z(\cos\theta_S - \cos\theta_r)]. \tag{7.8-2}$$

Die Ebenen maximaler Intensität haben den Abstand

$$d = \lambda/2 \cdot \sin\frac{\theta_S - \theta_r}{2} \tag{7.8-3}$$

und gegen die z-Achse den Winkel

$$\tau = \frac{\theta_S + \theta_r}{2}. \tag{7.8-4}$$

Die Ebenen werden im weiteren Lamellen genannt, sie bilden die Winkelhalbierenden zwischen den Fortpflanzungsrichtungen bzw. den Wellenfronten der beiden einfallenden Wellen.

Dieses Wellenfeld belichtet eine photographische Emulsion der Dicke L. Nach geeigneter Entwicklung besitze die Emulsion eine zu $I(\xi, z)$ proportionale

Amplitudentransparenz. Die Emulsion enthält ein System von äquidistanten Lamellen gleicher Transparenz oder (nach Ausbleichen des Silberbildes) gleicher Brechzahl. Die optische Wirkung dieser Lamellen ähnelt der Wirkung von kristallographischen Netzebenen bei der Röntgenbeugung. Zur Rekonstruktion der Welle S wurde die Platte aus der Richtung θ_i mit einer ebenen kohärenten Welle der Wellenlänge λ_i beleuchtet (Abb. 7—35).

Die gebeugte Welle ergibt sich in erster Bornscher Näherung aus Gl. (2.6-9)

$$u(\psi) = \int_{\xi=-\infty}^{\infty} \int_{z=-L/2}^{L/2} I(\xi, z) \times \exp ik_i[\xi(\sin\psi - \sin\theta_i) + z(\cos\psi - \cos\theta_i)]\,dz\,d\xi. \tag{7.8-5}$$

Es empfiehlt sich, Gl. (7.8-2) komplex zu schreiben und die Integrationsgrenzen für z durch eine rect-Funktion darzustellen.

$$\begin{aligned} u(\psi) &= \int \exp\{ik_i\xi(\sin\psi - \sin\theta_i)\}\,d\xi \\ &\quad\times \int \operatorname{rect}\left(\frac{z}{L}\right) \exp\{ik_i z(\cos\psi - \cos\theta_i)\}\,dz \\ &\quad+ \int \exp\left\{2\pi i\xi\left(\frac{\sin\psi - \sin\theta_i}{\lambda_i} \mp \frac{\sin\theta_S - \sin\theta_r}{\lambda}\right)\right\} d\xi \\ &\quad\times \int \operatorname{rect}\left[\frac{z}{L}\right] \exp\left\{2\pi iz\left(\frac{\cos\psi - \cos\theta_i}{\lambda_i} \mp \frac{\cos\theta_S - \cos\theta_r}{\lambda}\right)\right\} dz. \end{aligned} \tag{7.8-6}$$

Der erste Summand beschreibt das ungebeugte Licht, das erste Integral in diesem Term führt auf $\delta(\sin\psi - \sin\theta_i)$ und damit auf $\psi = \theta_i$. Der zweite Summand beschreibt mit den beiden in ihm enthaltenen Vorzeichen die Beugung von Licht, das von der einen oder der anderen Seite her auf das Lamellensystem einfällt. Das Vorzeichen (—) wird wirksam, wenn die rekonstruierende Welle von der gleichen Seite einfällt wie die Vergleichswelle bei der Aufnahme des Hologramms; hier gibt die gebeugte Welle das primäre Bild der Rekonstruktion $u_2(\psi)$. Nur diese sei weiter diskutiert

$$\begin{aligned} u_2(\psi) &= \delta\left[\frac{\sin\psi - \sin\theta_i}{\lambda_i} - \frac{\sin\theta_S - \sin\theta_r}{\lambda}\right] \\ &\quad\times L\cdot\operatorname{sinc}\left[\pi L\left(\frac{\cos\psi - \cos\theta_i}{\lambda_i} - \frac{\cos\theta_S - \cos\theta_r}{\lambda}\right)\right]. \end{aligned} \tag{7.8-7}$$

Aus Gl. (7.8-3) und (7.8-4) folgt

$$d\,(\sin\theta_S - \sin\theta_r) = \lambda\cdot\cos\tau. \tag{7.8-8}$$

Man schreibt zweckmäßig die Winkel in Abb. 7—35 als Glanzwinkel $\vartheta = \psi - \tau$ und $\vartheta_i = \tau - \theta_i$ gegen das System von Lamellen in der Hologrammemulsion.

Für von Null verschiedene Werte von $u_2(\vartheta)$ muß das Argument der δ-Funktion Null sein. Darum folgt aus Gl. (7.8-7) und (7.8-8) die stets gültige Bedingung

$$\lambda_i \cos\tau = 2d \sin\frac{\vartheta + \vartheta_i}{2} \cdot \cos\left(\tau + \frac{\vartheta - \vartheta_i}{2}\right). \qquad (7.8\text{-}9)$$

Wird diese Bedingung erfüllt, so folgt aus Gl. (7.8-7) bis auf einen konstanten Faktor

$$u_2(\vartheta) = L \operatorname{sinc}\left\{\pi L\left[\frac{\sin\tau}{d} - \frac{2}{\lambda_i}\sin\frac{\vartheta + \vartheta_i}{2}\sin\left(\tau + \frac{\vartheta - \vartheta_i}{2}\right)\right]\right\}. \qquad (7.8\text{-}10)$$

Gl. (7.8-10) erhält Maximalwerte für das Argument Null der sinc-Funktion. Dieser Fall tritt ein für:

1. $\vartheta = \vartheta_i$. Hier sind also die Glanzwinkel für den einfallenden und den ausfallenden Strahl gleich. Für große L wird die rechte Seite von Gl. (7.8-10) zu einer δ-Funktion. Setzt man ihr Argument gleich Null, so erhält man das Braggsche Gesetz.

2. $L = 0$. Jetzt ist die Emulsion zweidimensional. Die sinc-Funktion wird für beliebige ϑ und ϑ_i gleich Eins. Der Faktor L vor der sinc-Funktion muß ersetzt werden durch die endliche Beugungsamplitude des zweidimensionalen Gitters. Dieses Gitter besitzt in ξ-Richtung die Periode $d/\cos\psi$. Damit geht Gl. (7.8-9) über in Gl. (2.3-7).

Die Speicherung von optischer Information als Lamellenscharen in dreidimensionalen Medien wurde beschrieben von Denisyuk (1963) und van Heerden (1963). Friesem (1963) fand, daß zur Rekonstruktion des primären und des konjugierten Bildes das Hologramm aus verschiedenen Richtungen beleuchtet werden muß, sobald der Abstand d im Lamellensystem kleiner ist als die Emulsionsdicke L. Pennington und Lin (1965) nahmen das Hologramm eines farbigen Objekts mit zweifarbigem Laserlicht auf. Der Vergleichsstrahl hatte für beide Wellenlängen die gleiche Richtung, er war gegen den Objektstrahl um etwa 90° geneigt. Beide Wellenlängen bildeten Lamellensysteme, die zwar zueinander parallel waren, die aber verschiedene Perioden besaßen. Zur Rekonstruktion wurde das Hologramm mit dem zweifarbigen Vergleichsstrahl beleuchtet. Die beiden Rekonstruktionen verschiedener Farbe überlagerten sich zur farbigen Wiedergabe des Objekts. Die Selektivität des Bragg-Gesetzes verhinderte einen Einfluß der beiden Rekonstruktionen aufeinander.

In einem Medium lassen sich also mehrere Hologramme unabhängig voneinander speichern, wenn für jedes Hologramm eine individuelle Richtung τ der Ebenen und/oder eine individuelle Periode d gewählt wird. Diese Parameter werden nach Gl. (7.8-3) und (7.8-4) durch Winkel und Wellenlänge festgelegt. Bei der Rekonstruktion ist das Bragg-Gesetz zu beachten. Soll die Rekonstruktion auf einen vorgeschriebenen Raumbereich fallen, so folgt daraus eine feste Wellenlänge und Beleuchtungsrichtung.

Bei endlicher Hologrammdicke L liefert das Bragg-Gesetz nach Gl. (7.8-10) eine endliche Toleranz für Winkel und Wellenlängen. Diese Toleranz richtet sich außerdem nach den Größen τ und d. Um gegenseitige Störungen der einzelnen Rekonstruktionen zu vermeiden, müssen diese Toleranzen zwischen den einzelnen Hologrammen eingehalten werden. Die Toleranzen können abgeschätzt werden aus der Nullstelle der sinc-Funktion bei sinc(π). Die Lösung der Gln. (7.8-9) und (7.8-10) für diesen Fall ist geschlossen nur für den Spezialfall $\psi = 0$ möglich. Allgemeine numerische Ergebnisse für die Emulsion Kodak 649F finden sich bei Leith u. a. (1966), hier wurde auch die Brechung in der Emulsion berücksichtigt. Für $\lambda = \lambda_i$ hat die rekonstruierte Amplitude bei $\theta_i = \theta_r$ den größten Wert. Berechnet wurde der Toleranzwinkel $\Delta\theta_i = \theta_i - \theta_r$, bei dem die rekonstruierte Amplitude zum ersten Mal Null wird. Bei $\theta_s = 0$ hat $\Delta\theta_t$ größte Werte in der Umgebung von $\theta_r = 0°$ und 180°. Bei $90° < \theta_r < 270°$ fällt die Vergleichswelle von der entgegengesetzten Seite auf die Hologrammplatte wie die Objektwelle. In diesem Bereich ist die Toleranz der Wellenlänge $\Delta\lambda = \lambda_i - \lambda$ besonders klein. So läßt sich ein Hologramm, bei dem Objektwelle und Vergleichswelle gegenläufig waren, mit weißem Licht rekonstruieren: Variiert man θ_i, so sieht man unter verschiedenen Winkeln ψ die Rekonstruktion in verschiedenen Farben (Stroke und Labeyrie 1966b). Das Hologramm wirkt hier zusätzlich als Monochromator. Dessen hohe chromatische Auflösung ist analog zur hohen Empfindlichkeit von Rückstrahlaufnahmen bei der Röntgenspektroskopie. Für $\theta_r = 180°$ entspricht das diskutierte System dem Verfahren von Lippmann (1894) zur Farbphotographie.

Friesem und Walker (1970) verbesserten die Theorie für dreidimensionale Hologramme, indem sie Vielfachbeugung im Sinne der dynamischen Theorie der Röntgenbeugung berücksichtigten. Ihre errechneten und gemessenen Daten berücksichtigen Medien verschiedener Dicke. Ihre Versuche zur Holographie farbiger Objekte zeigen den Vorteil eines dicken Speichermediums für die Entkoppelung der Einzelbilder.

Das Schrumpfen der dreidimensionalen Hologramme beim photographischen Prozeß (Kap. 8.7-b) bewirkt oft auch ein Schrumpfen von d. Dann ist die optimale Rekonstruktion nicht mehr durch Beleuchtung des Hologramms mit der Vergleichswelle möglich. Leith u. a. (1966) zeigten, daß ein Hologramm, das auf Kodak 649F mit $\lambda = 6328$ AE aufgenommen wurde, am besten mit $\lambda = 5100$ AE rekonstruiert wurde.

7.8-e. Synthese von Hologrammen aus mehreren zweidimensionalen Aufnahmen

Die räumliche Struktur eines Objekts läßt sich durch eine Reihe von zweidimensionalen Aufnahmen erschließen, die das Objekt aus verschiedenen Blickrichtungen darstellen. Bekannt ist die stereoskopische Betrachtung von zwei Aufnahmen aus einer solchen Reihe oder die Ermittlung der Tiefenstruktur des Objekts mit Hilfe der Photogrammetrie. Die Information über das Objekt, die in einer Reihe von solchen Aufnahmen enthalten ist, läßt sich in ein Hologramm übertragen, bei dessen Rekonstruktion erscheint das Objekt in seiner dreidimensionalen Gestalt. Das Ergebnis ist sehr ähnlich der Rekonstruktion eines Hologramms, das vom Objekt selbst aufgenommen wurde.

Zur Lösung dieser Aufgabe erschienen schon mehrere Vorschläge. Hier können nur zwei davon genannt werden. Groh (1971) arbeitete mit zwanzig Röntgenaufnahmen, die mit verschiedenen Durchstrahlungsrichtungen des Objekts gewonnen wurden. Von diesen Aufnahmen wurden zwanzig Fourier-Hologramme mit Laserlicht auf einer Photoplatte festgehalten. Die Einzelhologramme lagen nebeneinander auf einem Kreis. Sie wurden gemeinsam rekonstruiert und stellten dabei eine synthetische Pupille großer Öffnung dar. Die Lage der Einzelhologramme entspricht der Lage der Röntgenquelle bei den Einzelaufnahmen. Die reelle dreidimensionale Rekonstruktion wird der Tiefe nach ausgetastet durch Schnitt mit einer Mattscheibe als Projektionsschirm.

Sopori und Chang (1971) stellten von den Einzelaufnahmen Fresnel-Hologramme her, die sie übereinander belichteten. Dabei lagen die verschiedenen Einzelaufnahmen am gleichen Ort, sie wurden aber aus den verschiedenen Richtungen beleuchtet, aus denen sie ursprünglich aufgenommen worden waren. Die Einzelaufnahmen standen stets senkrecht zur Beleuchtungsrichtung. Das synthetische Hologramm wurde zur Rekonstruktion mit der holographischen Vergleichswelle beleuchtet. Es beugt Licht in verschiedene Winkel entsprechend den verschiedenen Richtungen der Objektaufnahme. Die virtuelle Rekonstruktion wird am Ort der Einzelaufnahmen sichtbar, aus verschiedenen Richtungen gesehen zeigt sie das Objekt von verschiedenen Seiten. Bei binokularer Beobachtung ergibt sich die gewohnte Parallaxe der räumlichen Wahrnehmung.

7.9. Hologrammaufnahme und Rekonstruktion mit verschiedenen Medien

7.9-a. Allgemeines

Gabor hatte 1948 vorgeschlagen, Hologramme mit Elektronen aufzunehmen und die Rekonstruktion mit sichtbarem Licht auszuführen. So wurde die Holographie schon früh als eine Abbildung mit zwei Wellenlängen bezeichnet. Der in Kap. 7.2 entwickelte Formalismus berücksichtigte die mögliche Verschiedenheit der Wellenlängen bei Hologrammaufnahme und Rekonstruktion. Dieses allgemeine Konzept der Holographie läßt sich anwenden auf beliebige Kombinationen von je zwei Arten physikalischer Wellen. Aber auch ein Computer kann das nachvollziehen, was bei der Beugung geschieht; so kann auch der Computer in die genannten Kombinationen einbezogen werden.

Der Gaslaser erfüllt die Forderung der Holographie nach kohärenter Beleuchtung fast vollständig. Dies und die photographische Platte mit ihrer großen Informationskapazität machen die Holographie mit sichtbarem Licht besonders praktikabel. Deshalb bevorzugt man eine Rekonstruktion mit sichtbarem Licht auch in den Fällen, wo die Objekteigenschaft durch eine andere Wellenart oder durch den Computer ausgedrückt und in das Hologramm übertragen wird.

Wenn die Hologrammaufnahme mit einer beliebigen Wellenart erfolgen soll, muß für zwei Punkte gesorgt werden: Ausreichende Kohärenz der verfügbaren Strahlungsquellen und ein Prozeß, der die Intensitätsverteilung bei der Hologrammaufnahme linear in die Amplitude des rekonstruierten Lichts umsetzt.

7.9-b. Akustische Holographie

Diesem Gebiet galt im Dezember 1967 ein erstes Symposium; die dort gehaltenen Vorträge wurden herausgegeben von Metherell u. a. (1969). Weitere Tagungsbände wurden herausgegeben von Metherell und Larmore (1970) und von

Metherell (1971). Eine Zusammenfassung von Kock (1969) eröffnete eine Reihe von weiteren einschlägigen Arbeiten im gleichen Zeitschriftenheft. Als eine zusammenfassende Darstellung sei die Arbeit von Mueller (1971) genannt. Hier findet sich auch ein neueres Verzeichnis der einschlägigen Literatur.

Es wird fast stets mit Ultraschall in einer Flüssigkeit gearbeitet, in der das Objekt immergiert ist. Winter (1971) analysiert die Aberrationen, die wegen der Verschiedenheit der Wellenlängen von Schall und Licht entstehen. Als Schallquellen werden meist piezoelektrische Schwinger verwendet. Ihre Abstrahlung ist hoch kohärent, denn sie ist nur von den Eigenschaften der Schwinger bestimmt und vom elektrischen Antrieb. Deshalb können Objekt- und Vergleichswelle von verschiedenen Quellen ausgehen, die am gleichen elektrischen Generator liegen. Genaueres über die Schallquellen und über die Konstruktion von Linsen für Ultraschall findet sich in der Spezialliteratur. Strahlengänge im Sinne der Fourier-, Fresnel- und Bildebenen-Holographie haben sich bewährt.

Hologramme lassen sich mit photographischen oder chemischen Methoden speichern. Die fertigen Hologramme ähneln denen, die mit Licht aufgenommen wurden; sie lassen sich nachträglich mit Licht rekonstruieren. Interessanter und weit empfindlicher sind direkte Wechselwirkungen Schall — Licht, sie erlauben Rekonstruktionen in Echtzeit: Die Oberfläche des flüssigen Schallmediums gegen Luft wird z. B. durch den Druck des auffallenden Ultraschalls spatial moduliert. Laserlicht wird an der Luftseite des so entstandenen Reliefs reflektiert, es rekonstruiert in einem geeigneten Strahlengang die Objektamplitude. — Eine andere Wechselwirkung Schall — Licht ergibt sich aus der spatialen Modulation der Brechzahl im Volumen des flüssigen Mediums durch die Schallwelle. — Bei der Pohlman-Zelle (Lafferty und Stephens 1971) sind Aluminiumblättchen von etwa 1 μm Durchmesser im flüssigen Medium immergiert. Sie richten sich unter der Wirkung der Schallschnelle aus mit einem Ordnungsgrad, der der Strahlintensität proportional ist. Dieser Ordnungsgrad beeinflußt die Reflexion des Laserlichts.

Bei einem anderen Verfahren, bei dem Laserlicht durch die Schallamplitude moduliert wird, arbeitet man hinter dem vom Schall durchstrahlten Objekt mit einer dünnen Schicht, die das Licht reflektiert, die aber innerhalb des Immersionsmediums für den Schall vollständig transparent ist. Eine solche Schicht folgt der akustischen Amplitude des Mediums mit Auslenkungen, die proportional zur Wurzel aus der Schallintensität sind. Das an der Schicht reflektierte Laserlicht ist räumlich phasenmoduliert, es stellt die ins Optische transformierte Objektwelle dar. Zeitlich ist die Welle mit der Frequenz des Ultraschalls moduliert. Zu dieser Welle wird eine homogene optische Vergleichswelle addiert, die ebenfalls mit der Schallfrequenz moduliert ist. Die Summe beider Wellen belichtet eine Photoplatte, die sich optisch rekonstruieren läßt.

Für Ultraschall gibt es phasenempfindliche elektrische Empfänger. Mit ihnen läßt sich die komplexe Schallamplitude im Beugungsfeld eines Objekts registrieren. Das geschieht entweder mit einer rasterförmigen Anordnung von vielen Empfängern oder durch Abtasten des stationären Feldes mit einem Empfänger. Die gewonnenen elektrischen Signale konnen durch Zumischen einer elektrischen Vergleichsschwingung in ein elektrisches Hologramm umgewandelt werden. Dieses läßt sich vom Bildschirm einer Braunschen Röhre photographieren, so ergibt sich ein optisches Hologramm im üblichen Sinne. Oder ein Computer übernimmt die Rekonstruktion des elektrischen Hologramms. Die hier verwendeten Methoden sind verwandt mit Techniken des Radar. Für Einzelheiten dieser Verfahren muß auf die Spezialliteratur verwiesen werden oder etwa auf den Bericht von Mueller (1971).

7.9-c. Mikrowellen

Fourier-Optik und Holographie sind vielfach von Arbeitsgruppen weiterentwickelt worden, die sich zunächst mit Nachrichtentechnik und Radar beschäftigt hatten. So wurde die lichtoptische Rekonstruktion auch etwa bei Radar-Verfahren nützlich. Für Einzelheiten über dieses und andere Verfahren mit Mikrowellen, die auch von der spatialen Filterung der Optik Gebrauch machen, sei auf den Bericht von Leith (1971) hingewiesen. Allen Verfahren ist gemeinsam, daß die Strahlungsquellen für Mikrowellen streng kohärent sind.

7.9-d. Elektronen- und Röntgenstrahlen

Obwohl Gabor (1948) die Holographie erfunden hatte, um die Leistung der Elektronenmikroskopie zu verbessern, ist die Aufnahme von Hologrammen mit Elektronen und auch mit Röntgenstrahlen bisher am wenigsten erfolgreich gewesen. Der wesentliche Grund dafür liegt darin, daß die räumliche und zeitliche Kohärenz der Elektronen- und Röntgenquellen der Kohärenz von Lasern weit unterlegen ist. Die Bildebenen-Holographie hat für die Hologrammaufnahme bei Teilkohärenz die günstigsten Eigenschaften (Kap. 10). Vielleicht wird dieses Prinzip wenigstens in der Elektronenoptik, wo eine Abbildung möglich ist, zu befriedigenden experimentellen Ergebnissen führen.

Zur ungestörten Darstellung des primären Bildes der Rekonstruktion ist eine Hologrammaufnahme mit Trägerfrequenz erforderlich (Kap. 7.3-d). Strahlteiler für Objektbeleuchtung und Vergleichswelle lassen sich für Elektronen mit dem Biprisma von Möllenstedt (Möllenstedt und Düker 1956) bauen. Für Röntgenstrahlen sollte hier das Interferometer von Bonse (Bonse und Hart 1966) nützlich sein. Röntgenstrahlen erlauben aber keine Abbildungen des Objekts, die zur Bildebenen-Holographie nötig wären. Dagegen legt der Mössbauer-Effekt den Gedanken an chromatisch kohärente Rontgenquellen nahe.

7.9-e. Computer-Holographie

Computer lassen sich in zwei Gruppen einteilen. Die Gruppe der Analogrechner bildet mathematische Prozesse durch physikalische Vorgänge nach, hier ist die Fraunhofer-Beugung ein gutes Verfahren zur Simulation von Fourier-Transformationen. Die Genauigkeit dieser Operation wird u. a. begrenzt von der Genauigkeit der photoelektrischen Meßzelle und der Konstanz der Lichtquelle. Beides laßt sich nicht beliebig steigern. Für andere Analogverfahren gilt Ähnliches. Die so begrenzte Genauigkeit der Analogrechner ließ ihr Prinzip zurücktreten gegenüber den digital arbeitenden Computern. Mit diesen Geräten lassen sich numerische Rechnungen mit einer Stellengenauigkeit durchführen, die nur von der Größe der

Geräte abhängt. Für die Beziehung zwischen digitalen Rechnern und Optik wurde ein Programm für schnelle Fourier-Transformation (Fast Fourier Transform, FFT) besonders wichtig (Cooley u. a. 1967 und die Monographie von Gold und Rader 1969). Über die digitale Holographie erschien kürzlich ein Bericht von Huang (1971).

Bei der digitalen Holographie wird entweder die Herstellung eines optisch rekonstruierbaren Hologramms vom Rechner übernommen oder die Rekonstruktion eines Hologramms, das mit Licht oder einer anderen Wellenart gewonnen wurde (z. B. Carter 1970). Ein Hologramm, das durch Abtastung mit Mikrowellen oder mit Ultraschall aufgenommen wurde, braucht dabei nicht in der Form eines optischen Hologramms vorzuliegen; es mag auch auf einem Magnetband gespeichert sein. Bei der Rekonstruktion kann der Rechengang Filterprozesse nachbilden, wie sie in Kap. 5 und 7.6 beschrieben wurden.

Die rechnerische Synthese eines Hologramms beginnt mit dem numerischen Modell der komplexen Objektamplitude. Der Objektraum wird dafür in Zellen eingeteilt (sampling), jede Zelle dieses dreidimensionalen Rasters erhält einen Amplitudenwert. Stellenzahl (Quantisierung) der Amplitude und Zellenzahl des Rasters bestimmen die Genauigkeit des Verfahrens, aber auch die Rechenzeit. Die endlichen Größen der räumlichen Zellen und der Amplitudenquanten führen zu bestimmten Störungen bei der Rekonstruktion. Für einen Kompromiß zwischen diesen Störungen und der Rechenzeit mit ihren Kosten gibt es Untersuchungen, die etwa in dem Bericht von Mueller (1971) diskutiert und zitiert sind.

Für den Rechengang sind mehrere Wege möglich. So wird bei dem Verfahren von Lohmann (Brown und Lohmann 1966, Lohmann und Paris 1967) die komplexe Amplitude der Fraunhofer- oder Fresnel-Beugung des Objekts in der Hologrammebene errechnet. Die Phase wird hier mit dem Prinzip der Lateralphase binär gespeichert. Dieses Verfahren ist verwandt mit dem Vander-Lugt-Filter. In Kap. 5.2-b wurde gezeigt, wie mit solchen Filtern eine komplexe Amplitude in Form einer Intensitätstransparenz gespeichert werden kann. Benutzt man anstelle der dort diskutierten $\cos^2$-förmigen Gitter solche mit binärer Transparenzverteilung, so entstehen neben der ersten Beugungsordnung auch höhere Ordnungen. Die erste Ordnung gibt die Rekonstruktion der komplexen Objektamplitude. Ein weiteres Verfahren zur Erzeugung von Fourier-Hologrammen mit einem Computer gab Lee (1970). In Kap. 8 werden weitere Einzelheiten über die Aufzeichnung von synthetischen Hologrammen mitgeteilt. Zu ihnen gehört auch das Kinoform-Verfahren von Lesem u. a. (1969), bei dem von der hohen Beugungseffektivität des Echelette-Gitters Gebrauch gemacht wird.

In vielen Anwendungen der Optik wurden synthetische Hologramme als spatiale Filter zur Umformung von Objektwellen und zur Zeichenerkennung nützlich (Kap. 5). Weiter erlauben diese Hologramme, mit Hilfe der holographischen Interferometrie Werkstücke mit Idealformen zu vergleichen, die körperlich gar nicht existieren (Kap. 7.7). Schließlich erhofft man sich in der Computertechnik einen Fortschritt durch die Verwendung optischer Hologramme als Speicher großer Kapazität, die auch einen raschen Zugriff gestatten (Hill 1972). Weiter lassen sich optische Verfahren der Holographie und der spatialen Filterung zur Durchführung spezieller Rechenprozesse in hybriden Computern einsetzen. Hier werden analoge und digitale Verfahren kombiniert.

8. Aufnahmemedien für Hologramme

8.1. Die photographische Emulsion

Bei allen holographischen Verfahren wird die komplexe Amplitude der Wellenfront, die von einem beleuchteten Objekt ausgeht, in der Intensitätsverteilung eines Interferenzmusters kodiert. Das bekannteste und am gründlichsten untersuchte Material zur Aufzeichnung und Speicherung von Intensitätsverteilungen ist die silberhalogenidhaltige Photoemulsion. Diese hat sich auch in der Holographie oder in Systemen der kohärenten Optik überraschend gut bewährt, obwohl sie eigentlich für die Intensitätsübertragung in inkohärenten Systemen optimiert wurde. Am Beispiel der Silberhalogenidemulsion soll in diesem Kapitel diskutiert werden, welche wesentlichen Forderungen ein lichtempfindliches Material erfüllen muß, wenn es in Systemen der kohärenten Optik und speziell der Holographie verwendet werden soll. Außerdem soll gezeigt werden, wie sich Abweichungen von diesen Forderungen bemerkbar machen. Von einigen der in zunehmendem Maße benutzten anderen lichtempfindlichen Substanzen soll erst in Kap. 8.7 gesprochen werden.

8.1-a. Die Schwärzungskurve

Beim photographischen Prozeß wird eine auf die Photoschicht aufbelichtete Intensitätsverteilung durch die Entwicklung in eine Schwärzungs- oder Transparenzverteilung umgewandelt. Die direkt meßbare Intensitätstransparenz ist definiert durch:

$$T = \frac{I_T}{I_0} \tag{8.1-1}$$

I_0 ist die bei der Transparenzmessung auf die geschwärzte Photoschicht auftreffende Intensität und I_T die durchgelassene Intensität. In der inkohärenten (bildmäßigen) Photographie erwies es sich als zweckmäßig, statt der Transparenz den dekadischen Logarithmus von $\frac{1}{T}$ anzugeben. Diese Größe wird Dichte oder Schwärzung S genannt.

$$S = {}^{10}\log \frac{1}{T} \equiv \lg \frac{1}{T} = \lg \frac{I_0}{I_T} \tag{8.1-2}$$

Trägt man S über dem dekadischen Logarithmus des Produktes aus aufbelichteter Intensität I und der Belichtungszeit t auf, so erhält man die Schwärzungskurve nach Hurter und Driffield (1890). Beispiele solcher Schwärzungskurven sind in

Abb. 8—1 gezeigt. Die Form der Schwärzungskurve hängt im wesentlichen von der Emulsion und von der Art der Entwicklung ab. Daneben haben Belichtungszeit („Ultrakurzzeiteffekt") und die Wellenlänge der belichtenden Strahlung einen

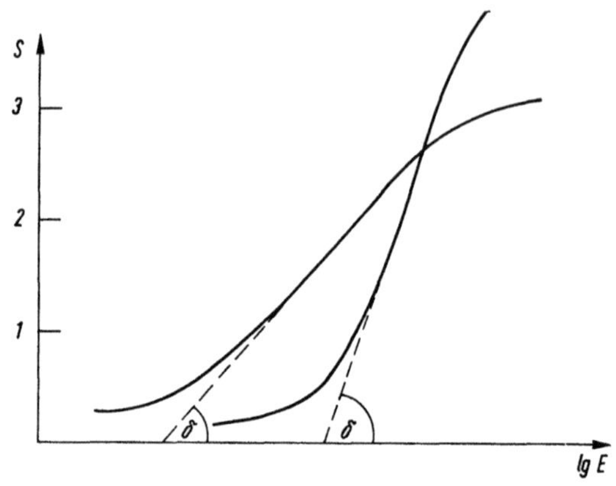

Abb. 8—1. Schwärzungskurven

Einfluß auf den Verlauf der Schwärzungskurve. Im folgenden setzen wir voraus, daß S nur von der „Belichtung" $E = I \cdot t$ abhängt. In der Schwärzungskurve sind praktisch drei charakteristische Bereiche zu unterscheiden. Im unteren Teil (Gebiet der Unterexposition) verläuft die Kurve meist konvex (Durchhang) gegen die Abszissenachse. Im daran anschließenden Teil ist die Kurve meist einigermaßen geradlinig. Die mittlere Steigung

$$\frac{\Delta S}{\Delta \lg E} = tg\,\delta = \gamma \tag{8.1-3}$$

in diesem Bereich ist eine wichtige charakteristische Größe des photographischen Prozesses. Ihr Wert wird als Steilheit, Gradation oder Gammawert der Emulsion bezeichnet. Bei Hurter und Driffield wird sie Entwicklungsfaktor genannt, da sie sich mit der Entwicklung wesentlich ändert. Dem quasi geradlinigen Teil (Gebiet der normalen Exposition) schließt sich das Gebiet der Überexposition an. Hier bringt eine Zunahme von E eine immer geringere und schließlich keine Zunahme der Schwärzung. Für sehr große Belichtungen nimmt sogar die Schwärzung wieder ab (Solarisation). Im geradlinigen Teil der Schwärzungskurve besteht zwischen einer aufbelichteten Intensitätsverteilung $I(\xi)$ und der nach einfacher Entwicklung erzeugten Schwärzungsverteilung $S_1(\xi)$ nach der Definition der folgende Zusammenhang:

$$S_1(\xi) = \gamma_1 \lg [I(\xi) \cdot t_1] - S_{01} = \lg [E(\xi)]^{\gamma_1} - S_{01} \tag{8.1-4}$$

Es folgt für die Intensitätsverteilung I_{T1} hinter der mit der konstanten Intensität I_{01} beleuchteten Schicht:

$$I_{T1}(\xi) = I_{01} \cdot 10^{S_{01}} \cdot [E(\xi)]^{-\gamma_1} = \text{const.} \cdot [I(\xi)]^{-\gamma_1} \tag{8.1-5}$$

Für eine lineare Übertragung von Intensitäten, wie sie bei der allgemeinen inkohärenten Photographie in einigen Fällen erwünscht ist, muß man den photographischen Prozeß so führen, daß ein $\gamma = -1$ resultiert; das kann durch eine Umkehrentwicklung erreicht werden. Eine andere Möglichkeit, lineare Intensitätsübertragung im photographischen Prozeß zu erreichen, ist gegeben, wenn man das durch normale Entwicklung erzeugte Negativ auf ein Positiv umkopiert. Eine Photoschicht, die durch das Negativ hindurchbelichtet wird, hat nach der Entwicklung eine Schwärzungsverteilung:

$$S_2(\xi) = \gamma_2 \lg [I_{T1}(\xi) \cdot t_2] - S_{02} \tag{8.1-6}$$

Die Intensitätsverteilung hinter dem mit I_{02} beleuchteten Positiv ist dann:

$$\begin{aligned} I_{T2}(\xi) &= C \cdot [I_{T1}(\xi)]^{-\gamma_2} = C' \cdot [E(\xi)]^{\gamma_1 \cdot \gamma_2} \\ &= \text{const} \cdot [I(\xi)]^{\gamma_1 \cdot \gamma_2} \end{aligned} \tag{8.1-7}$$

Das heißt, beim photographischen Negativ-Positiv-Prozeß wird eine lineare Intensitätsübertragung erreicht, wenn das Produkt der γ-Werte der einzelnen Prozesse gleich eins ist. Diese Bedingung $\gamma_1 \cdot \gamma_2 = 1$ wird Goldberg-Bedingung genannt.

In Systemen der kohärenten Optik soll eine lineare Übertragung der Amplituden vorliegen. Speziell für die Holographie wurde von Gabor (1949) und Leith (1962) wie auch in den vorhergehenden Kapiteln gezeigt, daß eine lineare Amplitudenübertragung erzielt wird, wenn die Amplitudentransparenz der entwickelten Photoschicht eine lineare Funktion der aufbelichteten Intensität ist. Genau genommen ist die Amplitudentransparenz einer entwickelten Photoschicht eine komplexe Größe. Es müßte also neben dem Betrag der Amplitude auch ein Phasenanteil berücksichtigt werden. Um die Diskussion der grundsätzlichen Effekte zu vereinfachen, setzt man die Amplitudentransparenz gleich dem Betrag der Quadratwurzel der Intensitätstransparenz. Dabei werden die Einflüsse des Gelatinereliefs (inneres und äußeres Relief) (Hannes 1967) und die statistischen Schwankungen der Dichte und der Dicke der Gelatineschicht vernachlässigt. Die Änderungen der Dicke lassen sich durch Einbetten der Photoschicht in einer Immersion mit passendem Brechungsindex unterdrücken. Außerdem soll zunächst angenommen werden, daß es sich im Zusammenhang mit der Holographie bei der Schwärzung und Transparenz streng genommen um die in großer Entfernung von der Schicht mit kleinem Öffnungswinkel gemessenen Größen handelt. Der Quotient aus der so gemessenen Schwärzung S'' und der direkt hinter der Schicht mit großem Öffnungswinkel gemessenen Schwärzung $S^{\#}$ wird Callierquotient Q genannt.

$$S'' = Q \cdot S^{\#} \tag{8.1-8}$$

Für die hochauflösenden Emulsionen, die meist in der Holographie verwendet werden, ist der Callierquotient aber nur sehr wenig von Eins verschieden.

Mit den oben angeführten Voraussetzungen und Einschränkungen gilt für die Amplitudentransparenz $u_T(\xi)$ im quasi-geradlinigen Bereich der Schwärzungskurve nach einfacher photographischer Entwicklung:

$$u_T(\xi) = \sqrt{I_T(\xi)} = \text{const} \cdot [I(\xi)]^{-\gamma/2} \tag{8.1-9}$$

Ein linearer Zusammenhang zwischen der Amplitudentransparenz $u_T(\xi)$ und der aufbelichteten Intensität $I(\xi)$ besteht für $\gamma = -2$ (Gabor-Bedingung). Zum gleichen Resultat führt analog zu Gl. (8.1-7) ein Negativ-Positiv-Prozeß mit $\gamma_1 \cdot \gamma_2 = 2$ (kohärente Goldberg-Bedingung). Nun ist andererseits lange bekannt (Leith 1962), daß in vielen Fällen praktisch auch schon die einfach entwickelte Photoschicht, also das photographische Negativ, für eine holographische Rekonstruktion benutzt werden kann. Daher soll im folgenden über eine Kennlinie der Photoschicht gesprochen werden, die den direkten Zusammenhang zwischen Amplitudentransparenz und der Belichtung $E = I \cdot t$ beschreibt. Diese Kennlinie wurde von Kozma (1966) eingeführt.

8.1-b. Die Amplitudentransparenz-Kennlinie

Der Zusammenhang zwischen der Amplitudentransparenz und der aufbelichteten Intensität werde beschrieben durch:

$$u_T(\xi) = G\{I(\xi) \cdot t\} = G\{E(\xi)\} \tag{8.1-10}$$

Für eine Variation von $E(\xi)$ um eine mittlere Belichtung $\bar{E}$ kann man die Funktion $G\{E(\xi)\}$ nach MacLaurin in eine Potenzreihe entwickeln.

$$u_T(\xi) = G(\bar{E}) + \frac{G'(\bar{E})}{1!}(E(\xi) - \bar{E}) + \frac{G''(\bar{E})}{2!}(E(\xi) - \bar{E})^2 + \frac{G'''(\bar{E})}{3!}(E(\xi) - \bar{E})^3 \ldots \tag{8.1-11}$$

mit $G'(\bar{E}) = \dfrac{\mathrm{d}u_T(\xi)}{\mathrm{d}E(\xi)}$ an der Stelle $\bar{E}$. Bei einer hinreichend kleinen Variation der Funktion $E(\xi)$ werden höhere Potenzen von $(E(\xi) - \bar{E})$ vernachlässigbar klein. Die Reihenentwicklung kann dann nach dem linearen Glied abgebrochen werden,

$$u_T(\xi) = G(\bar{E}) + \frac{G'(\bar{E})}{1!}(E(\xi) - \bar{E})$$

oder

$$u_T(\xi) = \text{const} + \beta \cdot E(\xi). \tag{8.1-12}$$

β ist dabei die Steigung der Funktion beim Wert $\bar{E}$. Wenn also dafür gesorgt wird, daß die Modulation der Intensitätsverteilung sehr klein bleibt, besteht praktisch der geforderte lineare Zusammenhang zwischen $u_T(\xi)$ und $I(\xi)$. Abb. 8—2 zeigt eine Kennlinie $u_T(E) = G(E)$, die typisch ist für photographische Emulsionen, die zur Aufnahme von Hologrammen verwendet werden. Charakteristisch für eine solche Kennlinie ist, daß sie einen Wendepunkt besitzt, der meist bei einer Amplitudentransparenz von etwa 0,5 liegt. In der Nähe dieses Wendepunktes verläuft die Kurve über einen größeren Bereich nahezu geradlinig. Dieser Bereich entspricht auf der Schwärzungskurve dem Gebiet der Unterexposition (Durchhang). Im Wendepunkt selbst wird die zweite Ableitung der Funktion $u_T = G(E)$ gleich Null. Legt man den Arbeitspunkt durch geeignete Wahl der mittleren

Belichtung $\bar{E} = \bar{I} \cdot t$ in den Wendepunkt der Kurve, so werden nach Gl. (8.1-11) neben dem linearen erst der kubische Term und Terme höherer Ordnung wirksam. Daher wird auch für größere Aussteuerung der Funktion $I(\xi)$ in diesem Bereich

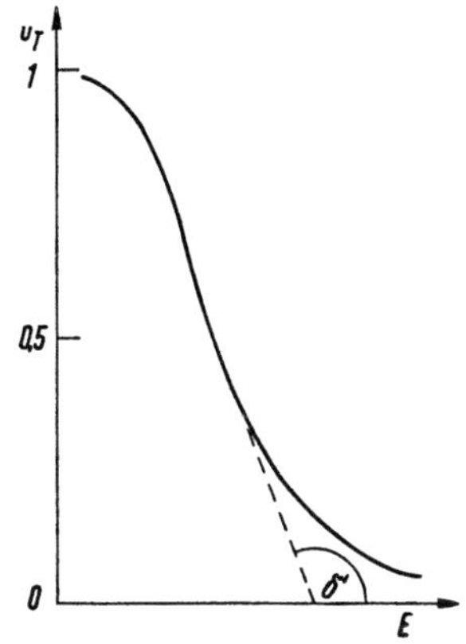

Abb. 8—2. Amplitudentransparenz als Funktion der Belichtung

die Übertragung der aufbelichteten Intensität in die Amplitudentransparenz durch eine lineare Funktion beschrieben. Nach einfacher photographischer Entwicklung (Abb. 8—2 zeigt die Kennlinie für diesen Fall) ist jedoch die Amplitudentransparenz umgekehrt proportional zur aufbelichteten Intensität, d. h., in der linearen Näherung nach Gl. (8.1-12) wird β negativ. Für die off-axis-Holographie zumindest ist diese Tatsache praktisch ohne Bedeutung. Hier liegt in der Hologrammebene bei der Aufnahme des Hologramms eine Intensitätsverteilung vor, die beschrieben wird durch:

$$I(\xi) = A^2 + B^2(\xi) + 2A \cdot B(\xi) \cos\{k\theta\xi + \varphi(\xi) + \Phi_0\} \qquad (8.1\text{-}13)$$

Es wurde der Einfachheit halber eine ebene Vergleichswelle mit der Amplitude A angenommen. $B(\xi)$ ist der Amplitudenbetrag und $\varphi(\xi)$ die Phasenverteilung der Objektwelle in der Hologrammebene. Weiter ist $\theta = \sin\vartheta$, wobei ϑ der Winkel zwischen den Normalen der Objekt- und Vergleichswellenfront ist. Φ_0 beschreibt eine konstante relative Phasenverschiebung zwischen Objekt- und Vergleichswelle. Die Amplitudentransparenz des Hologramms ist nach einfacher photographischer Entwicklung ($\beta < 0$):

$$\begin{aligned} u_T(\xi) &= \text{const} - |\beta| \cdot B^2(\xi) - |\beta| \cdot 2A \cdot B(\xi) \cos\{k\theta\xi + \varphi(\xi) + \Phi_0\} \\ &= \text{const} - |\beta| \cdot B^2(\xi) + |\beta| \cdot 2A \cdot B(\xi) \cos\{k\theta\xi + \varphi(\xi) + \Phi_0 + \pi\} \qquad (8.1\text{-}14) \end{aligned}$$

β ist hier die Steigung des quasi-geradlinigen Teils der Amplitudentransparenz-Kennlinie. Bei Verwendung des photographischen Negativs als Hologramm wird also praktisch nur das Vorzeichen des Intermodulationsterms $B^2(\xi)$ geändert. Die Phase der beiden rekonstruierten Wellenfronten (primäres und konjugiertes Bild) ist um π gegenüber der Phase der Beleuchtungswelle bei der Rekonstruktion verschoben. Direkte Proportionalität zwischen Amplitudentransparenz und aufbelichteter Intensität ist jedoch erforderlich für die in-line Gabor-Holographie und verwandte Verfahren. Hier würde die Verwendung eines Negativs zu einer Kontrastumkehr im rekonstruierten Bild führen (Kap. 7.4-c). Auch bei einigen Verfahren der kohärenten Filterung muß $u_T(\xi)$ direkt proportional zu $I(\xi)$ sein. Es ist also eine Umkehrentwicklung mit $\gamma = -2$ oder ein Umkopierprozeß mit $\gamma_1 \cdot \gamma_2 = 2$ erforderlich.

8.2. Der Beugungswirkungsgrad von Amplitudenhologrammen

8.2-a. Einfache Belichtung

In der Praxis der Holographie wird man außer der Linearität der Amplitudenübertragung eine möglichst große Helligkeit des rekonstruierten Bildes anstreben. Die absolute Intensität I_B der rekonstruierten Wellenfront ist proportional zur Intensität I_R der Beleuchtungswelle bei der Rekonstruktion. Den Proportionalitätsfaktor, also das Verhältnis

$$\eta = \frac{I_B}{I_R} = \left|\frac{u_B}{u_R}\right|^2 \tag{8.2-1}$$

bezeichnet man als Beugungswirkungsgrad. Im folgenden soll untersucht werden, welche Bedingungen bei der Aufnahme des Hologramms eingehalten werden müssen, wenn man Hologramme mit möglichst großem Wirkungsgrad erhalten will. Als einfachstes Beispiel diskutieren wir die Aufnahme und Rekonstruktion eines Punktbildes in der Fourier-Holographie. Wir erhalten in der Hologrammebene die für Zweistrahlinterferenzen typische Intensitätsverteilung. Sie wird z. B. durch Gl. (7.2-1) beschrieben.

$$I(\xi) = A^2 + a_1^2 + 2Aa_1 \cos\{2\pi\xi \cdot x_1/\lambda F + \varphi_1\} \tag{8.2-2}$$

Für die weitere Diskussion ist es zweckmäßig, die Aussteuerung des Kosinus-Gitters durch eine normierte dimensionslose Größe, die Modulation ϱ, zu beschreiben.

$$\varrho = \frac{2Aa_1}{A^2 + a_1^2} \tag{8.2-3}$$

Die Belichtung der Photoschicht in der Hologrammebene ist damit

$$E(\xi) = I(\xi) \cdot t = t \cdot (A^2 + a_1^2)\,[1 + \varrho \cdot \cos\{2\pi\xi \cdot x_1/\lambda F + \varphi_1\}]. \tag{8.2-4}$$

Setzen wir Linearität der Übertragung voraus, so hat das Hologramm nach der photographischen Entwicklung die Amplitudentransparenz

$$u_T(\xi) = u_T(\bar{E}) + \beta(\bar{E}) \cdot \bar{E} \cdot \varrho \cdot \cos\{2\pi\xi \cdot x_1/\lambda F + \varphi_1\} \tag{8.2-5}$$

mit $\bar{E} = \bar{I} \cdot t = (A^2 + a_1^2) \cdot t$. Es wird außerdem hier zunächst angenommen, daß die Modulation ϱ nicht durch die Photoschicht beeinflußt wird. Rekonstruiert man mit einer kollimierten Wellenfront mit der Intensität $I_R = A_R^2$, so ist die Amplitude der zum primären oder konjugierten Bild führenden Wellenfront

$$u_B = \frac{1}{2} A_R \cdot \beta(\bar{E}) \cdot \bar{E} \cdot \varrho \cdot \exp\{2\pi i \xi \cdot x_1/\lambda F + \varphi_1\}. \tag{8.2-6}$$

Die Intensität ist damit

$$I_B = A_R^2 \left(\frac{1}{2} \beta(\bar{E}) \cdot \bar{E} \cdot \varrho\right)^2. \tag{8.2-7}$$

Für den Beugungswirkungsgrad gilt dann mit Gl. (8.2-1)

$$\eta = \left(\frac{1}{2} \beta(\bar{E}) \cdot \bar{E} \cdot \varrho\right)^2. \tag{8.2-7a}$$

Nach Gl. (8.2-5) ist die maximale Variation Δu_T der Amplitudentransparenz

$$\Delta u_T = u_{T\max} - u_{T\min} = 2\beta(\bar{E}) \cdot \bar{E} \cdot \varrho. \tag{8.2-8}$$

Gl. (8.2-7) läßt sich also auch in der folgenden Form schreiben

$$I_B = \frac{1}{16} I_R \cdot (\Delta u_T)^2 \tag{8.2-9}$$

$$\eta = \frac{1}{16} (\Delta u_T)^2. \tag{8.2-10}$$

Nach der Definition der Amplitudentransparenz kann Δu_T maximal den Wert Eins annehmen, d. h., der höchste erreichbare Wirkungsgrad für Amplitudenhologramme mit harmonischer Transparenz ist

$$\eta = \frac{I_B}{I_R} = \frac{1}{16} = 6{,}25\%. \tag{8.2-11}$$

Diesen Wirkungsgrad erreicht man aber nur bei einer Modulation $\varrho = 1$. Praktisch arbeitet man jedoch, z. B. um den Einfluß der Nichtlinearitäten des photographischen Prozesses klein zu halten, mit geringerer Modulation. Nach Gl. (8.2-7) hängt die Intensität der rekonstruierten Wellenfront aber außer von der Modulation noch vom Produkt $\beta(\bar{E}) \cdot \bar{E}$ ab. Durch geeignete Wahl der mittleren Belichtung $\bar{E} = \bar{I} \cdot t$ kann man also bei gegebener Modulation den Wirkungsgrad beeinflussen. Grundsätzlich könnte man die günstigste mittlere Belichtung $\bar{E}$ aus der im vorigen Abschnitt diskutierten Funktion $u_T = G(E)$ ermitteln. Das Verfahren wäre aber in der Praxis etwas unhandlich, da der Wirkungsgrad vom Produkt $\beta(\bar{E}) \cdot \bar{E}$ abhängt. Dieses Produkt aber läßt sich wie folgt umschreiben

$$\beta(E) \cdot E = \frac{\mathrm{d}u_T(E)}{\mathrm{d}E} \cdot E = \lg e \cdot \frac{\mathrm{d}u_T(E)}{\mathrm{d}\lg E} = \alpha(E) \cdot \lg e. \tag{8.2-12}$$

Der Beugungswirkungsgrad ist dann

$$\eta = \left[\frac{1}{2} \lg e \cdot \alpha(\bar{E}) \cdot \varrho\right]^2. \qquad (8.2\text{-}12\text{a})$$

Um die für höchsten Wirkungsgrad erforderliche mittlere Belichtung zu ermitteln, benutzt man also viel besser eine neue Kennlinie, bei der die Amplitudentransparenz über dem Logarithmus von E aufgetragen ist, denn aus der Steigung α dieser Kurve kann man direkt auf die optimale Belichtung schließen. Die Verwendung einer solchen Kennlinie wurde von Kaspar und Lamberts (1968) vorgeschlagen. Ein weiterer Vorteil dieser Funktion ist, daß die Kurvenform unabhängig wird von der Empfindlichkeit der Photoemulsion. Das erleichtert den Vergleich verschiedener Photoschichten. Biedermann (1968a) schlägt vor, als charakteristische Funktion $\alpha^2(E) = \left(\frac{\mathrm{d}\, u_T(E)}{\mathrm{d} \lg E}\right)^2$ über $\lg E$ aufzutragen, da α^2 ein direktes Maß für den Wirkungsgrad gibt. Abb. 8—3 zeigt Kennlinien

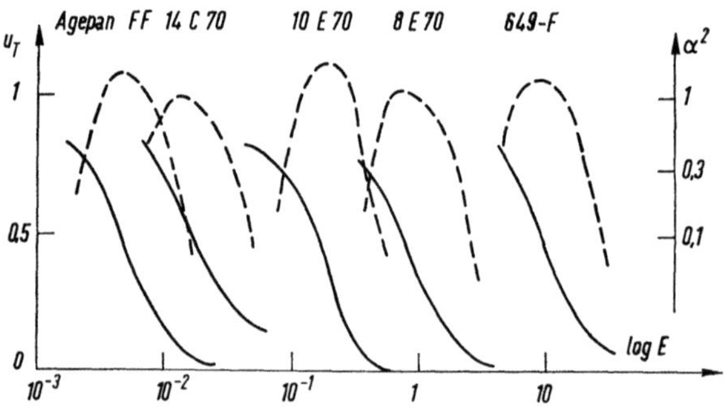

Abb. 8—3. u_T und α^2 (gestrichelt) fur verschiedene Emulsionen zur Hologrammaufnahme, $\lambda = 633$ nm; Varitol N, 5 min (Biedermann 1968)

u_T und α^2 über $\lg E$ für verschiedene Photoschichten, die sich besonders zur Aufnahme von Hologrammen eignen. Alle in Abb. 8—3 gezeigten $\alpha^2(\lg E)$-Kennlinien haben ein ausgeprägtes Maximum. Es wird demnach bei vorgegebener Modulation nur für einen bestimmten Wert der Belichtung E maximale Helligkeit im rekonstruierten Bild erreicht. Dieses Maximum tritt jedoch nicht bei der gleichen mittleren Belichtung $\bar{E}$ auf wie der Wendepunkt der $u_T(E)$-Kennlinie des gleichen Photomaterials.

Der Vollständigkeit halber soll schließlich noch gezeigt werden, wie α^2 und damit der Beugungswirkungsgrad aus den Daten der Schwärzungskurve ermittelt werden können. Aus der Definition der Schwärzung S folgt für die Amplitudentransparenz u_T

$$u_T = 10^{-S/2} = \exp\{-2{,}3 \cdot S/2\}. \qquad (8.2\text{-}13)$$

Nach Gl. (8.2-7a) und (8.2-12a) ist der Beugungswirkungsgrad proportional zu α^2.

Aus Gl. (8.2-12) und Gl. (8.2-13) folgt

$$\alpha(E) = \frac{\mathrm{d}\,u_T(E)}{\mathrm{d}\lg E} = -\frac{2,3}{2}\,u_T(E)\cdot\frac{\mathrm{d}S(E)}{\mathrm{d}\lg E}$$

$$\alpha^2(E) = \left(\frac{2,3}{2}\right)^2 \cdot 10^{-S} \cdot \left(\frac{\mathrm{d}S(E)}{\mathrm{d}\lg E}\right)^2. \qquad (8.2\text{-}14)$$

Der bei einer bestimmten mittleren Belichtung $\bar{E}$ erreichbare Wirkungsgrad hängt also sowohl von der Steigung der Schwärzungskurve ab als auch von der Schwärzung selbst. Im quasi-geradlinigen Teil der Schwärzungskurve ist für eine bestimmte mittlere Schwärzung der Wirkungsgrad also proportional zu γ^2. In diesem Bereich ist zwar die Steigung der Schwärzungskurve am größten, bei vorgegebener Modulation wird jedoch nicht der maximale Wirkungsgrad erreicht, da dieser mit 10^{-S} abnimmt [Gl. (8.2-14)]. Abb. 8—4 zeigt die Schwärzungskurve für eine Photoemulsion, die für die Holographie benutzt wird, und die Kurven für α^2, β^2 und γ^2. Man sieht deutlich, daß α^2 und β^2 ihr Maximum im unteren gekrümmten Teil der Schwärzungskurve haben.

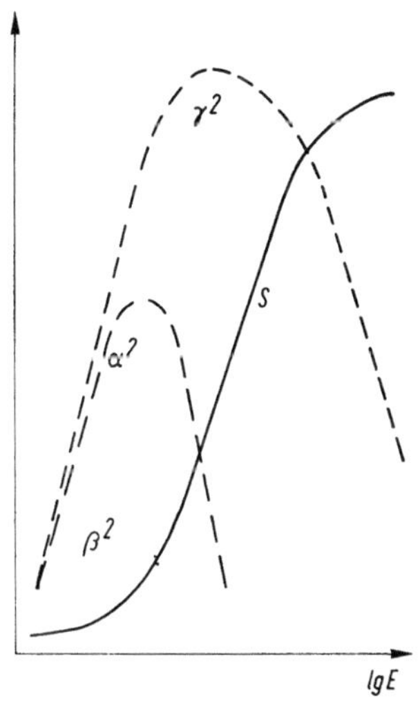

Abb. 8—4. Verschiedene charakteristische Funktionen einer Emulsion zur Hologrammaufnahme

Gl. (8.2-11) gibt den maximalen Beugungswirkungsgrad für Absorptionsgitter an, deren Amplitudentransparenz durch eine harmonische Funktion $\frac{1}{2}(1 + \cos 2\pi R\xi)$ beschrieben wird. Absorptionsgitter mit einer anderen Transparenzverteilung können einen etwas höheren Beugungswirkungsgrad haben. Als Beispiel soll hier ein binäres Gitter mit gleich breiten durchlässigen und absorbierenden Streifen betrachtet werden (vgl. Abb. 2—7; hier ist $2s = d$ zu setzen). Von einem solchen Gitter wird Licht nicht nur in die beiden ersten Beugungsordnungen sondern in alle ungradzahligen höheren Ordnungen gebeugt. Die harmonische Analyse der Amplitudentransparenz ergibt für die Grundfrequenz als Amplitudenvorfaktor das $4/\pi$-fache des Vorfaktors für die harmonische Funktion. Das heißt, die Amplitude in einer der beiden ersten Beugungsordnungen ist um diesen Faktor höher als bei einem Gitter mit harmonischer Amplitudentransparenz. Daraus folgt für den maximalen Beugungswirkungsgrad

$$\eta_{\max} = (4/\pi)^2 \cdot 6{,}25\% \approx 10\%. \tag{8.2-15}$$

Die Amplituden in den höheren Beugungsordnungen klingen mit $1/n$ ab. Hologramme mit binärer Transparenzverteilung spielen vor allem im Bereich der synthetischen Hologramme (Kap. 7.9-e und Kap. 8.7) eine Rolle. Durch direkte Aufnahme eines Interferenzmusters auf einer Photoschicht mit sehr steiler Gradation könnten brauchbare binäre Hologramme nur dann hergestellt werden, wenn die Modulation des Interferenzmusters in der Hologrammebene konstant wäre. Dieser Fall liegt vor, wenn die Objektwelle in der Hologrammebene einen konstanten Amplitudenbetrag hat (phase-only-Hologramme). Die Phasenverteilung der Objektwelle wird durch die Lateralphase des Streifensystems gespeichert. Mit synthetischen Hologrammen kann auch eine Amplitudenvariation der Objektwelle in der Hologrammebene durch die Änderung der Breite der durchlässigen Streifen gespeichert werden.

8.2-b. Zusätzliche inkohärent überlagerte Belichtungen

8.2-b-1. Zusätzliche Belichtung mit homogener Intensitätsverteilung

Werden Hologramme mit Pulslasern aufgenommen, so reicht die in einem Puls abgegebene Lichtenergie oft nicht aus für eine in Hinsicht auf Linearität oder Beugungswirkungsgrad optimale mittlere Belichtung der Hologrammplatte. Das gleiche Problem liegt vor, wenn kontinuierlich emittierende Laser geringer Leistung benutzt werden und man wegen mangelnder Stabilität des experimentellen Aufbaues oder weil zeitlich veränderliche Vorgänge aufgenommen werden sollen mit kurzen Belichtungszeiten auskommen muß. Einige Autoren schlagen daher vor, die mittlere Belichtung durch eine inkohärent uberlagerte Zusatzbelichtung zu vergrößern. Hierfür kann im Prinzip sowohl kohärentes als auch inkohärentes Licht verwendet werden. Im allgemeinen erfolgt die zusätzliche Belichtung vor oder nach der Hologrammaufnahme. Eine unbeabsichtigte inkohärente Zusatzbelichtung kann aber auch in Form von Fremdlicht (Hamasaki 1968) während der Hologrammaufnahme auftreten. Dieser Fall liegt auch immer dann vor, wenn bei der Aufnahme der Vergleichsstrahl linear polarisiert, der Objektstrahl dagegen unpolarisiert ist (z. B. bei einem stark streuenden Objekt). Allerdings ist hier der inkohärente Anteil meist ziemlich klein, weil der Objektstrahl im allgemeinen wesentlich schwächer ist als der Vergleichsstrahl. Bei der folgenden Ableitung wird gleichzeitige inkohärente Zusatzbelichtung vorausgesetzt. Das Endergebnis gilt auch für eine vorhergehende oder nachfolgende Zusatzbelichtung, wenn man von photographischen Effekten absieht und annimmt, daß die verschiedenen Belichtungen sich einfach addieren. Analog zu Gl. (8.1-18) ist die

Gesamtbelichtung E_G eines Hologramms mit inkohärenter Zusatzbelichtung

$$\begin{aligned} E_G(\xi) &= t[A^2 + A_z^2 + a_1^2 + 2Aa_1 \cos\{2\pi\xi \cdot x_1/\lambda F + \varphi_1\}] \\ &= (\bar{E} + E_z)\,[1 + \varrho_G \cos\{2\pi\xi \cdot x_1/\lambda F + \varphi_1\}]. \end{aligned} \tag{8.2-16}$$

Dabei ist $E_z = A_z^2 \cdot t$ die Zusatzbelichtung und

$$\varrho_G = \frac{2A \cdot a_1}{A^2 + A_z^2 + a_1^2}. \tag{8.2-17}$$

Der Beugungswirkungsgrad ist damit analog Gl. (8.2-7a)

$$\eta_z = \left[\frac{1}{2}\,\beta(\bar{E}_G) \cdot \bar{E}_G \cdot \varrho_G\right]^2. \tag{8.2-18}$$

Das Produkt $\bar{E}_G \cdot \varrho_G$ ist gleich dem Produkt $\bar{E} \cdot \varrho$ in Gl. (8.2-7a), wie sich leicht nachprüfen läßt. Die Zusatzbelichtung wirkt sich also nur auf den Wert von β aus. Normierungsprobleme für β vermeidet man, wenn man wie in Gl. (8.2-12a) zur Kenngröße $\alpha(E)$ übergeht. Gl. (8.2-18) geht dann über in

$$\eta_z = \left[\frac{1}{2}\,\lg e \cdot \alpha(\bar{E}_G) \cdot \frac{\bar{E}}{\bar{E} + E_z} \cdot \varrho\right]^2. \tag{8.2-19}$$

Das heißt, der Wert für η, den man bei der mittleren Belichtung $\bar{E}_G$ im vollkommen kohärenten Fall erhält, ist im Fall der inkohärenten Zusatzbelichtung zu multiplizieren mit dem Quotienten aus dem kohärenten Anteil $\bar{E}$ und der Gesamtbelichtung $\bar{E}_G = \bar{E} + E_z$. Mit inkohärenter Zusatzbelichtung kann also nicht der gleiche maximale Beugungswirkungsgrad wie bei der rein kohärenten Belichtung (Gl. 8.2-12a) erreicht werden. Wie am Anfang des Abschnittes bereits gesagt, gilt Gl. (8.2-19) unter den dort aufgeführten Voraussetzungen auch für nicht-gleichzeitige Zusatzbelichtung. Eine ausführliche Analyse dieses Problems mit experimentellen Beispielen findet man bei Biedermann (1971).

8.2-b-2. Mehrfachbelichtung mit verschiedenen Interferenzmustern

Mit ähnlichen Effekten, wie sie bei der inkohärenten Zusatzbelichtung auftreten, ist zu rechnen, wenn mehrere Hologramme auf der gleichen Photoschicht inkohärent überlagert werden. Das ist z. B. der Fall bei der Aufnahme von Hologrammen mit inkohärenter Beleuchtung. Hier wird im allgemeinen eine Vielzahl von Hologrammen (Gitter oder Fresnelsche Zonenplatten), die jeweils nur zu einem Objektpunkt gehören, gleichzeitig auf einer Photoplatte inkohärent überlagert (Lohmann 1965; Bryngdahl, Lohmann 1968b). Aber auch bei der Hologrammaufnahme mit kohärentem Licht spielt die inkohärente Überlagerung eine Rolle. So kann z. B. in der Fourier-Holographie das Intermodulationsbild, das hier den nutzbaren Bildraum begrenzt, unterdrückt werden, wenn man bei der Aufnahme das Objekt mit einem Spalt abtastet. Wird ein Objekt der Breite b_O mit einem Spalt der Breite $b_S < b_O$ abgetastet, so hat das Intermodulationsbild in der Rekonstruktion die Breite $2 \cdot b_S$, während es bei der üblichen Aufnahme die Breite $2 \cdot b_O$ hätte. Ist die Objektbreite b_O gleich einem ganzzahligen Vielfachen N der Breite des Abtastspaltes b_S, so werden bei der Abtastung N Einzelhologramme inkohärent überlagert (Mirandé, Menzel 1968). Ein ähnliches Verfahren könnte auch bei der Herstellung von Hologrammen zur Bildvervielfachung (Sun Lu 1968; Groh 1968, 1969; Lowenthal u. a. 1968) nützlich sein. Auch bei der holographischen Datenspeicherung ist die inkohärente Überlagerung ein wichtiges Verfahren. Schließlich tritt sie auf bei der holographischen Interferometrie durch Mehrfachbelichtung (Heflinger u. a. 1966. Vgl. auch Kap. 7.7). Am Beispiel der Fourier-Holographie von Punktobjekten soll nun gezeigt werden, wie sich der Wirkungsgrad bei inkohärenter Überlagerung von dem bei kohärenter Aufzeichnung der gleichen Objektstruktur unterscheidet. Zunächst betrachten wir die kohärente Aufnahme eines Hologramms von einem Objekt aus N Objektpunkten. Jeder Objektpunkt erzeugt in der Hologrammebene (Strahlengang nach Abb. 7—1) die Amplitudenverteilung

$$u_i(\xi) = a_i \exp i\{2\pi\xi x_i/\lambda F + \varphi_i\}. \tag{8.2-20}$$

Die Amplitude des parallel zur optischen Achse einfallenden Vergleichsstrahles sei A. Setzt man der Einfachheit halber den Amplitudenbetrag aller Objektpunkte $a_i = a_1$ so wird die Intensitätsverteilung in der Hologrammebene

$$I(\xi) = A^2 + N \cdot a_1^2 + 2Aa_1 \sum_{i=1}^{N} \cos\{2\pi\xi \cdot x_i/\lambda F + \varphi_i\}. \tag{8.2-21}$$

Nach Gl. (8.2-7a) ist der Beugungswirkungsgrad proportional zum Quadrat der Modulation, außerdem hängt er über $\alpha^2(\bar{E})$ von der mittleren Belichtung $\bar{E}$ ab. Die mittlere Belichtung ist im vorliegenden Fall

$$\bar{E} = (A^2 + N \cdot a_1^2) \cdot t. \tag{8.2-22}$$

Die Modulation ϱ_i eines jeden Elementargitters ist konstant

$$\varrho_i = \frac{2Aa_1}{A^2 + N \cdot a_1^2}. \tag{8.2-23}$$

Nimmt man andererseits ein Hologramm vom gleichen Objekt auf, indem man jeweils nur die von einem einzigen Objektpunkt ausgehende Welle mit der Vergleichswelle zur Interferenz bringt und die einzelnen Interferenzmuster auf der gleichen Photoschicht inkohärent überlagert, so muß man, um vergleichbare Ergebnisse zu erhalten, die Vergleichswelle so weit schwächen, daß die mittlere Gesamtbelichtung die gleiche ist wie im Fall der kohärenten Aufnahme. Bei der inkohärenten Überlagerung stellt man die Amplitude A' der Vergleichswelle für jede Einzelaufnahme also so ein, daß gilt

$$A' = \frac{A}{\sqrt{N}}. \tag{8.2-24}$$

Die Intensitätsverteilung des Interferenzmusters in der Hologrammebene ist bei der Aufnahme eines Objektpunktes

$$I'(\xi) = \frac{A^2}{N} + a_1^2 + 2\,\frac{A\,a_1}{\sqrt{N}} \cos\left(2\pi\xi \cdot x_\iota/\lambda F + \varphi_\iota\right). \qquad (8.2\text{-}25)$$

Die Gesamtbelichtung ist damit

$$E_G = \left\{A^2 + N a_1^2 + 2\,\frac{A \cdot a_1}{\sqrt{N}} \sum_{\iota=1}^{N} \cos(\ldots)\right\} \cdot t. \qquad (8.2\text{-}26)$$

Die Modulation eines einzelnen Gitters ist also im Falle der inkohärenten Überlagerung

$$\varrho' = \frac{2A \cdot a_1}{\sqrt{N}(A^2 + N a_1^2)}. \qquad (8.2\text{-}27)$$

Setzt man ϱ_i bzw. ϱ' in Gl. (8.2-7) ein, so zeigt sich, daß die Intensität eines rekonstruierten Bildpunktes um den Faktor $1/N$ kleiner ist, wenn das Hologramm durch inkohärente Überlagerung von Einzelhologrammen erzeugt wurde.

Bei der Rechnung wurde vorausgesetzt, daß bei beiden Aufnahmeverfahren die gleiche mittlere Schwärzung erreicht wird und diese über die ganze Hologrammebene konstant ist. Diese Voraussetzung ist annähernd erfüllt bei Hologrammen von diffus streuenden Objekten, nicht aber für Objekte, die in der Hologrammebene einen stark variierenden Intermodulationsterm erzeugen. Ein solches Objekt ist z. B. ein Raster aus gleichphasigen äquidistanten Punktquellen (Lang u. a. 1970). Eine weitere Voraussetzung war, daß jeder Objektpunkt die gesamte Hologrammebene gleichmäßig ausleuchtet. Diese Bedingung ist selbst für diffus streuende Objekte nicht erfüllt, wenn ein Bildebenen-Hologramm des Objektes aufgenommen wird. Hier wird jeder Objektpunkt nur in einem entsprechenden Hologrammpunkt gespeichert. In diesem Fall ergibt sich kein Unterschied zwischen inkohärenter und kohärenter Hologrammaufnahme.

8.3. Die Modulationsübertragungsfunktion der Photoschicht

8.3-a. Allgemeines

Die photographischen Emulsionen, deren sensitometrische Kennlinien in diesem Kapitel diskutiert wurden, enthalten als lichtempfindliche Substanz mikroskopisch kleine Silberbromid- oder Chloridkristalle, eingebettet in einer Gelatineschicht. Da sich die Brechungsindizes der Gelatine ($n \approx 1{,}5$) und der Silberhalogenidkristalle ($n \approx 2{,}25$) erheblich unterscheiden, wird ein Teil des bei der Belichtung auftreffenden Lichtes an den Kriställchen gestreut. Das führt bei der Aufbelichtung eines Punkt- oder Linienbildes zu einem Diffusionslichthof, der das eigentliche Bild umgibt. Werden Gitterstrukturen aufbelichtet, wie z. B. bei der off-axis-Holographie, so bedingt dieses Streulicht eine Abnahme der effektiven Modulation bei zunehmender Ortsfrequenz. Die Abhängigkeit der effektiven

Modulation von der Ortsfrequenz läßt sich beschreiben durch die Modulationsübertragungsfunktion, die im folgenden abgekürzt wird durch MÜF. In den vorhergehenden Abschnitten wurde bei der Abschätzung des Beugungswirkungsgrades zunächst die effektive Modulation gleich der Eingangsmodulation gesetzt. Berücksichtigt man den Einfluß der MÜF auf den Beugungswirkungsgrad, so ist für die Modulation ϱ in Gl. (8.2-7a)

$$\varrho = \varrho_0 \cdot M(R) \tag{8.3-1}$$

einzusetzen. Dabei ist ϱ_0 die Modulation des aufbelichteten Interferenzmusters und $M(R)$ der Modulationsübertragungsfaktor oder der Wert der MÜF für die Ortsfrequenz R.

Betrachtet man die Funktion $M(R)$ als nur bedingt durch den Diffusionslichthof, also durch die Lichtstreuung in einer bestimmten Emulsion, so fällt $M(R)$ monoton mit wachsendem R (Abb. 8—5). Soll aber $M(R)$ die Eigenschaften

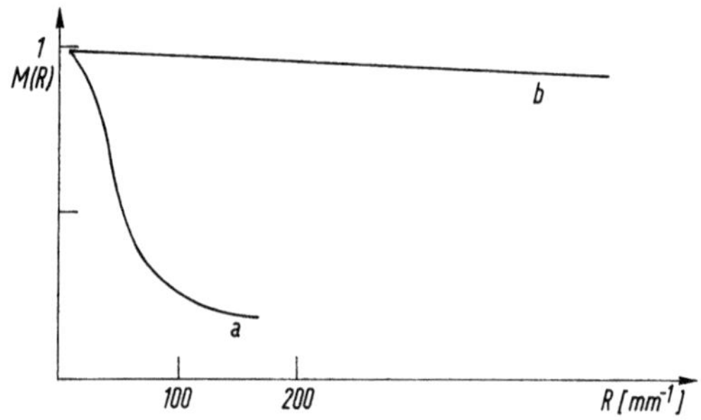

Abb. 8—5. Modulationsubertragungsfunktionen
a Emulsion für konventionelle Photographie,
b Hochauflosende Emulsion zur Hologrammaufnahme

der belichteten Platte nach dem photographischen Prozeß beschreiben, so entstehen grundsätzliche Schwierigkeiten, denn der durch den photographischen Prozeß verursachte Übertragungsschritt ist in den meisten Fällen nichtlinear. Der Formalismus der Übertragungstheorie setzt aber Linearität voraus; deshalb kann die Diskussion der MÜF von photographischen Schichten im Rahmen der Fourier-Optik nur eine Näherung sein.

Bei von Eins verschiedenem $M(R)$ wird der Beugungswirkungsgrad nach Gl. (8.2-7a) und (8.3-1) proportional zum Quadrat von $M(R)$

$$\eta = \left[\frac{1}{2}\,\beta(\bar{E}) \cdot \bar{E} \cdot \varrho_0 \cdot M(R)\right]^2. \tag{8.3-2}$$

Da die Struktur des Interferenzmusters, in dem das Objekt gespeichert wird, wesentlich vom Aufnahmeverfahren abhängt, wirkt sich die MÜF der Photoschicht bei den verschiedenen Holographiearten sehr unterschiedlich im rekonstruierten Bild aus. Nimmt man ein Quasi-Fourier- oder Fourier-Hologramm eines Objektes auf, so wird z. B. die Information über die Lage eines Objektpunktes, genauer dessen Abstand von der Vergleichsquelle, gespeichert in der

Ortsfrequenz eines Gitters mit äquidistanten Streifen. $M(R)$ beschreibt in diesem Falle die Funktion einer Maske, die dem rekonstruierten Bild überlagert ist. Da die MÜF im allgemeinen zu höheren Frequenzen hin abnimmt, wird damit das nutzbare Objektfeld eingeschränkt, die Auflösung wird jedoch nicht beeinflußt, wie später noch ausführlicher gezeigt wird. Für die Bildebenen-Holographie mit ebener Objektbeleuchtungswelle und Vergleichswelle kann gezeigt werden, daß $M(R)$ dagegen die Auflösung im rekonstruierten Bild und nicht das Bildfeld beeinflußt. Bei der Fresnel-Holographie schließlich werden sowohl die Auflösung als auch das Bildfeld beeinflußt. Eine ausführliche formale Diskussion der Effekte wird in Kap. 9 durchgeführt; qualitativ wurden sie schon in Kap. 7.3-e besprochen.

8.3-b. Die Messung der Modulationsübertragungsfunktion

In der Literatur findet man eine Vielzahl von Verfahren zur Bestimmung der MÜF von Photoschichten. Ein Überblick über verschiedene Methoden wird z. B. gegeben bei Langner und Müller (1963), Ooue (1969) und Dainty (1971). Bei den meisten Verfahren wird eine bekannte Intensitätsverteilung (z. B. ein Spaltbild, eine Kante oder ein Gitter) auf die Photoschicht aufbelichtet und die nach der Entwicklung resultierende Schwärzungsverteilung mit einem Mikrophotometer gemessen. Die mikrophotometrische Auswertung ist aber bei hohen Ortsfrequenzen wegen der begrenzten Auflösung des Mikrophotometers und der Nichtlinearität durch Teilkohärenz (Weingärtner u. a. 1971a) äußerst problematisch und daher für die Messung an hochauflösenden Emulsionen nur bedingt brauchbar.

Es liegt andererseits nahe, den Einfluß der MÜF auf den Beugungswirkungsgrad [Gl. (8.3-2)] zur Messung auszunutzen. Man ersetzt dabei die Auswertung mit dem Mikrophotometer durch die Messung der Beugungseffektivität. Ein solches Verfahren zur Bestimmung der MÜF von Photoschichten wurde schon von Leith (1962) angegeben. Grundsätzlich könnten auch hier beliebige Intensitätsverteilungen aufbelichtet werden. Die Intensitätsverteilung von Zweistrahlinterferenzen eignet sich jedoch am besten als Testmuster, man kommt hierbei ohne abbildende Systeme aus, deren Einfluß man sonst berücksichtigen müßte, und kann Belichtungen mit exakt $\cos^2$-förmiger Intensitätsverteilung erzeugen. Verwendet man ebene Wellenfronten bei der Aufnahme, so erhält man Gitter mit konstanter Ortsfrequenz. Beliebige Ortsfrequenzen lassen sich nacheinander durch unterschiedliche Neigungswinkel zwischen den Wellenfronten einstellen. Dieses Meßprinzip wurde zur Bestimmung der MÜF von Photoschichten, die für die Holographie besonders geeignet sind, z. B. von Friesem u. a. (1967) oder Biedermann (1968b), angewandt. Ersetzt man eine der beiden Wellenfronten durch eine Kugelwelle, so ergibt sich als Interferenzmuster eine Fresnelsche Zonenplatte. Damit liegt in einer einzigen Aufnahme ein kontinuierliches, breites Spektrum von Ortsfrequenzen vor (Vander Lugt und Mitchel 1967). Die Eingangsmodulation läßt sich in beiden Fällen durch das Intensitätsverhältnis der beiden Wellenfronten festlegen. Es sei aber daran erinnert, daß Gl. (8.2-3) nur gilt für parallel zueinander und senkrecht zur Einfallsrichtung polarisierte Wellenfronten. Bei anderer Polarisationsrichtung hängt auch die Eingangsmodulation vom Neigungswinkel zwischen den Wellenfronten ab (Nassenstein u. a. 1970). Außerdem sind bei großen Winkeln die Fresnelschen Reflexionsverluste an den Oberflächen der

Photoplatte nicht zu vernachlässigen. Weiter ist zu beachten, daß bei großer Eingangsmodulation der nichtlineare Verlauf der Amplitudentransparenzkennlinie (Kap. 8.1-b) berücksichtigt werden muß. Man geht dieser Schwierigkeit aus dem Wege, wenn man Gitter mit hinreichend kleiner Modulation verwendet. Da man bei der Bestimmung der Beugungseffektivität immer über eine relativ große Fläche der Photoschicht mitteln kann und daher die Messung wesentlich weniger durch die Körnigkeit der Photoschicht gestört wird als bei der mikrophotometrischen Auswertung, bei der ein erheblich kleineres Meßfeld verwendet wird, kann ohne weiteres mit kleiner Eingangsmodulation gearbeitet werden.

Es soll an dieser Stelle noch einmal darauf hingewiesen werden, daß die formalen Ansätze in diesem Kapitel nur für „dünne“ reine Amplitudenobjekte gelten. Am Anfang des Kapitels wurde bereits erwähnt, daß diese Voraussetzungen bei Photoschichten eigentlich nicht erfüllt sind. In der endlich dicken Photoschicht liegt nicht wie bei der Rechnung angenommen eine zweidimensionale sondern eine dreidimensionale Schwärzungs- oder Transparenzverteilung vor. Dieser Effekt macht sich besonders bei hohen Raumfrequenzen bemerkbar und führt dazu, daß der Beugungswirkungsgrad stark vom Einfallswinkel des Rekonstruktionsstrahles abhängt. Maximalen Beugungswirkungsgrad mißt man, wenn der Einfallswinkel des Rekonstruktionsstrahles gleich dem Einfallswinkel des Vergleichsstrahles bei der Aufnahme ist (Kap. 7.8-d). Bei sehr dicken Schichten weicht auch der maximale Beugungswirkungsgrad von dem für zweidimensionale Kosinus-Gitter ab. Daneben können das äußere und innere Phasenrelief erhebliche Beiträge zur Beugungseffektivität liefern, ein Effekt, der sich auch schon bei niedrigen Ortsfrequenzen stark bemerkbar machen kann. Über ein Meßverfahren, das den Einfluß des Phasenreliefs ausschließt, wurde von Biedermann und Johansson (1972) berichtet. Bei diesem Verfahren, das zurückgeht auf eine Methode zur harmonischen Analyse von photographischen Bildern, die von Viénot (1958) vorgeschlagen wurde, wird ebenfalls eine $\cos^2$-förmige Intensitätsverteilung aufbelichtet. Nach der Entwicklung wird dann die Korrelation mit einer anderen $\cos^2$-förmigen Intensitäts- oder Transparenzverteilung gemessen („Vielfach-Sinus-Spalt-Photometer“).

8.4. Nichtlinearität des photographischen Prozesses

8.4-a. Punktobjekt

In Kap. 8.1-b wurde gezeigt, daß bei der off-axis-Holographie lineare Amplitudenübertragung erreicht wird, wenn zwischen der aufbelichteten Intensitätsverteilung des Interferenzmusters und der reellen Amplitudentransparenz der Photoschicht nach der Entwicklung ein linearer Zusammenhang besteht. Diese Bedingung ist im allgemeinen nur näherungsweise und für einen sehr begrenzten Bereich der Intensitätsmodulation erfüllt. Im folgenden soll daher untersucht werden, wie sich Abweichungen von dieser Bedingung im rekonstruierten Bild auswirken. Einige grundsätzliche Effekte lassen sich recht übersichtlich zeigen am Beispiel eines Objektes, das aus nur zwei streuenden Punkten besteht. Nimmt man ein Fourier-Hologramm eines solchen Objektes auf, so hat das Interferenzmuster in der Hologrammebene nach Gl. (7.2-1) die folgende Intensitätsverteilung

$$\begin{aligned} I(\xi) = 1 + a_1^2 + a_2^2 &+ 2a_1 \cos[2\pi\xi x_1/\lambda F + \varphi_1] \\ &+ 2a_2 \cos[2\pi\xi x_2/\lambda F + \varphi_2] \\ &+ 2a_1 a_2 \cos[2\pi\xi(x_2 - x_1)/\lambda F + \varphi_2 - \varphi_1]. \end{aligned} \tag{8.4-1}$$

Dabei sind x_1 und x_2 die Koordinaten der beiden Punkte in der Objektebene, a_1 und a_2 sind die Amplituden der Lichterregung in den Objektpunkten. Die Amplitude der Vergleichswelle wurde der Einfachheit halber gleich 1 gesetzt. φ_1 und φ_2 beschreiben die Phasenverschiebung in den Objektpunkten relativ zur Vergleichswelle. Zur Vereinfachung werden nun die folgenden Abkürzungen eingeführt

$$\begin{aligned} 2\pi\xi x_1/\lambda F + \varphi_1 &= h_1 \\ 2\pi\xi x_2/\lambda F + \varphi_2 &= h_2. \end{aligned} \tag{8.4-2}$$

Der Zusammenhang zwischen der Intensitätsverteilung $I(\xi)$ des Interferenzmusters in der Hologrammebene bzw. der Belichtung $E(\xi) = I(\xi) \cdot t$ und der nach der Entwicklung resultierenden Amplitudentransparenz $u_T(\xi)$ der Photoschicht werden analog Gl. (8.1-11) durch eine Potenzreihe beschrieben

$$\begin{aligned} u_T(\xi) &= G(\bar{E}) + \frac{G'(\bar{E})}{1!}(E(\xi) - \bar{E}) \\ &\quad + \frac{G''(\bar{E})}{2!}(E(\xi) - \bar{E})^2 + \frac{G'''(\bar{E})}{3!}(E(\xi) - \bar{E})^3 + \cdots \\ &= C_0 + C_1 \cdot (E(\xi) - \bar{E}) \\ &\quad + C_2(E(\xi) - \bar{E})^2 + C_3(E(\xi) - \bar{E})^3 + \cdots \\ &= u_{T0} + u_{T1} + u_{T2} + u_{T3} \ldots \end{aligned} \tag{8.4-3}$$

Der lineare Term dieser Funktion hat die Form

$$u_{T1} = C_1\{2a_1 \cos h_1 + 2a_2 \cos h_2 + 2a_1 a_2 \cos(h_2 - h_1)\}. \tag{8.4-4}$$

Für den quadratischen Term erhält man

$$\begin{aligned} u_{T2} = C_2\{&4a_1 a_2 \cos h_1 \cdot \cos h_2 \\ &+ 4a_1^2 a_2 \cos h_1 \cdot \cos(h_2 - h_1) + 4a_1 a_2^2 \cos h_2 \cdot \cos(h_2 - h_1) \\ &+ 4a_1^2 \cos^2 h_1 + 4a_2^2 \cos^2 h_2 + 4a_1^2 a_2^2 \cos^2(h_2 - h_1)\}. \end{aligned} \tag{8.4-5}$$

Nach einfacher Umformung ergibt sich daraus

$$\begin{aligned} u_{T2} = C_2\{&2a_1^2 + 2a_2^2 + 2a_1^2a_2^2 \\ &+ 4a_1a_2\cos(h_2 - h_1) + 4a_1a_2^2\cos h_1 + 4a_1^2a_2\cos h_2 \\ &+ 2a_1^2a_2^2\cos 2(h_2 - h_1) + 4a_1a_2^2\cos(2h_2 - h_1) + 4a_1^2a_2\cos(h_2 - 2h_1) \\ &+ 2a_1a_2\cos(h_2 - h_1) + 2a_1^2\cos 2h_1 + 2a_2^2\cos 2h_2\}. \end{aligned} \quad (8.4\text{-}6)$$

Die erste Zeile der Gl. (8.4-6) enthält nur Konstanten, die hier nicht weiter berücksichtigt werden sollen. In der zweiten Zeile sind Terme mit solchen Argumenten des cos zusammengestellt, die auch in Gl. (8.4-4), also bei einem linearen photographischen Prozeß auftreten. Die zugehörigen Bildpunkte in der Rekonstruktion fallen mit den Bildpunkten des Autokorrelationsbildes (erster Term) und den Punkten des primären und konjugierten Bildes zusammen. Die Amplituden in diesen Bildpunkten hängen jedoch nicht mehr linear mit den Amplituden in den entsprechenden Objektpunkten zusammen. In der dritten und vierten Zeile treten schließlich Terme auf, die zusätzliche Bildpunkte beschreiben. Sie lassen sich in zwei Gruppen aufteilen. Zusätzliche Bildpunkte, die durch die Terme der vierten Zeile beschrieben werden, können durch eine Beschränkung des Objektfeldes vom primären und konjugierten Bild ferngehalten werden. Gl. (8.4-7) gibt die Bedingung für eine solche Objektfeldbeschränkung, die ebenfalls eine Überlagerung durch das Autokorrelationsbild ausschließt.

$$x_{min} > x_{max}/2 \quad (8.4\text{-}7)$$

Dabei ist x_{max} die Koordinate der äußeren Objektfeldgrenze und x_{min} die der inneren [vgl. (Gl. 7.2-4)].

Die zu den Termen der zweiten Zeile von Gl. (8.4-6) gehörenden zusätzlichen Bildpunkte lassen sich durch eine solche Maßnahme nicht vom eigentlichen Bildfeld in der Rekonstruktion fernhalten (Abb. 8—6). Diese falschen Bildpunkte sind zu einem wesentlichen Teil für den Streulichtuntergrund in der Rekonstruktion von Hologrammen verantwortlich, die von diffus streuenden Objekten aufgenommen wurden. Verfolgt man den Rechengang, der zu Gl. (8.4-6) führte, so stellt man fest, daß die Terme der dritten Zeile entstanden sind durch Mitwirkung des Autokorrelationsterms mit dem Argument $(h_2 - h_1)$. In Kap. (8.2-b) wurde aber bereits gezeigt, daß das Autokorrelationsbild durch eine geeignete Aufnahmetechnik (z. B. abtastende Beleuchtung des Objektes bei der Hologrammaufnahme) unterdrückt werden kann. Über experimentelle Ergebnisse hierzu berichten De Bitetto u. Dalisa (1971). Wird durch eine solche Technik der Autokorrelationsterm in der Intensitätsverteilung des Interferenzmusters eliminiert, so fallen auch die Terme der dritten Zeile in Gl. (8.4-6) fort. Damit sollte es also möglich sein, den Störuntergrund, der durch falsche Bildpunkte im Bildfeld bedingt ist, zu unterdrücken. Die zusätzlichen Bildpunkte, die zu den Termen der vierten Zeile gehören, werden durch ein solches Verfahren nicht beeinflußt. Außerdem tritt trotz der Beseitigung des Autokorrelationsterms in der Intensitätsverteilung ein neuer Autokorrelationsterm auf (erster Term der zweiten Zeile von Gl. (8.4-6)), der durch den nichtlinearen Prozeß entstanden ist. Bei der Rekon-

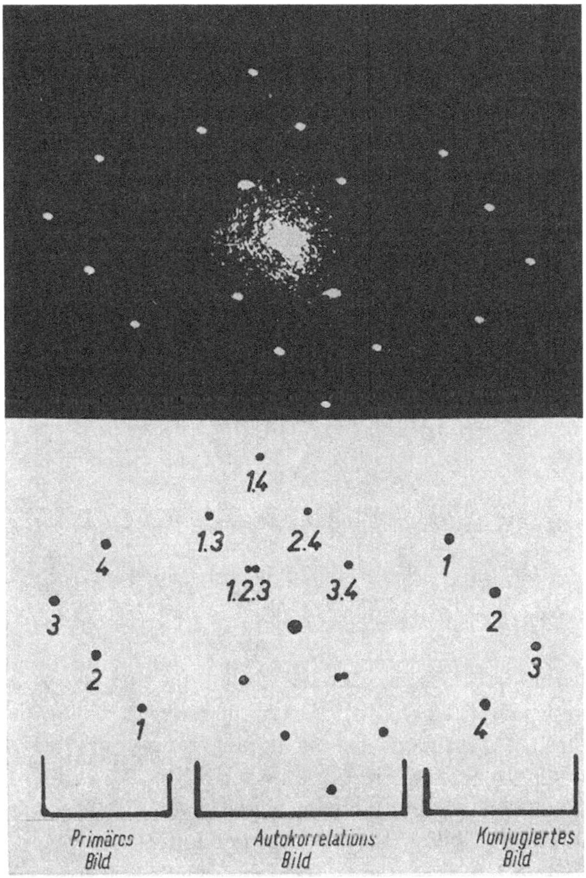

a

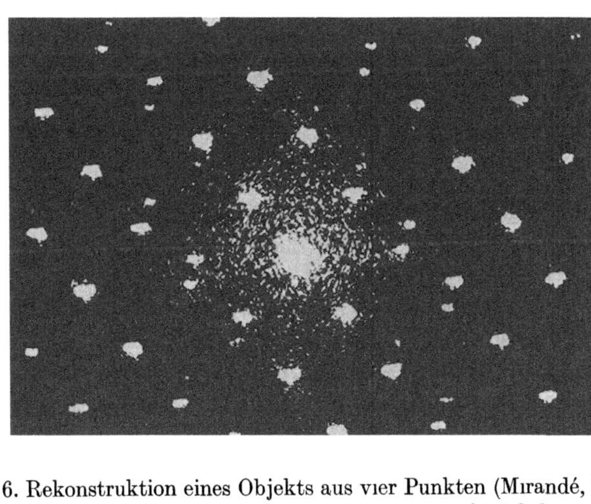

b

Abb. 8—6. Rekonstruktion eines Objekts aus vier Punkten (Mirandé, Menzel 1968)
a) ohne photographische Nichtlinearitat b) nach nichtlinearem photographischen Prozeß bei der Hologrammaufnahme

struktion erscheint also auch trotz der Objektabtastung ein Autokorrelationsbild, dessen Amplitude aber nun mit einem anderen Vorfaktor behaftet ist.

Weitere zusätzliche Bildpunkte in der Rekonstruktion werden beschrieben von Termen höherer Ordnung der Reihenentwicklung nach Gl. (8.4-3). Hier soll nur noch der Beitrag des Terms dritter Ordnung untersucht werden. In Gl. (8.4-8) sind die verschiedenen Anteile bereits nach gleichen Argumenten des cos zusammengefaßt

$$\begin{aligned} u_{T3} = {} & 12a_1^2a_2^2 + 6(2a_1^3a_2 + 2a_1a_2^3 + a_1^3a_2^3)\cos(h_2 - h_1) \\ & + 6(2a_1a_2^2 + 2a_1^3a_2^2 + a_1^3)\cos h_1 + 6(2a_1^2a_2 + 2a_1^2a_2^3 + a_2^3)\cos h_2 \\ & + 6(a_1a_2^2 + a_1^3a_2^2)\cos(2h_2 - h_1) + 6(a_1^2a_2 + a_1^2a_2^3)\cos(2h_1 - h_2) \\ & + 6a_1^3a_2^2\cos(3h_1 - 2h_2) + 6a_1^2a_2^3\cos(3h_2 - 2h_1) \\ & \qquad + 12a_1^2a_2^2\cos 2(h_2 - h_1) \\ & + 6(a_1^3a_2 + a_1a_2^3)\cos(h_2 + h_1) + 6a_1a_2^2\cos(2h_2 + h_1) \\ & \qquad + 6a_1^2a_2\cos(2h_1 + h_2) \\ & + 6a_1^3a_2\cos(3h_1 - h_2) + 6a_1a_2^3\cos(3h_2 - h_1). \end{aligned} \tag{8.4-8}$$

Auch hier treten Terme auf (erste und zweite Zeile), die Bildpunkte beschreiben, die mit denen des primären, des konjugierten und des Autokorrelationsbildes zusammenfallen, deren Amplituden aber nicht mehr linear mit den Amplituden in den entsprechenden Objektpunkten zusammenhängen. Außerdem findet man Terme, die zu zusätzlichen Bildpunkten im eigentlichen Bildfeld führen (dritte Zeile), die mit ebensolchen Bildpunkten zusammenfallen, die von den Termen der dritten Zeile in Gl. (8.4-6) beschrieben werden. Es läßt sich jedoch zeigen, daß die neuen Terme nicht nur durch Mitwirkung des Autokorrelationsterms entstanden sind. Das heißt, die zugehörigen falschen Bildpunkte lassen sich diesmal nicht dadurch beseitigen, daß man, wie oben beschrieben, den Autokorrelationsterm in der Intensitätsverteilung bei der Aufnahme des Hologramms unterdrückt. Die übrigen Terme führen zu weiteren falschen Bildpunkten. Diese lassen sich jedoch wieder durch eine geeignete Objektfeldbeschränkung oder durch Unterdrücken des Autokorrelationsterms bei der Aufnahme vom eigentlichen Bildfeld fernhalten.

8.4-b. Allgemeine Objekte

Am einfachen Beispiel des Punktobjektes ließ sich im vorigen Abschnitt zeigen, daß in der Rekonstruktion meist störende zusätzliche Bilder auftreten, wenn der Zusammenhang zwischen der Intensitätsverteilung des Interferenzmusters und der Amplitudentransparenz des Hologramms nicht durch eine lineare Funktion beschrieben wird. Die Effekte der Nichtlinearität lassen sich aber auch bewußt einsetzen bei der spatialen Filterung oder, wie in Kap. 7.7-g bereits erwähnt, zur Vervielfachung der Objektphase bei der holographischen Rekonstruktion von Phasenobjekten. Zur Beschreibung dieses Prozesses eignet sich besser ein allgemeinerer formaler Ansatz, der in diesem Abschnitt diskutiert werden soll.

Die komplexe Amplitudentransparenz des Objektes sei

$$u_o(x) = B(x) \cdot \exp\{i\varphi(x)\}. \tag{8.4-9}$$

Dabei beschreibt $B(x)$ den Betrag der Amplitude und $\varphi(x)$ die Phasenverteilung der Wellenfront in der Objektebene. Nimmt man ein Bildebenen-Hologramm des Objektes mit schräger Vergleichswelle auf (Abb. 8—7), so ist unter der Voraussetzung idealer 1:1-Abbildung die Amplitudenverteilung in der Hologrammebene

$$u_H(\xi) = u_o(\xi) + \exp\{ik\Theta\xi\}. \tag{8.4-10}$$

$\exp\{ik\Theta\xi\}$ beschreibt eine ebene Vergleichswellenfront, deren Normale mit der optischen Achse den Winkel $\vartheta = \arcsin \Theta$ bildet. Der Betrag der Amplitude

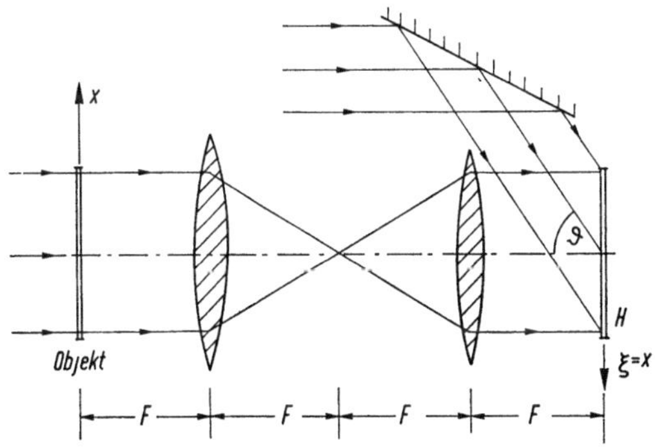

Abb. 8—7. Aufnahme eines Bildebenen-Hologramms

wurde zur Vereinfachung gleich Eins gesetzt. Die Intensitätsverteilung $I(\xi)$ in der Hologrammebene ergibt sich durch Multiplikation mit der konjugiert komplexen Amplitude $u_H^*(\xi)$

$$I(\xi) = 1 + |u_o(\xi)|^2 + u_o(\xi)\exp\{-ik\Theta\xi\} + u_o^*(\xi)\exp\{+ik\Theta\xi\}. \tag{8.4-11}$$

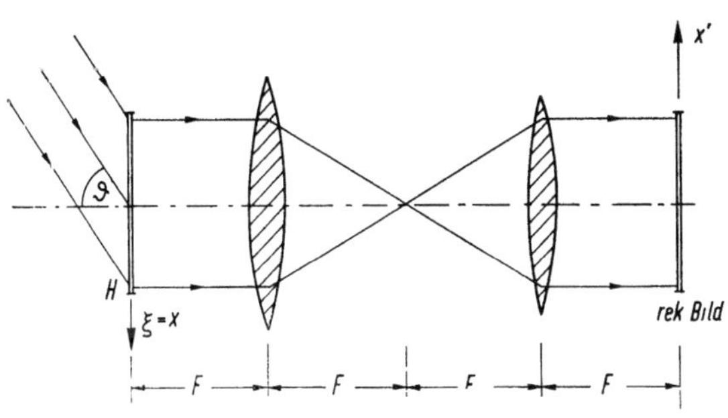

Abb. 8—8. Rekonstruktion des Bildebenen-Hologramms

Die Übertragung der Intensitätsverteilung $I(\xi)$ in die Amplitudentransparenz $u_T(\xi)$ des Hologramms werde beschrieben durch ein Polynom 3. Ordnung

$$u_T(\xi) = \sum_{j=1}^{3} c_j[I(\xi)]^j. \tag{8.4-12}$$

Setzt man Gl. (8.4-11) für $I(\xi)$ in Gl. (8.4-12) ein, so erhält man nach Umformen und Zusammenfassen gleichartiger Terme

$$\begin{aligned} u_T(\xi) = {} & c_1 + c_2 + c_3 + (c_1 + 4c_2 + 9c_3)\,|u_o(\xi)|^2 + (c_2 + 9c_3)\,|u_o(\xi)|^4 + c_3\,|u_o(\xi)|^6 \\ & + (c_1 + 2c_2 + 3c_3)[u_o(\xi)\exp\{-ik\Theta\xi\} + u_o^*(\xi)\exp\{ik\Theta\xi\}] \\ & + (2c_2 + 9c_3)\,|u_o(\xi)|^2 \cdot [u_o(\xi)\exp\{-ik\Theta\xi\} + u_o^*(\xi)\exp\{ik\Theta\xi\}] \\ & + 3c_3\,|u_o(\xi)|^4 \cdot [u_o(\xi)\exp\{-ik\Theta\xi\} + u_o^*(\xi)\exp\{ik\Theta\xi\}] \\ & + (c_2 + 3c_3)[u_o^2(\xi)\exp\{-2ik\Theta\xi\} + u_o^{*2}(\xi)\exp\{2ik\Theta\xi\}] \\ & + 3c_3\,|u_o(\xi)|^2 \cdot [u_o^2(\xi)\exp\{-2ik\Theta\xi\} + u_o^{*2}(\xi)\exp\{2ik\Theta\xi\}] \\ & + c_3[u_o^3(\xi)\exp\{-3ik\Theta\xi\} + u_o^{*3}(\xi)\exp\{3ik\Theta\xi\}]. \end{aligned} \tag{8.4-13}$$

Wird das Hologramm zur Rekonstruktion in einen Strahlengang nach Abb. 8—8 eingesetzt und mit einer schräg einfallenden Welle mit der Amplitude $\exp\{ik\Theta\xi\}$ beleuchtet, so erhält man in der Bildebene die identische Rekonstruktion der Objektwellenfront $u_o(x)$, der aber zwei weitere durch die ortsabhängigen Vorfaktoren $|u_o(x)|^2$ bzw. $|u_o(x)|^4$ modifizierte Objektwellenfronten überlagert sind. Alle anderen Wellenfronten, die sich aus Gl. (8.4-13) ergeben, können durch eine Blende in der Pupillenebene des Rekonstruktionsstrahlenganges von der Bildebene ferngehalten werden, wenn die Bandbreite $2R_{\max}$ des Objektfrequenzspektrums begrenzt und der Winkel $\vartheta = \arcsin\Theta$, den die Vergleichswelle bei der Hologrammaufnahme mit der optischen Achse bildet, hinreichend groß ist. Um z. B. Störungen durch das Spektrum des Terms $|u_o(\xi)|^2$, der auch schon bei einem linearen photographischen Prozeß auftritt, sicher zu vermeiden, muß

$$\Theta > 3\lambda R_{\max} \tag{8.4-14}$$

gewählt werden (vgl. Abb. 7—19). Dabei ist $R_{\max}$ die höchste Raumfrequenz des Objektspektrums. Störungen durch die Spektren der Terme $|u_o(\xi)|^4$ und $|u_o(\xi)|^6$ ließen sich nur durch entsprechend größeres Θ sicher vermeiden. In den meisten praktischen Fällen wird der Beitrag dieser Terme hinreichend klein, da die Amplitude der Objektwelle kleiner als die der Vergleichswelle gewählt wird. Unter diesen Voraussetzungen brauchen auch Störungen durch den Term $|u_o(\xi)|^2 \cdot u_o^2(\xi)$, der in der zweiten Beugungsordnung (sechste Zeile von Gl. (8.4-13)) auftritt, nicht berücksichtigt zu werden.

Beleuchtet man das Hologramm bei der Rekonstruktion mit einer Wellenfront mit der Amplitude $\exp\{2ik\Theta\xi\}$, so werden in der Bildebene unter den oben genannten Voraussetzungen Wellenfronten mit den Amplituden $u_o^2(x')$ und $|u_o(x')|^2 \cdot u_o^2(x')$ rekonstruiert. Handelt es sich bei dem Objekt um ein reines

Phasenobjekt mit der Phasenverteilung $\varphi(x)$, so wird der für allgemeine Objekte ortsabhängige Vorfaktor $|u_0(x)|^2$ in der Amplitude der zweiten Wellenfront konstant gleich Eins, und die Amplituden beider Wellenfronten sind nun bis auf konstante Vorfaktoren gleich. Die Eigenschaften dieser neuen, durch den nichtlinearen photographischen Prozeß erzeugten Wellenfront sind leichter zu erkennen, wenn man die Amplitude nach Gl. (8.4-9) ausschreibt

$$u_0(x) = B \exp\{i\varphi(x)\}$$
$$u_0^2(x) = B^2 \exp\{i2\varphi(x)\}. \quad (8.4\text{-}15)$$

Gl. (8.4-15) zeigt, daß in der zusätzlichen Wellenfront die Phase der Objektwelle verdoppelt auftritt (vgl. Kap. 7.7-g). Der Term $C_3 u_0^3(\xi) \exp\{-3ik\Theta\xi\}$ (letzte Zeile von Gl. (8.4-13)) liefert schließlich eine Wellenfront, in der die Phase der Objektwelle um den Faktor 3 vergrößert ist Eine entsprechende Vergrößerung der Phasenschiebung erhält man, wenn durch den nichtlinearen photographischen Prozeß noch höhere Beugungsordnungen erzeugt werden als im vorliegenden Beispiel.

Ein schwaches Phasenobjekt mit einer Phasenverteilung, die nur relativ niedrige Raumfrequenzen enthält, erzeugt bei paralleler Beleuchtung auch ohne Abbildung in der Hologrammebene eine Phasenverteilung, die näherungsweise gleich der in der Objektebene selbst ist. In diesem Falle lassen sich auch mit Fresnel-Holographie praktisch die gleichen Effekte wie mit der Bildebenen-Holographie erzielen. Matsumoto, Takashima (1970) beschreiben z. B. eine 14fache Verstärkung der Phasenschiebung in der Objektwelle durch ein ähnliches Verfahren. Es muß aber noch gezeigt werden, daß sich diese Effekte nicht mit allen Aufnahmestrahlengängen erzielen lassen.

Nimmt man z. B. von einem Objekt, dessen Amplitude wieder durch Gl. (8.4-9) beschrieben wird, ein Fourier-Hologramm in einem Strahlengang nach Abb. 8—9 auf, so ist die Amplitudenverteilung in der Hologrammebene

$$u(\xi) = \mathscr{F}[u_0(x)] + \exp\{ik\Theta\xi\}$$
$$= \tilde{u}_0(\xi) \quad + \exp\{ik\Theta\xi\}. \quad (8.4\text{-}16)$$

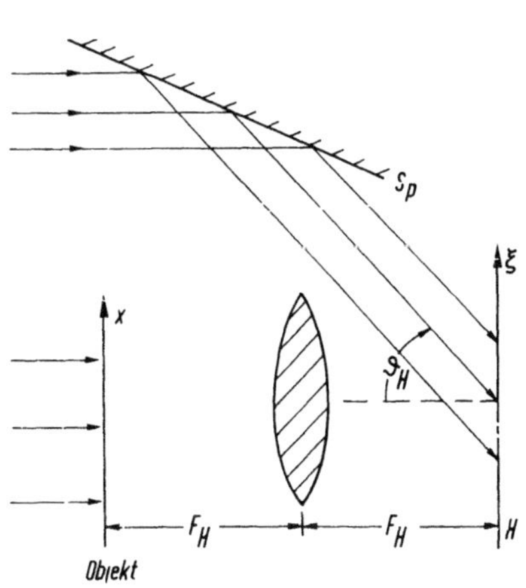

Abb. 8—9. Aufnahme eines Fourier-Hologramms

Die Fourier-Transformation wird hier und in den folgenden Gleichungen durch das Zeichen $\mathscr{F}$ oder die Tilde angedeutet. Für die Intensitätsverteilung in der Hologrammebene gilt analog zu Gl. (8.4-11)

$$I(\xi) = 1 + |\tilde{u}_0(\xi)|^2 + \tilde{u}_0(\xi) \exp\{-ik\Theta\xi\} + \tilde{u}_0^*(\xi) \exp\{ik\Theta\xi\}. \tag{8.4-17}$$

Die Übertragung der Intensitätsverteilung in die Amplitudentransparenz des Hologramms werde wie im vorhergehenden Beispiel durch Gl. (8.4-12) beschrieben. Damit ist die Amplitudentransparenz des Hologramms

$$\begin{aligned} u_T(\xi) = {} & C_1 + C_2 + C_3 \\ & + (C_1 + 4C_2 + 9C_3)\,|\tilde{u}_0(\xi)|^2 + (C_2 + 9C_3)\,|\tilde{u}_0(\xi)|^4 + C_3\,|\tilde{u}_0(\xi)|^6 \\ & + (C_1 + 2C_2 + 3C_3)[\tilde{u}_0(\xi) \exp\{-ik\Theta\xi\} + \tilde{u}_0^*(\xi) \exp\{ik\Theta\xi\}] \\ & + (2C_2 + 9C_3)\,|\tilde{u}_0(\xi)|^2 \cdot [\tilde{u}_0(\xi) \exp\{-ik\Theta\xi\} + \tilde{u}_0^*(\xi) \exp\{ik\Theta\xi\}] \\ & + 3C_3\,|\tilde{u}_0(\xi)|^4 \cdot [\tilde{u}_0(\xi) \exp\{-ik\Theta\xi\} + \tilde{u}_0^*(\xi) \exp\{ik\Theta\xi\}] \\ & + (C_2 + 3C_3)[\tilde{u}_0^2(\xi) \exp\{-2ik\Theta\xi\} + \tilde{u}_0^{*2}(\xi) \exp\{2ik\Theta\xi\}] \\ & + 3C_3\,|\tilde{u}_0(\xi)|^2 \cdot [\tilde{u}_0^2(\xi) \exp\{-2ik\Theta\xi\} + \tilde{u}_0^{*2}(\xi) \exp\{2ik\Theta\xi\}] \\ & + C_3[\tilde{u}_0^3(\xi) \exp\{-3ik\Theta\xi\} + \tilde{u}_0^{*3}(\xi) \exp\{3ik\Theta\xi\}]. \end{aligned} \tag{8.4-18}$$

Wird das Hologramm bei der Rekonstruktion in einem Strahlengang nach Abb. 8—10 mit einer Welle mit der Amplitude $\exp\{3ik\Theta\xi\}$ beleuchtet, so erhält man in der Nähe der optischen Achse die Rekonstruktion einer Wellenfront mit der Amplitude

$$\bar{u}_0(x) = \mathscr{F}^{-1}[\tilde{u}_0^3(\xi)]. \tag{8.4-19}$$

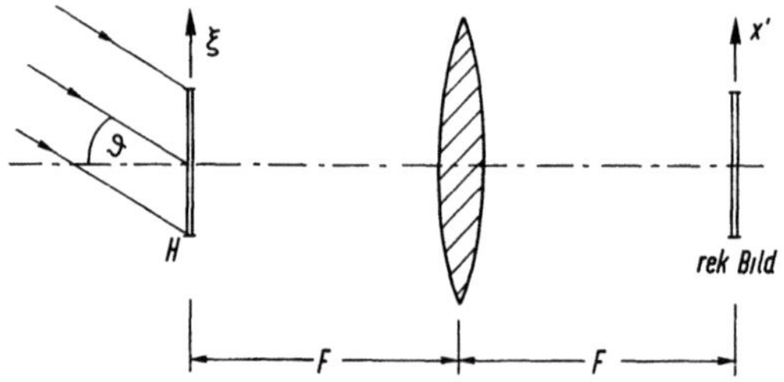

Abb. 8—10. Rekonstruktion des Fourier-Hologramms

Nach den Regeln des Fourier-Kalküls läßt sich Gl. (8.4-19) auch in der folgenden Form schreiben (Kap. 2.8-d)

$$\bar{u}_0(x) = u_0(x) * u_0(x) * u_0(x). \tag{8.4-20}$$

Dieses dreifache Faltungsprodukt der komplexen Objektamplitude beschreibt eine Wellenfront, die nur für Objekte mit speziellen Eigenschaften der Objektwellenfront gleich oder ähnlich ist. Eine ausführliche Diskussion dieser Probleme mit experimentellen Beispielen findet man bei Bryngdahl und Lohmann (1968c). Im folgenden soll nur ein formal besonders einfaches Beispiel angeführt werden. Erfüllt die komplexe Amplitude der Objektwelle die Bedingung

$$u_o(x) * u_o(x) = \delta(x), \tag{8.4-21}$$

so geht die Gl. (8.4-20) über in

$$\bar{u}_o(x) = \delta(x) * u_o(x) = u_o(x) \tag{8.4-22}$$

(vgl. Kap. 2.8-b). In diesem speziellen Falle wird also auch in der durch die Nichtlinearität erzeugten dritten Beugungsordnung die ursprüngliche Objektwellenfront rekonstruiert. Wenn jedoch das Faltungsprodukt der Objektamplitude mit sich selbst nicht nach Gl. (8.4-21) eine Dirac-Funktion sondern z. B. nur eine sinc^2- oder eine Gauß-Funktion mit endlicher Halbwertsbreite ist, so wird unter sonst gleichen Bedingungen ein verwaschenes Bild der Objektamplitudenverteilung rekonstruiert. Eine Vervielfachung der Objektphase, wie sie bei der Bildebenen-Holographie erreicht wurde (vgl. Gl. (8.4-13, -15)), tritt aber nicht auf. Auch das Bild der Objektwellenfront, das bei der Beleuchtung des Hologramms mit einer Wellenfront der Form $\exp\{2ik\Theta\xi\}$ in der Nähe der optischen Achse rekonstruiert wird, zeigt keine Vervielfachung der Phasenverschiebung in der Objektwelle. Erfüllt nämlich die komplexe Amplitude der Objektwelle die Gl. (8.4-21), so führt der erste Term der siebenten Zeile in Gl. (8.4-18) zur Rekonstruktion eines Autokorrelationsbildes der Objektwellenfront, während der erste Term der sechsten Zeile ein Punktbild auf der optischen Achse liefert. Im allgemeinen Fall fuhrt dieser Term zur Rekonstruktion einer Wellenfront, deren Amplitude aus der Amplitude der Objektwellenfront durch Faltung mit sich selbst entsteht

$$\bar{u}_o'(x) = \mathscr{F}^{-1}[\tilde{u}_o^2(\xi)] = u_o(x) * u_o(x). \tag{8.4-23}$$

Beleuchtet man das Hologramm mit einer Wellenfront $\exp ik\Theta\xi$, so wird ein Bild rekonstruiert, dessen Amplitudenverteilung sich zusammensetzt aus der ursprünglichen komplexen Objektamplitude, dem Faltungsprodukt der Objektamplitude mit der Autokorrelationsfunktion der Objektamplitude

$$u_B'(x) = u_o(x) * \mathscr{F}^{-1}\,|\tilde{u}_o(\xi)|^2 \tag{8.4-24}$$

und dem Faltungsprodukt der Objektamplitude mit dem Selbstfaltungsprodukt der Autokorrelationsfunktion der Objektamplitude

$$u_B''(x) = u_o(x) * \mathscr{F}^{-1}[|\tilde{u}_o(\xi)|^2] * \mathscr{F}^{-1}[|\tilde{u}_o(\xi)|^2]. \tag{8.4-25}$$

Die beiden zusätzlichen Amplitudenverteilungen stellen im allgemeinen mehr oder weniger verwaschene Bilder der Objektamplitude dar, sie erzeugen also einen störenden Untergrund, der bei diffus streuenden Objekten makroskopisch nur den Kontrast im rekonstruierten Bild vermindert; bei Objekten mit wohldefinierter Phasenverteilung führen die zusätzlichen durch die Nichtlinearität erzeugten Wellenfronten zu makroskopischen Interferenzmustern. Zu diesem

Störuntergrund tragen auch diejenigen Teile des Autokorrelationsbildes bei, die sich mit dem rekonstruierten Bild überlappen. Durch eine geeignete Aufnahmetechnik, bei der das Autokorrelationsbild unterdrückt wird (Mirandé, Menzel 1968), läßt sich dieser störende Einfluß eliminieren. Die erstgenannten Störungen lassen sich durch das Verfahren jedoch nicht vollständig unterdrücken. Sind der genaue Verlauf der $u_T(E)$-Kennlinie und die Intensitätsverteilung des Interferenzmusters in der Hologrammebene bekannt, so kann die durch die photographischen Nichtlinearitäten bedingte Kontrastminderung in den rekonstruierten Bildern quantitativ abgeschätzt werden. Formale Ansätze für die Berechnung des Kontrastes in den rekonstruierten Bildern von diffus streuenden Objekten auch im Fresnelfall werden von Kozma (1968), Goodman und Knight (1968) und Velzel (1971) angegeben.

Weitere Nichtlinearitäten treten auf, wenn die mittlere Intensität des Interferenzmusters in der Hologrammebene und damit die mittlere Belichtung $\bar{E}$ örtlich nicht mehr annähernd konstant sind. In Kap. 8.2 wurde gezeigt, daß die Helligkeit eines rekonstruierten Bildpunktes oder genauer der Beugungswirkungsgrad des Hologramms außer von der Modulation des Interferenzmusters auch entscheidend von der mittleren Belichtung abhängen. Nimmt man z. B. ein Bildebenen-Hologramm eines Amplitudenobjektes mit einer Vergleichswellenfront auf, deren Amplitude nicht wesentlich größer ist als die maximale Objektamplitude, so variiert in der Hologrammebene die mittlere Belichtung stark mit dem Hologrammort. Der Beugungswirkungsgrad verschiedener Hologrammbereiche hängt dann nicht mehr allein von der Modulation ab, und die Amplitude entsprechender Bereiche im rekonstruierten Bild ist nicht mehr proportional zur Amplitude in dem zugehörigen Objektbereich. Die Kennlinien $\alpha^2(\lg \bar{E})$, die den Zusammenhang von Beugungswirkungsgrad und mittlerer Belichtung beschreiben, haben jeweils einen Bereich positiver und negativer Steigung (vgl. Abb. 8—4). Legt man durch geeignete Wahl der mittleren Belichtung $\bar{E}$ den Arbeitspunkt in den Bereich positiver Steigung, so nehmen mit wachsender Objektamplitude sowohl die Modulation des Interferenzmusters als auch α^2 zu. Im Bereich negativer Steigung ändern sich α^2 und die Modulation gegensinnig. Diese Effekte können ausgenutzt werden, um Kontraste im Objekt abzuschwächen oder zu verstärken. Verwendet man zur Aufnahme eine Vergleichswelle, deren Amplitude kleiner ist als die mittlere Amplitude der Objektwelle, so nimmt in allen Hologrammbereichen, in denen $A < B(\xi)$ ist, die Modulation des Interferenzmusters mit wachsender Amplitude der Objektwelle ab. Es tritt daher im rekonstruierten Bild eine teilweise oder vollständige Kontrastumkehr auf (Nishida 1968).

Nimmt man dagegen ein Fourier-Hologramm des Objektes in einem Strahlengang nach Abb. 8—9 auf, so wird in der Hologrammebene ein Fraunhofersches Beugungsbild des Objektes mit der Vergleichswelle überlagert. Ist nun die mittlere Belichtung $\bar{E}$ nicht konstant oder die Amplitude der Vergleichswellenfront an einigen Stellen des Hologramms schwächer als die Amplitude der Objektwellenfront, so führen die daraus resultierenden Änderungen des Beugungswirkungsgrades zu einer nichtlinearen Übertragung des Ortsfrequenzspektrums des Objektes. Bei nicht streuenden Objekten kann $\bar{E}(\xi)$ in Abhängigkeit von ξ erheblich variieren. Die meisten dieser Objekte haben ein Spektrum, bei dem die niedrigen Ortsfrequenzen stark vertreten sind. Legt man durch geeignete Wahl der Belichtungszeit bei der Hologrammaufnahme den Arbeitspunkt in den Teil der $\alpha^2(\lg \bar{E})$-Kennlinie mit negativer Steigung und benutzt man eine Vergleichswelle mit relativ kleiner Amplitude, so können die niedrigen Ortsfrequenzen im rekonstruierten Bild unterdrückt werden. Die Nichtlinearität hat in diesem Falle eine ähnliche Wirkung wie ein Hochpaßfilter. Abb. 8—11 zeigt ein Beispiel für

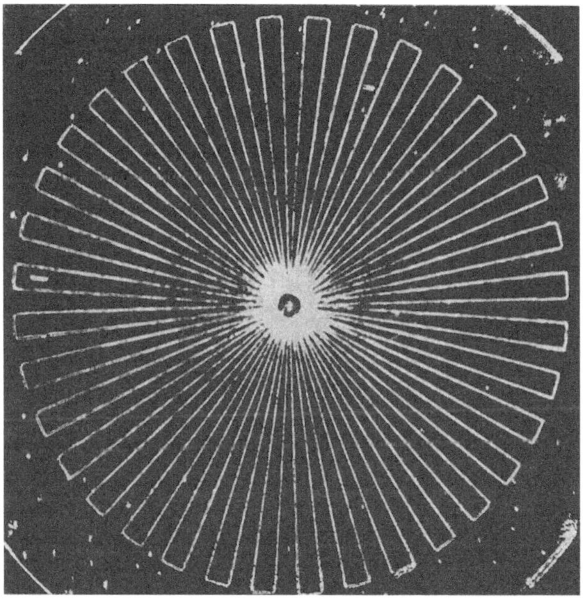

Abb. 8—11. Radialgitter nach Fourier-Holographie mit Nichtlinearitäten

diesen Effekt. Durch entsprechende Wahl des Arbeitspunktes und der Amplitude der Vergleichswelle können auch andere Frequenzbereiche des Objektspektrums verstärkt oder abgeschwächt werden.

Bei der Aufnahme von Fresnel-Hologrammen wirken sich die oben diskutierten Effekte sowohl auf den Bildort als auch auf das Spektrum aus. Ein Beispiel hierfür zeigt Abb. 8—12. Das gleiche gilt auch für Quasi-Fourier-Hologramme, da auch hier ein Fresnelsches Beugungsbild in der Hologrammebene mit der Vergleichswellenfront überlagert wird. Bei der Aufnahme der Hologramme zu den Abbn. 8—11 und 8—12 hatte die Wellenfront, die zur Beleuchtung des Objektes benutzt wurde, in der Objektebene die gleiche Amplitude wie die Vergleichswelle. Im Fraunhoferschen oder Fresnelschen Beugungsbild des Objektes kann die Amplitude der Objektwellenfront aber größer werden als die der Vergleichswellenfront, wenn die Objektwellenfront z. B. durch Beugung am Objekt auf diskrete Bereiche in der Hologrammebene fokussiert wird. Die Wellenfronten von diffus streuenden Objekten zeigen im Fourier- und Fresnel-Fall keine starke makroskopische Variation des Amplitudenbetrages der Objektwelle. Deshalb treten für solche Objekte die oben erwähnten Effekte nicht auf. Im Bildebenen-Fall liegen dagegen für diffus

Abb. 8—12. Radialgitter nach Fresnel-Holographie mit Nichtlinearitäten

streuende Objekte und nicht streuende Objekte die gleichen Verhältnisse vor. Die Möglichkeit, die Nichtlinearität gezielt zur Filterung einzusetzen, wird ausführlicher z. B. von Vander Lugt und Rotz (1970) diskutiert.

8.5. „Dünne" dielektrische Hologramme

8.5-a. Allgemeines

Im vorliegenden Kapitel wurde bisher nur von Hologrammen gesprochen, bei denen die Intensitätsverteilung des Interferenzmusters in der Hologrammebene in eine Variation der Absorption umgewandelt worden war. Bei der Rekonstruktion mit einer ebenen Wellenfront liegt hinter einem solchen Hologramm eine Amplitudenverteilung vor, die nur im Amplitudenbetrag moduliert ist. Hologramme dieser Art nannten wir Amplitudenhologramme. Nun soll zunächst gezeigt werden, daß sich auch mit Hologrammen, bei denen die Intensitätsverteilung des Interferenzmusters in eine Phasenmodulation des Hologramms verwandelt wird, ähnliche Wellenfronten rekonstruieren lassen wie von den oben genannten Amplitudenhologrammen. Die Intensitätsverteilung bei der Hologrammaufnahme mit außeraxialem Vergleichsstrahl hat nach Gl. (8.3-13) die Form

$$I(\xi) = A^2 + B^2(\xi) + 2AB(\xi)\cos\{k\Theta\xi + \varphi(\xi) + \Phi\}. \qquad (8.5\text{-}1)$$

Dabei beschreibt $B(\xi)$ wieder die Variation des Amplitudenbetrages der Objektwellenfront in der Hologrammebene, während A den Betrag der Amplitude der

Vergleichswellenfront angibt. Wie später noch ausführlicher diskutiert wird, läßt sich diese Intensitätsverteilung $I(\xi)$ z. B. durch Bleichen eines Hologramms, das auf einer silberhalogenidhaltigen Photoschicht aufgenommen wurde, oder durch Verwendung anderer lichtempfindlicher dielektrischer Aufnahmemedien (vgl. Kap. 8.7) in eine Phasenverteilung umwandeln. Der Einfachheit halber nehmen wir nun an, daß die Intensitätsverteilung $I(\xi)$ linear entweder in eine Variation der Dicke $D(\xi)$ einer dielektrischen Schicht mit dem konstanten Brechungsindex n (äußeres Relief) oder in eine Verteilung des Brechungsindex $n(\xi)$ bei konstanter Schichtdicke (inneres Relief) umgewandelt wird. Außerdem soll zunächst der formal einfache Fall des „dünnen" Hologramms behandelt werden. Damit ist gemeint, daß die Dicke der Hologrammschicht oder die Tiefe des Oberflächenreliefs klein sein soll gegen die Gitterperiode, die zur höchsten Frequenz im Ortsfrequenzspektrum der Verteilung $I(\xi)$ gehört. Weiter dürfen keine zu großen Beugungswinkel in der Rekonstruktion auftreten. Von Kogelnik (1967, 1969) wird als Bedingung für dünne dielektrische Hologramme angegeben

$$2\pi\lambda D/n_0 d^2 \approx 1 \tag{8.5-2}$$

(vgl. Kap. 2.6-c). Dabei sind D die Schichtdicke und n_0 der Brechungsindex der Hologrammemulsion, d ist die kleinste Gitterperiode im Hologramm. Die komplexe Amplitudentransparenz des Hologramms läßt sich nun beschreiben durch

$$u_T(\xi) = \exp\{ikD(\xi)\cos[k\Theta\xi + \varphi(\xi) + \Phi_0]\}. \tag{8.5-3}$$

Nimmt man weiter an, daß zur Rekonstruktion eine ebene Wellenfront benutzt wird, deren Normale mit der Normalen der Hologrammebene den Winkel ϑ einschließt, so gilt

$$D(\xi) = \frac{(n-1)\,d(\xi)}{\cos\vartheta} \quad \text{mit} \quad d(\xi) = c' \cdot I(\xi) \tag{8.5-4}$$

für das Hologramm mit äußerem Relief und

$$D(\xi) = \frac{[n(\xi)-1]d}{\cos\vartheta} \quad \text{mit} \quad n(\xi) = c'' \cdot I(\xi) \tag{8.5-5}$$

für das Hologramm mit innerem Relief. Fällt die Rekonstruktionswellenfront senkrecht auf die Hologrammebene, so kann Gl. (8.5-4) vereinfacht geschrieben werden

$$D(\xi) = c \cdot I(\xi). \tag{8.5-6}$$

Aus Gl. (8.5-1) und Gl. (8.5-3) folgt dann weiter

$$u_T(\xi) = \exp\{ikc(A^2 + B^2(\xi) + 2AB(\xi)\cos[k\Theta\xi + \varphi(\xi) + \Phi_0])\}. \tag{8.5-7}$$

Der erste Summand im Exponenten liefert eine konstante Phasenverschiebung, er kann daher weggelassen werden. Für die folgende Diskussion wird weiter angenommen, daß $B^2(\xi)$ in Abhängigkeit von ξ nur langsam variiert, dann kann auch der zweite Summand im Exponenten unberücksichtig bleiben. Gl. (8.5-7) vereinfacht sich nun zu

$$u_T(\xi) = \exp\{ikc \cdot 2AB(\xi)\cos[k\Theta\xi + \varphi(\xi) + \Phi_0]\}. \tag{8.5-8}$$

Für $k \cdot 2c \cdot A \cdot B(\xi) \ll 1$ kann Gl. (8.5-8) in eine Potenzreihe entwickelt und die Reihenentwicklung nach dem linearen Glied abgebrochen werden.

$$u_T(\xi) = 1 - i2kcAB(\xi) \cos [k\Theta\xi + \varphi(\xi) + \Phi_0]. \qquad (8.5\text{-}9)$$

Vergleicht man dieses Ergebnis mit Gl. (8.1-14), so zeigt sich, daß sich der Anteil mit der harmonischen Variation in Gl. (8.5-9) bis auf Konstanten nur durch das i von dem in Gl. (8.1-14) unterscheidet. Das bedeutet, es werden von einem dielektrischen Hologramm in der + und − ersten Beugungsordnung Wellenfronten rekonstruiert, die sich von denen eines Amplitudenhologramms nur durch eine relative Phasenverschiebung von $\frac{\pi}{2}$ unterscheiden.

8.5-b. Der Beugungswirkungsgrad

Zur Abschätzung des mit dünnen dielektrischen Hologrammen maximal erreichbaren Beugungswirkungsgrades wird wie in Kap. 8.2 der besonders einfache Fall des Fourier-Hologramms von einem Objektpunkt diskutiert. Die Intensitätsverteilung in der Hologrammebene für diesen Fall wird beschrieben analog Gl. (8.2-2) durch

$$I(\xi) = A^2 + a_1^2 + 2Aa_1 \cos [2\pi\xi \cdot x_1/\lambda F + \varphi_1]. \qquad (8.5\text{-}10)$$

Wird diese Intensitätsverteilung z. B. in ein Hologramm mit einem Oberflächenrelief verwandelt, so hat unter den im vorhergehenden Abschnitt genannten vereinfachenden Voraussetzungen dieses Hologramm eine Amplitudentransparenzverteilung

$$u_T(\xi) = \exp \{i2ck \cdot A \cdot a_1 \cos [2\pi\xi x_1/\lambda F + \varphi_1]\}. \qquad (8.5\text{-}11)$$

Durch die Entwicklung in eine Fourier-Reihe erhält man

$$u_T(\xi) = \sum_{p=-\infty}^{+\infty} i^p J_p(G) \exp \{ip2\pi\xi x_1/\lambda F + \varphi_1\} \text{ mit } G = 2ckAa_1. \qquad (8.5\text{-}12)$$

Dabei ist J_p die Besselfunktion der Ordnung p. Ein Hologramm mit dieser Amplitudentransparenz hat also unendlich viele Beugungsordnungen, deren Amplituden durch den Wert der zugehörigen Besselfunktion bestimmt sind. Abb. 8—13 zeigt das charakteristische Verhalten der Besselfunktionen. Es sind

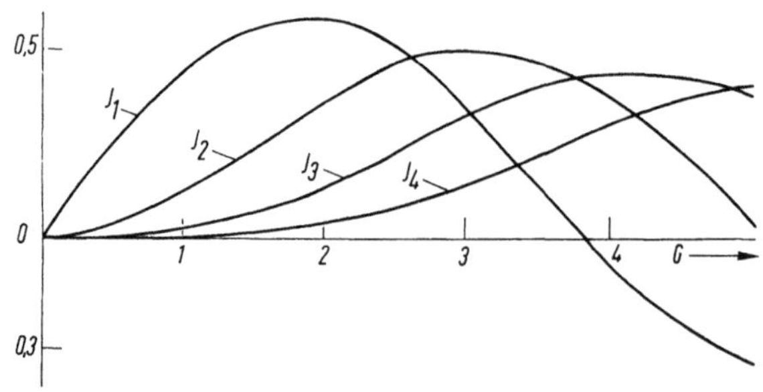

Abb. 8—13. Besselfunktionen

oszillierende Funktionen, deren Extremwerte mit wachsendem Argument G und wachsender Ordnungszahl p der Funktion abnehmen. Weiter erreichen die Funktionen mit höherer Ordnungszahl ihr erstes Maximum erst für größere Argumente G. Diese Tatsachen müssen bei der Herstellung von dünnen dielektrischen Hologrammen beachtet werden. Ist man nämlich an der Rekonstruktion von Bildern höherer Ordnung interessiert, z. B. weil man hier eine Verstärkung der Phasenmodulation der Objektwellenfront in diesen Bildern ausnutzen will (Kap. 7.7-g und Kap. 8.4-b), so wird man die Aussteuerung des Reliefs möglichst groß machen. In den meisten Fällen ist man jedoch an einer optimalen Rekonstruktion des primären oder konjugierten Bildes interessiert, dann sollte man nach Abb. 8—13 die Aussteuerung des Hologramms so wählen, daß G den Wert nicht überschreitet, für den $J_1(G)$ das erste Maximum erreicht. Für die Abschätzung des maximal erreichbaren Wirkungsgrades sucht man den maximalen Wert der Besselfunktion erster Ordnung auf. Er beträgt etwa 0,58. Daraus folgt für den Beugungswirkungsgrad

$$\eta_{\max} = 33{,}9\% . \tag{8.5-13}$$

Dieser Wert ist mehr als 5mal so groß wie der für dünne Amplitudenhologramme mit harmonischer Transparenzverteilung [Gl. (8.2-15)]. Noch größere Werte des Beugungswirkungsgrades kann man für dünne dielektrische Hologramme mit einem inneren oder äußeren Relief erhalten, das nicht mehr durch eine harmonische Funktion beschrieben wird. So erreicht man z. B. bei Gittern mit Rechteck-Mäanderprofil (binäres Phasengitter) einen maximalen Beugungswirkungsgrad von etwa 40% in den beiden ersten Beugungsordnungen (Hormann 1967). Gitter mit Echelette-Profil (Kap. 2.3-g) beugen theoretisch alles unter einem passenden Winkel auftreffende Licht einer bestimmten Wellenlänge in eine beliebige Beugungsordnung, die bei der Herstellung des Gitters festgelegt werden kann. Allerdings lassen sich solche Gitterstrukturen nicht durch die Aufnahme von Zweistrahlinterferenzen auf gewöhnlichen Photoschichten erzeugen. Aufnahmemedien und Verfahren, mit denen sich solche Strukturen herstellen lassen, werden in Kap. 8.7 beschrieben.

8.6. Volumenhologramme

8.6-a. Allgemeines

Bei der Aufnahme von Hologrammen mit Strahlengängen, wie sie z. B. in Kap. 7 beschrieben wurden, liegt in der Umgebung der Hologrammebene ein räumliches Interferenzmuster vor, in dem die Abstände zweier Flächen minimaler oder maximaler Intensität von der Größenordnung der Lichtwellenlänge sind. Werden zur Aufnahme des Hologramms silberhalogenidhaltige Photoschichten mit einer Schichtdicke von 10—15 μm verwendet, so entsteht nach dem üblichen photographischen Prozeß in der Schicht ein räumliches System von Lamellen gleicher Absorption oder nach dem Bleichen des Hologramms (Kap. 8.7-2) ein System von Lamellen mit gleichem Brechungsindex. Die Abhängigkeit der Beugungsintensität von der Wellenlänge und der Richtung der Rekonstruktionswelle, die für die Beugung an dreidimensionalen Gittern charakteristisch ist, wurde in Kap. 7.3-g und 7.8-d bereits angedeutet. Diese Volumeneffekte treten um so deutlicher auf, je größer der Winkel zwischen Vergleichs- und Objektwellenfront bei der Aufnahme ist, weil damit das Verhältnis des Abstandes zweier Lamellen mit gleichen optischen Eigenschaften zur Dicke der Photoschicht kleiner wird. Besonders stark ausgeprägte Volumeneffekte treten auf, wenn man zur Aufnahme phototrope Substanzen benutzt (Kap. 8.7). Die Winkel- und Wellenlängenselektivität der Volumenhologramme sind Eigenschaften, die für die Multiplex-Holographie vorteilhaft sind (Kap. 7.8-d). Außerdem lassen sich von Volumenhologrammen Rekonstruktionen in weißem Licht erzeugen (Stroke und Labeyrie 1966b).

8.6-b. Der Beugungswirkungsgrad

Für die Abschätzung des mit Volumenhologrammen erreichbaren Beugungswirkungsgrades eignet sich als einfachste Hologrammstruktur ein räumliches Gitter aus äquidistanten Lamellen mit jeweils konstanter Absorption oder konstantem Brechungsindex. Weiter wird angenommen, daß die Variation der Absorption oder des Brechungsindex in der Richtung senkrecht zu diesen Lamellen durch eine harmonische Funktion beschrieben wird. Ein solches Gitter entsteht, wenn das Interferenzmuster von zwei kollimierten Wellenfronten in einer geeigneten lichtempfindlichen Substanz aufgezeichnet wird. Da in den meisten praktischen Fällen die Schichtdicke des Aufnahmemediums wesentlich kleiner ist als die laterale Ausdehnung der Schicht, spielt auch die Richtung der Lamellen relativ zur Hologrammebene eine wesentliche Rolle. Es werden nur die beiden folgenden Grenzfälle betrachtet: 1. Die Lamellen mit gleichen optischen Eigenschaften stehen senkrecht auf der Hologrammebene. 2. Die Lamellen liegen parallel zur Hologrammebene. Der erste Fall liegt dann vor, wenn bei der Aufnahme die beiden interferierenden Wellenfronten symmetrisch zur Normalen der Hologrammebene von der gleichen Seite auf die lichtempfindliche Schicht auftreffen. Hologramme, die in dieser Art aufgenommen wurden, geben Rekonstruktionen im Durchlicht. Die zweite Situation erhält man, wenn die Wellenfronten symmetrisch zur Hologrammebene von verschiedenen Seiten einfallen. Hologramme dieser Art ergeben eine Rekonstruktion in Reflexion. Damit auch in einer üblichen photographischen Schicht mit einer Schichtdicke von 10 bis 15 μm genügend viele „reflektierende“ Lamellen mit maximaler Absorption oder maximalem Brechungsindex entstehen, muß dafür gesorgt werden, daß der Abstand zweier Lamellen möglichst klein wird. Das erreicht man, wenn man den Winkel zwischen den beiden interferierenden Wellenfronten sehr groß macht. Der kleinste Abstand ergibt sich, wenn die Wellenfronten unter einem Winkel von 180° aufeinandertreffen. Der Abstand zweier reflektierender Lamellen ist dann gleich der halben Wellenlänge der interferierenden Wellen. Diese Situation liegt z. B. vor bei der Lippmannschen Farbphotographie (Lippmann 1894).

Für dielektrische Volumenhologramme der „ersten Art“ (Lamellen senkrecht auf der Hologrammebene) mit harmonischer Variation des Brechungsindex läßt sich die Abhängigkeit des Beugungswirkungsgrades von der Schichtdicke und der Aussteuerung der beugenden Struktur durch Gleichungen beschreiben, die für die Beugung von Licht an Ultraschallwellen entwickelt wurden (Bathia und Noble 1953, Phariseau 1956).

Der Formalismus wurde z. B. von Kogelnik (1967 und 1969) erweitert für die Beschreibung der Beugung an dielektrischen Volumengittern der „zweiten Art" (Lamellen parallel zur Hologrammebene) und an Absorptionsgittern der ersten und zweiten Art.

Die Amplitude des Lichtes, das an einem dreidimensionalen Absorptionsgitter der Dicke L gebeugt wird, bei dem die Lamellen senkrecht zur Ebene der Photoschicht stehen (Volumengitter der ersten Art), wird nach Kogelnik beschrieben durch

$$u_D = -\exp\{-a_0 \cdot L/\cos\vartheta\} \cdot \sinh\{a_1 \cdot L/2\cos\vartheta\}. \qquad (8.6\text{-}1)$$

Dabei ist a_0 die mittlere Absorption des Mediums und a_1 die Amplitude der Absorptionsvariation. Weiter wurde angenommen, daß die Rekonstruktionswelle eine Amplitude vom Betrag 1 hat und unter dem Bragg-Winkel ϑ einfällt. Der Verlust, der durch die mittlere konstante Absorption a_0 bedingt ist, wird am kleinsten, wenn $a_0 = a_1$ ist. Diese Funktion hat ein ausgeprägtes Maximum, d. h., für eine zu große Aussteuerung $a_1 \cdot L$ nimmt der Beugungswirkungsgrad wegen der zunehmenden Verluste durch die Absorption wieder ab. Aus dem Maximalwert der Funktion läßt sich die maximale Beugungseffektivität ermitteln. Es ergibt sich

$$\eta_{\max} = 3{,}7\%. \qquad (8.6\text{-}2)$$

Die Amplitude einer Wellenfront, die unter dem Bragg-Winkel ϑ an einem entsprechenden dielektrischen Gitter gebeugt wird, läßt sich beschreiben durch

$$u_D = -i\sin(\pi n_1 L/\lambda\cos\vartheta). \qquad (8.6\text{-}3)$$

Dabei ist n_1 die Amplitude der Variation des Brechungsindex. In diesem Fall liegt also eine periodische Funktion vor, deren Maxima den Betrag Eins haben, d. h., bei einer geeigneten Aussteuerung ist eine maximale Beugungseffektivität

$$\eta_{\max} = 100\% \qquad (8.6\text{-}4)$$

erreichbar. Weiter zeigt Gl. (8.6-3), daß für hinreichend kleine Werte von $n_1 \cdot L/\lambda\cos\vartheta$ ein annähernd linearer Zusammenhang zwischen der Amplitude des gebeugten Lichtes und der Variation des Brechungsindex besteht.

Bei Volumengittern der zweiten Art (Lamellen parallel zur Photoschicht) wird für Absorptionsgitter mit $a_0 = a_1$ die Amplitude des unter dem Bragg-Winkel ϑ gebeugten Lichtes beschrieben durch

$$u_R = -1/\left[2 + \sqrt{3}\coth\left(\sqrt{3}\,a_1 L/2\cos\vartheta\right)\right]. \qquad (8.6\text{-}5)$$

Es zeigt sich, daß für wachsende Aussteuerung $a_1 L$ die Amplitude sich asymptotisch einem Grenzwert nähert. Aus diesem Grenzwert läßt sich durch Quadrieren der maximale Beugungswirkungsgrad berechnen. Es ergibt sich

$$\eta_{\max} = 7{,}2\%. \qquad (8.6\text{-}6)$$

Für verlustfreie dielektrische Gitter ($a_0 = a_1 = 0$) gleichen Typs gilt

$$u_R = i \tanh(\pi n_1 L/\lambda \cos \vartheta). \tag{8.6-7}$$

u_R ist ebenfalls eine Funktion, die sich für wachsendes Argument asymptotisch einem Grenzwert nähert. Dieser Grenzwert ist 1, d. h., der maximale Beugungswirkungsgrad eines solchen Gitters ist wieder 100%. Formeln für dielektrische Gitter mit endlicher Absorption werden ebenfalls von Kogelnik angegeben.

Zum Vergleich werden alle bisher erwähnten maximalen Beugungswirkungsgrade in einer Tabelle zusammengestellt. Es muß aber beachtet werden, daß es sich dabei um theoretische Werte handelt, die für spezielle Grenzfälle errechnet wurden und die in der Praxis wahrscheinlich kaum erreicht werden, weil die idealisierten Voraussetzungen, die den Berechnungen zugrunde liegen, kaum vollständig erfüllt werden können.

Tabelle 8.6-1. *Maximale Beugungswirkungsgrade*

Absorptionshologramme			
dünne Hologramme		*Volumenhologramme*	
Reflexion und Durchstrahlung		harmonisch	
harmonisch:	$\eta = 6{,}25\%$	Reflexion:	$\eta = 7{,}2\%$
binär:	$\approx 10\%$	Durchstr.:	$= 3{,}7\%$
Dielektrische Hologramme			
dunne Hologramme		*Volumenhologramme*	
Reflexion und Durchstrahlung		harmonisch	
harmonisch:	$\eta = 33{,}9\%$	Reflexion:	$\eta = 100\%$
binär:	$= 40{,}25\%$	Durchstr.:	$= 100\%$
echelette:	$\approx 100\%$		

8.7. Spezielle Aufnahmemedien und Verfahren

8.7-a. Allgemeines

Nach den Ausführungen in den vorausgehenden Kapiteln liegt es nahe, daß sich zur Aufzeichnung von Hologrammen grundsätzlich alle Substanzen oder zusammengesetzten Systeme eignen, deren optische Eigenschaften durch die bei der Hologrammaufnahme benutzte Strahlung geändert werden. Je nach Art des Aufnahmemediums und der Verarbeitung wird man Hologramme erhalten, die als zweidimensionale reine Absorptionsobjekte wirken (Amplitudenhologramme) oder die als dünne dielektrische Hologramme nur die Phase der rekonstruierenden Wellenfront beeinflussen (Phasenhologramme). Schließlich können in hinreichend dicken Schichten durch die räumliche Intensitätsverteilung des Interferenzmusters bei der Hologrammaufnahme dreidimensionale Gitterstrukturen erzeugt werden (Volumenhologramme). In den folgenden Kapiteln wird ein Überblick gegeben über eine Auswahl von Medien und Verfahren, die für die Speicherung von Hologrammen bereits praktisch erprobt wurden. Dabei sollen gleichzeitig einige charakteristische Eigenschaften der verschiedenen Systeme besprochen werden. Eine für die meisten Anwendungen wichtige Eigenschaft ist der Frequenzgang. Damit bezeichnen wir in diesem Zusammenhang eine Funktion, die angibt, mit welchem Übertragungsfaktor die Umwandlung der Modulation des Interferenzmusters bei einer bestimmten Ortsfrequenz in eine entsprechende Variation der Absorption, des Brechungsindex oder der Reliefhöhe behaftet ist. Bei dünnen Amplitudenhologrammen beschreibt die Modulationsübertragungsfunktion (Kap. 8.3 und Kap. 9) diesen Zusammenhang. Weiter wird gezeigt, daß sich mit einigen Aufnahmemedien je nach Aufnahmebedingungen und Verarbeitungsprozeß Amplitudenhologramme, Phasenhologramme oder auch Volumenhologramme erzeugen lassen. Die silberhalogenidhaltige Photoschicht, deren Eigenschaften im Zusammenhang mit der Aufzeichnung von Amplitudenhologrammen schon ausführlicher besprochen wurde, ist ein typisches Beispiel hierfür. Daher soll sie auch im folgenden Kapitel noch einmal behandelt werden.

8.7-b. Silberhalogenidhaltige Photoschichten

Ein gewöhnlich entwickeltes und fixiertes Hologramm, das auf einer photographischen Emulsion aufgezeichnet wurde und dessen Ortsfrequenzspektrum sich bis zu einer Maximalfrequenz von etwa 200 mm^{-1} erstreckt, verhält sich wie ein reines Phasenhologramm, wenn man die Rekonstruktionswellenfront an der Oberseite der Photoschicht reflektiert. Diese sollte zur Verbesserung der Reflexion mit Metall bedampft sein. In diesem Fall wird das Licht am Schwärzungsrelief (Lau u. a. 1958) des Hologramms gebeugt. Der Frequenzgang dieses Schwärzungsreliefs zeigt ein ausgeprägtes Maximum. Das mit einem relativ großen Übertragungsfaktor behaftete Frequenzband liegt im allgemeinen bei unter 100 mm^{-1}. Die Größe des Übertragungsfaktors und die Bandbreite hängen aber wesentlich vom photographischen Prozeß ab. So ergibt sich z. B. bei Verwendung eines gerbenden Entwicklers ein relativ schmales Übertragungsband mit hohem Übertragungsfaktor (Smith 1968).

Dünne dielektrische Hologramme für eine Rekonstruktion in Durchstrahlung erhält man, wenn man das Silberbild eines Hologramms ausbleicht, dessen Ortsfrequenzspektrum sich ebenfalls nicht über etwa 200 mm^{-1} erstreckt. Entweder kann das Silber z. B. durch verdünnte Chrom-Schwefelsäure vollständig herausgelöst werden, dabei tritt im wesentlichen eine Gerbung der Schichtgelatine auf, die von der Silberkonzentration in dem entsprechenden Bereich abhängt. Das führt nach der Trocknung zu unterschiedlichen Schrumpfungen der Gelatine und damit zu einem Oberflächenrelief (äußeres Relief) mit ähnlichen Eigenschaften, wie sie das Schwärzungsrelief aufweist, und gleichzeitig zu einer ortsabhängigen Änderung des Brechungsindex (inneres Relief) (Hannes 1967). Der Frequenzgang des inneren Reliefs ist bei dem von Hannes diskutierten System annähernd konstant, und der Übertragungsfaktor ist relativ klein. Die maximale Phasenvariation des inneren Reliefs würde zu einem Beugungswirkungsgrad von etwa 1% führen. Ähnliche Ergebnisse für andere Emulsionen mit einem ähnlichen Bleichbad findet man auch bei Smith (1968). Mit Bleichbädern anderer Zusammensetzung (im einfachsten Falle genügt ein Zusatz von Kochsalz oder Kaliumbromid zur verdünnten Chrom-Schwefelsäure) wird das Silber in eine Silberhalogenidverbindung zurückverwandelt (rehalogeniert), dabei entstehen

Reliefstrukturen, die auch bei höheren Ortsfrequenzen große Beugungswirkungsgrade liefern. Es wird auch eine Umwandlung in komplexe Silberverbindungen (z. B. Silberferrocyanid) (Pennington und Harper 1970) vorgeschlagen.

Wenn durch einen entsprechend großen Winkel zwischen Objekt- und Vergleichswellenfront im Hologramm Trägerfrequenzen von mehr als 200 mm^{-1} erzeugt werden, erhält man Hologramme, die sich nicht mehr wie reine zweidimensionale Gitter verhalten. Mit zunehmender Ortsfrequenz treten immer deutlichere Volumeneffekte auf (Kap. 8.6 und Kap. 7.8-d). Bei normaler Entwicklung der Photoschicht entstehen absorbierende Volumenhologramme (Denisyuk 1963). Nach einem Bleichprozeß erhält man dielektrische Volumenhologramme. Einige wesentliche Eigenschaften von dielektrischen Hologrammen, die durch Rehalogenierung von Photoschichten entstanden waren, wurden z. B. von Upatnieks und Leonard (1970) formal und experimentell untersucht.

Durch die Rehalogenierung von Absorptionshologrammen kann zwar grundsätzlich ein erheblich höherer Beugungswirkungsgrad erreicht werden, doch dieser Vorteil wird durch einige Nachteile erkauft. Einerseits ist für maximalen Beugungswirkungsgrad des rehalogenierten Hologramms eine um den Faktor 4 bis 5 größere mittlere Belichtung erforderlich. Andererseits erzeugen solche Hologramme wesentlich mehr Streulicht im rekonstruierten Bild als Amplitudenhologramme. Dieses Streulicht enthält verschiedene Anteile. Ein Anteil hängt unmittelbar vom Bleichprozeß ab, ein weiterer von der Struktur der Photoschicht, und ein dritter entsteht durch spezielle nichtlineare Effekte, die grundsätzlich bei dielektrischen Hologrammen auftreten (Kap. 8.8). Die Störungen durch den ersten Anteil können verringert werden, indem man geeignete Bleichbäder auswählt. Verschiedene Rezepte fur Bleichbäder wurden z. B von Latta (1968), von Upatnieks und Leonard (1969) und von Pennington und Harper (1970) erprobt. Besonders klein wird dieser Anteil, wenn man nicht das Silberbild rehalogeniert, sondern aus einem unfixierten Hologramm das entwickelte Silber vollständig herauslöst, so daß das unentwickelte Halogensilber der Photoschicht übrig bleibt. Diese Umkehrbleichung wurde z. B. von Chang und George (1970), Lamberts und Kurtz (1971) und Buschmann (1971) beschrieben. Der zweite Streulichtanteil kann bei einer vorgegebenen Photoschicht praktisch nicht beeinflußt werden. Der dritte Anteil schließlich hängt einerseits wesentlich von der Aussteuerung des Hologramms ab, andererseits aber auch von der Struktur des Objektes und dem Aufnahmeverfahren. In bestimmten Fällen bleibt er, wie später gezeigt wird, auch bei maximaler Aussteuerung vernachlässigbar.

Schließlich soll an dieser Stelle noch einmal über die Schrumpfung der photographischen Schicht gesprochen werden. Diese Schrumpfung, die im wesentlichen dadurch hervorgerufen wird, daß bei der chemischen Fixierung des Hologramms das überschüssige Silberhalogenid aus der Schicht herausgelöst wird, kann bei Volumenhologrammen zu erheblichen Störungen in der Rekonstruktion führen. Der Einfluß der Schrumpfung bleibt am geringsten, wenn bei der Aufnahme Objekt- und Vergleichswellenfront von der gleichen Seite symmetrisch zur Normalen der Hologrammebene auf die Schicht treffen. In diesem Fall entsteht in der Schicht ein System von Lamellen, die senkrecht zur Schichtebene stehen, und der Abstand der Lamellen mit gleichen optischen Eigenschaften wird durch den Fixageprozeß praktisch nicht geändert. In allen anderen Fällen ändert sich dieser

Abstand. Am stärksten ist der Effekt bei Hologrammen ausgeprägt, bei denen die Lamellen parallel zur Hologrammebene verlaufen. Durch Änderung der Wellenlänge des zur Rekonstruktion verwendeten Lichtes und durch eine gegenüber der Aufnahmesituation geänderte Lage der Rekonstruktionsquelle kann meist erreicht werden, daß die Bragg-Bedingung wieder erfüllt ist. In einigen Fällen sind diese Abweichungen von der Aufnahmesituation unerwünscht (z. B. Farbholographie oder holographische Interferometrie). Daher wurde von verschiedenen Autoren vorgeschlagen, die Schrumpfung durch eine Schwellung der Schicht zu kompensieren. Man behandelt dazu die Hologramme mit einer wässerigen Lösung eines transparenten Stoffes, der mit den Bestandteilen der Photoemulsion nicht chemisch reagiert. Dieser Stoff zieht in die Gelatine ein und verhindert beim Trocknen der Schicht die Schrumpfung. Als geeignete Substanz hat sich z. B. Triäthanolamin $C_6H_{15}NO_3$ erwiesen (Lin und LoBianco 1967).

8.7-c. Bichromat-Gelatine

Die Lichtempfindlichkeit organischer Stoffe, die mit Bichromat-Salzen behandelt wurden, ist schon lange bekannt. Ein System, das sich besonders für photomechanische Reproduktionsverfahren bewährt hat, ist die Bichromat-Gelatineschicht. Als Speichermedium für die Holographie ist diese Schicht interessant, weil sich mit ihr dielektrische Hologramme mit hohem Beugungswirkungsgrad und geringem systembedingten Streulicht aufzeichnen lassen. Allerdings ist die Lichtempfindlichkeit um einige Größenordnungen geringer als die von hochauflösenden Photoemulsionen. Das Maximum der Empfindlichkeit liegt außerdem im nahen Ultraviolett bei etwa 3600 Å. Schon durch die Belichtung mit einem Interferenzmuster werden in solchen Schichten Änderungen des Brechungsindex hervorgerufen. Diese ergeben aber nur einen Beugungswirkungsgrad von etwa 1%. Hologramme mit großem Beugungswirkungsgrad entstehen erst nach einem geeigneten Entwicklungsprozeß. In der Literatur werden zwei verschiedene Systeme vorgeschlagen (Shankoff 1968, Chang 1971). Dabei handelt es sich entweder um Schichten aus ungehärteter Bichromatgelatine oder um Schichten aus Bichromat-Gelatine, die vor der Belichtung gehärtet wurde. Bei Schichten aus ungehärteter Gelatine sind die belichteten Bereiche in warmem Wasser unlöslich, wahrend die unbelichtete Gelatine löslich bleibt. Die Entwicklung erfolgt daher mit warmem Wasser. Man erhalt dabei ein Auswasch-Relief. Der Frequenzgang dieses Auswaschreliefs wurde von Meyerhofer (1971) untersucht. Wird gehärtete Gelatine verwendet — z. B. unentwickelte ausfixierte Photoschichten, die mit Ammonium-Bichromat-Losung sensibilisiert wurden (Lin 1969) — so erfolgt die Entwicklung durch Quellung der Schicht in Wasser und darauf folgende schnelle Entwässerung in Alkohol (Isopropanol). Dabei entstehen lamellenartige Strukturen, sie ergeben Hologramme mit ähnlichen Eigenschaften, wie sie Volumenhologramme aufweisen (Curran und Shankoff 1970). Über die Herstellung von Gittern mit hohem Beugungswirkungsgrad und geringem Streulicht auf Bichromat-Gelatineschichten berichten Shankoff und Curran (1968).

8.7-d. Photolacke und Photopolymere

Photolacke sind organische Substanzen, deren Löslichkeit in einem bestimmten Lösungsmittel durch Bestrahlung mit Licht oder mit Elektronen geändert wird. Je nachdem ob es sich um einen positiven oder negativen Photolack handelt, werden die belichteten oder unbelichteten Stellen bei der Entwicklung in dem Lösungsmittel gelöst. Dadurch entsteht auf der Lackschicht ein Oberflächenrelief. Die Photolacke eignen sich daher zur Aufnahme von dünnen dielektrischen Hologrammen. Man erhält Hologramme mit annähernd sinusförmigem Oberflächenprofil, wenn Objekt- und Vergleichswellenfront von der gleichen Seite symmetrisch zur Schichtnormalen auf die Schicht auftreffen. Fallen die Wellenfronten unsymmetrisch zur Schichtnormalen ein, so können Gitter mit Echeletteprofil erzeugt werden (Sheridon 1968, Rudolph und Schmahl 1970). Da die Photolacke praktisch kornlos sind, ist der systembedingte Streulichtanteil sehr klein. Der Frequenzgang weist für steigende Ortsfrequenzen abnehmende Übertragungsfaktoren auf. Diese sind jedoch meist auch bei Ortsfrequenzen von über 1000 mm^{-1} noch ausreichend groß. Über die experimentelle Bestimmung des Frequenzganges für den Photolack Az 111 der Fa. Shipley berichteten Brandes und Curran (1971). Die z. Zt. bekannten Photolacke sind leider nur im kürzerwelligen Teil des Spektrums lichtempfindlich, aber auch hier ist die Empfindlichkeit um Größenordnungen geringer als die hochauflösender Silberhalogenidemulsionen. Günstiger sind die Verhältnisse für Photolacke, die durch Elektronenbestrahlung vernetzt werden. Diese haben fast die gleiche Empfindlichkeit für Bestrahlung mit Elektronen wie Silberhalogenidemulsionen (Hamisch und Binkele 1963).

Während bei Photolackschichten nach der Belichtung noch eine Entwicklung in einem Lösungsmittel erforderlich ist, erhält man mit Systemen aus bestimmten anderen organischen Substanzen, die hier unter dem Schlagwort Photopolymere zusammengefaßt werden sollen, Hologramme mit hohem Beugungswirkungsgrad ohne jede Entwicklung (Close u. a. 1969, Files 1971 und Jenney 1971), oder die Entwicklung erfolgt durch eine zweite Belichtung mit homogener Intensitätsverteilung (Colburn und Haines 1971). In diesen Schichten werden im allgemeinen dielektrische Volumenhologramme erzeugt. Einige der Systeme lassen sich auch durch Zusatz geeigneter Farbstoffe für die Strahlung des He-Ne-Lasers sensibilisieren. Die Empfindlichkeit dieser Systeme ist zwar größer als die von Photolacken und Bichromatgelatine aber geringer als die von Silberhalogenidemulsionen. Der Frequenzgang des von Colburn und Haines beschriebenen Systems zeigt ein ausgeprägtes Maximum. Der Schwerpunkt des übertragenen Frequenzbandes liegt bei etwa 1000 mm^{-1}.

8.7-e. Thermoplaste

Die Aufzeichnung von Hologrammen mit einem speziellen System, das für die Xerographie verwendet wird, wurde von Urbach und Meier (1966) vorgeschlagen. Da dieses System einige für die Anwendung der Holographie besonders interessante Eigenschaften aufweist, soll es hier auch etwas ausführlicher besprochen werden.

Das Speichermedium ist ein thermoplastischer Kunststoff. Dieser ist auf eine Schicht aus transparentem photoleitenden Material aufgetragen. Die Photoleiterschicht befindet sich wiederum auf einer Glasplatte, die mit einer elektrisch gut leitenden, durchsichtigen Schicht bedampft ist. Das System wird sensibilisiert, indem man der äußeren Oberfläche der Kunststoffschicht eine homogene positive Ladung erteilt. Dadurch wird gleichzeitig eine entsprechende negative Ladung auf der elektrisch gut leitenden Schicht influenziert. Bei der Belichtung mit einer Intensitätsverteilung wird der Photoleiter an den Stellen, die vom Licht getroffen werden, leitend, und negative Ladungen wandern an die Grenzfläche zwischen Photoleiter und Kunststoffschicht. Durch eine Nachladung wird darauf das System lichtunempfindlich gemacht. Zur Entwicklung wird der Kunststoff z. B. durch heiße Luft bis zum Erweichungspunkt erhitzt. Dabei bildet sich ein der Ladungsverteilung entsprechendes Oberflächenrelief aus, da die stärker positiv geladenen Stellen von den gegenüberliegenden negativen Ladungen angezogen werden. Durch Abkühlen wird das Relief fixiert. Es entstehen also ähnlich wie auf Photolackschichten Oberflächenreliefhologramme, allerdings lassen sich mit diesem System keine Echelette-Strukturen erzeugen. Im Gegensatz zu allen bisher besprochenen lichtempfindlichen Systemen ist aber die oben beschriebene Anordnung reversibel, d. h., man kann die Information löschen und die gleiche Schicht für die Aufzeichnung eines neuen Hologramms verwenden (Lin und Beauchamp 1970). Das ist eine Eigenschaft, die z. B. für die Anwendung der Holographie in der Datenverarbeitung interessant ist. Für die holographische Interferometrie wurde das System von Bellamy u. a. (1971) erprobt. Die absolute und spektrale Lichtempfindlichkeit des Systems wird durch die Eigenschaften des Photoleiters festgelegt. Der Frequenzgang zeigt wieder ein ausgeprägtes Maximum. Die Lage des Maximums hängt von der Dicke der Kunststoffschicht und der angelegten Feldstärke ab (Budd 1965).

8.7-f. Photochromes Glas

Als photochrome oder phototrope Substanzen bezeichnet man Stoffe, deren Absorption im sichtbaren Spektralbereich durch Bestrahlung mit Licht reversibel geändert wird. Aus der Vielzahl der bekannten photochromen Substanzen soll hier als Beispiel nur das silberhalogenidhaltige photochrome Glas erwähnt werden (Armistead und Stookey 1964).

Im Grundzustand ist das photochrome Glas für sichtbares Licht praktisch vollkommen transparent. Bei Bestrahlung mit Licht nimmt seine Absorption mit wachsender Belichtung zu, bis schließlich ein Sättigungswert erreicht wird. Die spektrale Empfindlichkeit dieser Gläser erstreckt sich vom ultravioletten Bereich des Spektrums über den sichtbaren Teil bis etwa 6500 Å. Sie hängt ab von der chemischen Zusammensetzung und kann weiter beeinflußt werden durch Temperprozesse, denen das Glas unterworfen wird (Kosar 1965). Das Auflösungsvermögen von photochromem Glas reicht bei weitem aus für die Aufzeichnung beliebiger lichtoptischer Interferenzmuster. Da die Hologrammstruktur allein durch die Belichtung ohne einen weiteren Prozeß erzeugt wird, können photochrome Substanzen in großer Schichtdicke zur Aufzeichnung von Volumenhologrammen verwendet werden. AgBr-haltiges Glas wurde wegen seiner günstigen spektralen

Empfindlichkeit von Friesem und Walker (1970) als dreidimensionales Speichermedium zur Aufnahme von Farbhologrammen erprobt. Eine Speicherung der Hologrammstruktur für längere Zeit ist allerdings nicht möglich, da sich die durch die Belichtung erzeugte Verfärbung allmählich zurückbildet. Durch Bestrahlung mit langwelligem Licht wird das Ausbleichen erheblich beschleunigt, d. h., die gespeicherte Information kann willkürlich gelöscht werden, und die Schicht steht dann zur Aufnahme eines neuen Hologramms zur Verfügung. Dieser Effekt eignet sich aber auch zur Aufnahme von Hologrammen. Dabei wird durch eine homogene Vorbelichtung das photochrome Glas angefärbt und die Hologrammstruktur durch partielles Ausbleichen bei der Belichtung mit langwelligem Licht erzeugt. Wird zur Aufnahme und Rekonstruktion Licht der gleichen Wellenlänge benutzt, so wird während der Rekonstruktion die aufgezeichnete Struktur bei beiden Verfahren teilweise gelöscht. Diese unbeabsichtigte Löschung kann nur dadurch hinreichend klein gehalten werden, daß man eine Rekonstruktionswelle geringer Intensität verwendet oder daß man mit Licht aus einem Wellenlängenbereich rekonstruiert, in dem die spektrale Empfindlichkeit des Materials für die Anfärbung und Ausbleichung gering ist.

8.7-g. Ferroelektrische Kristalle

Bei einer Anzahl ferroelektrischer Kristalle wird durch Belichtung mit hoher Intensität eine Änderung des Brechungsindex hervorgerufen. In einigen Substanzen bleibt diese Änderung auch noch einige Zeit nach der Belichtung bestehen. Solche Ferroelektrika eignen sich daher grundsätzlich zur Aufzeichnung von Volumenhologrammen. Wie bei den photochromen Stoffen entsteht die Hologrammstruktur schon bei der Belichtung ohne Entwicklungsprozess. Da in einem ferroelektrischen Kristall die Information in einem Phasengitter gespeichert wird, ist jedoch ein wesentlich höherer Beugungswirkungsgrad zu erzielen als mit photochromen Gläsern, in denen Absorptionsgitter erzeugt werden.

Eine zur Hologrammaufzeichnung gut geeignete ferroelektrische Substanz ist das $LiNbO_3$ (Chen u. a. 1968). Die Belichtung bewirkt hier eine Abnahme des Brechungsindex um $\Delta n \approx 10^{-5}$ bis 10^{-3}. Ähnlich wie beim photochromen Glas nimmt der Beugungswirkungsgrad während der Rekonstruktion oder nach endlicher Lagerzeit ab. Es sind aber inzwischen Verfahren zur Stabilisierung der in $LiNbO_3$ aufgezeichneten Phasengitter entwickelt worden. Diese Stabilisierung läßt sich z. B. dadurch erreichen, daß man die Kristalle unmittelbar vor der Belichtung mit γ-Strahlung bestrahlt oder während der Belichtung auf etwa 100 °C erhitzt. Auf diese Weise können Speicherzeiten von einigen Monaten oder sogar Jahren erzielt werden, und es wird verhindert, daß die Information durch die Rekonstruktion gelöscht wird. Soll dagegen die gespeicherte Struktur absichtlich gelöscht werden, so müssen die Kristalle auf etwa 300 °C erhitzt werden. Man kann sie danach zur Aufzeichnung eines neuen Hologramms verwenden. Über die oben angedeuteten Verfahren und über Möglichkeiten, die Lichtempfindlichkeit der Kristalle durch Bestrahlung mit γ-Strahlung oder Dotierung mit Eisen wesentlich zu erhöhen, berichten ausführlich Amodei u. a. (1972).

8.7-h. Synthetische Hologramme

Bei der Synthese von Hologrammen mit Hilfe von digitalen Elektronenrechnern liegt die Information über die Transparenzverteilung des Hologramms zunächst in digitaler Form vor. Für die Herstellung eines lichtoptisch rekonstruierbaren Hologramms muß die so verschlüsselte Information geeignet umgewandelt werden. Steuert man mit einem Elektronenrechner ein elektromechanisches Zeichengerät, so kann nur eine binäre Verteilung dargestellt werden. Ein Verfahren, das es gestattet, sowohl die Phase als auch die Amplitude einer komplexen Amplitudenverteilung in einer binären Transparenzverteilung zu speichern, die für eine lichtoptische Rekonstruktion geeignet ist, wurde von Lohmann und Paris (1967) vorgeschlagen. Dabei werden die Phase wie bei der konventionellen Holographie als Lateralphase eines Streifensystems oder im zweidimensionalen Fall eines Punktmusters gespeichert und der Amplitudenbetrag als relative Streifenbreite oder Fleckgröße. Das zunächst stark vergroßert gezeichnete Muster braucht nun nur noch optisch verkleinert und photographiert zu werden. Ein anderes Verfahren zur Codierung der komplexen Amplitudenverteilung in einem binären Amplitudenhologramm wurde von Lee (1970) vorgeschlagen. Für die photographische Aufzeichnung der binären Verteilung ist die silberhalogenidhaltige Photoschicht das gebräuchlichste Aufzeichnungsmedium. Binäre Amplitudenhologramme mit sehr geringem systembedingten Streulicht lassen sich andererseits mit Hilfe von Photolackschichten herstellen. Dazu beschichtet man eine Glasplatte, die vorher mit einer undurchsichtigen Metallschicht (z. B. Chrom) bedampft wurde, mit positivem Photolack. An den belichteten Stellen wird bei der Entwicklung der Schicht in einem geeigneten Lösungsmittel der Lack weggelöst, und die freiliegende Metallschicht kann abgeätzt werden.

Ein anderes Verfahren zur Synthese von Hologrammen besteht darin, daß man die Intensitätsverteilung des Interferenzmusters berechnet. Die Hologrammvorlage muß nun mit einem Halbtonzeichner gezeichnet werden. Als Halbtonzeichner kann z. B. eine Elektronenstrahlröhre dienen, deren Bildschirm auf eine Photoschicht abgebildet wird (Ichioka u. a. 1969 und 1971). Auch hier ist für die Aufnahme der Hologramme die silberhalogenidhaltige Photoemulsion wahrscheinlich am besten geeignet.

Ein weiteres Verfahren besteht darin, daß man nur die komplexe Amplitude der Objektwellenfront (ohne Vergleichswellenfront) in der Hologrammebene berechnet.

$$u(\xi) = A(\xi) \cdot \exp i\varphi(\xi) \tag{8.7-1}$$

Für die Herstellung des Hologramms muß der Elektronenrechner zwei verschiedene Intensitätsverteilungen liefern, von denen die eine den Amplitudenbetrag $A(\xi)$ der komplexen Transparenzverteilung repräsentiert und die andere den Phasenanteil $\varphi(\xi)$. Für die Aufnahme dieser Intensitätsverteilungen eignet sich auch am besten die Photoemulsion. Durch Bleichung der Photoschicht kann dann schließlich die erforderliche Phasenverteilung erzeugt werden. Beide Schichten, genau passend übereinandergelegt, ergeben dann das gesuchte Hologramm. Beim Kinoformverfahren (Lesem u. a. 1969) wird der Anteil $A(\xi)$ vernachlässigt. Eine Kinoformaufzeichnung unterscheidet sich also grundsatzlich von konventionellen dielektrischen Hologrammen, die auf optischem Wege erzeugt werden. Benutzt man das Kinoformverfahren zur Herstellung von speziellen optischen Elementen, die nur die Phase beeinflussen sollen, z. B. holographische Probegläser oder Filter zur Kompensation bestimmter Wellenaberrationen, so ist ohnehin keine Transparenzverteilung nötig, die den Amplitudenbetrag speichert. Bei der Rekonstruktion allgemeiner Objektwellenfronten kann die Unterdrückung der Amplitudeninformation jedoch zu Störungen führen. Diese sind verhältnismäßig gering für diffus streuende Objekte (Kermisch 1970a).

Ebenfalls einen hohen Beugungswirkungsgrad haben dielektrische Hologramme mit binärem Oberflächenrelief oder mit Echeletteprofil, in dem sich grundsätzlich auch die Information über den Amplitudenbetrag der Wellenfront in der Hologrammebene speichern läßt (Kirk und Jones 1971).

Schließlich sei noch ein anderes Verfahren zur Aufzeichnung von synthetischen Hologrammen erwähnt. Es besteht darin, daß man das Hologramm direkt mit einem vom Rechner gesteuerten Elektronenstrahl auf eine Photoemulsion oder eine Photolackschicht schreibt. Auf diese Weise kann man binäre oder Halbtonhologramme gleich in der Originalgröße herstellen. Man vermeidet damit Fehler, die durch das bei den vorher genannten Verfahren zur photographischen Aufnahme nötige optische System eingeführt werden können.

8.8. Nichtlinearitäten bei der Aufnahme von dünnen dielektrischen Hologrammen

In Kap. 8.4 wurde bereits über einige Effekte gesprochen, die bei der Rekonstruktion auftreten, wenn bei der Aufzeichnung von Amplitudenhologrammen nicht die Voraussetzungen für eine lineare Amplitudenübertragung erfüllt sind. Für Hologramme mit komplexer Amplitudentransparenz, wie sie praktisch fast immer vorliegen, und für Volumenhologramme lassen sich keine formal einfachen Modelle angeben, an denen sich zeigen läßt, welche Bedingungen man bei der Aufnahme einhalten muß, um eine ungestörte Rekonstruktion zu erreichen. Im allgemeinen Fall können zwar fast immer auch bei nicht idealen Bedingungen die Störungen klein gehalten werden, wenn man sich auf kleine Aussteuerungen der Intensitätsverteilung des Interferenzmusters beschränkt. Für den Grenzfall der dünnen dielektrischen Hologramme soll hier gezeigt werden, mit welchen zusätzlichen Störungen bei nicht hinreichend kleiner Aussteuerung zu rechnen ist.

Nimmt man wieder wie schon in Kap. 8.5 an, daß die Umwandlung der Intensitätsverteilung in die Phasenverteilung des Hologramms durch eine lineare Funktion beschrieben wird, so gilt für die Amplitudentransparenz des Hologramms nach Gl. (8.5-7)

$$u_T(\xi) = \exp\{ikc(A^2 + B^2(\xi) + 2AB(\xi)\cos[k\Theta\xi + \varphi(\xi) + \Phi_0])\}. \quad (8.8\text{-}1)$$

Nach einfacher Umformung ergibt sich

$$u_T(\xi) = \exp\{ikcA^2\} \cdot \exp\{ikcB^2(\xi)\} \times \exp\{ikc2AB(\xi)\cos[k\Theta\xi + \varphi(\xi) + \Phi_0]\}. \quad (8.8\text{-}2)$$

Für die Rekonstruktion der Objektwellenfront wird eigentlich nur der dritte Faktor gebraucht. Der zweite Faktor hängt mit dem Intermodulationsterm zusammen und beschreibt eine ortsabhängige Phasenvariation im Hologramm, während der erste Faktor nur eine konstante Phasenverschiebung liefert. Er kann daher in der weiteren Diskussion unberücksichtigt bleiben. Da der Intermodulationsterm hier über die Exponentialfunktion multiplikativ in der Formel für die Amplitudentransparenz des Hologramms auftritt, kann eine Störung durch diesen Term nicht, wie es bei Amplitudenhologrammen möglich war, durch eine Einschränkung des Objektfeldes im Fourier-Fall oder bei der Bildebenen-Holographie durch eine Blende im Rekonstruktionsstrahlengang vom rekonstruierten Bild ferngehalten werden. Allgemein kann der Term nur dadurch hinreichend klein gehalten werden, daß man das Hologramm mit einer Vergleichswelle aufnimmt, deren Amplitude A wesentlich größer ist als die Amplitude $B(\xi)$ der Objektwelle in der Hologrammebene. Andererseits enthält der Intermodulationsterm bei Hologrammen, die mit außeraxialem Vergleichsstrahl aufgenommen wurden, meist nur kleinere Ortsfrequenzen als der dritte Term von Gl. (8.8-1). Daher kann er verstärkt oder abgeschwächt werden, wenn der Frequenzgang des Aufnahmemediums ein ausgeprägtes Maximum in einem bestimmten Ortsfrequenzbereich hat. Der Frequenzgang des Schwärzungsreliefs (Kap. 8.7-b) hat ein Maximum bei relativ niedrigen Ortsfrequenzen. Hier würde es zu einer Verstärkung kommen, während bei der Aufnahme mit anderen lichtempfindlichen Medien, die in Kap. 8.7-d und -e beschrieben wurden, eine Abschwächung des Intermodulationsterms erreicht werden könnte, da hier die Maxima des Frequenzganges erst bei relativ hohen Raumfrequenzen auftreten. Aber selbst wenn der Intermodulationsterm vollständig unterdrückt würde, entständen bei nicht sehr kleiner Aussteuerung des Interferenzmusters Störungen, die von den Termen höherer Ordnung in der Reihenentwicklung der Exponentialfunktion herrühren. Diese Beschränkung der Aussteuerung hat zur Folge, daß nur in Ausnahmefällen (s. unten) der in Kap. 8.5-b errechnete maximale Beugungswirkungsgrad erreicht werden kann, ohne daß das rekonstruierte Bild durch die nichtlinearen Anteile erheblich gestört wird. Damit hängt zusammen, daß mit dünnen dielektrischen Hologrammen von diffus streuenden Objekten nur ein maximaler Beugungswirkungsgrad von etwa 18% erreicht werden kann (Dammann 1970 und Clausen und Dammann 1970).

Nimmt man dünne dielektrische Hologramme mit Photolackschichten so auf, daß eine Echelette-Struktur entsteht (Kap. 8.7-d), dann erhält man ebenfalls eine extrem nichtlineare Aufzeichnung. Nichtlinearitäten, die in diesem Zusammenhang auftreten, wurden von Kermisch (1970b) untersucht.

Der hohe Beugungswirkungsgrad der dünnen dielektrischen Hologramme kann jedoch trotz der genannten Nichtlinearitäten ausgenutzt werden, ohne daß die Bildwelle gestört wird, wenn die Objektwelle in der Hologrammebene nur eine Phasenvariation aufweist und der Betrag der Amplitude konstant ist. Das ist der Fall, wenn mit holographischen Verfahren z. B. Gitter oder Zonenplatten und Filter zur Kompensation von Wellenaberrationen aufgenommen werden.

9. Einfluß der Übertragungsfunktion der Photoschicht auf die Holographie

9.1. Allgemeines

In Kap. 8 wurden die zur Aufnahme von Hologrammen verwendbaren Aufnahmemedien besprochen. Insbesondere wurde in Kap. 8.3-a die Modulationsübertragungsfunktion der Photoschicht eingeführt und in Kap. 8.3-b ihre Messung behandelt. Im vorliegenden Kapitel wird nun unter Annahme strenger Linearität des photographischen Prozesses bei der Hologrammaufnahme der Einfluß der Modulationsübertragungsfunktion auf die verschiedenen holographischen Verfahren theoretisch untersucht. Es wird dabei eine Methode benutzt, die in abgewandelter Form im Kap. 10 bei der Behandlung des Einflusses der Teilkohärenz auf die Holographie erneut verwendet wird.

Es wird angenommen, daß die aufbelichtete Intensität im Hologramm durch eine lineare Übertragung in die wirksame Belichtung umgewandelt wird. Dieser lineare Prozeß wird mit Hilfe der Modulationsübertragungsfunktion $M(R)$ der Photoschicht beschrieben. Weiter wird vorausgesetzt, daß die wirksame Belichtung durch den photographischen Prozeß linear in die Amplitudentransparenz des Hologramms umgesetzt wird. Hierbei sollen durch die photographische Verarbeitung der Hologrammemulsion keine weiteren Einflüsse gegeben sein. Wir können unsere Forderungen so zusammenfassen: Die auf das Hologramm aufbelichtete Intensität soll durch einen linearen Prozeß in die Amplitudentransparenz des Hologramms umgesetzt werden. Die Eigenschaften dieser linearen Übertragung werden durch die Modulationsübertragungsfunktion $M(R)$ beschrieben oder auch durch die photographische Verwaschungsfunktion $Q(\xi)$, die gleich ist der Fourier-Transformierten von $M(R)$.

Bei der kohärenten Holographie kann die Amplitude $u(\xi)$ bei der Aufnahme des Hologramms in der Hologrammebene angesetzt werden als

$$u(\xi) = V(\xi) + \int u_0(x) O(\xi, x)\, \mathrm{d}x. \tag{9.1-1}$$

Hierbei ist V der Anteil, der vom Vergleichsstrahl herrührt, und das Integral stellt den Anteil dar, der aus dem Objektstrahl herrührt. $O(\xi, x)$ beschreibt den Anteil der Lichterregung, der vom Punkt x des Objektes ausgeht und im Punkt ξ des Hologramms auftrifft. V und O erhalten je nach der zu behandelnden Art der Holographie verschiedene Formen. Die auf das Hologramm aufbelichtete

Intensität $I(\xi)$ ergibt sich dann zu

$$I(\xi) = |V(\xi)|^2 + \left|\int u_0(x) O(\xi, x)\, \mathrm{d}x\right|^2$$
$$+ V(\xi) \cdot \int u_0^*(x) O^*(\xi, x)\, \mathrm{d}x + V^*(\xi) \cdot \int u_0(x) O(\xi, x)\, \mathrm{d}x. \qquad (9.1\text{-}2)$$

Die Terme der Gl. (9.1-2) führen bei der Rekonstruktion in der angeschriebenen Reihenfolge zu einem Untergrundterm, zum Intermodulationsterm, zum konjugierten Bild und zum primären Bild. Wir lassen im weiteren alle Terme außer dem zum primären Bild führenden fort und behandeln nur die Eigenschaften des primären Bildes

$$I(\xi) = V^*(\xi) \cdot \int u_0(x) O(\xi, x)\, \mathrm{d}x. \qquad (9.1\text{-}3)$$

Wir gehen nunmehr, wie oben beschrieben, von der aufbelichteten Intensität $I(\xi)$ mit einem linearen Prozeß zur Amplitudentransparenz $u_T(\bar{\xi})$ des Hologramms über. ξ und $\bar{\xi}$ sind Koordinaten in der Hologrammebene, ξ gilt während der Hologrammaufnahme, $\bar{\xi}$ während der Rekonstruktion. Mathematisch kann dieser Übergang hier am einfachsten beschrieben werden durch die Faltung der aufbelichteten Intensität $I(\xi)$ mit der Verwaschungsfunktion $Q(\xi)$

$$u_T(\bar{\xi}) = \int I(\xi) Q(\bar{\xi} - \xi)\, \mathrm{d}\xi \qquad (9.1\text{-}4)$$

Gl. (9.1-3) wird in Gl. (9.1-4) eingesetzt

$$u_T(\bar{\xi}) = \iint V^*(\xi) u_0(x) O(\xi, x) Q(\bar{\xi} - \xi)\, \mathrm{d}\xi\, \mathrm{d}x. \qquad (9.1\text{-}5)$$

Die Rekonstruktion kann allgemein mit Hilfe folgender Gleichung beschrieben werden

$$u_b(x') = \int u_T(\bar{\xi})\, W(\bar{\xi}, x')\, \mathrm{d}\bar{\xi}. \qquad (9.1\text{-}6)$$

$u_b(x')$ ist die Amplitude in der Ebene der Rekonstruktion. $W(\bar{\xi}, x')$ ist die Lichterregung, die während der Rekonstruktion vom Punkt $\bar{\xi}$ der Hologrammebene ausgeht und im Punkt x' der Ebene der Rekonstruktion ankommt. W erhält wie V und O je nach der Art der Holographie verschiedene Formen. Die Gl. (9.1-5) wird in Gl. (9.1-6) eingesetzt

$$u_b(x') = \iiint V^*(\xi) u_0(x) O(\xi, x) Q(\bar{\xi} - \xi)\, W(\bar{\xi}, x')\, \mathrm{d}\xi\, \mathrm{d}x\, \mathrm{d}\bar{\xi}. \qquad (9.1\text{-}7)$$

Nach Umordnung von Integrationen ergibt sich

$$u_b(x') = \int u_0(x) \left\{\iint V^*(\xi) O(\xi, x) Q(\bar{\xi} - \xi)\, W(\bar{\xi}, x')\, \mathrm{d}\xi\, \mathrm{d}\bar{\xi}\right\} \mathrm{d}x. \qquad (9.1\text{-}8)$$

Für das Doppelintegral wird die Verwaschungsfunktion $Z(x', x)$ eingeführt, welche die lineare Übertragung der Amplitudentransparenz u_0 eines Objektpunktes bei x in die Amplitude u_b im rekonstruierten Bild beschreibt

$$Z(x', x) = \iint V^*(\xi) O(\xi, x) Q(\bar{\xi} - \xi)\, W(\bar{\xi}, x')\, \mathrm{d}\xi\, \mathrm{d}\bar{\xi}. \qquad (9.1\text{-}9)$$

Es gilt dann also:

$$u_b(x') = \int u_0(x) Z(x', x)\, \mathrm{d}x. \qquad (9.1\text{-}10)$$

Mitunter kann es sinnvoll sein, in Gl. (9.1-9) die Modulationsübertragungsfunktion $M(R)$ als Fourier-Transformierte von $Q(\xi)$ einzuführen durch die Gleichung

$$Q(\xi) = \int M(R) e^{-2\pi i R \xi} \, \mathrm{d}R . \tag{9.1-11}$$

Damit läßt sich $Z(x', x)$ darstellen als

$$Z(x', x) = \iiint V^*(\xi) O(\xi, x) M(R) W(\xi, x') e^{-2\pi i R(\bar{\xi} - \xi)} \, \mathrm{d}R \, \mathrm{d}\xi \, \mathrm{d}\bar{\xi} . \tag{9.1-12}$$

In den folgenden Kapiteln werden O, V und W für die verschiedenen Arten der Holographie spezifiziert.

9.2. Fourier- und Quasi-Fourier-Holographie

Der Rechnung dieses Kapitels wird die Abb. 9—1 zugrunde gelegt, die mit der Abb. 7—5 identisch ist. Es wird nur der allgemeinere Fall der Quasi-Fourier-Holographie (Kap. 7.4-e) betrachtet, der Fall der strengen Fourier-Holographie ergibt sich dann aus dem allgemeineren Fall.

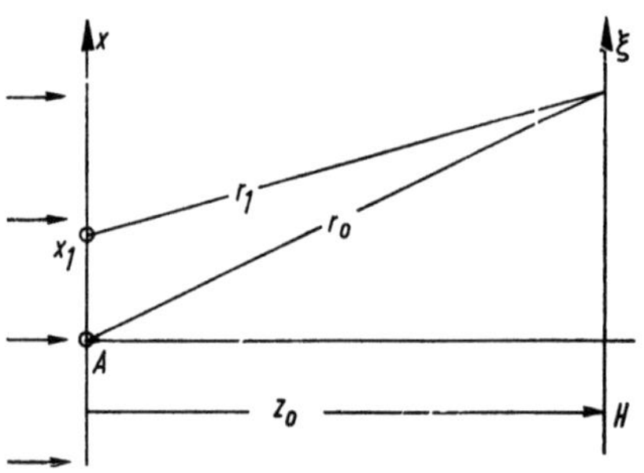

Abb. 9—1. Aufnahme eines Quasi-Fourier-Hologramms

Die Lichterregung in der Hologrammebene läßt sich analog Kap. 7.4-e in der folgenden Weise anschreiben

$$u(\xi) = A e^{-ikr_0} + \int u_0(x) e^{-ikr} \, \mathrm{d}x . \tag{9.2-1}$$

Dabei werden die Wege r und r_0 bis zu Gliedern zweiter Ordnung entwickelt

$$r = z_0 + \frac{(x-\xi)^2}{2z_0} = z_0 + \frac{x^2}{2z_0} + \frac{\xi^2}{2z_0} - \frac{x\xi}{z_0} \tag{9.2-2}$$

$$r_0 = z_0 + \frac{\xi^2}{2z_0} . \tag{9.2-3}$$

Durch Vergleich der Gln. (9.1-1), (9.2-1), (9.2-3) und (9.2-2) erhalten wir V und O

$$V(\xi) = A e^{-ik\left[z_0 + \frac{\xi^2}{2z_0}\right]} \tag{9.2-4}$$

$$O(\xi, x) = e^{-ik\left[z_0 + \frac{x^2}{2z_0} + \frac{\xi^2}{2z_0} - \frac{x\xi}{z_0}\right]} . \tag{9.2-5}$$

Die Rekonstruktion kann analog Kap. 7.4-e durch Fouriertransformation der Hologrammamplitudentransparenz u_T vorgenommen werden:

$$u_b(x') = \int u_T(\bar{\xi}) e^{-ik\frac{\bar{\xi}x'}{F_R}} \mathrm{d}\bar{\xi}. \tag{9.2-6}$$

Im Gegensatz zu Kap. 7.4-e ist in Gl. (9.2-6) der Einfachheit halber der mit x'^2 gehende Phasenvorfaktor fortgelassen worden, da hier die Diskussion dieses quadratischen Phasenvorfaktors nicht wiederholt werden soll. Durch Vergleich von Gl. (9.1-6) mit Gl. (9.2-6) ergibt sich W

$$W(\bar{\xi}, x') = e^{-ik\frac{\bar{\xi}x'}{F_R}}. \tag{9.2-7}$$

Die Gln. (9.2-4), (9.2-5) und (9.2-7) werden in die Gl. (9.1-12) eingesetzt

$$Z(x', x) = A^* \iiint M(R) e^{-ik\left[\frac{x^2}{2z_0} - \frac{x\xi}{z_0} + \frac{\bar{\xi}x'}{F_R}\right]} \cdot e^{-2\pi i R(\bar{\xi}-\xi)} \mathrm{d}R\, \mathrm{d}\xi\, \mathrm{d}\bar{\xi}. \tag{9.2-8}$$

Dabei heben sich die in ξ quadratischen Glieder fort. Dies ist eine besondere Eigenart der Quasi-Fourier-Holographie, bei der der Vergleichspunkt und das Objekt den gleichen Abstand von der Hologrammebene haben. Die Integrationen werden neu sortiert

$$Z(x', x) = A^* e^{-ik\frac{x^2}{2z_0}} \cdot \int M(R) \cdot \int e^{2\pi i\bar{\xi}\left(\frac{-x'}{\lambda F_R} - R\right)} \mathrm{d}\bar{\xi} \cdot \int e^{2\pi i\xi\left(\frac{x}{\lambda z_0} + R\right)} \mathrm{d}\xi\, \mathrm{d}R. \tag{9.2-9}$$

Die Integrationen über $\bar{\xi}$ und ξ führen auf Dirac-Funktionen

$$Z(x', x) = A^* e^{-ik\frac{x^2}{2z_0}} \int M(R) \delta\left(\frac{-x'}{\lambda F_R} - R\right) \delta\left(\frac{x}{\lambda z_0} + R\right) \mathrm{d}R. \tag{9.2-10}$$

Die Gl. (9.2-10) wird in die Gl. (9.1-10) eingesetzt

$$u_b(x') = A^* \iint u_0(x) e^{-ik\frac{x^2}{2z_0}} M(R) \times \delta\left(-\frac{x'}{\lambda F_R} - R\right) \delta\left(\frac{x}{\lambda z_0} + R\right) \mathrm{d}R\, \mathrm{d}x. \tag{9.2-11}$$

Die Integrationen über x und R können jetzt nacheinander ausgeführt werden durch Setzen von $x = -\lambda z_0 R$ und $R = x'/\lambda F_R$. Damit ergibt sich das folgende Ergebnis

$$u_b(x') = A^* e^{-ik\frac{z_0}{2F_R^2}x'^2} \cdot M\left(\frac{x'}{\lambda F_R}\right) u_0\left(\frac{z_0}{F_R} x'\right). \tag{9.2-12}$$

Die Gl. (9.2-12) kann mit der Gl. (7.4-25) verglichen werden. Das Ergebnis der Rechnung für strenge Fourier-Holographie unterscheidet sich von dem der Gl. (9.2-12) für Quasi-Fourier-Holographie nur durch den Wegfall des Phasenvorfaktors.

Wie schon in Kap. 8.3-a angedeutet, wirkt die Modulationsübertragungsfunktion der Photoschicht bei der Quasi-Fourier- und der Fourier-Holographie wie eine Maske im rekonstruierten Bild, beeinflußt jedoch nicht die Auflösung im Bild (Mirandé, Menzel 1968).

9.3. Bildebenen-Holographie

Die Bildebenen-Holographie wird unter folgenden Voraussetzungen behandelt:

1. Es liegt eine ebene, schräg zur Hologrammebene einfallende Vergleichswellenfront vor und eine ebene Welle zur Objektbeleuchtung (Abb. 8—7).

2. Bei der Rekonstruktion liegt eine ebene, unter dem gleichen Winkel wie die Vergleichswellenfront auf das Hologramm auffallende Rekonstruktionswellenfront vor (Abb. 8—8).

3. Es liegt ideale Abbildung durch die zur Aufnahme und zur Rekonstruktion verwendeten Abbildungssysteme vor. Es werden keine quadratischen Phasenfaktoren bei der Abbildung eingeführt (telezentrischer Strahlengang).

Diese Einschränkungen werden eingeführt, um den Rechengang überschaubar zu halten. Unter den genannten Bedingungen liegt ein System von äquidistanten Trägerfrequenzstreifen im Hologramm vor. In allgemeineren Fällen treten bei leerem Objektfeld in der Hologrammebene Zonenplatten als Interferenzfiguren auf. Dann lassen sich die Eigenschaften der Bildebenen-Holographie nicht mehr auf formal einfache Weise beschreiben. Das Gleiche gilt bei Verletzung der Voraussetzung 3.

Nach den genannten Voraussetzungen können die Vergleichswellenfront, die Objektwellenfront und die Rekonstruktionswellenfront wie folgt angegeben werden:

$$V(\xi) = A \cdot e^{ik\theta_H \xi} \tag{9.3-1}$$

$$O(\xi, x) = \delta(\xi - x) \tag{9.3-2}$$

$$W(x', \bar{\xi}) = e^{ik\theta_H \bar{\xi}} \cdot \delta(x' - \xi) \tag{9.3-3}$$

V, O und W werden in Gl. (9.1-9) eingesetzt

$$Z(x', x) = \iint A^* Q(\bar{\xi} - \xi)\, \delta(\xi - x)\, \delta(x' - \bar{\xi})\, e^{ik\theta_H(\xi - \bar{\xi})}\, \mathrm{d}\xi\, \mathrm{d}\bar{\xi}. \tag{9.3-4}$$

In Gl. (9.3-4) können die Integrationen über ξ und $\bar{\xi}$ ausgeführt werden durch Setzen von $\xi = x$ und $\bar{\xi} = x'$

$$Z(x', x) = A^* Q(x' - x) e^{ik\theta_H(x' - x)}. \tag{9.3-5}$$

Es wird die Ortsfrequenz R_0 der Trägerfrequenzstreifen im Hologramm eingeführt durch $R_0 = \theta_H/\lambda$

$$Z(x', x) = A^* Q(x' - x) e^{2\pi i R_0(x' - x)}. \tag{9.3-6}$$

Offensichtlich gilt also für die Verwaschungsfunktion Z

$$Z(x', x) = Z(x' - x) = A^* Q(x' - x) e^{2\pi i R_0(x' - x)}. \tag{9.3-7}$$

Da Z nur von der Differenz $x' - x$ abhängt, liegt eine isoplanatische Übertragung vor (Kap. 2.9-e), und wir können die Übertragungsfunktion für Amplituden $T(R)$ für den gesamten holographischen Prozeß einführen durch

$$T(R) = \int Z(\bar{x}) e^{2\pi i R \bar{x}} \,\mathrm{d}\,\bar{x}. \tag{9.3-8}$$

Gl. (9.3-7) wird in Gl. (9.3-8) eingesetzt

$$T(R) = A^* \int Q(\bar{x}) e^{2\pi i \bar{x}(R+R_0)} \,\mathrm{d}\,\bar{x}. \tag{9.3-9}$$

Nach Fourier-Umkehrung der Gl. (9.1-11) ergibt sich

$$T(R) = A^* M(R + R_0). \tag{9.3-10}$$

Die in ein Seitenband verschobene Modulationsübertragungsfunktion M der Photoschicht wirkt für die Bildebenen-Holographie unter den genannten vereinfachenden Voraussetzungen als Übertragungsfunktion für Amplituden des gesamten holographischen Prozesses. Ähnliche Ergebnisse werden sich auch im nächsten Kapitel für die Fresnel-Holographie ergeben.

Ein ähnlich einfaches Ergebnis für die Bildebenen-Holographie wie in Gl. (9.3-10) liegt immer dann vor, wenn sich äquidistante gerade Trägerfrequenzstreifen im Hologramm ergeben. Das kann auch auf andere Weise erreicht werden (Kap. 7.4-f), wenn nur dafür gesorgt wird, daß die Krümmungen der miteinander interferierenden Wellenfronten im Hologramm gleich sind. In Kap. 7.4-f wird das dadurch erreicht, daß der Vergleichspunkt in die Austrittspupille des Abbildungssystems (Abb. 7—17) gelegt wird. Sind dagegen die Krümmungen der beiden interferierenden Wellenfronten nicht gleich, so ergeben sich bei der Bildebenen-Holographie wie auch bei der Fresnel-Holographie im Kap. 9.4 außer Auflösungsbeschränkungen auch Maskierungen und Begrenzungen des Bildfeldes ähnlich wie bei der Fourier- und Quasi-Fourier-Holographie. Ausführliche Überlegungen hierzu stammen von Van Ligten (1966a, 1966b).

9.4. Fresnel-Holographie

Bei der Fresnel-Holographie führen wie bei der Bildebenen-Holographie diejenigen Strahlengänge zu einfachen Ergebnissen, bei denen für ein leeres Objektfeld äquidistante gerade Interferenzstreifen im Hologramm erzeugt werden. Ein Strahlengang zur Aufnahme solcher Hologramme in der Fresnel-Holographie liegt in Abb. 9—2 vor, der zugehörige Rekonstruktionsstrahlengang wird in Abb. 9—3 gezeigt.

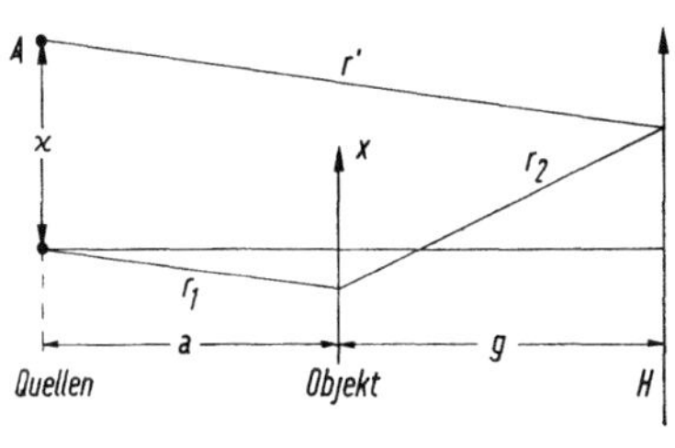

Abb. 9—2. Aufnahme eines Fresnel-Hologramms

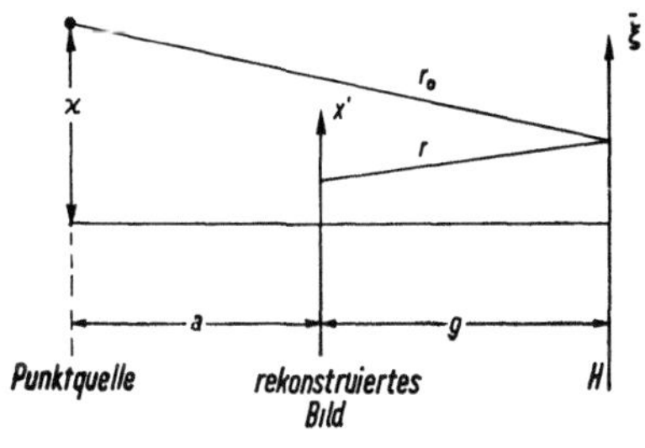

Abb. 9—3. Rekonstruktion des Fresnel-Hologramms

Die off-axis-Fresnel-Holographie nach Abb. 9—2 hat als Grenzfälle die in-line-Gabor-Fresnel-Holographie, wenn $\varkappa \to 0$ geht, und die Bildebenen-Holographie, wenn $g \to 0$ geht. Die vereinfachende Voraussetzung des Strahlenganges Abb. 9—2 liegt darin, daß der Ausgangspunkt A der Vergleichswellenfront und der Ausgangspunkt der Objektbeleuchtung den gleichen Abstand von der Hologrammebene haben. Deshalb enthält die folgende Rechnung nicht den Quasi-Fourier-Fall.

Die Amplitude $u(\xi)$ im Hologramm läßt sich wie folgt anschreiben

$$u(\xi) = A e^{-ikr'} + \int u_0(x) e^{-ik[r_1 + r_2]} \, \mathrm{d}x. \tag{9.4-1}$$

Durch Vergleich mit der Gl. (9.1-1) erhalten wir Ausdrücke für V und O

$$V(\xi) = A e^{-ikr'} \tag{9.4-2}$$

$$O(\xi, x) = e^{-ik[r_1 + r_2]}. \tag{9.4-3}$$

Dabei werden die Wege r_1, r_2 und r' in bekannter Weise bis zu quadratischen Gliedern entwickelt

$$r_1 = a + \frac{x^2}{2a} \tag{9.4-4}$$

$$r_2 = g + \frac{x^2}{2g} + \frac{\xi^2}{2g} - \frac{x\xi}{g} \tag{9.4-5}$$

$$r' = (a + g) + \frac{\varkappa^2}{2(a + g)} + \frac{\xi^2}{2(a + g)} - \frac{\varkappa\xi}{(a + g)}. \tag{9.4-6}$$

Bei der Rekonstruktion des primären Bildes nach Abb. 9—3 entsteht in der Ebene des rekonstruierten Bildes ein virtuelles Bild. Seine Amplitude $u_b(x')$ kann aus der Amplitudentransparenz des Hologramms berechnet werden

$$u_b(x') = \int u_T(\bar{\xi}) e^{-ik[r_0 - r]} \, \mathrm{d}\bar{\xi}. \tag{9.4-7}$$

Die Tatsache, daß ein virtuelles Bild rekonstruiert wird, macht sich darin bemerkbar, daß r ein negatives Vorzeichen hat. Damit ergibt sich für W

$$W(\bar{\xi}, x') = e^{-ik[r_0 - r]}. \tag{9.4-8}$$

mit

$$r_0 = (a + g) + \frac{\varkappa^2}{2(a + g)} + \frac{\bar{\xi}^2}{2(a + g)} - \frac{\varkappa\bar{\xi}}{(a + g)} \tag{9.4-9}$$

$$r = g + \frac{x'^2}{2g} + \frac{\bar{\xi}^2}{2g} - \frac{x'\bar{\xi}}{g}. \tag{9.4-10}$$

Zur Ermittlung von $Z\,(x', x)$ werden alle Größen in die Gl. (9.1-12) eingesetzt

$$Z(x', x) = A^* \iiint M(R) e^{-ik[-r'+r_1+r_2+r_0-r]}\, e^{-2\pi i R(\bar{\xi}-\xi)}\, \mathrm{d}R\, \mathrm{d}\xi\, \mathrm{d}\bar{\xi} \quad (9.4\text{-}11)$$

$$= A^* \iiint M(R) \cdot e^{-ik\left[\frac{a+g}{2ag}x^2 + \frac{a\xi^2}{2g(a+g)} - \frac{\xi}{g}\left\{x - \frac{g\varkappa}{(a+g)} + g\lambda R\right\}\right]}$$

$$\times\, e^{-ik\left[-\frac{x'^2}{2g} - \frac{a\bar{\xi}^2}{2g(a+g)} + \frac{\bar{\xi}}{g}\left\{x' - \frac{g\varkappa}{(a+g)} + g\lambda R\right\}\right]}\, \mathrm{d}R\, \mathrm{d}\xi\, \mathrm{d}\bar{\xi}. \quad (9.4\text{-}12)$$

Durch Umordnung von Integrationen läßt sich Gl. (9.4-12) umschreiben in

$$Z(x', x) = A^* \int M(R) e^{-ik\left[\frac{a+g}{2ag}x^2 - \frac{x'^2}{2g}\right]}$$

$$\times \int e^{-ik\left[\frac{a\xi^2}{2g(a+g)} - \frac{\xi}{g}\left\{x - \frac{g\varkappa}{(a+g)} + g\lambda R\right\}\right]}\, \mathrm{d}\xi$$

$$\times \int e^{-ik\left[\frac{-a\bar{\xi}^2}{2g(a+g)} + \frac{\bar{\xi}}{g}\left\{x' - \frac{g\varkappa}{(a+g)} + g\lambda R\right\}\right]}\, \mathrm{d}\bar{\xi}\, \mathrm{d}R. \quad (9.4\text{-}13)$$

Die Integrationen über ξ und $\bar{\xi}$ in Gl. (9.4-13) können geschlossen berechnet werden. Dazu wird eine früher verwendete Formel [Gl. (3.8-5)] in geeigneter Weise umgeschrieben und nochmals angegeben

$$\int e^{-ik\left[b\frac{x^2}{2} + Bx\right]}\, \mathrm{d}x = \mathrm{const} \cdot e^{-ik\left[-\frac{B^2}{2b}\right]}. \quad (9.4\text{-}14)$$

Die Konstante wird in der weiteren Rechnung vernachlässigt. Nach Benutzen der Formel (9.4-14) zur Berechnung der beiden Integrale über ξ und $\bar{\xi}$ in Gl. (9.4-13) ergibt sich nach weiterer Umformung des Exponenten

$$Z(x', x) = A^* e^{-ik\frac{x'^2}{2a}} \cdot \int M(R) e^{-ik\left[\frac{-\varkappa}{a}(x'-x) + \frac{(a+g)\lambda R}{a}(x'-x)\right]}\, \mathrm{d}R. \quad (9.4\text{-}15)$$

Es wird die Ortsfrequenz $R_0 = \varkappa/\lambda(a+g)$ der Trägerfrequenzstreifen im Hologramm eingeführt

$$Z(x', x) = A^* e^{-ik\frac{x'^2}{2a}} \int M(R) e^{-2\pi i \frac{(a+g)}{a}(x'-x)(R-R_0)}\, \mathrm{d}R. \quad (9.4\text{-}16)$$

Bis auf den Phasenvorfaktor gilt offensichtlich $Z(x', x) = Z(x' - x)$. Der Phasenvorfaktor kann vernachlässigt werden, da er bei der Bestimmung der Intensität im rekonstruierten Bild ohnehin keinen Einfluß hat und da bei der interferometrischen Bestimmung der Phase von u_b eine Vergleichswellenfront mit geeigneter Krümmung benutzt werden kann

$$Z(x' - x) = A^* \int M(R) e^{-2\pi i \frac{(a+g)}{a}(x'-x)(R-R_0)}\, \mathrm{d}R. \quad (9.4\text{-}17)$$

Damit kann wie schon im vorigen Kapitel bei der Bildebenen-Holographie die Übertragungsfunktion $T(R)$ für Amplituden eingeführt werden, welche die Eigenschaften des gesamten holographischen Abbildungsprozesses beschreibt

$$T(R) = \int Z(\bar{x}) e^{2\pi i R \bar{x}} \, d\bar{x} = A^* \iint M(\bar{R}) e^{2\pi i \bar{x}\left[R - \frac{(a+g)}{a}(\bar{R}-R_0)\right]} d\bar{R}\, d\bar{x}. \qquad (9.4\text{-}18)$$

In Gl. (9.4-18) wurde die Integrationsvariable R in $\bar{R}$ umbenannt, um Namensgleichheit zu vermeiden. Die Integrationen in Gl. (9.4-18) können umgeordnet werden

$$T(R) = A^* \int M(\bar{R}) \int e^{2\pi i \bar{x}\left[R - \frac{(a+g)}{a}(\bar{R}-R_0)\right]} d\bar{x}\, d\bar{R}. \qquad (9.4\text{-}19)$$

Die Integration über $\bar{x}$ führt auf eine Dirac-Funktion. Das Integral über $\bar{R}$ kann gelöst werden durch Setzen von $\bar{R} = \frac{a}{a+g} R + R_0$.

$$T(R) = A^* M\left[\frac{a}{a+g} R + R_0\right] \qquad (9.4\text{-}20)$$

Die Gl. (9.4-20) stellt das Ergebnis dar. Wiederum beschreibt die in ein Seitenband verschobene Modulationsübertragungsfunktion M der Photoschicht die lineare Übertragung der Objektamplitudentransparenz in die Amplitude im rekonstruierten Bild.

Der Fall $g = 0$ entspricht dem Fall der Bildebenen-Holographie

$$T(R) = A^* M(R + R_0). \qquad (9.4\text{-}21)$$

Diese Formel ist identisch mit Gl. (9.3-10).

Der Fall $\varkappa = 0$ bzw. $R_0 = 0$ entspricht der Gabor-in-line-Fresnel-Holographie

$$T(R) = A^* M\left[\frac{a}{a+g} R\right]. \qquad (9.4\text{-}22)$$

Mit der Quasi-Fourier-Holographie nach Abb. 9—1 und der off-axis-Fresnel-Holographie nach Abb. 9—2 liegen die beiden Grenzfälle vor, bei denen einmal der Ausgangspunkt der Vergleichswellenfront in der Objektebene liegt und einmal in der Ebene des Ausgangspunktes der Objektbeleuchtung. Bei der Quasi-Fourier-Holographie liegt eine reine Maskierung des Bildfeldes vor ohne eine Beschränkung des Auflösungsvermögens, bei der Fresnel-Holographie nach Abb. 9—2 eine reine Auflösungsbeschränkung ohne Maskierung des Bildfeldes. In den Zwischenbereichen, wo sich der Ausgangspunkt der Vergleichswellenfront zwischen diesen beiden Lagen befindet, liegt sowohl eine Maskierung des Bildfeldes vor als auch eine Auflösungsbeschränkung. Dieser Zwischenbereich ist rechnerisch schwieriger zu erfassen als die einfacheren Beispiele, die hier behandelt wurden. Das zeigen ausführliche Rechnungen.

Einfachere anschauliche Darstellungen für allgemeine Aufnahmestrahlengänge der Holographie können nach Van Ligten (1966a, 1966b) angegeben werden.

Danach lassen sich in allen Fällen die Einflüsse der Modulationsübertragungsfunktion der Photoschicht dadurch simulieren, daß man eine körperliche Maske mit einer Amplitudentransparenz proportional zur Modulationsübertragungsfunktion der Photoschicht an einer geeigneten Stelle zwischen Objekt und Hologrammebene aufstellt. Nach Einfügen dieser Maske kann das holographische Aufnahmematerial als ideal angesehen werden. Die jeweilige Position der Maske hängt von der Aufnahmegeometrie des holographischen Verfahrens ab. Die Maske kann auch außeraxial angeordnet sein. Die Quasi-Fourier- und die Fourier-Holographie einerseits und die behandelte Fresnel- und Bildebenen-Holographie andererseits stellen die beiden Grenzfälle dieses Verfahrens dar, be idenen die Maske einmal im Objekt liegt und einmal in der Pupille des Systems.

10. Teilkohärente Holographie

10.1. Allgemeines

In der bisherigen Darstellung wurde zur Hologrammaufnahme und zur Rekonstruktion der Hologramme kohärente Beleuchtung vorausgesetzt. Dieses Kapitel soll nun die Hologrammaufnahme und die Rekonstruktion mit sowohl spatial als auch chromatisch teilkohärenter Beleuchtung behandeln. Außerdem werden die Aussichten der Holographie mit Elektronen- und Röntgenstrahlen diskutiert sowie holographische Verfahren zur Messung von Kohärenzfunktionen für spatiale und chromatische Teilkohärenz.

Als Gabor die Holographie erfand, gab es noch keine Laser. Darum sind in seinen ersten Arbeiten (Gabor 1949, 1951) einige Abschnitte über die Auswirkung der Teilkohärenz auf die Gabor-in-line-Fresnel-Holographie enthalten. Weiter beschäftigten sich vor der hier vorliegenden ausführlichen Behandlung die folgenden Autoren mit speziellen Typen der Holographie bei teilkohärenter Beleuchtung: Lurie (1966, 1968): Fourier-Holographie bei spatialer Teilkohärenz; Mandel (1966): off-axis-Fresnel-Holographie bei chromatischer Teilkohärenz; Leith, Upatnieks (1967): off-axis-Fresnel-Holographie mit Amplitudenteilung durch ein Gitter bei chromatischer Teilkohärenz; Froehly, Pasteur (1967): Fourier-Holographie mit spatial teilkohärenter Beleuchtung; Reynolds, de Velis (1967): Fernfeld-Fraunhofer-Holographie mit spatial und chromatisch teilkohärenter Beleuchtung; Bertolotti u. a. (1967): Fourier- und Fresnel-Holographie mit spatial teilkohärenter Beleuchtung. Andere Arbeiten, die parallel zu unseren eigenen erschienen, sind im Kap. 10.5-b im Rahmen einer Zusammenfassung genannt.

Den breitesten Raum nimmt die Hologrammaufnahme bei Teilkohärenz ein. Dieser Prozeß ist deshalb von besonderer Bedeutung, weil man sich bemüht, Holographie mit Röntgen- und Elektronenstrahlen zu treiben, für die es noch keine Laser gibt, und auch bei Pulslasern ist die Kohärenz bisher noch nicht so gut wie bei Gaslasern. Der Teilkohärenz bei der Rekonstruktion wird dagegen geringere Aufmerksamkeit gewidmet, weil sich die Rekonstruktion von Hologrammen in allen Fällen mit kohärentem Licht, z. B. He-Ne-Lasern, durchführen läßt. Deshalb besitzt dieser Prozeß mehr theoretisch-grundsätzliche Bedeutung.

Ein wichtiger Vorteil der Holographie liegt darin (Kap. 10.2), daß sich trotz teilkohärenter Hologrammaufnahme bei kohärenter Rekonstruktion stets eine lineare Übertragung von Amplituden ergibt, ähnlich wie man es bei der kohärenten Holographie und bei der kohärenten Abbildung mit Linsen kennt. Auf diese Weise lassen sich die Eigenschaften der teilkohärenten Holographie mit Hilfe einer linearen Übertragungstheorie für Amplituden beschreiben. Dies ist bei der gewöhnlichen Abbildung mit Linsen bei Teilkohärenz nicht möglich, hier war nur eine lineare Übertragung von Kohärenzfunktionen zu erreichen (Kap. 6). Im Bereich der linearen Übertragung muß noch unterschieden werden zwischen isoplanatischer und nicht-isoplanatischer Abbildung (Kap. 2.9-e). Des weiteren unterscheiden sich verschiedene Typen der teilkohärenten Hologrammaufnahme in bezug auf die Art ihrer Nicht-Isoplanasie. Hier wird eine erweiterte Definition der Isoplanasie benutzt: Jede Änderung der Eigenschaften der Übertragung mit dem Ort im Bild oder im Objekt wird als Abweichung von der Isoplanasie verstanden. Zum Beispiel sprechen wir auch dann von Nicht-Isoplanasie, wenn dem rekonstruierten Bild eine Maske multiplikativ überlagert ist, wenn also nur die Bildhelligkeit nicht aber die Auflösung zu den Bildrändern hin abnimmt (Vignettierung).

In den Kap. 10.3—10.5 werden Rechnungen für verschiedene Typen der teilkohärenten Holographie durchgeführt. Es werden immer dann die Formeln für die Verwaschungsfunktion Z entwickelt, wenn es sich um einen nicht-isoplanatischen Typ der teilkohärenten Holographie handelt. Hatte sich bei früheren Berechnungen von Z Isoplanasie ergeben, so wird in der vorliegenden Darstellung sogleich die Übertragungsfunktion T berechnet. In Sonderfällen ist es sinnvoll, auch bei Nicht-Isoplanasie Übertragungsfunktionen $T(R, x_0)$ in Abhängigkeit vom Objektort x_0 anzugeben.

Nicht alle Typen von teilkohärenter Hologrammaufnahme können hier geschlossen durchdiskutiert werden. Das ist aus Platzgründen nur für charakteristische Beispiele möglich. Die Eigenschaften einer größeren Anzahl von Typen sind in einer Tabelle skizziert (Kap. 10.5-b).

10.2. Verwaschungsfunktion und Übertragungsfunktion für Amplituden

Wie gezeigt werden soll, herrscht lineare Übertragung der Objektamplitudentransparenz in die Bildamplitude bei Holographie von beliebigem Typ auch dann, wenn das Objekt zur Hologrammaufnahme mit Licht von beliebiger spatialer und chromatischer Teilkohärenz beleuchtet wird, solange die Rekonstruktion mit kohärenter Beleuchtung erfolgt. Diese und einige weitere Bedingungen für die Linearität und für eine übersichtliche Rechnung sind unten zusammengefaßt und erläutert.

Verschiedene Typen holographischer Verfahren unterscheiden sich bei der teilkohärenten Holographie grundsätzlich einmal durch ihre Isoplanasieeigenschaften und zum anderen durch ihre Verwaschungsfunktion für Amplituden (Linienbild) bzw. ihre Amplitudenübertragungsfunktion. Die Eigenschaften der linearen Übertragung von Amplituden bei spatial und chromatisch teilkohärenter Hologrammaufnahme werden für die Fresnel-, Fourier- und Bildebenen-Holographie untersucht.

Die folgende Behandlung der teilkohärenten Holographie geht auf Weingärtner (1970b) und Weingärtner u. a. (1970a) zurück.

Für das Weitere werden die folgenden Bedingungen vorausgesetzt:

a) Die Rekonstruktion wird mit spatial und chromatisch kohärentem Licht vorgenommen, z. B. mit einem He-Ne-Laser.

b) Es wird ein vom Objekt unbeeinflußter Vergleichsstrahl verwendet. Damit sind die Methoden der inkohärenten Holographie, bei denen kein vom Objekt unbeeinflußter Vergleichsstrahl vorliegt, von der gegenwärtigen Diskussion ausgeschlossen. Die inkohärente Holographie wird im Kap. 10.8 besprochen.

c) Wir setzen idealen photographischen Prozeß und dünne Amplitudenhologramme voraus. Die Größe der Hologrammplatte soll keinen merklichen Einfluß auf das rekonstruierte Bild haben.

d) Intermodulationsbild, konjugiertes Bild und konstante Terme sollen das primäre Bild nicht merklich beeinflussen. Im folgenden wird nur das primäre Bild diskutiert.

e) Die Objektamplitudentransparenz u_0 soll unabhängig sein von der Frequenz des Lichts und von der lateralen Lichtquellenkoordinate und damit von der Durchstrahlungsrichtung im Objekt. Es wird also mit dünnen Objekten (Kap. 2.6-c) gerechnet.

Abweichungen von der Bedingung a) werden im Kap. 10.7 untersucht. Bedingung c) ist in guter Näherung einzuhalten, Abweichungen von c) wurden für die kohärente Holographie an anderer Stelle besprochen (Kap. 8 und 9). Bedingung e) stellt ebenfalls keine einschneidende Einschränkung dar, da in der teilkohärenten Holographie im allgemeinen nur Lichtquellen verwendet werden können, die spatial und chromatisch eine geringe Ausdehnung haben. Im vorliegenden Kapitel wird ein ähnlicher Formalismus eingeführt wie im Kap. 9.

Wir setzen im weiteren inkohärente Lichtquellen voraus. Von jedem Punkt $\varkappa$ der Lichtquelle geht eine kohärente Lichterregung der Frequenz ν aus. Licht von verschiedenen Punkten $\varkappa$ der Lichtquelle sei gegenseitig inkohärent, Licht mit verschiedener Frequenz ν sei gegenseitig inkohärent. In der hier benutzten Bedeutung sind Lichterregungen dann gegeneinander inkohärent, wenn sie keine stationäre Interferenzerscheinung liefern können. Überlagerung der Anteile verschiedener zueinander inkohärenter Lichterregungen geschieht durch lineare Superposition von Intensitäten. In der gleichen Weise wurden Interferenz und Teilkohärenz schon im Kap. 6 behandelt.

Kohärente Lichterregungen der Frequenz ν gelangen von einem Punkt $\varkappa$ der Lichtquelle einmal über das Objekt in die Hologrammebene und zum anderen durch den Vergleichsstrahl. Die Amplituden der kohärenten Lichterregungen überlagern sich linear in der Hologrammebene. Die Lichterregung $u_h(\xi, \varkappa, \nu)$ in der Hologrammebene läßt sich bei den gebräuchlichen Typen der Holographie analog Gl. (9.1-1) als Summe der Lichterregungen aus dem Objektstrahl und dem Vergleichsstrahl in folgender Form anschreiben:

$$u_h(\xi, \varkappa, \nu) = V(\xi, \varkappa, \nu) + \int u_0(x) O(\xi, x, \varkappa, \nu)\, \mathrm{d}x. \qquad (10.2\text{-}1)$$

Der erste Term der Summe auf der rechten Seite der Gl. (10.2-1) stammt aus dem Vergleichsstrahl, der zweite aus dem Objektstrahl. Das Integral über die Amplitudentransparenz des Objekts u_0 wird häufig ein Kirchhoff-Integral oder ein Fourier-Integral sein. Für die verschiedenen Typen der Holographie müssen V und O später spezifiziert werden. In der Hologrammplatte können nur Intensitäten

I_h aufgezeichnet werden

$$\begin{aligned} I_h(\xi, \varkappa, \nu) &= |u_h(\xi, \varkappa, \nu)|^2 \\ &= |V(\xi, \varkappa, \nu)|^2 \\ &\quad + \left|\int u_o(x) O(\xi, x, \varkappa, \nu)\, \mathrm{d}x\right|^2 \\ &\quad + V^*(\xi, \varkappa, \nu) \cdot \int u_o(x) O(\xi, x, \varkappa, \nu)\, \mathrm{d}x \\ &\quad + V(\xi, \varkappa, \nu) \cdot \int u_o^*(x) O^*(\xi, x, \varkappa, \nu)\, \mathrm{d}x. \end{aligned} \tag{10.2-2}$$

Wir beschränken uns wegen Voraussetzung b) im weiteren auf den dritten Term in Gl. (10.2-2), der nach der Rekonstruktion zum primären Bild führt. Der vierte Term in Gl. (10.2-2) liefert das konjugierte Bild, der zweite das Intermodulationsbild und der erste einen Untergrundterm, der keine Information über das Objekt enthält. Die gesamte Hologrammintensität $I_h(\xi)$ kann durch Integration über die Lichtquelle L gewonnen werden

$$I_h(\xi) = \iint L(\varkappa, \nu) I_h(\xi, \varkappa, \nu)\, \mathrm{d}\varkappa\, \mathrm{d}\nu \tag{10.2-3}$$

$$= \iiint L(\varkappa, \nu) u_o(x) O(\xi, x, \varkappa, \nu) V^*(\xi, \varkappa, \nu)\, \mathrm{d}x\, \mathrm{d}\varkappa\, \mathrm{d}\nu. \tag{10.2-4}$$

Nach Belichtung und Entwicklung des Hologrammes soll die Amplitudentransparenz des Hologrammes proportional zu $I_h(\xi)$ sein (Bedingung c). Größen, die im rekonstruierten Bild nur zu konstanten, ortsunabhängigen Faktoren führen, werden im weiteren stets vernachlässigt.

Die kohärente Rekonstruktion kann dann allgemein in der Form angeschrieben werden

$$u_b(x') = \int I_h(\xi) W(\xi, x')\, \mathrm{d}\xi. \tag{10.2-5}$$

u_b ist die Amplitude in der kohärenten Rekonstruktion. Die Größe W muß für verschiedene Typen der Holographie verschieden gewählt werden. Gl. (10.2-4) wird in Gl. (10.2-5) eingesetzt

$$\begin{aligned} u_b(x') = \iiiint & L(\varkappa, \nu) u_o(x) O(\xi, x, \varkappa, \nu) \\ & \times V^*(\xi, \varkappa, \nu) W(\xi, x')\, \mathrm{d}x\, \mathrm{d}\varkappa\, \mathrm{d}\nu\, \mathrm{d}\xi. \end{aligned} \tag{10.2-6}$$

Nach Umordnung und Umtauschen von Integrationsreihenfolgen folgt:

$$u_b(x') = \int u_o(x) Z(x', x)\, \mathrm{d}x. \tag{10.2-7}$$

Dabei gilt

$$\begin{aligned} Z(x', x) = \iiint & L(\varkappa, \nu) O(\xi, x, \varkappa, \nu) \\ & \times V^*(\xi, \varkappa, \nu) W(\xi, x')\, \mathrm{d}\varkappa\, \mathrm{d}\nu\, \mathrm{d}\xi. \end{aligned} \tag{10.2-8}$$

Der Übergang zu Gl. (10.2-7) ist nur möglich, wenn u_o nicht von $\varkappa$ und ν abhängig ist (Bedingung e). Gl. (10.2-7) zeigt, daß u_b und u_o durch einen linearen Formalismus verbunden sind. Z ist eine vom Objekt unabhängige Invariante des holographischen Abbildungssystems; Z ist die Verwaschungsfunktion (Linienbild) für Amplituden bei Hologrammaufnahme mit spatial und chromatisch teilkohärenter Beleuchtung.

Ist die Abbildung isoplanatisch, gilt also $Z(x', x) = Z(x' - x)$, dann ist es oft günstiger, nicht das Verwaschungsbild Z sondern vielmehr seine Fourier-Transformierte zu betrachten, also die Übertragungsfunktion $T(R)$ für Amplituden. Bei Isoplanasie ändert sich die Form der Verwaschungsfigur $Z(x', x)$ nicht bei Änderung des Ortes x im Objekt. Wir können deshalb der Einfachheit halber $x = 0$ setzen und die Übertragungsfunktion $T(R)$ auf folgende Weise berechnen

$$T(R) = \int Z(x', x = 0) e^{2\pi i R x'} \, dx' . \tag{10.2-9}$$

Nach Gl. (10.2-9) ergibt sich die Übertragungsfunktion $T(R)$ für Amplituden durch Fourier-Transformation der Verwaschungsfunktion $Z(x', x)$, die von einem Punkt im Objekt herrührt, der sich auf der optischen Achse befindet. Die Gln. (10.2-8) und (10.2-9) werden bei den weiteren Rechnungen zur Holographie mit teilkohärenter Hologrammaufnahme als Ausgangsgleichungen zugrunde gelegt.

10.3. Hologrammaufnahme bei spatialer Teilkohärenz

10.3-a. Grundgleichungen

In diesem Kapitel sollen die Einflüsse der spatialen Teilkohärenz auf die Hologrammaufnahme untersucht werden. Dazu wird eine Lichtquelle der folgenden Form vorausgesetzt

$$L(\varkappa, \nu) = L(\varkappa) \delta(\nu - \nu_0) . \tag{10.3-1}$$

Es soll also eine monochromatische, spatial inkohärente Lichtquelle vorliegen. Solche Lichtquellen können streng nicht realisiert werden. In vielen praktisch vorkommenden Fällen können aber Lichtquellen in guter Näherung durch die Gl. (10.3-1) beschrieben werden.

$L(\varkappa, \nu)$ nach Gl. (10.3-1) wird in die Gl. (10.2-8) eingesetzt. Dabei ergibt sich der folgende Ausdruck für die Verwaschungsfunktion für Amplituden $Z(x', x)$

$$Z(x', x) = \iint L(\varkappa) O(\xi, x, \varkappa, \nu_0) \, V^*(\xi, \varkappa, \nu_0) \, W(\xi, x') \, d\varkappa \, d\xi . \tag{10.3-2}$$

Da ν_0 in Gl. (10.3-2) nur noch Parameter und nicht mehr eine Integrationsvariable ist, können wir die explizite Abhängigkeit von ν_0 unterdrücken

$$Z(x', x) = \iint L(\varkappa) O(\xi, x, \varkappa) \, V^*(\xi, \varkappa) \, W(\xi, x') \, d\varkappa \, d\xi . \tag{10.3-3}$$

Die Gl. (10.3-3) wird in die Gl. (10.2-9) eingesetzt, um bei Isoplanasie die Übertragungsfunktion $T(R)$ für Amplituden zu ermitteln

$$T(R) = \iiint L(\varkappa) O(\xi, x = 0, \varkappa) \, V^*(\xi, \varkappa) \, W(\xi, x') e^{2\pi i R x'} \, d\varkappa \, d\xi \, dx' . \tag{10.3-4}$$

10.3-b. Fresnel-Holographie

In diesem Kapitel werden als Beispiele die beiden einfachsten Grundtypen der Fresnel-Holographie behandelt, nämlich die Gabor-in-line-Fresnel-Holographie (Abb. 10—1) und die Fresnel-Holographie mit einem kleinen Vergleichsbereich

(Abb. 10—2). Die Rechnungen zu diesen beiden Grundtypen sind verhältnismäßig einfach. Alle anderen möglichen Verfahren lassen sich nach dem gleichen hier vorgeführten Verfahren untersuchen. Die Ergebnisse zu allen Verfahren werden im Kapitel 10.5 zusammengefaßt und diskutiert.

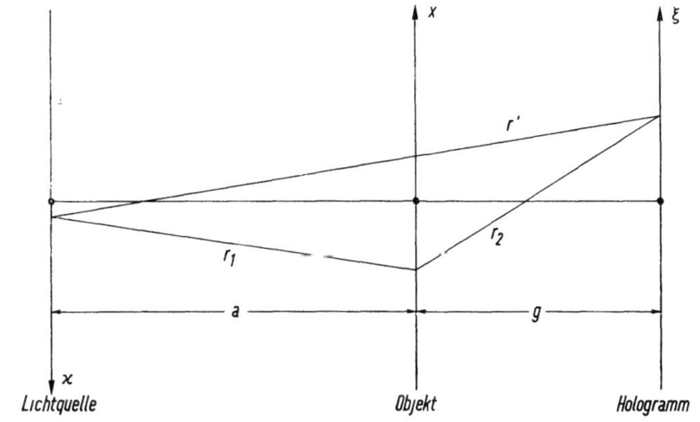

Abb. 10—1. Aufnahme eines Gabor-in-line-Fresnel-Hologramms

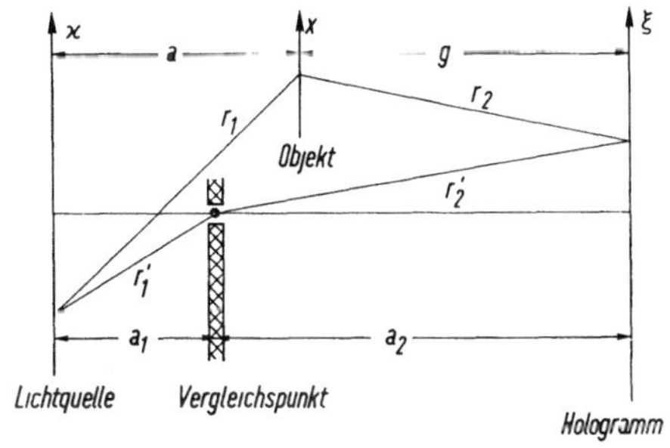

Abb. 10—2. Aufnahme eines Fresnel-Hologramms mit Wellenfrontenteilung und kleinem Vergleichsbereich

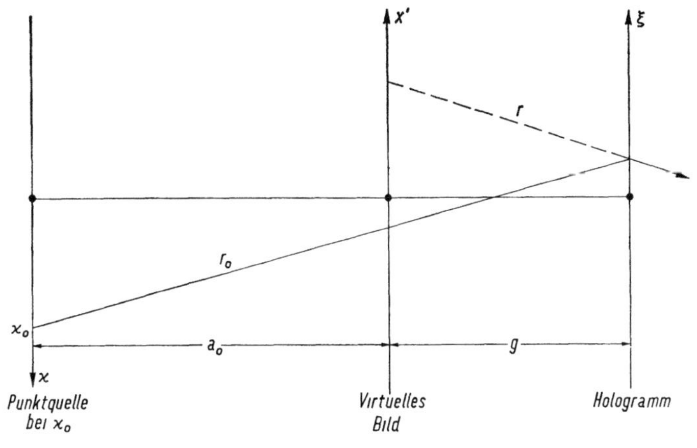

Abb. 10—3. Rekonstruktion von Fresnel-Hologrammen

Alle Fresnel-Hologramme können mit derselben Rekonstruktionsanordnung rekonstruiert werden (Abb. 10—3). Wie schon in Gl. (9.4-7) erläutert, kann die Amplitude $u_b(x')$ im rekonstruierten Bild dargestellt werden durch

$$u_b(x') = \int I_h(\xi) e^{-ik[r_0 - r]} \, d\xi . \tag{10.3-5}$$

Dabei wird wie schon in Gl. (10.2-5) angenommen, daß die Amplitudentransparenz des entwickelten Hologrammes proportional zur aufbelichteten Intensität ist. Durch Vergleich mit Gl. (10.2-5) erhalten wir

$$W(\xi, x') = e^{-ik[r_0 - r]} . \tag{10.3-6}$$

Hierbei gilt in parabolischer Fresnel-Näherung

$$r_0 = (a_0 + g) + \frac{\varkappa_0^2}{2(a_0 + g)} + \frac{\xi^2}{2(a_0 + g)} + \frac{\varkappa_0 \xi}{(a_0 + g)} \tag{10.3-7}$$

$$r = g + \frac{x'^2}{2g} + \frac{\xi^2}{2g} - \frac{x' \xi}{g} . \tag{10.3-8}$$

W nach Gl. (10.3-6) kann in Gl. (10.3-3) verwendet werden, um die Verwaschungsfunktion Z auszurechnen. Diese Methode wird benutzt, um die Holographie mit einem kleinen Vergleichspunkt (Abb. 10—2) zu behandeln.

Wollen wir hingegen die Übertragungsfunktion $T(R)$ berechnen [Gl. (10.3-4)], so müssen wir daran denken, daß dem rekonstruierten Bild ein von x'^2 abhängender Phasenvorfaktor überlagert ist, der von der Beleuchtung durch eine im Endlichen liegende Lichtquelle herrührt. Dieser quadratische Phasenvorfaktor stört die Isoplanasie. Bei der Ermittlung der Intensität in der Bildebene hat dieser Phasenvorfaktor keinen Einfluß, und bei der Bestimmung der Phase von u_b durch ein Interferenzexperiment kann eine Vergleichswellenfront mit gleicher Krümmung wie in u_b benutzt werden. Aus beiden Gründen kann die Rechnung vereinfacht so geführt werden, daß der Phasenvorfaktor im Endergebnis nicht mehr auftritt, das geschieht durch Zufügen eines inversen Phasenvorfaktors

$$W(\xi, x') = e^{-ik \left[r_0 - r - \frac{x'^2}{2a_0} \right]} . \tag{10.3-9}$$

Das Auftreten des Phasenvorfaktors $\exp\left[-ik\frac{x'^2}{2a_0}\right]$ wurde von Weingärtner u. a. (1969a) besprochen. W nach Gl. (10.3-9) kann in Gl. (10.3-4) benutzt werden, um die Übertragungsfunktion $T(R)$ zu berechnen. Diese Methode wird verwendet, um die Gabor-in-line-Fresnel-Holographie zu behandeln (Abb. 10—1).

Bei der Gabor-in-line-Fresnel-Holographie kann die Amplitude $u_h(\xi, \varkappa)$ im Hologramm für einen Lichtquellenpunkt $\varkappa$ wie folgt angeschrieben werden

$$u_h(\xi, \varkappa) = A e^{-ikr'} + \int u_0(x) e^{-ik[r_1 + r_2]} \, dx . \tag{10.3-10}$$

Dabei werden Gabor-Objekte vorausgesetzt, die einen Großteil des auf das Objekt auffallenden Lichts unbeeinflußt durchlassen. In parabolischer Fresnel-Näherung werden die Wege r', r_1 und r_2 berechnet.

$$r' = (a+g) + \frac{\varkappa^2}{2(a+g)} + \frac{\xi^2}{2(a+g)} + \frac{\varkappa\xi}{(a+g)} \tag{10.3-11}$$

$$r_1 = a + \frac{\varkappa^2}{2a} + \frac{x^2}{2a} + \frac{\varkappa x}{a} \tag{10.3-12}$$

$$r_2 = g + \frac{x^2}{2g} + \frac{\xi^2}{2g} - \frac{\xi x}{g}. \tag{10.3-13}$$

Durch Vergleich der Gl. (10.3-10) mit der Gl. (10.2-1) erhalten wir Ausdrücke für V und O

$$V(\xi, \varkappa) = A e^{-\imath k r'} \tag{10.3-14}$$

$$O(\xi, x, \varkappa) = e^{-\imath k r [r_1 + r_2]}. \tag{10.3-15}$$

Zur Ermittlung der Übertragungsfunktion $T(R)$ können O nach Gl. (10.3-15), (10.3-12), (10.3-13), V nach Gl. (10.3-14), (10.3-11) und W nach Gl. (10.3-9), (10.3-7), (10.3-8) in die Gl. (10.3-4) eingesetzt werden. Im weiteren werden Konstanten vernachlässigt, und es wird die Geometrie von Aufnahme- und Rekonstruktionsstrahlengang geeignet gewählt. Die Rekonstruktionslichtquelle liege auf der optischen Achse ($\varkappa_0 = 0$), und es gelte $a_0 = a$. Nach Einsetzen und einfacher Umrechnung erhalten wir das folgende Zwischenergebnis

$$T(R) = \iiint L(\varkappa) e^{-\imath k \left[\frac{g\varkappa^2}{2a(a+g)} + \frac{\xi}{g}\left\{x' - \frac{g\varkappa}{(a+g)}\right\} - \frac{(a+g)x'^2}{2ag} - \lambda R x'\right]} \mathrm{d}\varkappa\, \mathrm{d}\xi\, \mathrm{d}x'. \tag{10.3-16}$$

Die Integration über ξ kann separiert werden

$$T(R) = \iint L(\varkappa) e^{-\imath k \left[\frac{g\varkappa^2}{2a(a+g)} - \frac{(a+g)x'^2}{2ag} - \lambda R x'\right]} \int e^{-ik \frac{\xi}{g}\left\{x' - \frac{g\varkappa}{(a+g)}\right\}} \mathrm{d}\xi\, \mathrm{d}x'\, \mathrm{d}\varkappa. \tag{10.3-17}$$

Die Integration über ξ liefert eine Dirac-Funktion

$$T(R) = \iint L(\varkappa)\, \delta\left[\frac{1}{\lambda g}\left\{x' - \frac{g\varkappa}{(a+g)}\right\}\right] e^{-\imath k \left[\frac{g\varkappa^2}{2a(a+g)} - \frac{(a+g)x'^2}{2ag} - \lambda R x'\right]} \mathrm{d}x'\, \mathrm{d}\varkappa. \tag{10.3-18}$$

Weiter kann die Integration über x' ausgeführt werden durch Setzen von $x' = \frac{g\varkappa}{(a+g)}$. Nach kurzer Umformung folgt das Ergebnis

$$T(R) = \int L(\varkappa) e^{2\pi\imath \frac{gR}{(a+g)}\varkappa} \mathrm{d}\varkappa. \tag{10.3-19}$$

Verwendet man die Definition der Kohärenzfunktion $\Gamma_L{}^S$ für spatial teilkohärente Beleuchtung nach Gl. (1.3-10), so läßt sich die Gl. (10.3-19) in die folgende Form umschreiben

$$T(R) = \Gamma_L{}^S\left[\frac{g}{a+g} R\right]. \tag{10.3-20}$$

Für die in-line-Fresnel-Holographie wirkt die Kohärenzfunktion der Beleuchtung als Übertragungsfunktion für Amplituden. Es liegt eine lineare und isoplanatische Amplitudenübertragung vor. Bei abnehmender Kohärenz wird nur die Auflösung im rekonstruierten Bild beeinflußt, nicht aber das Bildfeld eingeschränkt oder die Helligkeit im rekonstruierten Bild gemindert.

Wird der Abstand g zwischen Objekt und Hologramm kleiner, so sinkt der Einfluß der Teilkohärenz. Im Falle $g = 0$ hat die Teilkohärenz überhaupt keinen Einfluß. Der Fall $g = 0$ entspricht der Bildebenen-Holographie. Dieser Typ der Holographie wird in Kap. 10.3-d genauer besprochen.

Als zweiter Fall wird die Fresnel-Holographie mit einem kleinen Vergleichsbereich behandelt (Abb. 10—2). Hier ist es zweckmäßiger, die Verwaschungsfunktion Z und nicht die Übertragungsfunktion T zu berechnen, weil dieses Verfahren nicht-isoplanatisch arbeitet; hier tritt keine Auflösungsverminderung auf sondern eine Bildfeldeinschränkung.

Im vorliegenden Fall unterscheidet sich $O(x, \xi, \varkappa)$ von dem bei der Gabor-in-line-Holographie errechneten Ausdruck nur durch den Richtungssinn von $\varkappa$. Mit dieser Voraussetzung können wir O übernehmen aus den Gln. (10.3-15), (10.3-12) und (10.3-13). W kann aus den Gln. (10.3-6), (10.3-7) und (10.3-8) übernommen werden mit der Maßgabe, daß in der Gl. (10.3-7) zu setzen ist: $a_0 + g = a_2$ und $\varkappa_0 = 0$, d. h., die Rekonstruktionslichtquelle liegt am Ort des Ausgangspunktes der Vergleichswelle bei der Hologrammaufnahme. V läßt sich errechnen zu

$$V = A\, e^{-ik[r_1' + r_2']}\,. \tag{10.3-21}$$

Dabei gilt für r_1' und r_2'

$$r_1' = \frac{\varkappa^2}{2a_1} \tag{10.3-22}$$

$$r_2' = \frac{\xi^2}{2a_2}. \tag{10.3-23}$$

Einsetzen von O, V und W in Gl. (10.3-3) liefert

$$Z(x', x) = \iint L(\varkappa)\, e^{-ik\,\frac{\xi}{g}(x'-x)}\, e^{-ik\left[\frac{\varkappa^2}{2}\left(\frac{1}{a} - \frac{1}{a_1}\right) + \frac{x^2}{2}\left(\frac{1}{a} + \frac{1}{g}\right) - \frac{\varkappa x}{a} - \frac{x'^2}{2g}\right]}\, d\varkappa\, d\xi\,. \tag{10.3-24}$$

Wieder kann die Integration über ξ separiert werden, sie führt auf eine Dirac-Funktion

$$Z(x', x) = \delta\left[\frac{1}{\lambda g}(x' - x)\right] \int L(\varkappa)\, e^{-ik\left[\frac{x'^2}{2a} + \frac{\varkappa^2}{2}\left(\frac{1}{a} - \frac{1}{a_1}\right) - \frac{\varkappa x'}{a}\right]}\, d\varkappa\,. \tag{10.3-25}$$

Bereits hier sieht man, daß die Teilkohärenz nur das Auftreten einer Maske im rekonstruierten Bild bewirkt, nicht aber die Auflösung verschlechtert. Deutlicher wird dies durch Einsetzen von Z aus Gl. (10.3-25) in Gl. (10.2-7)

$$u_b(x') = \iint u_o(x)\, \delta\left[\frac{1}{\lambda g}(x' - x)\right] L(\varkappa)\, e^{-ik\left[\frac{x'^2}{2a} + \frac{\varkappa^2}{2}\left(\frac{1}{a} - \frac{1}{a_1}\right) - \frac{\varkappa x'}{a}\right]}\, d\varkappa\, dx \tag{10.3-26}$$

$$u_b(x') = e^{-ik\frac{x'^2}{2a}}\, u_o(x') \int L(\varkappa)\, e^{-ik\left[\frac{\varkappa^2}{2}\left(\frac{1}{a} - \frac{1}{a_1}\right) - \frac{\varkappa x'}{a}\right]}\, d\varkappa\,. \tag{10.3-27}$$

Die Teilkohärenz wirkt wie eine Maske im rekonstruierten Bild, welche die Große des strukturierten Bildfeldes begrenzt; dagegen wird die Auflosung nicht beeinträchtigt.

Gingen wir zur Quasi-Fourier-Holographie über ($a = a_1$), so fiele der zu $\varkappa^2$ proportionale Exponentialterm fort, und das Integral wäre ein Fourier-Integral, das auf die Kohärenzfunktion der Beleuchtung $\Gamma_L{}^S$ führt, vgl. dazu das Kap. 10.3-c. Für ein Bildfeld brauchbarer Größe ist es bei Holographie mit einem kleinen Vergleichsbereich erforderlich, sehr kleine Lichtquellen zur Hologrammaufnahme zu benutzen. Deshalb wird es häufig möglich sein, bei nicht zu kleiner Bildkoordinate x' den Term proportional zu $\varkappa^2$ gegenüber dem proportional zu $\varkappa$ zu vernachlässigen

$$u_b(x') = e^{-ik\frac{x'^2}{2a}} u_0(x') \int L(\varkappa) e^{2\pi i \frac{x'}{\lambda a}\varkappa} \, d\varkappa . \qquad (10.3\text{-}28)$$

Durch Vergleich mit der Gl. (1.3-10) folgt wiederum

$$u_b(x') = e^{-ik\frac{x'^2}{2a}} u_0(x') \cdot \Gamma_L{}^S \left[\frac{x'}{\lambda a}\right]. \qquad (10.3\text{-}29)$$

Naherungsweise führen also die Fresnel-Holographie mit kleinem Vergleichsbereich, die Quasi-Fourier-Holographie und die Fourier-Holographie zum gleichen Ergebnis.

Die Ergebnisse für weitere Arten der teilkohärenten Fresnel-Holographie werden im Kap. 10.5 angegeben und diskutiert.

10.3-c. Fourier- und Quasi-Fourier-Holographie

In diesem Kapitel werden die Quasi-Fourier-Holographie mit einem kleinen Vergleichsbereich (Abb. 10—4) und die Fourier-Holographie mit Amplitudenteilung durch Beugung (Abb. 10—5) behandelt. Bei allen Verfahren der Fourier- und Quasi-Fourier-Holographie kann die Rekonstruktion durch Fourier-Transfor-

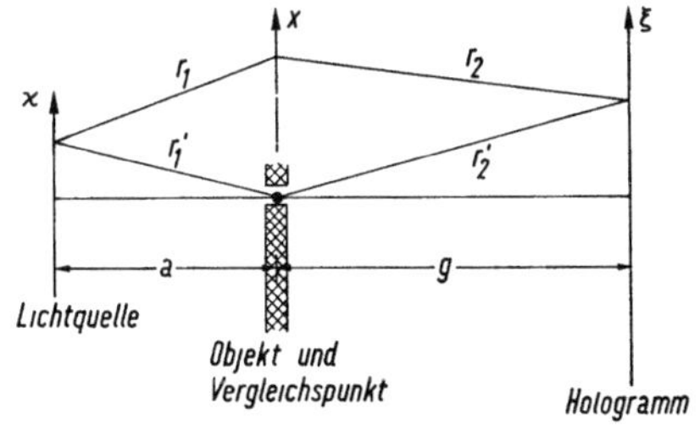

Abb. 10—4. Aufnahme eines Quasi-Fourier-Hologramms mit Wellenfrontenteilung und kleinem Vergleichsbereich

mation der Amplitudentransparenz des Hologrammes vorgenommen werden Analog Gl. (9.2-6) können wir die Rekonstruktion anschreiben

$$u_b(x') = \int I_h(\xi) e^{-ik\frac{\xi x'}{F_R}} \, d\xi . \qquad (10.3\text{-}30)$$

Daraus folgt W durch Vergleich mit Gl. (10.2-5)

$$W(\xi, x') = e^{-ik\frac{\xi x'}{F_R}}. \tag{10.3-31}$$

Durch Einsetzen von W in Gl. (10.3-3) erhalten wir Z

$$Z(x', x) = \iint L(\varkappa) O(\xi, x, \varkappa) V^*(\xi, \varkappa) e^{-ik\frac{\xi x'}{F_R}} \mathrm{d}\varkappa \, \mathrm{d}\xi. \tag{10.3-32}$$

Der Ausdruck für T nach Gl. (10.3-4) läßt sich nach Einsetzen von W weiter vereinfachen

$$T(R) = \iiint L(\varkappa) O(\xi, x = 0, \varkappa) V^*(\xi, \varkappa) e^{-ik\frac{\xi x'}{F_R}} e^{2\pi i R x'} \mathrm{d}\varkappa \, \mathrm{d}\xi \, \mathrm{d}x'. \tag{10.3-33}$$

Nach Separation und Ausführung der Integration über x' folgt

$$T(R) = \iint L(\varkappa) O(\xi, x = 0, \varkappa) V^*(\xi, \varkappa) \delta\left[R - \frac{\xi}{\lambda F_R}\right] \mathrm{d}\xi \, \mathrm{d}\varkappa \tag{10.3-34}$$

$$T(R) = \int L(\varkappa) O(\xi = \lambda F_R R, x = 0, \varkappa) V^*(\xi = \lambda F_R R, \varkappa) \, \mathrm{d}\varkappa. \tag{10.3-35}$$

Zunächst wird die Quasi-Fourier-Holographie mit einem kleinen Vergleichsbereich (Abb. 10—4) diskutiert. Offensichtlich können wir O übernehmen aus den Gln. (10.3-15), (10.3-12) und (10.3-13). V ergibt sich zu

$$V(\xi, \varkappa) = A e^{-ik[r_1' + r_2']}. \tag{10.3-36}$$

r_1' und r_2' werden in parabolischer Fresnel-Näherung angegeben

$$r_1' = a + \frac{\varkappa^2}{2a} \tag{10.3-37}$$

$$r_2' = g + \frac{\xi^2}{2g}. \tag{10.3-38}$$

Nach Einsetzen von O und V in Gl. (10.3-32) und einfacher Umrechnung ergibt sich

$$Z(x', x) = \iint L(\varkappa) e^{-ik\left[\frac{x^2}{2}\left(\frac{1}{a} + \frac{1}{g}\right) - \frac{\varkappa x}{a} - \frac{\xi}{g}\left(x - \frac{g x'}{F_R}\right)\right]} \mathrm{d}\xi \, \mathrm{d}\varkappa. \tag{10.3-39}$$

Wiederum führt die Integration über ξ auf eine Dirac-Funktion

$$Z(x', x) = \int L(\varkappa) \, \delta\left[\frac{1}{\lambda g}\left(x - \frac{g x'}{F_R}\right)\right] e^{-ik\left[\frac{x^2}{2}\left(\frac{1}{a} + \frac{1}{g}\right) - \frac{\varkappa x}{a}\right]} \mathrm{d}\varkappa \tag{10.3-40}$$

$$Z(x', x) = e^{-ik\frac{g^2}{2F_R^2}\left(\frac{1}{a} + \frac{1}{g}\right)x'^2} \cdot \delta\left[\frac{1}{\lambda g}\left(x - \frac{g x'}{F_R}\right)\right] \int L(\varkappa) e^{2\pi i \varkappa \frac{g x'}{\lambda a F_R}} \mathrm{d}\varkappa. \tag{10.3-41}$$

Mit Gl. (1.3-10) erhalten wir als Resultat

$$Z(x', x) = e^{-ik\frac{g^2}{2F_R^2}\left(\frac{1}{a}+\frac{1}{g}\right)x'^2} \cdot \delta\left[\frac{1}{\lambda g}\left(x - \frac{g x'}{F_R}\right)\right] \Gamma_L^S\left[\frac{g}{\lambda a F_R} x'\right]. \quad (10.3\text{-}42)$$

Das Ergebnis wird noch übersichtlicher, wenn wir mit Hilfe von Gl. (10.2-7) zur Amplitude $u_b(x')$ übergehen

$$u_b(x') = e^{-ik\frac{g^2}{2F_R^2}\left(\frac{1}{a}+\frac{1}{g}\right)x'^2} \cdot u_0\left(\frac{g}{F_R} x'\right) \Gamma_L^S\left[\frac{g}{\lambda a F_R} x'\right]. \quad (10.3\text{-}43)$$

Offensichtlich beeinträchtigt die Teilkohärenz nicht die Auflösung im Bild, sondern bewirkt nur eine Maskierung des Bildfeldes. Ein ähnliches Ergebnis war schon für die Fresnel-Holographie mit einem kleinen Vergleichsbereich in Gl. (10.3-29) hergeleitet worden. Die Auflösung wird dagegen vermindert, wenn man den kleinen Vergleichsbereich durch eine ausgedehnte Vergleichsquelle ersetzt (Mirandé u. a. 1969).

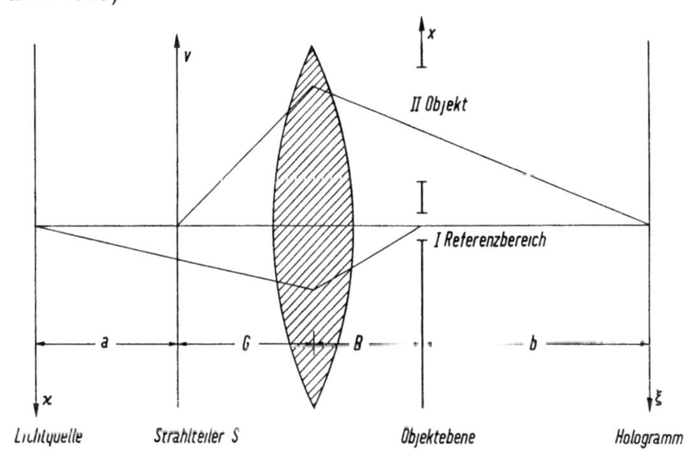

Abb. 10—5. Aufnahme eines Fourier-Hologramms mit Amplitudenteilung durch Beugung

Bei einem anderen Typ der Fourier-Holographie, der Fourier-Holographie mit Amplitudenteilung durch Beugung (Abb. 10—5), tritt im rekonstruierten Bild bei spatialer Teilkohärenz keine Bildfeldeinschränkung sondern vielmehr nur eine Auflösungsbeschränkung ein, dieses Verfahren ist isoplanatisch. Die Amplitudentransparenz des Strahlteilers S wird angesetzt als $1 + a(v)$. Der Strahlteiler S soll also einen starken Anteil des auffallenden Lichts unbeeinflußt durchlassen und einen Teil durch Beugung oder Streuung ablenken. Der ungestreute Anteil dient als Vergleichslicht, er trifft im Bereich I auf die Objektebene, der gestreute Anteil dient zur Objektbeleuchtung, das Objekt befindet sich im Bereich II. Die Lichtquelle wird in die Objektebene abgebildet, der Strahlteiler S in die Hologrammebene.

Zur rechnerischen Behandlung gehen wir von der Gl. (3.8-29) aus, der die Abb. 3—14 zugrunde lag. Durch Vergleich der Abb. 3—14 mit der Abb. 10—5 können wir die zu ändernden Bezeichnungen ermitteln. Beim Übergang von

Gl. (3.8-29) zur Gl. (10.3-44) müssen wir folgende Bezeichnungen umändern:

$$x' \to \xi$$

$$x \to v$$

$$\sigma \to x$$

$$u_o(x) \to 1 + a(v)$$

$$f(\sigma) \to \begin{cases} 1 \text{ im Bereich } I \\ u_o(x) \text{ im Bereich } II \end{cases}$$

$$u_b(x') \to u_h(\xi, \varkappa)$$

Damit ergibt sich folgender Ausdruck für die Amplitude $u_h(\xi, \varkappa)$ im Hologramm

$$u_h(\xi, \varkappa) = e^{-ik\left[\frac{\xi^2}{2b} + \frac{\varkappa^2}{2a}\right]} \iint e^{-ik\frac{\varkappa v}{a}} e^{-ik\frac{x}{b}(\xi - Mv)} \, dv \, dx$$

$$+ e^{-ik\left[\frac{\xi^2}{2b} + \frac{\varkappa^2}{2a}\right]} \iint a(v) u_o(x) e^{-ik\frac{\varkappa v}{a}} e^{-ik\frac{x}{b}(\xi - Mv)} \, dv \, dx. \quad (10.3\text{-}44)$$

Die Integration über x im ersten Summanden von Gl. (10.3-44) geht über den Bereich I, die im zweiten Summanden über den Bereich II. Aus Gl. (10.3-44) können $V(\xi, \varkappa)$ und $O(\xi, x, \varkappa)$ durch Vergleich mit Gl. (10.2-1) bestimmt werden

$$V(\xi, \varkappa) = e^{-ik\left[\frac{\xi^2}{2b} + \frac{\varkappa^2}{2a}\right]} \iint e^{-ik\frac{\varkappa v}{a}} e^{-ik\frac{x}{b}(\xi - Mv)} \, dv \, dx. \quad (10.3\text{-}45)$$

Die Integration über x führt in bekannter Weise auf eine Dirac-Funktion, mit deren Hilfe die zweite Integration über v durchgeführt werden kann:

$$V(\xi, \varkappa) = e^{-ik\left[\frac{\xi^2}{2b} + \frac{\varkappa^2}{2a}\right]} e^{-ik\frac{\varkappa\xi}{Ma}}. \quad (10.3\text{-}46)$$

Für $O(\xi, x, \varkappa)$ ergibt sich:

$$O(\xi, x, \varkappa) = e^{-ik\left[\frac{\xi^2}{2b} + \frac{\varkappa^2}{2a}\right]} e^{-ik\frac{x\xi}{b}} \int a(v) e^{2\pi i v\left[\frac{xM}{\lambda b} - \frac{\varkappa}{\lambda a}\right]} \, dv. \quad (10.3\text{-}47)$$

Die Integration über v liefert die Fourier-Transformierte $\tilde{a}$ [ ] von $a(v)$.

$$O(\xi, x, \varkappa) = e^{-ik\left[\frac{\xi^2}{2b} + \frac{\varkappa^2}{2a}\right]} e^{-ik\frac{x\xi}{b}} \tilde{a}\left[\frac{xM}{\lambda b} - \frac{\varkappa}{\lambda a}\right] \quad (10.3\text{-}48)$$

Die Fraunhofersche Beugungsfigur $\tilde{a}$, die Fourier-Transformierte von a, wird zur Beleuchtung des Objektes verwendet. Um eine gleichmäßige Ausleuchtung des Objektes zu erhalten, fordern wir $\tilde{a} = \text{const}$

$$O(\xi, x, \varkappa) = \text{const} \cdot e^{-ik\left[\frac{\xi^2}{2b} + \frac{\varkappa^2}{2a}\right]} e^{-ik\frac{x\xi}{b}}. \quad (10.3\text{-}49)$$

$V(\xi, \varkappa)$ und $O(\xi, x, \varkappa)$ können in die Gl. (10.3-35) eingesetzt werden. Konstanten werden wieder vernachlässigt. Nach einfacher Umrechnung des Exponenten erhalten wir den folgenden Ausdruck

$$T(R) = \int L(\varkappa)\, e^{2\pi i \varkappa \frac{F_R}{Ma} R}\, \mathrm{d}\varkappa . \qquad (10.3\text{-}50)$$

Durch Anwendung von Gl. (1.3-10) resultiert das folgende Endergebnis

$$T(R) = \Gamma_L^S \left[\frac{F_R}{Ma} R\right]. \qquad (10.3\text{-}51)$$

Die Fourier-Holographie mit Amplitudenteilung durch Beugung ist dadurch gekennzeichnet, daß sich die spatiale Teilkohärenz bei der Hologrammaufnahme nur durch eine Auflösungsverschlechterung bemerkbar macht nicht aber durch eine Objekt- oder Bildfeldbeschränkung wie bei der Quasi-Fourier-Holographie mit einem kleinen Vergleichspunkt.

Von Mirandé u. a. (1969) wurden Verfahren angegeben, um den Strahlteiler S besonders günstig auf holographischem Wege herzustellen, wobei in einfacher Weise eine Beleuchtung des Objektes mit diffusem Licht oder auch mit Licht von definierter Phase realisiert werden kann.

10.3-d. Bildebenen-Holographie

10.3-d-1. Rekonstruktion

Die kohärente Rekonstruktion eines Bildebenen-Hologrammes nach Abb. 10—6 bedeutet die Abbildung eines Teils der Hologrammtransparenz $I_h(\xi)$ durch eine Linse mit der Pupillenfunktion $f_0(\sigma_0)$. Diese Abbildung wird mit Hilfe der Gl. (3.8-29) beschrieben. Nach Vergleich von Abb. 10—6 mit Abb. 3—14 und nach Einsetzen der passenden Bezeichnungen gilt für die rekonstruierte Amplitude $u_b(x')$

$$u_b(x') = e^{-ik_0 \frac{x'^2}{2b_0}} \iint I_h(\xi) f_0(\sigma_0)\, e^{-ik_0 \frac{\varkappa_0 \xi}{a_0}}\, e^{-ik_0 \frac{\sigma_0}{b_0}(x'-\xi)}\, \mathrm{d}\xi\, \mathrm{d}\sigma_0 . \qquad (10.3\text{-}52)$$

Alle Größen mit dem Index 0 gelten für die Rekonstruktion. Auch die Wellenlängen bei Hologrammaufnahme und Rekonstruktion sollen hier unterschieden

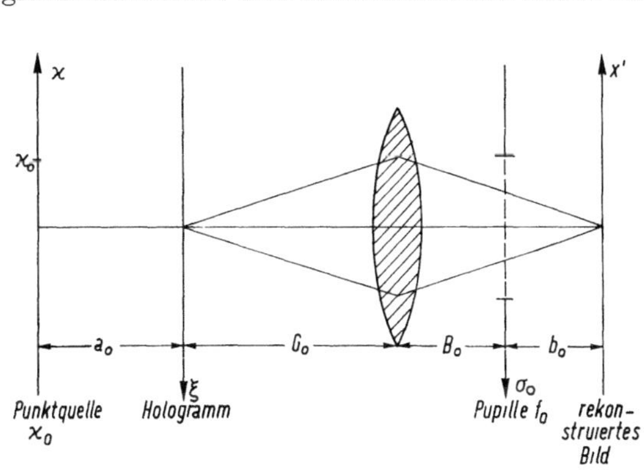

Abb. 10—6. Koharente Rekonstruktion von Bildebenen-Hologrammen

werden; das ist erforderlich wegen der später diskutierten Anwendung auf die Holographie im Elektronenmikroskop (Kap. 10.9-a). Ein konstanter Faktor wurde wie alle weiteren konstanten Faktoren fortgelassen. Die Rekonstruktionslichtquelle wird an den Ort $\varkappa_0 = \frac{k}{k_0} a_0 \lambda R_0$ gelegt. R_0 stellt die Ortsfrequenz der Interferenzstreifen im Bildebenen-Hologramm dar (s. Kap. 10.3-d-2). Die Hologrammaufnahme und Rekonstruktion werden mit dem Abbildungsmaßstab Eins durchgeführt. Bei der vorliegenden Wahl von $\varkappa_0$ entsteht die zum eigentlichen Bild gehörende nullte Beugungsordnung auf der optischen Achse. Der Phasenfaktor mit x'^2 in Gl. (10.3-52) kann vernachlässigt werden, denn bei der Aufzeichnung der Bildintensität spielt er keine Rolle, und bei der Ermittlung der Phase von u_b kann eine Vergleichswellenfront mit gleicher Krümmung wie in u_b benutzt werden, dann ist die Wirkung dieses Phasenfaktors ebenfalls ausgeschaltet. Durch Vergleich der Gl. (10.3-52) mit der Gl. (10.2-5) folgt für W

$$W(\xi, x') = \int f_0(\sigma_0) e^{-ik\lambda R_0 \xi} e^{-ik_0(x'-\xi)\frac{\sigma_0}{b_0}} \,d\sigma_0. \tag{10.3-53}$$

W nach Gl. (10.3-53) wird in Gl. (10.3-4) eingesetzt

$$T(R) = \iiiint L(\varkappa) f_0(\sigma_0) O(\xi, x = 0, \varkappa) V^*(\xi, \varkappa) \times e^{-ik\lambda R_0 \xi} e^{-ik_0(x'-\xi)\frac{\sigma_0}{b_0}} e^{2\pi i R x'} \,d\sigma_0 \,d\varkappa \,d\xi \,dx. \tag{10.3-54}$$

Es wird die Integrationsreihenfolge vertauscht, und es wird die Integration über x' separiert

$$T(R) = \iiint L(\varkappa) f_0(\sigma_0) O(\xi, x = 0, \varkappa) V^*(\xi, \varkappa) e^{-ik\lambda R_0 \xi} e^{+ik_0 \frac{\xi\sigma_0}{b_0}} \times \int e^{2\pi i x'\left[R - \frac{\sigma_0}{\lambda_0 b_0}\right]} \,dx' \,d\sigma_0 \,d\xi \,d\varkappa. \tag{10.3-55}$$

Die Integration über x' führt auf eine Dirac-Funktion, die Integration über σ_0 kann dann ausgeführt werden durch Setzen von $\sigma_0 = \lambda_0 b_0 R$

$$T(R) = f_0[\lambda_0 b_0 R] \iint L(\varkappa) O(\xi, x = 0, \varkappa) V^*(\xi, \varkappa) \cdot e^{-ik\lambda R_0 \xi} \cdot e^{+ik\lambda R \xi} \,d\xi \,d\varkappa. \tag{10.3-56}$$

10.3-d-2. Hologrammaufnahme und allgemeine Beziehungen

Bei der Bildebenen-Holographie wird das Objekt in die Hologrammebene scharf oder nur wenig extrafokal abgebildet. Auch bei der Rekonstruktion wird das Hologramm scharf oder wenig extrafokal in die Rekonstruktionsebene abgebildet. Bei der Aufnahme und bei der Rekonstruktion werden in der vorliegenden Darstellung Linsenfehler und Aperturbegrenzung der abbildenden Optik berücksichtigt.

Die Bildebenen-Holographie mit Amplitudenteilung wird rechnerisch behandelt für ein Mach-Zehnder-Interferometer (Abb. 10—7). Objekt und Prisma werden in die Hologrammebene abgebildet. Die folgenden Überlegungen gelten auch, wenn statt der einen Linse zwei Linsen innerhalb des Interferometers jeweils das Objekt und das Prisma in die Hologrammebene abbilden. Es können dann im Objektstrahl und im Vergleichsstrahl zwei verschiedene Pupillenfunktionen eingeführt werden. Das Interferometer soll so justiert sein, daß bei Abwesenheit des Objektes und des dünnen Prismas für jeden in das Interferometer eintretenden Strahl die beiden aus dem Interferometer austretenden Strahlen räumlich zusammenfallen. Das Prisma erzeugt im Hologramm Interferenzstreifen, die als spatiale Trägerfrequenz wirken. Bei der praktischen Durchführung der Bildebenen-Holographie mit Amplitudenteilung wird man andere Anordnungen vorziehen (vgl. Kap. 10.5), bei denen die Teilkohärenz gleiche oder ähnliche Auswirkungen hat wie in der Anordnung nach Abb. 10—7. Die Anordnung nach Abb. 10—7 läßt sich besonders übersichtlich durchrechnen.

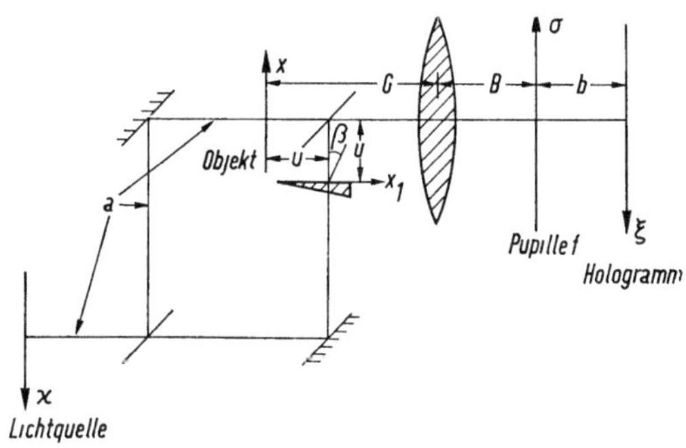

Abb. 10—7. Bildebenen-Holographie mit Amplitudenteilung

In der Ausgangsgleichung [Gl. (10.2-1)] kennzeichnet das Integral den vom Objekt herrührenden Amplitudenanteil in der Hologrammebene. Im vorliegenden Fall läßt sich dieser Anteil analog Gl. (3.8-29) anschreiben nach Vergleich der Abb. 3—14 mit der Abb. 10—7

$$e^{-ik\left[\frac{\xi^2}{2b}+\frac{\varkappa^2}{2a}\right]}\iint u_0(x) f(\sigma) e^{-ik\frac{\varkappa x}{a}} e^{-ik(\xi-x)\frac{\sigma}{b}}\,\mathrm{d}x\,\mathrm{d}\sigma. \qquad (10.3\text{-}57)$$

Das Objekt wird mit dem Abbildungsmaßstab Eins in das Hologramm abgebildet. Nach weiterem Vergleich von Gl. (10.3-57) mit dem Integral in Gl. (10.2-1) folgt

$$O(\xi, x, \varkappa) = e^{-ik\left[\frac{\xi^2}{2b}+\frac{\varkappa^2}{2a}\right]}\int f(\sigma) e^{-ik\frac{\varkappa x}{a}} e^{-ik(\xi-x)\frac{\sigma}{b}}\,\mathrm{d}\sigma. \qquad (10.3\text{-}58)$$

Später wird $O(\xi, x = 0, \varkappa)$ benötigt

$$O(\xi, x = 0, \varkappa) = e^{-ik\left[\frac{\xi^2}{2b}+\frac{\varkappa^2}{2a}\right]}\int f(\sigma) e^{-ik\frac{\xi\sigma}{b}}\,\mathrm{d}\sigma. \qquad (10.3\text{-}59)$$

Die Lichterregung V im Vergleichsstrahl läßt sich errechnen, wenn in die Gl. (10.3-57) anstelle von $u_0(x)$ die Amplitudentransparenz $\exp[-ik\beta x_1]$ des Prismas eingesetzt wird. β ist der Winkel, um den das Licht beim Durchtritt durch das dünne Prisma abgelenkt wird. Die Koordinate in der Ebene des Prismas wird mit x_1 bezeichnet (vgl. Abb. 10—7).

$$V(\xi, \varkappa) = e^{-ik\left[\frac{\xi^2}{2b}+\frac{\varkappa^2}{2a}\right]} \iint f(\sigma) e^{-ik\beta x_1} e^{-ik\frac{\varkappa x_1}{a}} e^{-ik(\xi - x_1)\frac{\sigma}{b}} \mathrm{d}x_1 \mathrm{d}\sigma \qquad (10.3\text{-}60)$$

Die Integration über x_1 wird separiert

$$V(\xi, \varkappa) = e^{-ik\left[\frac{\xi^2}{2b}+\frac{\varkappa^2}{2a}\right]} \int f(\sigma) e^{-ik\frac{\xi\sigma}{b}} \int e^{-ik\, x_1\left[\beta + \frac{\varkappa}{a} - \frac{\sigma}{b}\right]} \mathrm{d}x_1 \, \mathrm{d}\sigma. \qquad (10.3\text{-}61)$$

Die Integration über x_1 liefert eine Dirac-Funktion, die Integration über σ kann dann ausgeführt werden durch Setzen von $\sigma = \frac{b}{a}\varkappa + b\beta$

$$V(\xi, \varkappa) = e^{-ik\left[\frac{\xi^2}{2b}+\frac{\varkappa^2}{2a}\right]} f\left[\frac{b}{a}\varkappa + b\beta\right] e^{-ik\left[\frac{\xi\varkappa}{a}+\xi\beta\right]}. \qquad (10.3\text{-}62)$$

In Gl. (10.3-62) wird die Ortsfrequenz $R_0 = \beta/\lambda$ der Interferenzstreifen im Hologramm eingeführt

$$V(\xi, \varkappa) = e^{-ik\left[\frac{\xi^2}{2b}+\frac{\varkappa^2}{2a}\right]} f\left[\frac{b}{a}\varkappa + \lambda b R_0\right] e^{-ik\left[\frac{\xi\varkappa}{a}+\lambda\xi R_0\right]}. \qquad (10.3\text{-}63)$$

Nunmehr können $O(\xi, x = 0, \varkappa)$ nach Gl. (10.3-59) und $V(\xi, \varkappa)$ nach Gl. (10.3-63) in die Gl. (10.3-56) eingesetzt werden; nach kurzer Umrechnung ergibt sich der Ausdruck für $T(R)$

$$T(R) = f_0[\lambda_0 b_0 R] \iiint L(\varkappa) f(\sigma) f^* \left[\frac{b}{a}\varkappa + \lambda b R_0\right] e^{-ik\frac{\xi}{b}\left[\sigma - \frac{b}{a}\varkappa - \lambda b R\right]} \mathrm{d}\xi \, \mathrm{d}\sigma \, \mathrm{d}\varkappa. \qquad (10.3\text{-}64)$$

Das Integral über ξ wird separiert, es führt auf eine Dirac-Funktion und ermöglicht die weitere Integration über σ durch Setzen von $\sigma = \frac{b}{a}\varkappa + \lambda b R$

$$T(R) = f_0[\lambda_0 b_0 R] \int L(\varkappa) f\left[\frac{b}{a}\varkappa + \lambda b R\right] f^* \left[\frac{b}{a}\varkappa + \lambda b R_0\right] \mathrm{d}\varkappa. \qquad (10.3\text{-}65)$$

In Abb. 10—8 ist eine Anordnung zur Bildebenen-Holographie mit Wellenfrontteilung durch ein Prisma gezeigt. Die nähere Diskussion dieser Anordnung, die auch zur Elektronen-Holographie verwendet werden kann (Kap. 10.9-a), wurde von Weingärtner u. a. (1970a) durchgeführt. Hier sei ohne Herleitung nur die zugehörige Übertragungsfunktion $T(R)$ angegeben

$$T(R) = f_0[\lambda_0 b_0 R] \int L(\varkappa) f\left[\frac{b}{a}\varkappa + \lambda b R\right] f^* \left[\frac{b}{a}\varkappa + \lambda b R_0\right] e^{+ik\frac{\beta p}{a}\varkappa} \mathrm{d}\varkappa. \qquad (10.3\text{-}66)$$

Offensichtlich unterscheiden sich die Gln. (10.3-65) und (10.3-66) nur durch das Auftreten des Exponentialtermes $e^{ik\frac{\beta p}{a}\varkappa}$ in Gl. (10.3-66).

In den nächsten Abschnitten werden die Übertragungsfunktionen $T(R)$ nach den Gln. (10.3-65) und (10.3-66) für verschiedene Spezialfälle der Bildebenen-Holographie diskutiert.

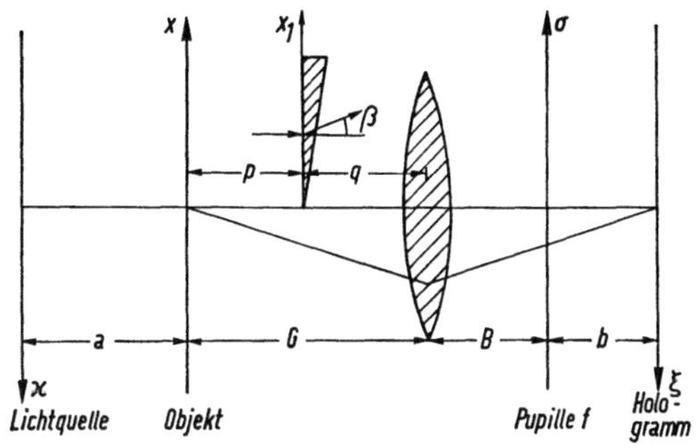

Abb. 10—8. Bildebenen-Holographie mit Wellenfrontenteilung

10.3-d-3. Ideale Abbildungssysteme

Bei idealem Abbildungssystem, d. h., $f = f_0 = 1$, gehen die Gln. (10.3-65) und (10.3-66) für Amplitudenteilung und Wellenfrontenteilung über in

$$T(R) = \int L(\varkappa)\, \mathrm{d}\varkappa = \Gamma_L{}^S(0) = \text{const} \tag{10.3-67}$$

$$T(R) = \int L(\varkappa) e^{ik\frac{\beta p}{a}\varkappa}\, \mathrm{d}\varkappa = \Gamma_L{}^S\left[\frac{\beta p}{\lambda a}\right]. \tag{10.3-68}$$

Für beide Arten der Strahlteilung sind bei idealer Abbildung in Aufnahme und Rekonstruktion die Übertragungsfunktionen unabhängig von R. Im Falle der Wellenfrontenteilung (Abb. 10—8, Gl. (10.3-68)) bewirkt die spatiale Teilkohärenz je nach der eingeführten Scherung βp im Hologramm eine gleichmäßige Minderung der Helligkeit im rekonstruierten Bild. Bei Amplitudenteilung (Abb. 10—7, Gl. (10.3-67)) ist die Helligkeit im Bild maximal, da der Betrag der Kohärenzfunktion für den Wert Null im allgemeinen den größten Wert annimmt. Bei idealer Abbildung hat also die Teilkohärenz keine Auflösungsverminderung oder Bildfeldbeschränkung zur Folge im Gegensatz zur teilkohärenten Fresnel-Holographie oder Fourier-Holographie.

10.3-d-4. Kompensation von Abbildungsfehlern bei kohärenter Beleuchtung

Der Grenzfall der kohärenten Beleuchtung liegt vor für $L(\varkappa) = \delta(\varkappa)$. Damit gehen die Gln. (10.3-65) und (10.3-66) über in

$$T(R) = f_0[\lambda_0 b_0 R] f[\lambda b R]. \tag{10.3-69}$$

Dabei wurde eine Konstante vernachlässigt. Die Holographie mit Amplituden- und Wellenfrontteilungen hat für kohärente Beleuchtung das gleiche Ergebnis. Falls die Bedingungen

$$\lambda b = \lambda_0 b_0 \tag{10.3-70}$$

und

$$f_0^*(\sigma) = f(\sigma) \tag{10.3-71}$$

erfüllt sind, so geht die Gl. (10.3-69) über in

$$T(R) = |f[\lambda b R]|^2 = |f_0[\lambda_0 b_0 R]|^2. \tag{10.3-72}$$

Die Bedingungen (10.3-70) und (10.3-71) fordern eine geeignete Geometrie und zwei konjugiert komplexe Pupillenfunktionen f und f_0. Dabei werden Ortsfrequenzen nur bis zur Aperturbegrenzung übertragen, und der Einfluß von Wellenaberrationen in $f(\sigma)$ ist eliminiert (Kap. 7.4-f).

10.3-d-5. Kompensation von Aberrationen bei Teilkohärenz

Auch bei Teilkohärenz ist eine Kompensation von Linsenfehlern in der Rekonstruktion möglich. Hier ist die Kompensation aber nicht vollständig. Der Fall allgemeiner Abbildungsfehler wird im Zusammenhang mit der Holographie im Elektronenmikroskop untersucht (Kap. 10.9-a).

Hier wird als Beispiel für eine Aberration nur die Defokussierung ohne Aperturbegrenzung besprochen. Soll bei der Bildebenen-Holographie mit ihren günstigen Eigenschaften ein Objekt von endlicher Tiefenausdehnung gespeichert werden, so bedeutet das eine Abbildung ins Hologramm mit Defokussierung. Hier lautet die Pupillenfunktion f

$$f(\sigma) = e^{ikw_2\sigma^2}. \tag{10.3-73}$$

w_2 beschreibt die Stärke der Defokussierung (Kap. 3.6). Einsetzen von f in Gl. (10.3-65) führt nach Umrechnung und Benutzung der Gl. (1.3-10) auf

$$T(R) = f_0[\lambda_0 b_0 R]\,\Gamma_L^S\left[\frac{2w_2b^2}{a}(R - R_0)\right]e^{ikw_2\lambda^2b^2R^2}. \tag{10.3-74}$$

Der Exponentialanteil in $T(R)$ kann durch eine entsprechende Defokussierung in f_0, nämlich durch Scharfstellung des Bildes bei der Rekonstruktion, kompensiert werden. Dabei soll f_0 ohne Aperturbegrenzung und sonstige Fehler wirken. Auch nach dieser Kompensation leistet das Verfahren weniger als die strenge Bildebenen-Holographie, bei der das Objekt auf das Hologramm scharf abgebildet wird

$$T(R) = \Gamma_L^S\left[\frac{2w_2b^2}{a}(R - R_0)\right]. \tag{10.3-75}$$

Die Teilkohärenz führt hier zusammen mit der Aberration zu Auflösungsbeschränkungen im rekonstruierten Bild.

10.3-d-6. Fehlerfreie, beugungsbegrenzte Abbildung

Die Pupillenfunktion f bei der Hologrammaufnahme habe die Form:

$$f(\sigma) = \begin{cases} 1 & \text{für} \quad |\sigma| \leqq d \\ 0 & \text{für} \quad |\sigma| > d \end{cases} \tag{10.3-76}$$

Es wird eine Lichtquelle der Form angenommen:

$$L(\varkappa) = \begin{cases} \neq 0 & \text{für} \quad |\varkappa| \leqq \bar{\varkappa} \\ = 0 & \text{für} \quad |\varkappa| > \bar{\varkappa} \end{cases} \tag{10.3-77}$$

Die Pupillenfunktion bei der Rekonstruktion sei $f_0 = 1$. Weiter wird angenommen, daß im Vergleichsstrahl keine Ausblendungen auftreten. Durch Einsetzen von f, f_0 und L in die Gl. (10.3-65) oder (10.3-66) folgt für $R_{\max}$, die höchste übertragene Ortsfrequenz

$$|R_{\max}| \leqq \frac{d}{\lambda b} + \frac{\bar{\varkappa}}{\lambda a} = \frac{1}{\lambda}\left(\frac{d}{b} + \frac{\bar{\varkappa}}{a}\right). \tag{10.3-78}$$

Bei der Bildebenen-Holographie ohne Linsenfehler wirkt die spatiale Teilkohärenz sogar auflösungssteigernd wie bei der normalen Abbildung mit teilkohärenter Beleuchtung, vgl. Kap. 6.2-d, Gl. (6.2-26) und (6.2-28). Die erzielbare Auflösung hängt von der Summe von Abbildungs- und Beleuchtungsapertur ab.

10.4. Hologrammaufnahme bei chromatischer Teilkohärenz

10.4-a. Grundgleichungen

In diesem Kapitel sollen die Einflüsse der chromatischen Teilkohärenz auf die Hologrammaufnahme untersucht werden. Dazu wird eine Lichtquelle der folgenden Form vorausgesetzt

$$L(\varkappa, \nu) = E(\nu) \cdot \delta(\varkappa). \tag{10.4-1}$$

Es soll also eine polychromatische Punktquelle auf der optischen Achse vorliegen. $E(\nu)$ ist die spektrale Energiedichte der Lichtquelle.

$L(\varkappa, \nu)$ nach Gl. (10.4-1) wird in die Gl. (10.2-8) eingesetzt. Es ergibt sich der folgende Ausdruck für die Verwaschungsfunktion für Amplituden $Z(x', x)$

$$Z(x', x) = \iint E(\nu) O(\xi, x, \varkappa = 0, \nu) V^*(\xi, \varkappa = 0, \nu) W(\xi, x') \,\mathrm{d}\nu \,\mathrm{d}\xi. \tag{10.4-2}$$

Im vorliegenden Kap. 10.4 wird die explizite Angabe der Bedingung $\varkappa = 0$ im folgenden unterdrückt

$$Z(x', x) = \iint E(\nu) O(\xi, x, \nu) V^*(\xi, \nu) W(\xi, x') \,\mathrm{d}\nu \,\mathrm{d}\xi. \tag{10.4-3}$$

Die Gl. (10.4-3) wird in die Gl. (10.2-9) eingesetzt, um bei Isoplanasie die Übertragungsfunktion $T(R)$ für Amplituden zu ermitteln

$$T(R) = \iiint E(\nu) O(\xi, x = 0, \nu) V^*(\xi, \nu) W(\xi, x') e^{2\pi i R x'} \,\mathrm{d}\nu \,\mathrm{d}\xi \,\mathrm{d}x'. \tag{10.4-4}$$

10.4-b. Fresnel-Holographie

Bei der Fresnel-Holographie wird die Ebene der scharfen Rekonstruktion in ihrer Lage neben anderen Größen von der Frequenz ν bei der Hologrammaufnahme festgelegt [Gl. (7.2-14)]. Für alle anderen ν bei polychromatischer Aufnahme des Hologrammes resultieren unscharfe Abbildungen des Objektes in der Rekonstruktion.

Es wird der Strahlengang nach Abb. 10—3 zur Rekonstruktion der Fresnel-Hologramme verwendet. Aus Gl. (10.3-9) gewinnen wir $W(\xi, x')$, wir führen in Gl. (10.3-9) statt $k = \frac{2\pi}{c}\nu$ hier $k_0 = \frac{2\pi}{c}\nu_0$ ein, wobei ν_0 die Frequenz des Lichts bei der Rekonstruktion ist. Zusätzlich wird $a_0 = a$ gewählt

$$W(\xi, x') = e^{-\frac{2\pi i}{c}\nu_0\left[r_0 - r - \frac{x'^2}{2a}\right]}. \tag{10.4-5}$$

In diesem Abschnitt wird als Beispiel die off-axis-Fresnel-Holographie mit Wellenfrontenteilung durch ein Prisma untersucht (Abb. 10—9). Hier liegt ein nicht-isoplanatisches holographisches Abbildungssystem vor, denn die beiden chro-

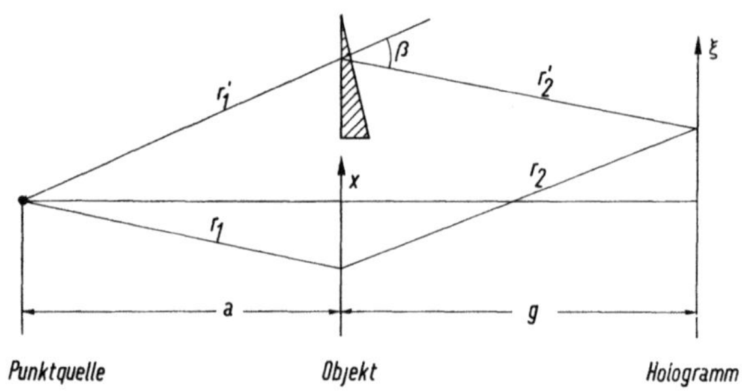

Abb. 10—9. Aufnahme eines Fresnel-Hologramms mit Wellenfrontenteilung bei polychromatischer Beleuchtung

matisch teilkohärenten Wellenfelder werden in der Hologrammebene mit einem gegenseitigen tilt (Verkippung von Objekt- und Vergleichswelle) überlagert. Die optische Wegdifferenz zwischen beiden Wellenfeldern ändert sich mit dem Ort in der Hologrammebene, damit ändern sich bei chromatischer Teilkohärenz auch die Kohärenzverhältnisse zwischen den interferierenden Lichterregungen mit dem Hologrammort. Im Falle der Fresnel-Holographie führt das zu einer Nicht-Isoplanasie im rekonstruierten Bild. Deshalb wird die Verwaschungsfunktion $Z(x', x)$ nach Gl. (10.4-3) berechnet. Nach Gl. (10.4-3) und Gl. (10.4-5) gilt

$$Z(x', x) = \iint E(\nu) O(\xi, x, \nu) V^*(\xi, \nu) e^{-\frac{2\pi i}{c}\nu_0\left[r - r_0 - \frac{x'^2}{2a}\right]} d\nu\, d\xi. \tag{10.4-6}$$

Wie bei der Gabor-in-line-Holographie kann nach Gl. (10.3-15) für $O(\xi, x, \nu)$ gesetzt werden

$$O(\xi, x, \nu) = e^{-\frac{2\pi i}{c}\nu[r_1 + r_2]}. \tag{10.4-7}$$

Dabei gilt nach Abb. 10—9

$$r_1 = a + \frac{x^2}{2a} \tag{10.4-8}$$

$$r_2 = g + \frac{x^2}{2g} + \frac{\xi^2}{2g} - \frac{x\xi}{g}. \tag{10.4-9}$$

Im Vergleichsstrahl wird ein dünnes Prisma benutzt. Es sei so groß, daß Beugungseffekte durch das Prisma vernachlässigbar sind. Es wird angenommen, daß von dem durch das Prisma kommenden Vergleichslicht alle Bereiche im Hologramm homogen ausgeleuchtet werden, in die Licht vom Objekt fällt. Es kann dann für V geschrieben werden

$$V(\xi, \nu) = e^{-\frac{2\pi i}{c}\nu r'_{12}}. \tag{10.4-10}$$

r'_{12} ist der optische Weg im Vergleichsstrahl zwischen der Lichtquelle und dem Punkt ξ im Hologramm. $O(\xi, x, \nu)$ und $V(\xi, \nu)$ werden in die Gl. (10.4-6) eingesetzt

$$Z(x', x) = \iint E(\nu) e^{-\frac{2\pi i}{c}\nu[r_1 + r_2 - r'_{12}]} e^{-\frac{2\pi i}{c}\nu_0\left[r - r_0 - \frac{x'^2}{2a}\right]} \mathrm{d}\nu\, \mathrm{d}\xi. \tag{10.4-11}$$

Es wird im weiteren angenommen, daß der Lichtstrahl längs der optischen Achse bei leerem Objektfeld den gleichen optischen Weg zurücklegt wie das von der Lichtquelle durch das Prisma zum Punkt $\xi = 0$ gelangende Licht im Vergleichsstrahl. Schließlich wird vorausgesetzt, daß das Prisma die Lichtstrahlen ohne Dispersion um einen konstanten Winkel β ablenkt. In einer Untersuchung über spatial teilkohärente Fresnel-Holographie (Weingärtner u. a. 1969a) wurde r'_{12} berechnet. Unter den obigen Voraussetzungen kann r'_{12} aus dieser Arbeit unverändert übernommen werden.

$$r'_{12} = a + g + \frac{\xi^2}{2(a+g)} - \frac{a\beta\xi}{(a+g)} \tag{10.4-12}$$

Die Größe $\varkappa_0$ wird hier gewählt zu: $\varkappa_0 = -a\beta$. Die zur Rekonstruktion benutzte Punktlichtquelle liegt bei dieser Wahl von $\varkappa_0$ vom Punkt $\xi = 0$ der Hologrammebene aus gesehen in der Richtung, in der die den Referenzstrahl erzeugende virtuelle Lichtquelle bei der Hologrammaufnahme lag. Das virtuelle rekonstruierte Bild entsteht dann in der Bildebene an der gleichen Stelle, an der das Objekt lag, und es ist außer von dem quadratischen Phasenfaktor von keinem weiteren ortsabhängigen Phasenfaktor überlagert.

Die Wege r [Gl. (10.3-8)] und r_0 [Gl. (10.3-7)] werden wie r_1 [Gl. (10.4-8)], r_2 [Gl. (10.4-9)] und r'_{12} [Gl. (10.4-12)] in die Gl. (10.4-11) eingesetzt. Nach einer Umordnung folgt

$$Z(x', x) = \int E(\nu) e^{\frac{2\pi i}{c}\left[\frac{\nu_0 x'^2(a+g)}{2ag} - \frac{\nu x^2(a+g)}{2ag}\right]} \int e^{-\frac{2\pi i}{c}\frac{a\xi^2}{2g(a+g)}(\nu - \nu_0)} e^{\frac{2\pi i}{c}\frac{\xi}{g}[\nu x - \nu_0 x']} \mathrm{d}\xi\, \mathrm{d}\nu. \tag{10.4-13}$$

Das Integral über ξ wird nach Gl. (3.8-5) ausgewertet. Nach weiterer Umformung folgt

$$Z(x', x) = \int E(\nu) e^{\frac{2\pi i}{c}\left[\frac{(a+g)\nu\nu_0}{2ag(\nu-\nu_0)}(x'-x)^2 + \beta\nu_0(x'-x)\right]} e^{\frac{2\pi i}{c}\left[\frac{ag\beta^2}{2(a+g)}(\nu-\nu_0) - \beta x(\nu-\nu_0)\right]} \mathrm{d}\nu . \quad (10.4\text{-}14)$$

Die Verwaschungsfunktion Z enthält Terme, die von $x' - x$ abhängig sind, andere sind unabhängig von x' und x, und ein letzter Term hängt nur von x ab. Die Verwaschungsfunktion Z hat also die Form (vgl. auch Kap. 2.9-e)

$$Z(x', x) = Z(x' - x, x) . \quad (10.4\text{-}15)$$

Die Abhängigkeit von x außerhalb der Kombination $x' - x = \bar{x}$ zeigt die Nicht-Isoplanasie. Beschränkt man sich auf Licht zur Hologrammaufnahme, dessen Frequenz nicht stark von der Frequenz ν_0 abweicht, so variieren die Terme, die von $\bar{x}$ abhängig sind, sehr schnell bei Änderung von x oder x', während der nur von x abhängige Term gegenüber den anderen langsam variiert. Man kann also für einen festgehaltenen Wert $x = x_0$ eine Verwaschungsfunktion Z angeben, die sich innerhalb eines kleinen Bereiches um x_0 nicht wesentlich ändert. Innerhalb eines solchen Isoplanasiebereiches um x_0 existiert eine Übertragungsfunktion $T(R, x_0)$. Nach Substitution $\bar{x} = x' - x$ kann $T(R, x_0)$ analog Gl. (10.2-9) berechnet werden durch Fourier-Transformation von Z:

$$T(R, x_0) = \int Z(\bar{x}, x_0)\, e^{2\pi i R \bar{x}}\, \mathrm{d}\bar{x} \quad (10.4\text{-}16)$$

Gl. (10.4-14) wird in Gl. (10.4-16) eingesetzt

$$T(R, x_0) = \int E(\nu) \cdot e^{\frac{2\pi i}{c}\left[\frac{ag\beta^2}{2(a+g)}(\nu-\nu_0) - \beta x_0(\nu-\nu_0)\right]} \times \int e^{\frac{2\pi i}{c}\frac{(a+g)}{2ag}\frac{\nu\nu_0}{(\nu-\nu_0)}\bar{x}^2} \cdot e^{\frac{2\pi i}{c}\bar{x}[cR+\beta\nu_0]}\, \mathrm{d}\bar{x}\, \mathrm{d}\nu . \quad (10.4\text{-}17)$$

Das Integral über $\bar{x}$ wird nach Gl. (3.8-5) berechnet. Nach weiterer Umformung ergibt sich für T

$$T(R, x_0) = \int E(\nu) e^{-2\pi i\left[\frac{ag}{2(a+g)}\frac{\nu-\nu_0}{\nu\nu_0} cR^2\right]} \cdot e^{-2\pi i\left[\frac{ag\beta}{(a+g)}\frac{\nu-\nu_0}{\nu} R + \frac{\beta x_0}{c}(\nu-\nu_0) - \frac{ag\beta^2(\nu-\nu_0)^2}{2(a+g)c\nu}\right]} \mathrm{d}\nu . \quad (10.4\text{-}18)$$

Es wurde bei der Rechnung in T ein Vorfaktor $1/\sqrt{\nu}$ vernachlässigt, dessen Variation klein ist gegenüber der Variation der Exponentialterme mit ν.

Es wird die Substitution

$$\nu = \nu_0 + \varepsilon \quad (10.4\text{-}19)$$

eingeführt und die Voraussetzung gemacht

$$|\varepsilon| \ll \nu_0 . \quad (10.4\text{-}20)$$

Diese Voraussetzung ist erforderlich, um in einem Hologrammbereich brauchbarer Größe Interferenzstreifen zu erzeugen. Mit den Gln. (10.4-19) und (10.4-20) geht T über in

$$T(R, x_0) = \int E(\varepsilon) e^{-2\pi i\varepsilon\left[\frac{agc}{2\nu_0^2(a+g)}R^2 + \frac{ag\beta}{\nu_0(a+g)}R + \frac{\beta}{c}x_0\right]} \mathrm{d}\varepsilon \quad (10.4\text{-}21)$$

und weiter durch Vergleich mit der Gl. (1.5-8)

$$T(R, x_0) = \Gamma_L{}^C \left[-\frac{agc}{2\nu_0{}^2(a+g)} R^2 - \frac{ag\beta}{\nu_0(a+g)} R - \frac{\beta}{c} x_0 \right]. \quad (10.4\text{-}22)$$

Durch Entfernen des Prismas, d. h., durch Setzen von $\beta = 0$, geht die Abb. 10—9 in einen Strahlengang für Gabor-in-line-Holographie über, und die Gl. (10.4-22) beschreibt die Gabor-Holographie

$$T(R) = \Gamma_L{}^C \left[-\frac{agc}{2\nu_0{}^2(a+g)} R^2 \right]. \quad (10.4\text{-}23)$$

Ein in diesem Zusammenhang unwesentlicher Phasenvorfaktor wurde hier vernachlässigt. Die Gabor-Holographie ist offensichtlich auch bei chromatischer Teilkohärenz isoplanatisch.

In Gl. (10.4-22) erkennt man einen Anteil, der proportional zu R^2 ist. Dieser Anteil ergibt eine Auflösungsverminderung analog der wellenoptischen Behandlung einer extrafokalen Abbildung bei axialer kohärenter Beleuchtung.

Der in R lineare Term beschreibt die Tatsache, daß Licht der Frequenz ν im Hologramm Trägerfrequenzstreifen erzeugt, deren Ortsfrequenz proportional zu ν ist. Bei der Rekonstruktion mit der Frequenz ν_0 entstehen die für jede Frequenz ν resultierenden Bilder nicht an der gleichen Stelle, sondern sie sind senkrecht zur optischen Achse um eine Strecke verschoben, die proportional zu $\nu - \nu_0$ ist.

Das entspricht der geometrisch optischen Wirkung einer extrafokalen Abbildung bei schiefer Beleuchtung [Gl. (3.5-10)]. Bei mehreren an der Hologrammaufnahme beteiligten Frequenzen ν erzeugen die zugehörigen Verschiebungen eine Verwaschung in der Rekonstruktion.

Eine andere Deutung dieses Termes benutzt die Tatsache, daß bei chromatischer Teilkohärenz wegen des gegenseitigen tilt zwischen Objektwellenfront und Vergleichswellenfront Trägerfrequenzstreifen nur in einem begrenzten Hologrammbereich entstehen. Die dadurch auftretende Begrenzung des wirksamen Hologrammdurchmessers bewirkt ebenfalls eine Auflösungsverminderung. Die endliche wirksame Hologrammgröße hat außer der Auflösungsverminderung weiterhin eine Nicht-Isoplanasie zur Folge, da der durch das Hologramm eingeführte Eingriff nicht in einer zur Bildebene fourierreziproken Ebene wirkt. Dies ist analog zu Eingriffen außerhalb der Ebene des Bildes der Lichtquelle bei der konventionellen Abbildung (vgl. Kap. 3.8).

Die Nicht-Isoplanasie wird in Gl. (10.4-22) durch den dritten, von R unabhängigen Term in $\Gamma_L{}^C$ beschrieben. Für den Isoplanasiebereich um x_0 wird der von der chromatischen Teilkohärenz herrührende Teil der Übertragungsfunktion um einen Betrag proportional zu x_0 in ein Seitenband verschoben. Überlappen sich Objekt-Amplitudenspektrum und Übertragungsfunktion nicht mehr, so ist keine Holographie mehr möglich. Damit ist für vorgegebene Geometrie und vorgegebene chromatische Teilkohärenz eine Bildfeldeinschränkung bedingt.

Setzt man in Gl. (10.4-22) als Spezialfall $g = 0$, so entspricht das der Bildebenen-Holographie. Jetzt ist nur noch der dritte, die Nicht-Isoplanasie hervorrufende Term ungleich Null

$$T(R, x_0) = \Gamma_L{}^C \left[\frac{\beta}{c}\, x_0\right]. \tag{10.4-24}$$

Die Übertragungsfunktion ist jetzt für alle R konstant. Damit läßt sich die Bildamplitude direkt in der Form angeben

$$u_b(x') = \Gamma_L{}^C \left[\frac{\beta}{c}\, x'\right] u_o(x'). \tag{10.4-25}$$

$\Gamma_L{}^C$ stellt eine Maske in der Bildebene bzw. in der Objektebene dar, $\Gamma_L{}^C$ wirkt also nur als Bildfeldeinschränkung. Für eine weitere Diskussion der Bildebenen-Holographie vgl. Kap. 10.4-d.

10.4-c. Fourier- und Quasi-Fourier-Holographie

Bei der chromatisch teilkohärenten, spatial kohärenten Fourier- und Quasi-Fourier-Holographie hat die chromatische Teilkohärenz in den beiden im Kap. 10.3-c besprochenen Fällen die gleiche Auswirkung auf das rekonstruierte Bild. Deshalb wird hier nur einer von beiden Typen der Fourier-Holographie ausführlich diskutiert, nämlich die Quasi-Fourier-Holographie mit Wellenfrontenteilung durch einen kleinen Vergleichsbereich (Abb. 10—10).

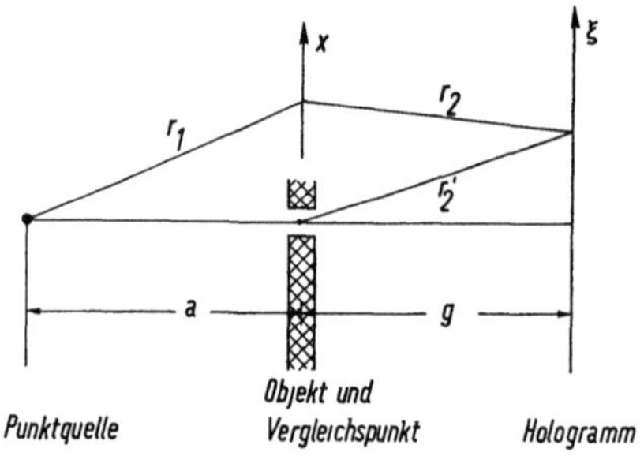

Abb. 10—10. Aufnahme eines Quasi-Fourier-Hologramms mit Wellenfrontenteilung und kleinem Vergleichsbereich bei polychromatischer Beleuchtung

Wir setzen die Gl. (10.3-31) in die Gl. (10.4-3) ein, wobei bei der Rekonstruktion statt k gesetzt wird $k_0 = \dfrac{2\pi}{c}\,\nu_0$. ν_0 ist die Frequenz des Lichts bei der Rekonstruktion.

$$Z(x', x) = \iint E(\nu) O(\xi, x, \nu)\, V^*(\xi, \nu)\, e^{-\frac{2\pi i}{c}\nu_0 \frac{\xi x'}{F_R}}\, d\xi\, d\nu \tag{10.4-26}$$

$O(\xi, x, \nu)$ können wir übernehmen aus den Gln. (10.4-7), (10.4-8) und (10.4-9). Für V gilt nach Abb. 10—10

$$V(\xi, \nu) = e^{-ik[a + r_2']} \tag{10.4-27}$$

mit

$$r_2' = g + \frac{\xi^2}{2g}. \qquad (10.4\text{-}28)$$

$O(\xi, x, \nu)$ und $V(\xi, \nu)$ werden in die Gl. (10.4-26) eingesetzt

$$Z(x', x) = \iint E(\nu) e^{-\frac{2\pi i}{c}\left\{\frac{\nu x^2}{2}\left(\frac{1}{a}+\frac{1}{g}\right)+\xi\left[\frac{\nu_0 x'}{F_R}-\frac{\nu x}{g}\right]\right\}} \,\mathrm{d}\xi\,\mathrm{d}\nu. \qquad (10.4\text{-}29)$$

Die Integration über ξ läßt sich separieren und ausführen. Sie führt in bekannter Weise auf eine Dirac-Funktion. Diese Dirac-Funktion ermöglicht die weitere Integration über ν durch Setzen von $\nu = \nu_0 \frac{g}{F_R} \frac{x'}{x}$. Nach Ausführen der Rechnung folgt als Endergebnis

$$Z(x', x) = e^{-i k_0 \frac{g^2}{2F_R^2}\left(\frac{1}{a}+\frac{1}{g}\right)x'^2} \cdot E\left[\nu_0 \frac{g}{F_R} \frac{x'}{x}\right]. \qquad (10.4\text{-}30)$$

Die chromatische Teilkohärenz hat eine Auflösungsminderung zur Folge, die vom Bildort abhängig ist. In unmittelbarer Umgebung des am Hologramm nicht gebeugten Lichts tritt keine Verwaschung auf, die Verwaschung wird mit zunehmendem Abstand des Bildpunktes von der optischen Achse stärker.

10.4-d. Bildebenen-Holographie

Bei spatial kohärenter Beleuchtung haben Strahlengänge mit Amplitudenteilung und Wellenfrontenteilung dann gleiches Verhalten in bezug auf chromatische Teilkohärenz, wenn in beiden Fällen die Trägerfrequenzstreifen im Hologramm gleiche Frequenzen besitzen. Es wird hier als Beispiel die Bildebenen-Holographie mit Amplitudenteilung nach Abb. 10—11 behandelt. An das Prisma werden alle Forderungen gestellt, die schon für die Fresnel-Holographie im Kap. 10.4-b formuliert wurden. Das Interferometer soll so justiert sein, daß bei Abwesenheit von Objekt und Prisma Objekt- und Vergleichswelle ohne shear sind und den konstanten Gangunterschied Null haben. Ein Strahlengang mit Wellenfrontenteilung durch ein Prisma wie z. B. in Abb. 10—8 würde das gleiche Ergebnis liefern wie die Holographie nach Abb. 10—11.

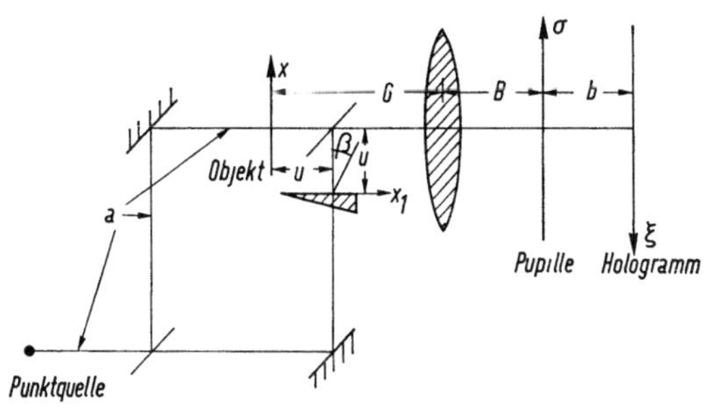

Abb. 10—11. Aufnahme eines Bildebenen-Hologramms mit Amplitudenteilung bei polychromatischer Beleuchtung

Es wird die gleiche Rekonstruktionsanordnung (Abb. 10—6) benutzt wie in Kap. 10.3-d. Wir können $W(\xi, x')$ aus Gl. (10.3-52) durch Vergleich mit Gl. (10.2-5) entnehmen unter Vernachlässigung des quadratischen Phasenvorfaktors, wie es bereits in Kap. 10.3-d-1 besprochen wurde.

$$W(\xi, x') = \int f_0(\sigma_0) e^{-ik_0 \frac{\varkappa_0 \xi}{a_0}} \cdot e^{-ik_0 \frac{\sigma_0}{b_0}(x'-\xi)} \, d\sigma_0 \qquad (10.4\text{-}31)$$

Wir wählen $\varkappa_0 = a_0 \beta$ und schreiben die Gl. (10.4-31) um

$$W(\xi, x') = \int f_0(\sigma_0) e^{-\frac{2\pi i}{c}\left[\beta \nu_0 \xi + \frac{\nu_0 \sigma_0}{b_0}(x'-\xi)\right]} \, d\sigma_0. \qquad (10.4\text{-}32)$$

$O(\xi, x, \nu)$ läßt sich aus Gl. (10.3-56) übernehmen. Dabei müssen wir zusätzlich bedenken, daß die Pupillenfunktion f eine Funktion von ν sein kann

$$O(\xi, x, \nu) = e^{-\frac{2\pi i}{c}\nu \frac{\xi^2}{2b}} \int f(\sigma, \nu) e^{-\frac{2\pi i}{c}\nu(\xi - x)\frac{\sigma}{b}} \, d\sigma. \qquad (10.4\text{-}33)$$

Analog läßt sich $V(\xi, \nu)$ aus Gl. (10.3-62) übernehmen

$$V(\xi, \nu) = e^{-\frac{2\pi i}{c}\nu \frac{\xi^2}{2b}} f[b\beta, \nu] e^{-\frac{2\pi i}{c}\nu\beta\xi}. \qquad (10.4\text{-}34)$$

Nach Einsetzen von V, O und W in Gl. (10.4-3) ergibt sich

$$Z(x', x) = \iiiint E(\nu) f(\sigma, \nu) f^*[b\beta, \nu] f_0(\sigma_0) \times e^{-\frac{2\pi i}{c}\left[\xi\left\{\frac{\nu\sigma}{b} - \frac{\nu_0\sigma_0}{b_0} - \beta(\nu - \nu_0)\right\} + \frac{\nu_0\sigma_0}{b_0}x' - \frac{\nu\sigma}{b}x\right]} \, d\sigma \, d\sigma_0 \, d\xi \, d\nu. \qquad (10.4\text{-}35)$$

Die Integration über ξ läßt sich separieren und durchführen. Die Integration über σ kann dann durchgeführt werden durch Setzen von $\sigma = \frac{\nu_0}{\nu}\frac{b}{b_0}\sigma_0 + b\beta\frac{\nu - \nu_0}{\nu}$:

$$Z(x', x) = \iint E(\nu) f\left[\frac{\nu_0}{\nu}\frac{b}{b_0}\sigma_0 + b\beta\frac{\nu - \nu_0}{\nu}, \nu\right] f^*[b\beta, \nu] f_0(\sigma_0) \times e^{-\frac{2\pi i}{c}\left[\frac{\nu_0\sigma_0}{b_0}(x' - x) - \beta(\nu - \nu_0)x\right]} \, d\sigma \, d\nu \qquad (10.4\text{-}36)$$

Es wird wieder die Bedingung eingeführt, daß zur Hologrammaufnahme Licht mit nicht zu großer spektraler Breite benutzt werden soll

$$\nu = \nu_0 + \varepsilon \qquad (10.4\text{-}37)$$

$$|\varepsilon| \ll \nu_0. \qquad (10.4\text{-}38)$$

Solches Licht muß bei der Hologrammaufnahme vorausgesetzt werden, um in einem ausreichend großen Hologrammbereich Interferenzstreifen zu erzeugen. Man kann dann die Variation der Pupillenfunktion f mit ε im allgemeinen gegenüber der Variation des Exponentialfaktors mit ε vernachlässigen

$$Z(x', x) = \iint E(\varepsilon) f\left[\frac{b}{b_0}\sigma_0, \nu_0\right] f^*[b\beta, \nu_0] f_0(\sigma_0)$$

$$\times\, e^{-\frac{2\pi i}{c}\left[\frac{\nu_0\sigma_0}{b_0}(x'-x)-\beta\varepsilon x\right]}\, \mathrm{d}\sigma_0\, \mathrm{d}\varepsilon. \tag{10.4-39}$$

In der Verwaschungsfunktion $Z(x', x)$ ist ein Term enthalten, der von $x' - x = \bar{x}$ abhängig ist. Der andere nur von x abhängige Term variiert langsam gegenüber dem nur von $\bar{x}$ abhängigen, wenn wir die Bedingungen in den Gln. (10.4-37) und (10.4-38) berücksichtigen. Folglich können wir für festgehaltenes $x = x_0$ einen Isoplanasiebereich um x_0 angeben, innerhalb dessen sich $Z(\bar{x}, x_0)$ nicht wesentlich ändert. Damit kann nach Gl. (10.4-16) eine Übertragungsfunktion $T(R, x_0)$ berechnet werden, die sich in einem kleinen Isoplanasiebereich um x_0 nicht wesentlich ändert. Es resultiert nach Einsetzen von Gl. (10.4-39) in Gl. (10.4-16)

$$T(R, x_0) = \iint E(\varepsilon) f\left[\frac{b}{b_0}\sigma_0, \nu_0\right] f^*[b\beta, \nu_0] f_0(\sigma_0)$$

$$\times\, e^{2\pi i\frac{\beta x_0}{c}\varepsilon} \cdot \int e^{-2\pi i\bar{x}\left[\frac{\nu_0\sigma_0}{cb_0} - R\right]}\, \mathrm{d}\bar{x}\, \mathrm{d}\sigma_0 \mathrm{d}\varepsilon. \tag{10.4-40}$$

Nach Separation und Integration über $\bar{x}$ kann die Integration über σ_0 ausgeführt werden durch Setzen von $\sigma_0 = \frac{cb_0}{\nu_0} R$:

$$T(R, x_0) = f_0\left[\frac{cb_0}{\nu_0} R\right] f\left[\frac{cb}{\nu_0} R, \nu_0\right] f^*[b\beta, \nu_0] \cdot \int E(\varepsilon) e^{2\pi i\frac{\beta x_0}{c}\varepsilon}\, \mathrm{d}\varepsilon \tag{10.4-41}$$

Durch Vergleich mit der Gl. (1.5-8) erhält man das Ergebnis

$$T(R, x_0) = f_0\left[\frac{cb_0}{\nu_0} R\right] f\left[\frac{cb}{\nu_0} R, \nu_0\right] f^*[b\beta, \nu_0] \Gamma_L{}^C\left[\frac{\beta}{c} x_0\right]. \tag{10.4-42}$$

Ein in diesem Zusammenhang unwichtiger Phasenvorfaktor wurde vernachlässigt. $\Gamma_L{}^C$ in Gl. (10.4-42) beschreibt eine Maskierung des Bildfeldes.

Für ein aberrationsfreies Abbildungssystem mit großer Apertur, d. h., $f = f_0 = 1$, geht die Gl. (10.4-42) über in

$$T(R, x_0) = \Gamma_L{}^C\left[\frac{\beta}{c} x_0\right]. \tag{10.4-43}$$

Die Gl. (10.4-43) entspricht der Gl. (10.4-24), die bei der Besprechung der Fresnel-Holographie mit Wellenfrontenteilung durch ein Prisma für verschwindenden Abstand zwischen Objekt und Hologramm hergeleitet wurde.

10.5. Hologrammaufnahme bei spatialer und chromatischer Teilkohärenz

10.5-a. Gabor-In-Line-Fresnel-Holographie

Als einziges Beispiel für Holographie bei gleichzeitig spatial und chromatisch teilkohärenter Hologrammaufnahme soll hier die Gabor-in-line-Fresnel-Holographie untersucht werden, weil diese Rechnung verhältnismäßig einfach und übersichtlich ist. Da eine Berechnung des Punktbildes die Isoplanasie des Verfahrens erweist, können wir sogleich die Übertragungsfunktion $T(R)$ für Amplituden nach Gl. (10.2-9) gewinnen. Die Hologrammaufnahme ist in Abb. 10—1 dargestellt, die Rekonstruktionsanordnung in Abb. 10—3. Nach Einsetzen von Gl. (10.2-8) in Gl. (10.2-9) erhalten wir

$$T(R) = \iiiint L(\varkappa, \nu) O(\xi, x = 0, \varkappa, \nu) V^*(\xi, \varkappa, \nu) W(\xi, x') e^{2\pi i R x'} \,\mathrm{d}\varkappa \,\mathrm{d}\nu \,\mathrm{d}\xi \,\mathrm{d}x' . \tag{10.5-1}$$

Wir übernehmen W aus Gl. (10.4-5). Nach Einsetzen in die Gl. (10.5-1) ergibt sich

$$T(R) = \iiint L(\varkappa, \nu) O(\xi, x = 0, \varkappa, \nu) V^*(\xi, \varkappa, \nu) \times \int e^{-\frac{2\pi i}{c}\nu_0\left[r_0 - r - \frac{x'^2}{2a_0}\right]} \cdot e^{2\pi i R x'} \,\mathrm{d}x' \,\mathrm{d}\varkappa \,\mathrm{d}\nu \,\mathrm{d}\xi . \tag{10.5-2}$$

ν_0 ist die Frequenz bei der Rekonstruktion. Es wird gewählt $a_0 = a$ und $\varkappa_0 = 0$. Die Wege r [Gl. (10.3-8)] und r_0 [Gl. (10.3-7)] werden in die Gl. (10.5-2) eingesetzt

$$T(R) = \iiint L(\varkappa, \nu) O(\xi, x = 0, \varkappa, \nu) V^*(\xi, x, \nu) e^{\frac{2\pi i}{c}\frac{\nu_0 a \xi^2}{2g(a+g)}} \times \int e^{-\frac{2\pi i}{c}\left[-\frac{\nu_0 x'^2}{2}\left(\frac{1}{a}+\frac{1}{g}\right) + x'\left(\frac{\nu_0 \xi}{g} - cR\right)\right]} \,\mathrm{d}x' \,\mathrm{d}\varkappa \,\mathrm{d}\nu \,\mathrm{d}\xi . \tag{10.5-3}$$

Die Integration über x' wird nach dem Muster der Gl. (3.8-5) gelöst. Konstante Faktoren werden wiederum vernachlässigt

$$T(R) = \iiint L(\varkappa, \nu) O(\xi, x = 0, \varkappa, \nu) V^*(\xi, \varkappa, \nu) \times e^{-\frac{2\pi i}{c}\left[\frac{c^2 a g}{2\nu_0(a+g)} R^2 - \frac{\xi}{a+g} c a R\right]} \,\mathrm{d}\varkappa \,\mathrm{d}\nu \,\mathrm{d}\xi . \tag{10.5-4}$$

Für die Lichterregungen im Objektstrahl und Vergleichsstrahl können wir ansetzen

$$O(\xi, x, \varkappa, \nu) = e^{-\frac{2\pi i}{c}\nu[r_1 + r_2]} \tag{10.5-5}$$

$$V^*(\xi, \varkappa, \nu) = e^{-\frac{2\pi i}{c}\nu r'} . \tag{10.5-6}$$

Dabei benutzen wir r_1 nach Gl. (10.3-12), r_2 nach Gl. (10.3-13) und r' nach Gl. (10.3-11). Einsetzen in die Gl. (10.5-4) liefert

$$T(R) = \iint L(\varkappa, \nu) e^{-\frac{2\pi i}{c}\left[\frac{c^2 a g}{2\nu_0(a+g)} R^2 + \frac{\nu g \varkappa^2}{2a(a+g)}\right]}$$
$$\times \int e^{-\frac{2\pi i}{c}\left[\frac{\nu a \xi^2}{2g(a+g)} + \xi\left\{\frac{-\nu\varkappa}{(a+g)} - \frac{acR}{(a+g)}\right\}\right]} \mathrm{d}\xi \, \mathrm{d}\varkappa \, \mathrm{d}\nu . \qquad (10.5\text{-}7)$$

Das Integral über ξ wird nach Gl. (3.8-5) berechnet. Nach weiterer Umformung ergibt sich

$$T(R) = \iint L(\varkappa, \nu) \cdot e^{2\pi i \frac{g}{(a+g)} R\varkappa} \cdot e^{-2\pi i \frac{cR^2 a g}{2(a+g)} \frac{\nu - \nu_0}{\nu\nu_0}} \mathrm{d}\varkappa \, \mathrm{d}\nu . \qquad (10.5\text{-}8)$$

Wir setzen als spezielle Form der Lichtquelle an

$$L(\varkappa, \nu) = L(\varkappa) \cdot E(\nu) . \qquad (10.5\text{-}9)$$

Damit lassen sich die Einflüsse der spatialen und der chromatischen Teilkohärenz separieren

$$T(R) = \int L(\varkappa) e^{2\pi i \frac{g}{(a+g)} R\varkappa} \mathrm{d}\varkappa \int E(\nu) e^{-2\pi i \frac{cR^2 a g}{2(a+g)} \frac{\nu-\nu_0}{\nu\nu_0}} \mathrm{d}\nu . \qquad (10.5\text{-}10)$$

Ein Faktor proportional $1/\sqrt{\nu}$ wird hier und im folgenden vernachlässigt, denn er ändert sich nur langsam gegenüber der raschen Variation der Exponentialfaktoren mit ν. Die Einflüsse der spatialen und der chromatischen Teilkohärenz sind nur in der Übertragungsfunktion T voneinander getrennt nicht aber in der Verwaschungsfunktion Z.

Nach Gl. (1.3-10) entspricht das Integral über L der Kohärenzfunktion für spatiale Teilkohärenz der Beleuchtung. Um auch für die chromatische Teilkohärenz eine solche Schreibweise zu ermöglichen, wird wieder die folgende Näherung eingeführt

$$\nu = \nu_0 + \varepsilon \qquad (10.5\text{-}11)$$

$$|\varepsilon| \ll \nu_0 . \qquad (10.5\text{-}12)$$

Damit geht die Gl. (10.5-10) über in

$$T(R) = \int L(\varkappa) e^{2\pi i \frac{g}{(a+g)} R\varkappa} \mathrm{d}\varkappa \int E(\varepsilon) e^{-2\pi i \frac{cag}{2(a+g)\nu_0^2} R^2 \varepsilon} \mathrm{d}\varepsilon . \qquad (10.5\text{-}13)$$

Die Gl. (10.5-13) wird mit Hilfe der Gln. (1.3-10) und (1.5-8) umgeformt in

$$T(R) = \Gamma_L{}^S \left[\frac{g}{(a+g)} R\right] \cdot \Gamma_L{}^C \left[\frac{-agc}{2\nu_0{}^2(a+g)} R^2\right] . \qquad (10.5\text{-}14)$$

Ein unwichtiger Phasenfaktor wurde hier vernachlässigt. Der Einfluß von $\Gamma_L{}^S$ und $\Gamma_L{}^C$ ist derselbe, als träte bei einer kohärenten Abbildung eine Pupillenfunktion der Form $\Gamma_L{}^S \cdot \Gamma_L{}^C$ auf. Die „Apertur“ eines solchen zugeordneten Abbildungssystems bei kohärenter Abbildung ist um so kleiner, je größer die geometrische und spektrale Ausdehnung der zur Hologrammaufnahme benutzten Lichtquelle ist.

10.5-b. Übersicht über verschiedene Typen der Holographie

In diesem Kapitel soll mit der Tabelle 10.5-1 eine Übersicht über die kombinierten Einflüsse der spatialen und der chromatischen Teilkohärenz gegeben werden, wie sie sich bei den verschiedenen Typen der Hologrammaufnahme auswirken. Die Rekonstruktion soll in allen Fällen mit kohärenter Beleuchtung erfolgen.

Für alle Typen erhalten wir unter den in Kap. 10.2 spezifizierten Bedingungen lineare Übertragung der Objektamplitudentransparenz in die Bildamplitude. Alle Typen können deshalb mit Verwaschungsfunktionen Z oder Übertragungsfunktionen T für Amplituden beschrieben werden. Die verschiedenen Typen unterscheiden sich dabei grundsätzlich durch ihre Isoplanasie oder Nicht-Isoplanasie und durch ihre speziellen Formen der Nicht-Isoplanasie. Alle Übertragungsfunktionen und Verwaschungsfunktionen können durch die Kohärenzfunktionen der Beleuchtung für spatiale und chromatische Teilkohärenz ausgedrückt werden oder durch die Lichtquellen selbst, nämlich durch die örtliche und chromatische Verteilung ihrer Strahlungsdichten. In den meisten Fällen (Ausnahme: Fall 7. Fourier-Holographie mit Amplitudenteilung durch Beugung) lassen sich die Einflüsse der spatialen und der chromatischen Teilkohärenz in ein Produkt separieren. Dies steht im Gegensatz zur gewöhnlichen Abbildung mit Linsen, wo eine solche Trennung ähnlich wie die Erzielung von linearer Übertragung der Amplituden nicht möglich ist. Im allgemeinen wirken die Kohärenzfunktionen der Beleuchtung als Übertragungsfunktionen oder als Masken im rekonstruierten Bild, und in Einzelfällen kann eine Verwaschungsfunktion auch durch die Lichtquelle selbst dargestellt werden. Die Teilkohärenz beeinträchtigt im allgemeinen die Auflösung und/oder sie vermindert die Größe des nutzbaren Objektfeldes und/oder die Helligkeit im rekonstruierten Bild.

Die in der Tabelle 10.5-1 dargestellten Ergebnisse für verschiedene Typen der Holographie sind teilweise im Text der Kap. 10.2—10.5 errechnet worden. Die dort zur Rechnung benutzten Methoden lassen sich auf die anderen nicht ausführlich behandelten Typen der Holographie anwenden. Die meisten Rechnungen sind in der vorliegenden Darstellung nur für spatiale oder chromatische Teilkohärenz durchgeführt worden. Entsprechende Rechnungen lassen sich mit den vorgeführten Methoden auch auf gleichzeitige spatiale und chromatische Teilkohärenz anwenden. In der Tabelle 10.5-1 sind die Formeln nur abgekürzt angeschrieben. Die vollständigen Formeln stehen für die meisten Fälle im Text dieses Kapitels. Die Tabelle 10.5-1 wurde in ähnlicher Form bereits von Weingärtner u. a. (1970b) veröffentlicht.

Es werden jetzt die Beispiele 1—12 der Tabelle 10.5-1 im einzelnen besprochen:

1. Gabor-in-line-Fresnel-Holographie (Amplitudenteilung durch Beugung).

Literatur: Gabor (1949, 1951), Reynolds, DeVelis (1967), Weingärtner u. a. (1969a), Tsuruta (1970), Weingärtner (1970b).

Die vollständige Formel steht gemäß Abb. 10-1 in Gl. (10.5-14):

$$T(R) = \Gamma_L{}^S \left[\frac{g}{(a+g)} R\right] \cdot \Gamma_L{}^C \left[\frac{-agc}{2\nu_0{}^2(a+g)} R^2\right] \qquad (10.5\text{-}14)$$

2. Off-axis-Fresnel-Holographie mit Amplitudenteilung durch einen Strahlteiler S.

Literatur: Brooks u. a. (1965), Staselko u. a. (1968), Mirandé, Weingärtner (1969), Weingärtner u. a. (1969a), Tsuruta (1970).

Die vollständige Formel entspricht für die spatiale Teilkohärenz der Gabor-Holographie und für die chromatische Teilkohärenz dem Fall 4. Es dürfen zwischen Objektstrahl und Vergleichsstrahl nur kleine Winkel auftreten, damit die angegebene Formel stimmt. Der Einfluß eines shear zwischen Objektstrahl und Vergleichsstrahl (fehlerhafte Justierung des Interferometers) führt auf eine Übertragungsfunktion, deren Form der im Fall 4 gleich ist, Weingärtner u. a. (1969a). In Kap. 10.6 wird die Verminderung der Auflösung bei spatialer Teilkohärenz in erweitertem Zusammenhang diskutiert, und es wird ein Verfahren zur Verbesserung der Auflösung angegeben.

3. Off-axis-Fresnel-Holographie mit Amplitudenteilung durch ein Gitter.

Literatur: Leith, Upatnieks (1967), Tsuruta (1970).

Die vollständige Formel entspricht der für Gabor-Holographie in Gl. (10.5-14).

4. Off-axis-Fresnel-Holographie mit Wellenfrontenteilung durch ein Prisma.

Literatur: Mandel (1966), Weingärtner u. a. (1969a), Möllenstedt, Wahl (1968), Weingärtner (1970b).

Die vollständige Formel wird für die Abb. 10—9 angegeben. Für chromatische Teilkohärenz allein wurde sie in Gl. (10.4-22) angegeben.

$$T(R, x_0) = \Gamma_L{}^S \left[\frac{g}{(a+g)} R + \frac{g\beta\nu_0}{c(a+g)}\right]$$

$$\times \Gamma_L{}^C \left[-\frac{agc}{2\nu_0{}^2(a+g)} R^2 - \frac{ag\beta}{\nu_0(a+g)} R - \frac{\beta}{c} x_0\right] \qquad (10.5\text{-}15)$$

Bei der Rechnung wurde ein dünnes Prisma ohne Dispersion vorausgesetzt. Für Elektronen-Holographie wurden Experimente mit analogem Strahlengang gemacht von Möllenstedt, Wahl (1968).

5. Off-axis-Fresnel-Holographie mit Wellenfrontenteilung, kleiner Vergleichsbereich.

Literatur: Lurie (1966).

Die vollständige Formel für $T(R)$ wird nicht angegeben, weil für den Einfluß der chromatischen Teilkohärenz die Geometriefaktoren sehr kompliziert sind. Für spatiale Teilkohärenz allein ist die vollständige Formel in Gl. (10.3-27) bzw. (10.3-29) angegeben. In beiden Fällen ist ein kleiner Vergleichsbereich (kleine Lochblende) vorausgesetzt. Ein endlich großer Vergleichsbereich bewirkt zusätzliche Auflösungsbeschränkungen.

Tabelle 10.5-1. *Holographie bei spatial und chromatisch teilkohärenter Hologrammaufnahme und kohärenter Rekonstruktion*

Geometriefaktoren sind in der Tabelle vernachlässigt, die vollständigen Formeln stehen für die meisten Fälle im Text. T: Übertragungsfunktion für Amplituden, Z: Verwaschungsfunktion für Amplituden, R: Ortsfrequenz, x': Bildkoordinate, x, x_0: Objektkoordinate s: shear, V: Vergleichsbereich: L: Lichtquelle, O: Objekt, H: Hologramm, $\Gamma_L{}^S$: Kohärenzfunktion für spatiale Teilkohärenz der Beleuchtung, $\Gamma_L{}^C$: Kohärenzfunktion für chromatische Teilkohärenz der Beleuchtung, δ: Dirac-Funktion.

1. Gabor-in-line-Fresnel-Holographie (Amplitudenteilung durch Beugung).

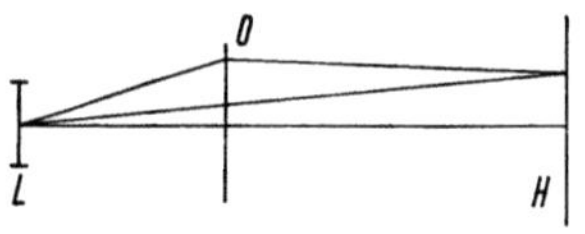

1

$T(R) = \Gamma_L{}^S(R) \cdot \Gamma_L{}^C(R^2)$
spatial: isoplanatisch
chromatisch: isoplanatisch

2. Off-axis-Fresnel-Holographie mit Amplitudenteilung durch einen Strahlteiler S.

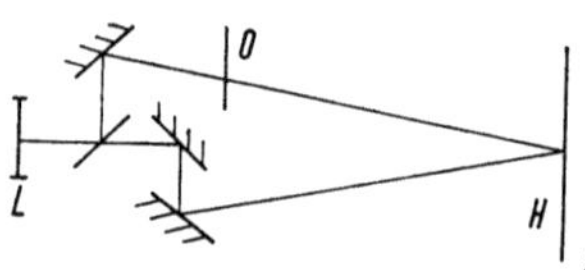

2

$T(R,x_0) = \Gamma_L{}^S(R) \cdot \Gamma_L{}^C(R^2 + R + x_0)$
spatial: isoplanatisch
chromatisch: nicht isoplanatisch

3. Off-axis-Fresnel-Holographie mit Amplitudenteilung durch ein Gitter G.

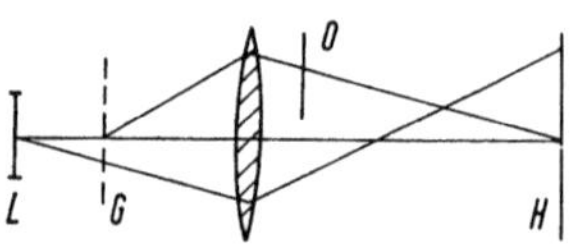

3

$T(R) = \Gamma_L{}^S(R) \cdot \Gamma_L{}^C(R^2)$
spatial: isoplanatisch
chromatisch: isoplanatisch

4. Off-axis-Fresnel-Holographie mit Wellenfrontenteilung durch ein Prisma.

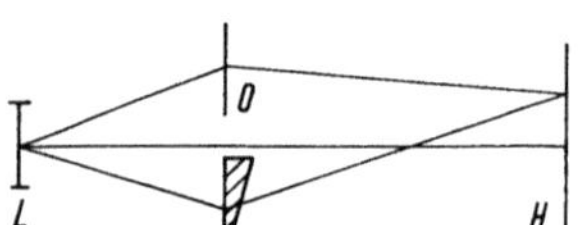

4

$T(R,x_0) = \Gamma_L{}^S(R + s) \cdot \Gamma_L{}^C(R^2 + R + x_0)$
spatial: isoplanatisch
chromatisch: nicht isoplanatisch

5. Off-axis-Fresnel-Holographie mit Wellenfrontenteilung, kleiner Vergleichsbereich V.

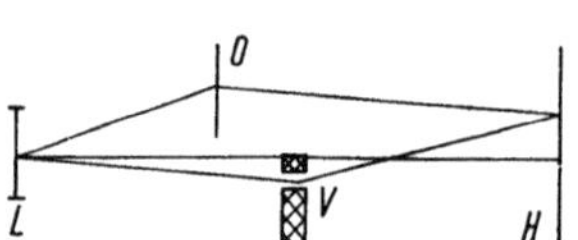

5

$T(R,x_0) = \Gamma_L{}^S(x_0) \cdot \Gamma_L{}^C(R^2 + x_0 R + x_0{}^2)$
spatial: nicht isoplanatisch
chromatisch: nicht isoplanatisch

6. Off-axis-Fresnel-Holographie mit Wellenfrontenteilung durch eine Halblinse.

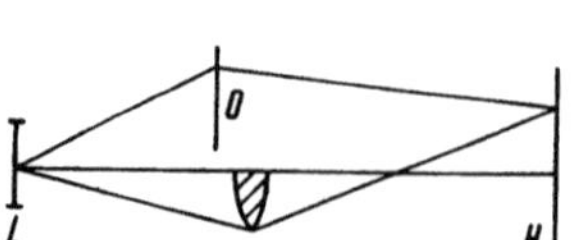

6

$T(R,x_0) = \Gamma_L{}^S(x_0) \cdot \Gamma_L{}^C(R^2 + x_0 R + x_0{}^2)$
spatial: nicht isoplanatisch
chromatisch: nicht isoplanatisch

Tabelle 10.5-1 (Fortsetzung)

7. Fourier-Holographie mit Amplitudenteilung durch einen Strahlteiler S.

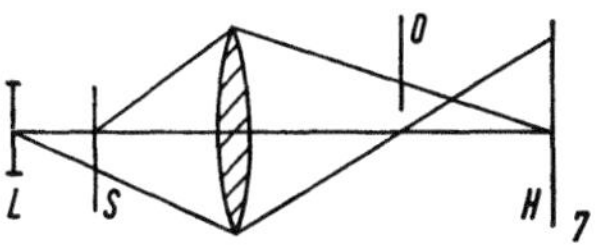

$$Z(x', x) = \int E(\nu) L\left(x - \frac{\nu_0}{\nu} x'\right) \mathrm{d}\nu$$

spatial allein: isoplanatisch
chromatisch: nicht isoplanatisch

8. Quasi-Fourier-Holographie mit Wellenfrontenteilung, kleiner Vergleichsbereich V.

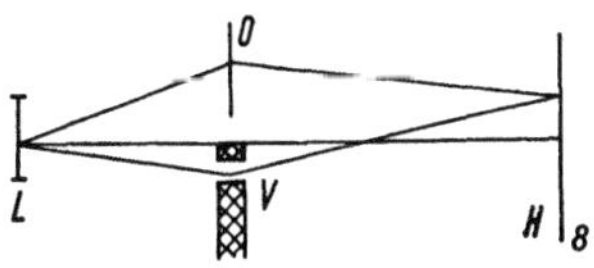

$$Z(x', x) = \Gamma_L{}^S(x') \cdot E\left(\nu_0 \frac{x'}{x}\right)$$

spatial: nicht isoplanatisch
chromatisch: nicht isoplanatisch

9. Quasi-Fourier-Holographie mit Wellenfrontenteilung durch eine Halblinse.

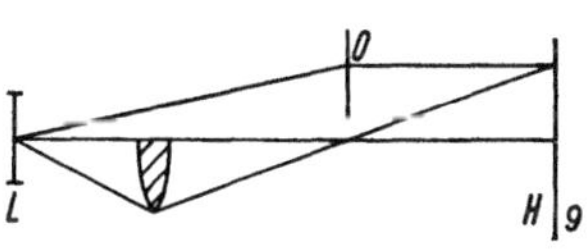

$$Z(x', x) = \Gamma_L{}^S(x') \cdot E\left(\nu_0 \frac{x'}{x}\right)$$

spatial: nicht isoplanatisch
chromatisch: nicht isoplanatisch

10. Bildebenen-Holographie mit Amplitudenteilung durch einen Strahlteiler S.

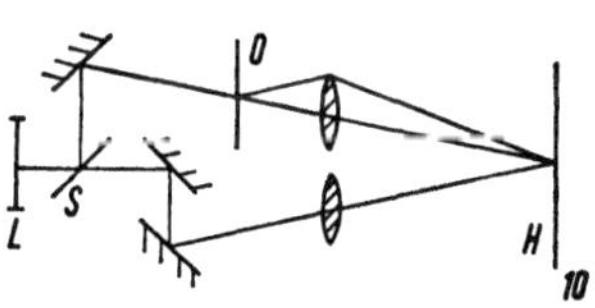

$$Z(x', x) = \Gamma_L{}^C(x') \cdot \delta(x' - x)$$

spatial: isoplanatisch
chromatisch: nicht isoplanatisch

11. Bildebenen-Holographie mit Amplitudenteilung durch ein Gitter G.

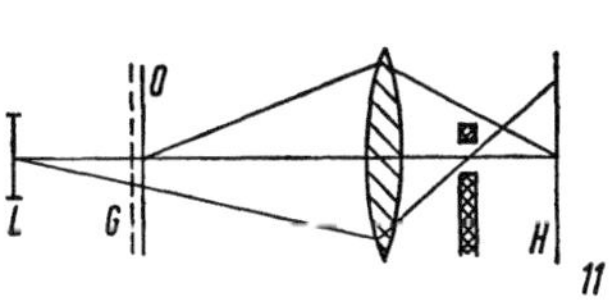

$$Z(x', x) = \delta(x' - x)$$

spatial und chromatisch: isoplanatisch

12. Bildebenen-Holographie mit Wellenfrontenteilung durch ein Prisma.

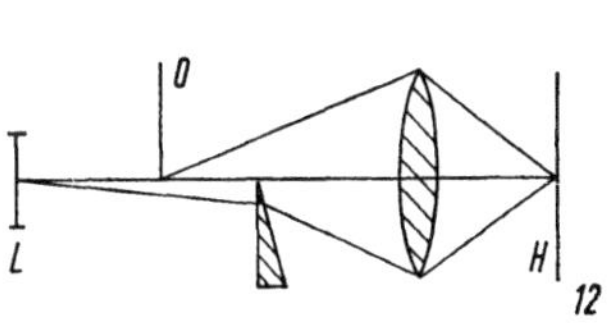

$$Z(x', x) = \Gamma_L{}^S(s) \cdot \Gamma_L{}^C(x') \cdot \delta(x' - x)$$

spatial: isoplanatisch
chromatisch: nicht isoplanatisch

6. Off-axis-Fresnel-Holographie mit Wellenfrontenteilung durch eine Halblinse.

Literatur: keine.

Ähnlich wie schon in 5. wird hier keine vollständige Formel für $T(R)$ angegeben, weil die Geometriefaktoren sehr kompliziert sind. Bei der Rechnung wurde ideale Abbildung der Lichtquelle durch die Halblinse vorausgesetzt. Das Quellenbild soll sehr klein sein, was z. B. durch Verkleinerung der Lichtquelle durch die Halblinse erreicht werden kann. Eine endlich große Vergleichsquelle bewirkt zusätzliche Auflösungsbeschränkungen im Bild.

7. Fourier-Holographie mit Amplitudenteilung durch den Strahlteiler S.

Literatur: Kato, Suzuki (1969); Mirandé u. a. (1969); Weingärtner (1970 b).

Die vollständige Formel wird für die Abb. 10-5 angegeben. Für spatiale Teilkohärenz allein gilt die Gl. (10.3-51) in Kap. 10.3-c, für chromatische Teilkohärenz allein die Gl. (10.4-30) mit kleiner Änderung der Geometriefaktoren und Weglassung des Phasenvorfaktors. Die Effekte der spatialen und chromatischen Teilkohärenz lassen sich nicht trennen:

$$Z(x', x) = \int E(\nu)\, L\left[\frac{b}{a}\, x - \frac{\nu_0}{\nu}\, \frac{a}{F_R}\, x'\right] d\nu \qquad (10.5\text{-}16)$$

Es wurde ideale Abbildung durch die Linse vorausgesetzt. Für den Maßstabsfaktor gilt $M = 1$ und für den Strahlteiler $\tilde{a} = \text{const}$ ($1 + a$: Amplitudentransparenz des Strahlteilers).

8. Quasi-Fourier-Holographie mit Wellenfrontenteilung, kleiner Vergleichsbereich.

Literatur: Winthrop, Worthington (1965); Lurie (1966, 1968); Mirandé u. a. (1969); Murata u. a. (1970); Weingärtner (1970 b).

Die vollständige Formel wird für die Abb. 10-3 angegeben. Für spatiale Teilkohärenz allein gilt die Gl. (10.3-43) in Kap. 10.3-c, für chromatische Teilkohärenz allein die Gl. (10.4-30) in Kap. 10.4-c.

$$Z(x', x) = e^{-ik_0 \frac{g^2}{2F_R^2}\left(\frac{1}{a}+\frac{1}{g}\right)x'^2} \cdot \Gamma_L{}^S\left[\frac{\nu_0 g}{c a F_R}\, x'\right] E\left[\nu_0 \frac{g}{F_R}\, \frac{x'}{x}\right] \qquad (10.5\text{-}17)$$

Es liegt ein kleiner Vergleichsbereich vor. Ein endlich großer Vergleichsbereich bewirkt eine Auflösungsminderung im Bild (Mirandé u. a. 1969).

9. Quasi-Fourier-Holographie mit Wellenfrontenteilung durch eine Halblinse.

Literatur: Froehly, Pasteur (1967), Mirandé u. a. (1969).

Die Halblinse bewirkt eine ideale Abbildung. In der Formel wird ein kleiner Vergleichspunkt vorausgesetzt, die Halblinse soll also ein verkleinertes Bild der Lichtquelle entwerfen. Eine endlich große Vergleichsquelle anstelle eines kleinen Vergleichspunktes bewirkt eine zusätzliche Auflösungsverminderung im Bild. Die vollständige Formel entspricht der Gl. (10.5-17).

10. Bildebenen-Holographie mit Amplitudenteilung durch einen Strahlteiler S.

Literatur: Weingärtner u. a. (1970a); Mirandé u. a. (1970a).

Die vollständige Formel entspricht für nicht zu große Winkel zwischen Objektstrahl und Vergleichsstrahl der Gl. (10.3-65), in der auch der Einfluß der Pupillenfunktionen berücksichtigt ist. Die angegebene Formel in der Tabelle 10.5-1 gilt für ideale Abbildungssysteme. Der Einfluß eines shear zwischen Objekt- und Vergleichswelle wird von Weingärtner u. a. (1970a) besprochen.

11. Bildebenen-Holographie mit Amplitudenteilung durch ein Gitter.

Literatur: Bryngdahl, Lohmann (1970); Weingärtner u. a. (1970a).

Die vollständige Formel entspricht für spatiale Teilkohärenz allein Gl. (10.3-65). Es handelt sich bei dem Interferometer um ein System zur Erzeugung achromatischer Streifen. Die angegebene Formel gilt für ideales Abbildungssystem und geometrisch wie spektral nicht zu sehr ausgedehnte Lichtquellen. Der Einfluß der Große des Vergleichsbereichs wird von Bryngdahl, Lohmann (1970) diskutiert.

12. Bildebenen-Holographie mit Wellenfrontenteilung durch ein Prisma.

Literatur: Mirandé, Weingärtner (1970a); Weingärtner u. a. (1970a); Weingärtner (1970b).

Die vollständige Formel wird nach Abb. 10—8 in Kap. 10.3-d-2 hergeleitet, für reine spatiale Teilkohärenz angegeben in Gl. (10.3-66) und für reine chromatische Teilkohärenz in Kap. 10.4-d, Gl. (10.4-42). Die in der Tabelle 10.5-1 angegebene Form gilt für ideales Abbildungssystem. Die Anwendung dieses Typs der Holographie auf die Elektronen-Holographie wird im Kap. (10.9-a) besprochen.

10.6. Diffus streuende Objekte

Die bisherigen Ergebnisse zur teilkohärenten Holographie sind unmittelbar anwendbar nur auf Objekte mit wohl definierter Amplitude (vgl. Kap. 7.4). Liegen diffus streuende Objekte vor, so treten bei der teilkohärenten Holographie zusätzliche Komplikationen auf, die hier kurz besprochen werden sollen. Die Gleichungen der Kap. 10.1—10.5 lassen sich anwenden auf die teilkohärente Holographie mit diffus streuenden Objekten, wenn wir die Amplitudentransparenz des Objektes multiplikativ zusammengesetzt denken aus der makroskopischen Struktur des eigentlich abzubildenden Objektes und der mikroskopischen Rauhstruktur der Mattscheibe. Das gleiche Ergebnis liefert ein wohl definiertes Objekt in Kontakt mit einer Mattscheibe.

Bei manchen Typen der Holographie bewirkt die Teilkohärenz nur das Auftreten einer Maske im rekonstruierten Bild. Dies zeigten für reine spatiale Teilkohärenz die Fälle 5, 6, 8, 9 der Tabelle 10.5-1 und für reine chromatische Teilkohärenz die Fälle 10, 12. In diesen Fällen hat die teilkohärente Holographie mit diffus streuenden Objekten das gleiche Ergebnis wie die Holographie mit

Objekten wohl definierter Amplitude. In manchen Fällen (5, 6, 8, 9) ist die Holographie diffus streuender Objekte experimentell sogar noch einfacher durchführbar (z. B. Lurie 1966, 1968).

In der Mehrzahl der anderen Fälle wird durch die Teilkohärenz eine Auflösungsbeschränkung verursacht, die von einer Verkleinerung der effektiven Größe des Hologramms herrührt. Diese effektive Aperturbegrenzung im Hologramm führt zusammen mit der kohärenten Rekonstruktion zum Auftreten einer Granulation im rekonstruierten Bild. Diese Granulation wird um so gröber, je kleiner die effektive Apertur ist; die effektive Apertur wird gegeben durch das Kohärenzintervall der Vergleichswelle in der Hologrammebene. Die Granulation wächst also mit der Größe der Lichtquelle.

Als Beispiel hierfür stellt die Abb. 10—12 einen Strahlengang zur off-axis-Fresnel-Holographie mit Amplitudenteilung dar (vgl. Tabelle 10.5-1, Fall 2). Bei einer Rekonstruktion mit hoher Auflösung muß das Hologramm solche Objektwellen

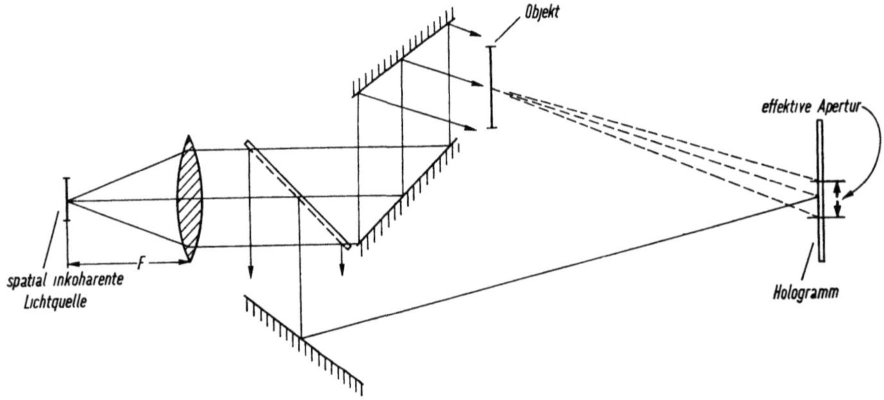

Abb. 10—12. Off-axis-Fresnel-Holographie mit Amplitudenteilung

speichern, die vom Objekt in kleine und in große Winkel gestreut werden. Ist das Kohärenzintervall der Vergleichswelle durch endliche Ausdehnung der Lichtquelle eingeschränkt, so ist eine Speicherung nur innerhalb dieses Intervalles möglich. Dieses Kohärenzintervall definiert also eine effektive Apertureinschränkung. Diese bewirkt für wohl definierte Objekte eine Verminderung der Auflösung (Tabelle 10.5-1, Fall 2). Bei streuenden Objekten vergröbert sich zusätzlich die Granulation mit abnehmender effektiver Apertur (Kap. 7.3-f). Abb. 10-13 gibt dazu ein experimentelles Beispiel.

Ein Strahlengang zur Verringerung der Granulation und zur Verbesserung der Auflösung für diesen Fall wird in Abb. 10—14 gezeigt (Weingärtner u.a. 1970b). Hier werden durch planparallele Glasplatten vier Vergleichswellenfronten im Hologramm bereitgestellt, die gegenseitig um einen bestimmten Betrag (shear, Scherung) in der Hologrammebene verschoben sind. Diese Scherung bewirkt im Hologramm einen vergrößerten Bereich mit interferenzfähigem Vergleichslicht. Für jeden Vergleichsstrahl ergibt sich so bei spatialer Teilkohärenz eine Verschiebung der Übertragungsfunktion in ein Seitenband um einen Betrag proportional zur Scherung. Es können jetzt also auch solche Objektstrahlen, die vom Objekt in größere Winkel abgebeugt werden, im Hologramm mit einem der Vergleichsstrahlen interferieren. Wenn die verschiedenen Vergleichsstrahlen etwa um den Betrag des Kohärenzintervalles in der Hologrammebene gegeneinander

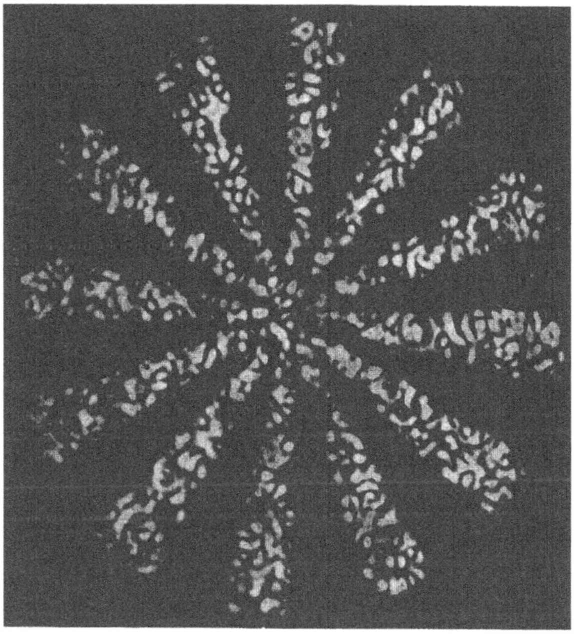

Abb. 10—13. Rekonstruktion eines streuenden Objekts, dessen Hologramm nach Abb. 10—12 aufgenommen wurde

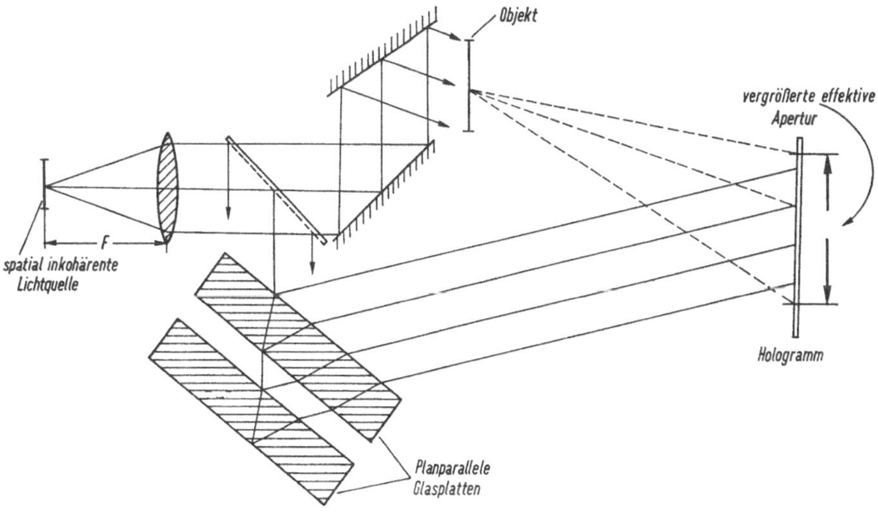

Abb. 10—14. Off-axis-Fresnel-Holographie mit Amplitudenteilung und vier Vergleichsstrahlen mit gegenseitigem shear

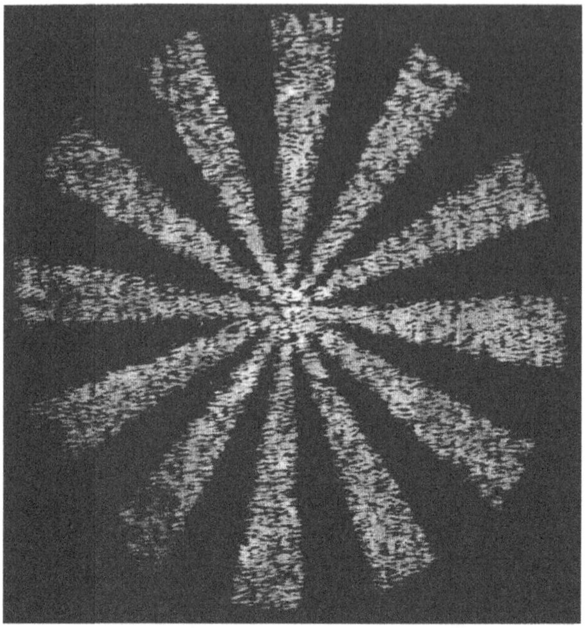

Abb. 10—15. Rekonstruktion eines streuenden Objekts, dessen Hologramm nach Abb. 10—14 aufgenommen wurde. Verringerte Granulation in einer Richtung durch vergrößerte effektive Apertur

verschoben sind, so bewirken alle gegeneinander verschobenen Übertragungsfunktionen in der kohärenten Rekonstruktion gemeinsam eine Vergrößerung der effektiven Apertur. Stehen die einzelnen Vergleichsstrahlen durch ungenaue Justierung der Platten in ungünstigen Phasenbeziehungen zueinander, so bedeutet das eine zusätzliche Aberration in der effektiven Apertur. Für die Granulation in der Rekonstruktion von streuenden Objekten ist aber nur die Beugungsgrenze der effektiven Apertur entscheidend. Im Beispiel von Abb. 10—15 sind durch die Verwendung von vier gegeneinander verschobenen Vergleichswellenfronten die Granulationskörner in einer Richtung sehr schmal geworden, in der anderen Richtung haben sie die ursprüngliche Größe behalten.

10.7. Rekonstruktion bei Teilkohärenz

10.7-a. Allgemeines

Der Einfluß der Teilkohärenz bei der Rekonstruktion von Hologrammen unterscheidet sich in zweierlei Hinsicht wesentlich vom Einfluß der Teilkohärenz bei der Hologrammaufnahme.

Einmal verursacht, wie gezeigt wurde, die Teilkohärenz bei der Hologrammaufnahme Auflösungsbeschränkungen, Maskierungen des Bildfeldes und Minderungen der Helligkeit im gesamten Bild. Die Teilkohärenz bei der Rekonstruktion hingegen bewirkt im Bild nur Auflösungsbeschränkungen aber keine Maskierung und auch keine Minderung der Helligkeit.

Zum zweiten war die Holographie mit teilkohärenter Hologrammaufnahme und kohärenter Rekonstruktion durch lineare Übertragung der Objektamplitudentransparenz in die Bildamplitude ausgezeichnet. Bei teilkohärenter Rekonstruktion sind im rekonstruierten Bild keine Amplituden definiert und meßbar. Meßbar sind nur die Intensität und die Kohärenzfunktion. In allen Fällen gibt es bei teilkohärenter Rekonstruktion nur eine nichtlineare Übertragung der Objektamplitudentransparenz in die Bildintensität. Die Holographie mit teilkohärenter Rekonstruktion läßt sich also nicht mit Hilfe einer linearen Übertragungstheorie für Amplituden beschreiben. In einigen aber nicht in allen Fällen liegt bei teilkohärenter Rekonstruktion lineare Übertragung der Objektintensitätstransparenz in die Bildintensität vor. Im allgemeinen ist es aber nur möglich, die Bildintensität oder die Kohärenzfunktion im Bild zu bestimmen und hieraus auf die Auflösungsverminderung zu schließen. Dieses Verfahren wird für jeweils ein Beispiel bei spatialer und chromatischer Teilkohärenz demonstriert.

Ebenfalls ist es nicht möglich, eine lineare Übertragung von Kohärenzfunktionen vom Objekt ins Bild wie bei der konventionellen Abbildung zu formulieren, weil wegen der Intensitätsaufzeichnung im Hologramm die Lichterregung im rekonstruierten Bild keine Kenntnis mehr von den Kohärenzeigenschaften im Objekt hat. Der Grund dafür ist, daß bei der Rekonstruktion eines Hologrammes im allgemeinen nicht dieselbe teilkohärente Lichterregung rekonstruiert wird, die bei der Hologrammaufnahme auf das Hologramm fiel. Lichterregungen sind also allenfalls nach Intensität und Phase, nicht aber nach ihren Kohärenzeigenschaften rekonstruierbar.

Bei der spatial teilkohärenten Rekonstruktion und kohärenter Hologrammaufnahme liegt für fast alle Typen der Holographie eine isoplanatische Abbildung ins rekonstruierte Bild vor, denn bei der Beugung des Lichts von verschiedenen Punkten der ausgedehnten inkohärenten Lichtquelle am Hologramm verschiebt sich die Beugungsfigur im rekonstruierten Bild um einen Betrag proportional zum Abstand des Lichtquellenpunktes vom Zentrum der Lichtquelle. Im Gegensatz dazu wird bei chromatisch teilkohärenter Rekonstruktion die Abbildung in einigen Fällen nicht-isoplanatisch.

10.7-b. Spatiale Teilkohärenz

Als ein Beispiel für Rekonstruktion bei rein spatialer Teilkohärenz wird die Gabor-in-line-Fresnel-Holographie betrachtet. Die kohärente Hologrammaufnahme wird nach Abb. 10—1 behandelt, die Rekonstruktion nach Abb. 10—16. Durch Benutzung des dritten Terms aus Gl. (10.2-2) erhalten wir für den Teil der Intensität $I_h(\xi)$ im Hologramm, der zum primären Bild führt

$$I_h^{'}(\xi) = V^*(\xi) \cdot \int u_0(x) O(\xi, x) \,\mathrm{d}x. \tag{10.7-1}$$

Dabei gilt wieder

$$O(\xi, x) = e^{-ik[r_1+r_2]} \tag{10.7-2}$$

$$V(\xi) = e^{-ikr'} \tag{10.7-3}$$

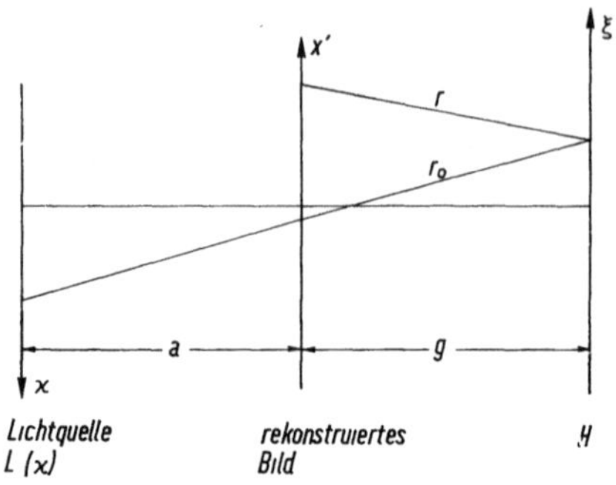

Abb. 10—16. Teilkohärente Rekonstruktion von Gabor-in-line-Fresnel-Hologrammen Lichtquelle $L(\varkappa) = L(\varkappa_R)$

mit

$$r_1 = a + \frac{x^2}{2a} \tag{10.7-4}$$

$$r_2 = g + \frac{x^2}{2g} + \frac{\xi^2}{2g} - \frac{\xi x}{g} \tag{10.7-5}$$

$$r' = (a+g) + \frac{\xi^2}{2(a+g)}. \tag{10.7-6}$$

Die Amplitude $u_b(x', \varkappa_R)$ im rekonstruierten Bild für einen Lichtquellenpunkt $\varkappa_R$ der Rekonstruktionslichtquelle kann berechnet werden durch

$$u_b(x', \varkappa_R) = \int I_h(\xi) e^{-ik[r_0 - r]} \,\mathrm{d}\xi. \tag{10.7-7}$$

Dabei gilt für r und r_0

$$r_0 = (a+g) + \frac{\varkappa_R{}^2}{2(a+g)} + \frac{\xi^2}{2(a+g)} + \frac{\varkappa_R \xi}{(a+g)} \tag{10.7-8}$$

$$r = g + \frac{x'^2}{2g} + \frac{\xi^2}{2g} - \frac{x'\xi}{g}. \tag{10.7-9}$$

Nach Einsetzen von $I_h(\xi)$, $O(\xi, x)$ und $V(\xi)$ in Gl. (10.7-7) ergibt sich

$$u_b(x', \varkappa_R) = \iint u_o(x) e^{-ik[r_1 + r_2 - r' + r_0 - r]} \,\mathrm{d}x\,\mathrm{d}\xi. \tag{10.7-10}$$

Die Wege r_1, r_2, r', r_0 und r werden in die Gl. (10.7-10) eingesetzt. Nach Umrechnung des Exponenten folgt

$$u_b(x', \varkappa_R) = \iint u_o(x) e^{-ik\left[\frac{x^2}{2}\left(\frac{1}{a}+\frac{1}{g}\right) - \frac{x'^2}{2g}\right]} \cdot e^{-ik\left[\frac{\varkappa_R{}^2}{2(a+g)} + \frac{\xi}{g}\left(x' - x + \frac{g\varkappa_R}{a+g}\right)\right]} \,\mathrm{d}x\,\mathrm{d}\xi. \tag{10.7-11}$$

Die Integration über ξ führt auf eine Dirac-Funktion. Die Dirac-Funktion ermöglicht in bekannter Weise die Integration über x durch Setzen von

$$x = x' + \frac{g\varkappa_R}{a+g}$$

$$u_b(x', \varkappa_R) = u_0\left[x' + \frac{g\varkappa_R}{(a+g)}\right] e^{-ik\left[\frac{x'^2}{2a} + \frac{\varkappa_R^2}{2a} + \frac{x'\varkappa_R}{a}\right]}. \qquad (10.7\text{-}12)$$

Bei Rekonstruktion mit ausgedehnter inkohärenter Lichtquelle $L_R(\varkappa_R)$ kann keine Amplitude sondern die Intensität $I_b(x')$ in der Bildebene gemessen werden

$$I_b(x') = \int L_R(\varkappa_R)\,|u_b(x', \varkappa_R)|^2\,d\varkappa_R \qquad (10.7\text{-}13)$$

$$= \int L_R(\varkappa_R)\left|u_0\left[x' + \frac{g\varkappa_R}{(a+g)}\right]\right|^2 d\varkappa_R. \qquad (10.7\text{-}14)$$

Nun wird die Intensitätstransparenz $I_0(x) = |u_0(x)|^2$ des Objektes eingeführt

$$I_b(x') = \int L_R(\varkappa_R) I_0\left[x' + \frac{g\varkappa_R}{(a+g)}\right] d\varkappa_R. \qquad (10.7\text{-}15)$$

Dieses Ergebnis kennzeichnet als ein Faltungsprodukt die isoplanatische lineare Übertragung der Objektintensitätstransparenz in die Bildintensität. Die Übertragung der Amplituden ist dagegen nichtlinear. Eine weitere Rechnung zeigt, daß im Gegensatz zur konventionellen Abbildung bei Teilkohärenz hier keine lineare Übertragung der Kohärenzfunktionen existiert.

Werden sowohl die Hologrammaufnahme als auch die Rekonstruktion mit spatial teilkohärenter Beleuchtung durchgeführt, so ergibt sich das folgende Ergebnis

$$I_b(x') = \iiint L_R(\varkappa_R) L_H(\varkappa_H) L_H(\varkappa_H')$$

$$\times u_0\left[x' + \frac{g\varkappa_R}{(a+g)} - \frac{g\varkappa_H}{(a+g)}\right] u_0^*\left[x' + \frac{g\varkappa_R}{(a+g)} - \frac{g\varkappa_H'}{(a+g)}\right] d\varkappa_R\,d\varkappa_H\,d\varkappa_H'. \qquad (10.7\text{-}16)$$

L_R ist die Lichtquelle bei der Rekonstruktion, L_H diejenige bei der Hologrammaufnahme. L_R und L_H wirken in gleicher Weise zusammen bei der Verminderung der Auflösung im Bild.

10.7-c. Chromatische Teilkohärenz

Als ein Beispiel für chromatisch teilkohärente Rekonstruktion diskutieren wir die Fourier-Holographie. Die kohärente Hologrammaufnahme mit der Frequenz ν behandeln wir nach Abb. 10—10. Hier gilt

$$V(\xi) = e^{-\frac{2\pi i}{c}\nu[a+r_2']}$$

mit

$$r_2' = g + \frac{\xi^2}{2g}.$$

Für $O(\xi, x)$ gilt die Gl. (10.7-2) mit $k = \frac{2\pi}{c}\nu$

$$O(\xi, x) = e^{-\frac{2\pi i}{c}\nu[r_1 + r_2]}.$$

r_1 und r_2 können aus den Gln. (10.7-4) und (10.7-5) übernommen werden. $V(\xi)$ und $O(\xi, x)$ werden in die Gl. (10.7-1) eingesetzt

$$I_h(\xi) = \int u_o(x) e^{-\frac{2\pi i}{c}\nu[r_1 + r_2 - a - r_2']} \,\mathrm{d}x. \tag{10.7-17}$$

Die Wege r_1, r_2, r_2' werden in Gl. (10.7-17) eingesetzt. Nach einer Umformung des Exponenten gilt

$$I_h(\xi) = \int u_o(x) e^{-\frac{2\pi i}{c}\nu\left[\frac{x^2}{2}\left(\frac{1}{a} + \frac{1}{g}\right) - \frac{\xi x}{g}\right]} \,\mathrm{d}x. \tag{10.7-18}$$

Die Rekonstruktion mit der Frequenz ν_R kann durchgeführt werden nach Gl. (10.3-30)

$$u_b(x', \nu_R) = \int I_h(\xi) e^{-\frac{2\pi i}{c}\nu_R \frac{\xi x'}{F_R}} \,\mathrm{d}\xi \tag{10.7-19}$$

$$u_b(x', \nu_R) = \iint u_o(x) e^{-\frac{2\pi i}{c}\left[\frac{\nu_R \xi x'}{F_R} + \frac{\nu x^2}{2}\left(\frac{1}{a} + \frac{1}{g}\right) - \frac{\nu \xi x}{g}\right]} \,\mathrm{d}\xi \,\mathrm{d}x. \tag{10.7-20}$$

Die weitere Rechnung wird auf bekannte Weise durchgeführt

$$u_b(x', \nu_R) = u_o\left[\frac{\nu_R}{\nu}\frac{g}{F_R}x'\right] e^{-\frac{\pi i}{c}\frac{\nu_R^2}{\nu}\frac{g^2}{F_R}\left(\frac{1}{a} + \frac{1}{g}\right)x'^2}. \tag{10.7-21}$$

In der Ebene des rekonstruierten Bildes kann die Bildintensität $I_b(x')$ gemessen werden. $E_R(\nu_R)$ kennzeichnet die Lichtquelle.

$$I_b(x') = \int E_R(\nu_R)\, |u_b(x', \nu_R)|^2 \,\mathrm{d}\nu_R \tag{10.7-22}$$

$$= \int E_R(\nu_R) \left| u_o\left[\frac{\nu_R}{\nu}\frac{g}{F_R}x'\right]\right|^2 \mathrm{d}\nu_R \tag{10.7-23}$$

$$= \int E_R(\nu_R) I_o\left[\frac{\nu_R}{\nu}\frac{g}{F_R}x'\right] \mathrm{d}\nu_R \tag{10.7-24}$$

Es liegt wieder eine lineare Intensitätsübertragung und eine nichtlineare Amplitudenübertragung vor. Die Übertragung ist nicht-isoplanatisch, denn die Auflösung verschlechtert sich mit wachsendem Abstand von der optischen Achse wie auch bei der polychromatischen Aufnahme von Fourier-Hologrammen (Tabelle 10.5-1, Fall 7). Für andere Typen der Holographie, z. B. die Fresnel-Holographie, wird auch die Intensitätsübertragung nichtlinear.

Die Fresnel-Holographie nach den Fällen 1—4 in Tabelle 10.5-1 führt zu isoplanatischer Übertragung. In den Fällen 1 und 3 hat die chromatische Teilkohärenz in Aufnahme und Rekonstruktion den gleichen Einfluß. In den Fällen 2 und 4, bei denen eine einzige Trägerfrequenz im Hologramm vorliegt, die unabhängig von der Position des zu übertragenden Objektpunktes ist, ist die Übertragung isoplanatisch. Dies ist in den beiden Fällen 5 und 6 nicht der Fall; hier wird vielmehr ähnlich wie bei der Fourier-Holographie die Lage des Objektpunktes auch in der Trägerfrequenz gespeichert. Dies führt dann zu einer Nicht-Isoplanasie im Bild. Bei der Bildebenen-Holographie ist der Einfluß der Teilkohärenz wieder am geringsten, sie ist in den meisten Fällen ebenfalls isoplanatisch.

10.8. Spatial inkohärente Holographie

Die Strahlengänge zur teilkohärenten Holographie (Tabelle 10.5-1) sind den Strahlengängen der kohärenten Holographie nachgebildet. In fast allen diesen Fällen der teilkohärenten Holographie führt der Übergang zu inkohärenter Beleuchtung, d. h. zu $\Gamma_L{}^S(s) = \delta(s)$, zu dem Ergebnis, daß entweder das Bildfeld auf die Große Null zusammenschrumpft, die Bildhelligkeit gegen Null geht oder das System nur eine einzige Ortsfrequenz überträgt. Lediglich im Fall 10 der Tabelle 10.5-1 (Bildebenen-Holographie mit Amplitudenteilung) kann Holographie mit nahezu inkohärenter Beleuchtung betrieben werden. Im Text zu Fall 11, der formal ein ähnliches Ergebnis hat wie der Fall 10, wurde erwähnt, daß die Lichtquelle hier geometrisch eine nicht zu große Ausdehnung haben darf.

Die Strahlengänge zur inkohärenten Holographie werden anders aufgebaut als die für kohärente oder teilkohärente Holographie. Bei den Strahlengängen zur inkohärenten Holographie liegt kein vom Objekt unbeeinflußter Vergleichsstrahl vor, es werden vielmehr zwei Wellenfronten zur Interferenz gebracht, die beide von gleichen Punkten des Objekts herrühren, denn das Licht in einem Punkt ist stets kohärent zu sich selbst. Durch ein Interferometer werden zwei virtuelle oder reelle Bilder des inkohärent beleuchteten Objektes entworfen. Die von den beiden Bildern ausgehenden Wellenfronten überlagern sich im Hologramm. Interferieren können hier wegen der Inkohärenz nur die von gleichen Objektpunkten stammenden Lichterregungen. So wird im Beispiel von Abb. 10—17 (inkohärente Quasi-Fourier-Holographie) zu jedem Objektpunkt im Hologramm eine harmonische Intensitätsverteilung erzeugt. Das Interferometer sorgt dafür, daß die Ortsfrequenz dieses harmonischen Gitters linear mit der Koordinate des Punktes in der Objektebene variiert. Die kohärente Rekonstruktion des Hologrammes liefert die Fouriertransformierte seiner Amplitudentransparenz. Das Ergebnis sind die beiden Beugungsordnungen des Gitters, sie geben in bekannter Weise das primäre und das konjugierte Bild des Objektpunktes. Außer der inkohärenten Fourier-Holographie sind noch weitere Verfahren zur inkohärenten

Holographie möglich, die sich durch die Erzeugung der Interferenzfigur im Hologramm für jeden Objektpunkt unterscheiden. Einen Überblick über diese Verfahren geben Bryngdahl, Lohmann (1968b).

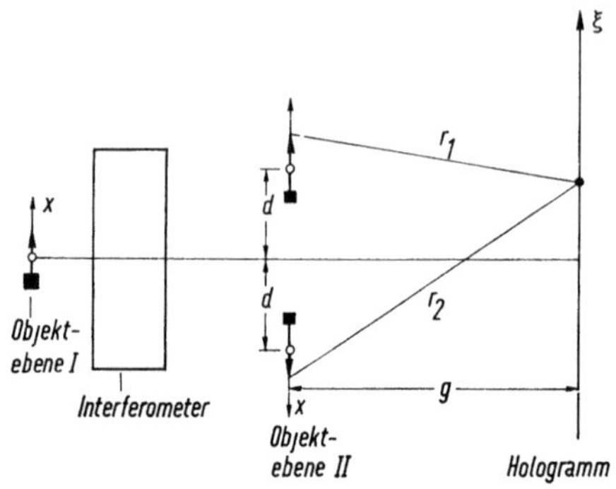

Abb. 10—17. Aufnahme von Quasi-Fourier-Hologrammen bei spatial inkohärenter Objektbeleuchtung

Wegen der Inkohärenz der Beleuchtung kann diese Art der Holographie nur Informationen über die Absorption des Objekts übertragen, denn inkohärentes Licht enthält keine Information über die Phase. Die kohärente und auch die teilkohärente Holographie liefern dagegen Aussagen über Absorption und Phase des Objektes.

Als Beispiel wird die inkohärente Quasi-Fourier-Holographie nach Abb. 10—17 behandelt. Das Objekt wird durch das Interferometer aus der Objektebene I zweimal in die Objektebene II im Sinne der Abb. 10—17 abgebildet. Ein Objektpunkt auf der Achse wird in der Ebene II zu einem Punktepaar mit dem Abstand $2d$. Die zu jedem Objektpunkt gehörende Interferenzerscheinung $I_h(\xi, x)$ im Hologramm ist gegeben durch die Transparenz des Objektes und die optischen Wege r_1 und r_2

$$I_h(\xi, x) = |u_o(x) e^{-ikr_1} + u_o(x) e^{-ikr_2}|^2 \qquad (10.8\text{-}1)$$

$$= |u_o(x)|^2 \, |e^{-ikr_1} + e^{-ikr_2}|^2 . \qquad (10.8\text{-}2)$$

Wir führen die Intensitätstransparenz $I_o(x)$ des Objektes ein

$$I_h(\xi, x) = I_o(x) \left[2 + e^{-ik(r_1 - r_2)} + e^{+ik(r_1 - r_2)}\right]. \qquad (10.8\text{-}3)$$

Die Wege r_1 und r_2 werden in parabolischer Fresnel-Näherung angegeben

$$r_1 = g + \frac{\xi^2}{2g} + \frac{x^2}{2g} + \frac{d^2}{2g} - \frac{\xi d}{g} - \frac{x\xi}{g} + \frac{xd}{g} \qquad (10.8\text{-}4)$$

$$r_2 = g + \frac{\xi^2}{2g} + \frac{x^2}{2g} + \frac{d^2}{2g} + \frac{\xi d}{g} + \frac{x\xi}{g} + \frac{xd}{g}. \qquad (10.8\text{-}5)$$

Einsetzen von Gl. (10.8-4) und (10.8-5) in Gl. (10.8-3) liefert

$$I_h(\xi, x) = I_o(x)\left[2 + e^{\frac{2ik\xi}{g}(x+d)} + e^{-\frac{2ik\xi}{g}(x+d)}\right]. \tag{10.8-6}$$

Die zu verschiedenen Objektpunkten gehörenden Interferenzintensitäten $I_h(\xi, x)$ überlagern sich wegen der Inkohärenz des Objektes linear in der Hologrammebene

$$I_h(\xi) = \int I_h(\xi, x)\,\mathrm{d}x \tag{10.8-7}$$

$$= \int I_o(x)\left[2 + e^{\frac{2ik\xi}{g}(x+d)} + e^{-\frac{2ik\xi}{g}(x+d)}\right]\mathrm{d}x. \tag{10.8-8}$$

Nach einem idealen photographischen Prozeß wird eine kohärente Rekonstruktion dieses Quasi-Fourier-Hologrammes durch Fouriertransformation der Amplitudentransparenz des Hologrammes vorgenommen [Gl. (10.3-30)]

$$u_b(x') = \int I_h(\xi) e^{-ik\frac{\xi x'}{F_R}}\,\mathrm{d}\xi \tag{10.8-9}$$

$$= \iint I_o(x)\left[2 + e^{\frac{2ik\xi}{g}(x+d)} + e^{-\frac{2ik\xi}{g}(x+d)}\right] e^{-ik\frac{\xi x'}{F_R}}\,\mathrm{d}x\,\mathrm{d}\xi. \tag{10.8-10}$$

Die Integrationsreihenfolge wird vertauscht, und es wird eine Umordnung vorgenommen

$$u_b(x') = \int I_o(x)\left\{2\int e^{-ik\frac{\xi x'}{F_R}}\,\mathrm{d}\xi + \int e^{-ik\xi\left[\frac{x'}{F_R} - \frac{2(x+d)}{g}\right]}\,\mathrm{d}\xi + \int e^{-ik\xi\left[\frac{x'}{F_R} + \frac{2(x+d)}{g}\right]}\,\mathrm{d}\xi\right\}\mathrm{d}x. \tag{10.8-11}$$

Die Integrationen über ξ führen auf Dirac-Funktionen, der weitere Rechengang ist analog dem in früheren Beispielen

$$u_b(x') = 2\delta\left[\frac{x'}{\lambda F_R}\right]\cdot\int I_o(x)\,\mathrm{d}x + I_o\left[\frac{gx'}{2F_R} - d\right] + I_o\left[-\frac{gx'}{2F_R} - d\right]. \tag{10.8-12}$$

Das Integral über x in Gl. (10.8-12) liefert lediglich eine Konstante

$$u_b(x') = \mathrm{const}\cdot\delta\left[\frac{x'}{\lambda F_R}\right] + I_o\left[\frac{g}{2F_R}x' - d\right] + I_o\left[\frac{-g}{2F_R}x' - d\right]. \tag{10.8-13}$$

Die Amplitude $u_b(x')$ in der kohärenten Rekonstruktion ergibt auf der optischen Achse einen vom Objekt unbeeinflußten Term und zwei Bilder des Objektes rechts und links von der optischen Achse mit den Zentren bei $x' = \pm\, 2dF_R/g$.

Andere Strahlengänge zur inkohärenten Holographie lassen sich analog behandeln. Bei der vorliegenden Herleitung und bei den meisten anderen Verfahren zur spatial inkohärenten Holographie wird chromatische Kohärenz vorausgesetzt. Chromatische Teilkohärenz stört bei den meisten dieser Verfahren in der gleichen Weise, wie es im Kap. 10.4 für chromatisch teilkohärente Holographie diskutiert wurde.

10.9. Verschiedene Anwendungen

10.9-a. Elektronen-Holographie

Die üblichen Linsen für Elektronenstrahlen haben eine starke sphärische Aberration. Deswegen ist es sinnlos, im Elektronenmikroskop große Abbildungsaperturen zu verwenden, denn bei starker sphärischer Aberration und großer Apertur liefert die Elektronenmikroskopie eine sehr schlechte Auflösung. In der Praxis verkleinert man die Apertur in einem Elektronenmikroskop so weit, bis die Beugungsgrenze der Auflösung etwa gleich groß ist mit der Auflösungsgrenze, die durch die sphärische Aberration bedingt ist. Für diesen Fall kann man eine Formel angeben, welche die Auflösungsgrenze δx_E in einem Elektronenmikroskop bei konventioneller Abbildung angibt (Glaser 1956):

$$\delta x_E \approx \frac{1}{2} \cdot \sqrt[4]{C_o \lambda^3}\,. \tag{10.9-1}$$

C_δ ist die Öffnungsfehlerkonstante der Elektronenlinse, λ ist die Wellenlänge der Elektronenstrahlen. Setzt man eine Öffnungsfehlerkonstante $C_o = 4$ mm und eine Elektronenwellenlänge $\lambda = 0{,}037$ Å voraus (Daten für das Siemens Elmiskop I bei 100 kV Beschleunigungsspannung), so ergibt sich $\delta x_E \approx 4$ Å.

Die Idee von Gabor war, die Holographie auf die Elektronenmikroskopie anzuwenden, um die in der elektronenoptischen Aufnahme des Hologrammes enthaltenen Aberrationen bei der lichtoptischen Rekonstruktion zu eliminieren. Die Grundidee der Kompensation von Aberrationen wurde für die Bildebenen-Holographie schon in den Kap. 7.4-7, 10.3-d-4 und 10.3-d-5 geschildert. Die Kompensation von Aberrationen läßt sich prinzipiell auf jede Art der Holographie anwenden. Die Bildebenen-Holographie wird sich als ein zur Elektronen-Holographie besonders geeigneter Typ herausstellen. Es erweist sich als notwendig, bei der Aufnahme von Bildebenen-Hologrammen und ihrer Rekonstruktion zwei zueinander konjugiert komplexe Pupillenfunktionen zu benutzen. Die notwendigen Pupilleneingriffe für die lichtoptische Rekonstruktion sind herstellbar. Auf diese Weise lassen sich die Einflüsse der Aberrationen bei Kohärenz vollständig und bei Teilkohärenz teilweise eliminieren. Nicht eliminieren läßt sich der Einfluß der Aperturbegrenzung, wir erhalten also bestenfalls eine beugungsbegrenzte Abbildung. Diese theoretische Abbesche Auflösungsgrenze wird nur bei streng kohärenter Holographie erreicht.

Im Elektronenmikroskop ist keine streng kohärente Beleuchtung möglich. Deshalb laufen die Untersuchungen der Holographie mit Elektronen auf unsere Diskussion des Einflusses der Teilkohärenz bei der elektronenoptischen Hologrammaufnahme heraus. Die Rekonstruktion kann wieder mit kohärentem Laserlicht durchgeführt werden. Wenn die Linsenfehler teilweise auf holographischem Wege kompensiert sind, kann die Objektivapertur weiter vergrößert und damit die Auflösung des Elektronenmikroskops verbessert werden.

Weitere Vorteile der Elektronen-Holographie liegen in folgendem: Wenn Phasenobjekte im gewöhnlichen Elektronenmikroskop abgebildet werden sollen, wird für einen Phasenkontrast die sphärische Aberration der Linse mit einer geeigneten Defokussierung kombiniert. Die Übertragungsfunktion, die auf diese Weise entsteht, ist nicht sehr befriedigend, weil einige Ortsfrequenzen mit einem positiven Übertragungsfaktor abgebildet werden, einige mit einem negativen und einige mit dem Übertragungsfaktor Null. In der Elektronen-Holographie dagegen kann der Phasenkontrast in der kohärenten Rekonstruktion durchgeführt werden. Hier kann man alle üblichen Methoden der Lichtoptik benutzen, um Phaseninformationen auszuwerten. Die Übertragungsfunktionen, die auf diese Weise entstehen, oszillieren nicht. Des weiteren speichert ein Elektronen-Hologramm auch die Information über die dritte Dimension im Objekt, deshalb ist es nicht mehr nötig, Fokusserien zur Scharfstellung auf verschiedene Objektebenen im Elektronenmikroskop selbst aufzunehmen, solche Serien können nun besser in der optischen Rekonstruktion durchgeführt werden. Für diese Aufgabe ist eine Holographie mit Elektronen auch dann interessant, wenn nicht höchste Auflösung erreicht werden soll. Weiter ist von Vorteil, daß bei der Bildebenen-Holographie lineare Übertragung von komplexen Amplituden bei beliebiger Objektaussteuerung vorliegt, während bei der konventionellen Elektronenmikroskopie nur eine lineare Übertragung von Intensitäten oder Phasen bei kleiner Objektaussteuerung (schwache Objekte) erreicht werden kann (Kap. 3.4).

Die in-line-Fresnel-Holographie von Gabor hat zwei erhebliche Nachteile, wenn sie auf die Elektronenmikroskopie angewendet werden soll. Diese Art der Holographie kann nur mit solchen Objekten durchgeführt werden, die viel ungebeugtes Licht durchlassen (z. B. schwache Objekte). Sonst würde in der Rekonstruktion das erwünschte primäre Bild außer vom konjugierten Bild auch vom Intermodulationsbild störend überlagert. In der Vergangenheit wurden einige Versuche gemacht, diese Überlagerungen zu vermeiden, das führte aber kaum zu brauchbaren Ergebnissen. Weiter vermindert die Teilkohärenz in der Fresnel-Holographie die Auflösung im rekonstruierten Bild erheblich. Dies kann durch Vergleich mit der Tabelle 10.5-1 festgestellt werden. Die in-line Fresnel-Holographie läßt sich durch unscharfe Abbildung des Objektes in das Hologramm realisieren. Je kleiner die Defokussierung ist, um so geringer ist der Einfluß der Teilkohärenz auf die Auflösung im rekonstruierten Bild, aber um so größer ist der Einfluß der unerwünschten Störbilder in der Abbildung.

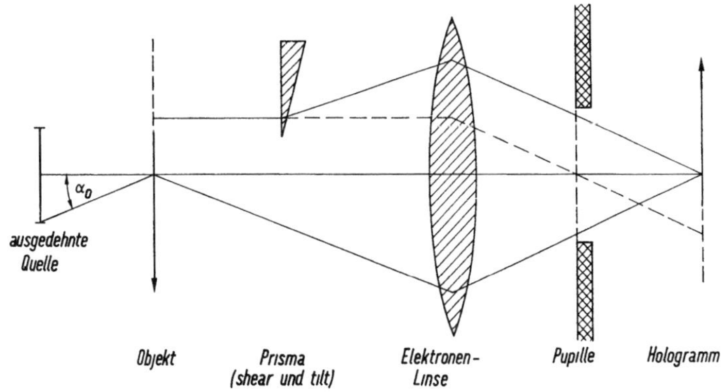

Abb. 10—18. Aufnahme eines Bildebenen-Hologramms im Elektronenmikroskop

Bei Verwendung (Tonomura u. a. 1968) einer Abart der Gabor-in-line-Fresnel-Holographie, der Fernfeld-in-line-Fraunhofer-Holographie, geht der störende Einfluß der unerwünschten Bilder bei der Rekonstruktion fast vollständig zurück, dafür verschlechtert sich die Auflösung durch die Teilkohärenz beträchtlich (vgl. die Tabelle 10.5-1, Fall 1 für $g \to \infty$).

Bei der Einseitenband-Fresnel-Holographie (Lohmann 1956, Bryngdahl und Lohmann 1968d, Hanßen 1969) wird bei der Hologrammaufnahme und bei der Rekonstruktion jeweils eine Halbebene in der Pupille der Abbildungssysteme mit einer opaken Blende abgedeckt. Auf diese Weise läßt sich auch bei kleiner Defokussierung zwischen Objekt und Hologramm das konjugierte Bild vom rekonstruierten Bild fernhalten. Dieses Verfahren scheint geeignet zu sein, die Auflösung im Elektronenmikroskop zu verbessern, wenn es gelingt, die Kontamination der Blende bei der elektronenoptischen Hologrammaufnahme zu vermeiden. Diese Kontamination verursacht in der Elektronenoptik einen starken Astigmatismus, der jede Auflösungsverbesserung verdirbt.

Schließlich läßt sich eine off-axis-Holographie im Elektronenmikroskop durchführen unter Benutzung eines Elektronen-Interferometers mit Biprisma. Off-axis-Fresnel-Holographie wurde auf diese Weise von Möllenstedt, Wahl (1968) realisiert. Hier ist eine vollständige Eliminierung der unerwünschten Bilder möglich. Die Eigenschaften einer off-axis-Fresnel-Holographie mit Wellenfrontteilung durch ein Prisma wurden in Tabelle 10.5-1, Fall 4 besprochen. Offensichtlich ist hier der Einfluß der Teilkohärenz dann am geringsten, wenn $g = 0$ gesetzt wird. Dieser Fall entspricht der Bildebenen-Holographie bei idealem Abbildungssystem. Die Bildebenen-Holographie mit Wellenfrontenteilung durch ein Prisma wurde noch einmal explizit in Tabelle 10.5-1, Fall 12 diskutiert. Man sieht, daß hier bei idealem Abbildungssystem keine Verwaschung im Bild auftritt, die spatiale Teilkohärenz macht sich nur durch eine gleichmäßige Minderung der Helligkeit im rekonstruierten Bild bemerkbar und die chromatische Teilkohärenz nur durch eine Maskierung des Bildfeldes. Wirken Aberrationen bei der teilkohärenten Hologrammaufnahme mit, so lassen sich diese weitgehend aber nicht vollständig bei der lichtoptischen Rekonstruktion kompensieren. Aus diesen Gründen halten wir die Bildebenen-Holographie im Elektronenmikroskop für die günstigste Form der Elektronen-Holographie (Weingärtner u. a. 1969b, 1971b). Sie wurde bei spatialer Teilkohärenz und Mitwirkung von sphärischer Aberration und Defokussierung durchgerechnet. Weiter werden lichtoptische Analogieversuche zur Kompensation von sphärischer Aberration gezeigt.

Die Bildebenen-Holographie im Elektronenmikroskop wird nach den Abbn. 10—18 und 10—19 besprochen. Die Abb. 10—18 zeigt die Aufnahme eines Bildebenen-Hologrammes im Elektronenmikroskop. Das außerhalb der Objektebene stehende Prisma führt im Hologramm shear und tilt ein, es bringt also vom Objekt unbeeinflußtes Licht mit Licht vom Objekt zur Interferenz und verursacht im Interferenzgebiet Interferenzstreifen. Die Beleuchtung geschieht durch eine ausgedehnte Elektronenquelle mit der Beleuchtungsapertur α_0. Die lichtoptische Rekonstruktion ist in Abb. 10—19 dargestellt. Eine ausführliche Behandlung dieses Verfahrens wurde von Weingärtner u. a. (1969b, 1971b) durchgeführt. Als Linsenfehler wurden sphärische Aberration dritter Ordnung und Defokussierung berücksichtigt. Es zeigte sich, daß für den Bereich der höchsten Auflösung, $\delta x \leqq 1$ Å, bei nicht zu starker Defokussierung die sphärische Aberration die größte Rolle spielt. Für diesen Fall wurde die Auflösungsgrenze der Elektronen-Holographie berechnet zu

$$\delta x = 2 \sqrt[3]{C_0 \lambda^2 \alpha_0}. \tag{10.9-2}$$

Die Gl. (10.9-2) stellt die theoretische Auflösungsgrenze für die Elektronen-Holographie unter Berücksichtigung von spatialer Teilkohärenz und sphärischer Aberration dritter Ordnung dar. Diese Auflösungsgrenze ist nur für optische Gesichtspunkte entwickelt. Setzt man in Gl. (10.9-2) wieder $C_ö = 4$ mm, $\lambda = 0{,}037$ Å und weiter $\alpha_0 = 1{,}7 \cdot 10^{-7}$ ein (Durchmesser der Elektronenquelle 1000 Å im Abstand von 30 cm vom Objekt), so ergibt sich ein $\delta x = 0{,}4$ Å. Dieses Resultat ist um einen Faktor zehn besser als das Resultat für die konventionelle Abbildung nach Gl. (10.9-1) im gleichen Elektronenmikroskop. Diese Verbesserung rührt daher, daß in der lichtoptischen Rekonstruktion die Einflüsse der Linsenfehler teilweise kompensiert werden. Eine Abschätzung für chromatische Teilkohärenz ergibt die gleiche Größenordnung für die Auflösungsgrenze δx. Wegen der spatialen und der chromatischen Teilkohärenz steht ein Objektfeld von etwa 2 μm Breite zur Verfügung (Weingärtner u. a. 1971b). Hier wurde nur die Kompensation von sphärischer Aberration und Defokussierung behandelt, es können aber alle anderen Linsenfehler in ähnlicher Weise kompensiert werden.

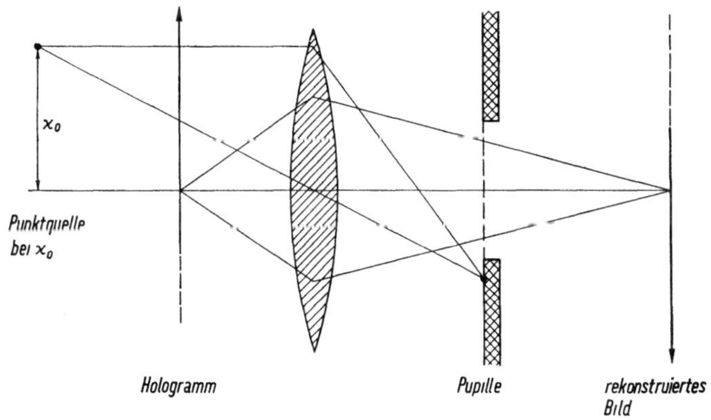

Abb. 10—19. Lichtoptische Rekonstruktion von Bildebenen-Hologrammen, die mit Elektronen aufgenommen wurden

In Abb. 10—20 werden lichtoptische Analogieversuche zur Kompensation von sphärischer Aberration und Defokussierung bei spatialer Teilkohärenz gezeigt (Mirandé u. a. 1970). Abb. 10—20 stellt das Bild eines Teststernes dar, der mit sphärischer Aberration mit und ohne Defokussierung abgebildet wurde, und die Rekonstruktion des Teststernes nach Kompensation der Linsenfehler bei der Rekonstruktion. In diesem Falle wurde zur Aufnahme und Rekonstruktion das gleiche fehlerbehaftete optische System benutzt. Hier kann die Aberration durch Benutzung des konjugierten Bildes bei der Rekonstruktion kompensiert werden.

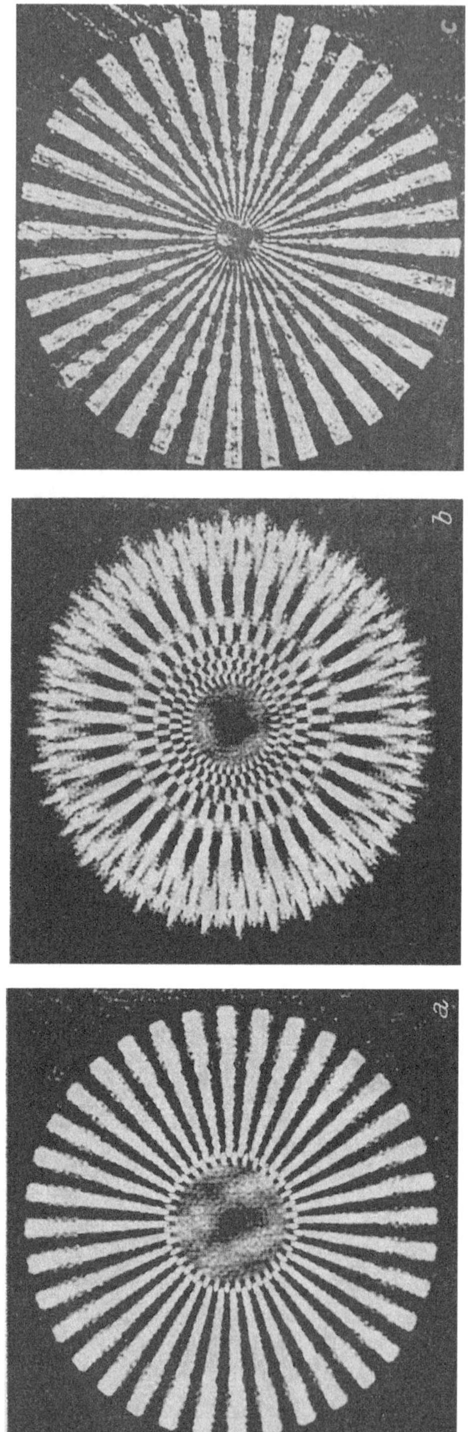

Abb. 10—20. Kompensation von sphärischer Aberration bei spatial teilkohärenter Bildebenen-Holographie mit Wellenfrontenteilung.
a) Abbildung eines Radialgitters in der Gaußschen Ebene eines Objektivs mit starker sphärischer Aberration, b) Abbildung mit zusätzlicher Defokussierung, c) Rekonstruktion mit Kompensation der sphärischen Aberration. (Mirandé u. a. 1970)

Noch nicht erwähnt wurde ein weiterer Vorzug der off-axis-Holographie. Er liegt darin, daß hier die für die Vergleichswelle erforderliche Strahlung nicht durch das Objekt geführt wird. Damit wird die Strahlenbelastung empfindlicher Objekte stark vermindert gegenüber ihrer Belastung bei der konventionellen Abbildung und auch bei der in-line-Holographie und der Einseitenband-Holographie.

10.9-b. Röntgen-Holographie

Die Schwierigkeiten bei der Röntgen-Holographie sollen vom Standpunkt der teilkohärenten Hologrammaufnahme kurz erläutert werden.

Diese Schwierigkeiten liegen darin, daß es keine Laser für Röntgenstrahlen gibt. Es liegt also bei der Aufnahme eines Röntgen-Hologrammes immer teilkohärente Beleuchtung vor. Die in bezug auf Teilkoharenz günstigen Verfahren der Bildebenen-Holographie können ebenfalls nicht angewendet werden, weil für Röntgenstrahlen keine einfach zu handhabenden Abbildungssysteme existieren. Deshalb bleiben nur noch die teilkohärente Fourier- und Fresnel-Holographie anwendbar.

Die Fourier-Holographie nach Fall 8, Tabelle 10.5-1, wurde für die Röntgen-Holographie von Winthrop, Worthington (1965) vorgeschlagen, weil hier die spatiale Teilkohärenz keinen Einfluß auf die Auflösung im rekonstruierten Bild hat. Dafür beeinflußt aber die endliche Größe des Vergleichsbereiches die Auflösung empfindlich, und die Größe des Bildfeldes wird durch die spatiale Teilkohärenz stark eingeschränkt. Zusätzlich bringt die chromatische Teilkohärenz eine mit wachsender Bildkoordinate ansteigende Auflösungsminderung. Weitere Schwierigkeiten entstehen bei der Aufgabe, das Intensitätsverhältnis zwischen Objektstrahl und Vergleichsstrahl günstig einzustellen. Einige dieser Schwierigkeiten lassen sich vielleicht verringern, wenn man einen Strahlengang analog Fall 6, Tabelle 10.5-1 benutzt, bei dem die Halblinse durch eine halbe Fresnelsche Zonenplatte ersetzt wird. Hier wäre es möglich, den schädlichen Einfluß des ausgedehnten Vergleichsbereiches durch eine verkleinerte Abbildung der Quelle zu verringern.

Bei der Gabor-Fresnel-Holographie (Fall 1, Tabelle 10.5-1) beeinflussen sowohl die spatiale als auch die chromatische Teilkohärenz die Auflösung. Mit Hilfe von Elektronenlinsen lassen sich verhältnismäßig kleine Elektronensonden und damit auch verhältnismäßig kleine Röntgenquellen herstellen, aber die chromatische Kohärenz der Röntgenstrahlung ist in allen Fällen sehr gering, so daß die hauptsächliche Auflösungsbeschränkung in diesem Falle von der chromatischen Teilkohärenz herrührt. Eine Verbesserung der chromatischen Kohärenz könnte der Mößbauer-Effekt bringen, hier ist aber eine Quelle geringer Ausdehung schwer vorstellbar.

Eine off-axis -Fresnel-Holographie ähnlich wie in Fall 2, Tabelle 10.5-1 ließe sich mit einem Röntgen-Interferometer (Bonse, Hart 1965a, b) realisieren. Dieses Interferometer hat die zusätzliche erwünschte Eigenschaft, daß es die Kohärenz der Röntgenstrahlung während des Durchtritts durch das Interferometer verbessert.

Eine letzte in Tabelle 10.5-1 nicht diskutierte Möglichkeit zur Röntgen-Holographie bietet sich an bei Verwendung des Lloydschen Spiegels. Dieser Typ der Holographie hat aber sowohl in bezug auf spatiale als auch in bezug auf chromatische Teilkohärenz besonders ungünstige Eigenschaften (Weingärtner u. a. 1969a).

Es scheint also vor der Erfindung eines Röntgen-Lasers keine Möglichkeit zu einer praktisch verwendbaren Röntgen-Holographie hoher Auflösung zu geben.

10.10. Holographische Messung von Kohärenzfunktionen

10.10-a. Holographische Fourier-Spektroskopie

In vielen Fällen der Holographie beeinflußt die Teilkohärenz das rekonstruierte Bild ungünstig. Dieser Einfluß soll im vorliegenden Kapitel zur Messung der Teilkohärenz mit Hilfe von holographischen Verfahren nutzbar gemacht werden.

Bei der normalen Fourier-Spektroskopie (Kap. 1.5-b) führt man während des Interferenzexperimentes einen Gangunterschied (bzw. Laufzeitunterschied τ) ein, der sich proportional zur Zeit oder zum Vorschub eines Schreibers ändert. Bei der holographischen Fourier-Spektroskopie führt man einen Gangunterschied ein, der proportional zur Koordinate ξ im Hologramm ist. Bei der holographischen Fourier-Spektroskopie soll im rekonstruierten Bild die spektrale Verteilung der Lichtquelle abgebildet werden. Durch eine geringfügige Änderung des Verfahrens bei der Rekonstruktion kann man wahlweise auch die chromatische Kohärenzfunktion $\Gamma_L^C(\tau)$ der Lichtquelle abbilden.

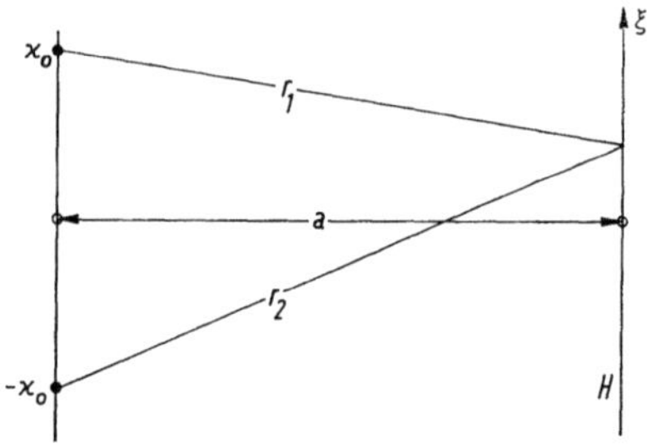

Abb. 10—21. Aufnahme eines Interferogramms für die holographische Fourier-Spektroskopie. Bei $\varkappa_0$ und $-\varkappa_0$ liegen Bilder der punktförmigen polychromatischen Lichtquelle

Wir diskutieren die holographische Fourier-Spektroskopie nach Abb. 10—21. Ein Interferometer erzeugt von der polychromatisch strahlenden Punktquelle mit der spektralen Energiedichte $E(\nu)$ zwei virtuelle oder reelle Bilder bei $\pm\varkappa_0$. Die Lichterregungen interferieren in der Hologrammebene. Für eine einzelne Frequenz ν kann die Amplitude in der Hologrammebene angeschrieben werden:

$$u_h(\xi, \nu) = e^{-\frac{2\pi i}{c}\nu r_1} + e^{-\frac{2\pi i}{c}\nu r_2} \tag{10.10-1}$$

In der Hologrammebene wird die Intensität $I_h(\xi, \nu)$ registriert. Die Intensitäten für alle Frequenzen ν überlagern sich linear mit den Gewichten des chromatischen

Spektrums $E(\nu)$.

$$I_h(\xi) = \int E(\nu)\, |u_h(\xi, \nu)|^2 \,\mathrm{d}\nu \tag{10.10-2}$$

$$= 2\int E(\nu)\,\mathrm{d}\nu + \int E(\nu)\, e^{-\frac{2\pi i}{c}\nu[r_1 - r_2]}\,\mathrm{d}\nu + \int E(\nu)\, e^{-\frac{2\pi i}{c}\nu[-r_1 + r_2]}\,\mathrm{d}\nu \tag{10.10-3}$$

Die Wege r_1 und r_2 werden in parabolischer Fresnel-Näherung angegeben

$$r_1 = a + \frac{\varkappa_0^2}{2a} + \frac{\xi^2}{2a} - \frac{\xi\varkappa_0}{a} \tag{10.10-4}$$

$$r_2 = a + \frac{\varkappa_0^2}{2a} + \frac{\xi^2}{2a} + \frac{\xi\varkappa_0}{a}. \tag{10.10-5}$$

Nach Einsetzen von r_1 und r_2 erhalten wir das folgende Ergebnis für die aufbelichtete Intensität im Hologramm

$$I_h(\xi) = 2\int E(\nu)\,\mathrm{d}\nu + \int E(\nu)\, e^{\frac{2\pi i}{c}\frac{2\nu\xi\varkappa_0}{a}}\,\mathrm{d}\nu + \int E(\nu)^{-\frac{2\pi i}{c}\frac{2\nu\xi\varkappa_0}{a}}\,\mathrm{d}\nu. \tag{10.10-6}$$

Das Interferometer ist dadurch charakterisiert, daß für jede Frequenz ν ein System äquidistanter Interferenzstreifen entsteht. Gl. (10.10-6) wurde in etwas anderer Form schon als Gl. (1.5-11) abgeleitet und diskutiert.

$I_h(\xi)$ wird mit idealem photographischen Prozeß auf der Photoplatte gespeichert. So gibt Gl. (10.10-6) auch die Amplitudentransparenz des Hologramms an. Das Hologramm kann auf zwei verschiedene Arten ausgewertet werden. Zunächst wird es wie ein Fourier-Hologramm kohärent rekonstruiert durch Beleuchtung mit Licht der Frequenz ν_0 (vgl. Gl. (10.3-30) mit $k = k_0$):

$$u_b(x') = \int I_h(\xi)\, e^{-\frac{2\pi i}{c}\frac{\xi\nu_0 x'}{F_R}}\,\mathrm{d}\xi$$

$$= 2\iint E(\nu)\, e^{-\frac{2\pi i}{c}\frac{\nu_0\xi x'}{F_R}}\,\mathrm{d}\xi\,\mathrm{d}\nu \tag{10.10-7}$$

$$+ \iint E(\nu)\, e^{-\frac{2\pi i}{c}\xi\left[-\frac{2\nu\varkappa_0}{a} + \frac{\nu_0 x'}{F_R}\right]}\,\mathrm{d}\xi\,\mathrm{d}\nu + \iint E(\nu)\, e^{-\frac{2\pi i}{c}\xi\left[\frac{2\nu\varkappa_0}{a} + \frac{\nu_0 x'}{F_R}\right]}\,\mathrm{d}\xi\,\mathrm{d}\nu \tag{10.10-8}$$

Die Integration über ξ führt auf eine Dirac-Funktion, die weitere Rechnung kann in bekannter Weise durchgeführt werden:

$$u_b(x') = 2\delta\left[\frac{\nu_0}{c}\frac{x'}{F_R}\right]\cdot\int E(\nu)\,\mathrm{d}\nu + E\left[\nu_0\frac{a}{2\varkappa_0 F_R}x'\right] + E\left[-\nu_0\frac{a}{2\varkappa_0 F_R}x'\right] \tag{10.10-9}$$

Das Integral über ν führt nur auf eine Konstante:

$$u_b(x') = \text{const} \cdot \delta\left[\frac{\nu_0}{c}\frac{x'}{F_R}\right] + E\left[\nu_0 \frac{a}{2\varkappa_0 F_R} x'\right] + E\left[-\nu_0 \frac{a}{2\varkappa_0 F_R} x'\right] \qquad (10.10\text{-}10)$$

Bei der holographischen Fourier-Spektroskopie entsteht auf der optischen Achse in der Rekonstruktion die nullte Beugungsordnung, und $E(\nu)$ wird oberhalb und unterhalb der optischen Achse abgebildet.

Diese Art der holographischen Fourier-Spektroskopie stammt von Stroke und Funkhouser (1965). Lowenthal u. a. (1969) gaben einen Strahlengang an, der durch Benutzung von Youngschen Streifen im Unendlichen vollständig unabhängig von der spatialen Teilkohärenz der Quelle arbeitet. Bei diesem Verfahren kann man also große Lichtquellen verwenden, man erhält damit hohe Intensität im Hologramm.

Für eine andersartige Auswertung wird das Hologramm kohärent als ein Bildebenen-Hologramm rekonstruiert (Weingärtner 1970). Das Hologramm [Gl. (10.10-6)] wird mit einer ebenen Welle $\exp\left[-\frac{2\pi i}{c}\nu_0\frac{2\varkappa_0\xi}{a}\right]$ beleuchtet und identisch in die Bildebene abgebildet. Eine Blende in der Pupille läßt nur das Licht für das primäre Bild in der Rekonstruktion hindurchtreten. Bei der Rechnung wird also nur der zweite Term in Gl. (10.10-3) berücksichtigt.

$$u_b(x') = \int I_h(\xi)\,\delta(x' - \xi)\, e^{-\frac{2\pi i}{c}\nu_0\frac{2\varkappa_0\xi}{a}}\, d\xi \qquad (10.10\text{-}11)$$

$$= \iint E(\nu)\,\delta(x' - \xi)\, e^{\frac{2\pi i}{c}\nu\frac{2\xi\varkappa_0}{a}} \cdot e^{-\frac{2\pi i}{c}\nu_0\frac{2\xi\varkappa_0}{a}}\, d\xi\, d\nu \qquad (10.10\text{-}12)$$

$$= \int E(\nu)\, e^{\frac{2\pi i}{c}(\nu-\nu_0)\frac{2x'\varkappa_0}{a}}\, d\nu \qquad (10.10\text{-}13)$$

Es wird substituiert: $\nu = \nu_0 + \varepsilon$:

$$u_b(x') = \int E(\varepsilon)\, e^{\frac{2\pi i}{c}\frac{2\varkappa_0 x'}{a}\varepsilon}\, d\varepsilon \qquad (10.10\text{-}14)$$

Ein Vergleich mit der Gl. (1.5-8) liefert das Ergebnis

$$u_b(x') = \Gamma_L{}^C\left[\frac{2\varkappa_0}{ac}\,x'\right]. \qquad (10.10\text{-}15)$$

Ein unwesentlicher Phasenfaktor wurde in Gl. (10.10-15) fortgelassen. Bei der Rekonstruktion des Hologrammes als Bildebenen-Hologramm wird also $\Gamma_L{}^C$ in die Bildebene abgebildet. Bei Gl. (10.10-10) und (10.10-15) ist zu beachten, daß die gesuchten Meßergebnisse $E(\nu)$ und $\Gamma_L{}^C(\tau)$ in der Bildebene durch Amplituden dargestellt werden und nicht durch Intensitäten.

10.10-b. Holographische Messung spatialer Teilkohärenz

10.10-b-1. Homogene Kohärenzfunktionen

Bei spatialer Teilkohärenz unterscheiden wir homogene und inhomogene Kohärenzfunktionen. Homogene Kohärenzfunktionen sind solche, die nur von der Differenz $x_1 - x_2$ der beiden Koordinaten abhängen, inhomogene solche, die sowohl von $x_1 - x_2$ als auch von x_1 bzw. x_2 abhängen. Verfahren zur Messung von inhomogenen Kohärenzfunktionen sind komplizierter als Verfahren für homogene Kohärenzfunktionen.

In Tabelle 10.5-1 sind mehrere Fälle im Prinzip zur Messung homogener Kohärenzfunktionen bei spatialer Teilkohärenz geeignet. Der Fall 8, Quasi-Fourier-Holographie mit Wellenfrontenteilung, wurde schon von Lurie (1966, 1968) zur holographischen Messung von Kohärenzfunktionen vorgeschlagen. Hier stellt die Maske im rekonstruierten Bild einer Mattscheibe die Kohärenzfunktion der Beleuchtung dar. Eine Messung inhomogener Kohärenzfunktionen mit diesem Verfahren ist zwar im Prinzip möglich durch Variation der Lage des Vergleichspunktes, das ist aber in der Praxis kaum durchführbar. Weiter könnte man z. B. den Fall 2 in Tabelle 10.5-1, off-axis-Fresnel-Holographie mit Amplitudenteilung, benutzen. Hier wirkt die homogene Kohärenzfunktion der Beleuchtung als Übertragungsfunktion für Amplituden. Dazu muß ein Objekt mit bekanntem Amplitudenspektrum benutzt werden.

Hier soll zunächst ein anderes sehr einfaches holographisches Verfahren zur Messung homogener Kohärenzfunktionen besprochen werden, bei dem zwischen den interferierenden Wellenfronten im Hologramm eine Umkehrscherung (reverse shear) eingeführt wird. Bei diesem Verfahren wird kein Objekt benutzt (Mirandé 1971). Die Aufnahme des Hologrammes entspricht der Aufnahme von Hologrammen bei der inkohärenten Holographie in Kap. 10.8, Abb. 10—17. Nur wird hier

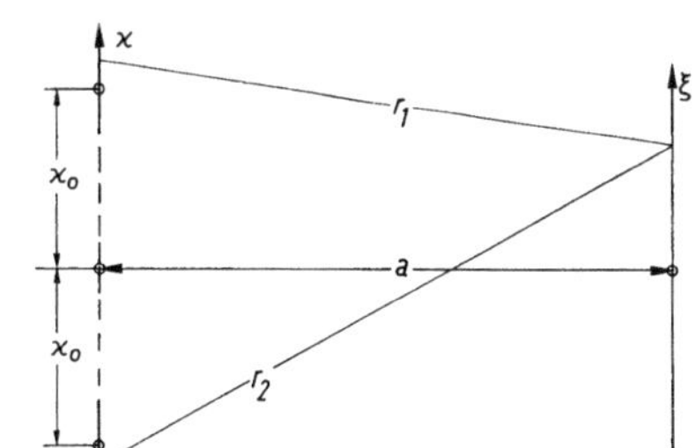

Abb. 10—22. Zwei zueinander spiegelbildliche Abbildungen einer spatial inkoharenten, quasimonochromatischen Lichtquelle erzeugen ein Interferenzbild, das im Hologramm gespeichert wird

eine andere Anordnung zur Rekonstruktion verwendet als in Kap. 10.8. Die Aufnahme des Hologrammes wird in Abb. 10—22 dargestellt. Die zwei zueinander spiegelbildlichen Abbildungen der Quelle können z. B. durch einen Lloydschen Spiegel erzeugt werden. Die Amplitude im Hologramm für einen Lichtquellenpunkt $\varkappa$ ist gegeben durch

$$u_h(\xi, \varkappa) = e^{-ikr_1} + e^{-ikr_2}. \tag{10.10-16}$$

Die Wege r_1 und r_2 werden in parabolischer Fresnel-Näherung angegeben

$$r_1 = a + \frac{\xi^2}{2a} + \frac{\varkappa^2}{2a} + \frac{\varkappa_0^2}{2a} + \frac{\varkappa\varkappa_0}{a} - \frac{\xi\varkappa}{a} - \frac{\xi\varkappa_0}{a} \tag{10.10-17}$$

$$r_2 = a + \frac{\xi^2}{2a} + \frac{\varkappa^2}{2a} + \frac{\varkappa_0^2}{2a} + \frac{\varkappa\varkappa_0}{a} + \frac{\xi\varkappa}{a} + \frac{\xi\varkappa_0}{a}. \tag{10.10-18}$$

Die gesamte Intensität im Hologramm ergibt sich durch inkohärente Überlagerung der Intensitäten von verschiedenen Punkten $\varkappa$. Die Wege r_1 und r_2 werden eingesetzt:

$$I_h(\xi) = \int L(\varkappa)\, |u_h(\xi, \varkappa)|^2\, d\varkappa \tag{10.10-19}$$

$$= \int L(\varkappa) \left[2 + e^{+ik\frac{2\xi(\varkappa+\varkappa_0)}{a}} + e^{-ik\frac{2\xi(\varkappa+\varkappa_0)}{a}}\right] d\varkappa \tag{10.10-20}$$

Die Rekonstruktion wird wie bei der Bildebenen-Holographie durchgeführt. Wir benutzen nur den zweiten Term in Gl. (10.10-20), weil bei der Rekonstruktion die übrigen Terme ausgeblendet werden konnen. Das Hologramm wird mit der kohärenten ebenen Welle $\exp\left[-ik\,\frac{2\xi\varkappa_0}{a}\right]$ beleuchtet. Die Lichterregung in der Hologrammebene wird identisch in die Ebene des rekonstruierten Bildes abgebildet

$$u_b(x') = \int I_h(\xi)\,\delta(x' - \xi)\, e^{-ik\frac{2\xi\varkappa_0}{a}}\, d\xi. \tag{10.10-21}$$

Nach Einsetzen von I_h aus Gl. (10.10-20) ergibt sich

$$u_b(x') = \int L(\varkappa)\, e^{2\pi i\frac{2x'\varkappa}{\lambda a}}\, d\varkappa. \tag{10.10-22}$$

Durch Vergleich mit Gl. (1.3-10) erhalten wir das Ergebnis

$$u_b(x') = \Gamma_L{}^S\left[\frac{2}{\lambda a}\, x'\right]. \tag{10.10-23}$$

Die Lichterregung in der Ebene des rekonstruierten Bildes wird durch die homogene Kohärenzfunktion $\Gamma_L{}^S$ dargestellt. Hätten wir nicht eine Rekonstruktion wie bei der Bildebenen-Holographie sondern eine Rekonstruktion wie bei der Fourier-Holographie durchgeführt, so würde $u_b(x')$ die Lichtquelle selbst darstellen, das Verfahren wäre dann identisch mit der inkohärenten Holographie in Kap. 10.8. Diese Überlegungen haben starke Ähnlichkeit mit der Fourier-Spektroskopie und der holographischen Messung von $\Gamma_L{}^C$ in Kap. 10.10-a, nur daß hier nicht ein tilt sondern eine Umkehrscherung zwischen den interferierenden Lichterregungen im Hologramm eingeführt wird.

10.10-b-2. Inhomogene Kohärenzfunktionen

Ein Verfahren, bei dem die Information über die inhomogene Kohärenzfunktion in einem einzigen Hologramm gespeichert wird, wurde von Mirandé, Weingärtner (1970), Weingärtner u. a. (1970b) und Denisyuk u. a. (1970) angegeben. Abb. 10—23 zeigt die Aufnahme des Hologrammes. Eine inkohärente quasimonochromatische Lichtquelle hat hinter dem optischen Kanal A (z. B. Kondensor und Objekt in einem Mikroskop) in der Ebene E eine Lichterregung erzeugt, die nur durch eine inhomogene Kohärenzfunktion $\Gamma(x_1, x_2)$ beschrieben werden kann. Γ ist hier eine Funktion der beiden voneinander unabhängigen Variablen x_1, x_2. Zur Messung dieser Funktion fällt das Licht nach Passieren von zwei verschiedenen optischen Kanälen auf die Hologrammplatte H. Ein Punkt $\varkappa$ der Lichtquelle erzeugt in E die Amplitude $u(x, \varkappa)$. Im Kanal I wird die Ebene E

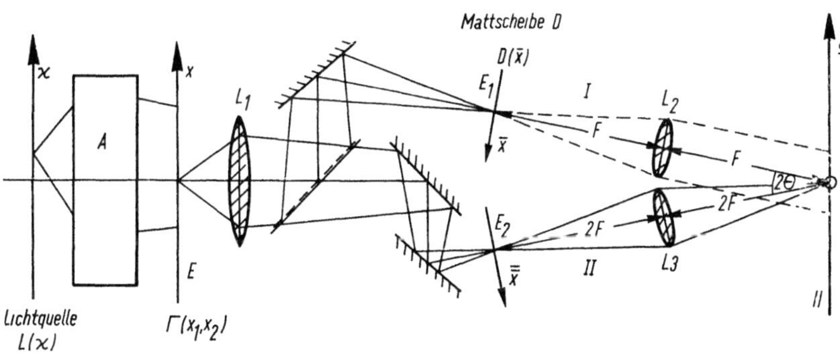

Abb. 10—23. Aufnahme eines Hologramms zur Messung der inhomogenen Kohärenzfunktion der Lichterregung in E

durch L_1 fehlerfrei mit dem Abbildungsmaßstab M nach E_1 abgebildet. Hier steht eine ruhende dünne Mattscheibe mit der Amplitudentransparenz $D(\bar{x})$. Ein Punkt $\varkappa$ der Lichtquelle erzeugt hinter D die Amplitude $D(\bar{x}) u \left(\frac{\bar{x}}{M}, \varkappa\right)$. L_2 hat die Brennweite F, L_2 bringt E_1 und H in fourierreziproke Stellung. Ein Punkt $\varkappa$ der Lichtquelle erzeugt in H also die Amplitude $\int D(\bar{x}) u \left(\frac{\bar{x}}{M}, \varkappa\right) e^{-ik\frac{\bar{x}\xi}{F}} \, d\bar{x}$. Brauchbar wäre auch eine Fresnel-Beziehung zwischen den beiden Ebenen. Im Kanal II wird E über ein Zwischenbild E_2 in H mit dem schon benutzten Abbildungsmaßstab M abgebildet. Die Wellenfronten der beiden Kanäle haben gegen die Hologrammebene die Neigungen $\pm\Theta$, das bedeutet einen gegenseitigen tilt von 2Θ. Dieser führt im Hologramm zu Trägerfrequenzstreifen, die in der Rekonstruktion die Trennung der verschiedenen Anteile ermöglichen. Die Neigung $\pm\Theta$ bedeutet streng genommen, daß nur im Punkt $\xi = 0$ des Hologramms für Kanal I und II strenge Fourier-Transformation bzw. fokale Abbildung möglich sind. Für die nachfolgende Rechnung sollen strenge Fourier-Transformation und fokale Abbildung über die ganze Hologrammebene angenommen werden. Eine ausführlichere Rechnung rechtfertigt diese Annahme innerhalb von praktikablen

Toleranzen. Die Lichterregung im Hologramm, die vom Quellenpunkt $\varkappa$ ausgeht, wird also zu

$$u_h(\xi, \varkappa) = u\left(\frac{\xi}{M}, \varkappa\right) e^{-ik\Theta\xi} + e^{+ik\Theta\xi} \cdot \int D(\bar{x}) u\left(\frac{\bar{x}}{M}, \varkappa\right) e^{-ik\frac{\bar{x}\xi}{F}} \,\mathrm{d}\bar{x}. \qquad (10.10\text{-}24)$$

Die Intensität im Hologramm ergibt sich in bekannter Weise

$$I_h(\xi) = \int L(\varkappa)\, |u_h(\xi, \varkappa)|^2 \,\mathrm{d}\varkappa \qquad (10.10\text{-}25)$$

$$= \int L(\varkappa) \left\{ \left| u\left(\frac{\xi}{M}, \varkappa\right)\right|^2 + \left| \int D(\bar{x}) u\left(\frac{\bar{x}}{M}, \varkappa\right) e^{-ik\frac{\bar{x}\xi}{F}} \,\mathrm{d}\bar{x}\right|^2 \right.$$

$$+ e^{+2ik\Theta\xi} \cdot \int D(\bar{x}) u\left(\frac{\bar{x}}{M}, \varkappa\right) u^*\left(\frac{\xi}{M}, \varkappa\right) e^{-ik\frac{\bar{x}\xi}{F}} \,\mathrm{d}\bar{x}$$

$$\left. + e^{-2ik\Theta\xi} \cdot \int D^*(\bar{x}) u^*\left(\frac{\bar{x}}{M}, \varkappa\right) u\left(\frac{\xi}{M}, \varkappa\right) e^{+ik\frac{\bar{x}\xi}{F}} \,\mathrm{d}\bar{x} \right\} \mathrm{d}\varkappa. \qquad (10.10\text{-}26)$$

Wegen der Trägerfrequenzstreifen können die unerwünschten Anteile bei der Rekonstruktion ausgeblendet werden. Wir benutzen im weiteren nur noch den dritten Term in Gl. (10.10-26).

$$I_h(\xi) = e^{+2ik\Theta\xi} \cdot \int D(\bar{x}) e^{-ik\frac{\xi\bar{x}}{F}} \int L(\varkappa) u\left(\frac{\bar{x}}{M}, \varkappa\right) u^*\left(\frac{\xi}{M}, \varkappa\right) \mathrm{d}\varkappa \,\mathrm{d}\bar{x} \qquad (10.10\text{-}27)$$

Das innere Integral über $\varkappa$ kann durch die zu messende Kohärenzfunktion Γ ausgedrückt werden:

$$I_h(\xi) = e^{+2ik\Theta\xi} \cdot \int D(\bar{x}) \Gamma\left(\frac{\bar{x}}{M}, \frac{\xi}{M}\right) e^{-ik\frac{\xi\bar{x}}{F}} \,\mathrm{d}\bar{x}. \qquad (10.10\text{-}28)$$

Das Hologramm wird durch einen idealen photographischen Prozeß gespeichert. Es wird als ein Fourier-Hologramm der Mattscheibe angesehen, die mit der teilkohärenten Lichterregung in der Ebene E beleuchtet ist. Die Abbildung der Lichterregung in E auf das Hologramm im Kanal II stellt die holographische Vergleichswelle dar, diese hängt aber vom Ort $\xi \triangleq x$ im Hologramm ab. Das Hologramm wird kohärent als Fourier-Hologramm rekonstruiert, die Rekonstruktion liefert die Amplitude in der Mattscheibenebene, wie sie durch Interferenz mit der teilkohärenten Lichterregung der Ebene E am Ort $x \triangleq \xi$ gespeichert wurde. Bei der Rekonstruktion (Abb. 10—24) begrenzt eine Blende am Ort ξ_0 des Hologramms den mitwirkenden Hologrammbereich auf 2ε. In diesem Bereich wird $\Gamma(x_1, x_2)$ als konstant vorausgesetzt. Abb. 10—24 ist so angelegt, daß das rekonstruierte Bild am gleichen Ort erscheint, an dem bei der Hologrammaufnahme die Mattscheibe stand. Dieses Bild ist virtuell; in Wirklichkeit steht die rekonstruierende Linse rechts vom Hologramm, noch weiter rechts erscheint in ihrer Brennebene die Rekonstruktion.

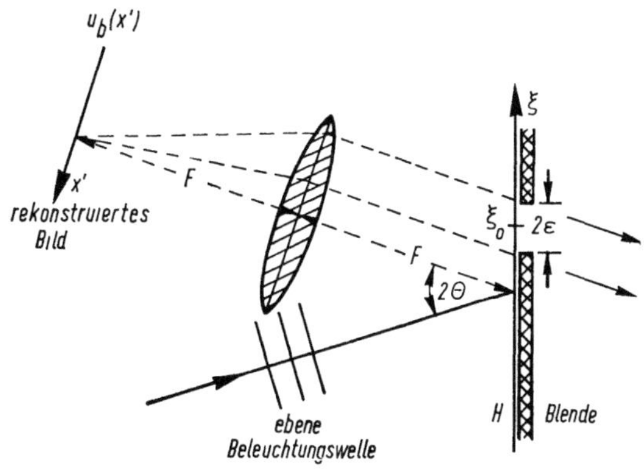

Abb. 10—24. Kohärente Rekonstruktion des Hologramms aus Abb. 10—23 als Fourier-Hologramm

Dementsprechend läßt sich die Amplitude in der Rekonstruktion ausdrücken durch

$$u_b(x') = \int\limits_{\xi_0-\varepsilon}^{\xi_0+\varepsilon} \int D(\bar{x})\,\Gamma\left(\frac{\bar{x}}{M}, \frac{\xi}{M}\right) e^{-ik\frac{\xi}{F}(\bar{x}-x')}\,\mathrm{d}\bar{x}\,\mathrm{d}\xi. \qquad (10.10\text{-}29)$$

Wir nehmen an, daß Γ im Integrationsbereich über ξ konstant ist und vor das Integral über ξ gezogen werden kann:

$$u_b(x') = \int D(\bar{x})\,\Gamma\left(\frac{\bar{x}}{M}, \frac{\xi_0}{M}\right) \int\limits_{\xi_0-\varepsilon}^{\xi_0+\varepsilon} e^{-ik\frac{\xi}{F}(\bar{x}-x')}\,\mathrm{d}\xi\,\mathrm{d}\bar{x} \qquad (10.10\text{-}30)$$

$$= \int D(\bar{x})\,\Gamma\left(\frac{\bar{x}}{M}, \frac{\xi_0}{M}\right) \operatorname{sinc}\left[\frac{k\varepsilon}{F}(\bar{x}-x')\right] e^{-ik\frac{\xi_0}{F}(\bar{x}-x')}\,\mathrm{d}\bar{x} \qquad (10.10\text{-}31)$$

Wegen der sinc-Funktion braucht die Integration über $\bar{x}$ praktisch nur über einen Bereich $|\bar{x} - x'| \leqq \lambda F/2\varepsilon$ erstreckt zu werden. Wir setzen voraus, daß Γ auch in diesem Bereich konstant ist und vor das Integral über $\bar{x}$ gezogen werden kann:

$$u_b(x') = \Gamma\left(\frac{x'}{M}, \frac{\xi_0}{M}\right) \cdot \mathrm{Maske}(x', \xi_0) \qquad (10.10\text{-}32)$$

x'/M und ξ_0/M entsprechen x_1 und x_2 in der Ebene E. Es wurde eine Abkürzung eingeführt:

$$\mathrm{Maske}(x', \xi_0) = \int D(\bar{x}) \operatorname{sinc}\left[\frac{k\varepsilon}{F}(\bar{x}-x')\right] e^{-ik\frac{\xi_0}{F}(\bar{x}-x')}\,\mathrm{d}\bar{x} \qquad (10.10\text{-}33)$$

Im günstigsten Fall wird die Mattscheibe $D(\bar{x})$ so beschaffen sein, daß der Amplitudenbetrag der Maske(x', ξ_0) für alle x' und ξ_0 konstant ist. Ist er nicht konstant, so kann die Maske(x', ξ_0) durch eine Eichung mit spatial kohärentem Licht bestimmt werden. Die Mattscheibe verursacht Granulation.

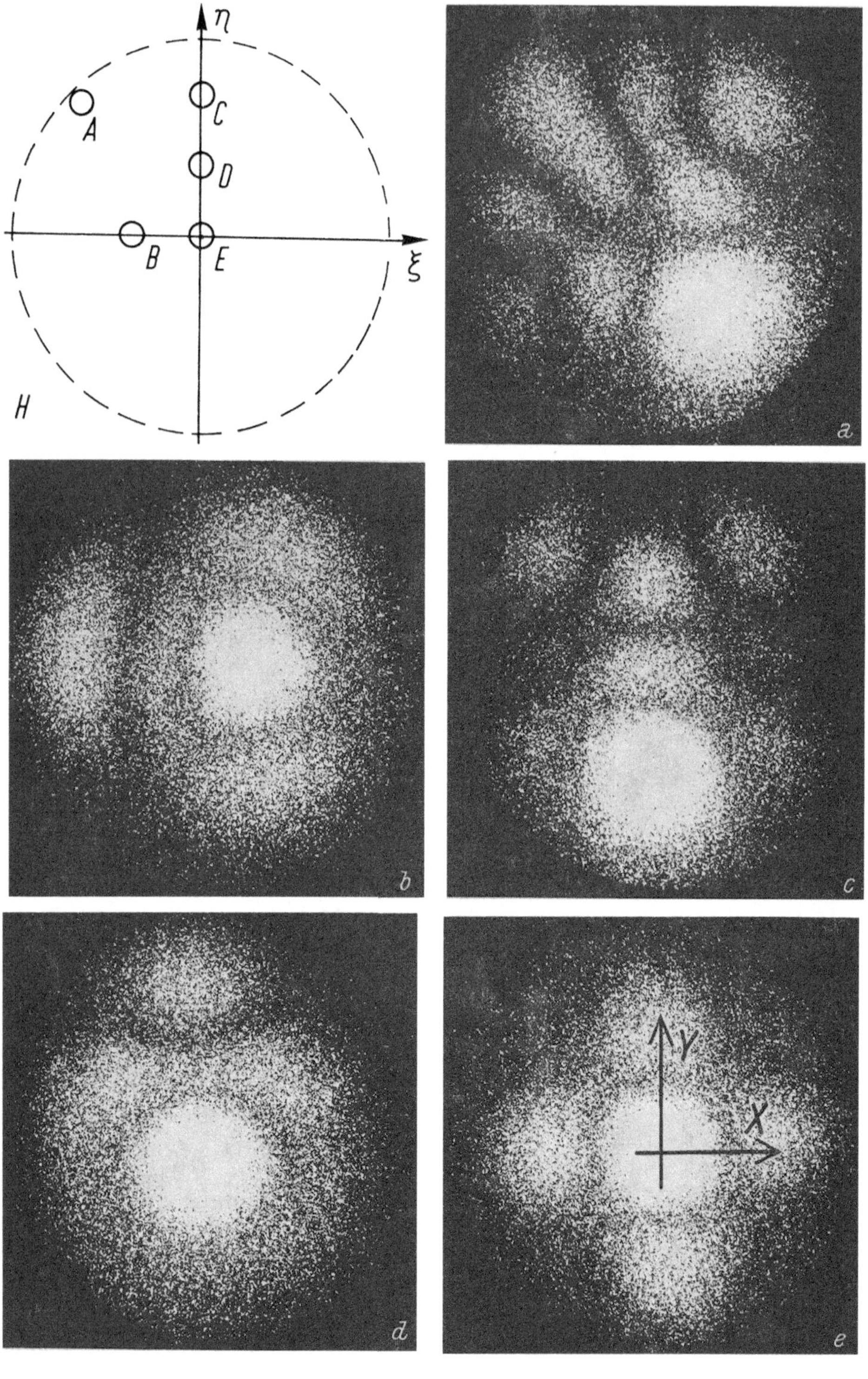

Abb. 10—25. Rekonstruierte Intensitaten aus einem Hologramm, das nach Abb. 10—23 mit einem Laser aufgenommen wurde, der viele transversale Moden besaß. Diese Intensitäten sind gleich den Betragsquadraten der spatialen Kohärenzfunktion. *H*: Lagen der Blende bei den verschiedenen Rekonstruktionen (Mirandé, Weingartner 1970)

Die Auflösung dieses Verfahrens im Hinblick auf die Lateralkoordinate x ist begrenzt, dies kam bei der Rechnung dadurch zum Ausdruck, daß Γ an zwei Stellen der Rechnung als konstant über kleine Bereiche vorausgesetzt wurde. Die Auflösungsgrenze δ in beiden Variablen (Mirandé, Weingärtner 1970) läßt sich berechnen zu

$$\delta = \frac{1}{M}\sqrt{2\lambda F}. \tag{10.10-34}$$

Werden verschiedene Vergrößerungen M_1 und M_2 in den Kanälen I und II benutzt, so lautet das Ergebnis

$$\delta = \sqrt{\frac{2\lambda F}{M_1 M_2}}. \tag{10.10-35}$$

Wenn im Kanal I die Mattscheibe in Fresnel-Beziehung zum Hologramm steht und der Abstand zwischen Mattscheibe und Hologramm gleich g ist, so muß in den Endformeln anstatt der Brennweite F die Größe g eingesetzt werden.

Eine wichtige Anwendung für diese Methode könnte die Messung der Kohärenzeigenschaften von Pulslasern sein, weil die gesamte Information über die Kohärenz während eines Pulses im Hologramm gespeichert werden kann.

Ein experimentelles Beispiel für dieses Verfahren wird in Abb. 10—25 gegeben. Die Rekonstruktion nach Abb. 10—25 zeigt die Kohärenz eines He-Ne-Lasers, der im Multi-Transversal-Moden-Betrieb war. Die Hologrammaufnahme wurde mit einer Anordnung analog Abb. 10—23 durchgeführt.

Eine andere Methode zur holographischen Messung von inhomogenen Kohärenzfunktionen wird in Abb. 10—26 angegeben, Weingärtner (1970a). Diese Methode erlaubt die Messung von inhomogenen Kohärenzfunktionen ohne Auflösungsbeschränkungen, dafür muß eine Serie von Hologrammen aufgenommen werden, weil hier die Information über die gesamte inhomogene Kohärenzfunktion nicht in einem einzigen Hologramm gespeichert werden kann. Die Lichterregung aus

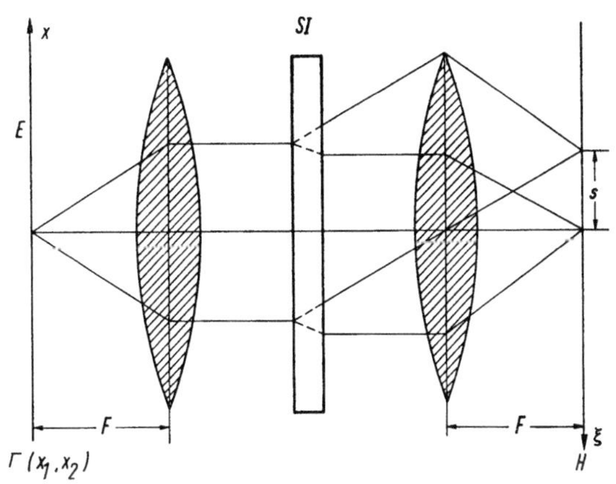

Abb. 10—26. Aufnahme eines Hologramms zur Bestimmung der spatialen Koharenzfunktion der Lichterregung in E. Interferometer SI und Linsen entwerfen in H zwei Bilder von E mit gegenseitigem shear und tilt

der Ebene E (Abb. 10—26) wird zweimal in die Hologrammebene abgebildet. Durch das Interferometer SI werden im Hologramm zwischen den beiden interferierenden Lichterregungen shear und tilt eingeführt. Der tilt verursacht wieder Trägerfrequenzstreifen im Hologramm, der shear legt die Größe $x_1 - x_2 = s$ fest, er bewirkt damit die eigentliche Messung der Kohärenz. Bei der kohärenten Rekonstruktion analog zur Bildebenen-Holographie wird die Kohärenzfunktion Γ in der Ebene des rekonstruierten Bildes dargestellt als komplexe Bildamplitude. Das geschieht hier bei idealer Abbildung ohne eine Auflösungsbeschränkung. Es müssen zur Messung der vollständigen Kohärenzfunktion Hologramme mit verschiedenem shear aufgenommen werden. Bei der Rekonstruktion eines Hologramms erhält man die Auswirkung eines konstanten shear an allen Punkten x der Ebene E.

Bei allen Methoden zur holographischen Bestimmung von Kohärenzfunktionen ergeben sich die Beträge der Kohärenzfunktionen als Wurzeln aus den Intensitäten im rekonstruierten Bild. Darüber hinaus enthalten die rekonstruierten Amplituden aber auch die Phasen der Kohärenzfunktionen. Diese Phasen lassen sich grundsätzlich mit Hilfe von Interferenzexperimenten ermitteln, die analog zur holographischen Interferometrie sind.

11. Anhang: Formeln und Sätze zur Fourier-Optik

Ausführliche Darstellungen über den Fourier-Formalismus finden sich bei Bracewell (1965), Papoulis (1962; 1968) und Champeney (1973).

Die Angaben [ ] weisen auf analoge Gleichungen im Text hin. Dort finden sich Ableitungen oder Kommentare.

11.1. Distributionen

Dirac-Funktion

$$\delta(R) = \infty, \quad R = 0 \qquad [1.4\text{-}1]$$

$$= 0 \quad \neq 0$$

$$\int_{-\infty}^{\infty} \delta(R)\,\mathrm{d}R = 1$$

$$\delta(R) = \mathcal{F}[1] = \int_{-\infty}^{\infty} 1 \cdot e^{2\pi i R x}\,\mathrm{d}x \qquad [1.4\text{-}2]$$

$$= \lim_{A\to\infty} \{2A \operatorname{sinc}[2\pi A R]\}; \quad \operatorname{sinc} z = \frac{\sin z}{z} \qquad [1.4\text{-}3]$$

$$= \lim_{c\to 0} \left\{\frac{1}{2c} \operatorname{rect}\left[\frac{R}{2c}\right]\right\} \qquad [1.4\text{-}5]$$

$$= \lim_{D\to\infty} \{D\sqrt{\pi}\, e^{-\pi^2 D^2 R^2}\} \qquad [1.4\text{-}4]$$

$$\delta(R_x, R_y) = \lim_{b\to 0} \left\{\frac{1}{\pi b^2} \operatorname{circ}\left[\frac{\sqrt{R_x^2 + R_y^2}}{b}\right]\right\} \qquad [2.4\text{-}10]$$

$$= \lim_{a\to\infty} \left\{a \frac{J_1\left[2\pi a\sqrt{R_x^2 + R_y^2}\right]}{\sqrt{R_x^2 + R_y^2}}\right\} \qquad [2.4\text{-}11]$$

J_1: Bessel-Funktion 1. Ordnung

$$\delta[c \cdot R] = \frac{1}{|c|}\,\delta[R] \qquad [1.4\text{-}10]$$

Dirac-Kamm

$$\operatorname{comb}[x] = \sum_{m=-\infty}^{\infty} \delta[x - m] \qquad [2.3\text{-}18]$$

$$\operatorname{comb}\left[\frac{x}{d}\right] = d \sum_{m=-\infty}^{\infty} \delta[x - md] \qquad [2.3\text{-}22]$$

$$= \sum_{m=-\infty}^{\infty} e^{2\pi i m x/d}$$

Kante

$$\operatorname{sgn}[x] = +1, \quad x > 0 \qquad [2.9\text{-}11]$$

$$= 0, \quad x = 0$$

$$= -1, \quad x < 0$$

$$= \frac{2}{\pi} \lim_{R\to\infty} \{\operatorname{Si} 2\pi R x\} \qquad [3.5\text{-}5]$$

$$\operatorname{Si} z = \int_0^z \frac{\sin z}{z} \, \mathrm{d}z$$

Rechteck

$$\operatorname{rect}\left[\frac{x}{2A}\right] = 1, \quad |x| < A \qquad [1.3\text{-}16]$$

$$= 0, \quad |x| > A$$

$$= \frac{1}{\pi} \lim_{R\to\infty} \{\operatorname{Si}[2\pi R(x + A)] - \operatorname{Si}[2\pi R(x - A)]\}$$

Dreieck

$$\Lambda\left[\frac{x}{A}\right] = 1 - \left|\frac{x}{A}\right|, \quad |x| < A \qquad [\text{Kap. } 2.7]$$

$$= 0, \quad |x| > A$$

Kreis

$$\operatorname{circ}\left[\frac{\varrho}{b}\right] = 1, \quad \varrho < b \qquad [2.4\text{-}6]$$

$$= 0, \quad \varrho > b$$

$$\varrho^2 = x^2 + y^2$$

11.2. Die Fourier-Transformierte einer reellen Funktion

Die beiden Funktionen

$$\tilde{f}(R) = \mathcal{F}[f(x)] = \int_{-\infty}^{+\infty} f(x)\, e^{2\pi i R x} \, \mathrm{d}x$$

und

$$f(x) = \mathcal{F}^{-1}[\tilde{f}(R)] = \int_{-\infty}^{+\infty} \tilde{f}(R)\, e^{-2\pi i R x}\, \mathrm{d}R$$

sind zueinander fourier-reziprok. Wir bezeichnen $\tilde{f}(R)$ als die Fourier-Transformierte von $f(x)$ und $f(x)$ als die Fourier-Rücktransformierte von $\tilde{f}(R)$. Diese Bezeichnungsweise ist willkürlich, und in mehreren Darstellungen findet sich die umgekehrte Zuordnung zwischen Bezeichnungen und formelmäßiger Beziehung. Andere (z. B. Sommerfeld 1947) unterscheiden nicht zwischen der „Transformierten" und der „Rücktransformierten".

In der Nachrichtentechnik werden die Transformationen oft auch geschrieben als

$$\tilde{f}(\omega) = \int f(t)\, e^{i\omega t}\, \mathrm{d}t; \quad f(t) = \frac{1}{2\pi} \int \tilde{f}(\omega)\, e^{-i\omega t}\, \mathrm{d}\omega$$

oder

$$g(\omega) = \frac{1}{\sqrt{2\pi}} \int f(t)\, e^{i\omega t}\, \mathrm{d}t; \quad f(t) = \frac{1}{\sqrt{2\pi}} \int g(\omega)\, e^{-i\omega t}\, \mathrm{d}\omega .$$

Die folgende Darstellung verbindet verschiedene Formen von fourier-reziproken Funktionen miteinander. Zunächst wird die reelle Funktion $f(x)$ in einen geraden und einen ungeraden Anteil zerlegt.

$$f(x) = f_g(x) + f_u(x)$$

$$\tilde{f}(R) = \int_{-\infty}^{\infty} f(x)\, e^{2\pi i R x}\, \mathrm{d}x = \int_{-\infty}^{\infty} f(x) \cos(2\pi R x)\, \mathrm{d}x + i \int_{-\infty}^{\infty} f(x) \sin(2\pi R x)\, \mathrm{d}x$$

$$= \int_{-\infty}^{\infty} f_g(x) \cos(2\pi R x)\, \mathrm{d}x + i \int_{-\infty}^{\infty} f_u(x) \sin(2\pi R x)\, \mathrm{d}x$$

$$= 2 \int_{0}^{\infty} f_g(x) \cos(2\pi R x)\, \mathrm{d}x + 2i \int_{0}^{\infty} f_u(x) \sin(2\pi R x)\, \mathrm{d}x$$

$$= \tilde{f}_g(R) + i \tilde{f}_u(R)$$

$$= |\tilde{f}(R)|\, e^{i\varphi(R)}, \qquad \operatorname{tg} \varphi(R) = \frac{\tilde{f}_u(R)}{\tilde{f}_g(R)}$$

$$= |\tilde{f}(R)| \cos \varphi(R) + i\, |\tilde{f}(R)| \sin \varphi(R).$$

Da $f(x)$ reell ist, gilt $\tilde{f}(R) = \tilde{f}^*(-R) \to \varphi(R) = -\varphi(-R)$.

Fourier-Rücktransformation:

$$f(x) = \int_{-\infty}^{\infty} \tilde{f}(R)\, e^{-2\pi i R x}\, \mathrm{d}R$$

$$= \int_{-\infty}^{\infty} |\tilde{f}(R)|\, e^{-i[2\pi R x - \varphi(R)]}\, \mathrm{d}R$$

$$= \underbrace{\int_{-\infty}^{0} |\tilde{f}(R)|\, e^{-i[2\pi R x - \varphi(R)]}\, \mathrm{d}R}_{R \to -R'} + \underbrace{\int_{0}^{\infty} |\tilde{f}(R)|\, e^{-i[2\pi R x - \varphi(R)]}\, \mathrm{d}R}_{R \to R}$$

$$= \underbrace{\int_{0}^{\infty} |\tilde{f}(R')|\, e^{i[2\pi R' x - \varphi(R')]}\, \mathrm{d}R'}_{R' \to R} + \underbrace{\int_{0}^{\infty} |\tilde{f}(R)|\, e^{-i[2\pi R x - \varphi(R)]}\, \mathrm{d}R}_{R \to R}$$

$$= 2 \int_{0}^{\infty} |\tilde{f}(R)| \cos\,[2\pi R x - \varphi(R)]\, \mathrm{d}R$$

11.3. Fourier-Reihen

$f(x)$: periodische Funktion mit Periode d

a) Reelle Schreibweise

$$f(x) = a_0 + \sum_{n=1}^{\infty} a_n' \cos 2\pi n \frac{x}{d} + \sum_{n=1}^{\infty} a_n'' \sin 2\pi n \frac{x}{d} \qquad [2.3\text{-}1]$$

$$a_0 = \frac{1}{d} \int_0^d f(x)\, \mathrm{d}x \qquad [2.3\text{-}2]$$

$$a_n' = \frac{2}{d} \int_0^d f(x) \cos\left[2\pi n \frac{x}{d}\right] \mathrm{d}x$$

$$a_n'' = \frac{2}{d} \int_0^d f(x) \sin\left[2\pi n \frac{x}{d}\right] \mathrm{d}x .$$

b) Komplexe Schreibweise

$$f(x) = \sum_{n=-\infty}^{\infty} a_n \, e^{-2\pi i n \frac{x}{d}} \qquad [2.3\text{-}3]$$

$$a_n = \frac{1}{d} \int_0^d f(x) \, e^{2\pi i n \frac{x}{d}} \, dx$$

$$2a_n = a'_{|n|} + i \operatorname{sgn}[n] \, a''_{|n|}$$

$$\tilde{f}(R) = \mathcal{F}[f(x)] = \sum_{n=-\infty}^{\infty} a_n \, \delta\left(R - \frac{n}{d}\right).$$

Integration ist gleichwertig möglich zwischen $-d/2$ und $+d/2$.

11.4. Fourier-Transformationen spezieller Funktionen

$$\int_{-\infty}^{\infty} f(x) \, e^{2\pi i R x} \, dx = \tilde{f}(R)$$

$f(x) = \operatorname{sgn}[x]$	$\tilde{f}(R) = \dfrac{i}{\pi R}$	[2.9-12]
$\operatorname{rect}\left[\dfrac{x}{2A}\right]$	$2A \operatorname{sinc}[2\pi A R]$	[1.3-17]
$4a^2 \operatorname{sinc}^2[2\pi a x]$	$2a\Lambda[R/2a]$	[Kap. 2.7]
e^{-x^2/a^2}	$a\sqrt{\pi}\, e^{-\pi^2 a^2 R^2}$	[1.4-4]
e^{ix^2/b^2}	$(i+1)b\sqrt{\dfrac{\pi}{2}}\, e^{-i\pi^2 b^2 R^2}$	[3.8-5]
e^{-ix^2/c^2}	$(i-1)c\sqrt{\dfrac{\pi}{2}}\, e^{i\pi^2 c^2 R^2}$	[9.4-14]
1	$\delta(R) = \int_{-\infty}^{\infty} e^{2\pi i R x}\, dx$	[1.4-2]
$e^{2\pi i R_0 x}$	$\delta(R + R_0)$	[1.4-6]

$\cos 2\pi R_0 x$	$\frac{1}{2}[\delta(R-R_0)+\delta(R+R_0)]$	[1.4-8]
$\sin 2\pi R_0 x$	$\frac{i}{2}[\delta(R-R_0)-\delta(R+R_0)]$	[1.4-9]
$\mathrm{comb}[bx]=\frac{1}{b}\sum_{m=-\infty}^{\infty}\delta\left[x-\frac{m}{b}\right]$	$\frac{1}{b}\,\mathrm{comb}\left[\frac{R}{b}\right]=\sum_{n=-\infty}^{\infty}\delta[R-nb]$	[2.3-24]
$f_1(x)+f_2(x)$	$\tilde{f}_1(R)+\tilde{f}_2(R)$	
$a f(x)$	$a\tilde{f}(R)$	
$f(bx)$	$\frac{1}{\lvert b\rvert}\tilde{f}\left(\frac{R}{b}\right)$	[1.4-12]
$f(x-x_0)$	$e^{2\pi i x_0 R}\cdot\tilde{f}(R)$	[1.4-11]
$e^{-2\pi i R_0 x}\cdot f(x)$	$\tilde{f}(R-R_0)$	
$f(x)$ gerade	$\mathcal{F}[f(x)]=\mathcal{F}^{-1}[f(x)]$	
$f(x)$ reell	$\mathcal{F}[f(x)]=\{\mathcal{F}^{-1}[f(x)]\}^*$	[Kap. 1.3-b]
$f(x)$ reell	$\tilde{f}(R)=\tilde{f}^*(-R)$	[1.3-15]
$\frac{d^n}{dx^n}\left[f(x)\right]$	$(-2\pi i R)^n\tilde{f}(R)$	[5.3-1]

11.5. Sätze

a) Kreuzkorrelation

$$P(x)=f(x)\boxtimes g(x)=\int_{-\infty}^{\infty}f(\xi)g^*(\xi-x)\,\mathrm{d}\xi \qquad [2.7\text{-}3]$$

$$=\int f(\xi_1+x)g^*(\xi_1)\,\mathrm{d}\xi_1 \qquad [2.7\text{-}6]$$

$$=\int f\left(\xi_2+\frac{x}{2}\right)g^*\left(\xi_2-\frac{x}{2}\right)\mathrm{d}\xi_2 \qquad [2.7\text{-}7]$$

Autokorrelation: $f(x)=g(x)$

Korrelationssatz $\int P(x)\,e^{2\pi i R x}\,\mathrm{d}x=\tilde{f}(R)\cdot\tilde{g}^*(R)$ [Kap. 2.7]

b) Faltung

$$F(x) = f(x) * g(x) = \int_{-\infty}^{\infty} f(\xi) g(x - \xi) \, d\xi \quad [2.8\text{-}1]$$

$$= \int f(x - \xi_1) g(\xi_1) \, d\xi_1 \quad [2.8\text{-}2]$$

$$= \int f\left(\frac{x}{2} - \xi_2\right) g\left(\frac{x}{2} + \xi_2\right) d\xi_2 \quad [2.8\text{-}3]$$

Faltungssatz

$$\int F(x)\, e^{2\pi i R x} \, dx = \tilde{f}(R) \cdot \tilde{g}(R) \quad [2.8\text{-}9]$$

Faltungen

$$\delta(x) * f(x) = f(x)$$

$$\delta(x - x_0) * f(x) = f(x - x_0) \quad [2.8\text{-}5]$$

$$\frac{1}{d} \operatorname{comb}\left[\frac{x}{d}\right] * f(x) = \sum_{m=-\infty}^{\infty} f(x - md) \quad [2.8\text{-}6]$$

$$f(x) * g^*(-x) = f(x) \boxtimes g(x)$$

c) Fourier-Integral

$$f(x') = \iint_{-\infty}^{\infty} f(x)\, e^{2\pi i R(x - x')} \, dx \, dR \quad [2.9\text{-}15]$$

d) Parseval-Theorem (Erhaltung der Energie)

$$\int_{-\infty}^{\infty} |f(x)|^2 \, dx = \int_{-\infty}^{\infty} |\tilde{f}(R)|^2 \, dR$$

$$\iint_{-\infty}^{\infty} |f(x, y)|^2 \, dx \, dy = \iint_{-\infty}^{\infty} |\tilde{f}(R_x, R_y)|^2 \, dR_x \, dR_y$$

Literatur und Autorenverzeichnis

(In eckigen Klammern sind die Kapitel genannt, in denen die Arbeit zitiert ist)

Abbe, E. (1873) Archiv fur mikroskopische Anatomie 9, 413–68. [3.1]
– (1904) Gesammelte Abhandlungen, Bd. 1. Jena: G. Fischer. [3.1]
– (1910) Die Lehre von der Bildentstehung im Mikroskop. Bearbeitet und herausgegeben von O. Lummer, F. Reiche. Braunschweig: Vieweg. [3.1]
Adams, G. F., siehe Friesem, A. A. u. a. (1967)
Aleksandrov, E. B., A. M. Bonch-Bruevich (1967) Soviet Phys. Tech. Phys. 12, 258–65. [7.7-h]
Aleksoff, C. C. (1971) Appl. Opt. 10, 1329–41. [7.7-i]
Amodei, J. J., W. Phillips, D. L. Staebler (1972) Appl. Opt. 11, 390–6. [8.7-g]
Armistead, W. H., S. D. Stookey (1964) Science 144, 150. [8.7-f]
Armitage, J. D., A. W. Lohmann (1965a) Appl. Opt. 4, 399–403. [7.8-c]
Asakura, T., H. Fujiwara (1969) Opt. Technol. 1, 157–59. [1.3-c]
– siehe Murata, K. u. a. (1970)
Ballard, G. S. (1968) J. Appl. Phys. 39, 4846–48. [7.7-e]
Bathia, A. B., W. J. Noble (1953) Proc. Roy. Soc. A 220, 369–85. [8.6-b]
Beauchamp, H. L., siehe Lin, L. H., H. L. Beauchamp (1970)
Bellamy, J. C., D. B. Ostrowsky, M. Poindron, E. Spitz (1971) Appl. Opt. 10, 1458–59. [8.7-e]
Belvaux, Y., siehe Lowenthal, S., Y. Belvaux (1967)
Beran, M., G. B. Parrent Jr. (1964) Theory of Partial Coherence. Englewood Cliffs, N. J.: Prentice Hall. [6.3-c, 6.4]
Bertolotti, M., F. Gori, G. Guattari (1967) J. Opt. Soc. Am. 57, 1526–29. [10.1, 10.5-6]
Bestenreiner, F., R. Deml (1968) Optik 28, 263–87. [7.8-c]
Biedermann, K. (1968a) Optik 28, 160–76. [8.2-a]
– (1968b) Technical Report, Inst. Opt. Forschung, T. H. Stockholm. [8.3-b]
– (1971) Appl. Opt. 10, 584–595. [8.2-b-1]
– S. Johansson (1972) Optik 35, 391–403. [8.3-b]
– N.-E. Molin (1970) J. Phys. E 3, 669–79. [7.7-i]
Bieren, K. von (1971) Appl. Opt. 10, 2739–42. [2.2-c]
Binkele, L., siehe Hamisch, H., L. Binkele (1963)
De Bitetto, D. J., A. L. Dalisa (1971) Appl. Opt. 10, 2292–96. [8.4-a]
Black, G., E. H. Linfoot (1957) Proc. Roy. Soc. A 239, 522–40. [2.9-c]
Blumova, V. (1966/67) Optik 24, 237–49. [2.9-c]
Boersch, H. (1967) Physik. Blätter 23, 393–404. [7.1]
Bonch-Bruevich, A. M., siehe Aleksandrov, E. B., A. M. Bonch-Bruevich (1967)
Bonse, U., M. Hart (1965a) Appl. Phys. Letters 6, 155–56. [10.9–b]
– – (1965b) Appl. Phys. Letters 7, 99–100. [10.9-b]
– – (1966) Z. Phys. 190, 455–67. [7.8-d]
Boone, P. M. (1970) Opt. Technol. 2, 94–98. [7.7-h]
Born, M., E. Wolf (1964) Principles of Optics. 3. Aufl. Pergamon Press. [2.1-e, 3.1, 3.6, 6.3-a]
Bottema, M. (1969) J. Opt. Soc. Am. 59, 1632–38. [2.5-b]
Bouwkamp, C. J. (1954) Rep. Progr. Phys. 17, 35–100. [2.1-b]
Bracewell, R. (1965) The Fourier-Transform and its Applications. New York: McGraw-Hill. [11]
Brandes, R. G., R. K. Curran (1971) Appl. Opt. 10, 2101–3. [8.7-d]
Brandt, G. B. (1969) Appl. Opt. 8, 1421–29. [7.4-f]
– siehe Close, D. H. u. a. (1969)

Braunbek, W., G. Laukien (1952) Optik 9, 174—79. [2.2-a]
Briones, R. A., siehe Brooks, R. E., u. a. (1965a)
Bromley, K., M. A. Monaham, J. F. Bryant, B. J. Thompson (1971) Appl. Opt. 10, 174—81. [7.7-d]
Brooks, R. E., L. O. Heflinger, R. F. Wuerker, R. A. Briones (1965a) Appl. Phys. Letters 7, 92—94. [10.5-b]
— — — (1965b) Appl. Phys. Letters 7, 248—49. [7.7-b]
— siehe Heflinger, L. O. u. a. (1966)
Brown, G. M., siehe Neumann, D. B. u. a. (1970)
Brown, B. R., A. W. Lohmann (1966) Appl. Opt. 5, 967—69. [7.9-e]
Brumm, D., siehe Gabor, D. u. a. (1965)
— siehe Stroke, G. W. u. a. (1965)
Bryant, J. F., siehe Bromley, K. u. a. (1971)
Bryngdahl, O. (1967) J. Opt. Soc. Am. 57, 545—46. [7.8-c]
— (1969) J. Opt. Soc. Am. 59, 1171—75. [7.7-g]
— (1970) J. Opt. Soc. Am. 60, 140—41. [2.3-g]
— A. W. Lohmann (1968a) J. Opt. Soc. Am. 58, 141—42. [7.4-f, 7.7-g]
— — (1968b) J. Opt. Soc. Am. 58, 625—28. [8.2-b-2, 10.8]
— — (1968c) J. Opt. Soc. Am. 58, 1325—34. [8.4-b]
— — (1968d) J. Opt. Soc. Am. 58, 620—24. [10.9-a]
— — (1970) J. Opt. Soc. Am. 60, 281—83 [10.5-b]
Budd, H. (1965) J. Appl. Phys. 36, 1613—16. [8.7-e]
Burckhardt, C. B., siehe Collier, R. J. u. a. (1971)
Buschmann, H. T. (1971) Optik 34, 240—53. [8.7-b]
— siehe Nassenstein, H. u. a. (1970)
Carter, W. H. (1970) J. Opt. Soc. Am. 60, 306—14. [2.6-a, 7.9-e]
— A. D. Dougal (1966) J. Opt. Soc. Am. 56, 1754—59. [7.3-e]
Caulfield, H. J. (1970) Appl. Opt. 9, 1218—19. [7.8-b]
Champagne, E. B. (1967) J. Opt. Soc. Am. 57, 51—55. [7.2-c]
Champeney, D. C. (1973) Fourier Transforms and their Physical Applications. Academic Press. [11]
Chang, M. (1971) Appl. Opt. 10, 2550—51. [8.7-c]
— N. George (1970) Appl. Opt. 9, 713—18. [8.7-b]
Chang, W. S. C., siehe Sopori, B. L., W. S. C. Chang (1971)
Chen, F. S., J. T. LaMacchia, D. B. Fraser (1968) Appl. Phys. Letters 13, 223—5. [8.7-g]
Cittert, P. H. van (1934) Physica 1, 201—10. [1.3-b]
Clausen, C., H. Dammann (1970) Opt. Commun. 2, 263—69. [8.8]
Close, D. H., A. D. Jacobson, J. D. Margerum, R. G. Brandt, F. J. Mc Clung (1969) Appl. Phys. Letters 14, 159—60. [8.7-d]
Colburn, W. S., K. A. Haines (1971) Appl. Opt. 10, 1636—41. [8.7-d]
Collier, R. J., K. S. Pennington (1967) Appl. Opt. 6, 1091—95. [7.8-b, 7.8-c]
— E. T. Doherty, K. S. Pennington (1965) Appl. Phys. Letters 7, 223—25. [7.7-h]
— C. B. Burckhardt, L. H. Lin (1971) Optical Holography. New York–London: Academic Press. [7.1]
Cooley, J., P. Lewis, P. Welch (1967) IEEE Trans. AU-15, 79—84. [7.9-e]
Croce, P., siehe Maréchal, A., P. Croce (1953)
Curran, R. K., T. A. Shankoff (1970) Appl. Opt. 9, 1651—57. [8.7-c]
— siehe Brandes, R. G., R. K. Curran (1971)
— siehe Shankoff, T. A., R. K. Curran (1968)
Dainty, J. C. (1971) Opt. Acta 18, 795—814. [8.3-b]
Dalisa, A. L., siehe De Bitetto, D. J., A. L. Dalisa (1971)
Dammann, H. (1970) J. Opt. Soc. Am. 60, 1635—39. [8.8]
— K. Görtler (1971) Opt. Commun. 3, 312—15. [5.4]
— siehe Clausen, C., H. Dammann (1970)
DeAcetis, L. A., J. Lazar (1970) Appl. Opt. 9, 1691—94. [2.1-a]
Deml, R., siehe Bestenreiner, F., R. Deml (1968)

Denisyuk, Yu. N. (1963) Opt. Spectrosc. 15, 279—84. [7.8-d, 8.7-b]
— D. I. Staselko, R. R. Herke (1970) Applications de l'Holographie. Besançon Sitzung 2. 1. [10.10-b-2]
— siehe Staselko, D. I. u. a. (1968)
DeVelis, J. B., G. O. Reynolds (1967) Theory and Applications of Holography. Reading/Mass.: Addison-Wesley Publ. Comp. [7.1]
— G. B. Parrent, Jr., B. J. Thompson (1966) J. Opt. Soc. Am. 56, 423—27. [7.2-c, 7.4-c]
— siehe Reynolds, G. O., J. B. DeVelis (1967)
Doherthy, E. T., siehe Collier, R. J. u. a. (1965)
Dougal, A. D., siehe Carter, W. H., A. D. Dougal (1966)
Driffield, V. C., siehe Hurter, F., V. C. Driffield (1890)
Duffieux, P.-M. (1946) L'Intégrale de Fourier et ses Applications à l'Optique. Rennes. [2.9-a]. 2. Ausgabe: Paris: Masson et Cie. 1970.
Düker, H., siehe Möllenstedt, G., H. Duker (1956)
Dumontet, P. (1955) Opt. Acta 2, 53—63. [3.8, 6.2-b]
Einstein, F., R. Juliano, C. Pine (1970) J. Opt. Soc. Am. 60, 621—24. [2.1-b]
El-Sum, H. M. A., siehe Metherell, A. F. u. a. (1969)
Ennos, A. E. (1968) J. Phys. E 1, 731—34. [7.7-h]
— (1970) Adv. Quantum Electronics 1, 199—260. [7.7-a, 7.7-g, 7.7-i]
Evans, E. (1970) Opt. Commun. 2, 317—20. [2.6-c]
Falconer, D. G. (1970) Opt. Acta 17, 693—705. [5.2-c]
— siehe Stroke, G. W., D. G. Falconer (1964)
Feitzinger, J. V. (1968) Bundesminist. f. wiss. Forschung. Bericht W 68-63. [2.5-b]
Fercher, A. F., R. Torge (1970a) Opt. Laser Technol. 2, 200—1. [7.7-c]
— — (1970b) Optik 30, 521—26. [7.7-h]
Files, V. (1971) Appl. Phys. Letters 19, 451—52. [8.7-d]
Fischer, B., E. Menzel (1964) Optik 21, 70—74. [3.6]
Fragstein, C. v., K. Weber (1954) Optik 11, 270—81. [3.6-b]
Françon, M. (1952) Rev. Opt. 31, 65—86. [3.7-d]
— (1956) in S. Flugge (Hrsg.), Handbuch der Physik, Bd. 24, 171—460. Berlin-Göttingen-Heidelberg: Springer. [3.7-a]
— (1966) Optical Interferometry. New York: Academic Press. [3.7-a]
— (1969) Holographie. Paris: Masson et Cie. [7.1]
— S. Mallick (1967) Progr. Opt. 6, 73—104. [1.3-c]
— siehe Maréchal, A., M. Françon (1960, 1970). [3.1]
Fraser, D. B., siehe Chen, F. S. u. a. (1968)
Friesem, A. (1963) Appl. Phys. Letters 7, 102—3. [7.8-d]
— J. L. Walker (1970) Appl. Opt. 9, 201—14. [7.8-d, 8.7-f]
— A. Kozma, G. F. Adams (1967) Appl. Opt. 6, 851—56. [8.3-b]
Froehly, C., J. Pasteur (1967) Rev. Opt. 46, 241—48. [10.1, 10.5-b]
— siehe Lowenthal, S. u. a. (1969)
Fryer, P. A. (1970) Rep. Progr. Phys. 33, 489—531. [7.7-i]
Fujiwara, H., siehe Asakura, T., H. Fujiwara (1969)
— siehe Murata, K. u. a. (1970)
Fukuhara, A., siehe Tonomura, A., u. a. (1968)
Funkhouser, A., siehe Gabor, D. u. a. (1965)
— siehe Stroke, G. W., A. Funkhouser (1965)
— siehe Stroke, G. W. u. a. (1965)
Furrer, F., siehe Stroke, G. W. u. a. (1969)
Gabor, D. (1948) Nature 161, 777—78. [7.1, 7.3-c, 7.4-c, 7.9-a, 7.9-d]
— (1949) Proc. Roy. Soc. A 197, 454—87. [7.1, 8.1-a, 10.1, 10.5-b]
— (1951) Proc. Phys. Soc. B 64, 449—69. [7.1, 10.1, 10.5-b]
— (1968/69) Optik 28, 437—41. [7.1]
— (1969) Rep. Progr. Phys. 32, 395—404. [7.1]
— (1970) IBM J. Res. Dev. 14, 511—14. [7.3-f]
— G. W. Stroke, R. Restrick, A. Funkhouser, D. Brumm (1965) Phys. Letters 18, 116—18. [7.7-d]

Gates, J. W. C. (1969) Nature 222, 473–74. [7.7-e]
Gayles, J. N., W. L. Honzik, D. O. Wilson (1970) IBM J. Res. Dev. 14, 25–32. [1.5-b]
Geldmacher, J., siehe Nassenstein, H. u. a. (1970)
George, N., siehe Chang, M., N. George (1970)
Glaser, W. (1956) in S. Flügge (Hrsg.), Handbuch der Physik, Bd. 33, 121–395. Berlin-Göttingen-Heidelberg: Springer. [10.9-a]
Gold, B., C. Radar (1969) Digital Processing of Signals. New York: McGraw-Hill Book Comp. [7.9-e]
Goldmann, G., siehe Lang, M. u. a. (1971)
Goodman, J. W. (1968) Introduction to Fourier Optics. New York: McGraw-Hill Book Comp. [2.1-e, 3.1, 5.1, 5.5-a]
– (1970a) J. Opt. Soc. Am. 60, 506–9. [1.3-c]
– (1970b) Progr. Opt. 8, 1–50. [7.8-b]
– G. R. Knight (1968) J. Opt. Soc. Am. 58, 1276–83. [8.4-b]
– W. H. Huntley, D. W. Jackson, M. Lehmann (1966) Appl. Phys. Letters 8, 311–13. [7.6-c]
Gopala Rao, U. V., V. K. Jain (1967) J. Opt. Soc. Am. 57, 1159–60. [2.9-c]
Gori, F., siehe Bertolotti, M. u. a. (1967)
Gortler, K., siehe Dammann, H., K. Gortler (1971)
Gossen, D., siehe Lee, T. C., D. Gossen (1971)
Graf, P., siehe Lang, M. u. a. (1971)
Groh, G. (1968) Appl. Opt. 7, 1643–44. [8.2-b-2]
– (1969) Appl. Opt. 8, 967–69. [8.2-b-2]
– (1971) Appl. Opt. 10, 2549–50. [7.8-e]
– G. Marie (1970) Opt. Commun. 2, 133–35. [5.2-e]
– C. H. F. Velzel (1969) Optik 30, 257–72. [5.4]
Grote, K. H. v., G. Mollenstedt, R. Speidel (1965) Optik 22, 252–69. [2.5-b]
Guattari, G., siehe Bertolotti, M. u. a. (1967)
Haina, D., F. Lanzl, H. J. Mager, W. Waidelich (1968) Z. angew. Phys. 25, 205–8. [7.5-b, 7.5-d]
Haines, K. A., B. P. Hildebrand (1965) Phys. Letters 19, 10–11. [7.7-f]
– – (1966) Appl. Opt. 5, 595–602. [7.7-h]
– siehe Colburn, W. S., K. A. Haines (1971)
– siehe Hildebrand, B. P., K. A. Haines (1966)
– siehe Hildebrand, B. P., K. A. Haines (1967)
– siehe Hildebrand, B. P. u. a. (1967)
Hamasaki, I. (1968) Appl. Opt. 7, 1613–20. [8.2-b-1]
Hamisch, H., L. Binkele (1963) Z. angew. Phys. 16, 145–50. [8.7-d]
Hannes, H. (1967) Optik 26, 363–80. [8.1-a, 8.7-b]
Hanßen, K.-J. (1969) Z. Naturforsch. 24a, 1849. [10.9-a]
– (1971) Advances in optical and electron microscopy, 4, 1–84. Herausgegeben von R. Barrer, V. E. Cosslett. London-New York: Academic Press. [3.4]
– K.-J. Rosenbruch, F. A. Sunder-Plassmann (1965) Z. angew. Phys. 18, 345–50. [5.2-b]
Harper, J. S., siehe Pennington, K. S., J. S. Harper (1970)
Hart, M., siehe Bonse, U., M. Hart (1965a)
– siehe Bonse, U., M. Hart (1965b)
– siehe Bonse, U., M. Hart (1966)
Haskell, R. E. (1971) J. Opt. Soc. Am. 61, 126–8. [7.2-c]
Hauser, H. (1962a) Opt. Acta 9, 121–40. [3.4, 6.2-d]
– (1962b) Opt. Acta 9, 141–48. [2.9-d, 3.8]
– E. Menzel (1961) Physik. Blätter 17, 307–15. [3.5-b]
Heerden, P. J. van (1963) Appl. Opt. 2, 393–400. [7.8-d]
Heflinger, L. O., R. F. Wuerker, R. E. Brooks (1966) J. Appl. Phys. 37, 642–49. [7.7-b, 7.7-e, 8.2-b-2]
– siehe Brooks, R. E. u. a. (1965a)
– siehe Brooks, R. E. u. a. (1965b)
Herke, R. R., siehe Denisyuk, Yu. N. u. a. (1970)

Hildebrand, B. P., K. A. Haines (1966) Appl. Opt. 5, 172—73. [7.7-h]
— — (1967) J. Opt. Soc. Am. 57, 155—62. [7.7-f]
— — R. Larkin (1967) Appl. Opt. 6, 1267—69. [7.7-c]
— siehe Haines, K. A., B. P. Hildebrand (1965)
— siehe Haines, K. A., B. P. Hildebrand (1966)
Hill, B. (1972) Appl. Opt. 11, 182—91. [7.9-e]
Hirsch, P. M., siehe Lesem, L. B. u. a. (1969)
— siehe Jordan, J. A. u. a. (1970)
Hirth A., P. Smigielski, A. Stimpfling (1971) Opt. Laser Technol. 3, 195—99. [7.7-e]
Hönl, H. A., A. W. Maue, K. Westphal (1961) in S. Flügge (Hrsg.), Handbuch der Physik, Bd. 25. Berlin-Göttingen-Heidelberg: Springer. [2.1-b]
Honzik, W. L., siehe Gayles J. N. u. a. (1970)
Hopkins, H. H. (1950) Wave Theory of Aberrations. Oxford: Clarendon Press. [3.6]
— (1951) Proc. Roy. Soc. A 208, 263—77. [1.3-a, 6.2-a]
— (1953) Proc. Roy. Soc. A 217, 408—32. [6.2-a, 3.8]
— (1957) J. Opt. Soc. Am. 47, 508—26. [6.3-a]
— H. Tiziani (1970) Applications de l'Holographie, Besançon VIII—XVII [7.3-f]
Hoppe, W. (1963) Optik 20, 599—605. [5.2-b]
Horman, M. H. (1965) Appl. Opt. 4, 333—36. [7.6-a, 7.7-b]
— (1967) Appl. Opt. 6, 2011—13. [8.5-b]
Horner, J. L. (1970) Appl. Opt. 9, 167—71. [5.2-c]
Huang, T. S. (1971) Proc. IEEE 59, 1335—46. [7.9-e]
Huntley, W. H., siehe Goodman, J. W. u. a. (1966)
Hurter, F., V. C. Driffield (1890) J. Soc. Chem. Ind. 9, 455. [8.1-a]
Ichioka, Y., M. Izumi, T. Suzuki (1969) Appl. Opt. 8, 2461—71. [8.7-h]
— — — (1971) Appl. Opt. 10, 403—11. [8.7-h]
Itoh, Y., siehe Shiotake, N. u. a. (1968)
— siehe Tsuruta, T., Y. Itoh (1969)
Izumi, M., siehe Ichioka, Y. u. a. (1969)
— siehe Ichioka, Y. u. a. (1971)
Jackson, D. W., siehe Goodman, J. W. u. a. (1966)
Jacobson, A. D., siehe Close, D. H. u. a. (1969)
Jacobson, C. F., siehe Neumann, D. B. u. a. (1970)
Jacquinot, P. (1960) Rep. Progr. Phys. 23, 267—312. [1.5-b]
— B. Roizen-Dossier (1964) Progr. Opt. 3, 29—186. [2.10-c]
Jain, V. K., siehe Gopala Rao, U. V., V. K. Jain (1967)
Jansson, E., N. E. Molin, H. Sudin (1970) Phys. Scripta 2, 243—56. [7.7-i]
Javan, A. (1961) Phys. Rev. Letters 6, 106—10. [7.1]
Jenney, J. A. (1971) J. Opt. Soc. Am. 61, 1116—17. [8.7-d]
Johansson, S., siehe Biedermann, K., S. Johansson (1972)
Jones, A. L., siehe Kirk, J. P., A. L. Jones (1971)
Jones, R. C. (1958) J. Opt. Soc. Am. 48, 934—37. [2.9-c]
Jönsson, C., siehe Martin, J. P., C. Jönsson (1968)
Jordan, J. A., P. M. Hirsch, L. B. Lesem, D. L. Van Rooy (1970) Appl. Opt. 9, 1883—87. [2.5-b]
— siehe Lesem, L. B. u. a. (1969)
Juliano, R., siehe Einstein, F. u. a. (1970)
Kallard, Th. (Hrsg.) (1969, 1970) Holography. New York: Optosonic Press. [7.1]
Kaspar, F. G., R. L. Lamberts (1968) J. Opt. Soc. Am. 58, 970—76. [8.2-a]
Kato, M., T. Suzuki (1969) J. Opt. Soc. Am. 59, 303—7. [10.5-b]
Kelly, D. L., siehe Kozma, A., D. L. Kelly (1965)
Kermisch, D. (1970a) J. Opt. Soc. Am. 60, 15—17. [8.7-h]
— (1970b) J. Opt. Soc. Am. 60, 782—86. [8.8]
Kiemle, H., D. Röss (1969) Einführung in die Technik der Holographie. Frankfurt a. M.: Akademische Verlagsgesellschaft. [7.1]
Kind, E. G., siehe Lau, E. u. a. (1958)
Kirk, J. P., A. L. Jones (1971) J. Opt. Soc. Am. 61, 1023—28. [7.6-d, 8.7-h]

Knight, G. R., siehe Goodman, J. W., G. R. Knight (1968)
Kock, W. E. (1969) Appl. Opt. 8, 1525—31. [7.9-b]
Kogelnik, H. (1965) Bell Syst. Tech. J. 44, 2451—55. [7.6-c]
— (1967) Proc. Symp. Modern Optics (ed. J. Fox), 605—17. Brooklyn: Polytechnic Press. [8.5-a, 8.6-b]
— (1969) Bell Syst. Tech. J. 48, 2909—47. [8.5-a, 8.6-b]
Kohler, H., K. Metzmacher (1968/69) Optik 28, 249—62. [2.9-c]
Komoda, T., siehe Tonomura, A. u. a. (1968)
Kosar, J. (1965) Light-Sensitive Systems. New York: J. Wiley & Sons Inc. [8.7-f]
Kossel, W. (1949) Z. Naturforschg. 4a, 506—9. [2.1-a]
Kottler, F. (1965) Progr. Opt. 4, 231—314. [2.1-b]
— (1967) Progr. Opt. 6, 331—77. [2.1-b]
Kozma, A. (1966) J. Opt. Soc. Am. 56, 428—32. [8.1-a]
— (1968) Opt. Acta 15, 527—51. [8.4-b]
— D. L. Kelly (1965) Appl. Opt. 4, 387—92. [5.2-b, 5.5-a]
— siehe Friesem, A. A. u. a. (1967)
— siehe Leith, E. N. u. a. (1966)
Krug, W., J. Rienitz, G. Schulz (1961) Beitrage zur Interferenzmikroskopie. Berlin: Akademie-Verlag. [3.7-a, 4.2]
Kubota, T., T. Ose (1971) J. Opt. Soc. Am. 61, 1539—41. [7.7e]
Kurtz, C. N., siehe Lamberts, R. L., C. N. Kurtz (1971)
Labeyrie, A. E., siehe Stroke, G. W., A. E. Labeyrie (1966a)
— siehe Stroke, G. W., A. E. Labeyrie (1966b)
Lafferty, A. J., R. W. S. Stephens (1971) Opt. Laser Technol. 3, 232—33. [7.9-b]
LaMacchia, J. T., siehe Chen, F. S. u. a. (1968)
Lamberts, R. L., C. N. Kurtz (1971) Appl. Opt. 10, 1342—47. [8.7-b]
— siehe Kaspar, F. G., R. L. Lamberts (1968)
Lamberty, D. R., siehe Stroke, G. W. u. a. (1969)
Lang, M., G. Goldmann, P. Graf (1971) Appl. Opt. 10, 168—73. [8.2-b-2]
Langner, G., R. Muller (1963) Photogr. Korr. 99, 34—45, 69—79. [8.3-b]
Lanzl, F., H. J. Mager, W. Waidelich (1968a) Z. angew. Phys. 24, 156—59. [7.5-b, 7.5-d]
— — — (1968b) Phys. Letters 27A, 35—36. [7.5-b, 7.5-d]
— siehe Haina, D. u. a. (1968)
Larkin, R., siehe Hildebrand, B. P. u. a. (1967)
Larmore, L., siehe Metherell, A. F., L. Larmore (1970)
— siehe Metherell, A. F. u. a. (1969)
Latta, J. N. (1968) Appl. Opt. 7, 2409—16. [8.7-b]
Lau, E., E. G. Kind, G. Rose (1958) Optik 15, 162—80. [8.7-b]
Laue, M. v. (1948) Materiewellen und ihre Interferenzen. Leipzig: Akademische Verlagsgesellschaft Geest & Portig. [1.2-a, 2.6-a]
Laukien, G., siehe Braunbek, W., G. Laukien (1952)
Lazar, J., siehe DeAcetis, L. A., J. Lazar (1970)
Lee, T. C., D. Gossen (1971) Appl. Opt. 10, 961—63. [2.2-c]
Lee, W. H. (1970) Appl. Opt. 9, 639—43. [7.9-e, 8.7-h]
Lehmann, M., siehe Goodman, J. W. u. a. (1966)
Leith, E. N. (1962) J. Phot. Sci. Eng. 6, 75—80. [8.1-a, 8.3-b]
— (1971) Proc. IEEE 59, 1305—18. [7.9-c]
— J. Upatnieks (1962) J. Opt. Soc. Am. 52, 1123—30. [7.1, 7.3-d]
— — (1963) J. Opt. Soc. Am. 53, 1377—81. [7.1]
— — (1964) J. Opt. Soc. Am. 54, 1295—1301. [7.2-a, 7.3-e, 7.8-c]
— — (1966) J. Opt. Soc. Am. 56, 523. [7.6-c]
— — (1967) J. Opt. Soc. Am. 57, 975—80. [10.1, 10.5-b]
— A. Kozma, J. Upatnieks, J. Marks, N. Massey (1966) Appl. Opt. 5, 1303—11. [7.8-d]
— siehe Stubenrauch, C. F., E. N. Leith (1971)
— siehe Upatnieks, J. u. a. (1966)
Leonard, C., siehe Upatnieks, J., C. Leonard (1969)
— siehe Upatnieks, J., C. Leonard (1970)

Lesem, L. B., P. M. Hirsch, J. A. Jordan (1969) IBM J. Res. Dev. 13, 150—55. [2.3-g, 7.9-e, 8.7-h]
— siehe Jordan, J. A. u. a. (1970)
Lessard, R. A., siehe Som, S. C., R. A. Lessard (1970a)
— siehe Som, S. C., R. A. Lessard (1970b)
Lewis, P., siehe Cooley, J. u. a. (1967)
Ligten, R. F. van (1966a) J. Opt. Soc. Am. 56, 1—9. [9.3, 9.4]
— (1966b) J. Opt. Soc. Am. 56, 1009—14. [9.3, 9.4]
Lin, L. H. (1969) Appl. Opt. 8, 963—66. [8.7-c]
— H. L. Beauchamp (1970) Appl. Opt. 9, 2088—92. [8.7-e]
— C. V. LoBianco (1967) Appl. Opt. 6, 1255—58. [8.7-b]
— siehe Pennington, K. S., L. H. Lin (1965)
— siehe Collier, R. J. u. a. (1971)
Linfoot, E. H., siehe Black, G., E. H. Linfoot (1957)
Lippmann, G. (1894) J. de Physique 3, 97. [7.8-d, 8.6-b]
LoBianco, C. V., siehe Lin, L. H., C. V. LoBianco (1967)
Lohmann, A. (1956) Opt. Acta 3, 97—99. [7.3-c, 7.3-d, 10.9-a]
— (1965) J. Opt. Soc. Am. 55, 1555—56. [8.2-b-2]
— (1968) Appl. Opt. 7, 561—63. [5.5-e]
— B. Morgenstern (1963) Optik 20, 450—55. [7.8-c]
— D. P. Paris (1965a) J. Opt. Soc. Am. 55, 1007—13. [2.9-e]
— — (1965b) Appl. Opt. 4, 393—97. [2.10-g]
— — (1967) Appl. Opt. 6, 1739—48. [7.7-c, 7.9-e, 8.7-h]
— — (1968) Appl. Opt. 7, 651—55. [5.2-b, 5.2-c, 5.3-a, 5.3-b, 5.5-b]
— H. W. Werlich (1967) Phys. Letters 25A, 570—71. [5.2-c, 5.3-c]
— — (1971) Appl. Opt. 10, 670—72. [5.5-e]
— D. Paris, H. W. Werlich (1967) Appl. Opt. 6, 1139—40. [5.2-c, 5.3-c]
— siehe Armitage, J. D., A. W. Lohmann (1965a)
— siehe Brown, B. R., A. W. Lohmann (1966)
— siehe Bryngdahl, O., A. W. Lohmann (1968a)
— siehe Bryngdahl, O., A. W. Lohmann (1968b)
— siehe Bryngdahl, O., A. W. Lohmann (1968c)
— siehe Bryngdahl, O., A. Lohmann (1968d)
— siehe Bryngdahl, O., A. Lohmann (1970)
Losch, F. (1960) Jahnke-Emde-Losch, Tafeln höherer Funktionen. Stuttgart: B. G. Teubner Verlagsgesellschaft. [1.4-a, 2.4-c, 3.5-b, 3.5-f]
Lotsch, H. K. V. (1965/66) Optik 23, 189—96. [2.1-b]
Lowenthal, S. (1965) Opt. Acta 12, 261—73. [3.8]
— Y. Belvaux (1967) Opt. Acta 14, 245—58. [5.5-d]
— A. Werts, M. Rembault (1968) C. R. Acad. Sci. Paris B 267, 120—23. [8.2-b-2]
— C. Froehly, J. Serres (1969) C. R. Acad. Sci. Paris B 268, 1481—4 [10.10-a]
Lu, Sun (1968) Proc. IEEE 56, 116—17. [8.2-b-2]
Lukosz, W. (1962) Opt. Acta 9, 335—64. [2.9-d, 5.1, 7.3-e]
— (1968) J. Opt. Soc. Am. 58, 1084—91. [7.3-e]
Lurie, M. (1966) J. Opt. Soc. Am. 56, 1369—72. [10.1, 10.5-b, 10.6, 10.10-b]
— (1968) J. Opt. Soc. Am. 58, 614—19. [10.1, 10.5-b, 10.6, 10.10-b]
McClung, F. J., siehe Close, D. H. u. a. (1969)
MacGovern, A. J., J. C. Wyant (1971) Appl. Opt. 10, 619—24. [7.7-c]
Mager, H. J., siehe Haina, D. u. a. (1968)
— siehe Lanzl, F. u. a. (1968a)
— siehe Lanzl, F. u. a. (1968b)
Mallick, S., siehe Françon, M., S. Mallick (1967)
Mandel, L. (1966) J. Opt. Soc. Am. 56, 1636—37. [10.1, 10.5-b]
Marchand, E. W. (1965) J. Opt. Soc. Am. 55, 352—54. [2.9-c]
Maréchal, A. (1956) in S. Flügge (Hrsg.), Handbuch der Physik, Bd. 24, 44—170. Berlin-Gottingen-Heidelberg: Springer. [3.6]
— P. Croce (1953) C. R. Acad. Sci. Paris B 237, 607—9. [5.2-c]

Maréchal, A., M. Françon (1960) Diffraction, Structure des Images. Paris: Masson et Cie. (Neudruck 1970) [3.1]
— siehe Slansky, S., A. Maréchal (1960)
Margerum, J. D., siehe Close, D. H. u. a. (1969)
Marie, G., siehe Groh, G., G. Marie (1970)
Marks, J., siehe Leith, E. N. u. a. (1966)
Martienssen, W. (1966) Plenarvortrage zur Physikertagung in München, 92—114. [7.1, 7.3-f]
— E. Spiller (1965) Naturwiss. 52, 53—54. [7.3-f]
— — (1967) Phys. Letters A 24, 126—28. [7.3-f]
Martin, J. P., C. Jonsson (1968) Optik 28, 505—17. [5.2-b]
Massey, N., siehe Leith, E. N. u. a. (1966)
Matsuda, K., siehe Shiotake, N. u. a. (1968)
Matsumoto, K. (1969) J. Opt. Soc. Am. 59, 777—78. [7.7-g]
— (1971) J. Opt. Soc. Am. 61, 176—81. [7.7-g]
— M. Takashima (1970) J. Opt. Soc. Am. 60, 30—33. [8.4-b]
Maue, A. W., siehe Honl, H. A. u. a. (1961)
Meier, R. W. (1965) J. Opt. Soc. Am. 55, 987—92. [7.2-c]
— (1966) J. Opt. Soc. Am. 56, 219—23. [7.2-c]
— siehe Urbach, J. C., R. W. Meier (1966)
Menzel, Chr., E. Menzel (1948) Optik 3, 247—59. [2.3-c]
— siehe Menzel, E., Chr. Menzel (1948/49)
Menzel, E. (1949) Optik 5, 385—94. [3.5-g]
— (1951) Optik 8, 295—301. [3.5-e]
— (1958) Optik 15, 460—70. [3.4, 3.7-b, 3.7-d, 6.2-d, 7.3-f]
— (1960) in Optics in Metrology. Ed. P. Mollet. Pergamon Press. 283—93. [3.4, 3.5-g, 3.7-b, 3.7-d, 6.2-d, 7.3 f]
— Chr. Menzel (1948/49) Optik 4, 22—36. [3.5-b]
— G. Schneider (1967) Optik 26, 347—62. [3.7-c]
— J. Proske, H. D. Wallheinke (1965) Optik 23, 169—76. [2.9-d]
— siehe Fischer, B., E. Menzel (1964)
— siehe Hauser, H., E. Menzel (1961)
— siehe Menzel, Chr., E. Menzel (1948)
— siehe Mirandé, W., E. Menzel (1968)
— siehe Mirandé, W. u. a. (1969)
— siehe Mirandé, W. u. a. (1970)
— siehe Schneider, G., E. Menzel (1968)
— siehe Weingartner, I., E. Menzel (1968)
— siehe Weingartner, I. u. a. (1969a)
— siehe Weingartner, I. u. a. (1969b)
— siehe Weingartner, I. u. a. (1970a)
— siehe Weingartner, I. u. a. (1970b)
— siehe Weingartner, I. u. a. (1971a)
— siehe Weingartner, I. u. a. (1971b)
Mertz, L. (1965) Transformations in Optics. New York: J. Wiley & Sons. [1.5-b]
Metherell, A. F. (Ed.) (1971) Acoustical Holography, Vol. 3. New York: Plenum Press. [7.9-b]
— L. Larmore (Eds.) (1970) Acoustical Holography, Vol. 2. New York: Plenum Press. [7.9-b]
— H. M. A. El-Sum, L. Larmore (Eds.) (1969) Acoustical Holography, Vol. 1. New York: Plenum Press. [7.9-b]
Metzmacher, K., siehe Kohler, H., K. Metzmacher (1968/69)
Meyerhofer, D. (1971) Appl. Opt. 10, 416—21. [8.7-c]
Michel, K. (1964) Die Grundlagen der Theorie des Mikroskops, 2. Aufl. Stuttgart: Wissenschaftliche Verlagsgesellschaft. [2.9-a]
Michelson, A. A. (1890) Phil. Mag. (5) 30, 1. [1.3-c]
Mie, G. (1908) Ann. Phys. Lpz. 25, 377—445. [2.1-a]
Mirandé, W., (1971) Tagung der Deutschen Gesellschaft für angewandte Optik, Celle. [10.10-b-1]
— E. Menzel (1968) Optik 27, 515—31. [7.2-a, 8.2-b-2, 8.4-b, 9.2]

Mirandé W., I. Weingartner (1969) Phys. Letters 28 A, 623—24. [10.5-b]
— — (1970) Opt. Commun. 2, 97—100. [10.10-b-2]
— — E. Menzel (1969) Optik 29, 537—48. [10.3-c, 10.5-b]
— — — (1970) Opt. Commun. 1, 315—18. [10.5-b, 10.9-a]
— siehe Weingärtner, I. u. a. (1969a)
— siehe Weingartner, I. u. a. (1969b)
— siehe Weingartner, I. u. a. (1970a)
— siehe Weingärtner, I. u. a. (1970b)
— siehe Weingartner, I. u. a. (1971a)
— siehe Weingartner, I. u. a. (1971b)
Mitchel, R. H., siehe Vander Lugt, A., R. H. Mitchel (1967)
Molin, N.-E., K. A. Stetson (1970) Optik 31, 157—77 und 281—91. [7.7-h]
— K. A. Stetson (1971) Optik 33, 399—422. [7.7-h]
— siehe Biedermann, K., N.-E. Molin (1970)
— siehe Jansson, E. u. a. (1970)
Mollenstedt, G., H. Duker (1956) Z. Phys. 145, 377—96. [7.9-d]
— H. Wahl (1968) Naturwiss. 55, 340—41. [10.5-b, 10.9-a]
— siehe Grote, K. H. v. u. a. (1965)
Monaham, M. A., siehe Bromley, K. u. a. (1971)
Morgenstern, B., siehe Lohmann, A., B. Morgenstern (1963)
Mueller, P. F., G. O. Reynolds (1967) J. Opt. Soc. Am. 57, 1338—44. [2.10-g]
Mueller, R. K. (1971) Proc. IEEE 59, 1319—35. [7.9-b]
— siehe Langner, G., R. Müller (1963)
Murata, K. (1966) Progr. Opt. 5, 199—245. [2.9-c]
— T. Asakura, H. Fujiwara (1970) Opt. Acta 17, 5—18. [10.5-b]
Nassenstein, H. (1966a) Z. angew. Phys. 22, 37—50. [7.1]
— (1966b) Phys. Letters 21, 290—91. [7.7-h]
— (1969) Phys. Letters 29A, 175—76. [2.6-b]
— H. T. Buschmann, J. Geldmacher (1970) Optik 30, 527—37. [8.3-b]
Neumann, D. B., C. F. Jacobson, G. M. Brown (1970) Appl. Opt. 9, 1357—62. [7.7-i]
Nishida, N. (1968) Appl. Opt. 7, 1862—63. [8.4-b]
Noble, W. J., siehe Bathia, A. B., W. J. Noble (1953)
Nomarski, G. (1954) J. Physique 15, 265. [3.7-d]
Oberhettinger, F. (1957) Tabellen zur Fourier-Transformation. Berlin–Göttingen–Heidelberg: Springer. [1.4-a]
Ooue, S. (1969) Progr. Opt. 7, 299—358. [8.3-b]
Ose, T., siehe Kubota, T., T. Ose (1971)
Osterberg, H. (1932) J. Opt. Soc. Am. 22, 19—35. [7.7-i]
Ostrowsky, D. B., siehe Bellamy, J. C. u. a. (1971)
Papoulis, A. (1962) The Fourier Integral and its Applications. New York: McGraw-Hill. [11]
— (1968) Systems and Transforms with Applications in Optics. New York: McGraw-Hill. [11]
Paris, D. P., siehe Lohmann, A. W., D. P. Paris (1965a)
— siehe Lohmann, A. W., D. P. Paris (1965b)
— siehe Lohmann, A. W., D. P. Paris (1967)
— siehe Lohmann, A. W., D. P. Paris (1968)
— siehe Lohmann, A. W. u. a. (1967)
Parrent, Jr., G. B. (1961) J. Opt. Soc. Am. 51, 143—51. [6.3-c]
— siehe Beran M., G. B. Parrent, Jr. (1964)
— siehe DeVelis, J. B. u. a. (1966)
Pasteur, J., siehe Froehly, C., J. Pasteur (1967)
Pastor, J. (1969) Appl. Opt. 8, 525—31. [7.7-c]
Pennington, K. S., J. S. Harper (1970) Appl. Opt. 9, 1643—50. [8.7-b]
— L. H. Lin (1965) Appl. Phys. Letters 7, 56—57. [7.8-d]
— siehe Collier, R. J., K. S. Pennington (1967)
— siehe Collier, R. J. u. a. (1965)

Phariseau, P. (1956) Proc. Ind. Acad. Sci. 44 A, 165—70. [8.6-b]
Phillips, W., siehe Amodei, J. J. u. a. (1972)
Pine, C., siehe Einstein, F. u. a. (1970)
Poindron, M., siehe Bellamy, J. C. u. a. (1971)
Powell, R. L., K. A. Stetson (1965) J. Opt. Soc. Am. 55, 1593—98. [7.7-h, 7.7-i]
— siehe Stetson, K. A., R. L. Powell (1965)
Proske, J., siehe Menzel, E. u. a. (1965)
Rader, C., siehe Gold, B., C. Rader (1969)
Ramsay, J. V. (1959) Opt. Acta 6, 344—53. [2.10-g]
Räntsch, K. (1944) Feinmechanik und Präzision 52, 75—85. [4.2]
Reichelt, A., E. Storck, U. Wolff (1971) Opt. Commun. 3, 169—72. [2.3-e]
Rembault, M., siehe Lowenthal, S. u. a. (1968)
Restrick, R., siehe Gabor, D. u. a. (1965)
— siehe Stroke, G. W. u. a. (1965)
Reynolds, G. O., J. B. DeVelis (1967) IEEE Trans. AP-15, 41—48. [10.1, 10.5-b]
— siehe DeVelis, J. B., G. O. Reynolds (1967)
— siehe Mueller, P. F., G. O. Reynolds (1967)
Rienitz, J., siehe Krug, W. u. a. (1961)
Rodinov, S. A., (1972) Opt. Spectrosc. 32, 89—92. [2.9-e]
Rogers, G. L. (1950) Nature 166, 237. [7.2-c]
Röhler, R. (1967) Informationstheorie in der Optik. Stuttgart: Wissenschaftliche Verlagsgesellschaft. [3.1]
Roizen-Dossier, B., siehe Jacquinot, P., B. Roizen-Dossier (1964)
Rose, G., siehe Lau, E. u. a. (1958)
Rosenbruch, K.-J., siehe Hanßen, K.-J. u. a. (1965)
Röss, D., siehe Kiemle, H., D. Ross (1969)
Rotz, F. B., siehe Vander Lugt, A., F. B. Rotz (1970)
Royer, H., P. Smigielski (1970) Opt. Acta 17, 97—105. [7.8-c]
Rubinowicz, A, (1965) Progr. Opt. 4, 199—240. [2.1-b]
Rudolph, D., G. Schmahl (1969/70) Optik, 30, 475—87. [2.3-g, 8.7-d]
— siehe Schmahl, G., D. Rudolph (1969)
Saito, H., siehe Yamaguchi, I., H. Saito (1969)
Schmahl, G., D. Rudolph (1969) Optik 29, 577—85. [2.5-b]
— siehe Rudolph, D., G. Schmahl (1969/70)
Schneider, G., E. Menzel (1968) Optik 26, 600—6. [3.7-c]
— siehe Menzel, E., G. Schneider (1967)
Schulz, G. (1953) Ann. Phys. Lpz. 13, 421—28. [4.2]
— J. Schwider (1964) Optik 21, 587—97. [4.2]
— siehe Krug, W. u. a. (1961)
Schwider, J., siehe Schulz, G., J. Schwider (1964)
Serres, J., siehe Lowenthal, S. u. a. (1969)
Shack, R. V. (1964) Appl. Opt. 3, 1171—81. [2.10-g]
Shankoff, T. A. (1968) Appl. Opt. 7, 2101—5. [8.7-c]
— R. K. Curran (1968) Appl. Phys. Letters 13, 239—41. [8.7-c]
— siehe Curran, R. K., T. A. Shankoff (1970)
Sheridon, N. (1968) Appl. Phys. Letters 12, 316—18. [2.3-g, 8.7-d]
Shiotake, N., T. Tsuruta, Y. Itoh, J. Tsujiuchi, N. Takeya, K. Matsuda (1968) Japan. J. Appl. Phys. 7, 904—9. [7.7-f]
Sirohi, R. S., siehe Vikram, C. S., R. S. Sirohi (1971)
Slansky, S., A. Maréchal (1960) C. R. Acad. Sci. Paris 250, 4132—34. [3.4, 6.2-d]
Slepian, D. (1967) J. Opt. Soc. Am. 57, 918—22. [5.3-c]
Slevogt, H. (1954) Optik 11, 366—79. [4.2]
Smigielski, P. (1971) Opt. Acta 18, 483—506 [7.6-a].
— siehe Hirth, A. u. a. (1971)
— siehe Royer, H., P. Smigielski (1970)
Smirnov, A. G., siehe Staselko, D. I. u. a. (1968)
Smith, H. M. (1968) J. Opt. Soc. Am. 58, 533—39. [8.7-b]

Smith, H. M. (1969) Principles of Holography. New York: Wiley-Interscience. [7.1]
Sollid, J. E., J. B. Swint (1970) Appl. Opt. 9, 2717–19. [7.7-e]
Som, S. C., R. A. Lessard (1970a) Opt. Commun. 2, 128–32 und 259–62. [7.8-c]
— — (1970b) Appl. Phys. Letters 17, 171–73. [7.4-d]
Sommerfeld, A. (1896) Mathem. Ann. 47, 317. [2.1-a]
— (1947) Partielle Differentialgleichungen der Physik. Leipzig: Akademische Verlagsgesellschaft Geest und Portig. [2.4-c]
— (1950) Optik. Wiesbaden: Dieterichsche Verlagsbuchhandlung. [2.1-b, 2.4-c]
Sopori, B. L., W. S. C. Chang (1971) Appl. Opt. 10, 2789–90. [7.8-e]
Soret, J. (1875) Ann. Phys. Chem. 156, 99–113. [2.5-b]
Speidel, R., siehe Grote, K. H. v. u. a. (1965)
Spiller, E., siehe Martienssen, W., E. Spiller (1965)
— siehe Martienssen, W., E. Spiller (1967)
Spitz, E. siehe Bellamy, J. C. u. a. (1971)
Staebler, D. L., siehe Amodei, J. J. u. a. (1972)
Staselko, D. I., A. G. Smirnov, Yu. N. Denisyuk (1968) Opt. Spectrosc. 25, 505–7. [10.5-b]
— siehe Denisyuk, Yu. N. u. a. (1970)
Steel, W. H. (1967) Interferometry. Cambridge University Press. [3.7-a]
Stephens, R. W. S., siehe Lafferty, A. J., R. W. S. Stephens (1971)
Stetson, K. A. (1969) Optik 29, 520–35. [7.4-f]
— (1971) J. Opt. Soc. Am. 61, 1359–62. [7.7-i]
— R. L. Powell (1965) J. Opt. Soc. Am. 55, 1694–95. [7.7-i]
— siehe Molin, N. E., K. A. Stetson (1970)
— siehe Molin, N. E., K. A. Stetson (1971)
— siehe Powell, R. L., K. A. Stetson (1965)
Stimpfling, A., siehe Hirth, A. u. a. (1971)
Stookey, S. D., siehe Armistead, W. H., S. D. Stookey (1964)
Storck, E., siehe Reichelt, A. u. a. (1971)
Stroke, G. W. (1969) An Introduction to Coherent Optics and Holography, 2. Aufl. New York–London: Academic Press. [1.4-b, 7.1]
— D. G. Falconer (1964) Phys. Letters 13, 306–9. [7.2-b]
— A. Funkhouser (1965) Phys. Letters 16, 272–4. [10.10-a]
— A. E. Labeyrie (1966a) Phys. Letters 20, 157–58. [7.7-e]
— — (1966b) Phys. Letters 20, 368–70. [7.8-d, 8.6-a]
— R. G. Zech (1967) Phys. Letters 25A, 89–90. [5.2-c]
— R. Restrick, A. Funkhouser, D. Brumm (1965) Phys. Letters 18, 274–75. [7.5-b]
— F. Furrer, D. R. Lamberty (1969) Opt. Commun. 1, 141–45. [5.2-c]
— siehe Gabor D. u. a. (1965)
Stubenrauch, C. F., E. N. Leith (1971) J. Opt. Soc. Am. 61, 1268–69. [7.2-c]
Sudin, H., siehe Jansson, E. u. a. (1970)
Sunder-Plassmann, F. A., siehe Hanßen, K.-J. u. a. (1965)
Suzuki, T., siehe Ichioka, Y. u. a. (1969)
— siehe Ichioka, Y. u. a. (1971)
— siehe Kato, M., T. Suzuki (1969)
Swint, J. B., siehe Solid, J. E., J. B. Swint (1970)
Takashima, M., siehe Matsumoto, K., M. Takashima (1970)
Takeya, N., siehe Shiotake, N. u. a. (1968)
Talbot, F. (1836) Phil. Mag. 9, 401. [2.6-b]
Tan, H. S. (1969) J. Opt. Soc. Am. 59, 1429–32. [2.1-b]
Tanner, L. H. (1966) J. Sci. Instrum. 43, 81–83 und 346. [7.4-f, 7.7-e]
Thompson, B. J., siehe Bromley, K. u. a. (1971)
— siehe DeVelis, J. B. u. a. (1966)
Tiziani, H., siehe Hopkins, H. H., H. Tiziani (1970)
Tonomura, A., A. Fukuhara, H. Watanabe, T. Komoda (1968) Japan. J. Appl. Phys. 7, 295. [10.9-a]
Toraldo di Francia, G. (1969) J. Opt. Soc. Am. 59, 799–804. [5.1]
Torge, R., siehe Fercher, A. F., R. Torge (1970a)

Torge, R., siehe Fercher, A. F., R. Torge (1970b)
Tribillon, G., J. Ch. Viénot (1971) Opt. Commun. 3, 165–68. [7.8-c]
Tsujiuchi, J. (1963) Progr. Opt. 2, 131–80. [5.2-a, 5.2-c]
– siehe Shiotake, N. u. a. (1968)
Tsuruta, T. (1970) J. Opt. Soc. Am. 60, 44–48. [10.5-b]
– Y. Itoh (1969) Japan. J. Appl. Phys. 8, 96–103. [7.5-e]
– siehe Shiotake, N. u. a. (1968)
Upatnieks, J., C. Leonard (1969) Appl. Opt. 8, 85–89. [8.7-b]
– – (1970) J. Opt. Soc. Am. 60, 297–305. [8.7-b]
– A. Vander Lugt, E. Leith (1966) Appl. Opt. 5, 589–93. [7.6-d]
– siehe Leith, E. N., J. Upatnieks (1962)
– siehe Leith, E. N., J. Upatnieks (1963)
– siehe Leith, E. N., J. Upatnieks (1964)
– siehe Leith, E. N., J. Upatnieks (1966)
– siehe Leith, E. N., J. Upatnieks (1967)
– siehe Leith, E. N. u. a. (1966)
Urbach, J. C., R. W. Meier (1966) Appl. Opt. 5, 666–67. [8.7-e]
Vander Lugt, A. B. (1964) IEEE Trans. IT-10, 139–45. [5.2-b, 5.2-c, 7.6-d]
– (1968) Opt. Acta 15, 1–33. [5.1]
– R. H. Mitchel (1967) J. Opt. Soc. Am. 57, 372–79. [8.3-b]
– F. B. Rotz (1970) Appl. Opt. 9, 215–21. [8.4-b]
– siehe Upatnieks, J. u. a. (1966)
VanRooy, D. L., siehe Jordan, J. A. u. a. (1970)
Varner, J. R. (1971) Appl. Opt. 10, 212–13. [7.7-f]
Velzel, C. H. F. (1971) Opt. Commun. 3, 133–36. [8.4-b]
– siehe Groh, G., C. H. F. Velzel (1969)
Viénot, J. Ch. (1958) Proc. Phys. Soc. 72, 661–72. [2.9-a, 8.3-b]
– siehe Tribillon, G., J. C. Viénot (1971)
Vikram, C. S., R. S. Sirohi (1971) Opt. Commun. 2, 444–46. [7.7-g]
Wahl, H., siehe Mollenstedt, G., H. Wahl (1968)
Waidelich, W., siehe Haina, D. u. a. (1968)
– siehe Lanzl, F. u. a. (1968a)
– siehe Lanzl, F. u. a. (1968b)
Walker, J. L., siehe Friesem, A. A. J. L. Walker (1970)
Wallheinke, H. D., siehe Menzel, E. u. a. (1965)
Watanabe, H., siehe Tonomura, A., u. a. (1968)
Weber, K., siehe v. Fragstein, C., K. Weber (1954)
Weingartner, I. (1970a) J. Opt. Soc. Am. 60, 572–73. [10.2]
– (1970b) Optische Übertragung bei teilkoharenter Beleuchtung. Dissertation. Techn. Univ. Braunschweig. [3.8, 10.5-b, 10.10-b-2]
– (1970c) Tagung der Deutschen Gesellschaft fur angewandte Optik, St. Gallen. [10.10-a]
– E. Menzel (1968) Optik 28, 149–59. [6.2-a]
– W. Mirandé, E. Menzel (1969a) Optik 29, 87–104. [10.3-b, 10.4-b, 10.5-b, 10.9-b]
– – – (1969b) Optik 30, 318–22. [10.9-a]
– – – (1970a) Optik 31, 335–53. [3.8, 7.4-f, 10.2, 10.3-d-2, 10.5-b]
– – – (1970b) Applications de l'Holographie. Besançon. [10.5-b, 10.6, 10.10-b-2]
– – – (1971a) Optik 34, 53–60. [6.4, 8.3-b]
– – – (1971b) Ann. Phys. Lpz. 26, 289–301. [10.9-a]
– siehe Mirandé, W., I. Weingartner (1969)
– siehe Mirandé, W., I. Weingartner (1970)
– siehe Mirandé, W. u. a. (1969)
– siehe Mirandé, W. u. a. (1970)
Welch, P., siehe Cooley, J. u. a. (1967)
Werlich, H. W., siehe Lohmann, A. W., H. W. Werlich (1967)
– siehe Lohmann, A. W., H. W. Werlich (1971)
– siehe Lohmann, A. W. u. a. (1967)
Werts, A., siehe Lowenthal, S. u. a. (1968)

Westphal, K., siehe Hönl, H. A. u. a. (1961)
Weyl, H. (1919) Ann. Phys. Lpz. 60, 481–500. [2.6-b]
Wilson, D. O., siehe Gayles, J. N. u. a. (1970)
Winter, D. C. (1971) Appl. Opt. 10, 1074–79. [7.9-b]
Winthrop, J. T., C. R. Worthington (1965) Phys. Letters 15, 124–26. [10.5-b, 10.9-b]
Wolf, E. (1954) Proc. Roy. Soc. A 225, 96–111. [6.2-a]
– (1955) Proc. Roy. Soc. A 230, 246–65. [6.3-a, 6.3-c]
– (1969) Opt. Commun. 1, 153–56. [2.6-a]
– (1970) J. Opt. Soc. Am. 60, 18–20. [2.6-a]
– siehe Born, M., E. Wolf (1964)
Wolff, U., siehe Reichelt, A. u. a. (1971)
Wolter, H. (1950a) Naturwiss. 37, 272–76. [3.5-g]
– (1950b) Ann. Phys. Lpz. 7, 341–68. [7.3-f]
– (1956) in S. Flügge (Hrsg.), Handbuch der Physik, Bd. 24, 555–645. Berlin-Göttingen-Heidelberg: Springer. [3.5-g, 3.7-a]
– (1958) Arch. Elektr. Übertr. 12, 335–45. [5.1]
Worthington, C. R., siehe Winthrop, J. T., C. R. Worthington (1965)
Wuerker, R. F., siehe Brooks, R. E. u. a. (1965a)
– siehe Brooks, R. E. u. a. (1965b)
– siehe Heflinger, L. O. u. a. (1966)
Wyant, J. C., siehe MacGovern, A. J., J. C. Wyant (1971)
Yamaguchi, I. (1972) Räumliche Schwankungen des Lichts im Beugungs- und Bildfeld von rauhen Objekten. Dissertation, Techn. Univ. Braunschweig und Optik 36, 241–54. [7.3-f]
– H. Saito (1969) Japan. J. Appl. Phys. 8, 768–71. [7.7-h]
Young, M. (1972) J. Opt. Soc. Am. 62, 972–76 [3.6-b]
Young, Th. (1802) Phil. Trans. Roy. Soc. London 387–97. [1.2-a]
Yu, F. T. S. (1970) Opt. Commun. 1, 427–32. [7.7-g]
Zech, R. G., siehe Stroke, G. W., R. G. Zech (1967)
Zernike, F. (1935) Physikal. Z. 36, 848–51. [3.5-g]
– (1938) Physica 5, 785–95. [1.3-b]
– (1948) Proc. Phys. Soc. 61, 158–64. [3.7-a, 7.1]

Sachverzeichnis

Ziffern ohne Klammern bezeichnen Seiten. Hinweise auf Kapitel stehen in Klammern [ ]

GPSR Compliance

The European Union's (EU) General Product Safety Regulation (GPSR) is a set of rules that requires consumer products to be safe and our obligations to ensure this.

If you have any concerns about our products, you can contact us on ProductSafety@springernature.com

In case Publisher is established outside the EU, the EU authorized representative is:

Springer Nature Customer Service Center GmbH
Europaplatz 3
69115 Heidelberg, Germany

Batch number: 10683525

Printed by Printforce, the Netherlands